小型水电站管理

陕西省小水电行业协会　编著

U0238262

中国水利水电出版社
www.waterpub.com.cn
·北京·

内 容 提 要

本书根据小型水电站运行管理要求及安全生产相关法律法规、规范、标准，结合小水电行业的实际，介绍了相关的专业基础知识、运行管理制度等，并对小型水电站管理的知识和要求进行了系统深入的解读，列举了大量的实例，具有很强的操作性。

本书内容全面、深入浅出、图文并茂、通俗易懂，附带考核题库，实用性强。可以作为小型水电站企业法人及运行、维护、管理人员培训用书，也适合小型水电站安全监管部门、安全生产标准化咨询辅导机构及相关专业院校人员学习参考使用。

图书在版编目（CIP）数据

小型水电站管理 ／ 陕西省小水电行业协会编著. --
北京 ： 中国水利水电出版社，2023.12
ISBN 978-7-5170-9717-4

Ⅰ．①小… Ⅱ．①陕… Ⅲ．①小型－水力发电站－运营管理 Ⅳ．①TV742

中国版本图书馆CIP数据核字(2021)第127381号

书　　名	**小型水电站管理** XIAOXING SHUIDIANZHAN GUANLI
作　　者	陕西省小水电行业协会　编著
出版发行	中国水利水电出版社 （北京市海淀区玉渊潭南路 1 号 D 座　100038） 网址：www.waterpub.com.cn E-mail：sales@mwr.gov.cn 电话：（010）68545888（营销中心）
经　　售	北京科水图书销售有限公司 电话：（010）68545874、63202643 全国各地新华书店和相关出版物销售网点
排　　版	中国水利水电出版社微机排版中心
印　　刷	天津嘉恒印务有限公司
规　　格	184mm×260mm　16 开本　29.5 印张　718 千字
版　　次	2023 年 12 月第 1 版　2023 年 12 月第 1 次印刷
印　　数	0001—1500 册
定　　价	**119.00 元**

编 写 委 员 会

顾　　问：丁纪民

名誉主任：杨颖刚

委　　员：刘书利　　耿永明　　陈代明　　高阳平　　唐安庵

　　　　　任录全　　林东炫　　文志强　　屈万林　　赵良妙

　　　　　张万鹏　　傅青林　　黄章平

主　　编：夏建军

副 主 编：刘　承　　欧传奇　　高希章

编写人员：杨颖刚　　夏建军　　刘　承　　马小文　　欧传奇

　　　　　高希章　　楚士冀　　申景涛　　周　炜　　杨天煜

　　　　　任建军　　刘　侠　　李　真　　武　勇　　赵元卜

　　　　　王富强　　王立青　　朱　林

前　　言

根据《防洪标准》(GB 50201—2014),小型水电站是指单站总装机容量小于 5 万 kW 的水电站。新中国成立以来,各地结合水利工程建设,治水办电相结合发展小型水电站,主要服务于农业、农村,曾解决了全国 1/2 的国土、1/3 县和 1/4 人口的用电问题,实现了农村电气化,因此小型水电站又叫农村水电站。截至 2020 年年底,全国已建成小水电站 4.5 万多座,装机 8200万 kW,年发电量 2424 亿 kW·h。小型水电站解决用电的功能虽有所淡化,但提高防洪、灌溉、供水等水资源调控能力的作用仍然在发挥。尤其是作为全生命周期排放最低、成本最低的可再生能源,对实现 2030 年"碳达峰"和2060 年"碳中和"的作用将日益突出。

但由于小型水电站建设年代跨度长(从 20 世纪五六十年代到现在)、装机容量差别大(从几十千瓦到 5 万 kW 不等)、产权隶属关系复杂(有村、镇、个人、民营企业、国有企业等)、技术水平不一(有的实现了集控、有的仍然木棒刹车),导致目前的运行管理的水平也千差万别。小型水电站大部分为民营企业投资,部分业主也对运行工作重视不够。加之一般位置偏僻,待遇偏低,难以留住人才,运行管理人员短缺,运行人员素质整体偏低,水电站运行管理工作无法得到有效保障。小型水电站安全运行事关人民群众生命安全,也与企业效益息息相关,加强职工培训,有效地提高员工的业务技术素质,提高管理水平成为当务之急。

为了进一步提高小型水电站从业人员技术水平,根据多年培训经验,结合行业实际,陕西省小水电行业协会于 2016 年编写出版了偏重于技术和运行的《小型水电站运行》一书;本次编写的这本《小型水电站管理》侧重于管理方面。两书侧重点不同,互为补充,使小型水电站运行、管理形成完整的体系。本书有四个显著的特点:

(1)一改以往小水电站运行管理培训教材本数多、知识显得凌乱、缺乏有机联系的缺点,实现一本书基本涵盖水电站管理的全过程。

(2)突出水工建筑物的运行管理,以求改变小型水电站普遍重机电、轻水工的现状，提高水工建筑物运行管理水平，对保证安全和提高效益具有重要的意义。

（3）突出建筑物、设备特点及运行中的注意事项，与安全规程、运行规程紧密结合，紧贴管理实际，具有可操作性。

（4）根据目前小型水电站人员越来越少，专业结合越来越紧密，水机与电气、运行与管理的界限越来越模糊的趋势，本书有机融合各种知识，增强逻辑性，使章节之间有机联系，形成一个整体，且易于为读者所接受。

（5）与《中华人民共和国安全生产法》及安全生产双重预防机制、安全生产标准化、绿色小水电创建等行业主管部门的管理要求紧密结合。

本书编写和出版得到了陕西省水利厅有关领导和西北农林科技大学水利与建筑工程学院的指导和支持，在此一并表示衷心感谢！本书邀请了《小型水力发电站设计规范》（GB 50071—2014）主编单位四川水发勘测设计研究有限公司参与编写。由于水平所限，错误之处在所难免，敬请批评指正！

编者

2021 年 2 月

目　　录

第一章 水电站基本知识

第一节 水能及水电站

一、水能利用

（一）水能资源

水能是以位能、压能和动能等形式存在于江、河、湖、海、河川径流等水体中所具有的天然能量资源，是能源的重要组成部分。2006 年颁布的《中华人民共和国可再生能源法》明确水能为可再生能源。

水能资源是以动能、位能和压力能等形式存在于水体中的能量资源，指江、河、湖、海中的水能蕴藏量。

1. 理论蕴藏量

水能资源理论蕴藏量为河川或湖泊的水能能量（年水量与水头的乘积），以年电量和平均功率（年电量/8760）表示，其量值与是否布置梯级电站无关，分河段计算后进行累加。

按电量计：
$$E = kgWH$$

按功率计：
$$P = E/8760$$

式中　E——水能资源理论蕴藏量电量，kW·h；

P——水能资源理论蕴藏量功率，kW；

k——折算系数，$k = 2.778 \times 10^{-4}$；

g——重力加速度，取 9.81，m/s²；

H——河段上下断面水位差，m；

W——河川或湖泊年水量，河段取上下断面多年平均年径流量的平均值，m³。

$$W = 8.64 \times 10^4 \times \sum_{t=1}^{t=365} qt \text{ 或 } W = 2.628 \times 106 \times \sum_{t=1}^{t=12} qt$$

式中　q——河段上下断面日平均流量的平均值，m³/s；

t——时间，日或月。

2. 技术可开发量

水能资源技术可开发量是指河川或湖泊在当前技术水平条件下可开发利用的水能资源量。

3. 经济可开发量

水能资源经济可开发量指存在于河流或湖泊中，在当前技术水平条件下，具有经济可开发价值的水能资源的量值。

（二）水能开发利用规划

水能开发利用规划指对水能资源开发利用的主要方针、方式、方案及开发工程等进行研究的水利规划工作。

1. 设计保证率

规划设计中选用多年期间用水部门正常用水得到保证的程度，通常用保证正常用水的历时占计算总历时或保证正常用水的年数占计算总年数的百分比表示。

2. 河流梯级开发

河流梯级开发是从河流上游到下游呈阶梯状设置一系列水利枢纽的水能开发方式。

3. 跨流域开发

跨流域开发是将某一河流的水流引到相邻河流以获得更大能量效益的水能开发方式。

二、水电站及其开发方式

（一）水电站定义

水力发电是利用河流中蕴藏的水能来生产电能，将水能转换成电能的各种建筑物和机电设备的综合体称为水力发电站，简称水电站。

我国第一座水电站是云南昆明的石龙坝水电站，装机容量 1440kW（最初装机容量为480kW），1910 年 7 月开工建设，1912 年 5 月发电，至今仍在运行发电。

（二）水电站三种开发方式

根据水头高低的不同，水电站可分为高水头、中水头和低水头水电站。通常称水头大于 70m 为高水头水电站，30～70m 为中水头水电站，低于 30m 为低水头水电站。按集中水头的方式可分为坝式水电站、引水式水电站和混合式水电站。

1. 坝式水电站

筑坝集中河段落差的水能开发方式为坝式开发，它的水头是由坝抬高上游水位形成，此类水电站为坝式水电站，一般位于河道比降较缓，流量较大，并有筑坝建库条件的较大河流上。坝式水电站又可分为坝后式水电站和河床式水电站。

（1）坝后式水电站。坝后式水电站厂房建在大坝的后面，上游水压力由大坝承担，一般传不到厂房上来。厂房工程等别、防洪标准与大坝一般不一致。陕西汉江一级支流旬河赵湾（27MW）、大岭（18.9MW）、钟家坪（7.5MW）梯级水电站均为坝后式水电站。坝后式水电站横剖面如图 1-1 所示。

（2）河床式水电站。厂房本身起挡水作用是河床式水电站的主要特征，厂房工程等别、防洪标准与大坝一致。适用于低水头、大流量的水电站，大部分采用轴流式机组或贯流式机组。河床式水电站机组安装高程较低，需要特别重视泥沙、拦污等问题。陕西省宁强县嘉陵江巨亭水电站（40MW）为河床式水电站。河床式水电站横剖面如图 1-2 所示。

2. 引水式水电站

修建引水建筑物集中河段落差的水能开发方式为引水式开发，此类水电站为引水式水电站。引水式水电站平面布置示意图如图 1-3 所示。引水式水电站分为无压引水水电站和有压引水水电站，当坝址上游的水位变化幅度较小时，常采用无压引水，反之采用有压引水。无压引水式建筑物与有压引水式建筑物有一定区别。

无压引水式建筑物：低坝—开敞式进水口—沉沙池（有时有）—引水渠（无压隧

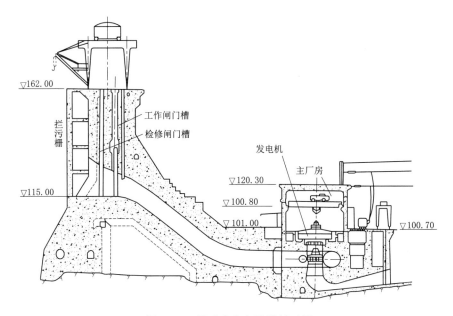

图 1-1 坝后式水电站横剖面图

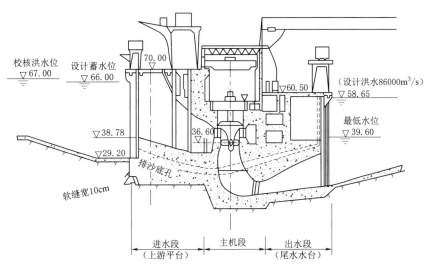

图 1-2 河床式水电站横剖面图

洞)—日调节池(有时有)—压力前池—压力管道—厂房—尾水渠。

有压引水式建筑物:大坝—深式进水口—有压隧洞—调压井—压力管道—厂房—尾水渠。

★ 没有自由液面(液体与空气的交接面)的液流,且其中任一点的压强都大于大气压强,称为"有压流",也称"压力流",例如给水工程管道中的水流。有自由液面的液流则称为"无压流",例如明渠中的水流。

3. 混合式水电站

利用坝和引水水道共同集中河段落差的水能开发方式为混合式开发,此类水电站称为混合式水电站，兼有坝式和引水式特点。图1-4为混合式水电站平面布置示意图。

图1-3　引水式水电站平面布置示意图　　　图1-4　混合式水电站平面布置示意图

（三）水电站发电流程及组成

水电站的发电流程包括：在天然的河流上，修建水工建筑物集中水头，然后通过引水道将高位的水引导到低位置的水轮机，使水能转变为旋转机械能，带动与水轮机同轴的发电机发电，从而实现从水能到电能的转换。发电机发出的电再通过输电线路送往用户，形成整个水力发电到用电的过程。水电站发电流程如图1-5所示。

水电站是由各种水工建筑物（挡水建筑物、泄水及消能建筑物、引水建筑物及厂房）及发电、变电、配电等机械和电气设备组成的有机综合体，机电设备安装在厂房内及各种建筑物上。水电站组成如图1-6所示。

水电站水工建筑物主要包括：枢纽建筑物（挡水及泄水建筑物、进水建筑物）、输水建筑物（隧洞或渠道、压力管道）和水电站建筑物（平压建筑物、厂房、升压站等）等。

机电设备主要包括：主阀、水轮机、发电机、监控系统、主变压器、输出线路等。

（1）挡水建筑物。坝式、混合式水电站挡水建筑物主要作用是壅高水位，集中水头，形成水库，并具备一定的调蓄能力。引水式水电站挡水建筑物主要作用是壅高水位以形成引水条件。挡水建筑物主要包括大坝（重

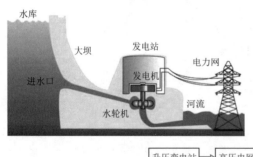

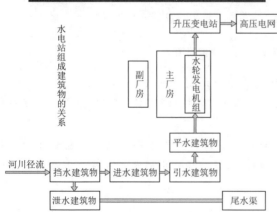

图1-5　水电站发电流程示意图

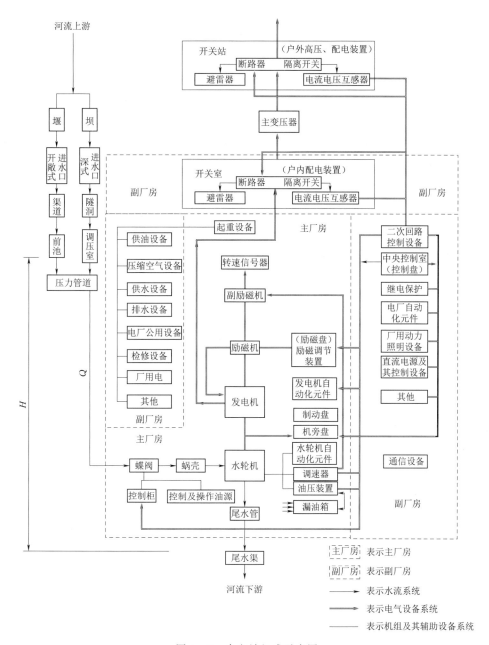

图 1-6 水电站组成示意图

力坝、拱坝、土石坝等)、闸 (拦河闸、翻板闸、橡胶坝) 等。河床式水电站厂房既是厂房也是挡水建筑物;也有部分规模较小的水电站采用弯道无坝引水的形式。

(2) 泄水及消能建筑物。泄水建筑物作用是泄放水库容纳不了的来水、来沙或放空水库;消能建筑物主要是消散下泄水流的能量 (泄洪功率),确保泄水不危及水工建筑物安全,并使建筑物上下游水位衔接。重力坝、拱坝一般采用坝体泄洪,如坝身泄水表孔、中孔、底孔等,或设在坝体外的泄洪洞等;土石坝坝体一般采用岸边式溢洪道、泄洪洞等。

消能建筑物结合泄水建筑物布置,是用以消耗下泄水流能量,减轻下游河床冲刷的设

5

施，一般有消力池、消力塘、消力槛、消力墩及挑流坎等形式。消力池是经过开挖而建成在泄水建筑物下游的较深水池，其底板叫作护坦；消力槛是设置在护坦末端，高出河底的混凝土槛；消力墩是设置在护坦里的混凝土墩；挑流坎是把下泄水流挑射至下游离坝基较远处的鼻坎（差动式、连续式）。

（3）引水建筑物。包括进水建筑物、输水建筑物、平水建筑物。

1）进水建筑物作用是从河流或水库取得所需的流量。进水口是水电站水流的进口，按照发电要求将水引入水电站的引水道。进水口应保证水流平顺、对称，流速变化均匀，不发生回流和漩涡，不出现淤积，不聚集污物。设置有拦污、防冰、拦沙及冲沙等设施设备。

进水口按照水流条件可分为开敞式进水口、浅孔式进水口和深孔式进水口。开敞式进水口又叫无压进水口，浅孔式和深孔式属于有压进水口。压力引水一般为深孔进水口（竖井式、岸塔式、塔式及坝式），无压引水一般为开敞式进水口。

2）输水建筑物。主要作用是集中落差，输送流量；包括渠道、隧洞、渡槽、压力管道、倒虹吸等。

3）平水建筑物。在水电站负荷变化时用以平稳引水建筑物中流量和压力的变化，保证水电站调节稳定的建筑物。有压引水式水电站为调压井或调压塔；无压引水式水电站为渠道末端的压力前池，前池还有将无压水变为有压水的作用。

（4）厂房。水电站厂房是将水能转为电能的综合工程设施，集中布置了主要机电设备，使其具有良好的运行、管理、安装、检修等条件，也是运行人员进行生产和活动的场所。按设备布置、运行要求的空间，可分为主厂房、副厂房、主变压器场和高压开关站。按结构及布置特点可分为地面式（坝后式、河床式、岸边式）、地下式（地下式、半地下式、窑洞式）、其他形式厂房（坝内式及厂顶溢流式）等。

1）主厂房。主厂房是水电站厂房的主要组成部分，布置着水电站的主要动力设备（水轮发电机组）和各种辅助设备，以及安装、检修设备的装配场（安装间）。立式机组主厂房以发电机层楼板面为界，垂直面上分为发电机层、水轮机层、蜗壳层等。发电机层为安放水轮发电机组及辅助设备和仪表表盘的场地，也是运行人员巡回检查机组、监视仪表的场所。水轮机层是指发电机层以下，蜗壳大块混凝土以上的部分空间。在水轮机层一般布置调速器的接力器、水力机械辅助设备（如油、气、水管路）、电气设备（如发电机引出线、中性点引出线、接地、灭磁装置等）、厂用电的配电设备。蜗壳层除过水部分外，均为大体积混凝土，布置较为简单。

2）副厂房。布置着控制设备、电气设备和辅助设备，是水电站的运行、控制、监视、通信、试验、管理和运行人员工作的场所。

（5）水轮发电机组及其辅助系统。水轮发电机组和电气主接线如同电气系统的心脏和主动脉。水轮发电机组将水轮机输出的旋转机械能转变为电能，是水电站输出电能的源头。电气主接线则是采用适当方式将水轮发电机、发电机电压设备、主变压器、高压配电装置、电力系统等连接在一起，以实现电能的传输、汇集、升压以及送出等功能。厂用电系统从机组、电网等处取得电源，并根据用电设施需求为电站机组运行、照明、公用设备、坝区用电设备等负荷（点）提供电能。接地系统用以确保水电站电气系统正常运行以及人身、设备安全，水电站接地系统充分利用库水、水下钢结构及自然接地体等降低接地电阻。

（6）升压变电站。升压变电站是发电机电压设备和高压配电装置的结合点，水轮发电机产生的电能通过母线传输至主变压器，将发电机电压升高至输电电压（常用有 10kV、35kV、110kV），降低输电电流，从而有效降低输电损耗。厂用电系统、机组励磁装置等一般也从此处引接电源。一般情况下，装机容量越大、输送距离越远，则输电电压越高。高压配电装置用于汇集主变压器送来的电能并经出线场送出至电力系统，主要包括敞开式配电装置、气体绝缘金属封闭开关设备（GIS）和混合式配电装置等 3 种类型。

（7）尾水渠。尾水渠紧邻厂房布置，可看作是退水建筑物，主要作用是使发电尾水与下游河道合理衔接，并回收部分水头。

第二节　水电站主要技术参数

一、基本公式

（一）出力公式

$$N = 9.81\eta QH \text{ 或 } N = AQH$$

式中　N——水电站装机容量，一座水电站全部水轮发电机组额定出力之和，kW或 MW；

　　　Q——通过水轮机的流量，m^3；

　　　H——水轮机的水头，m；

　　　η——水轮发电机组的效率；

　　　A——水电站出力系数，混流式机组一般为 8.5 左右，冲击式一般为 8.2 左右，贯流式一般为 8.8 左右；机组越小，A 值越小。

（二）发电量公式

$$W = NT$$

式中　W——水电站发电量，水电站在一定时段内生产的电能量，kW·h；

　　　T——发电时间，h。

如装机 1 万 kW 水电站，连续满负荷发电 24h，则发电量为 $10000 \times 24 = 24$ 万 kW·h。

（三）装机年利用小时数

$$H = W/N$$

式中　H——装机容量年利用小时数，是以水电站多年平均年发电量与装机容量的比值表示电站装机容量利用程度的指标，h。

多年平均年发电量是水电站在多年期间各年发电量的算术平均值。

二、流量、水头和出力

（一）流量

流量是指单位时间内通过过水断面的流体体积，单位为 m^3/s。

1. 河道生态基流量

河道生态基流量是指维持河床基本形态、保障河道输水能力、防止河道断流、保持水体一定的自净能力的最小流量，是维系河流的最基本环境功能不受破坏，必须在河道中常年流动的最小流量值。生态基流量常用的三种计算方法如下。

（1）水文学计算法：多年平均径流量的百分数，北方地区取 10%～20%，南方地区取 20%～30%；

（2）最枯月流量法：最近 10 年最小枯月平均流量；

（3）保证率法：90%（不低于 20 年）保证率最小枯月平均流量。

2. 水电站引用流量

水电站引用流量是通过水电站引水系统进入各台水轮机的流量之和。

3. 水轮机额定流量

水轮机额定流量是指水轮机在额定水头和额定转速下，发出额定出力时所需的流量。

（二）水头

1. 水头

水头是水电站进口断面与尾水出口断面之间的单位重量水体的机械能之差，常近似地用该两个断面的水位差代替。

2. 毛水头

毛水头是水电站进口断面与尾水出口断面的水位差。

3. 净水头

净水头是水电站的毛水头减去发电水流在输水道内的全部水头损失后的水头。

4. 最大水头

最大水头是水电站正常运行期间，水库（对应坝式及混合式）或前池（对应引水式）的正常蓄水位和相应的下游最低水位之差。

5. 最小水头

最小水头是水电站正常运行期间，上游最低水位与相应的下游最高水位之差。

6. 设计水头

设计水头是保证水电站水轮发电机组发出额定出力时的最小水头。

7. 平均水头

平均水头是在一定计算时期内各计算时段（日、旬、月等）的水头以算术平均计算得出的水头。

8. 加权平均水头

加权平均水头是针对较长运行时期内以发电量为权重计算的平均水头。

9. 水轮机额定水头

水轮机额定水头是水轮机在额定转速下发出额定输出功率时的最低水头。

10. 水头损失

水头损失是以水柱高度表示的单位重量的水体在流动中所消耗的机械能，包括局部损失和沿程损失。一般流速、糙率越大沿程损失越大。

（三）出力

出力是水电站所有机组的发电机端母线上输出的功率之和，单位为 kW。

1. 水电站保证出力

水电站保证出力是指水电站在与设计保证率相应的供水时段内的平均出力，以水电站保证出力乘以相应的计算历时得出的电能量为保证电能。

2. 季节性电能

季节性电能是指水电站多年平均年发电量减去保证电能所得的电能量。

三、水位、库容及调节

（一）水位

1. 正常蓄水位（正常高水位、设计蓄水位、兴利水位）

水库在正常运用情况下，为满足设计的兴利要求在供水期开始时应蓄到的最高水位，又称正常高水位、兴利水位。当采用无闸门控制的泄洪建筑物时，它与泄洪建筑物堰顶高程相同；当采用有闸门控制的泄洪建筑物时，它是闸门关闭时允许长期维持的最高蓄水位。

2. 死水位

水库在正常运用情况下，允许消落到的最低水位。日调节水库在枯水季节水位变化较大，每 24h 内将有一次消落到死水位，年调节水库一般在设计枯水年供水期末才消落到死水位，多年调节水库只在多年的枯水段末才消落到死水位。水库正常蓄水位至死水位之间的深度叫消落深度。

3. 设计洪水位

设计洪水时在坝前达到的最高水位，它是水库在正常运用（设计）情况下允许达到的最高水位，也是挡水建筑物稳定计算的主要依据。

4. 校核洪水位（非常洪水位）

校核洪水时在坝前达到的最高水位，它是水库在非常运用（校核）情况下，允许临时达到的最高水位。

5. 防洪限制水位（汛前限制水位）

水库在汛期允许兴利蓄水的上限水位，也是水库汛期防洪运用时的起调水位。

6. 防洪高水位

水库遭遇下游防护对象的设计洪水时在坝前达到的最高水位。

7. 汛期排沙水位

多沙河流上的水库为保持一定调节库容，减少淤积及库尾淹没损失，降低对上游梯级电站尾水水位影响，设置汛期排沙水位。当来水达到一定流量（一般为造床流量，约为2～3 年一遇洪水位时），降低到排沙水位运行。

8. 尾水位

水电站尾水出口断面的水面高程。

（1）正常尾水位。水电站通过平均流量时的相应尾水位，也称平均尾水位。

（2）最低尾水位。水电站单机最小流量发电时的尾水位。

（3）设计尾水位。水电站各水轮机以额定流量发电时的相应尾水位。

（二）库容

1. 调节库容（有效库容、兴利库容）

正常蓄水位至死水位之间的水库容积。

2. 总库容

水库最高水位（不一定是校核洪水位）以下的水库静库容。总库容 100 万 m³ 以下时为小（2）型水库，100 万～1000 万 m³ 为小（1）型水库；1000 万～1 亿 m³ 以中型水库；1 亿 m³ 以上为大型水库。

3. 死库容

死水位以下的水库容积。一般用于容纳水库淤沙、抬高坝前水位和库区水深。在正常运用中不调节径流，也不放空。只有因特殊原因，如在排沙、水工建筑物检修和战备情况下，才考虑泄放这部分容积。水库特征水位及库容示意图如图 1-7 所示。

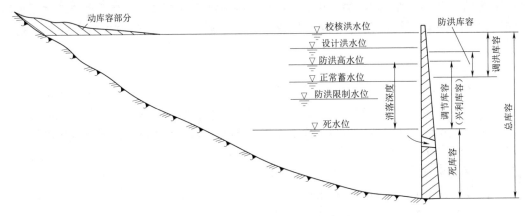

图 1-7　水库特征水位及库容示意图

4. 库容曲线

它是以水位为纵坐标，以库容为横坐标绘制而成，是水库规划设计和管理调度的重要依据。库容曲线如图 1-8 所示。

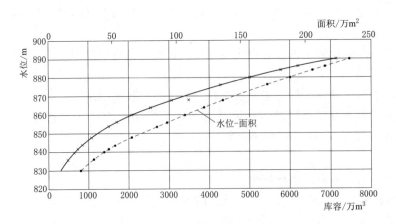

图 1-8　库容曲线

5．泄流曲线

反映水电站枢纽溢流表孔、中孔、底孔单独及联合泄洪时，水位与泄洪流量关系的曲线；通过水位可以方便查取泄量。

（三）调节

1．库容系数（β）

库容系数指调节库容占多年平均入库径流量的比重。$\beta \geqslant 30\%$属多年调节，$8\% \leqslant \beta < 30\%$属年调节，$3\% \leqslant \beta < 8\%$属不完全年调节，$\beta < 3\%$属日调节。

2．日调节

日调节指一昼夜内进行的径流重新分配，即调节周期为24h。具有日调节能力的水库电站称为日调节水电站。日调节库容较小，一般仅需设计枯水年枯水期日平均流量乘以10h的库容。

3．周调节

在枯水季节里，河流中的天然流量往往变化不大，但系统中一周内双休日的平均负荷常小于其他日的平均负荷，因此，水电站可把双休日多余的水量储存起来，用以增加其他各工作日的平均出力，即为周调节。周调节所需库容为日调节库容的1.15～2.0倍，这种调节所需的库容不大，获得的电站容量效益较小。周调节是将较均匀的入库径流通过调节成急剧变化的径流下泄（发电），以适应周负荷急剧变化的要求，目的是扩大水电站的容量效益，调节周期为一周（7天）。

4．年调节（季调节、不完全年调节）

一般将年调节、季调节、不完全年调节统称年调节。将汛期多余水量的一部分储存于水库中，以补给枯水期的发电水量，即为年调节，因又是丰、枯季的水量调节，又称季调节。仅具有年（季）调节能力的水电站，只能容纳汛期的部分多余水量，并于枯水期末全部放空，因此又称不完全年调节。

5．多年调节

将丰水年或丰水年组的多余水量储存在水库里，用于增加以后一个或几个枯水年的供水量，称多年调节。

四、调度

（一）水库调度

水库调度指确定水库运用中决策变量（电站出力、供水量、弃水量、时段末库水位等）与状态变量（时段初库水位、入库流量、时间等）间关系的工作。

1．防洪调度

利用水库防洪库容对洪水进行有计划的蓄泄安排。

2．综合利用水库调度

负担两种或两种以上重要规划任务的水库的调度。

3．水库联合调度

为达到特定目标对多个水库实施的统一调度。

4．水库调度图

表示水库调度方案和规则（即决策变量与状态变量关系）的曲线图。水库调度图包含的各种调度线及其所划分的若干调度区，规定了水库处于不同状态时的调度方案，是指导水库调度的主要工具。调度线包括限制出力线、防破坏线、防弃水线、防洪调度线，由此调度线组成五个区，即限制出力区、保证出力区、加大出力区、满发出力区、防洪调度区。

（二）发电调度

发电调度是指水电站根据电网调度部门下达的发电计划，编制调度优化运行方案。电站调度优化运行方案依据工作周期长短及内容的不同，可分为长期调度优化运行、短期调度优化运行和厂内调度优化运行。

（三）生态调度

水电站生态调度是指为了将水电站对生态环境的负面影响降至最低程度，使河流生态系统的结构和功能处于良好状态而采取的调度方案。

五、水电站防洪标准

（一）水电站等级

根据《防洪标准》（GB 50201—2014），水利水电枢纽工程根据其工程规模、效益和在国民经济中的重要性分为五等。我国规定一般把装机容量 5 万 kW 以下的水电站定为小型水电站，5 万～30 万 kW 为中型水电站，30 万 kW 以上为大型水电站。

其中：装机容量大于 120 万 kW 为Ⅰ等大（1）型水电站，30 万～120 万 kW 为Ⅱ等大（2）型水电站，5 万～30 万 kW 为Ⅲ等中型水电站，1 万～5 万 kW 为Ⅳ等小（1）型水电站，小于 1 万 kW 为Ⅴ等小（2）型水电站。水利水电枢纽工程的等级划分指标见表 1-1。

表 1-1　　　　　　　　水利水电枢纽工程的等级划分指标

工程规模	水库	防洪		治涝	灌溉	供水	水电站
	总库容/亿 m³	城镇及工矿企业的重要性	保护农田/万亩	治涝面积/万亩	灌溉面积/万亩	城镇及工矿企业的重要性	装机容量/万 kW
大（1）型	≥10	特别重要	≥500	≥200	≥150	特别重要	≥120
大（2）型	10～1.0	重要	500～100	200～60	150～50	重要	30～120
中型	1.0～0.1	中等	100～30	60～15	50～5	中等	5～30
小（1）型	0.1～0.01	一般	30～5	15～3	5～0.5	一般	1～5
小（2）型	0.01～0.001		≤5	≤3	≤0.5		≤1

注　1. 总库容系指最高水位以下的水库静库容。
　　2. 灌溉面积指设计灌溉面积。

水工建筑物的级别划分详见表 1-2。

表 1-2　　　　　　　　　　水工建筑物级别

工程级别	永久性水工建筑物级别		临时性水工建筑物级别
	主要建筑物	次要建筑物	
Ⅰ	1	3	4
Ⅱ	2	3	4
Ⅲ	3	4	5
Ⅳ	4	5	5
Ⅴ	5	5	

河床式水电站厂房作为挡水建筑物时，其防洪标准与挡水建筑物的防洪标准相一致。嘉陵江宁强巨亭水电站为河床式水电站，装机容量 4 万 kW，按装机容量划分为Ⅳ等小（1）型工程；总库容 2300 万 m³，按库容为Ⅲ等中型工程，由于为河床式水电站，综合确定巨亭水电站大坝、厂房均为Ⅲ等中型工程，按 50 年一遇洪水设计，500 年一遇洪水校核。

工程规模决定工程等别，等别决定工程级别，级别决定工程防洪标准及安全系数。一般是工程级别越高，防洪标准越高，安全系数越高。如装机容量小于 1 万 kW 的水电站厂房为Ⅴ等小（2）型工程，防洪标准为 30 年一遇洪水设计、50 年一遇洪水校核；装机容量为 1 万～5 万 kW 的水电站厂房为Ⅳ等小（1）型工程，防洪标准为 50 年一遇洪水设计、100 年一遇洪水校核。

泄放正常运用（设计）洪水时，要保证挡水建筑物及其他主要建筑物的绝对安全，当泄放非常运用（校核）洪水时，要保证挡水建筑物的安全。

（二）水工建筑物防洪标准

防洪标准是指根据防洪保护对象的重要性和经济合理性而由国家确定的防御洪水的标准。《防洪标准》（GB 50201—2014）、《水利水电工程等级划分及洪水标准》（SL 252—2017）是确定工程建筑物防洪标准的依据，水工建筑物防洪标准根据表 1-3 确定。

表 1-3　　　　　　　　　　　水工建筑物防洪标准

水工建筑物级别	防洪标准（重现期）/a						
	山区、丘陵区			平原区、滨海区		水电站厂房	
	设计	校核		设计	校核	设计	校核
		混凝土坝、浆砌石坝及其他水工建筑物	土坝、堆石坝				
1	1000～500	5000～2000	可能最大洪水（PMF）或 10000～5000	300～100	2000～1000	>200	1000
2	500～100	2000～1000	5000～2000	100～50	1000～300	200～100	500
3	100～50	1000～500	2000～1000	50～20	300～100	100	200
4	50～30	500～200	1000～300	20～10	100～50	50	100
5	30～20	200～100	300～200	10	50～20	30	50

（三）洪水

1. 洪水定义

洪水指由降雨或冰雪消融使河道水位在较短时间内明显上涨的大流量水流。

2. 汛

江河、湖泊中每年季节性或周期性的涨水现象称为汛。

3. 汛期

江河、湖泊中每年出现定时性水位上涨的时期称为汛期，黄河流域一般为 5—10 月，长江流域一般为 4—10 月。

4. 重现期

不小于（不大于）一定量级的水文要素出现一次的平均时间间隔年数，以该量级频率的倒数计。在防洪、排涝研究暴雨或洪水时，频率 P（％）和重现期 N（年）存在以下关系：

$$N = 1/P \times 100$$

5. 洪峰流量

在一次洪水过程中，通过河道的流量由小到大，再由大到小，其中最大的流量称为洪峰流量 Q。在岩石河床或比较稳定的河床，最高洪水位出现时间一般与洪峰流量出现的时间相同。大江大河由于流域面积大，接纳众多支流的洪水，往往出现多峰；中小流域则大都为单峰；持续降雨往往出现多峰，单独降雨则一般为单峰。洪水等级按洪峰流量重现期划分为如下 4 级：

（1）一般洪水：5～10 年一遇。

（2）较大洪水：10～20 年一遇。

（3）大洪水：20～50 年一遇。

（4）特大洪水：大于 50 年一遇。

6. 洪水总量

洪水总量 W 是指一次洪水通过河道某一断面的总水量。洪水总量按时间长度进行统计，如 1 日洪水总量、3 日洪水总量、7 日洪水总量等。

7. 洪水历时

洪水历时 T 是指在河道的某一断面上，一次洪水从开始涨水到洪峰出现然后回落至起涨水位这一过程所经历的时间。

8. 洪水过程线

洪水过程线是以时间为横坐标，以流量（水位）为纵坐标，绘出从起涨到峰顶到落尽的整个过程曲线。

9. 暴雨型洪水过程线

暴雨型洪水过程线是流域面积小、河槽汇流快、河网的调蓄能力低的山区河流，洪水多为陡涨陡落型。流域面积大，不同场次的暴雨在不同支流形成的多次洪峰先后汇集到大河时，各支流的洪水过程往往相互叠加，又由于河网、湖泊、水库的调蓄，洪峰的次数减少，而历时则加长，涨落较为平缓。设计中一般选择峰高量大，洪峰偏后的不利洪水作为典型来设计。

第三节　水工建筑物及金属结构

一、水工建筑物

小型水电站水工建筑物根据其在水电站中的作用、位置，可分为枢纽建筑物（挡水及泄水建筑物）、引水（输水）建筑物（进水口、隧洞或渠道）和水电站建筑物（平压建筑物、厂房、升压站等）。

（一）枢纽建筑物

1. 挡水建筑物

挡水建筑物指拦截水流、壅高水位形成水库，以集中落差、调节流量的建筑物，如坝（重力坝、拱坝、土石坝、橡胶坝）、闸等。

大坝按坝高分为高坝（最大坝高 70m 以上）、中坝（30～70m 的坝）、低坝（30m 以下）。按筑坝材料可分为浆砌石坝、混凝土坝、当地材料坝（土坝、堆石坝等）。按坝型可分为重力坝、拱坝、土石坝等。

（1）重力坝。主要依靠自身重量抵抗水的作用力等荷载以维持稳定的坝，筑坝材料为混凝土（常规混凝土、碾压混凝土、堆石混凝土）或浆砌石。

（2）拱坝。是指固结于基岩的空间壳体结构，结构上属于周边固定的高次超静定结构，在平面上呈拱向上游的拱形，其拱冠剖面是呈竖直或向上游凸出的曲线形，坝体的稳定主要依靠两岸拱端的反力作用，并不全靠坝体自重来维持。

（3）水闸。水闸（或称取水闸、渠首闸）既是挡水建筑物也是泄水建筑物。建在河道、水库或湖泊的岸边，用来引水灌溉、发电或其他进水需要和控制流量。

（4）水力自控翻板闸门。水力自控翻板闸门利用水力和杠杆原理，使其绕水平轴转动，从而实现自动开启和关闭。一般当水位超过闸顶 15～20cm 时，闸门倾倒。图 1-9 为蓝桥河水电站翻板闸门。

（5）橡胶坝。横放在溢洪道或拦河闸底部的一整块橡皮胶囊，当胶囊中充水（或气）胀起时挡水，放空一部分或完全放空时塌坝泄水。一般适用于 5m 以下低水头且泥沙较少的河流上。

2. 泄水及消能建筑物

泄水及消能建筑物可分为坝身式、岸边式和隧洞式三类，一般包括溢洪道、

图 1-9 蓝桥河水电站翻板闸门

溢流坝、泄洪洞、中（底）孔等。小水电站常见消能方式如下。

（1）挑流消能。利用泄水建筑物鼻坎将下泄的高速水流抛射向空中，远离坝趾，使水流扩散，并掺入大量空气，然后跌入下游河床水垫中，一般情况下较高的拱坝、重力坝采用此种消能方式。挑流消能又分为不对冲挑流和对冲挑流。

（2）底流消能。中、低坝或基岩较软弱的河道一般采用底流消能。通过在坝趾下游设消力池、消力坎等，促使水流在限定范围内产生水跃，通过水跃内部的旋滚、摩擦、掺气和撞击消耗能量。

（3）面流式消能。面流式消能是利用鼻坎将主流挑至水面，通过在主流下面形成旋滚来消能。适用于下游水位稳定，尾水较深，水位变幅不大，河床和两岸在一定范围内有较高抗冲能力顺直河道上水头较小的中、低坝。

（4）消力戽消能。适用于尾水较深（大于跃后水深），且下游河床和两岸有一定抗冲能力的河道。消力戽的挑流鼻坎潜没在水下，形不成自由水舌，水流在戽内产生旋滚，经

鼻坎将高速的主流挑至表面，戽内的旋滚可以消耗大量能量，因高速水流在表面，也减轻了对河床的冲刷。

3．取水建筑物

取水建筑物主要指进水口。

（1）开敞式进水口。开敞式进水口一般为无压引水，进水口内水流为无压的明流，以引表层水为主。开敞式进水口如图 1-10 所示。

（2）坝式进水口。进水口依附在坝体的上游面上，并与坝内压力管道连接。混凝土重力坝的坝后式厂房、坝内式厂房常采用此种布置。部分混合式电站也采用了坝式进水口，在进水口后直接接明钢管，然后再进压力隧洞。

（3）河床式进水口。适用于河床式水电站。

（4）竖井式进水口。拦污栅设于洞外，事故门或检修闸门设于竖井内。

（5）岸塔式进水口。进口段、闸门段和闸门竖井均布置在山体之外，形成一个紧靠在山岩上的单独墙式建筑物，承受水压及山岩压力。

（6）塔式进水口。进口段、闸门段及其一部框架形成一个塔式结构，耸立在水库中，塔顶设操纵平台和启闭机室，用工作桥与岸边或坝顶相连。塔式进水口可一边或四周进水。塔式进水口如图 1-11 所示。

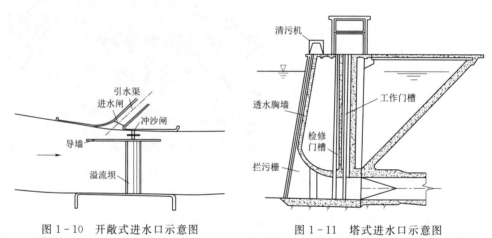

图 1-10　开敞式进水口示意图　　　　图 1-11　塔式进水口示意图

（二）输水建筑物

1．渠道

（1）自动调节渠道。运行电站切除部分或全部负荷时，渠道内的水位能自动升高至与水库水位齐平而不发生弃水的引水渠道。

（2）非自动调节渠道。电站切除部分或全部负荷时，渠道内的水位仅能升高至引水渠或前池溢流堰顶限制高程的引水渠道。

（3）峰荷渠道。水电站担负日调节任务时，从日调节池到前池通过相应于峰荷出力的流量的一段渠道。

2．引水隧洞

引水隧洞为发电、灌溉、供水等兴利目的，将水引至用水地点，开挖的具有封闭断面的输水道。引水隧洞分为无压和有压两种。

（1）无压引水隧洞。洞内水流具有自由水面的引水隧洞称无压引水隧洞。无压引水隧洞地质条件良好时一般采用城门洞形，洞顶和两侧围岩不稳时一般采用马蹄形，洞顶岩石很不稳时采用高拱形。无压引水隧洞水面以上必须保证不低于断面面积 15%的自由空间，且水面距洞顶不低于 40cm，运行中要避免出现无压/有压交替的工作状态。地质条件不良或多泥沙河流，一般在隧洞合适位置设置沉砂（石）坑。

（2）有压引水隧洞。洞内充满水流，水流无自由水面，洞壁四周承受水压力作用的引水隧洞称有压引水隧洞。有压引水隧洞承受较大的内水压力，要求有一定厚度的围岩和足够强度的衬砌。有压引水隧洞一般多采用圆形断面，洞顶各点高程应在最低压坡线之下，并有不小于 1.5m 水头的压力余幅，保证洞内不出现负压。有压引水隧洞运行条件复杂、内水外渗、排水失效、外水压力加大等均将恶化工程地质和水文地质条件，影响围岩的稳定性。压力水外渗还可能引起山体滑坡。

（三）水电站建筑物

1. 平压建筑物

根据无压引水还是有压引水，平压建筑物分为前池或调压室。一些引水距离较短、隧洞断面较大的水电站，无须设置调压室。一些冲击式水电站虽然引水距离较长，但由于机组喷针具有弯折功能，可以满足调节保证计算要求，也未设置调压室。

（1）日调节池。设在引水渠道尾部、担负水量日调节任务的贮水池（有时同前池合二为一）。

（2）压力前池。连接引水渠道与水轮机压力管道的贮水池及挡水、配水、泄水等的建筑物。多泥沙河流一般在前池前设有沉砂池，在前池设置冲沙闸。其功用是将无压水流转换成压力流，给压力水管进口布置提供空间，向压力水管均匀供水，通过拦污栅、冲沙闸清除水中的漂浮物和泥沙，通过侧堰宣泄多余水量，在机组流量变化时起一定调节作用。

（3）调压室。设置在长有压引水道尾部或有压尾水道首部，用以减低压力管道中水锤压力、改善机组运行条件的贮水建筑物。调压室的基本类型有简单圆筒式调压室、阻抗式调压室、双室式调压室、溢流式调压室、差动式调压室和压气式调压室等。小型水电站常用简单圆筒式调压室、阻抗式调压室、溢流式调压室。

2. 压力管道

从水库、前池或调压室引水至水轮机的承压输水管道。

（1）明管。敷设在地面以上支承结构物上的压力管道。

（2）地下埋管。埋入岩体中、管壁与围岩之间用水泥砂浆或混凝土充填的压力管道。

（3）回填管。敷设在开挖的管槽内并用砂土料回填覆盖的压力管道。

（4）坝内埋管。埋设在混凝土坝体内的压力管道。

（5）坝后背管。嵌敷在混凝土坝下游面上的压力管道。压力管道主要组成如下。

1）岔管。压力管道分岔处的管段，可分为三梁岔管、球形岔管、无梁壳型岔管、内加强月牙肋岔管和贴边岔管等。

2）镇墩。固定压力管道位置，主要承受压力管道纵轴向荷载并靠自身重量维持稳定的块体状结构物。

3）支墩。主要承受管道自重、管内水重以及纵轴方向摩擦力的压力管道支承结构物，可分为鞍形支墩、支式支墩、滑动支墩、滚动支座和摆柱支座等。

4）钢管。水轮机或其他用水部位的钢管道。主要包括：①凑合节，安装钢管时为凑合与设计长度不符的差值而增加的管段；②支承环，在钢管支承处与管外壁连成整体的环形支承部件；③加劲环，用以提高钢管抗压稳定能力的环形部件。围绕钢管管周焊接，且刚性较大；④伸缩节，为避免因温度变化引起钢管产生过大的轴向应力，在管段之间设置的允许两侧管段产生轴向伸缩和微小角位移的接头部件；⑤闷头、堵头，钢管安装后用于封堵管端的部件；⑥止水填料，钢管伸缩节内外管壁之间的止水充填物；⑦法兰接头，用法兰盘连接钢管段的接头；⑧进人孔，钢管上供工作人员检查时进、出人的孔口。

3. 水电站厂房

水电站中安置水轮发电机组及其辅助设备，并为其安装、检修、运行及管理服务的建筑物。

（1）类型。

1）坝后式厂房。布置在挡水坝段后面、不直接承受坝上游水压力的水电站厂房，还包括厂顶溢流式厂房、厂前挑流式厂房等特殊布置的厂房。

2）河床式厂房。位于河道上直接承受上游水压力的水电站厂房。

3）岸边式厂房。位于河岸边，不直接承受坝上游水压力的水电站厂房。

4）坝内式厂房。设在挡水坝体空腔内的水电站厂房。

5）地下式厂房。发电厂房及水轮发电机组等主要设备设置在地下洞室内的水电站厂房。

6）半地下厂房。建在地面以下的坑槽中或竖井中，顶部露出到地表面以上的水电站厂房。

（2）厂房的组成部分。

1）主厂房。装设水轮发电机组及其辅助设备、供发电运行及安装检修作业用的建筑物，包括主机间和安装间等。

2）副厂房。装设配电变电设备、控制操作设备、水机辅助设备、通信设备等，为检修、试验、管理等使用的建筑物。

3）中央控制室。装设对全厂各种机械、电气设备进行集中监视及控制用的仪器、仪表设施的房屋。

4）发电机层。装设立轴水轮发电机组的厂房中位于主机间地板以上的空间。

5）水轮机层。装设立轴水轮发电机组的厂房中位于主机间地板以下到水轮机蜗壳层以上的空间。

6）蜗壳层。装设立轴水轮发电机组的厂房中位于水轮机层地板以下到尾水管顶端高程以上的空间。

7）尾水管层。装设立轴水轮发电机组的厂房中位于尾水管顶端高程以下到底板高程以上的空间。

8）阀门廊道。主厂房下部结构物中装置压力管道主阀的廊道。

（3）厂房的主要构件。

1）机墩。支承水轮发电机组传来的荷载并将其传给厂房下部块体的结构物，有圆筒式、框架式、环梁立柱式、块基式等形式。

2）发电机风罩。围护在立轴水轮发电机定子外壳周围，形成冷却通风道的筒形结构物。

3）水轮机室。围护在反击式水轮机转轮外围的过流部件，形状有明槽式、蜗壳式等。

4）挡水墙。厂房上、下游侧直接承受水压力作用的挡水结构物。

5）尾水池。厂房下游汇集尾水管出流的建筑物。

6）尾水渠。从尾水池通往下游河道的泄水建筑物。

7）尾水平台。建在主厂房下游侧，装设尾水闸门、启闭机械的工作桥。

4. 升压站

（1）开关站。装设供发电运行检修用的各种电气开关设备的空间。

（2）GIS室。装设高压气体绝缘金属封闭式组合电器（GIS）的空间。

二、金属结构

（一）闸门

设置在水工建筑物的过流孔并可操作移动的挡水结构物。

1. 闸门作用及功能类别

（1）工作闸门。承担主要工作并能在动水中启闭的闸门。工作方式为动水启闭。

（2）事故闸门。能在动水中截断水流以便处理或遏制水道下游所发生事故的闸门。工作方式为动闭静启。在泄水孔工作闸门的上游侧应设置事故闸门，对高水头长泄水孔的闸门，有的还在事故闸门前设置检修闸门。当事故闸门或快速闸门设置于调压井内并经常停放于孔口上方时，要考虑涌浪对闸门停放和下降的不利影响。引水式水电站除在压力管道进口处设置快速闸门外，有的还在长引水道进口处设置事故闸门；河床式水电站的进水口如机组有可靠防飞逸装置，只需设置事故闸门和检修闸门。

（3）快速闸门。当发生输水钢管、主阀破裂或机组飞逸情况时，为避免事故扩大能在动水状态下快速关闭的事故闸门。工作方式为动闭静启。快速闸门的关闭时间应满足防止机组飞逸和对压力钢管的保护要求，一般为 2min，其下降速度在接近底槛时不宜大于 5m/min。快速闸门的启闭设备应有就地和远方两套操作系统，并配有可靠的电源和准确的闸门开度指示控制器。当水电站机组或压力钢管要求闸门作事故保护时，坝后式水电站的进水口设置快速闸门和检修闸门。

（4）检修闸门。检修闸门为供检修水工建筑物或工作闸门及其门槽时临时挡水用的闸门，工作方式为静水启闭。溢洪道工作闸门的上游侧一般设置检修闸门，对于重要工程，必要时也可设置事故闸门。当水库水位每年有足够的连续时间低于闸门底槛并能满足检修要求时，可不设检修闸门。

（5）泄洪闸门。主要用于宣泄洪水而设置的闸门。

（6）尾水闸门。位于水轮机尾水管出口处的闸门。

（7）冲沙闸门。在冲沙闸或冲沙廊道进口处设置的，开启时利用被堵住的水流冲走泥沙等淤积物的闸门。

2. 闸门工作方式

（1）露顶式闸门。门顶露出水面、无顶止水的闸门。

（2）潜孔式闸门。门顶淹没在水中、有顶止水的闸门。

3. 闸门结构类型

（1）平面闸门。一般能沿直线升降启闭，具有平面挡水面板的闸门。

（2）定轮闸门。闸门边梁上装设定轮作为支承行走部件的平面闸门。

（3）滑动闸门。前门边梁上装有滑道或滑块作为支承行走部件的平面闸门。

（4）升卧式平面闸门。轨道上部具有圆弧段，闸门被提升到全开位置时能水平放置的平面闸门。

（5）闸阀式闸门。采用密闭式整体钢门槽的平面闸门。

（6）弧形闸门。启闭时绕水平支铰轴旋转，具有弧形挡水面板的闸门。

（7）水力自控闸门。利用水位涨落时水压力的变化自控启闭的闸门。

（8）水力自控翻板闸门。利用水力自控或其他驱动方式使平板门叶旋转翻动来调节流量的闸门，有立轴翻板、单铰翻板和多铰翻板等。

（9）后水箱水力自动弧形闸门。在弧形闸门水平支铰轴后设置水箱，利用门体自重和水体重自动启闭的闸门。

（10）浮箱式闸门。具有空箱和排水、充水设备，能在水中浮运和下沉就位的闸门。

（11）叠梁闸门。将若干根水平梁叠置于门槽内封闭孔口的简易挡水闸门。

（12）锥形阀。安装在压力管道出口的锥形体出流段由滑动套管控制启闭的阀门。

（13）空注阀。安装在压力管道出口处，开启时水流呈空心柱状向外射流的阀门。

4. 闸门零部件

（1）门叶。闸门上用于直接挡水的结构部件。

（2）滑动支承。沿闸门门叶高度设置的将水压力传至主轨的滑道或滑块。

（3）滚动支承。将闸门门叶所受水压力传至主轨的滚柱式或滚轮式支承。

（4）分段支承。沿闸门门叶高度设置的非连续性的滑动支承。

（5）连续支承。沿闸门门叶高度全长设置的滑动支承。

（6）吊耳。设置在闸门上部供起吊闸门用的部件。

（7）导向装置。闸门启闭时引导门叶在门槽轨道上保持正常位置的设施。

（8）主轮。闸门上用于向主轨传递水压力的轮式支承。

（9）反轮与侧轮。

1）反轮是位于与闸门主轮反向的一侧，防止门叶启闭时因前后倾斜而受到撞击的轮式支承。

2）侧轮是位于闸门门叶边梁腹板上，防止因门叶启闭时左右摆动而受到撞击的轮式支承。

（10）底缘。闸门门叶底部结构的边缘部分。

（11）滑道。用高分子自润滑、油尼龙、铸钢、铸铁块等材料制成的自润滑支承滑道。

（12）支臂。一端与支铰连接，支承弧门门叶的传力结构部件。

（13）支铰。枢轴承弧形闸门转动启闭时承受门叶传来的荷载的铰支承。

（14）止水装置。闸门关闭后阻止门叶周边与门槽间隙漏水的装置。

（15）充水阀。附设在闸门门叶上，用于向门后充水使闸前后水压平衡的阀门。

（16）锁定装置。将闸门门叶固定于闸孔某一位置的装置。

1）平移式锁定装置。锁定梁用滚轮作水平移动的门叶锁定装置。

2）旋转式锁定装置。有可旋转撑爪的门叶锁定装置。

3）自动锁定装置。利用驱动设备自动操作的锁定装置。

（二）启闭机

启闭机是用于启闭闸门或阀门的机械，主要包括以下几种类型：

（1）卷扬式启闭机。用钢丝绳作牵引件，经卷筒转动提升闸门的机械。

（2）液压启闭机。通过油压系统中油的压力来启闭闸门的机械。

（3）螺杆启闭机。通过传动机构升降螺杆启闭闸门的机械。

（4）门式启闭机。具有门型构架并能沿轨道移动的起重机械。

（5）桥式启闭机。具有桥型构架并能沿轨道移动的起重机械。

（6）台车式启闭机。安装在台车上能移动的卷扬式启闭机。

（7）链式启闭机。用链条、链轮组成的闸门启闭机械。

（8）轮盘式启闭机。通过机械驱动转盘连接的刚性连杆带动人字闸门启闭的机械。

（三）拦污栅及清污设备

1. 拦污栅

用于拦阻水流中的漂浮物进入引水道的过水栅条结构件。

（1）移动式拦污栅。设置在栅槽内可以向上提升以便清理污物和维修的拦污栅。

（2）固定式拦污栅。用锚栓固定在进水口前面不能移动的拦污栅。

（3）栅条。安装在拦污栅支承结构上的长条状金属杆件。

2. 清污设备

清除拦污栅面上淤积物的机械设备。主要有齿耙式、回转栅式、液压抓斗式和压污耙式。

（四）其他设备

1. 起吊设备

（1）自动挂脱起吊梁。一种能自动连接闸门和启闭机的梁式起重部件。

（2）吊杆。连接启闭机与闸门的杆件。

（3）滑轮组。由动滑轮组和定滑轮组组成的用于提升重物的系统。

2. 埋件、连接件

（1）主轨。门槽中承受闸门滑块或主轮等传来的力，并将其传递给坝体或闸墩的轨道。

（2）反轨。门槽中承受闸门反向支承传来的力，并将其传递给坝体或闸墩的轨道。

（3）侧轨。门槽中承受闸门侧向支承传来的力，并将其传递给闸墩的轨道。

（4）导向坡度。为使闸门门叶易于进入门槽在槽顶人口段两侧扩张的坡度。

（5）门槽。在过流孔口的两侧，用于约束闸门门叶运动位置的凹槽。

（6）门槽宽度。门槽沿水流方向的度量。

（7）门槽深度。门槽与水流方向垂直的最大度量。

（8）门楣。闸门孔口顶部的埋件。

（9）底槛。闸门孔口门槽底部的埋件。

（10）护角。保护闸门门槽棱角的金属埋件。

（11）锚栓。用于将金属结构或设备锚定在坝体或坞工结构中的预埋螺栓。

第四节 水电站主要机电设备

水电站机电设备可分为水力机械、电气设备两大类，通俗地讲可分为水流系统、机械控制设备系统、辅助设备系统、电流系统、电气控制设备系统。

（1）水流系统。包括水轮机及其进出水设备，包括水轮机前的进水阀、蜗壳、水轮机、尾水管及尾水闸门等。

（2）机械控制设备系统。包括水轮机的调速设备、事故阀门的控制设备及闸门、拦污栅等操作控制设备。

（3）辅助设备系统。包括为了安装、检修、维护、运行所必需的各种电气及机械辅助设备，如厂用电系统（厂用变压器、厂用配电装置、直流系统），油系统、气系统、水系统、起重设备，各种电气和机械修理室、试验室、工具间、通风采暖设备等。

（4）电流系统。即电气一次回路系统，包括发电机及其引出线、母线、发电机电压配电设备、主变压器和高压开关站等。

（5）电气控制设备系统。即电气二次回路系统，包括机旁盘、励磁设备系统、中央控制室、各种控制及操作设备（如各种互感器、表计、继电器、控制电缆、自动及远动装置、通信及调度设备等直流系统）。

水轮发电机组及其辅助设备组成如图1-12所示。

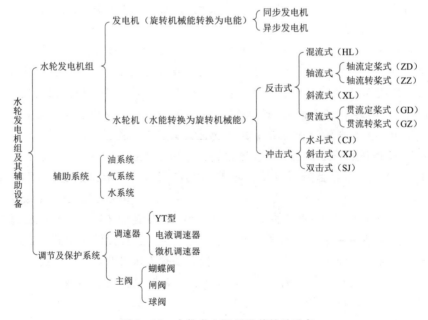

图1-12 水轮发电机组及其辅助设备

一、水轮机

水轮机是利用水工建筑物形成的水头和引来的流量来做功，把水流势能转变为机械能的一种动力机械。

（一）水轮机类型、特点及型号

1. 水轮机的类型及特点

按水流对转轮的水力作用不同，水轮机可分为反击式水轮机和冲击式水轮机两类；按轴的布置形式可分为立轴、卧轴、斜轴三类。

水轮机类型及特点见表1-4。

表1-4　　　　　　　　　　　　水轮机类型及特点

类型	型式	适用水头/m	特点
反击式	混流式	15~700	适用水头范围较宽，运行稳定，最高效率值大，但高效率区较窄
	轴流式	2~90	过水能力大，运行稳定性较好，高效率区范围较宽，但适用的水头范围不如混流式
	斜流式	40~120	应用水头较高，运行范围广，有广阔的高效率区，空蚀性能好
	贯流式	0.5~30	过水能力大，流道通畅，水力损失小，效率较高，但只适用低水头
冲击式	水斗式	100~2000	结构简单，适用于高水头、小流量的电站，虽高效率区较为宽广，但高效率值较低
	斜击式	20~300	效率较低，但结构简单，制造方便，适用水头范围较广
	双击式	5~100	效率较低，但结构简单，制造方便，适用水头范围较窄

立轴水轮机为主轴竖直布置的水轮机。立轴水轮发电机组分为悬式发电机、伞式发电机。悬式发电机为推力轴承位于发电机转子上方的立轴发电机；伞式发电机为推力轴承位于发电机转子下方的立轴发电机。卧轴水轮机为主轴水平布置的水轮发电机组。斜轴水轮机为主轴与水平面夹角大于0°且小于90°布置的水轮机。

旋转方向是从发电机端向水轮机端看，转轮的旋转方向。

2. 水轮机型号

根据我国"水轮机型号编制规则"的规定，水轮机型号一般由三部分组成：①水轮机的型式（表1-5）和转轮型号（即比转速代号）；②水轮机主轴的布置形式和引水室的特征（表1-6）；③水轮机转轮标称直径，以cm表示。

表1-5　　　　　　　　　　　　水轮机型式的代表符号

类别	型式	代表符号	类别	型式	代表符号
反击式	混流式	HL	冲击式	水斗式	CJ
	轴流转桨式	ZZ			
	轴流定桨式	ZD		双击式	SJ
	斜流式	XL			
	贯流转桨式	GZ		斜击式	XJ
	贯流定桨式	GD			

表 1-6　　　　　　　　　　　　　　主轴布置形式和引水室特征的代表符号

名　称	代表符号	名　称	代表符号
立轴	L	明槽式	M
卧轴	W	罐式	G
金属蜗壳	J	竖井式	S
混凝土蜗壳	H	虹吸式	X
灯泡式	P	轴伸式	Z

例：HL220-LJ-410，其中 HL 表示混流式水轮机，转轮型号为 220（比转速），立轴，金属蜗壳，转轮标称直径为 410cm；GZ995-WP-470，其中 G 表示贯流式，Z 表示转桨式水轮机，995 表示转轮型号（比转速），W 表示卧轴布置，P 表示灯泡式，470 表示转轮标称直径为 470cm。

（二）反击式水轮机

1. 反击式水轮机分类

反击式水轮机是利用水流压能为主做功的水轮机。水流通过转轮叶片时，叶片对水流有一个作用力，使水流改变了压力、流速的大小和方向，反过来，水流对叶片有一个大小相等、方向相反的作用力，即反作用力，形成旋转力矩，使转轮旋转。反击式水轮机按水流经过转轮的方向不同，可分为混流式、斜流式、轴流式和贯流式四种。

（1）混流式水轮机（法兰西斯水轮机）。轴面水流接近于径向流入转轮，在固定的转轮叶片上逐渐变向，至转轮出口处接近于轴向的反击式水轮机。混流式水轮机的特点是水流先沿辐向进入转轮，然后逐渐变为轴向而离开转轮。与其他形式的水轮机相比，当运行条件相同时，混流式的能量特性比水斗式好，而抗空蚀性能比轴流式强，额定负载效率高。混流式的能量特性比水斗式好，而抗空蚀性能比轴流式强，额定负载效率高。混流式水轮机主要由叶片、上冠、下环、泄水锥、解压装置和止漏装置组成。

（2）斜流式水轮机。水流倾斜于轴向进入转轮的反击式水轮机。

（3）轴流式水轮机。轴面水流沿轴向流入转轮的反击式水轮机。轴流式水轮机的特点是水流经过转轮始终沿着轴的方向，可分为轴流定桨式水轮机、轴流转桨式水轮机。

1）轴流定桨式水轮机。导叶可调，转轮叶片安放角在运行中不能调节的轴流式水轮机。

2）轴流转桨式水轮机。导叶和转轮叶片安放角在运行中都可以调节的轴流式水轮机。

（4）贯流式水轮机。水流轴向或斜向流进导叶的轴流式水轮机，轴线通常是水平或斜向布置。贯流式水电站是开发低水头水力资源较好的方式，一般应用于 30m 水头以下，低水头大流量的水电站。贯流式水轮机的特点是水流从进口到尾水管出口都是轴向的。贯流式机组运行稳定性好，转轮桨叶与导叶协同关系好，结构刚度大，流道对称，机组运行稳定，振动和摆度值小。由于贯流式机组自身的特点和水力条件的限制，贯流式机组也有如下不足之处：①结构复杂、制造难度大，防漏防潮要求高，通风条件差，检修比较困难；②由于减小了尺寸，减轻了重量，使机组转动部分 GD^2 小，机组运行稳定性差，孤网运行时周波波动较大，机组甩负荷时易过速；③下游尾水位较高，当机组甩负荷（或停机）时，尾水管内易出现反水锤。贯流式水轮机可分为如下4种。

1）全贯流式水轮机。发电机转子装于转轮叶片外缘上的贯流式水轮机。

2）灯泡式水轮机。发电机安装在位于流道中的灯泡体内的贯流式水轮机，发电机可由水轮机直接驱动或通过一个变速装置驱动。

3）竖井贯流式水轮机。发电机位于水轮机流道竖井中的贯流式水轮机，发电机通过一个变速装置与水轮机相连；通过竖井可以直接从上方拆卸发电机和变速装置。

4）轴伸贯流式水轮机。水轮机可以直接或通过变速装置驱动外置发电机。

2. 反击式水轮机组成及部件

反击式水轮机由引水机构（蜗壳与座环）、导水机构（活动导叶及其传动机构）、工作机构（转轮）和泄水机构（尾水管）四部分组成。

（1）引水机构：反击式水轮机中将水引入导水机构的部件，分为以下几种。

1）明槽引水室：具有自由水面的引水室。

2）蜗壳：无自由水面的蜗状引水室，有金属蜗壳和混凝土蜗壳两种。蜗壳内侧是开敞口，由座环（图1-13）支撑。蜗壳的主要作用包括：①保证水流以最小的水力损失把水引向导水部件，提高水轮机的效率；②保证导水部件周围的进水流量均匀，水流对称于轴，使转轮受力均衡，提高水轮机运行的稳定性；③使水流在进入导水部件之前具有一定的环流，能很顺利地进入工作转轮；④保证转轮在工作时，始终浸没在水中不会有大量空气进入转轮。

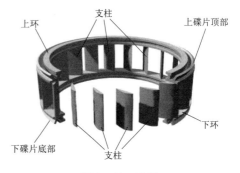

图1-13　座环

3）座环：在水轮机流道中由两块环形部件与若干固定导叶共同组成的结构部件，其作用为提供支撑，保证结构连续和将水流引导至导水机构。混流式水轮机的座环位于活动导叶的外围，它由上、下碟片和中间若干立柱（固定导叶）组成。在机组安装完毕以后，座环的上碟片顶部承受着发电机的机墩混凝土，内缘固定着水轮机顶盖，下碟片底部为基础混凝土，所以座环的作用是传递荷载并起骨架作用，因而要求有足够的刚度和强度。座环组成如图1-13所示。

（2）固定导叶：引导水流流向导叶的具有型线的座环结构部件。对于灯泡式机组而言，固定导叶与贯流式座环内、外锥段相连；对于不可调水力机械而言，固定导叶的作用为固定开度。

★ 在反击式水轮机的蜗壳上和冲击式水轮机进水阀的后面都装有压力表。在正常运行时，测量蜗壳进口压力是为了探知压力钢管在不稳定水流作用下的压力波动情况；在机组做甩负荷试验时，可以在蜗壳进口测量水击压力的上升值；在做机组效率试验时，在蜗壳进口测量水轮机工作水头中的压力水头部分；还可以比较上下游水位差，算出过水压力系统的水力损失。

尾水真空表测量尾水管进口断面的真空度及其分布，可用于分析水舱机发生汽蚀和振动的原因，并检验补气装置的工作效果。

（3）导水机构：引导水流从高压侧流入转轮并改变环量的结构部件。导水机构包括顶盖、底环、导叶及导叶调节装置。导水机构的主要作用是：当机组的负荷发生变化时，用来调节进入水轮机转轮的流量，改变水轮机的出力，使其与水轮发电机的电磁功率相适应；正常与事故停机时，用来截断水流，使机组停止转动（为水轮机运行时，使水流按有利的方向均匀地流入转轮）。

导水机构由导叶、导叶转动机构（包括转臂、连杆和控制环等）、接力器、底环及轴承组成。导水机构组成如图 1-14 所示。

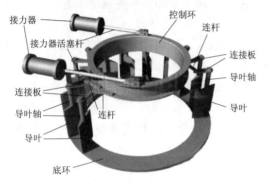

图 1-14　导水机构

1）活动导叶：导水机构中能旋转动作以调节进入转轮的流量的导流叶片。

2）底环：在立轴反击式水轮机中，支撑导叶下部轴颈和轴承的环形部件。

3）控制环：由接力器操作转动，再通过连杆、拐臂机构传递给全部导叶并使之同步动作的环状部件。

4）接力器：利用液压供给驱动导叶或转轮叶片或喷针的操作力的液压装置。

★ 水轮机在正常运行条件下，由止漏环漏到水轮机顶盖上的水，可以经由固定导叶中心的排水孔排入集水井中。但当止漏环工作不正常时，泄漏的水突然增多，未能及时排走就造成水轮机顶盖内的压力上升，这样不但增加机组转动部分的轴向推力，从而增大阻力损失，在某些情况下，还可能成为机组不稳定的因素之一。因此，必须对水轮机顶盖的压力进行测量，发现问题应及时处理。

（4）工作机构。转轮是指水轮机中将水能转换为机械能的转动部件，是水轮机工作机构。混流式水轮机的转轮主要由叶片、上冠、下环、泄水锥、减压装置和止漏装置等组成。它们的作用分别如下。

1）叶片（亦称轮叶）：水轮机转轮实现水能转换的核心。叶片的粗糙度、波浪度、尺寸、形状和厚度是否均匀、合理和一致，对水轮机的性能（如效率、空蚀）都将产生不同程度的影响。

2）上冠：其作用是上部连接主轴、下部支撑叶片并与下环一起构成过流通道。

3）下环：其作用是将转轮的叶片连成整体，以增加转轮的强度和刚度，并与上冠一起形成过流通道。

4）泄水锥：其作用是引导经叶片流道出来的水流迅速而又顺利地向下宣泄，防止水流相互撞击，以减小水力损失，提高水轮机的效率。

5）止漏装置：其作用是减少转轮上下转动间隙的漏水量。

6）减压装置：其作用是减少作用在转轮上冠上的轴向水推力，以减轻推力轴承的负荷。

7）转轮叶片：过流表面呈曲面形状的转轮部件，是转轮实现能量转换的主要部件。

8）转轮体：用以支承转轮叶片，并经相连的主轴传递机械能的轴流式、斜流式和贯流式水轮机转轮中的中心旋转体部分。

9）转轮室：轴流式或斜流式水轮机中构成水力通道并与转轮（叶轮）叶片形成适当间隙的结构部件。

10）水轮机主轴。水轮机主轴是指连接转轮、支承转轮旋转并传递机械能的轴，具体由以下几个部分组成。

a）主轴密封：用以减少主轴与固定部件之间漏水的装置。

b）导轴承：引导机组主轴正常旋转并承受径向力的滑动轴承。

c）推力轴承：承受机组轴向力的轴承。

d）推力径向轴承：同时承受轴向力和径向力的轴承。

（5）泄水机构。尾水管是指回收转轮出口水流的部分动能并将水流引向水电站下游的管形部件，是水轮机的泄水机构。不同类型反击式水轮机转轮出口处的水流速度略有不同，其中低水头水电站为 $3\sim6\mathrm{m/s}$，水头较高时可达 $8\sim12\mathrm{m/s}$。混流式水轮机出口动能占工作水头的 $5\%\sim10\%$，轴流转桨式水轮机出口动能占工作水头的 $30\%\sim45\%$，如果转轮出口水流直接泄入下游，则这部分动能就被损失掉了。此外，为便于水轮机安装与检修，常将其安装在下游水位以上，则又有部分位能被损失掉。为了减少这部分能量损失，可采用收回一部分水轮机转轮出口处的水流动能和位能的方法增加水轮机的利用水头，通过装设尾水管可以实现这一目的。装设尾水管后，可将转轮出口水流顺畅引至下游。如果转轮安装在下游水位以上高程，又可利用转轮与下游水位之间水流的势能（指转轮后面的静力真空，又称吸出高度），还可使转轮出口的水流动能大部分转换为转轮下部的动力真空，使转轮输入的压能增加。这些都将提高水轮机的工作效率。

影响尾水管效率的主要因素包括：尾水管的几何尺寸，如进锥管的角度、深度、出口扩散度、长度；衬管的水力损失；尾水管壁管的粗糙度、形状，机组的运行工况等。常用的有直锥形与弯肘形两种。尾水管的主要形式如图 1-15 所示。

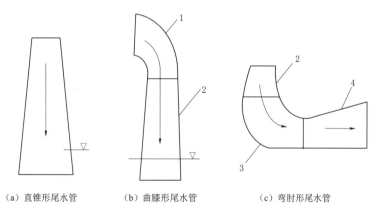

（a）直锥形尾水管　　　（b）曲膝形尾水管　　　（c）弯肘形尾水管

图 1-15　尾水管的主要形式
1—弯管；2—直锥管；3—肘管；4—扩散管

直锥形尾水管是圆锥台形的尾水管。

弯肘形尾水管是带有弯曲肘部的尾水管。由直锥段、弯肘段和扩散段三部分组成。

尾水管里衬是敷设在尾水管过流表面上，用以保护尾水管混凝土免受破坏的金属里衬。

尾水管隔墩是根据水工结构要求设置在尾水管水平扩散段内的支墩。

（三）冲击式水轮机

冲击式水轮机是指在喷嘴出口处将可利用的水能全部转换为动能的水轮机。

1. 冲击式水轮机分类

冲击式水轮机分为水斗式水轮机、斜击式水轮机、双击式水轮机。

（1）水斗式水轮机。转轮由若干呈双碗形结构的水斗构成，喷嘴轴线位于水斗截面对称处的冲击式水轮机。

（2）斜击式水轮机。转轮由若干呈单勺形结构的水斗构成，喷嘴轴线倾斜于水斗平面的冲击式水轮机。

（3）双击式水轮机。转轮叶片呈圆柱形布置，水流通过转轮两次且垂直于转轮旋转轴线，并具有少许反击式水轮机特点的冲击式水轮机。

冲击式水轮机与反击式水轮机的不同之处在于：转轮必须在空气中运行，不可没于水中，尾水位较低。常用的冲击式水轮机以水斗式较多，它可用于80～2000m水头范围；适用于高水头、小流量的电厂，多用于水头100m以上的高水头水电站。冲击式水轮机如图1-16所示。

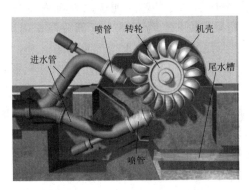

图1-16　冲击式水轮机示意图

2. 冲击式水轮机组成

冲击式水轮机由以下部件组成。

（1）喷管。将水流的压能转变为射流动能的收缩管。

（2）制动喷嘴。在工作喷嘴关闭后，为缩短停机过程而向转轮供给反向射流的喷嘴。

（3）喷针。用以改变射流直径，调节流量的装于喷嘴内腔、头部呈针状的部件。

（4）折向器。偏流器装在喷嘴出口处，能迅速将射流全部或部分偏转使之不作用于转轮水斗的装置。

（5）水斗。具有瓢形曲面，用以改变射流方向并接受水流能量的水斗式或斜击式转轮的组成部分。

（6）机壳。围绕冲击式水轮机转轮周围并支撑喷嘴的外壳。

（四）水轮机参数

1. 额定值

给定工作条件下所规定的表征水轮机特性的参数值称为额定值。

2. 水头

（1）工作水头。正常运行时水轮机进、出口断面的总水头差。

（2）额定水头。水轮机在额定转速下发出额定输出功率时的最低水头。

（3）设计水头。水轮机在最高效率点运行时的水头。

3. 流量

单位时间内流入水轮机进口测量断面的水的体积为水轮机流量。

（1）额定流量。水轮机在额定水头、额定转速和额定输出功率下的流量。

（2）空载流量。水轮机在额定转速和额定水头下，机组输出功率为零时的流量。

4.转速

（1）额定转速。设计时选定的水轮机稳态转速。

（2）飞逸转速。水轮机处于失控状态，轴端负荷力矩为零时的最高转速。

（3）比转速。几何相似的水轮机当水头为1m、输出功率为1kW时的转速。

5.功率

（1）输入功率。水流从水轮机转轮进口至出口传递给转轮的功率。

（2）额定输出功率。在额定水头和额定转速下，水轮机能连续发出的功率；是水轮机轴端输出的功率，常用符号N表示。水流出力是单位时间内通过水轮机的水流的能量差值，常用N_n表示。

（3）最大输出功率。水轮机在额定转速和某一水头下连续安全运行时能达到的最大输出功率。

6.效率

水轮机输出功率与输入功率的比值为水轮机效率。

（1）加权平均效率。在规定的运行范围内，效率的加权平均值。

（2）机械效率。水轮机输出功率与转轮输出功率的比值。

（3）最优效率。水轮机额定运行工况指在额定水头下，发出额定出力时的工况。水流进入水轮机在叶片进口处为无撞击进口、出口为法向出口所对应的工况为最优工况是水轮机效率最高的工况，也就是说额定工况就是最优工况。水轮机在最优工况下的效率即最高效率。

7.物理参数及有关概念

（1）吸出高度。水轮机的吸出高度指转轮中压力最低点位置到下游设计尾水位的垂直高度，但在不同工况时此压力最低位置也有所不同，常用H_S表示。反击式水轮机规定的基准面与尾水位的高差。对不同类型和不同装置形式的水轮机吸出高度H_S作如下规定：

1）轴流式水轮机的吸出高度是下游设计尾水位至转轮叶片旋转中心线的距离。

2）混流式水轮机的吸出高度是下游设计尾水位至导水机构的底环平面的距离。

3）卧式反击式水轮机的吸出高度是下游设计尾水位至转轮叶片最高点的距离。

（2）排出高度。立轴冲击式水轮机的排出高度指转轮节圆平面至设计最高尾水位的高度；卧轴冲击式水轮机的排出高度指转轮节圆直径最低点至设计最高尾水位的高度。

（3）水轮机安装高程。水轮机所规定安装时作为基准的某一水平面的海拔高程。

（4）水轮机公称直径。在水轮机转轮上指定部位测定的直径，为水轮机的有代表性的尺寸，又称名义直径、标称直径。对混流式，指转轮叶片进水边正面与下环相交处的直径；对轴流式、斜流式和贯流式，指与转轮叶片轴线相交处的转轮室直径；对冲击式，指转轮节圆直径。

（5）弯肘形尾水管长度。机组轴中心线与尾水管出口断面间的水平距离。

（6）磨蚀。在含沙水流条件下，水力机械通流部件表面受空化和泥沙磨损联合作用所造成的材料损失。

（7）叶型空化。水流绕经转轮叶片时，由于局部压力降低而发生的空化。

（8）间隙空化。水流通过狭窄间隙时由于流速升高、压力降低而发生的空化。

（9）水轮机空化系数。表征水轮机空化发生条件和性能的无量纲系数，过去称作"气蚀系数"。

（10）振动。机械系统相对于平衡位置随时间的往复变化。

（11）压力脉动。在选定时间间隔内液体压力相对于平均值的往复变化。

（12）共振。强迫振动中，激振频率与振动体固有频率相等时的振动状态。

（13）水力共振。水力系统中周期性的水力扰动力的频率和机组的水力系统或机械系统的固有频率一致时所引起的振动现象。

8．工况

（1）运行工况。由转速、水头、流量或功率所确定的运行状况。

（2）最优工况。水轮机最优效率点的运行工况。

（3）协联工况。导叶和转轮叶片可以调节的轴流式或斜流式水轮机在导叶和叶片组合关系处于具有最优性能的运行工况，或水斗式、斜击式水轮机在投入运行的喷嘴数量与喷针行程具有最优性能的运行工况。

（4）非协联工况。导叶和转轮叶片未处于规定的协联关系下的运行工况。

（5）额定工况。根据设计要求和给定的额定参数所确定的基准工况，即在额定水头下，发出额定出力时的工况。

9．曲线

（1）综合特性曲线。以单位流量和单位转速为坐标，绘出的几何相似模型水轮机的效率、空化系数、导叶开度、转轮叶片转角和压力脉动等一组等值曲线，以及输出功率限制线。

（2）运转特性曲线。以输出功率和水头为坐标，以输出功率限制线表示在某一转轮直径和额定转速下的原型水轮机效率、吸出高度（H_s）、压力脉动、导叶开度和转轮叶片转角等一组等值曲线。水轮机运转特性曲线一般由模型综合特性曲线换算而来。在水轮机直径、转速为定值的情况下，以水头 H 为纵坐标，出力 N 为横坐标，效率为参变数所绘制的效率、水头和出力的关系曲线称水轮机的运转特性曲线即 $H = f(\eta)$，如图 1-17 所示。

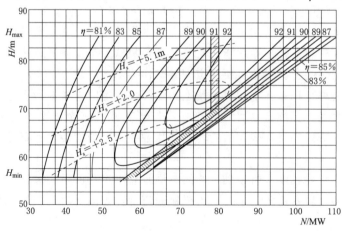

图 1-17　水轮机运转特性曲线

（3）出力限制线。出力限制线是限制水轮机出力的线，表示水轮机在不同水头下允许发出的最大出力，即最大功率与水头的关系。出力限制线由斜线和垂直线两部分组成，斜线段是水轮机出力限制线，垂直线段是发电机出力限制线，两线交点的纵、横坐标分别为水轮机设计水头和水轮机额定出力，这两条限制线表示水轮发电机组的最大出力与水头的关系。对反击式水轮机来说，当导叶的开度超过某一极限（相应于某一极限出力）时，虽然流量继续增加，但由于水力损失等迅速增加，效率急剧下降，水轮机的出力反而减小，机组会出现出力波动而处于不稳定的运转状态。由于水轮机的额定出力是在相应于设计水头和相应的最优导叶开度下获得的，所以当水轮机的工作水头大于设计水头时，机组发出的出力将受到发电机额定出力的限制，发电机不可超出其出力限制线运行，从而保证发电机的温升不超过允许温升。

（4）飞逸特性曲线。绘在以导叶开度和单位飞逸转速为坐标系内的关系曲线。

二、水轮发电机

水轮发电机是将水轮机旋转机械能转换为电能的装置。水流的势能、压能驱动水轮机转化为机械能，水轮机带动发电机转子又将机械能转化为电能。水轮发电机可分为同步水轮发电机和异步水轮发电机，小型水电站基本都采用同步水轮发电机。水轮发电机按轴线位置可分为立式与卧式两类，立式水轮发电机按导轴承支持方式又分为悬式和伞式两种。

（一）类型及构造

1. 类型

（1）灯泡式水轮发电机：发电机安装在贯流式水轮机流道中灯泡体内的水轮发电机。

（2）水内冷式水轮发电机：采用水作为直接冷却介质流经定子或转子的内部进行冷却，并将其大部分热损耗带走的水轮发电机。

（3）蒸发冷却式水轮发电机：利用高绝缘性能和低沸点液体的沸腾吸收汽化潜热对定子或转子进行内部冷却，并将其大部分热损耗带走的水轮发电机。

2. 构造

（1）转子：发电机的转动部分。

（2）转子支架：由轮毂、轮辐等组成的支撑磁轭和磁极的转子构件。

（3）转子磁轭：用于固定磁极的凸极转子磁路的一部分。

（4）磁极：带有励磁绕组或为永久磁铁铁芯的一部分。

（5）定子：由静止磁路及其绕组组成的发电机的静止部分。

（6）机座：支撑定子铁芯或铁芯组件的构件。

（7）气隙：定子和转子之间的空气间隙。

（二）参数

1. 额定电压

常用符号 U_e 表示，指发电机在正常运行时长期安全工作的最高的定子绕组的线电压，即在设计情况下运行时出线端的电压，单位是 V 或 kV。

2. 额定电流

常用符号 I_e 表示，指发电机在额定电压情况下输出额定功率时流过发电机定子绕组的电流，是发电机正常连续运行的最大工作电流，单位为 A 或 kA。当发电机其他各量都在额定情况下时，发电机以此电流值运行，其定子绕组的温升不会超过允许的范围。

3. 额定温升

常用符号 T_e 表示，指发电机某部分的最高温度与额定入口风温的差值。额定温升的确定与发电机绝缘的等级及测量温度的方法有关，我国额定入口风温为 40℃。

我国的额定温升分为 6 个等级，即 A、E、B、F、H、C。

（1）A 级绝缘材料最大允许工作温度为 105℃。

（2）E 级绝缘材料最大允许工作温度为 120℃。

（3）B 级绝缘材料最大允许工作温度为 130℃。

（4）F 级绝缘材料最大允许工作温度为 155℃。

（5）H 级绝缘材料最大允许工作温度为 180℃。

（6）C 级绝缘材料最大允许工作温度为 180℃以上。

4. 额定出力

发电机额定出力是指发电机在额定运行情况下输出的有功功率。额定容量也可以用发电机的视在功率（kVA）表示，所有发电机组额定容量之和即为该电站装机容量。发电机额定容量常用符号 P_e 表示，单位是 kW。

5. 同步转速

同步转速是由电机供电系统的频率和电机本身的磁极数所决定的转速。

6. 功率

（1）有功功率：交流电路功率在一个周期内的平均值称为平均功率，也称为有功功率，是保持用电设备正常运行所需的电功率，也就是将电能转换为其他形式能量（机械能、光能、热能）的电功率。有功功率用 P 表示，其计算式为 $P = \sqrt{3} U_L I_L \cos\varphi$，单位有瓦（W）、千瓦（kW）、兆瓦（MW）。

（2）无功功率：在具有电感或电容的电路中，在每半个周期内，把电源能量变成磁场（或电场）能量储存起来，然后再释放，又把储存的磁场（或电场）能量再返回给电源，只是进行这种能量的交换，这种反映电路与外电源之间能量反复接受程度的量值称为无功功率。无功功率用 Q 表示，其计算式为 $Q = \sqrt{3} UI \sin\varphi$，单位为乏（var）或千乏（kvar）。

无功功率的理解比较抽象，它是用于电路内电场与磁场的交换，并用来在电气设备中建立和维持磁场的电功率，它不对外做功，也就是并没有真正消耗能量，我们把这个交换的功率值，称为无功功率。凡是有电磁线圈的电气设备，要建立磁场，就要消耗无功功率。无功功率不能理解为无用功率。因为"无功"的含义是"交换"而不是"消耗"。电感线圈既起着负载作用，又起到电源作用。纯电感线圈"吞进""吐出"功率，在一个周期内的平均功率为零。平均功率不能反映线圈能量交换的规模，就用瞬时功率的最大值来反映这种能量的交换，并把它称为无功功率。所以"无功"不是"无用"。

（3）功率因数：功率因数是衡量电气设备效率高低的一个系数。其定义为交流电路中有功功率与视在功率的比值，大小与电路中负载性质有关。功率因数指发电机的额定有功功率 P（kW）与额定视在功率 s（kVA）的比值，用 $\cos\varphi$ 表示。小型水轮发电机的额定功率因数一般为 0.8，容量较大的水轮发电机有的采用 0.85 或 0.9。在额定容量一定的条件下，提高功率因数可以提高输出的有功功率，并可提高发电机的效率。

在生产和生活中使用的电气设备大多属于感性负载，它们的功率因数较低，这样会导致发电设备容量不能完全充分利用且增加输电线路上的损耗。功率因数低，设备利用率就低，增加了线路的电压和供电损失。功率因数提高后，发电设备就可以少发送无功负载而多发送有功负载，同时还可减少供电设备上的损耗，节约电能。提高功率因数的好处主要有：①提高发电、供电设备的能力，使设备可以得到充分的利用；②提高用户设备（如变压器等）的利用率，节省供用电设备投资，挖掘原有设备的潜力；③降低电力系统的电压损失，减少电压波动，改善电压质量；④减少输、变、配电设备中的电流，从而降低电能输送过程中的电能损耗；⑤减少企业电费开支，降低生产成本。

★ 提高电网功率因数的方法主要有人工调整和自然调整两种。人工调整主要采取以下措施：①在变电站内装设无功补偿设备，如调相机、电容器组及静补偿装置，其中，在感性负载两端并联电容器是提高功率因数最经济最有效的方法；②大容量绕线式异步电动机同步运行；③长期运行的大型设备采用同步电动机传动。

7. 相电压、相电流、线电压、线电流

在三相平衡的交流电路中，电源一般有 Y 形和 △ 形两种接线。

（1）Y 形接线中的线电压和相电压。在 Y 形接线中，有两种电压：一种是每相绕组两端间的电压，就是图 1-18（a）中的 u_A、u_B、u_C，叫作相电压。相电压的有效值用 U_A、U_B、U_C 或 U_{ph} 表示。另一种是两根相线间的电压，就是图 1-17（a）中的 u_{AB}、u_{BC}、u_{CA}，叫作线电压，其有效值用 U_{AB}、U_{BC}、U_{CA} 或 U 表示。线电压与相电压的关系是 $U=\sqrt{3}U_{ph}$。

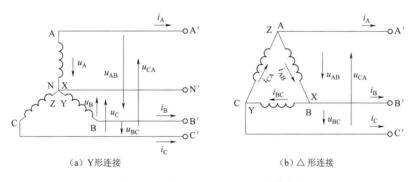

(a) Y 形连接　　　　　　　　　　(b) △ 形连接

图 1-18　发电机（电源）的接线方式

Y 形接线中的线电流和相电流是相等的，因为 Y 形接法中相线和绕组是串联的，在串联的电路里，电流处处相等。所以在 Y 形接线中线电流等于相电流，即 $I=I_{ph}$。总之，在三相交流电路的 Y 形接线中有着这样的关系：$U=\sqrt{3}U_{ph}$；$I=I_{ph}$。

（2）△ 形接线中的线电压和相电压。在 △ 形接线中，相绕组的始端与另一相绕组的末端互相连接组成一闭合的三角形，如图 1-17（b）所示。△ 形接线中的线电压等于相电压，即 $U=U_{ph}$。

在 △ 形接线中，相线和绕组不是串联的，所以线电流不等于相电流，而等于相电流的 $\sqrt{3}$ 倍，即 $I=\sqrt{3}I_{ph}$。总之，在 △ 形接线的交流电路中有着这样的关系：$U=U_{ph}$；$I=\sqrt{3}I_{ph}$。以上 Y 形和 △ 形接线的线电压和相电压是指发电机和变压器出线端的关系。对线路来说，线电压仍是相电压（对地电压）的$\sqrt{3}$倍。

8. 空载

空载指机组在额定转速下运行而没有功率输出时的工况。

9. 机组加速时间常数

机组加速时间常数指机组转动部件在额定力矩作用下，从静止状态加速到额定转速所需要的时间。

10. 转动惯量

转动惯量是旋转体的质量微元与微元到转轴的半径平方乘积的总和。机组的转动惯量J一般是以发电机转动部分为主，而水轮机转轮相对直径较小、重量较轻，通常其J只占机组总J的10%左右。一般情况下，大、中型反击式水轮发电机组按照常规设计的J已基本满足调节保证计算的要求，如不能满足时，应与发电机制造部分协商。对于中、小型机组，特别是转速较高的小型机组，由于其本身的J较小，所以常用加装飞轮的方法来增加J。而对于卧式机组，其转动系统重量较轻，径向尺寸较小，即转动惯量J较小，所以，在卧式机组上需增设飞轮来增加转动系统的转动惯量J，使机组甩负荷时的转速上升率不超过允许值，并且在停机时，当转速下降到额定转速的35%时，装设在飞轮两侧的制动风闸通过飞轮对转动系统进行刹车，使机组很快停下来，防止长时间低转速运转而造成烧瓦。

11. 发电机线路、母线、变压器主保护

发电机线路、母线、变压器主保护是指能瞬时切除线路、母线、变压器故障的保护装置。

（三）检修

发电机组大修时间以《燃煤火力发电企业设备检修导则》（DL/T 838—2017）中所称的A级检修时限的最高限计取。发电机组小修时间以《燃煤火力发电企业设备检修导则》（DL/T 838—2017）中所称的C级检修时限的最高限计取。

三、附属设备及辅助系统

（一）水轮机调速器系统

接入电网运行的水轮发机组需要适应负荷变化，基本保持额定转速从而维持输出频率为50Hz。根据异步交流电机原理，转速$n=60f/P$公式中，f为频率，P为磁极对数据此，转速n与电源频率f成正比，调节机组转速即是调节机组输出频率。水轮机随着机组负荷的变化而相应地改变导叶开度（或针阀行程），使机组转速恢复并保持为额定值或某一预定值的过程称为水轮机调节。水轮机调节实质上是转速调节，进行这种调节的装置称为水轮机调速器，它是以机组转速的偏差为依据来实现导叶开度的调节。是水发电机组重要附属设备之一，能使机组转速保持恒定承担启动、停机、紧急停机、增减负荷等任务。

根据测速元件的不同形式，调速器可分为机械液压型（简称机调）、电气液压型（简称电液）和微机三种类型。其中微机调速器是目前应用最为广泛的，具备自动、手动操作转换功能。微机调速器的主要功能包括：①频率测量与调节功能；②自动跟踪系统频率变化，实现快速自动准同步并网；③自动调整和分配负荷，根据上位机指控命令调整负荷；④开停机操作及紧急停机功能；⑤主要技术参数的采集和显示功能；⑥在线故障诊断处理、离线诊断功能。

（二）励磁系统

同步发电机为了实现能量的转换，需要有一个直流磁场，而这个磁场由转子来产生，一般把根据电磁感应原理使发电机转子形成旋转磁场的过程称为励磁，向同步发电机转子绕组提供的直流励磁电流称为发电机的励磁电流。供给发电机励磁电流的直流电源（励磁功率单元）及其附属部件（励磁调节器）一起组成的整个系统称为励磁系统，其特性的好坏直接影响到同步发电机运行的可靠性和稳定性。其主要作用是调节发电机电压和无功功率，自动调节励磁装置的主要作用如下。

（1）保持电压恒定。

（2）实现并列运行机组间无功功率的合理分配。

（3）提高电力系统工作的稳定性及输电线路的输电能力。

（4）提高带时限继电保护装置的灵敏性和可靠性。

（5）限制水轮发电机突然甩负荷时电压上升。

（6）根据电力系统需要，实现对同步发电机不同的励磁控制方式。

（7）调相运行。小水电站目前多采用可控硅自动调节励磁装置，具有灵敏度高、调节范围宽、调节速度快、强励顶值高以及制造维护方便和消耗有色金属少等优点。

（三）水轮发电机组机械保护装置

水轮机一般装设有主阀（有的为快速闸门）、事故配压阀、剪断销和真空破坏阀等保护装置。

1. 主阀

常把装设在引水式或混合式水电站水轮机蜗壳之前的阀门称为主阀。水电站常用的主阀有蝴蝶阀、球阀和闸阀三种。蝴蝶阀简称蝶阀，它的优点是体积小、重量轻、启闭力小、启闭时间短；缺点是全开时水头损失较大，全关时易漏水；广泛用于水头在 200～250m 以下的中、低水头水电站。球阀的优点是关闭严密，漏水极少，水力损失小，止水面磨损小；缺点是体积大，重量大；用于管道直径在 2～3m 以下、水头在 250m 以上的高水头水电站。闸阀的优点是全开时水头损失小，全关时不易漏水；缺点是体积较大，较重，启闭时间较长；通常用于高水头、管道直径在 1.0m 以下的水电站。主阀的主要作用如下。

（1）检修机组时用于截住水流，以便放空蜗壳存水。

（2）机组较长时间停用时，关闭主阀可减少机组漏水量。

（3）当调速器或导叶发生故障时，用于紧急切断水流，防止机组飞逸时间超过允许值，避免事故扩大。

（4）一根输水总管道同时给几台机组供水的引水式水电站，在分叉管末端设置阀门，以便一台机组检修而不影响其他机组的正常运存。

2. 事故配压阀

调速器中装设事故配压阀（又称过速限制器）是防止水轮机长期在飞逸转速下运行的有效措施。机组正常运行时，事故配压阀仅作为压力油的通道，使调速器主配压阀与接力器的管道接通；当机组甩负荷又遇调速系统故障时，事故配压阀动作，切断主配压阀与接力器的联系，而直接把压力油从油压装置接入接力器，使接力器迅速关闭，实现机组紧急停机，以缩短机组过速时间，起到对水轮机的保护作用。

3. 剪断销

剪断销保护装置由剪断销及其信号器组成。在水轮机导水机构的传动机构中，连接板和导叶臂之间是通过剪断销连接在一起的。正常情况下，导叶在动作过程中，剪断销有足够强度带动导叶转动，但当某导叶间有异物卡住时，导叶轴和导叶臂都不能动，而连接板在叉头带动下转动，因而对剪断销产生剪切，当该剪切应力增加到正常操作应力的 1.5 倍时，剪断销首先被剪断，该导叶脱离控制环，而其他导叶仍可正常转动，避免事故扩大。同时剪断销剪断后，使剪断销信号器的动合触点闭合，发出信号。导叶剪断销折断后，根据具体情况决定是否能在不停机的情况下更换剪断销。具体方法是将调速器切换到油压手动，操作导叶开度以适应修理需要，在合适位置装入新剪断销。如果在机组运行中无法处理，应停机并关闭主阀，更换剪断销。

4. 真空破坏阀

导叶迅速关闭时，水流由于惯性作用继续向下游流去，在转轮室内产生很大真空，转轮室内尾水在压差的作用下，尾水水流又反流向转轮室冲击转轮叶片及支持盖。由于水击的作用，产生很大的冲击力，出现抬机现象，严重的会使机组出现破坏性事故，大流量、低水头水电站这个问题比较突出，一般都装设有真空破坏阀。真空破坏阀的作用就是用来补气，以防止出现上述事故的辅助设施，以起到对水轮机的保护作用。

5. 机组制动装置

机组进入停机减速过程后期时，为避免机组较长时间处于低转速下运行而引起推力瓦的磨损，一般当机组的转速下降到额定转速的 35% 时自动投入制动器，加闸停机。未配备高压油顶起装置的机组，当经历较长时间的停机之后再次启动之前，用油泵将压力油打入制动器顶起转子，使推力瓦重新建立油膜。当机组在安装或大修期间，用压力油顶转子，将机组转动部分的重量直接由制动器缸体来承受。机械制动装置的优点是运行可靠，使用方便，通用性强，用气压、油压操作所耗能量较少，在制动过程中对推力瓦的油膜有保护作用，既用来制动机组又用来顶转子，具有双重功能。缺点是制动器的制动板磨损较快，粉尘污染发电机，影响冷却效果，导致定子温度增高，降低绝缘水平；加闸过程中制动环表面温度急剧升高，因而产生热变形，有的出现龟裂现象。

（四）油、气、水系统

1. 油系统

小水电站用油分为润滑油和绝缘油。润滑油主要包括透平油（也称汽轮机油）、机械油，透平油供机组轴承润滑及液压操作用，包括调速系统、主阀、液压操作阀等，立式机组的电站中还有开机前顶转子之用。绝缘油主要有绝缘、散热和消弧的作用。

（1）绝缘作用：油的绝缘强度比空气大得多，用油作绝缘介质可以大大提高电气设备运行的可靠性，缩小设备尺寸。

（2）散热作用：变压器等设备运行时，线圈通过强大的电流，损耗的功率将产生大量的热，若不及时将这些热量散发，温升过高将损耗线圈绝缘，甚至烧毁变压器。绝缘油吸收了这些热量，利用温差对流作用，在变压器内循环流动，通过冷却器将热量传给冷却水带走（水冷式），保证变压器温度正常。

（3）消弧作用：当油开关切断电力负荷时，在触头之间产生温度很高的电弧，如不及时将热量传出，弧道分子的高温电离就会迅速扩展，电弧将会不断地发生，有可能烧坏设备。此外，电弧的持续存在还可能使电力系统发生振荡，引起过电压而损坏设备。绝缘油在受到电弧作用时，发生分解，产生约含70％氢的气体。氢是活泼的消弧气体，它在被分解的过程中从弧道中带走大量的热，同时直接钻进弧柱地带，将弧道冷却，限制弧道分子的离子化，使电弧熄灭。

油系统的配置视水电站的规模而有不同。其主要任务是接受新油，储备净油，给设备充油，向运行设备添油，检修时从设备排出污油，污油的清洁处理，油的监督与维护等。在规模稍大的水电站中，油系统的配置包括：①油库，设置各种油罐及油池；②油处理室，设置油泵、滤油机、烘箱等；③油化验室，设置化验仪器及药物等；④油再生设备，水电站通常只设吸附器；⑤管网及测量控制元件，如温度计、液位信号器、油混水信号器、示流信号器等。

2. 压缩空气系统

压缩空气系统通常有低压气和高压气两大系统，根据电站的具体情况，厂内高压和低压压缩空气系统可组成联合压缩空气系统。

（1）低压气系统的供气对象及作用（额定工作压力一般为0.7MPa）。

1）机组停机时制动装置用气。

2）机组作调相运行时，转轮室压水用气。

3）维护检修时，风动工具及吸污清扫设备用气。

4）蝴蝶阀上的止水围带充气，气压视作用水头而定，一般应比作用水头大0.1～0.3MPa。

5）水工闸门和拦污栅前防冻吹冰用气。

（2）高压气系统的供气对象及作用。

1）油压装置压力油槽充气。它是水轮机调节系统和主阀操作系统的能源，工作压力一般为2.5MPa或4.0MPa。

2）开关站配电装置中，空气断路器及气动操作的隔离开关的操作和灭弧用气。压缩空气装置的工作压力一般为4.0～6.0MPa。通过减压后，满足各种设备对气压的要求，空气断路器的工作压力一般为2.0～2.5MPa。

（3）压缩空气系统的组成。空气压缩装置包括空气压缩机、电动机、储气罐和油水分离器等。供气管网由干管、支管和管件组成，管网将气源和用气设备联系起来，输送和分配压缩空气。测量和控制元件包括各种类型的自动化元件，如压力继电器、温度信号器、电磁空气阀等，其主要作用是监测、控制，保证压缩空气系统的正常运行。用气设备包括油压装置压力油罐、制动闸、风动工具等。

★调速器的压力油罐、储气罐如果符合压力容器的要求，应严格按照压力容器的要求进行管理。压力容器是指盛装气体或者液体、承载一定压力的密闭设备，其压力范围规定为最高工作压力大于或者等于0.1MPa（表压），且压力与容积乘积大于或者等于2.5MPa·L的气体，液化气体和最高工作温度高于或者等于标准沸点的液体的固定式容器和移动式容器；盛装公称工作压力大于或者等于0.2MPa（表压），且压力与容积乘积大于或者等于1.0MPa·L的气体，液化气体和标准沸点等于或者低于60℃液体的气瓶等。

3. 水系统

一般包括技术供水、排水、消防供水和生活用水。

（1）技术供水。

1）技术供水的主要作用是冷却、润滑，有时也用于操作能源。

2）用于冷却发电机的空气冷却器、推力轴承油冷却器、上下导轴承油冷却器及水轮机导轴承油冷却器等。冷却水吸收电磁损失、机械损失产生的热量，并通过水流将其带走，以保证发电机的铁芯、绕组及机组轴承运行的技术要求和效能。

3）用水润滑用橡胶作轴瓦的水导轴承。

4）用于某些高水头水电站的主阀及液压操作的能源。

5）消防用水主要用于发电机、主厂房、油处理室及变压器的灭火。

（2）排水。

1）冷却水排水。发电机空气冷却器冷却水、推力轴承和上下导轴承油冷却器冷却水、油压装置冷却水等的排水量较大，且排水设备高程较高，一般采用自流式排水。

2）检修排水。当机组检修时，排除压力水管、蜗壳和尾水管内的积水，其排水量大，要采用水泵排水。

3）渗漏排水。排除经常性的厂内渗漏水，包括蜗壳、尾水管进人孔、蝶阀坑的积水，厂内地面排水沟或低洼处积水，生产污水（如冲洗滤水器的污水和油水分离器的污水）、水轮机顶盖的漏水、生活污水和空气冷却器管外冷凝水等，其排水量较小，排水设备高程一般较低，不能靠自压排水，通常是集流于集水井中，然后用水泵抽出。

★ 为了便于区别油、水、气系统中各种管路，在油、水、气管道上常分别涂上不同的颜色。如压力油管和进油管为红色，排油管和漏油管为黄色；冷却水管为天蓝色，润滑水管为深绿色，消防水管为橙黄色，排水管为草绿色，排污管为黑色；气管为白色。

（五）起重设备

水电站设备检修时需要吊装、移位发电机转子、机架、主轴、转轮等单个机电设备的部件，这些部件体积大、重量大，需要设置起重设备。起重设备一般是用来起吊重物并在空间进行移动的一种设备，小型水电站常用的起重设备根据机组最重部件的重量选择，有扒杆手动葫芦、单梁电动葫芦和单梁桥式起重机、双梁桥式起重机、门机（大坝）等形式。小水电站常用起重机类型如下。

（1）SL型——手动梁式起重机。

（2）SQ型——手动桥式起重机。

（3）LDA型——电动单梁起重机。

（4）LH型——电动葫芦桥式起重机。

（5）QD型——吊钩桥式起重机。

（6）SL5-10.5-3，表示型号为手动梁式起重机，额定起重量5t，跨度10.5m，起升高度3m。

（7）QD20/5－19.5A，表示型号为室内吊钩桥式起重机，额定起重量 20/5t，跨度 19.5m，工作级别 A5。

桥式起重机的基本参数是起重设备性能和技术经济的指标，主要包括：起重机 $Q(t)$、跨度 $L(m)$、起升高度 $H(m)$、运动速度 $u(m/min)$ 以及工作级别等。起重量较大的起重机常有两套起升机构，大起重量的称为主钩，小起重量的称为副钩，主、副钩的起重量通常用斜线分开来，例如，20t/5t 表示主钩的最大起重量为 20t，副钩的最大起重量为 5t。桥式起重机大车运行轨道的两条钢轨中心线之间的距离称为起重机的跨度，用符号 L 表示，单位为 m。

★ 特种设备指国家认定的，因设备本身和外在因素的影响容易发生事故，并且一旦发生事故会造成人身伤亡及重大经济损失的危险性较大的设备。根据特种设备的定义，以下起重机属于特种设备：用于垂直升降或者垂直升降并水平移动重物的机电设备，其范围规定为额定起重量大于或者等于 0.5t 的升降机；额定起重量大于或者等于 1t，且提升高度大于或者等于 2m 的起重机和承重形式固定的电动葫芦等。属于特种设备的起重设备，应定期由技术监督部门进行检验，作业人员必须持有市场督管理部门颁发的《特种设备行业人员证》。

（六）水电站常用泵

1. 离心泵

离心泵主要由吸入室、叶轮和压水室等组成。

2. 齿轮泵

齿轮泵是依靠泵体与啮合齿轮间所形成的工作容积变化和移动来输送液体或使液体增压的回转泵。

3. 射流泵

射流泵是依靠一定压力的工作流体通过喷嘴高速喷出带走被输送流体的泵。

4. 水环式真空泵

水电站常用的真空泵为水环式真空泵，它能把需要抽空的设备或容器里的气体抽出，排至大气中，使设备或容器里形成一定的真空度（负压）。在真空滤油机上常安装这种泵作抽真空用。

四、主要电气设备

（一）小型水电站主要电气设备类别

小型水电站主要电气设备分为以下两类。

1. 电气一次设备

直接参与生产、变换、输送和分配电能的电气设备，即与电网或输电线直接连接，且通过大电流、高电压（3kV、6kV、10kV、35kV、60kV、110kV、220kV 及以上）的发变电设备和厂用电设备，称为电气一次设备。如水轮发电机、电力变压器、断路器和隔离开关等。

（1）生产和转换电能的设备。包括发电机 G（F）、变压器 T（B）、电动机 M（D）。

（2）开关设备（用于电路的接通和断开）。包括操作电器（断路器 QF、低压断路器 K、负荷开关器 Q、接触器 KM 等），保护电器（熔断器 FU、断路器 QF），隔离电器（隔离开关 QS)。

（3）载流导体。包括母线 WB、架空线 L、电缆 W。

（4）互感器。包括电压互感器 PT、电流互感器 CT。

（5）其他。包括电抗器 L（限制系统中的短路电流）、避雷器 FV（限制电路中的过电压）等。

2. 电气二次设备

为水电站的电气一次设备、水力机械和水工机械设备的正常运行而设置的测量监视、控制、保护、信号等电气设备，称为电气二次设备。如各种电气仪表、控制开关、继电保护装置、信号报警装置及其他自动装置等；连接电气二次设备的电路称为二次回路。

（二）主要电气一次设备

1. 高压断路器

高压断路器又叫高压开关，是指额定电压在 3kV 及以上，能关合、承载、开断运行回路正常电流，也能在规定时间内关合、承载电流（包括短路电流）的高压开关设备。不仅可以切断与闭合高压电路的空载和负载电流，而且在变压器、水轮机发电和电力系统其他设备发生故障时，它和保护装置、自动装置相配合，迅速地切断故障电流，以减小停电范围，防止事故扩大，保证系统安全运行，是水电厂（包括开关站）最重要的开关设备。

（1）类型。高压断路器根据灭弧介质和原理不同，可分为以下几种类型：

1）少油断路器。油介质主要起灭弧作用，整个油箱体带电，对地绝缘由绝缘子座承担。

2）多油断路器。油介质兼有灭弧和绝缘两种作用，油箱不带电。

3）空气断路器。利用压缩空气来实现灭弧和增强绝缘的作用，兼作分、合闸的驱动力。

4）六氟化硫（SF_6）断路器。采用惰性气体 SF_6 来灭弧，并利用 SF_6 来增强触头绝缘，这种断路器体积虽小但断流容量大。

5）真空断路器。触头密封在真空的灭弧室内，利用真空的高绝缘性能来灭弧。

（2）主要技术参数。

1）额定电压 U_e：指断路器当安装地点的海拔高度小于 1000m 时，在正常运行中允许承受的电压，单位为 kV。

2）额定电流 I_e：指断路器各部分的发热不超过允许标准情况下，断路器长时间允许通过的最大工作电流，单位为 kA。

3）额定断流容量 S_{dn}：指断路器在额定电压下允许开断的最大断路容量，单位 MVA。

4）额定开断电流 I_{dn}：指断路器在额定电压下能可靠地切断的最大电流，单位为 kA。

5）全开断时间 T_{fd}：指断路器操作机构的分闸绕组从开始通电时起，到断路器各相中电弧全部熄灭时止的这段时间，它包括固有分闸时间与电弧存在的时间，单位为 s。

6）合闸时间 T_{fd}：指断路器操作机构合闸线圈从开始通电时起，到断路器主要路触头时止的这段时间，单位为 s。

除上述技术参数外，还有 t_s 热稳定电流 I_t 和极限通过电流峰值 I_{gf}。

（3）型号。主要由开断元件、支撑绝缘件、传动元件、基座及操作机构等组成。

我国断路器型号根据国家技术标准的规定，一般由字符和数字按以下方式排列组成：□□□-□□/□-□。

第1个符号表示产品字母代号，用下列字母表示：S代表少油断路器；D代表多油断路器；K代表空气断路器；L代表六氟化硫断路器；Z代表真空断路器。

第2个符号表示产品形式代号，用下列字母表示：W代表户外式；N代表户内式。

第3个数字表示设计序号。

第4个数字表示额定电压（kV）。

第5个符号表示系列标识（如Ⅰ、Ⅱ、Ⅲ、…表示同型系列中不同规格或派生品种；G代表改进型；C代表手车型；F代表分相操作）。

第6个表示额定电流。

第7个表示额定开断电流（kA）。

如：LW30-126/3150表示户外交流高压瓷柱式SF_6断路器，额定电压126kV，额定电流3150A。

2. 高压隔离开关

高压隔离开关是水电站重要的开关电器，与高压断路器配套使用，主要作用是保证高压电器及装置在检修工作时的安全，起隔离电压的作用，它不具有灭弧功能，不能用于切断、投入负荷电流和开断短路电流，仅可用于不产生强大电弧的某些切换操作（如在无电流电路上分断电路，形成明显的断点）。按安装地点不同分为户内式和户外式；按绝缘支柱数目分为单柱式、双柱式和三柱式等。

型号表示为：□□□-□□/□-□。

第1个符号用G表示隔离开关。

第2个符号表示产品形式：W代表户外式；N代表户内式。

第3个符号表示设计序号。

第4个数字表示额定电压（kV）。

第5个符号表示设计类型：D代表带单接地刀闸；C代表带穿墙套管的隔离开关；K代表带快分装置的隔离开关。

第6个数字表示额定电流。

第7个符号表示绝缘类型：TH代表湿热带地区；TA代表干热带地区；N代表凝露地区；W代表污秽地区；G代表高海波地区；H代表严寒地区；F代表化学腐蚀地区。

如：GN8-10T/400表示10kV户内型、设计序号8、额定电流400A的隔离开关；GW4-110DW表示110kV户外型、设计序号4、带接地刀闸的隔离开关。

接通电路时，必须先合隔离开关，后合高压断路器，而断开时则相反。在接通时先合隔离开关，当接通的设备或线路有故障时，短路器能自动切断故障电流。切断电路时，先断开高压断路器，后断隔离开关可以避免电弧烧坏隔离开关。

3. 电流互感器和电压互感器

互感器是将一次回路的高电压和大电流变换成按二次回路中标准的低电压、小电流，用于二次的计量、测量仪表及继电保护、自动装置等，是一次系统和二次系统的联络元件。互感器还可用来隔开高电压系统，以保证人身和设备的安全。

互感器分为电压互感器和电流互感器两大类。

电压互感器的型号含义如下。

第1个字母：J表示电压互感器。

第2个字母：S表示三相；D表示单相；C表示串极式。

第3个字母：J表示油浸式；G表示干式。

"-"后表示额定电压。

如JSJW-10表示三相五柱油浸式电压互感器，额定电压为10kV。

电流互感器的型号含义如下。

第1个字母：L表示电流互感器。

第2个字母：Q表示线圈式；D表示单匝贯穿式；A表示穿墙式；B表示支持式；M表示母线式；F表示复（匝）式；Y表示低压；C表示瓷箱式；X或J表示零序接地保护用。

第3个字母：W表示户外式；C表示瓷绝缘；S表示塑料注射绝缘或速饱和的；J或Z表示浇筑绝缘；K表示塑料外壳绝缘；G表示改进型；L表示电缆电容型。

第4个字母：B表示保护级；D表示差动保护用。

"-"后表示变比。

如LFCD-10/400表示瓷绝缘多匝穿墙式电流互感器，用于差动保护，额定电压为10kV，变比为400/5A。

4. 电力变压器

水电站变压器包括主变压器和厂用变压器。主变压器是将发电机出口电压0.4kV、6.3kV或10kV升高到10kV、35kV或110kV等，与电网相连，同时减少电能在输送过程中的损失。厂用变压器则是将发电机出口电压0.4kV、6.3kV或10kV变为能满足厂用电需要的电压等级。

变压器利用电磁感应原理来改变交流电压。电力变压器根据绝缘介质不同分为油浸式和干式。水电站主变压器一般多选用油浸式，而厂用变压器多选干式。变压器工作原理示意图如图1-19所示。

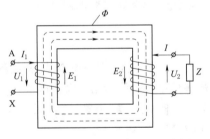

图1-19　变压器工作原理示意图

（1）电力变压器的型号及主要指标。

1）型号：由两部分组成，第一部分是用字母表示电力变压器的类别、结构特征和用途，第二部分是用数字表示变压器的容量和高压绕组的电压（kV）等级。字母表示的意义如下：D表示"单相"；S表示"三相"（或"三绕组"）；F表示风冷式；W表示水冷式；P表示油强迫循环；O表示自耦；Z表示有载调压；D表示强迫油导向循环。如SFPSZ-63000/110表示三相强迫油循环风冷三绕组有载调压63000kVA、110kV电力变压器。

2）额定容量S：在额定工作条件下，变压器输出能力的保证值；对双绕组变压器，是指每个绕组的容量，对三绕组变压器，是指三个绕组中容量最大的一个绕组的容量，单位为 kVA。

3）额定电压 U：即变压器各绕组在空载时额定分接头上的电压保证值，三相变压器的额定电压指的是线电压，单位为 kV。

4）额定电流：变压器的额定容量除以各绕组额定电压所计算出来的线电流值，单位为 A。

5）接线组别：它表示变压器一、二次绕组的接线组合方式，即表示变压器一、二次电压或电流的相位关系。对于三相变压器，其一、二次侧都有三个绕组，它们都可以接成星形或三角形，其中 YN、d11 连接组主要应用在高压输电线路上。高压侧中性点可以直接接地或通过阻抗接地，此连接组通常用在容量较大、电压较高的变压器上。

6）容许温升：在额定负载下，变压器各部位的允许温升。

（2）电力变压器的主要部件。

1）铁芯：由涂有绝缘漆的硅钢片叠成，一、二次绕组绕于其上。

2）绕组：由绝缘铜线或铝线绕制的圆形多层绕组，是变压器的电路部分。

3）油箱：也是变压器的外壳，其中装有铁芯、绕组和变压器油。

4）油枕：当变压器油的体积随油的温度变化而膨胀或缩小时，油枕起着储油和补油的作用，并减少油的氧化和受潮。

5）呼吸器：呼吸器内装有氯化钙与氯化钴浸渍过的硅胶以吸收空气中的水分，使油保持良好的绝缘性能。

6）散热器：当变压器上层油温与下部油温产生温差时，通过散热管形成对流，油经散热管冷却后注回油箱底部，它起到降低变压器油温的作用。

7）集泥器（集污盆）：位于油枕下部，用来收集油中沉淀下来的机械杂质和水分等脏物。

8）油位计（油表）：它用于指示油枕中的油面，若油面过低，可以引起气体继电器的动作；若油面过高，造成溢油和使呼吸器失效。

9）防爆管：当变压器内部发生故障时，将油分解出来的气体及时排出，以防止变压器内部压力骤增破损油箱；当内部压力达到 0.051MPa（0.5 倍大气压）[对密封式变压器为 0.076MPa（0.75 倍大气压）]时，防爆膜应破损，使油和气体向外喷出。

10）分接开关：用来改变变压器高压绕组的匝数，从而调整电压变比的装置。

11）气体继电器：装于变压器油箱和油枕的连接管上，当变压器内部发生绝缘被击穿、线匝短路及铁芯烧毁等故障时，气体继电器给运行人员发出信号或切断电源以保护变压器。

（3）电力变压器在投入运行前的检查。变压器检修或长期停用后再投入运行前，都应按有关规程规定进行电气测量和试验。具体应做以下检查。

1）变压器本体无缺陷，绝缘子无裂纹和破损；外表清洁，无遗留杂物；各连接处应连接紧固；密封处无渗漏现象。

2）分接头开关切换在符合电网和用户要求的位置上；引线适当，接头接触良好，各种配套设备齐全。

3）变压器的外壳接地良好；外壳接地线接地牢固，基础牢固稳定，变压器滚轮与基础上轨道接触良好，制动可靠。

4）冷却装置、温度计及其他测量装置应完整。

5）变压器的油位应在当时环境温度的油位线上（见油枕的油位计），不宜过高和过低。

6）变压器的气体继电器应完好，并检查其动作是否符合规定的要求；防爆管内无存油，玻璃完好。

（4）电力变压器运行中的巡回检查。具体包括以下几个方面。

1）检查变压器的响声是否正常。正常运行时，一般有均匀的"嗡嗡"声，这是由于交变磁通引起的铁芯振动而发出的声音。如果运行中有其他声音，则属于异常。

2）油位是否正常。即检查油枕和充油套管内油面的高度，密封处有无渗油现象。如油位过高，一般是由于冷却装置运行不正常或变压器内部故障等所造成的油温过高引起的。如油位过低，应检查变压器各密封处，结合处是否有严重漏油现象，油阀门是否关紧。油标管内的油色应透明微带黄色，如呈红棕色，可能是变压器油运行时间过长，油温高使油质变坏，也可能是油位计脏污所致。

3）油温是否正常。检查变压器上层油温，一般应在 85℃ 以下。对强迫油循环水冷却的变压器上层油温应为 75℃。如油温突然升高，则可能是冷却装置有故障，也可能是变压器内部故障。对油浸自冷变压器，如散热装置各部分温度有明显不同时，可能管路有堵塞现象。

4）负荷情况。

5）气体继电器是否充满油。

6）防爆管上的防爆膜是否完整、无裂纹、无存油。

7）检查冷却装置运行情况是否正常。对强迫油循环水冷或风冷的变压器，应检查油、水温度、压力等是否符合规定。冷却器中，油压应比水压高 0.1～0.15MPa（1～1.5 个大气压）。冷却器出水中不应有油，水冷却器系统应无渗漏。

8）瓷套管是否清洁无裂纹，无打火放电现象。

9）呼吸器是否畅通，硅胶吸潮是否未达到饱和（通过观察硅胶是否变色），油封呼吸器的油位是否正常。

5. 接地设备

把设备与电位参照点地球作电气上的连接，使其对地保持一个低的电位差，其办法是在大地表面土层中埋设金属电极，这种埋入地中并直接与大地接触的金属导体，叫作接地体，有时也称接地装置。接地装置一般可分为人工接地装置和自然接地装置。人工接地装置有水平接地、垂直接地，以及既有水平又有垂直的复合接地装置，水平接地一般是作为变电站和输电线路防雷接地的主要方式；垂直接地一般作为集中接地方式，如避雷针、避雷线的集中接地；在变电站和输电线路防雷接地中有时还采用复合接地装置。钢筋混凝土杆、铁塔基础、发电站、变电站的构架基础等称为自然接地装置。按功能类型可分为工作接地、保护接地、静电接地、防雷接地。

（1）工作接地。电力系统将电网某一点接地，其目的是稳定对地电位与继电保护上的需要。

（2）保护接地。为了保护人身安全，防止因电气设备绝缘劣化，外壳可能带电而危及工作人员安全。

（3）静电接地。在可燃物场所的金属物体，蓄有静电后，往往爆发火花，以致造成火灾；因此要对这些金属物体（如储油罐等）接地。

（4）防雷接地。把雷电流迅速导入大地以防止雷害的接地叫防雷接地。防雷接地装置包括：①雷电接收装置，直接或间接接受雷电的金属杆，如避雷针、避雷带（网）、架空地线及避雷器等；②接地线（引下线），雷电接收装置与接地装置连接用的金属导体；③接地装置、接地线和接地体的总和，泄导雷电流以消除过电压对设备的危害。防雷接地装置的主要作用是在防雷保护中，能迅速将雷电流在大地中扩散泄导，以保持设备有一定的耐雷水平。防雷接地装置性能的好坏将直接影响被保护设备的耐雷水平和防雷保护的可靠性。电气设备的防雷装置有避雷针、避雷线、避雷器及其接地。防直击雷用避雷针、避雷线，防感应雷用避雷器。

★　避雷针的作用是引雷于自身，单针时其保护范围像一个帐篷，保护角（空间立面内的边缘线与铅垂线之间的夹角）为 45°，多针时互相配合可适用于保护一块占地一定面积的发电厂或变电所。它由接闪器即避雷针的针头、引下线和接地装置三部分组成。

避雷线是水平悬挂的狭长线，因而用于保护狭长的电气设备（如架空线路）较为妥当，当其保护角为 25°时，保护范围为有一定宽度的常带状。避雷线的接闪器不像避雷针采用金属杆，一般采用截面不小于 25mm 的镀锌钢绞线架于驾空线路之上，以保护架空线路免受直接雷击。由于避雷线既要架空又要接地，所以它又称为架空地线。

避雷器按结构可分为保护间隙、排气式避雷器、阀型避雷器（包括普通型和磁吹型）、金属氧化物避雷器。装有避雷针、避雷线的构架上的照明灯电源线、独立避雷针和装有避雷针的照明灯塔上的照明灯电源线，均需采用直接埋入地下的带金属外皮的电缆或穿入金属管的导线，电缆外皮或金属管埋入地中的长度在 10m 以上，然后才允许与 35kV 及以下配电装置的接地网及低压配电装置相连，严禁在装有避雷针（线）的构架物上架设通信线、广播线和低压线（工程建设标准强制性条文）。

6. 电气主接线

电气主接线是水电厂的主要电气设备（如水轮发电机、电力变压器、断路器等）按一定要求顺序连接起来所构成的生产、输送和分配电能的电路。各设备元件用统一规定的图形符号表示的接线图为电气主接线图。它是电气运行人员进行各种操作和事故处理的依据之一。

母线是主接线中进行横方向联系的电路（又称汇流排），它起着汇总和分配电能的作用。一方面将所有电源连接到母线上进行汇总，同时又将所有的引出线连接于母线上进行电能分配。

水电站发电机电压侧常用电气主接线组合方式有一机一变的单元接线方案和两机（或三机）一变的扩大单元接线方案。单元接线方案较扩大单元接线方案可靠性高，一台主变或连接设备故障或检修，不影响另一机组运行。当一台机组发电时，变压器损耗较扩大单元接线要小。升压站高压侧接线一般有单母线接线、不完全单母线接线及三角形接线等方式。图 1-20 为陕西宁强二郎坝梯级水电站电气主接线图。

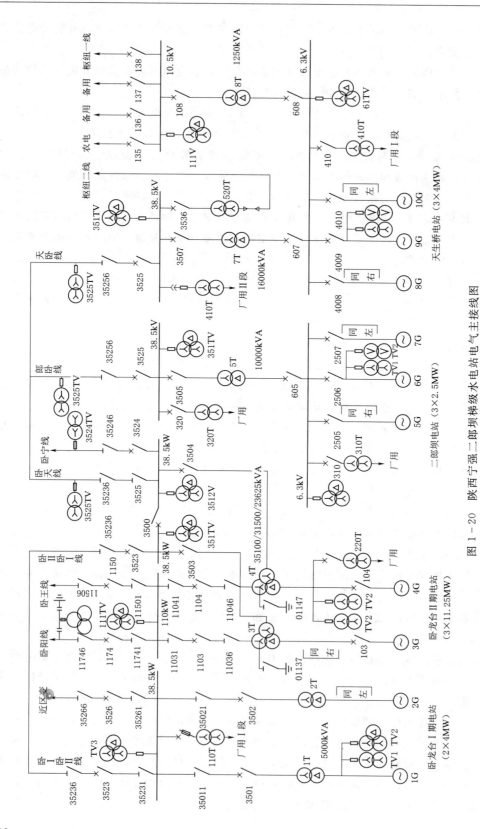

图 1-20 陕西宁强二郎坝级水电站电气主接线图

（三）主要电气二次设备

水电站二次系统包括：计算机监控系统、继电保护系统、机组辅助设备控制系统、公用设备控制系统、直流系统、火灾报警系统、工业电视系统、电能计量系统、通信系统、门禁系统等。

1. 计算机监控系统

（1）水电站监控系统监控对象。包括：水轮发电机组及其附属设备、主变压器、开关站设备、厂用电系统设备、全厂公用及辅助系统设备、金属结构及坝区其他设备等。

（2）监控系统的任务。准确、实时地对所有机电设备、金属结构运行参数、信息进行采集，按照电力系统调度的要求，完成对电站设备的监视、控制及处理。

（3）监控系统的功能。根据规定的控制方式和约束条件，实现工况转换及设备在正常和异常情况下的自动顺序控制和调节，在执行受阻时将机组转换到安全工况，具备自动发电控制（AGC）、自动电压控制（AVC）等功能。实现了无人值班（少人值守），具备"五遥"功能。

1）水轮发电机组自动化系统的功能和作用：①机组的手动、自动、开机或停机；②手动、自动开启与关闭机组的水、气、油管路和设备；③自动监视机组冷却、润滑、密封水的通断；④自动监视各轴承油箱油位，自动监控水轮机顶盖（或支撑盖）的水位及漏油箱油位；⑤自动监视机组各有关部位的温度；⑥自动监视与反映机组导水机构的工作状态及位置；⑦自动发出机组相应的转速信号；⑧自动监视需要监视的容器内和管路内介质的压力；⑨自动控制导水机构锁锭的投入与拔出。

2）自动发电控制程序（AGC）的基本功能：①按负荷曲线方式控制全厂有功功率和系统频率；②按给定负荷方式控制全厂总有功功率；③在确定的运行水头和出力时，使机组按最优运行方式组合运行；④在确定的运行水头和出力时，使机组按等微增率原则分配负荷，保证全厂运行工况最佳；⑤合理地确定机组开、停机顺序；⑥实现紧急调频功能。如果当前系统频率低于紧急调频下限频率或高于紧急调频上限频率时，自动进入"紧急调节"状态向系统提供支援。

（4）监控系统的监控方式。水电站有以计算机监控作为辅助的监控方式（CASC）、以计算机为基础的监控方式（CBSC）及计算机与常规装置双重监控方式（CSC）等三种计算机监控方式。常用的计算机监控系统有集中监控系统、分散监控系统。图1-21为陕西宁强二郎坝梯级水电站集中监控系统示意图。

2. 继电保护系统

继电保护装置的作用是快速地反映各种电气一次设备的故障或不正常的运行状态，当电气设备出现不正常运行状态时，它应及时地发出信号或警报，并自动迅速地将故障元件从电网中切除，以保证电网和水电厂无带故障运行。

继电保护动作应具有：①选择性，即当水电站及电网发生故障时，继电保护动作仅将故障元件切除，使停电范围尽量缩小，当故障元件的保护或断路器拒绝动作时，则应由本级或上一级的后备保护切除故障；②快速性，即以最短的时限动作切除故障，减轻故障设备的损坏程度，减少发展性故障；③可靠性，保护装置在规定的保护范围内发生故障时，不拒动，在保护范围外发生故障以及在正常运行时，不误动。

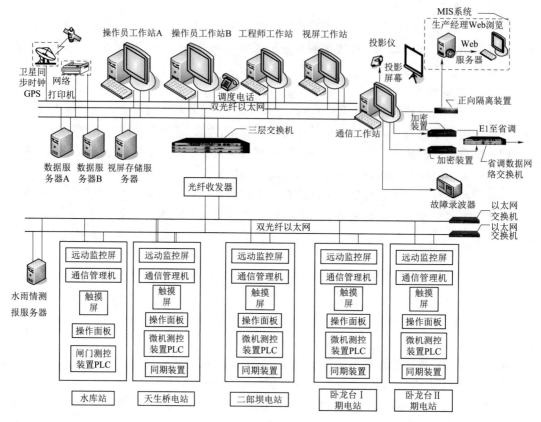

图 1-21　陕西宁强二郎坝梯级水电站集中监控系统示意图

目前新建电站继电保护设备一般采用微型计算机成套保护装置，按发电机、变压器、母线、线路等不同的主设备分别组屏。具备完善的抗干扰措施，具有灵活可靠的出口、具有自检和自恢复功能，采用开关量、数字通信等接口方式与计算机监控系统相连。常见的组屏有发电机保护屏、主变压器保护屏、母线保护屏、线路保护屏等。

3. 直流系统

为继电保护、控制系统、信号系统和自动装置回路提供可靠的直流电源，供给操作器械和调节器械传动装置用电，供给独立的事故照明用电。

若直流电源中断，控制和操作系统处于瘫痪状态，保护、自动装置也无法工作，因此直流电源应具有高度的供电可靠性，电网发生故障时，应不影响操作电源的正常供电，还要有足够的容量，以满足二次设备运行状态的需要。直流系统由充电设备、蓄电池、直流屏、直流分屏、绝缘监测装置等组成。

蓄电池在充电时，充电电流会使电解液中的水电解为氧气和氢气，并沿正负极板析出，充斥于蓄电池室内，当室内氧气达到一定数量时，一遇明火就会发生爆炸，轻则使个别蓄电池损坏，重则将全部蓄电池炸毁。因此蓄电池室内必须严禁烟火，凡是可能发生火花的电器，如断路器、隔离开关、熔断器、插销、电炉等，都不允许安装在蓄电池室内。蓄电池室内的照明，一般使用有防爆装置的白炽灯。

目前常用的蓄电池均为阀控式密封铅酸蓄电池，这种蓄电池采用全密封防泄漏结构，电池在长期运行中无须补充任何液体，同时在使用过程中不会产生酸雾气体，维护工作量小。阀控式密封铅酸蓄电池不污染设备和环境，可与电子设备放在一起使用，无须专门用于电池放置和维护的房间，维护工作量大大减小。而且电池安装可采用叠放式电池架，占地面积小，节约电源系统的投资费用。

4. 火灾报警系统

水电站一般采用集中式火灾报警系统，在中控室设有一火警控制单元，实现报警及消防联动等功能。

（1）火灾报警系统组成。火灾自动报警由集中报警控制器、自动灭火设备、手动火灾报警按钮、各类火灾探测器及地址模块等部分组成。

（2）火灾自动报警系统的功能。当各种火灾探测器（感烟探测器、感温探测器、手动报警按钮）接收到信号（烟雾、温升或人员看见灾情打碎手动报警按钮的玻璃）后，通过系统总线将信号传输至报警控制器，控制器发出声、光报警信号，并显示出报警点的区域号和编码号、时间，并同时打印出来。正常情况下，控制器通过总线对在线的所有探测部件进行巡回检测，发现有故障时能发出故障报警信号，显示出时间、编码、区域，并打印出来。

在巡检过程中如有火警信号时，应按"火警优先"的原则，立即改报火灾警报。控制器能将火警信号输出到联动控制器，联动控制器根据预先编排的程序进行逻辑处理后发出指令驱动有关消防设备，消防设备控制设有手动、自动两种方式。联动控制器也具有线路检测功能，能定时对联动控制线路进行检测。

5. 工业电视系统

（1）工业电视系统的构成和配置。工业电视系统主要包括前端设备、控制站设备及视频、控制电缆等。前端设备主要包括摄像机、镜头和解码器；控制站设备主要包括工控机、矩阵切换主机、画面分割器、彩色监视器、长时间录像机、主控键盘等。

（2）工业电视系统的主要任务和功能。电站设置工业电视系统，并在主副厂房内、开关站、拦污栅以及进厂大门等处设置了摄像头。全厂工业电视监视系统与电站计算机监控系统可实现数据通信。可实现对电站设备的图像等综合信息进行全方位的监视；各种图像信息还可通过专用通道上传至调度中心。

第五节 水电站并网运行

一、电力调度

电力调度是为了保证电网安全稳定运行、对外可靠供电、各类电力生产工作有序进行而采用的一种有效管理手段。电力调度机构是指《电网调度管理条例》中规定的电力调度机构，如公司系统市、县级调度机构。调度机构规定的是电压曲线指由电力调度机构根据电网运行控制要求下达的电压监控点的电压合格范围。非计划停运是指设备处于不可用而又不是计划停运的状态。强迫停运是指由设备问题引起的，如系统故障跳闸、设备紧急缺陷等必须立即停止运行、进行处理等情况造成的停运。

二、并列与解列

（一）水轮发电机组并列运行

在现代大型发电厂中，通常都采用几台同步发电机接在共同的母线上并列运行，而一个电网中又有许多发电厂并列运行，向用户供电。

1. 同步运行与同期操作

在电力系统中，并列运行的同步发电机转子都以相同的角速度旋转，转子间的相对位移角也在允许的极限范围内；发电机的这种运行状态称为同步运行。发电机在未投入电力系统以前，与系统中的其他发电机是不同步的，把发电机投入电力系统并列运行，则需要进行一系列的操作，称为并列操作或同期操作。实现同期操作的装置称为同期装置。

2. 水轮发电机的并列方式

同步发电机要并列运行时，必须满足一定的条件才允许合闸，否则可能造成严重后果。并列方式有两种：准同期并列和自同期并列。一般情况下，两种并列方式既可以手动操作，也可以自动操作，而目前广泛采用的是自动准同期并列法。

（1）准同期并列。将未投入系统的发电机加上励磁，并调节其电压和频率，在满足并列条件时（即电压和频率与系统电压及频率接近相等、相位相同），将发电机投入系统。其优点是：只要并列操作得当，同期时只有较小的电流冲击，对系统电压影响不明显。主要缺点是：电压和频率的调整、相位相同瞬间的捕捉较麻烦，同期过程较长。在系统事故情况下，系统频率和电压急剧变化，同期困难更大。准同期并列又分为自动准同期、半自动准同期与手动准同期三种。调整频率、电压及合开关全部由运行人员操作的为手动准同期，而由自动装置来完成的为自动准同期，当上述三项中任意一项由自动装置完成，其余仍由手动完成时称为半自动准同期。如果采用手动准同期，由于操作人员技术不够熟练，还会有非同期误并列的可能性。

（2）自同期并列。将待并发电机转速升高到接近系统同步转速，此时将未加励磁的发电机投入系统，然后给发电机加上励磁，待并发电机借助电磁力矩自行进入同步。其优点是：操作简单，并列快，特别是在系统发生事故时，尽管频率和电压波动比较剧烈，但机组依然能迅速投入并列，且再加上投入系统时未励磁，消除了非同期误合闸的可能性。其主要缺点是：合闸时瞬间冲击电流较大，并有较大振动，对发电机线圈的绝缘和端部固定部位有一定影响。

对于准同期并列和自同期并列两种并列方式，无论采用哪一种，为了保证电力系统安全运行，发电机的并列都应满足以下两个基本要求：①投入瞬间的冲击电流不应超过允许值；②发电机投入后转子能很快地进入同步运转。

对于准同期并列，它是在满足并列条件（即电压和频率与系统电压及频率接近相等、相位相同）时，将发电机投入系统。如果在理想的情况下使断路器合闸，则发电机定子回路的电流为零，这样将不会产生电流或电磁力矩的冲击。但在实际的并列操作中必然会产生一定的冲击，为了将冲击电流控制在允许范围内，就必须对并列时的电压数值、相位差和频率差提出一定的要求。所以，同步发电机并列的条件为：①待并发电机电压的有效值与系统电压的有效值相等，允许相差±5%的额定电压差；②待并发电机的频率与系统频率接近相等，误差不应超过（0.2%～0.5%）f_n；③待并发电机电压与电网电压的相位相同，相角相等。

3. 非同期并列的危害

非同期并列是指在没有满足同期并列中电压相同、频率相同、相位相同条件的情况下进行的并列操作。引起发电机非同期并列的原因大致有以下几个方面：①发电机用准同期并列时，不满足电压、频率及相位相同这三个条件；②发电机出口断路器的触头动作不同期；③同期回路失灵；④手动准同期操作方法不当。

对于在电压不等的情况下进行的并列，发电机绕组内会出现相当大的冲击电流；当电压相位不一致进行的并列，其后果是可能产生很大的冲击电流而使发电机烧毁，相位不一致比电压不一致的情况更为严重，如果相位相差180°，近似等于机端三相短路电流的两倍，此时，流过发电机绕组内电流具有相当大的有功成分，这样会在轴上产生冲击力矩，或使设备烧毁，或使发电机大轴扭曲。若是频率不等进行的并列，将使发电机产生机械振动。

总之，当发电机出现非同期并列时，合闸瞬间将发生巨大的电流冲击，使机组产生强烈振动并发出鸣声，最严重时可产生20～30倍额定电流冲击，在此冲击下会造成定子绕组变形、扭变、绝缘崩裂，定子绕组并头套熔化，甚至将定子绕组烧毁等严重后果。一台大型发电机发生此类事故的话，除本身损坏外，还会与系统间产生功率振荡，危及电力系统的稳定运行。

出现非同期并列事故时，运行值班人员应立即断开发电机出口断路器并灭磁，关闭水轮机导叶，停机。做好检查、维修的安全措施，然后对发电机各部及其同期回路进行一次全面的检查。另外还需特别注意定子绕组有无变形，绑线是否松断，绝缘有无损伤等问题，查明一切正常后，才可重新开机和并列。

（二）水轮发电机组解列运行

解列是指将发电机组与电网断开。水轮发电机组解列步骤为：①接到停机命令后，进行卸负荷，即关小导叶开度至"空载"位置（减有功负荷至零），减小励磁电流（减无功负荷至零）；②当有无功负荷卸完后，跳开发电机主断路器；③降低发电机电压至零，跳开灭磁开关；④关开度限制，关闭导叶至"全关"位置；⑤待转速降至额定转速的35%时，投入机组机械制动（刹车）；⑥停辅机：关闭冷却水，关密封水，开围带，投导叶锁定，关闭发电机通风机。

水轮发电机组解列应注意以下问题：①发电机若采用单元式结线方式，在发电机解列前，应先将厂用电倒至备用电源供电，然后才可将发电机的有功、无功负荷转移到其他机组上去；②如发电机组为滑参数停机时，应随时注意调整无功负荷，注意功率因数应在规定范围内运行；③如在额定参数下停机，电气值班员转移有功、无功负荷时应缓慢平稳进行，不得使功率因数超过额定值；④有功负荷降到一定数值（接近于零）时，停用自动调整励磁装置。

三、运行

（一）运行定义

运行指设备的刀闸及开关都在合上位置，继电保护及二次设备按规定投入，设备带有规定电压的状态。

★ 空载指发电机处于并网状态，但未接带负荷；开机指将发电机开动；停机指将发电机停下。

（二）备用

1. 热备用

热备用指设备的隔离开关处于合闸位置，断路器断开，电源中断，设备处于停运状态，只要合上断路器就能投入运行的状态。

2. 冷备用

冷备用指设备没有故障，无安全措施，开关及刀闸均处在断开位置，设备处于停运的状态，需先合隔离开关，然后再合断路器，可以随时投入运行的状态。

3. 旋转备用

旋转备用指运行正常的发动机组维持额定转速，随时可以并网，或已并网仅带一部分负荷，随时可加出力至额定的发电机组。

4. 停机备用

停机备用指发电机组与电网解列并停止运行，机组处于完好停机备用状态，随时可以启动并网，投入运行。

（三）操作

1. 倒闸操作

电气设备有四种工作状态，即运行、冷备用、热备用、检修状态，将电气设备从一种工作状态变换到另一种工作状态所进行的一系列操作称为倒闸操作。倒闸操作必须正确，不能发生误操作，如果发生误操作后果不堪设想，轻则造成设备损坏、部分停电，重则发生人身伤亡，破坏电网安全运行，导致大面积停电。倒闸操作内容为：拉开或合上断路器和隔离开关；拉开或合上接地刀闸（拆除或挂上接地线）；拉开或装上某些控制回路、合闸回路、电压互感器回路的熔断器；停用或加用某些继电保护和自动装置及改变定值等；改变变压器或消弧线圈的分接开关。

2. 并环、合环和解环

（1）并环：使两个单独电网或电源与电网同期合并为一个电网运行。

（2）合环：合上网络内某开关将网络改为环路运行。

（3）解环：将环状运行的电网解为非环状运行的操作。

3. 跳闸

跳闸是指设备（如开关）自动从接通位置变为断开位置。

4. 强送

设备故障跳闸后未经检查即送电设备故障后，未经详细检查或试验，用开关对其送电。

5. 强送成功

设备故障后，未经详细检查或试验，用开关对其送电成功。

6. 试送

设备检修后或故障跳闸后，经初步检查再送电。

7. 放电

设备停电后，用工具将静电放去。

8. 充电

使设备带标称电压但不接带负荷。

9. 送电

使设备从不带电状态到带电状态的一系列操作的总称。

10. 停电

使设备从带电状态到不带电状态的一系列操作的总称。

11. 信号复归

继电保护动作的信号牌恢复原位。

12. 零起电压

给设备从零起逐步升高电压，至预定值或直到额定升压电压。

13. 核相

用仪表或其他手段检测设备的一次回路与二次回路相序、相位是否相同。

14. 定相

用仪表或其他手段检测两电源的相位、相序是否相同。

（四）检修

检修指设备的开关、刀闸全部处于断开位置，并挂好接地线或合上接地刀闸，按《电力安全工作规程》规定挂标示牌、装设遮栏的状态。

（五）试验

水轮发电机组安装完工检验合格后应进行起动试运行试验，试验合格交接验收后方可投入系统并网运行。起动试运行试验的目的在于验证机组制造与安装质量，为正式并网运行创造条件。

对机组起动过程中出现的问题和存在的缺陷，应及时加以处理和消除，使水轮发电机组交接验收后可长期、安全、稳定运行。

水轮发电机组的继电保护、自动控制、测量仪表等装置和设备，及与机组运行有关的电气回路、电器设备等，均应根据相应的专用规程进行试验。

水轮发电机组试验内容包括以下几个方面。

（1）水轮发电机组起动试运行前的检查：引水系统的检查；水轮机部分的检查；调速系统及其设备的检查；发电机部分的检查；油、气、水系统的检查；电气设备的检查。

（2）水轮发电机组充水试验：充水操作及检查；尾水管充水；充水平压后的观测检查和试验。

（3）水轮发电机组空载试运行：起动前准备；首次手动起动试验；机组空转运行下调速系统的调整试验；停机过程及停机后的检查；过速试验及检查；自动起动和自动停机试验；水轮发电机短路试验；水轮发电机升压试验；水轮发电机空载下励磁调节器的调整和试验。

（4）水轮发电机组带主变压器和高压配电装置试验及主变压器冲击合闸试验：水轮发电机组对主变压器及高压配电装置短路升流试验；水轮发电机组对主变压器及高压配电装

置递升加压试验；电力系统对主变压器冲击合闸试验。

（5）水轮发电机组并列及负荷试验：水轮发电机组空载并列试验；水轮发电机组带负荷试验；水轮发电机组甩负荷试验；水轮发电机组调相运行试验。

（6）水轮发电机组72h带负荷连续试运行。

四、调度及运行操作术语

1. 调度术语

水轮发电机组调度有关术语见表1-7。

表1-7　　　　　　　　　　水轮发电机组调度有关术语

联系方式	调度术语	适用范围	规范描述
上级与下级	通知××	省调、地调给电厂下令	通知××电厂
		值长给班长下令	通知××班长
		班长给值班员下令	通知××值班人员
		值长接班长汇报	接××班长汇报
		班长接值班人员汇报	接××值班人员汇报
	接××令	值长接省调、地调令	接省调令，接地调令
		班长接值长令	接值长令
	汇报××	电厂汇报省调、地调	汇报省调，汇报地调
		班长汇报值长	汇报值长
		汇报班长	汇报××班长
平级	接通知	××值班人员通知××值班人	通知××值班人
		××值班人接××值班人通知	接××值班人通知

2. 运行操作术语

水轮发电机组运行操作有关术语见表1-8。

表1-8　　　　　　　　　　水轮发电机组运行操作有关术语

操作术语	应用设备	规范描述
合上/拉开	开关、刀闸、按钮	合上×××开关（刀闸）
		拉开×××开关（刀闸）
		合上×××按钮
检查	开关	检查×××开关在"合闸"位
		检查×××开关在"分闸"位
	刀闸	检查×××刀闸合闸到位
		检查×××刀闸分闸到位
		检查×××刀闸分闸到位
	指示灯、表计、把手、保护压板、保险等	检查×××开关"红灯"亮
		检查×××开关"绿灯"亮
		检查×××表计指示正常

操作术语	应用设备	规范描述
检查	指示灯、表计、把手、保护压板、保险等	检查×××把手在"×××"位
		检查×××保护压板已投入（已退出）
		检查×××保险已装好（已取下）
拉出/推入	拉出式手车开关	拉出×××手车开关至"×××"位
	抽出式手车开关	推入×××手车开关至"×××"位
摇出/摇入	摇出式手车开关	摇出×××手车开关至"×××"位
		摇入×××手车开关至"×××"位
拔下/插上	开关二次插头	拔下×××开关二次插头
		插上×××开关二次插头
装上/取下	熔断器（保险）	装上×××熔断器（保险）
		取下×××熔断器（保险）
挂/拆除	接地线	在×××处挂接地线（×××号）
		拆除×××处接地线（×××号）
切	切换把手	切×××把手至"×××"位
投入/退出	保护压板	投入×××保护压板
		退出×××保护压板
测量	测量设备的电气量	测量×××对地绝缘电阻为××兆欧
		测量×××相间电压为××伏
		测量×××电流为××安
验电	对电气设备验电	验明×××处无电压
挂/取下	安全标示牌	在××处挂"××"标示牌×块
		取下××处"××"标示牌×块
手动门	开启	开启×××阀门
	开启到位	检查×××阀门开启到位
	关闭	关闭×××阀门
	关闭到位	检查×××阀门关闭到位
堵板	装设堵板	在×××法兰处装设堵板
	拆除堵板	在×××法兰处拆除堵板
重要阀门	加锁	在×××阀门处加锁
	解锁	在×××阀门处解锁
安全标示牌	挂	在××处挂"×××"标示牌
	取下	取下××处"×××"标示牌

第六节　安全生产知识

一、安全及相关术语

（一）安全定义

安全是指人们未受到威胁或伤害的一种状态，在生产中泛指没有危险、不出事故的状态，是生产系统中人员免受不可承受风险伤害的状态。危险是指人们受到威胁或伤害。安全是一个相对概念，当危险低于某种程度时，就可认为是安全的。

（二）安全生产相关要素

（1）工作场所：从业人员进行职业活动，并由企业直接或间接控制的所有工作点。

（2）作业环境：从业人员进行生产经营活动的场所以及相关联的场所，对从业人员的安全、健康和工作能力，以及对设备（设施）的安全运行产生影响的所有自然和人为因素。

（3）安全绩效：根据安全生产和职业卫生目标，在安全生产、职业卫生等工作方面取得的可测量结果。

（4）相关方：工作场所内外与企业安全生产绩效有关或受其影响的个人或单位，如承包商、供应商等；与企业的安全绩效相关联或受其影响的团体或个人。

（5）安全生产费用：企业按照规定标准提取在成本中列支，专门用于完善和改进企业或者项目安全生产条件的资金；投入安全活动的一切人力、物力和财力的总和称为安全生产投入。

（6）企业主要负责人：有限责任公司、股份有限公司的董事长、总经理，其他生产经营单位的厂长、经理，以及对生产经营活动有决策权的实际控制人。

（7）承包商：在企业的工作场所按照双方协定的要求向企业提供服务的个人或单位。

（8）供应商：为企业提供材料、设备或设施及服务的外部个人或单位。

（9）员工：单位各种用工形式的人员，包括合同制职工、临时工（临时聘用、雇用、借用的人员）等。

（10）一岗双责：各级领导、从业人员在履行领导或生产作业岗位职责的同时，应履行相应的安全生产职责。

（11）变更管理：对机构、人员、管理、工艺、技术、设备设施、作业环境等永久性或暂时性的变化进行有计划的控制，以避免或减轻对安全生产的影响。

二、双重预防机制

（一）双重预防机制的定义及规定

1. 定义

双重预防机制是指为把风险控制在隐患形成之前、把隐患消灭在事故前面，所开展的安全风险分级管控和隐患排查治理工作及为其制定的相关制度和规范。

2. 规定及要求

2016 年 4 月和 9 月，国务院安全生产委员会办公室相继印发《关于实施遏制重特大事故工作指南构建双重预防机制的意见》（安委办〔2016〕3号）和《中共中央国务院关于推进安全生产领域改革发展的意见》（安委办〔2016〕11号），意见都对构建安全生产风险分级管控与隐患排查治理双重预防工作机制明确提出了要求，明确指出，双重预防机制就是安全风险分级管控和隐患排查治理。

《企业安全生产标准化基本规范》（GB/T 33000—2016）中第5个核心要求为"安全风险管控及隐患排查治理"。

2021年新修订的《中华人民共和国安全生产法》第四条要求"生产经营单位必须遵守本法和其他有关安全生产的法律、法规……构建安全风险分级管控和隐患排查治理双重预防机制……"；第二十一条要求"生产经营单位的主要负责人对本单位安全生产工作负有下列职责：（五）组织建立并落实安全风险分级管控和隐患排查治理双重预防工作机制，督促、检查本单位的安全生产工作，及时消除生产安全事故隐患"；第四十一条要求"生产经营单位应当建立安全风险分级管控制度，按照安全风险分级采取相应的管控措施。生产经营单位应当建立健全并落实生产安全事故隐患排查治理制度，采取技术、管理措施，及时发现并消除事故隐患"。

3. 重要意义

风险分级管控与隐患排查治理（双重预防机制）是管控风险、消除隐患、保证安全生产的重要手段，以风险为核心，超前防范，关口前移，从风险辨识入手，以风险管控为手段，把风险控制在隐患形成之前，进行隐患治理，防止发展演变成事故。构建风险分级管控与隐患排查治理双重预防体系，"把安全风险管控挺在隐患前面，把隐患排查治理挺在事故前面"，是落实国家关于建立风险管控和隐患排查治理预防机制的重大决策部署，是实现纵深防御、关口前移、源头治理的有效手段。

（二）风险

1. 定义

风险是指发生危险事件或有害暴露的可能性，与随之引发的人身伤害、健康损害或财产损失的严重性的组合。

2. 安全风险类别

按照可能导致的事故类型，参照《企业职工伤亡事故分类》（GB 6441—1986），将安全风险分为物体打击、车辆伤害、机械伤害、起重伤害、触电、淹溺、灼烫、火灾、高处坠落、坍塌、冒顶片帮、透水、放炮、火药爆炸、瓦斯爆炸、锅炉爆炸、容器爆炸、其他爆炸、中毒和窒息、其他伤害等20类。

3. 安全风险级别

按照发生事故的可能性和后果，安全风险等级从高到低划分为重大风险、较大风险、一般风险和低风险，分别用红、橙、黄、蓝四种颜色表示：①可能造成重大及以上事故的，为重大风险；②可能造成较大事故的，为较大风险；③可能造成1~2人死亡或3~9人重伤事故的，为一般风险；④可能发生个体重伤及以下伤害的，为低风险。

4. 安全风险相关术语

（1）危险源：可能导致人身伤害和（或）健康损害的根源、状态或行为，或其组合。危险源是不以人的意志转移的客观存在，而风险则是人们对危险源（隐患）导致事故发生的可能性及其后果严重程度的主观评价，因此，对于危险源（隐患）而言，关键在于能否发现、找到它，因为只有找到它，才能有的放矢地对其进行防控，所以要发动全员参与危险源（隐患）的辨识；相反，风险是对事故发生可能性及其后果严重性的主观评价，需要尽可能客观、公正评价其危险程度，以便决定是否防控及如何防控，因此，对于风险的评价并不需要全员参与，而是要求有一定经验、训练有素的专业人士客观、公正地进行评价。

（2）重大危险源：长期或临时地生产、搬运、使用或储存危险物品，危险物品的数量等于或者超过临界量的单元（包括场所和设施）。

5. 安全风险辨识

识别生产过程中存在的风险源并确定其特性的过程。辨识可采用基本分析法、工作安全分析、安全检查法、预先危险分析、现场观察、查阅有关资料以及询问、交谈等方法。

6. 安全风险评估

运用定性或定量的统计分析方法对安全风险进行分析、确定其严重程度，对现有控制措施的充分性、可靠性加以考虑，以及对其是否可接受予以确定的过程。

7. 安全风险管控

根据安全风险评估的结果，确定安全风险控制的优先顺序和安全风险控制措施，以达到改善安全生产环境、减少和杜绝生产安全事故的目标。

8. 风险分级管控体系

在建设双重预防体系的过程中，需要将风险进行分级，根据相应的风险分级法，将风险分为Ⅰ级、Ⅱ级、Ⅲ级、Ⅳ级等四个级别，分别用"红、橙、黄、蓝"四色表示，所对应"重大风险、较大风险、一般风险、低风险"，与此同时，为了将责任落实，避免出现推诿、错漏的情况出现，将事故发生后的责任也进行分级，一般分为"公司、车间、部门、员工"，每个级别对应相应的风险管控层级，方便落实责任和风险点的划分。

（三）安全生产事故隐患

1. 定义

对安全风险所采取的管控措施存在缺陷或缺失时就形成事故隐患。指生产单位违反安全生产法律、法规、规章、标准、规程和安全生产管理制度的规定，或者因其他因素在生产经营活动中存在可能导致事故发生的危险状态物的、人的不安全行为和管理上的缺陷。

2. 隐患分类

（1）重大事故隐患。是指可能造成人身死亡事故，重大及以上电网、设备事故，由于供电原因可能导致重要电力用户严重生产事故的事故隐患。

（2）一般事故隐患。是指可能造成人身重伤事故、一般电网和设备事故的事故隐患。

3. 隐患排查

是根据安全生产相关法律、法规、规章，规程和安全生产管理制度的规定，将事故隐患排查出并制定防控措施，防事故发生的可能性乃至于遏制事故的发生。在隐患排查的过程中，要知悉哪些风险点上存在着哪些相对应的安全隐患，什么样的情况下会造成事故的发生。

★ 风险与隐患的区别及联系

危险源是不以人的意志为转移的客观存在，而风险则是人们对危险源导致事故发生的可能性及其后果严重程度的主观评价，危险源与风险一个为客观存在，一个是主观判断。事故隐患是由外界因素如人、物、环境等导致的，是可以被消除的。

对安全风险所采取的管控措施存在缺陷或缺失时就形成事故隐患，即风险点的管控措施缺失或出现了缺陷，则形成了隐患，风险度相应会提高（发生事故的可能性及事故的严重程度分值均会升高）。如果隐患不能及时得以治理，则很可能会导致事故的发生；隐患得以治理，则风险度会随之降低。

风险辨识侧重于认知固有风险，而隐患排查侧重于各项措施生命周期过程管理。风险辨识要定期开展，在工艺技术、设备设施以及组织管理机构发生变化时要开展；而隐患排查要求全时段、全天候开展，随时发现人的不安全行为，物的不安全状态，环境的不良和管理的缺失。

三、应急

1. 应急预案

面对如自然灾害、重特大事故、环境公害及人为破坏的突发事件，为有效预防和控制可能发生的事故，最大限度地减少事故及其造成损害而预先制定的工作方案，应急管理、指挥、救援计划等。《生产安全事故应急条例》第五条第二款规定：生产经营单位应当针对本单位可能发生的生产安全事故的特点和危害，进行风险辨识和评估，制定相应的生产安全事故应急救援预案，并向本单位从业人员公布。按照《生产经营单位生产安全事故应急预案编制导则》（GB/T 29639—2020）编制，按照《生产安全事故应急预案管理办法》（2016 年 6 月 3 日国家安全生产监督管理总局令第 88 号公布）进行管理。

2. 应急预案体系

针对各级各类可能发生的事故和所有危险源制订的综合预案、专项应急预案和现场应急处置方案，并明确事前、事发、事中、事后的各个过程中相关部门和有关人员的职责。

（1）综合应急预案。综合应急预案是从总体上阐述处理事故的应急方针、政策，应急组织结构及相关应急职责，应急行动、措施和保障等基本要求和程序，是应对各类事故的综合性文件。

（2）专项应急预案。专项应急预案是针对具体的事故类别、危险源和应急保障而制定的计划或方案，应按照综合应急预案的程序和要求组织制定，并作为综合应急预案的附件。专项应急预案应制定明确的救援程序和具体的应急救援措施。

（3）现场处置方案。现场处置方案是针对具体的装置、场所或设施、岗位所制定的应急处置措施。现场处置方案应具体、简单、针对性强，应根据风险评估及危险性控制措施逐一编制，做到事故相关人员应知应会，熟练掌握，并通过应急演练，做到迅速反应、正确处置。

3. 应急准备

针对可能发生的事故，为迅速、科学、有序地开展应急行动而预先进行的思想准备、组织准备和物资准备。

4. 应急响应

针对发生的事故，有关组织或人员采取的应急行动。

5. 应急救援

在应急响应过程中，为最大限度地降低事故造成的损失或危害，防止事故扩大而采取的紧急措施或行动。

6. 应急演练

针对可能发生的事故情景，依据应急预案而模拟开展的应急活动。

四、事故

（一）事故定义

事故是发生于预期之外的造成人身伤害或财产或经济损失的事件。造成死亡、疾病、伤害、损坏或其他财产损失的意外情况，且构成一定经济损失及影响。事故原因是人的不安全行为和物的不安全状态，人的本质安全化和物的本质安全化是预防事故的最有效的手段。

（二）事故相关术语

（1）生产安全事故单位：发生事故（事件）的生产经营单位。

（2）事故（事件）发生单位：设备运行管理单位和在事故（事件）中承担同等责任以上的公司系统内其他单位。

（3）死亡：负伤后，在 30 天内死亡的（因医疗事故而死亡的除外，但必须得到医疗事故鉴定部门的确认），均按死亡统计；超过 30 天后死亡的，不再进行死亡补报和统计；轻伤转为重伤也按此原则补报和统计。

（4）重伤：按照《企业职工伤亡事故分类标准》（GB 6441—1986）判定是否重伤。

（5）轻伤：按照《企业职工伤亡事故分类标准》（GB 6441—1986）判定是否轻伤。

（6）轻微伤：造成人体局部组织器官结构的轻微损伤或短暂的功能障碍。

（7）直接经济损失：因事故、事件造成物料等财产损失价值及人身伤害发生的医疗及医疗相关费用，包括医药费、诊查费、住院费、护理费、误工费等。

（8）间接损失：因事故、事件造成产品返工费用及停产损失或造成为平息外部社会影响发生的应酬费用等。

（9）未遂事故：因严重违反规定，造成不可接受程度的危险，且未发生事故。

（三）事故类型

（1）生产安全事故：生产经营活动中发生的造成人身伤亡或者直接经济损失的生产安全事故。

（2）非生产安全事故：不构成生产安全事故的事故（不含电力安全事故），如社会事件、自然灾害事故等。

（3）设备事故：电力生产、电网运行过程中发生的发电设备或输变电设备损坏造成直接经济损失的事故，不包括特种设备事故。

（四）事故等级划分

（1）特大事故：造成 30 人以上死亡，或者 100 人以上重伤（包括急性工业中毒，下同），或者 1 亿元以上直接经济损失的事故。

（2）重大事故：造成 10 人以上 30 人以下死亡，或者 50 人以上 100 人以下重伤，或者 5000 万元以上 1 亿元以下直接经济损失的事故。

（3）较大事故：是指造成 3 人以上 10 人以下死亡，或者 10 人以上 50 人以下重伤，或者 1000 万元以上 5000 万元以下直接经济损失的事故。

（4）一般事故：造成 3 人以下死亡，或者 10 人以下重伤，或者 100 万元以上 1000 万元以下直接经济损失的事故。

事故等级划分标准见表 1-9。

表 1-9　　　　　　　　事故等级划分标准

类　型		特大事故	重大事故	较大事故	一般事故
人身事故（事件）	一次事故造成人员死亡、重伤或轻伤	30 人以上死亡	10 人以上 30 人以下死亡	3 人以上 10 人以下死亡	3 人以下死亡
		100 人以上重伤	50 人以上 100 人以下重伤	10 人以上 50 人以下重伤	10 人以下重伤
设备事故（事件）	一次事故造成直接经济损失	1 亿元以上	5000 万元以上 1 亿元以下	1000 万元以上 5000 万元以下	100 万元以上 1000 万元以下

（五）事故报告

在规定时间内，以书面形式向主管部门报送的表述事故发生信息的文件为事故报告。根据《中华人民共和国安全生产法》《生产安全事故报告和调查处理条例》《生产安全事故应急条例》《生产安全事故应急预案管理办法》，水利部印发了《水利安全生产信息报告和处置规则》（水监督〔2022〕156 号）。

1. 水利生产安全事故信息

水利生产安全事故信息包括生产安全事故和较大涉险事故信息。水利生产安全事故信息报告包括事故文字报告、事故快报、事故月报和事故调查处理情况报告。

文字报告包括事故发生单位概况，发生时间、地点以及现场情况，简要经过，已经造成或者可能造成的伤亡人数（包括下落不明、涉险的人数）和初步估计的直接经济损失，已经采取的措施，其他应当报告的情况。文字报告按规定直接向水利部监督司报告。

事故快报包括事故发生单位的名称、地址、性质，事故发生的时间、地点，事故已经造成或者可能造成的伤亡人数（包括下落不明、涉险的人数）。事故快报按规定直接向水利部监督司报告。

事故月报包括事故发生时间、事故单位名称和类型、事故工程、事故类别、事故等级、死亡人数、重伤人数、直接经济损失、事故原因、事故简要情况等。

事故调查处理情况报告包括负责事故调查的人民政府批复的事故调查报告、事故责任人处理情况等。

2. 信息报告

（1）较大涉险事故包括涉险 10 人及以上的事故，造成 3 人及以上被困或者下落不明的事故，紧急疏散人员 500 人及以上的事故，危及重要场所和设施安全（电站、重要水利设施、危化品库、油气田和车站、码头、港口、机场及其他人员密集场所等）的事故，其他较大涉险事故。

（2）事故信息除事故快报、文字报告和信息系统月报外，还应依据有关法规规定，向有关政府及相关部门报告。

（3）事故发生单位事故信息报告时限和方式。事故发生后，事故现场有关人员应当立即向本单位负责人报告；单位负责人接到报告后，在 1h 内向主管单位和事故发生地县级以上水行政主管部门报告。其中，水利工程建设项目事故发生单位应立即向项目法人（项目部）负责人报告，项目法人（项目部）负责人应于 1h 内向主管单位和事故发生地县级以上水行政主管部门报告。

情况紧急时，事故现场有关人员可以直接向事故发生地县级以上水行政主管部门报告。

（4）水行政主管部门事故信息报告时限和方式。水行政主管部门接到事故发生单位的事故信息报告后，对特别重大、重大、较大和造成人员死亡的一般事故及较大涉险事故信息，应当逐级上报至水利部。逐级上报事故情况，每级上报的时间不得超过 2h。

情况紧急时，水行政主管部门可以越级上报。

（5）水行政主管部门事故信息快报时限和方式。发生人员死亡的一般事故的，县级以上水行政主管部门接到报告后，在逐级上报的同时，应当在 1h 内快报省级水行政主管部门，随后补报事故文字报告。省级水行政主管部门接到报告后，应当在 1h 内快报水利部，随后补报事故文字报告。

地方水行政主管部门接到发生较大事故的报告，应在事故发生 1h 内快报、2h 内书面报告水利部监督司；特别重大事故、重大事故，应力争在 20min 内快报、40min 内书面报告水利部监督司。

（六）事故调查处理

（1）责任事故。相关人员或单位在生产运行过程中存在违反法律法规、标准规范、操作规程等不安全行为，并因此造成的事故。

（2）非责任事故。因自然灾害等不可抗力因素造成的事故。

（3）相关责任者。事故、事件中经确认的非主要责任者，且在事故、事件具有一定责任。

（4）管理责任者。在事故、事件中负有隶属管理或职能管理的相应领导。

（5）主要责任者。对造成事故、事件负有直接责任或大部分责任的具体人员。

（6）直接责任。也就是主要责任，是指违章指挥、违章作业、过失和失职，直接导致事故发生、发展，在事故过程中起主导作用者。

（7）次要责任。由于过失、疏忽，在安全组织措施、安全技术措施等方面安排、布置不严密，未能及时制止事故的发生、发展。

（8）领导责任。各级领导人员在其职责范围内未履行，或未正确履行安全生产责任制，或因工作计划、安排、组织、技术措施不落实，督促、检查、指导不够，对安全生产方针政策贯彻不力，对职工安全思想教育不够等，导致或影响了事故的发生、发展。

在事故和事件中所指的"本企业负有责任"是指以下几种情况：①资质审查不严，项目承包商不符合要求；②在开工前未对承包商项目负责人、工程技术人员和安监人员进行全面的安全技术交底，或者没有完整的记录；③对危险性生产区域内作业未事先进行专门的安全技术交底，未要求承包商制定安全措施，未配合做好相关的安全措施（包括有关设施、设备上未设置安全警告标志等）；④未签订安全生产管理协议，或者协议中未明确各自的安全生产职责和应当采取的安全措施。

五、安全生产标准化

（1）标准。指衡量事物的准则，为了在一定范围内获得最佳秩序，经协商一致制定并由公认机构批准，共同使用和重复使用的一种规范性文件。

（2）标准化。指在经济、技术、科学和管理等社会实践中，为在一定的范围内获得最佳秩序，对实际的或潜在的问题制定共同的和重复使用的规则的活动，称为标准化。

（3）安全生产标准化。企业通过落实企业安全生产主体责任，通过全员全过程参与，建立并保持安全生产管理体系，全面管控生产经营活动各环节的安全生产与职业卫生工作，实现安全健康管理系统化、岗位操作行为规范化、设备设施本质安全化、作业环境器具定置化，并持续改进（PDCA 管理模式）。

（4）小型水电站标准化管理。小型水电站在生产经营、管理范围内获得最佳秩序，对实际或潜在的问题制定规则的活动。

六、水电站安全术语

（一）"两票三制"

"两票三制"指工作票、操作票，交接班制度、设备巡回检查制度、设备缺陷管理制度。"两票三制"的执行是进一步落实有关人员的岗位责任制、进一步加强安全生产的重要措施，是确保设备正常运行、稳定生产秩序行之有效的办法。

工作票涉及检修、运行人员与被检修设备之间的关系。

操作票涉及需要操作的设备与操作人、监护人、操作票签发人之间的关系。

交接班制度涉及交、接班运行人员与运行设备之间的关系。

设备巡回检查制度涉及当班运行人员与运行设备之间的关系。

设备缺陷管理制度涉及运行、检修试验及有关人员与存在缺陷的运行设备之间的关系。

（二）五类恶性事故及"五防"

1. 五类恶性事故

（1）误分、误合断路器。

（2）带负荷拉、合隔离开关。

（3）带电挂（合）接地线（接地刀闸）。

（4）带地线（接地刀闸）合断路器和隔离开关。

（5）误入带电间隔（误登带电设备）。

2. "五防"

（1）防止误分、误合断路器。

（2）防止带负荷拉、合隔离开关。

（3）防止带电挂接地线（合接地刀闸）。

（4）防止带接地线（接地刀闸）合断路器和隔离开关。

（5）防止误入带电间隔。

（三）其他

1. 习惯性违章

习惯性违章是指固守旧有不良作业传统和工作习惯、违反安全工作制度的、长期反复发生的作业行为，它实质上是一种违反安全生产工作客观规律的盲目的行为方式。例如，进入施工现场不戴安全帽，高空作业不系安全带，作业不断电源、不验电、不挂地线、穿高跟鞋作业、酒后作业等现象。

2. 装置性违章

装置性违章是指工作现场的环境、设备、设施及工器具不符合国家、行业、集团公司有关规定，违反事故措施和保证人身安全的各项规定及技术措施的要求，不能保证人身和设备安全的一切不安全状态。

3. "三违"

"三违"是指在电业生产、施工中，违反国家、部门或主管上级制定的有关安全生产的法规、规程、条例指令、规定、办法、有关文件，以及违反本单位制定的现场规程、管理制度、规定、办法、指令等而进行工作。

"三违"是指生产作业中违章指挥、违规作业、违反劳动纪律这三种现象。

4. "三交"

"三交"是指站班会上的交任务、交安全、交技术。

5. "两措"

《电力安全工作规程》规定的"两措"指安全组织措施和安全技术措施。安全组织措施是指现场勘察、工作票、工作许可、工作监护、工作间断、工作终结和恢复送电措施；安全技术措施是指停电、验电、装设接地线、个人保安线、悬挂标示牌和装设遮拦这些措施。

6. "三措"

"三措"是"两措"的延伸，指安全组织措施、安全技术措施、安全管理措施。

7. "三级控制"

"三级控制"包括：企业控制重伤和事故，不发生人身死亡、重大设备损坏和电网事故；车间控制轻伤和障碍，不发生重伤和事故；班组控制未遂和异常，不发生轻伤和障碍。

8. "四不伤害"

"四不伤害"是指不伤害自己、不伤害他人、不被他人伤害、保护他人不被伤害。

9. "四不放过"

"四不放过"是指事故原因未查清不放过、事故责任人未受到处理不放过、事故责任人及群众没有受到教育不放过、事故没有制定切实可行的整改措施不放过。事故调查报告的内容应包括事故经过、基本事实、原因分析、结论意见、责任分析、处理意见、预防措施等。

10. 三级安全教育

新入厂（公司）的生产人员（含本企业的实习人员），必须经厂（公司）、车间（部门）和班组三级入厂安全教育，并经《电业安全工作规程》考试合格后，方能进入生产现场。

（1）公司级：国家、地方、行业安全健康与环境保护法规、制度、标准；本企业安全工作特点；工程项目安全状况；安全防护知识，典型事故案例等。

（2）部门级（电站）：本工地施工特点及状况；工种专业安全技术要求；专业工作区域内主要危险作业场所及有毒、有害作业场所的安全要求与环境卫生、文明施工要求。

（3）班组级：本班组、工种安全施工特点、状况；施工范围所使用工、机具的性能和操作要领；作业环境危险源的控制措施及个人防护要求、文明施工要求。

11. "三紧"

操作旋转机械设备人员的工作服应"三紧"，即袖口紧、下摆紧、裤脚紧。

12. 防汛"三个责任人"

防汛"三个责任人"指行政责任人、技术责任人、巡查责任人。

第二章 小型水电站运行管理

第一节 运行人员及班组

一、管理机构

小型水电站应设运行管理机构，明确站长、班组、岗位等设置及岗位职责。可按单位负责类、综合管理类、工程管理类、生产管理类等设置，或者按照运行、检修、水工、综合、管理等设置。

采用"无人值班、少人值守"或集控运行方式的小型水电站可适当减少现场值班人员配置。

班组设置、人员配置、运转方式应符合安全运行、劳动保护、职业健康要求。

部分小水电站存在"重机电，轻水工"的现象，水工管理机构、人员配置比较薄弱。对有水库的小水电站，应该严格按照水库管理的相关标准设置机构、岗位和配置人员。中型以上的水库设置技术管理类、运行类、观测类岗位，小型水库设置技术管理类、运行类岗位。也可按照水工类、水务类设置岗位。

二、各岗位人员技术能力及职责要求

（一）技术能力

1. 运行人员的"三熟""三能"

（1）"三熟"。

1）熟悉设备、系统和基本原理。

2）熟悉操作和事故处理。

3）熟悉《电力安全工作规程》及本岗位的规程和制度。

（2）"三能"。

1）能正确地进行操作和分析运行状况。

2）能及时地发现故障和排除故障。

3）能掌握维修技能，掌握本电厂电气一次系统接线以及一次设备的结构、性能、主要参数和工作原理，熟悉二次回路的工作原理及主要参数整定，熟悉机械设备的结构、性能、工作原理及油、水、气系统，了解检修技术。

2. 运行值班人员和维护人员业务素质要求

（1）运行值班人员经过专业培训，应具备如下业务素质：

1）熟悉水电站生产过程和发电设备运行专业知识。

2）熟练掌握运行规程。

3）掌握计算机基础知识。

4）掌握监控系统的控制流程及操作方法。

（2）维护人员经过专业培训，应具备如下业务素质：

1）熟悉水电站生产过程和相关专业知识。

2）熟悉计算机专业知识。

3）熟悉维护规程。

4）熟悉监控系统的控制流程、编程及设计原则。

规模较大的水电站，可以开展仿真培训，培训时间不应少于 40h/（人·a）。仿真培训的内容至少应包括开机、停机、辅助设备、调速系统压油装置、控制流程、油水气系统、主接线上的一次设备与母线的倒闸操作、自动发电控制、自动电压控制、有功功率、无功功率、软连片及相关定值的投退与设定、趋势曲线分析、正常运行与故障查询、事故运行状态查询、报警等功能的使用。在仿真培训系统上进行的任何培训操作，不应对运行设备产生影响。仿真培训站与监控系统必须确保数据的单向流动和隔离；仿真培训站应有专人维护管理，并按相关要求做好病毒防护与应用更新。

（二）岗位职责

1. 电站站长工作职责

（1）全面负责电站人员管理、设备管理、发电运行、生产调度等各项安全生产工作，是本部门安全生产第一责任人。

（2）按照《安全生产目标责任书》，切实履行安全职责，做好部门安全管理工作。

（3）根据公司下达的各项安全生产指标，组织制定本部门的安全、生产、经营、培训和综合管理措施，并督促落实，确保按计划完成任务。

（4）建立健全本电站生产责任制，明确各级人员的岗位职责，组织职工认真贯彻执行，保持生产秩序井然有序。

（5）贯彻执行国家、行业有关设备管理的规程、标准，负责组织制定电站生产设备的年度检修、技改、"两措"计划，并组织实施。

（6）负责组织制订有关设备管理、巡视、维护、检修、检验的制度、标准、规程；督促建立健全有关设备管理的各种技术资料和设备台账。

（7）全面负责部门范围内的防汛工作，组织人员及时做好险情预测、预报、事故报告、应急抢险和救护工作，确保部门度汛目标顺利实现。

（8）检查技术措施、劳动纪律、文明生产执行情况，及时处理生产现场存在的问题。

（9）强化与各部门的工作协调，合理安排工作，抓好员工的专业技术培训，并对其工作绩效、技术水平和工作能力定期检查、考核、评比。

（10）加强电站业务指导，督导现场巡检人员做好设备巡查和隐患排查，及时发现缺陷和隐患，做好事故预判，提高巡检人员事故处理及突发事件应对能力。

（11）负责部门自身建设，搞好本部门各项管理工作，加强员工思想政治工作及业务培训，培育团队精神，提高履职尽责能力及工作效率，提升管理水平和业务技能水平。

（12）认真完成公司及公司领导安排的各项任务。

2. 电站副站长工作职责

(1) 配合站长做好部门日常管理工作。

(2) 监督检查班组安全技术措施及规章制度的贯彻执行情况，确保各项规程制度、规范标准执行到位。

(3) 加强班组管理和人员思想教育引导，做好电站、班组工作协调，确保各项工作有序推进。

(4) 按要求积极参加公司相关会议，及时提出工作中存在问题和困难，落实公司研究确定的整改方案和措施。

(5) 负责"两票三制"的落实，确保安全措施完备，两票合格率达到100%。

(6) 负责各项安全规程制度落实，杜绝"三违"现象的发生。

(7) 负责监督各班组安全例行工作开展情况。组织安全生产大检查及隐患排查治理，撰写安全检查报告，编制整改计划，抓好问题整改，做好隐患、缺陷闭环管理工作。

(8) 负责"两措"计划的编制并监督实施，参加事故、障碍、异常、违章的调查，并提出处理意见及防范措施。

(9) 负责安全培训工作，编制《安全教育培训计划》和《应急演练计划》并督查落实。

(10) 负责事故、障碍、异常、安全隐患统计工作，编报安全事故报表。

(11) 负责生产现场安全防护用品、劳动保护用品、安全工器具的配备，并监察管理和使用情况。

(12) 负责做好防汛抢险、事故应急处置等工作。

(13) 负责解决检修工作中各类技术难题，负责组织设备检修、技术改造、缺陷消除和事故抢修工作，做好质量把关，并对检修效果负责。

(14) 完成领导临时交办的其他任务。

3. 班组长

(1) 在站长（副站长）领导下，负责全班的生产、技术业务等工作。

(2) 当值期间是所辖设备运行的总负责人，应认真执行上级值班调度员下达的调度命令。

(3) 全面掌握本站设备运行状况、水文、水工建筑物情况，检查设备变动情况，并认真做好班长记录。

(4) 审批本班的电气操作票、水机操作票，审查第一种工作票、第二种工作票以及水机工作票。

(5) 检查督促全班人员严格执行各项规章和制度。

(6) 掌握设备缺陷，对影响设备安全运行的缺陷及时上报生产科，以便安排检修人员及时检修处理。

(7) 负责指挥处理现场事故，组织本班的事故分析，并写出事故发生的经过及处理情况报告。

(8) 负责本班技术业务岗位培训，组织反事故演习、事故预想和技术问答等工作。

(9) 贯彻执行各种规章制度，组织领导全班人员进行交接班、巡回检查、缺陷记录报告、运行操作、事故处理和检修作业交代等工作。

（10）开展运行分析，掌握设备运行状况，担任复杂操作任务的监护人及检修竣工后的验收工作。

（11）做好班长记录，督促并检查值班员正确填写各种运行记录，组织全班搞好图纸资料、安全器具、消防器材、工具仪表及其他管理工作。

（12）督促做好规程规定的各项定期工作，组织搞好设备和环境卫生。

（13）定期组织召开班务会议，搞好班组建设。

4. 水机主值班员

（1）在班长领导下，负责本班机械设备的管理和技术业务工作，是当值期间分管设备的直接安全负责人。

（2）贯彻执行各项规章制度，组织本班机械设备的交接班、巡回检查、设备缺陷记录汇报、运行操作、事故处理和设备检修等工作。

（3）审批机械操作票，担任复杂操作任务的监护人，负责审查机械工作票，并进行机械设备的竣工验收工作。

（4）开展机械运行分析，掌握设备运行状况，对发现的缺陷和异常情况及时向班长汇报。

（5）认真做好设备运行参数的监视和调整，保证设备在良好状况下运行。

（6）负责督促检查值班员正确填写各种运行记录，组织本班机械人员做好图纸资料、安全用具、工具仪表和防护用品的管理工作。

（7）组织本班机械运行的反事故演习、事故预想和技术问答等培训工作。

5. 电气主值班员

（1）在班长领导下，负责分管区域电气设备管理和技术业务工作，当值期间是分管设备的安全直接负责人。

（2）认真做好设备运行参数的监视和调整，保证设备在额定参数下运行。

（3）加强巡回检查工作，发现缺陷和异常情况及时向班长汇报，并做好记录。

（4）认真填写或审查操作票并正确进行操作或监护。负责电气工作票的许可和终结验收工作。

（5）了解设备的检修情况，配合设备的试验工作，并督促做好检修工作。

（6）主动做好规程规定的各项定期工作，正确、工整填写各项记录，搞好设备和环境卫生。

三、标准化班组建设

班组指为了完成某项工作任务，实现共同的工作目标，按照统一指挥、分工明确、相互配合的原则，由一定数量工作人员组成的工作集体。

《企业安全生产标准化基本规范》（GB/T 33000—2016）中对班组建设提出了明确要求：要制定《班组安全活动制度》从业人员应熟练掌握本岗位安全职责、安全生产和职业卫生操作规程、安全风险及管控措施、防护用品使用、自救互救及应急处置措施。各班组应按照有关规定开展安全生产和职业卫生教育培训、安全操作技能训练、岗位作业危险预知、作业现场隐患排查、事故分析等工作，并做好记录。

小型水电企业应建立班组安全活动管理制度，开展岗位达标活动，明确岗位达标的内容和要求，全面推行标准化作业，努力做到基础管理标准化、安全管理规范化、生产管理精细化。

1. **标准化班组建设职责**

（1）公司职责：负责制定班组建设标准，从安全管理、现场管理、设备管理、运行管理、信息管理几个方面对班组实施综合管理，并建立健全班组激励和约束机制，年度开展班组综合评比。

（2）电站职责：各站按照公司的要求，组织班组完成各项工作任务，检查、指导、考核班组管理工作，督促班组对存在的问题进行自查、互查和整改，组织班组标准化管理经验交流、业绩考核和奖惩。

（3）班组职责：班组负责落实岗位职责，规范过程控制，强化目标考核，全面推行标准化作业；班长是班组标准化管理工作的第一责任人，安全员协助班长做好本班安全管理工作，各岗位人员应服从班组管理，切实做好班组各项工作。

2. **班组的教育培训职责及任务**

（1）加强安全教育培训，认真贯彻《安全生产法》《电力安全工作规程》相关内容及公司安全生产管理标准和制度，坚持"安全第一，预防为主，综合治理"的方针，全面落实安全生产责任制，确保实现班组安全目标。建设学习型班组，全员岗位培训率100%，各工种持证上岗率100%，运规、安规考试合格率100%。班组新入厂人员（学校毕业生、调入员工、招聘的临时工、代培生、实习生、转岗人员等）必须经三级安全教育合格后方可编入班组开展工作。外包工程人员必须经过安全教育和安全技术交底合格后方可进入生产现场。

1）班组开展岗位培训工作，认真完成电站下达的培训任务，不断提高班组成员安全生产技术水平和岗位技能。

2）班长是班组培训工作的负责人，应做到月初有计划，月末有总结。

3）电站班组每个轮值安排一次培训工作，每次培训不少于两小时。

4）班组培训工作内容应包含：安全生产管理制度、技术标准、规程规范、电气及机械原理、调度自动化专业知识、事故预案、模拟操作等，并积极进行运行分析。

（2）电站班组应积极参加电站或公司组织的培训活动，完成培训任务，相关部门和各站负责人对培训情况检查指导。

（3）班组成员要持证上岗，并积极参与技能升级。

3. **班组生产现场管理标准**

班组和生产现场全部实行"7S"（整理、整顿、清扫、清洁、素养、安全、节约）管理，维护"7S"管理成果并持续改善。桌椅物品、工器具、备品备件摆放整齐，放置有序，实行定置、定位管理；班组台账、记录数据真实、准确、及时、完整，文件资料分类管理。抓好管辖区域的清洁卫生和环境美化工作，保持工作场所窗明几净，设备完好、清洁。

（1）整理、整顿、清扫、清洁工作每天都要进行，保持生产设备、生产区域符合标准，实现生产现场干净整洁，作业环境舒适，班组成员素养提高，安全保障更加可靠。

（2）及时把工作场所内与工作无关的物品清理掉，一切私人物品均不得在工作场所存放。

（3）所有物品保管整齐有序，并进行必要的标识。严格工器具的保管、发放（借用）管理，做到账、卡、物相符，物品、工器具、文件、资料、记录实行定置摆放、定员管理，标签清楚，寻找过程不超过1分钟。

（4）工作场所无卫生死角，无积灰、积水、积油、烟头、痰迹、杂物，设备、仪器、工器具、材料等保持清洁的状态。

（5）生产现场的孔洞盖板、梯台围栏等安全防护设施应规范齐全。

4. 班组的标准化作业

班组要严格执行《电力安全工作规程》，坚决杜绝无票作业、有票不遵、违规操作和习惯性违章行为，"两票"全部达到三个100％（标准票的覆盖率达到100％，现场作业必须做到100％开票，票面安全措施、危险点分析与控制措施在两票执行环节必须100％落实）。班组所辖设备完好率和消缺率不低于95％，全面完成生产任务和各项经济技术指标。

（1）作业现场设备名称、编号、手轮开关方向标志及阀位指示齐全、清晰、规范。

（2）作业现场管道介质名称、色标或色环及流向标志齐全、清楚、正确。

（3）作业现场安全标志标识齐全、规范，并设在醒目位置。应急疏散指示标志明显。

（4）作业现场实行定置看板管理，管理看板一目了然，工器具、备件、材料定置摆放，检修现场每天打扫干净，做到工完料尽场地清。

（5）生产现场应悬挂的电气主接线图、设备巡回检查路线图等各种图表清洁完整。

（6）交接班时应提前15分钟到生产现场进行交接班准备，交接内容要做到清楚完备，发生争议要及时上报。

（7）电站运维班组要按规定定期巡检、维护所辖的设备，各班组应通过工业电视系统及监控画面实时巡检，确保设备缺陷能够及早发现，对于发现的设备异常，应记录清楚、快速传递、及时处理，实现设备状态的可控、在控。

（8）设备定期轮换、切换和试验后要进行登记。编入PLC程序自动完成的设备切换，值班人员通过监控系统进行定期查看，不做专项登记，作为设备巡检内容。

（9）涉及设备状态改变的操作，必须按规定及时汇报、处理，并履行审批、许可手续。

（10）严格执行工作票、操作票制度，杜绝无票作业，"两票"执行情况在班长日志中要有记载，执行完毕要进行登记。"两票"办理要符合公司《电力安全工作规程》及公司的相关企业标准，坚持操作监护制度，误操作次数为零。

（11）施工现场应做好防触电、防坠落、防火灾的安全措施。

（12）现场接待管理工作由站长组织实施。接待工作要做到热情周到、耐心细致、有条不紊、语言文明。

5. 班组的安全生产活动

班组控制未遂和异常，不发生人身轻伤和障碍，建设无违章班组。即：班组在安全生产过程中，对于出现的人身未遂行为和设备的异常现象要能及时发现、及时纠正、及时排除，避免出现后果或不安全状态升级。

（1）开展安全日活动。每轮值开展一次安全日活动，传达、学习有关安全法规、制度、规程、标准等，通报安全生产情况，分析典型事故案例，总结讲评本班组近期安全工作情况，制定整改计划和措施，结合近期全厂运行方式和季节特点安排近期安全工作计划。安全活动记录禁止搞"一言堂"，要求有大家发言、讨论的详细记录。部门或各站要定期参加班组的安全活动，活动要联系实际，注重实效。

（2）严格执行公司有关安全工器具的使用、管理标准和制度。班组安全工器具（电气绝缘工器具、接地线、手持电动工具、安全带、安全帽等）、仪器、仪表按规定正确使用，保存完好，定期进行检查和试验，有检验合格证，台账清楚齐全。特种设备作业人员、特种作业人员应接受培训，并具有相应的资格证书。

（3）定期开展安全检查。各班组要结合本辖区季节特点和事故发生规律，开展春、秋等季节性安全大检查，查思想、查制度、查习惯性违章、查隐患、查标准化作业的薄弱环节。

（4）定期开展设备可靠性分析。班组应对可能危及人身安全的工作环境、作业条件，设备异常状况等因素进行分析、排查，并积极整改，使设备始终处于安全、可控、在控状态。

（5）开展安全性评价和危险点（源）分析。定期对班组作业环境的安全性进行评价，对可能危及人身安全的工作条件、工器具性能、人员精神状态等潜在因素进行分析、排查，使安全状况做到可控、在控。

（6）开展应急演练。各班组应掌握公司制定的有关事故处理的综合应急预案、专项应急预案及现场处置方案，落实公司及电站"两措"计划，做好事故预想，组织反事故演习，布置安全应急措施，增强班组安全管理快速反应和应急处理能力。应掌握紧急救护和心肺复苏法的正确操作，并经过模拟培训和考核。

（7）实行班前会、班后会制度。

1）各班组在开展工作前要召开班前会。要结合当班工作任务和运行方式，做好事故预想和防范措施，制定处理方案，明确工作任务，落实工作责任，布置好安全措施，讲明安全注意事项。

2）工作结束后召开班后会。在当日工作结束后召开班后会，总结当日工作，提出次日工作计划和安全注意事项。总结当班工作时应找出问题和差距，总结经验和教训，开展批评与自我批评，表扬好人好事，尤其对班组当班出现异常及以上事故，在按规定的程序和要求进行处理后，按"四不放过"原则分析原因，查找问题，提出对策措施和建议。

班前、班后会应按要求做好记录。

6. 班组应配置的技术资料

班组应配置以下行业标准、公司颁发的相关管理制度、标准化管理文件（包含但不限于）：《电力安全工作规程》《运行规程》《电气操作规程》《设备双重名称标准》《两票管理标准》《交接班、巡回检查、定期轮换制度》《电气一、二次原理及接线图》《油、气、水系统图》《水轮机运行特性图》《工作票三种人资格名单》《紧急情况联系电话表》。

7. 班组工作记录及基础台账

班组工作记录是指班组有关安全生产的各种记录、报表、台账等。认真做好各项记录，既是安全生产工作的要求，也是班组工作的重要内容。

（1）班组基础台账管理要求。

1）班组基础台账的管理第一负责人为班组长，负责本班组基础台账的分工、检查考核和安排整改工作任务。

2）班组成员有责任监督班组基础台账的管理情况，发现有不完善和不规范的地方及时向台账录入员提出，由台账录入员进行改进完善。

3）有关考核部门每季度检查一次班组基础台账，考核检查人员在相应的台账本上录入名字。

4）班组长根据班组成员组成情况，对基础台账进行分工管理，明确本班组基础台账录入和管理人员。

（2）班组工作记录的基本要求。

1）及时：很多记录是在工作过程中产生的，因此要求记录要及时，并真实反映生产的实时状况。正常情况下，监控中心值班人员按系统设置抄记时间及时查看机组及相关设备的运行记录自动生成情况，设备检修后试运行记录按检修现场要求进行，相应电站完成。

2）准确：对于设备运行工况，健康性评价，异常现象等记录要清楚明白，切忌含糊其词。

3）客观：对于安全生产过程中出现的各类情况要能客观、真实、全面记录，绝不允许隐瞒不记或少记。

4）专业：记录内容、格式要符合公司有关生产记录的具体要求，要使用专业术语。

5）工整：记录书写采用仿宋体，使用钢笔，黑色墨水，书面干净整齐，记录本保管良好，无缺页、卷角现象。

（3）电站运维班组应填写的记录包括：班长工作记录，机组发电量月报表、厂用电量月报表、关口电量日报表，机组运行日志（水机、电气），设备巡回检查记录，"两票"登记本，设备定期试验记录，设备事故异常情况记录，设备缺陷记录本，避雷器放电记录，线路巡回检查记录，安全工器具台账，检修工具台账，设备台账，班前班后会记录，安全活动记录，培训记录，通过系统自动生成的记录（定时查看自动生成情况，定期备份留存）。

（4）水工管理班组应填写的记录包括：水库金属结构日常巡回检查记录，枢纽电源设备巡回检查记录，水库渗漏观测记录，水库运行日报表，水库水工建筑物巡回检查记录，枢纽气温观测记录，水库调度月、季、年报，水库防汛记录，设备定期试验记录，两票记录本，设备台账，安全工器具台账，班长工作日志，班前班后会记录，安全活动记录，培训记录。

（5）有关记录填写重点及要求。

1）值长工作日志（运行班组）和班组工作日志。主要内容包括：当天的生产情况、工作任务安排和安全注意事项，班组发生的其他事项，上级布置的重要任务、紧急通知和事故通报等，班组成员当天调休、请假和外出人员情况等。

班长工作日志应在当天记录完毕，不得隔日补记，更不准变为周记、月记，文字要求工整，内容简明扼要。

2）安全活动记录。主要内容包括：学习上级和本单位安全简报、事故通报和有关安全生产文件的情况，学习安全生产工作规程、安全生产岗位责任制及各类安全生产规章制度的情况，分析、讲评、总结一周安全生产情况，提出下周安全工作要求，分析、研究所管辖设备（设施）安全工器具和消防器材的健康状况等，每月对班组年度安全目标和措施对照检查，提出存在的问题及整改意见，进行月度安全评价分析，开展各种有针对性和典型生动的安全教育活动，检查、总结"三讲一落实"执行情况等。

班组安全活动的记录内容必须真实、详尽；因故缺席者必须履行请假手续，事后必须补课并签字；各班长每月查阅评价记录一次并签字，部门行政主管和安监专工、检修专工进行不定期抽查。

3）教育培训记录。主要内容包括：班组年、季、月度培训目标或规划的执行情况，规程和技术学习及考试情况，班组每月技术问答、技术比武、现场考问讲解、事故预想及学习交流先进技术、先进经验活动情况，开展合理化建议和技术革新活动，班组执行企业标准化情况等。

班组教育培训记录应建立个人技术培训档案；规程和技术学习每周进行一次，技术问答、现场考问讲解，每月每人至少一次，事故预想每月至少一次，反事故演习每季至少一次，其他业务技术培训视班组实际情况而定。

4）工具材料记录。班组工器具台账（仪器仪表、工具材料、备品备件、不包括个人领用工器具）必须由专人负责保管，并建立账册，每月进行一次核对；领用、借用及归还班组工器具必须办理手续；班组工器具的保管，应做到分类摆放、对号入座，正常损坏和自然消耗的应及时报废更换；工器具的品种、数量必须与账册相符无误。

5）班组不安全事件及员工违章和差错记录。记录员工日常工作中违章、工作差错及本班组发生的人身未遂、设备异常，以及以上不安全事件的发生情况、原因分析、暴露问题、应采取的措施及其落实情况。

第二节 作业现场管理

一、作业现场要求

水电站生产现场应符合安全要求，加强安全防护，应急疏散指示标志和应急疏散场地标识应明显。

（一）场区要求

电气主接线模拟图板、设备巡回检查路线图等图表应上墙；有权签发工作票人员、工作负责人和工作许可人、单独巡回检查高压设备人员名单公布。

班组办公场所和生产设备现场推行"7S"管理，规范物品的定置摆放和现场标识，创建和保持规范、整洁、有序的工作环境。

班组工作区及休息室等要达到"五净"（门窗、桌椅、文件柜、地面、墙壁干净）、"五整齐"（桌椅、更衣柜、文件柜、上墙和桌面压放的图表、办公用品摆放整齐），厨房、炊具、餐具、橱柜等洁净。

设备区做到"四无"（场区无杂物、无乱堆乱放、电缆沟无积水、设备无渗漏和油污）、"四全"（安全遮栏、沟道盖板、设备标志、照明设施齐全）。

（二）现场安全防护

生产现场爬梯护笼、护栏、围栏、遮栏、盖板、护栏踢脚板等各类安全防护设施应规范齐全，防小动物措施应齐全。现场各类安全警示标志和标牌设置应规范、齐全、明晰。各类标线（设备警戒线、防止踏空线、禁止阻塞线、防止碰头线）、巡查线路、应急疏散路线设置规范、鲜明。行车非检修时段停放规范。

（三）消防设施

变压器空、配电装置室，母线室，控制室，继电保护屏室等电气设备室之间及其对外的管沟、孔洞，应用不燃烧材料封堵，封堵部位的耐火极限不应低于该部位结构或构件的耐火极限。高低压配电室、励磁变室等门窗符合《水利工程防火设计规范》（GB/T 50987—2014）规范，保持闭锁。

现场消防设施与器材应按消防规定配置，紧急逃生路线应通畅。消防设施应定期检查检验，确保在有效期内。设置的火灾报警系统应定期检查试验，确保运行正常。

二、文明生产

1. 厂容厂貌

生产、办公、生活各功能区域应划分有序、布置合理；应保持工作场所整洁卫生、照明灯具齐全完好、排水通畅、护坡挡墙完好、无家禽家畜饲养；应搞好绿化和道路硬化，宜配置合理的文体活动设施，建设花园式厂区、大坝。

2. 规章制度悬挂上墙

小型水电站相关的工作场所应悬挂或张贴的图表如下：

（1）水库大坝管理值班室：应悬挂或张贴水库安全运行管理规程、大坝运行规程、危险源风险告知牌等；宜悬挂水位-库容曲线、泄流曲线等。

（2）闸门启闭机室：应悬挂或张贴闸门及启闭机操作规程、启闭机管理制度等。

（3）电站厂房：应悬挂或张贴电气主接线模拟图板、设备巡回检查路线图、起重设备及机修设备的操作规程；库容曲线、泄流曲线（水库电站）等技术性图表；有权签发工作票人员、工作负责人和工作许可人、可单独巡回检查高压设备人员名单；工作票制度、操作票制度、交接班制度、运行设备巡查制度、运行值班制度等；安全风险告知牌、职业危害告知牌等。

3. 警示标志

安全警示应设置规范、齐全。

4. 标线

各类标线设置规范，巡查线路、应急疏散路线、消防设施布置等标志应清晰明了。

5. 消防

小型水电站消防设施与器材应按消防规定配置，易燃、易爆物品应按规定存放，应急照明配置应符合要求，紧急逃生路线应标识清晰、通道通畅。

6. 现场钥匙管理

生产现场钥匙（除"五防闭锁"解锁钥匙外）应设有 3 套，一套为正常巡回时使用，一套为事故处理时专用，一套为外借供维护、检修人员以及其他相关人员借用。3 套钥匙应分别对应生产场所进行编号，并标识清楚借用、巡回、事故名称。

钥匙实行定置管理，按值移交，借用钥匙要进行登记。事故专用钥匙不得外借和挪用，只能作为紧急事故处理时使用，专柜存放并打封条，启封后应及时恢复和做好记录。

配置有微机"五防"系统、门禁系统等的小型水电站，应制定微机"五防"解锁、门禁等专用钥匙的管理制度，设立使用人的权限。

"五防"闭锁解锁钥匙必须专项管理，现场封存，按值交接。使用时必须经值长同意，并做记录；使用后，重新贴上封条，并在封条上注明年、月、日。严禁非当班值班人员和检修人员使用解锁钥匙。

在检修工作中，检修人员需要进行拉、合断路器、隔离开关试验，由工作许可人和工作负责人共同检查措施无误后，经值长同意，可由运行人员使用解锁钥匙进行操作。

没有装设微机"五防"系统的，当开关没有机械联锁功能时可以使用机械锁，但必须将锁头和钥匙统一编号，并确保一把锁的钥匙只能开一把锁，不能互相打开。高压设备间、断路器和隔离开关（包括接地隔离开关）现地操作机构等地方必须上锁。

第三节 设备的运行监视

一、值班方式

在水电站中，为了保持机组正常运行，对机组及相关设备所进行的监视、巡回检查、操作等一系列工作统称为运行工作或运行值班。而针对运行工作所成立的职能部门，一般称为运行部或发电部。

水电站的运行值班方式根据其机组自动化程度高低的不同，分为多人值班、少人值班、无人值班，机组的自动化程度越高，其值班人数越少。现在的大多数水电站一般为少人值班方式。

（一）"无人值班"（少人值守）的值班方式

指水电站内不需要经常（24h）都有人值班（一般在中控室），其运行值班工作改由厂外的其他值班人员（一般是上级调度部门）负责，但在厂内仍保留少数24h值守的人员，负责上述值守范围的工作，这是一种介于少人值班和无人值班之间的特殊值班方式。

"无人值班"（少人值守）值班方式引入了"值班"和"值守"两个不同的概念。"值班"是指对水电站运行的监视、操作调整等有关的运行值班工作，主要包括运行参数及状态的监视，机组的开、停、调相、抽水等工况转换操作，机组有功功率、无功功率的调整及必要时的电气接线操作切换等工作。"值守"则指一般的日常维护、巡回检查、检修管理、现场紧急事故处理及上级调度临时交办的其他有关工作。

实现"无人值班"（少人值守）的条件主要有：①电站主辅设备安全可靠，能长期稳定运行；②电站的基础自动化系统完善可靠；③已建立全站自动化系统，通常是计算机监控系统，能实现监控、记录、调整控制等功能；④有一支素质良好的运行人员队伍，熟悉水电站生产，勇于负责，能正确处理各种可能出现的事故；⑤有一套完整的科学管理制度。

（二）"无人值班"（少人值守）的优点

（1）提高安全运行水平。安全运行是水电站最重要的任务，为保证水电站的安全运行，必须对水电站的运行工况和设备进行经常的严密监测。

（2）实现经济运行。水电站实现自动发电控制以后，可以使其经常处于优化工况下运行，达到多发电、少耗水的目的。

（3）减少运行值班人员。水电站采用计算机监控以后，监测和操作大多由计算机系统进行，运行值班人员只是在旁进行监视以及进行少量的键盘和鼠标操作，工作量大大减少，劳动强度大大减弱。因此，可以大大减少运行值班人员，有的水电站甚至可以实现无人值班。

（三）"无人值班"（少人值守）的适用条件

（1）由梯级调度所（或集中控制中心）实现对梯级水电站或水电站群的集中监控，各被控电站可以实现"无人值班"（少人值守），如梯级调度所（或集中控制中心）就设在其中一个水电站，则该站为少人值守水电站。

（2）由上级调度所（如网调、省调、地调）直接监控的水电站，也可以实现"无人值班"（少人值守）。

（3）有些较小的水电站可以按水流（水位）或日负载曲线自动运行，不需要水电站值班人员，也不需要上级调度值班人员的直接干预。因此，这些水电站也可实现"无人值班"（少人值守）。

二、运行值班任务及基本要求

（一）水电站运行值班人员的任务

值班人员（包括值长）在值班时间内对分管的设备和运行事务负责，并应严格按照规程、制度及上级值班人员的要求进行生产活动和运行工作，其具体任务如下：

（1）按照交接班制度规定，接班人员必须提前15min进入厂房，由交班人员介绍设备运行情况，接班人员对设备按规定检查项目逐项进行检查，若无异常，在交接班记录簿上签字交接班。

（2）负责与调度、维护、水情等相关部门联系，确定每日负荷申报、电站主设备运行方式的变换、缺陷汇报、水情统计等工作。

（3）在值班期间按规定抄录发电机、主变压器、线路、厂用电等全部表计的指示值。

（4）监盘操作：即监视运行设备，并及时调整设备的各项运行参数，使之满足系统的需要和规定。

（5）负责填写操作票，在值（班）长或主值的监护下进行倒闸操作。

（6）当发生事故或异常情况时，应在值（班）长的领导下尽快正确地处理事故与异常情况，并做好详细真实的运行及事故记录。

（7）为检修人员办理工作票的开工和结束手续，并做好相应的安全措施。

（8）每班应按规程规定对设备进行定期巡回检查。

（9）发现设备缺陷应及时设法消除，或向值（班）长汇报，并做好记录。

（10）做好设备间钥匙、操作工具、安全用具、图纸、资料和测量仪表等的保管工作。

（11）在交班前做好运行日志、记录本等的填写，并搞好办公区域卫生工作。

（12）交班时，应向接班人员介绍本班运行情况及注意事项。

（二）计算机监控系统值班要求的一般规定

（1）运行值班人员应通过计算机监控系统监视机组的运行情况，确保机组不超过规定参数运行。

（2）运行值班人员在正常监视调用画面或操作后应及时关闭相关对话窗口。

（3）监控流程在执行过程中，运行操作人员应调出程序动态文本画面或监控画面，监视程序执行情况。

（4）监控系统所用电源不得随意中断，发生中断后应由维护人员按监控系统重新启动相关规定进行恢复。如需切换一路电源，则必须先确认其余至少一路电源供电正常。

（5）正常情况下。运行值班人员不得无故将现地控制单元与厂站层设备连接状态改为离线。运行值班人员发现现地控制单元与厂站层设备连接状态为离线时，先投入一次，当投入失败后应立即报告值班负责人，值班负责人应查找原因并联系处理；主机或操作员工作站与现地控制单元通信中断时，禁止在操作员工作站进行操作，应改为现地控制单元监视和操作。

（6）监控系统运行中的功能投、退应按现场运行规程执行并做好记录。

（7）对监控报警信息应及时确认，必要时应到现场确认或及时报告值班负责人与维护人员。

（8）对于监控系统的重要报警信号，如设备掉电、CPU故障、存储器故障、系统通信中断等，应及时联系维修人员进行处理。

（9）运行值班人员不得无故将报警画面及语音报警装置关掉或将报警音量调得过小。

（10）监控系统运行出现异常情况时，运行值班人员应按现场运行规程操作步骤处理，在进行应急处理的同时应及时通知维护人员。

（11）运行中发生调节异常时，应立即退出调节功能，发现设备信息与实际不符时，应通知维护人员处理。

（12）当运行值班人员确认计算机监控系统设备异常或异常调整威胁机组运行须紧急处理时，应及时采取相应措施，同时汇报值班负责人并联系维护人员处理。

（13）监控系统故障，在发生危及电网、设备安全的情况时，可先将相关网控、梯控或站控功能退出，然后汇报。

（14）运行值班人员应及时补充打印纸及更换硒鼓（色带、墨盒），并确认打印机工作正常，不得无故将打印机停电、暂停或空打。

三、主设备运行方式的变换

机组分为检修、备用（冷备、热备）状态，水轮发电机组的正常状态根据其导叶位置、转速、发电机出口开关位置、励磁开关位置的不同，一般可分为停机备用状态、空转状态、空载运行、并网（负载）运行、调相运行等几种。

（1）停机备用状态。也就是机组在静止状态，此时机组的导叶全关，转速为零，发电机出口开关、励磁开关（或者是励磁开关在合上位置，但并没有提供励磁电流）都在断开位置，并且此时水轮发电机组及其附属设备保持完好状态，具备开机条件，需要时可及时启动。

（2）空转状态。此时机组导叶打开一定开度，转速为额定转速，但发电机出口开关、励磁开关仍都在断开位置（发电机出口没有电压）。

（3）空载运行。此时机组导叶打开一定开度，转速为额定转速，并且励磁开关已经合上且提供了励磁电流，发电机已升压至额定电压，但发电机出口开关仍在断开位置（没有并入系统）。

（4）并网（负载）运行。此时机组的转速为额定转速，并且励磁开关已经合上且提供了励磁电流，发电机已升压至额定电压，同时发电机出口开关也已经在合上位置，机组已并入到系统且带上一定负载。其中，负载运行又分为区域电网单机运行、大电网并列调差运行两种不同运行工况。

（5）调相运行。就是发电机只向系统输送无功，同时吸收少量的有功功率来维持发电机转动的运行方式，其工作在电动机状态（即空转的同步电动机），此时导叶全关，发电机出口开关、励磁开关都在合上位置，机组转速由系统维持为额定转速。调相运行方式在大型水轮发电机组中多有采用，在小型水轮发电机组中较少采用。

四、运行监视

（一）运行监盘管理基本要求

（1）当班值班人员按照顺序轮流监盘，个人连续监盘原则上不应超过 2h。

（2）接替监盘后，应全面检查一次盘面信息。

（3）监盘人员应经常巡检监控系统运行监视画面，检查各类实时报警信息，并正确处理。监盘时，若设备运行异常或发生事故，必须及时汇报当班值长，采取各种有效措施，避免事故扩大。

（4）当发生事故时，监盘人员负责记录保护动作情况及各种表计的指示变化、开关位置信号变化顺序、简报信息及潮流分布等情况，准确汇报各种事故和故障信息。

（5）监盘工作应做到"三勤"：勤监视，密切监视各表计指示变化，严格控制设备运行参数，注意设备报警信息内容；勤联系，对巡屏中出现的问题要及时向值长汇报，加强与电网调度联系，及时启停机组或增减负荷，确保机组在最优工况运行，降低耗水率，避免产生弃水电量；勤调整，根据系统要求和机组运行工况区，及时合理进行调整，保证电能质量合格和机组运行在最优工况下。

（6）值班期间要及时抄录报表，确保数据真实准确，同时注意对比分析，发现问题及时汇报值长。

（7）监盘人员需要短时离开，必须得到当班值长的许可。

（8）生产现场钥匙应严格管理，明确权限，按值移交。

（9）严格执行口令、密码、登录前等各项管理制度要求。

（二）水轮发电机组的正常运行监视内容

对水轮发电机组的运行监视包括设备正常监视和定期设备巡回检查。运行人员应严格监视监视屏上的表计变动情况，并每隔一段时间对机组及电气设备的主要参数进行记录（在现在所采用的计算机高自动化机组中，这些工作都由计算机代替，值班人员只需定时查看，注意报警即可）。值班人员还应定期进行设备巡回检查，对发电机组及其附属设备进行检查。

（1）对水轮发电机组的监视内容。

1）发电机温度、温升监视。

2）发电机技术供水（气体）温度的监视。

3）机组轴承温度的监视。

4）发电机电压、电流的监视。

5）机组频率的监视。

6）机组摆度、振动的监视。

7）发电机绝缘电阻的监视。

8）测量、控制、保护屏的监视。

在以上所监视的参数中，温度参数（包括发电机的温度、轴瓦温度）最为重要。这是因为其参数可控性小，若是温度达到上限，则会限制机组所带负载，若是温度超限，则机组不能运行。而相对而言，其他参数则可以通过一些措施略为调整，且一般不会限制负载或造成停机。

（2）运行值班人员对上位机的监控内容。

1）设备状态变化、故障、事故时的闪光、音响、语音等信号。

2）设备状态及运行参数。

3）监控系统自动控制、自动处理信息。

4）需要获取的信号、状态、参数、信息等清单及时限。

5）获取信号、状态、参数、信息后的人工干预措施和跟踪监视。

6）同现场设备或表计核对信号、状态、参数、信息的正确性。

（三）工业电视及生态流量等的监视

水电站实行无人值班或少人值守后，加上《水利行业反恐怖防范要求》（SL/T 772—2020）及生态流量监管的相关要求更为严格，工业电视系统的作用变得尤为重要。主要监视内容如下：

1. 大坝等水工建筑物及库区监视

（1）汛期监视水库、厂区河道的水位，如果水位到了警戒线，马上报警。

（2）监视闸门等金属结构的工作情况。

（3）水库水面情况的实时远端监控，如水面上是否有船只、漂浮物或漂流物、漩涡、结冰等。

（4）在对水库的闸门进行远程控制操作时，操作人员在使用控制系统操作闸门时，通过视频监控系统监视闸门和水流情况。

（5）对进水口、拦污栅及前池或调压井运行情况的监视。

2. 水电站设备监视

（1）对各类设备（如开关室设备、主变压器和各主变风扇、水轮机室、水车室、发电机层、避雷器、断路器、接地刀闸等）运行情况实时监视。

（2）监测主控室控制屏显示其他仪表读数。

（3）实时监测变压器油位和火灾报警。

（4）实时监测环境温度、湿度及瓦斯泄漏等。

（5）视频监视图像也可作为对事故追忆的一种有效手段，帮助技术人员查看事故发生时发电站的状况，从而尽可能地找到事故发生的原因。

（6）现场操作指示。利用远程实时监视功能，可以清楚地监视场地内的人员活动情况，由值班人员对远方操作人员进行操作指导，如果发现不正确的操作，可以通过电话、语音呼叫及时提醒操作人员，从而确保操作的万无一失。

3．安全保卫及反恐监视

（1）水库水岸情况的实时远端监视：岸上的物体（如人、动物）是否进入危险区（如闸门口、大坝上），是否有可疑的情况。

（2）实时监视生产厂区大门口和主要通道。

（3）对职工生活区进行监控，确保生活区治安安全。

4．生态流量监视

（1）生态流量泄放设施运行情况。

（2）生态流量泄放情况。

第四节　交　接　班

一、交接班制度

在水电站中，由于运行值班是 24h 轮流值班（三班倒或四班倒），必须按照电站统一制定的倒班表进行轮流值班。交接班是指发电运行、维护工作的移交和延续，包括各岗位人员职责的接替、转移。为了保证各班工作之间的连续性，在交班和接班之间所建立起来的一种工作制度称为交接班制度。认真履行交接班手续是保证生产安全的重要措施，全体运行人员必须严格执行交接班制度。

交接班制度包括：①规定交接班时间，接班者必须提前 15min 到达生产场地接班，交班者必须在下班前半小时做好清扫场地、检查设备等交班的准备工作；②规定交接班内容，接班者应详细查看运行日记等记录，对不清楚的地方应提出疑问，直到弄清楚为止；③明确交接班程序，按照交接班程序进行，接班者检查完毕，双方在运行日志上签字后，交班者方可离开现场下班；④交接班过程中发现事故苗头，应由交班者进行处理，如接班者愿意接受处理事故隐患，可由接班者接班后继续处理，一时不能处理好的事故隐患应在交接班记录本上作详细的说明，并报告生产负责人；⑤处理事故和倒闸操作时应停止交接班，接班者应自动离开现场，如交班者邀请接班者帮助处理事故和操作，接班者可以协助处理，待恢复正常运行，方可进行交接班。对于交接班制度的具体内容，各电站应根据其自身情况而定，但以上几点必不可少。

值班人员是当值时间内的运行责任人，负责本站设备运行管理、操作、事故处理及不需要工作票的设备维护等工作。

运行值班员通过执行交接班制度，做到交接班心中有数，为落实责任及时发现运行中存在的问题减少事故发生，班组工作的交接必须保证发电生产过程的连续性，实现安全生产任务的无缝交接。

交接班手续的好坏、彻底与否与安全经济运行有着密切的关系，同时给分清事故责任带来方便。

二、交接班人员工作要求

(一) 交班人员

(1) 交接班工作必须严肃认真地进行,值班人员应按照现场交接班制度的规定进行交接,未办完交接手续前,不得擅离职守。

(2) 值班人员必须着装整齐,穿工作服,女士长发必须纳入工作帽内,不得穿高跟鞋。

(3) 值班人员在班前和值班时间内不准喝酒,不准无故迟到、早退,若接班人员因故未到,交班人员应坚守岗位,并立即报告领导以便作出安排,不得擅自离岗。

(4) 交班人员应详细填写各项记录,接班人员应详细查看运行日记,对不清楚的地方提出疑问,直到弄清楚为止。

(5) 交班人员应在接班人员到达之前整理好按值移交的各种记录,图表、资料、图纸、工具、仪表、备品材料、安全用具和钥匙,搞好室内外卫生。

(6) 交班前,值班人员应对所有设备进行一次全面检查,发现问题及时处理和如实交班。

(7) 交班人员应在交接班记录上按要求认真填写设备运行情况及应注意的事项,回答接班人员提出的问题。

(8) 交班时发现接班人员中有人不适宜接班时,应制止其接班并及时报告站长。

(9) 交班前,值班人员应认真做好设备及现场的清洁卫生。

(10) 交接班过程中,接班人员在运行记录上签字后方可离开,交接班工作结束。

(11) 交接班手续未完成前,一切工作仍应由交班人员负责,如在交接班时发生事故,应立即停止交接并应由交班人员负责事故处理,必要时可指挥接班人员协助处理。

(二) 接班人员

(1) 接班岗位人数不得少于最低限额,接班人员应提前15min到达现场。

(2) 接班人员应在规定的时间内到达接班现场,按交接班记录,核对设备运行情况和检查设备运行状态,发现问题及时询问。

(3) 接班人员应按岗位分工认真检查设备,并与记录进行核对,及时汇报班长接班检查情况。

(4) 交接班手续未完成前,一切工作仍应由交班人员负责,如在交接班时发生事故,应立即停止交接班,并应由交班人员负责事故处理,必要时接班人员协助交班人员一起处理。

(5) 接班人员应重点了解运行方式,检修安全措施,主要设备运行工况,安全工器具、图纸资料有无缺损,上级命令、指示及现场设备卫生情况。

(6) 接班人员重点检查的内容包括:①查阅运行记录、操作记录、设备缺陷记录等;②察看后台机屏幕上系统接线图;③检查中控室各开关手柄;④检查高压配电室各刀闸位置及悬挂警示牌;⑤检查升压站刀闸,开关位置及警示牌;⑥检查主变温度;⑦检查发电机轴承及定子温度;⑧从后台机屏幕上检查上一班事故,故障报警记录;⑨检查各水压,真空压力观察点的压力值;⑩检查室内外集水井水位及水泵是否能正常启动。

(三) 交接班基本要求

(1) 交接班要按时。在下列情况下不准交接班:

1）倒闸操作或机组操作以及不能正常运行时。

2）发生事故和处理事故未告一段落时。

3）发现接班人员有酗酒或精神不振现象。

（2）交接班时，应尽量避免倒闸操作和办理工作票。交接班前、后30min内一般不进行重大操作。在处理事故或倒闸操作时，不得进行交接班，交接班时发生事故，应停止交接班，由交班人员处理，接班人员在交班值长指挥下协助工作。

（3）在交接班过程中发生事故或故障，原则上应由交班人员处理，非当值人员不得操作设备，如交班要求，非当值人员应积极协助处理，并对执行的正确性负责。当事故或故障处理告一段落时，可再继续进行交接班工作。

（4）交接班中，双方意见不统一，应报上级领导裁定。交接班中如双方发生争执，应由领导解决。在未交接班前，任何人不得离开岗位。

（5）交接班时应做到"五清"，即看清、讲清、问清、查清、点清。

（6）接班人员在运行记录上一经签字，交接班工作结束，本值值班员开始工作。交接检查完毕后，接班人员将检查结果互相汇报，认为可以接班时，交班值长与接班值长双方在《交接班记录》上签名后，交班人员方可离开。

三、交接班工作内容及程序

（一）交接班主要工作内容

（1）值长记录或运行日志、记录（岗位日志）的查阅。

1）运行方式：包括机组并网台数、上网有无功负荷分配情况等；设备、系统运行方式、检修、设备缺陷等情况。

2）继电保护、自动装置、监控系统运行及变更情况；有关设置变更情况，保护与自动装置运行及变更情况；微机运行情况；设备的停、复役变更，继电保护方式或定值变更情况；设备异常、事故处理、缺陷处理情况。

3）设备运行状况：包括各种水位情况；水工建筑设备操作及运行情况（包括冲沙闸、进水闸等闸门及阀门开启或关闭情况）；技术供水系统工作情况；润滑油系统工作情况；厂内外集水井抽排水情况。

4）倒闸操作、"两票"执行情况；倒闸操作及完成的操作任务和需要下值继续完成的其他工作。

5）检修维护工作。

6）调度指令、上级命令指示或有关通知；其他工作或领导要求。

（2）设备运行、设备缺陷、检修情况和运行方式变动情况；设备检修试验情况，安全措施的布置、接地线组数的编号及位置，接地刀闸当前位置。

（3）安全用具、工具、规程、资料等备品的清点；消防器材、安全工具、工具仪表、图纸资料、备品材料和各种记录文件是否齐全。

（4）厂用电情况，生产区照明及事故电源情况。

（5）直流系统运行情况。

（6）设备场地的清洁卫生。

（7）本值尚未完成，需下一班续做的工作及注意事项。

（二）交接班工作程序

（1）交接班的一般程序是：查阅记录、询问情况、检查设备、召开班前会、接班值长签名、交班值长签名、就位接班。

（2）交接班方式。

1）交接形式以书面文字为准，必要的口头交代必须语言规范、清晰、明确。

2）交班人主持交接班工作。交班人员应详细口述机组运行方式、设备检修维护情况、系统情况、计划工作、运行原则、存在问题等内容及其他注意事项。接班人员应认真听取，如有疑问应及时提出。

3）交接班内容以交接班日志、记录为依据，如交班值少交或漏交所造成的后果，应由交班值负责。若接班值未认真接班造成后果由接班值负责。

4）当完成交接班手续，双方在值班记录簿上签字后，值班负责人应向电网有关值班调度员汇报设备的检修、重要缺陷以及本电站或变电所的运行方式、气候等情况，并核对时钟，组织本值人员简要地分析运行情况和应做哪些工作。

5）交班人员应主动向接班人员介绍本班所有情况。

6）接班人员在听取交班人员的情况介绍后，应按分工对各自负责的设备进行认真检查，并查阅自上一次值班后所有各班的记录。

7）交接班应实事求是，自接班人员在记录本上签字起，运行工作的全部责任由接班人员负责。交接班必须做到交接两清，双方一致认为交接清楚无问题后在记录本上签名交接班工作即告完成。

四、交接班注意事项

（一）"三交""三接""五不交""五不接"

为了保证交接班的良好执行，在交接班时，应注意"三交""三接""五不交""五不接"。

（1）"三交"：口头交、书面交、现场交。

（2）"三接"：口头接、书面接、现场接。

（3）"五不交"：①主要操作未告一段落或异常事故处理未完结不交。②设备保养及定期切换工作未按要求做好不交。③给下一班的准备工作未做好不交班；环境及设备卫生不清洁不交。④记录不齐全，仪表等设备损坏未查明好不交。⑤上级命令通知不明确不交班、接班人精神不正常等不交。

（4）"五不接"：①交班人交班准备工作未完成不接（如记录不清，应办理的工作和能处理的设备缺陷未完成者或交代不明等）；②在事故处理和操作过程中不接；③工器具、资料（如钥匙、工器具、图纸、资料、日志、"两票"、各种记录等）不全或原因不明不接；④应做的安全措施有不完善者不接；⑤清洁卫生未做好、上级通知或命令不明确、有其他明显妨碍安全运行的情况不接。

（二）"五交清"及"五清楚"

（1）交班值应认真做到"五交清"：①即交清系统或设备的运行方式和注意事项；②交清设备运行状态和设备是否存在缺陷情况；③交清运行操作及检修情况；④交清本班已做的定期工作；⑤交清巡回检查时发现的异常及处理情况。

（2）接班值应做到"五清楚"：①运行方式及注意事项清楚；②设备缺陷及异常情况清楚；③操作及检修情况清楚；④安全情况及防范措施清楚；⑤现场情况及卫生情况清楚。

第五节　设备的巡回检查

一、巡回检查制度及要求

巡回检查是为了发现设备的不正常运行状况，并及时处理。

坚持巡回检查制度能防止事故的扩大，并对设备的运行状况做到心中有数。对于当前自动化程度较高的机组，一般是一天或一班巡回检查一次。对于带病运行的设备，在高温、高峰季节，应增加检查次数，并对检查情况作详细的记录。

目前，部分电站已逐步淘汰了过去那种通过巡回检查卡巡回检查的方法，而是建立了智能巡检系统，或是基于生产管理系统（1MS系统）的巡检系统，这种巡检方法是通过手持机扫射设备条码对各设备区的巡回检查项目和内容进行巡检，然后将其传输到计算机，再通过生产管理系统的软件对其进行智能化统计和管理，极大地提高了生产效率。有条件的应积极推进设备点检信息化管理，实现设备管理的现代化和信息化。

巡回检查的要求包括：①检查按时间路线安排顺序，内容按规定，项目不遗漏；②检查时应携带必要的工具，如手电筒、手套和检测工具等，真正做到耳听、鼻嗅、手摸、眼看；③熟悉设备的检查标准，掌握设备的运行情况，发现问题应分析原因并及时做出处理与防患措施；④建立设备日常巡检、定期专业点检、技术诊断与劣化倾向管理等多层次的设备管理防护体系，保证设备安全、稳定、经济运行；⑤对设备的巡（点）检数据应进行定期分析，重点分析设备的劣化趋势；⑥根据主辅设备的重要性进行周分析、月分析和季分析等。巡回检查的"五定"内容包括：①定路线，找到一条最佳的巡回检查路线，按开展巡检工作的方便、路线最佳并兼顾工作量的原则编制巡检路线图，按照预先制定的路线和计划开展设备巡检工作，并按PDCA（即"计划、实施、检查、总结"）循环不断完善巡（点）检标准和巡（点）检路线；②定设备，在巡回检查路线上标明要巡回检查的设备；③定位置，在所检查的设备周围标明值班员应站立的合理位置；④定项目，在每个检查位置，标明应检查的部位和项目；⑤定标准，制定巡（点）检标准，并严格执行，编制依据包括国家和行业发布的技术标准和规范，设备制造厂提供的设备图纸和使用、维护说明书，设备技术标准和导则、规程，国内外同类设备的实绩资料和实际使用中的经验。

二、巡回检查的项目和方法

（一）巡回检查项目

在不同的电站中，由于其机组的类型不同，其巡回检查项目会略有不同，但基本上都相近。巡回检查的项目主要包括：①水轮机；②发电机；③主阀；④调速器液压系统；⑤油系统；⑥空压机室；⑦公用设备（包括消防水泵、技术供水泵、各供水母管等）；⑧中控室屏柜；⑨机组现地控制屏；⑩主变压器；⑪高压开关室；⑫厂用系统；⑬近区系统；⑭闸门配电系统；⑮柴油发电机组系统。机组工况转换、断路器、隔离开关的分合、机组功率调整命令或设置、修改给定值、限值之前，除非紧急情况，应检查以下设备是否处于正常状态：①操作员工作站及相关执行判据显示值；②监控系统主机；③相关现地控制单元；④操作员工作站、主机及相关现地控制单元通信。

对于以上这些巡回检查项目，其巡回检查的主要内容一般包括：设备的运行位置状态是否正确；设备的各项运行参数是否正常；运行区域是否有不安全的因素（包括人行过道）；设备的温度、声音、气味是否正常；设备有否磨损、腐蚀、结垢、漏油、漏水和漏气等现象。各项目应根据具体情况详细列出。在巡回检查中发现缺陷时，应按照设备缺陷管理制度，及时向值长和维护人员报告。

对监控系统设备的巡回检查内容包括：①检查计算机房空调设备运行情况和机房、设备盘柜内（运行中不允许开启的除外）的温度、湿度是否在规定的范围内；②检查监控系统各设备工作状态指示是否正常；③检查监控系统网络运行是否正常；④检查监控系统时钟是否正常，各设备的时钟是否同步；⑤检查监控系统 UPS 电源的输入电压、输出电压、输出电流、频率等是否正常；⑥检查设备、盘柜冷却（通风）风机（扇）运行是否正常；⑦消除清扫监控系统设备外表灰尘；⑧监控系统内部通信及系统与外部通信是否正常；⑨检查自动发电控制、自动电压控制软件工作是否正常；⑩检查画面调用、报表生成与打印、报警及事件打印、拷屏等功能是否正常；⑪检查实时数据刷新、事件、报警是否正常；⑫检查由监控系统驱动的模拟显示屏显示是否正常；⑬审计、分析、检查操作系统、数据库、安全防护系统日志是否正常，有无非法登录或访问记录；⑭检查数据备份装置是否工作正常（如磁带机、磁光盘等）；⑮检查计算机设备的磁盘空间，及时清理文件系统，保持足够的磁盘空间裕量；⑯检查计算机设备 CPU 负载率、内存使用情况、应用程序进程或服务的状态。

对监控系统的维护，除了完成定期巡回检查的内容外，还应包括以下内容：①主、备用设备的定期轮换；②对设备进行停电清灰除尘；③检查磁盘空间，清理文件系统；④软件、数据库及文件系统备份；⑤数据核对；⑥病毒扫查及防病毒代码库升级。

运行值班人员对计算机监控系统的检查、试验项目应明确项目内容和周期。检查、试验项目应包括：①操作员工作站时钟正确刷新；②操作员工作站输入设备可用；③操作员工作站、主机、各现地控制单元及与上级调度计算机监控系统之间通信正常；④操作员工作站、主机、显示设备正常，其环境温度、湿度、空气清洁度符合要求；⑤语音、音响、闪光等报警试验正常；⑥打印输出设备可用。

（二）巡回检查方法

（1）设备巡回检查应严格按照《电力安全工作规程》中的要求，做好安全措施。

（2）正常巡回检查：变电站内的日常巡回检查，除交接班巡回检查外，每天早晚高峰负荷时各巡回检查一次，每周至少进行一次夜间熄灯巡回检查。

（3）在下列情况下应进行特殊巡回检查。

1）新投运或大修后的主设备，24h 内每小时巡回检查一次。

2）对过负荷或异常运行的设备，应加强巡回检查。

3）风、雪、雨、雾、冰雹等天气应对户外设备进行巡回检查。

4）雷雨季节特别是雷雨过后应加强巡回检查。

5）上级通知或重要节日应加强巡回检查。

（4）巡回检查时，应严格按照巡回检查路线和巡回检查项目对一、二次设备逐台认真进行巡回检查，严禁走过场。

（5）巡回检查高压室后必须随手关门，离开时将门闭锁。

（6）每次的巡回检查情况应进行记录并签名；新发现的设备缺陷要记录在设备缺陷记录本内。

按照定点、定方法、定标准、定周期、定人等要求，制定适合本企业的设备巡回检查标准，有效组织开展设备巡回检查工作；巡回检查一般遵循"看、听、触、闻、测"五字原则。

（1）"看"。近看、远看、对比看，从上至下逐段看，环绕设备对角看，发现异常反复看，减少设备死角和遗漏。

（2）"听"。采用正常听、在上下风口听、用听针接触设备外壳听等方式，设备不应有不均匀声、敲击声、松动声或其他异常声音。

（3）"触"。主要是对温度高低、振动大小、阀门位置的检查与比较，巡回检查时应用手对不同部位进行触摸检查。

（4）"闻"。检查设备有无因过热、过温、短路所产生的烧焦或烧糊异味。

（5）"测"。测量直流绝缘电阻、电流、电压。

（三）巡回检查特别注意事项

1. 高压设备巡回检查

（1）巡回检查高压设备时，只能耳听、鼻嗅、眼看，不可手摸，且必须在安全距离以外进行检查。

（2）经本单位批准允许单独巡回检查高压设备的人员在巡回检查高压设备时，不得进行其他工作，不得移开或越过遮栏。且运行中的高压设备其中性点接地系统的中性点应视作带电体。

（3）雷雨天气，需要巡回检查室外高压设备时，应穿绝缘靴，并不得靠近避雷器和避雷针。

（4）火灾、地震、台风、洪水等灾害发生时，如要对设备进行巡回检查，应得到设备运行管理单位有关领导批准，巡回检查人员应与派出部门之间保持通信联络。

（5）高压设备发生接地时，室内不得接近故障点 4m 以内，室外不得接近故障点 8m 以内。进入上述范围的人员应穿绝缘靴，接触设备的外壳和构架时应戴绝缘手套。

（6）巡回检查配电装置，进出高压室，应随手关门。

（7）高压室的钥匙应至少有 3 把，由运行人员负责保管，按值移交。一把专供紧急时使用，一把专供运行人员使用，其他可以借给经批准的巡回检查高压设备人员和经批准的检修、施工队伍的工作负责人使用，但应登记签名，巡回检查或当日工作结束后应交还。

2. 雷雨天气巡回检查

雷雨天气可能出现大气过电压。阴雨又使设备绝缘性降低，绝缘脏污处容易发生对地闪络。雷电产生的过电压会使出线避雷器和母线避雷器放电，很大的接地电流流过接地点向周围呈半球形扩散，所产生的高电位也是按照一定的规律降低。这样，在该接地网引入线和接地点附近，人步入一定的范围内，两腿之间就存在着电位差，通常称为跨步电压。为防止该跨步电压对运行人员造成伤害，雷雨天气巡回检查设备时应穿绝缘靴。

阀型避雷器放电时，若雷电流过大或不能切断工频续流就会爆炸。避雷针落雷时，泄雷通道周围存在扩散电压，强大的雷电磁场不仅会在周围设备上产生感应过电压，而且假如该接地体接地电阻不合格，它还可能使地表及设备外壳和架构的电位升得很高，反过来对设备放电形成反击。所以巡回检查有关设备时，值班人员与避雷装置必须保持规定的安全距离。通常，避雷、接地装置与道路或建筑物的出入口等处的水平距离应大于 3m。

三、巡回检查发现缺陷的判别

巡回检查工作中，对于所发现的缺陷，根据其严重程度和对设备影响的不同，将其分为一般缺陷、重要缺陷、严重缺陷。对其规定和判别如下。

1. 一般缺陷

该类缺陷在一定时期内不影响安全并可继续运行，但长期运行会对设备的安全产生一定的影响，如设备的某些地方出现漏油、漏水、漏气等。

2. 重要缺陷

该类缺陷是设备出现非正常运行状况，但表面看没有迅速恶化的趋势，可做进一步的密切监视和判断后再进行处理的缺陷，如某些电动机、水泵有较明显的异常声音。

3. 严重缺陷

该类缺陷是指不立即消除将直接危及人身、设备安全和影响设备额定功率并导致设备损坏或停止运行的缺陷，如某些设备的某些部位出现明显的冒烟、冒火等情况。

四、巡回检查重点

在水电站中，各种水力测量仪表被用来监视机组运行时的水力参数，进行测量、记录并及时发现问题，以便采取措施，保证机组高效率和安全运行。水力测量内容通常包括：水电站上、下游水位及装置水头；水轮机工作水头和引用流量；进水口拦污栅前、后压差；蜗壳进口压力；水轮机的顶盖压力；尾水管进口真空；尾水管水流特性、水轮机空蚀、机组的振动与轴向位移。对这些水力测量结果的巡回检查是巡回检查的重要内容。

对测量、控制、保护屏的巡回检查要求包括：机旁盘、测温盘及制动柜的各动力设备自动开关应在合闸位置，水车盘电源隔离开关应在合闸位置，各熔断器熔丝完好无损；机组保护盘无掉牌；各压板投、切位置正确；各继电器工作良好，整定值无变化；测温装置工作良好，指示正确。

（一）水力机械巡回检查重点

1. 水电站上、下游水位

（1）根据测定的水电站上、下游水位，可以计算出机组段水头，这是对厂内机组之间进行经济负载分配必不可少的一个物理量。

（2）按测定的水库水位确定水库的蓄水量，以制定水库的最佳运行方式。

（3）在洪水期可按上游水位制定防洪措施。

（4）对转桨式水轮机可根据水电站的机组段水头（工作水头）调节协联机构，实现高效率运行。

2. 拦污栅前、后的压差

拦污栅一般设置在机组进水口，主要是阻拦进水口的树枝、杂草、漂浮物及水草等进入闸门、阀门、水轮机等，使设备不受损害，确保发电设备的正常运行。在水电站中一般设置有拦污粗栅和拦污细栅两道拦污栅，还有的设有拦污排。拦污栅在正常未堵状态运行时，它的前、后压差很小。但当栅面被漂浮物堵塞后，前、后压差会显著增加，加大了水头损失，降低机组出力，重则会导致拦污栅被压垮。所以在进水口处的固定拦污栅前、后安装监测设备，以便随时掌握拦污栅堵塞情况。

在运行中，对于拦污栅上的杂物应及时清理，以减少水头损失和防止拦污栅被压垮，确保水电站的安全、经济运行。结合机组大修停机时，对拦污栅进行检查与检修，内容包括栅架、栅条有无脱落、变形、开焊，金属表面涂锌层或油漆有无脱落生锈等问题，并根据实际情况及时进行防腐处理，通常情况下，3～5年需保养一次。

3. 水轮机蜗壳压力表和尾水真空表

在反击式水轮机的蜗壳上和冲击式水轮机进水阀的后面都装有压力表。在正常运行时，测量蜗壳进口压力是为了探知压力钢管在不稳定水流作用下的压力波动情况；在做机组甩负荷试验时，可以在蜗壳进口测量水击压力的上升值；在做机组效率试验时，可以在蜗壳进口测量水轮机工作水头中的压力水头部分。此外，还可以比较上、下游水位差，算出过水压力系统的水力损失。测量尾水管进口断面的真空度及其分布，是为了分析水轮机发生空蚀和振动的原因，并检验补气装置的工作效果。

4. 水轮机的顶盖压力

水轮机在正常运行条件下，转轮上止漏环的漏水经由转轮泄水孔和顶盖排水管两路排出。当止漏环工作不正常，泄漏的水突然增多，或泄水孔与排水管发生堵塞现象时，顶盖压力就会加大，从而导致推力轴承负载的超载，使推力轴承温升过高，恶化了润滑条件。而在某些情况下，还可能成为机组不稳定的因素之一，因此，必须对水轮机顶盖的压力进行测量，如果发现问题应及时处理。此外，还可以通过其了解止漏环的工作情况，为改进止漏环的设计提供依据。

5. 蜗壳压力

在反击式水轮机的蜗壳上和冲击式水轮机进水阀的后面，都装有压力表。在正常运行时，测量蜗壳进口压力是为了探知压力钢管在不稳定水流作用下的压力波动情况；在机组做甩负荷试验时，可以在蜗壳进口测量水击压力的上升值；在做机组效率试验时，在蜗壳进口测量水轮机工作水头中的压力水头部分；还可以比较上下、游水位差，算出过水压力系统的水力损失。尾水真空表测量尾水管进口断面的真空度及其分布，是为了分析水轮机发生汽蚀和振动的原因，并检验补气装置的工作效果。

（二）发电机巡回检查重点

1. 发电机的温度、温升和冷却水（气体）温度

发电机在运行中，因铜损和铁损而产生的热量，会使发电机定子绕组和铁芯的温度升高，其最高温度不能超过绝缘材料允许的最高温度，当温度超过绝缘材料的温度时，绝缘材料的特性会恶化，机械强度会降低且迅速老化，从而引起绝缘破损造成绕组短路事故，所以需要对发电机的温度和温升进行监视。同样，为了避免绝缘过热老化，也需对发电机冷却水（气体）温度予以监视。

对发电机温度和温升的要求是：水轮发电机组一般采用 F 级或 B 级绝缘，当发电机采用 B 级绝缘时，其极限温度为 130℃，如制造厂家无明确规定，则定子绕组温度不得超过130℃，转子绕组最高温度不得超过 130℃，同时铁芯的温度不得高于绕组的温度。

对冷却气体温度的规定是：其进口风温度一般不应超过 50℃，出口温度不应超过75℃。一般发电机冷却空气的温升为 25～30℃，如温升显著增高，则说明发电机冷却系统的工作已不能满足要求，这时应减小发电机的定、转子电流或增大发电机冷却水量，使运行中的发电机各部分温度限额在允许范围内。对于采用开敞式通风的发电机，冷却空气进口允许最低温度不得低于 5℃（对于个别小型水电站，周围冷却空气温度可按不低于 0℃和不高于 40℃考虑），温度过低会使绕组端部绝缘变脆，易损坏。对于密闭式通风冷却的发电机，其进风温度一般不低于 15℃，以免在空气冷却器上凝结水珠。

2. 机组的轴承温度

机组的轴承温度包括对轴瓦温度的监视和对轴承油温的监视。轴瓦是机组最主要的工作部位之一，一旦温度过高，则会出现烧瓦的严重事故，故而需要严密监视。对它的要求是：瓦温通常是控制在 50～60℃为宜，超过 60℃时属于偏高，一般在 65℃或 70℃则会发出报警信号，到 70℃或 75℃时则会事故停机，超过 75℃则会出现轴瓦熔化现象。因此，水轮发电机组运行时，其各轴承的最高温度不得超过 70℃。

轴承油温与轴瓦的温度紧密相关，一方面轴承油温会影响轴瓦的温度，另一方面也从侧面反映了轴瓦的工作情况，所以一般对轴承油温不能允许太高。再则，轴承油本身也有使用要求，由试验得知：当油温不大于 30℃时，油基本上不发生氧化作用；当油温升高到50℃时，氧化作用明显加快；当油温在 60℃以上时，油温每增加 10℃，油的氧化速度增加 1 倍。所以，一般规定透平油的油温不得高于 45℃，以防止油质迅速老化。而对于轴承而言，透平油的温度应控制在 15～30℃，温升最高不超过 40℃。此外，对推力、上导、下导及水导等轴承还应监视其油槽的油位正常、油色正常、油质良好，轴承冷却水系统工作正常等。

3. 发电机定子铁芯和绕组的温度

测量定子绕组温度所用的都是埋入式检温计。埋入式检温计可以是电阻式的，也可以是热电耦式的，目前发电机用的大部分是电阻式的。电阻式检温计的测量元件一般埋在定子线棒中部上、下层之间，即安放在层间绝缘垫条内一个专门的凹槽里，并封好。用两根导线将其端头接到发电机侧面的接线盒里，再引至检温计的测量装置。利用测温元件在埋设点受温度的影响而引起阻值的变化，来测量埋设点即定子绕组的温度。由于埋入式检温计受埋入位置、测温元件本身的长短、埋入工艺等因素的影响，往往测出的温度与实际温度差别很大。故对检温计最好经带电测温法校对，当确定其指示规律后，再用它来监视定子绕组的温度。

测量定子铁芯温度所用的也是埋入式电阻检温计。首先把测温元件放在一片扇形绝缘连接片上，一个与其相适应的凹槽里，然后用环氧树脂胶好。在叠装铁芯时，把扇形片像硅钢片一样叠入铁芯中某一选定部位，电阻元件用屏蔽线引出。对于水冷式发电机，因为定子铁芯运行温度较高，而且边端铁芯可能会产生局部过热，所以一般埋设的测温元件较多，有的甚至沿圆周均匀地埋设好多个点。沿轴向来说，端部的测点较多，中部的大部分埋设在热风区段。沿着径向可放在齿根部或轭部，放在齿根部测的是齿根铁芯的温度，放在轭部测的是轭部铁芯的温度。

根据《水轮发电机基本技术条件》（GB/T 7894—2009），发电机内埋设电阻温度计的数量和位置见表 2-1。

表 2-1　　　　　　　　　　发电机内埋设电阻温度计的数量和位置

序号	部件名称	埋设位置	数量/个	备注
1	空气冷却定子绕组	每相每条支路定子线棒的上部、中部和下部层间	3～6	
		并联支路为单支路的定子绕组	12	总数不少于 12 个
2	水直接冷却定子绕组及纯水处理系统	每条并联水路出水端的上、下层线棒之间	1	测线棒温度
		每条并联水路绝缘引水管出水端	1	测水温
		每条纯水处理系统进、出水管	各 1	测水温
3	定子铁芯	定子铁芯槽底或铁芯轭部外缘（均布）	16～40	推荐按 0.08 个/槽选取
4	定子铁芯齿压板	上、下端齿压板压指（均布）	各 8～14	

4. 发电机频率和电压、电流

（1）频率。发电机发出的功率（有功功率和无功功率）与电力系统的负载必须始终保持平衡。若两者不平衡，发出的有功功率小于有功负载，则系统的频率降低，反之系统频率升高；机组频率也是供电的重要质量标准之一。我国规定额定频率为 50Hz，其允许偏差为 $\pm(0.2\sim0.5)$Hz，若电力系统频率偏离额定值过多则会严重影响电力用户的正常工作。无论是频率过高或是过低，都可能影响工业产品的产量和质量，甚至出现废品。当系统频率在 (50 ± 0.5)Hz 范围内变动时，发电机可长期按额定容量运行。在机组频率升高或降低时，必须密切监视发电机的定子电压、励磁电压或励磁电流、定子、转子铁芯和绕组的温度等参数。

发电机的频率过高，转速增加，转子的离心力增大，对机组的安全运行不利。而当发电机的频率降得过低时，其出力就要受到限制。转子转速降低，发电机转子两端风扇的风压将以与转速的平方成正比的速率下降，通风量减少，定子、转子绕组和铁芯的温度升高。此外，发电机的频率降低，其定子电压也相应降低，要维持定子电压不变，就必须增大转子的励磁电流，使转子及励磁回路温度升高。对装有自动励磁调节器的机组，甚至可能出现励磁过电流。

（2）电压和电流。电压质量对各类电气设备的安全经济运行有着直接的影响，这是因为所有的电气设备都是按额定电压条件下运行而设计制造的，当其电压偏离额定电压时，就会对电气设备的寿命产生很大的影响。电力系统的负载是指连接在电力系统上一切设备所消耗的电功率，电力系统的负载按性质不同分为有功负载和无功负载。而发出的无功功率小于无功负载，则系统电压降低，反之系统电压升高。

对发电机电压、电流的监视，其要求是：水轮发电机组的运行电压严格按照调度部门下达的电压曲线执行，变动范围应在额定电压的±5％以内。发电机的三相输出电流差，不应超过额定值的20％。在额定容量和额定功率因数下，水轮发电机组的运行电压变动范围应在额定电压的±5％以内。一般来说，在发电机电压变化±5％，定子电流也相应地变化±5％时，即发电机的转子电流为额定电流，在此范围内变化时，发电机可带满负荷长期运行。

发电机连续运行的最高允许电压应遵守制造厂的规定，但最高运行电压不得超过额定值的110％。发电机运行电压过高将产生下列危害：①在发电机容量不变时，提高电压，势必增加励磁，会导致转子绕组温度升高；②电压提高，定子铁芯中的磁通密度增大，铁损增加，造成铁芯过热；③发电机正常运行时，是在接近饱和状态下工作，电压升高，铁芯会过饱和，导致发电机端部结构内的漏磁通大大增加，使定子基座的某些结构部件和定子端部出现局部过热；④发电机过电压运行，对定子的绝缘不利。此外，当电压过高时，对于电动机、变压器一类具有励磁铁芯的电气设备，铁芯磁通密度将增大以致饱和，从而使励磁电流和铁损大大增加，以致电动机和变压器过热，效率降低。

发电机的最低运行电压应根据稳定运行要求来确定，一般不应低于额定值的90％。当发电机电压过低时，发电机定子可能处在不饱和状态下运行，使电压不稳定。励磁稍有变化，电压就可能有较大的变化，甚至可能破坏并列运行的稳定性，引起振荡和失步。电压过低时，厂用电动机的运行情况恶化。对于异步电动机，它的运行特性对电压的变化很敏感。异步电动机的最大转矩与端电压的平方成正比，如果电压降低过多，电动机可能停转或不能启动。

5．机组振动

应监视运行中的发电机组，其振动和摆度值不应超过制造厂家规定的容许范围。引起机组振动的原因很复杂，一般包含机械、电气、水力等三个方面。若是水力因素引起的振动，应设法改变运行工况，避开振动区运行。若在某些部件处出现振动、摆度明显增大或发电机内部有金属摩擦、撞击声响，或发出微小异味、定子端部有明显的电晕等情形时，则发电机不可继续运行，应紧急停机进行检查。

6．冷却系统

对冷却系统的监视要求是：轴承冷却水温度应在5～40℃，机组的总冷却水压力正常，推力、上导、下导、水导轴承的冷却器水压正常，各示流继电器指示正常，各管路阀门不漏水。发电机的空气冷却器不漏水，无大量结露，发电机的风洞内无异常气味和声响。

第六节 定期试验轮换

一、管理要求

（一）定义

1．定期试验

定期试验指运行设备或备用设备进行动态或静态启动、传动，以检测运行或备用设备的健康水平。

2．定期轮换

定期轮换指将运行设备与备用设备进行倒换运行的方式。

3. 定期工作

定期轮换和定期试验统称为定期工作。定期工作包括每值、每日、每周、每轮班、每月、每季、每年的定期工作，以及不同季节、不同负荷和运行方式的定期工作。

（二）要求

设备定期试验和轮换制度是"两票三制"的重要组成部分，定期对设备实施定期轮换和试验切换运行，不但有利于及时发现设备缺陷，还能检验设备是否做到真正备用，是保证水电站安全稳定运行的必要措施。因此，应制定《水电站设备定期试验轮换制度》并严格执行。

定期试验、切换工作应按照运行、检修规程规定，在规定时间内进行，由专人负责，工作内容、时间、试验人员、设备情况及试验结果应在专用定期试验记录本内做好记录。

在设备定期试验及轮换之前，必须做好详细的切换及试验计划，并做好事故预想。由于某些原因，不能进行或未执行的，应在定期试验记录本内记录其具体原因。定期试验工作结束后，如无特殊要求，应根据现场实际情况，将被试设备及系统恢复到原始状态。

工作必须严格执行操作票制度，每项工作必须有标准的操作票。

二、定期轮换

水轮发电机组根据来水情况、机组效率及厂内优化运行要求，合理安排运行时间；对于处在备用状态的设备，应按照《水电站设备定期试验轮换制度》的要求进行轮换运行，保证备用设备处在完好状态。

水电站的计量表、电压表、电流表、功率因数表、温度检测表、压力检测表等设备，应按规定要求定期轮换。

水系统泵、集水井排水泵、消防泵等设备定期进行启动试验、轮换。

换下的设备应送有资质的专业检测单位进行检测，检测合格的作为备用设备，以备下次轮换。

三、定期试验

水电站的发电机、变压器、互感器、避雷器、开关设备、电力电缆、继电保护装置、综合自动化装置等主要电气设备应该按照《电力设备预防性试验规程》（DL/T 596—2021）要求定期进行试验。

电力安全工器具应该按照《电力安全工器具预防性试验规程》（DL/T 1476—2020）要求定期进行试验。

水电站电气设备、安全工器具试验应委托具有资质的单位进行。

试验完成后，由试验单位向电站提供试验报告，所有实验数据都必须有详细记载，建立设备试验档案。

试验过程中，应严格执行"两票"要求。电站参与配合的人员应做好各项试验记录。

对实验不合格的电气设备，要查明原因并采取措施消除缺陷，对于通过消缺仍不合格的设备，要进行更换。

四、定期工作

机组在运行中的定期工作根据其分工的不同可分为运行定期工作和维护定期工作。对设备进行定期工作，其主要目的是保持各运行设备的良好运行，其主要内容如下。

（一）运行定期工作的内容（不完全列举）

（1）定期切换处在运行状态下的主备用泵（如油压装置油泵、导轴承的油泵、冷却水泵等），以防电动机受潮。

（2）定期启动厂内柴油发电机组，以防发电机受潮和机械部分锈蚀。

（3）定期对备用电动机（如公用设备的水泵电动机等）进行绝缘摇测。

（4）220V 直流主备用每月切换一次。

（5）开关站每月熄灯检查一次有无明显异常火花等。

（6）时钟核对：每月与地调核对一次。

（7）定期对供排水设备的滤网冲洗（半月一次）。

（8）定期启停厂房主风机。

（二）维护定期工作的内容（不完全列举）

（1）定期检查无油位监视设备的油位和油色，如空压机油位、水泵油位等，防止因油位偏少或油质变化而损坏设备。

（2）定期对调速器的各活动机构处注油，防止其干摩擦或卡阻。

（3）定期对长期不操作的阀门进行开关操作并加油或调整，防止其活动部分锈死。

（4）定期对各气水分离器、空压机集水器放水，以保持汽水分离器的工作效果。

（5）定期进行机组极性倒换（一般是每半年一次）。定期工作时间应根据各厂设备的具体实际情况而定。表 2-2 为某水电站定期工作安排表。

表 2-2　　　　　　　　　　　某水电站定期工作安排

类别	序号	工作项目	工作时间	班组	责任人	监督人	填写的记录	备　注
机电设备	1	机组运行限值测量	每周五	早班	值班员	值长	机组运行限值记录表	运行机组摆度、振动、噪声测量
	2	发电机组备用启停试验及绝缘测试	每间隔72h	午班	值长	站长	停备机组启停试验及检测维护记录	空载运行30分钟，执行《运行操作规程》规定启动前测绝缘
	3	停备机组碳刷滑环清扫	每月15日、25日	午班	值长	站长	停备机组启停试验及检测维护记录	
	4	全站电动机绝缘测试	每月25日	早班	值长	站长	全站电动机绝缘测试记录表	
	5	蓄电池测试	每月15日、30日	早班	值班员	值长	蓄电池电压测试记录表	

续表

类别	序号	工作项目	工作时间	班组	责任人	监督人	填写的记录	备　注
机电设备	6	保护定值核查	每月 20 日	早班	值长	站长	保护定值核查记录表	设备改变后必须核定
	7	避雷器动作次数抄记	每月 10 日及雷电后	午班	值长	站长	避雷器动作记录表	雷电后必须抄
	8	升压站夜间巡回检查	每周四	夜班	值长	站长	升压站巡回检查记录表	可根据天气等情况调整
	9	主厂房事故照明检查及切换试验	每月 15 日	午班	值班员	值长	事故照明检查及试验记录表	
	10	柴油发电机试转	6—10 月每月 1 日、10 日、20 日；11 月至次年 5 月每月 1 日、15 日	早班	水工负责人	站长	柴油发电机检查维护记录表	
	11	电气设备除尘	每年 4 月、11 月各 1 次	早班	值班员	值长	电气设备检查维护记录表	
	12	全站预防性试验及电气设备定期预防性试验	每年春季，根据规程及设备实际	早班	安全员	站长	电气设备试验检测维修记录表	雷电季节前
	13	并网线路巡查	每年 4 月、12 月各 1 次	白班	值长	站长	线路检查巡回检查记录表	
辅助系统	14	空压机排污	每周六	早班	值班员	值长	辅助系统检查维护记录表	
	15	技术供水滤水器排污	每年 6 月 1 日、10 月 1 日各 1 次	晚班	值长	站长	辅助系统检查维护记录表	
	16	技术供水、渗漏排水启停试验	每月 10 日	午班	值长	站长	辅助系统检查维护记录表	
消防	17	全站消防设施检查	每月 20 日	早班	安全员	站长	消防设施检查维护记录表	含生活区
	18	火灾自动报警系统启动试验	每月 20 日	午班	安全员	站长	消防设施检查维护记录表	
安全设施	19	安全工器具检查	每月 10 日、20 日、30 日	早班	安全员	站长	安全工器具检查试验记录表	
	20	各类安全标志标识标线及安全防护措施检查	每月 10 日、20 日、30 日	早班	安全员	站长	生产现场检查维护记录表	
特种设备	21	行车、压力容器等特种设备年度检验	每 2 年 1 次	白班	安全员	站长	特种设备试验检测维修记录表	减压阀 1 年 1 次，压力表半年 1 次

续表

类别	序号	工作项目	工作时间	班组	责任人	监督人	填写的记录	备注
金属结构	22	启闭机、行车转动部分加注黄油；金属结构防腐、钢丝绳保养等	每年 4 月、11 月各 1 次	白班	值长	站长	金属结构检查维护记录表	此为最低检查频次，洪水、地震等情况下加密检查频次
	23	闸门等金属结构检查	5—10 月每月 15 日、30 日；11 月至次年 4 月每月 15 日	白班	值长	站长	金属结构检查维护记录表	
大坝安全监测	24	水工建筑物现场检查	5—10 月每月 15 日、30 日；11 月至次年 4 月每月 15 日	白班	值长	站长	水工建筑物检查维护记录表	此为最低测次，洪水、地震等情况下加密测次
	25	环境量（坝前水位、下泄流量）	1 次/天	白班	值长	站长	大坝安全监测记录表	
	26	坝体变形观测（位移）	每年 12 月（1 次）	白班	值长	站长	大坝安全监测记录表	
	27	渗流及冲刷观测（渗流、绕坝、冲刷）	每年 12 月（1 次）	白班	值长	站长	大坝安全监测记录表	
	28	日常巡查	每月 15 日	白班	值长	站长	大坝安全监测记录表	
防汛	29	防汛、应急设备物资检查	每年 4 月、11 月各 1 次	白班	值长	站长	防汛设备检查维护记录表	
	30	汛后检查、防汛总结	每年 11 月		水工负责人	站长	总结报告	
隐患排查和治理	31	季节性检查、综合检查	每季度末 1 次	各部门	站长	副总经理	隐患排查和治理记录表	公司级
	32	专业检查	每年 6 月、12 月底	白班	值长	站长	隐患排查和治理记录表	站级
	33	班组安全检查及隐患排查	每周 1 次	白班	值长	安全员	隐患排查和治理记录表	班组级
安全生产标准化	34	规程、预案评估、修订	每年 12 月		技术负责人	站长	预案规程评估修订记录表	
	35	预案演练、安全生产规章制度考核	每年 6 月、12 月		安全负责人	站长	预案演练记录表、培训考核记录表	
	36	安全生产管理绩效评定和持续改进	每年 12 月		安全负责人	站长	绩效评定表、报告	
环境卫生	37	生产区域全面清洁清扫整理整顿	每周一、周三、周五	白班	值班员	值长		

第七节 水库调度及水电站优化运行

一、水库调度

水库调度即运用水库的调蓄能力，按来水蓄水实况和水文预报，有计划地对入库径流进行蓄泄。在保证工程安全的前提下，根据水库承担任务的主次，按照综合利用水资源的原则进行调度，以达到防洪、兴利的目的，最大限度地满足国民经济各部门的需要。

（一）水库调度的基本原则

（1）按设计确定的任务、参数、指标及有关运用原则，在保证枢纽工程安全的前提下，充分发挥水库的防洪及发电最大综合利用效益。

（2）在确保大坝、水库和防汛安全的前提下，水电站的水库调度必须适应电网对负荷的要求，服从电网的调度。

（3）承担防汛任务的水库，必须按政府批准的汛限水位进行水位控制，严禁超汛限水位运行。

（4）加强科学管理，积极探索水库优化调度、流域梯级水库联合调度等工作，建设水情自动测报和水库调度自动化系统，依靠科技进步不断提高水库调度水平。

（5）具备齐全的水库设计运行资料，掌握水库上下游及整个流域内自然地理、水文气象、梯级电站、社会经济及综合利用等基本情况，为（梯级）水库调度提供可靠依据。

（二）水库调度工作内容及要求

水库调度工作主要内容包括水文测报及预报、洪水调度、发电调度、水库调度运行管理等。

（1）结合本流域的特点，完成实时洪水预报、短期水文预报工作，同时积极开展中长期水文预报工作。

（2）根据枢纽工程的设计标准和防洪要求编制年度洪水调度方案，在保证枢纽工程安全的前提下拦蓄洪水并按规定控制下泄流量，最大限度减轻或避免上、下游洪水灾害。

（3）合理安排机组负荷，在保证枢纽安全的前提下，充分利用水量多发，梯级电站以不发生或少发生弃水电量为调度原则，以梯级发电效益最大为目标，积极开展水库联合调度，合理进行水库蓄、放水。

（4）与上、下游涉及的防洪、兴利有关单位沟通与联系，发生特殊水情及时通报。

（5）开展水电站的优化调度、梯级联合调度、运行参数优化的研究论证等工作，充分发挥水库在防洪、发电等综合效益。

（三）水文情报及预报

（1）建立水库调度信息联络通道，确保雨、水情信息通信的畅通。

（2）做好日常降雨、水位及指定的其他项目的水文气象观测工作，常规观测的项目、测次、时间应保持相对稳定，并符合《水文情报预报规范》（GB/T 22482—2008）的规定。与水文气象部门建立联系，确保水库流域水文气象信息的来源和质量。

（3）充分利用水文、气象等部门提供的水文、气象信息，开展短、中、长期水文情报与预报工作，为水电站或梯级水电站水库调度提供依据。

（4）洪水预报方法可采用区间降雨径流预报与河道流量演算相结合，预报内容包括入库洪水过程、出库流量过程、库水位变化过程、入库洪峰流量、洪峰现时间、出库最大流量、最高库水位等。

（四）水库调度基础资料

水库调度应具备如下基本资料。

（1）库容曲线：原始库容曲线应采用设计提供的曲线。泥沙问题严重的水库应定期进行水库淤积测量，按泥沙淤积情况复核库容曲线。

（2）设计洪水：应采用经审批的设计洪水（包括分期洪水）成果。

（3）径流资料：应采用经整编的成果。包括年、月、旬、日径流系列及其保证率曲线、典型年过程线等。

（4）泄流曲线：包括各种泄水建筑物的泄流曲线。水库运行初期，采用模型试验曲线，积累足够实测资料后应进行现场率定，成果报上级主管部门批准。

（5）水轮发电机组特性曲线：应采用制造厂提供的资料或现场效率试验成果。

（6）下游水位与流量关系曲线：应采用现场实测成果或核算的成果。

（7）引水系统水头损失曲线：应采用设计提供的资料或现场率定成果。

（8）出力限制曲线：采用现场实际数据绘制的水头、出力能力曲线。

（9）机组出力、水头、流量关系曲线：采用水轮机特性曲线等资料整理的表格与曲线。

（10）各发电企业应定期组织实施库区洪水调查、库区巡回检查、回水调查、水资源调查；定期实施水位观测及校正、水流流态观测。

定期（一般情况下每5年或10年进行一次）做好水库库容曲线、泄流曲线、下游水位与流量关系曲线、水轮发电机组特性曲线等的率定、计算复核、修正，作为水库调度运行依据。如因水文条件、工程情况、综合利用任务等发生变化时，应及时对相关曲线进行修正。

（五）水库调度值班

各水电站每天应按照水库调度值班制度要求做好水库调度值班工作。值班工作主要内容如下。

（1）及时收、发水情信息，掌握雨水情和水库运行情况。每日按要求向上级主管部门和电网调度部门报送有关水情、调度信息。

（2）做好水量平衡计算和调度报表编制工作。

（3）做好水文预报和水库调蓄计算，掌握防洪、蓄水、用水情况，提出调度计划。

（六）洪水调度

1. 水库洪水调度任务

根据设计确定的枢纽工程设计洪水、校核洪水按照设计的调洪原则和有关防汛指挥机构批准的汛期调度控制运用计划，在保证枢纽工程安全的前提下，拦蓄洪水和按规定控制下泄流量，尽量减轻或避免上、下游洪水灾害。

2. 洪水调度原则

（1）枢纽工程（包括厂坝及水工建筑物）安全第一。

（2）按设计确定的目标、任务或上级有关规定进行洪水调度，同时最大限度地减少弃水，充分发挥梯级发电效益。

（3）遇下游出现紧急情况时，在水情预报及枢纽工程可靠条件下，应充分发挥水库的调洪作用。

（4）遇超标准洪水，采取保证大坝安全非常措施时应尽量考虑下游损失。

3. 洪水调度方案

各发电企业应根据设计的防洪标准和水库洪水调度原则，结合枢纽工程实际情况，每年编制、修订完善本年度洪水调度方案、水库控制运用计划等。编制洪水调度方案主要依据如下。

（1）上级有关规定及水库枢纽设计数据。

（2）水库防洪任务和综合利用要求。

（3）水工建筑物的运用情况。

（4）水库的有关特性曲线。

（5）枢纽设计洪水资料及水文气象预报。

（6）水库设计防洪调度图。

二、水电站生态调度

生态调度指在实现防洪、发电等社会经济多种目标的前提下，兼顾河流生态系统需求，根据具体的工程特点制订相应的生态调度方案。已建成投运的水情自动测报系统、水库调度自动化系统应编制运行管理细则，做好水情预报，在满足防洪要求的前提下，合理调度，做到少弃水、多发电。

（一）水电站生态调度的基本要求

是将水电站对生态环境的负面影响降至最低程度，调度运行中应实行有利于生态保护的运行方式，遵循自然水流情势和因地因时因物种制宜的基本准则，使河流生态系统的结构和功能处于良好状态。

（二）生态流量调度

1. 生态流量标准

水电站生态调度的目标是采取有效的措施，首先确保生态流量的下泄，下泄流量不低于有关部门确定的标准。陕西省规定，生态基流一般不应小于坝址控制断面多年平均流量的10%（当多年平均流量大于$80m^3/s$时按5%取用），不能一刀切均按10%执行，而使取值简单化，缺乏科学性。应根据地域差别、河流特性、生态功能及水生动植物保护要求，按照《建设项目水资源论证导则》及有关规程规定，采用水文学法（Tennant法、7Q10法、近10年最枯月平均流量法）、水力学法、栖息地评价法等不同方法科学分析论证。对有景观等要求的，可按最小水深控制。总之，无论按何种方法计算，生态基流坚持取大不取小的原则，不能低于断面多年平均流量的10%，并随季节有所调整。

2. 生态流量泄放过程

既要满足最小生态需水量，也要满足敏感期最小生态需水量。既要满足量的要求，也要逐步满足自然水文过程的要求。

3. 合理调度

当来流量小于最小下泄流量时，全部下泄不发电。坝式水电站设有生态机组的，合理安排大机组与生态机组的调度，确保生态机组长期稳定运行。合理安排生态机组检修，检修时通过旁通管下泄生态流量。

（三）水生物保护调度

在鱼类产卵期，加大泄量，制造人造洪峰，增加鱼类繁殖。

（四）泥沙调度

合理运用调水调沙，减少泥沙淤积对河道形态的改变。多泥沙河流上的电站，应采取排沙、防淤、防磨蚀等措施，保持水库或径流式电站前池的调节能力，并减轻设备磨蚀。针对陕西省多泥沙河流的实际，根据分界流量、造床流量确定运行方式，控制泥沙淤积，尽量减小水库末端淤积上延及对河势的改变。

（五）发电调度

根据枢纽工程设计参数、指标和电网调度要求，合理调配水量，在保证各时期控制水位及蓄水的前提下，应充分发挥调节作用，坚持计划用水、节约用水、充分提高水资源利用率、降低发电耗水率的原则。

（1）正常来水应"发蓄并举"，既不过低消落水位加大耗水率，又不过多抬高水位导致溢流，尽可能保持经济、合理库水位。每场洪水入库前合理加大出力发电，退水期多拦蓄洪尾，力争多发电、少弃水。

（2）来水偏枯时应"细水长流，以水定电"，使库水位不致过早、过多消落，在枯水期应保证重点、兼顾一般，本着开源节流的原则，综合利用水量和水头，力求满足调峰、调频及事故备用要求。

（3）有调节能力的水电站应采用水库调度运行图或既定的调度规则与水文预报相结合的方法进行预报调度，充分利用水文预报，逐步修正和优化水库调度计划；调节能力差的，应充分利用短期水文预报，在允许范围内采取提前加大供水和拦蓄洪尾的措施，以提高发电效益；日调节及无调节水库，应特别重视短期水文预报，编制相应日运行发电计划，在不影响上游水电站发电情况下，库水位应尽可能维持在较高水位运行。

（4）加强机电设备维护检修及设备缺陷的管理，做好设备事故预想，减少设备事故和障碍，避免机组的停机和设备抢修，提高机组可用小时。加强电站设备、设施的运行管理与维修，设备完好率应在95%以上，主要设备完好率应达到100%。

（5）加强拦污排（栅）管理，及时将坝前、机组进水口拦污栅前漂浮物排放或清理，保证拦污栅前后压差小于规定值，减少机组发电水头损失；清理出来的垃圾及时做环保处理。应加强发电引水系统、尾水系统及其附属设备管理，减少渗漏和水头损失，定时巡视、检修、清污防堵。根据尾水淤积情况，开展尾水渠清理工作，降低对尾水位的顶托，提高运行水头。

（6）健全流域梯级联合调度机制。流域发电企业应逐步完善梯级联合调度机制，强化流域综合监测，总结流域水情、泥沙、环境变化和水能资源利用状况，加强流域环境管理和梯级联合调度。与梯级上下游水电站流量尽量匹配，运行基本同步。

三、水电站优化运行

（一）一般规定

电站应根据电网调度部门下达的发电计划，编制优化运行方案，充分发挥综合利用效益。电站应按并网调度协议有关要求，按时向电力调度机构提出年度、月度和当前发电计划建议；向电力调度机构自动传送机组、电站、水库运行相关实时数据，并应保证信息的准确性和及时性；向电力调度机构提出电站设计资料、运行统计资料及运行总结报告。

为实施电站优化运行，电站应不断提高管理水平，并应保证水工建筑物和机电设备安全可靠运行，具体应符合下列要求。

（1）应加强电站设施、设备的运行管理与维修，提高设备完好率。

（2）多泥沙河流上的电站，应采取排沙、防淤、防磨蚀等措施，保持调蓄能力并应减轻设备磨蚀。

（3）应加强发电引水系统、尾水系统及其附属设备管理，减少渗漏和水头损失。

（4）电站优化运行应按设计要求、优化运行方案或其他专门文件规定执行，不应随意改变。

（5）电站优化运行时应以水库特征水位等工程设计参数为依据，不应随意改变。

（6）应建立运行技术档案，定期培训运行调度人员，积极采用新技术，逐步实现调度现代化。

（7）应建立运行技术档案，积累基本资料；加强运行调度人员的培训，不断提高调度管理水平和技术水平；采用新技术，利用计算机和先进的通信手段，逐步实现调度现代化。

小型水电站宜编制优化运行方案，充分发挥电站的综合利用效益。严格执行《公司运行调度规程》《水库调度技术标准》。

建立流域水电协调机制，统筹解决流域性问题，完善流域水电开发协调机制。公司应加强对已建工程的管理和可持续利用，适应社会发展、环境保护新要求新常态，强化社会责任和环境保护意识，开展各利益相关方合作参与管理的试点研究，逐步建立水电开发多方参与、利益共享、责任共担的流域水电开发管理模式，兼顾工程经济效益与社会效益之间的关系。

发挥龙头水电站对下游电站的调蓄作用，研究流域梯级整体利益最大化调度原则和方案，逐步建立合作共赢的流域调度运行及效益补偿机制，充分发挥梯级水电站集群综合效益。

电站应做好水情预报，在满足防汛要求的前提下，合理调度，做到少弃水、多发电。应随时掌握预报来水、蓄水及发电用水等情况，加强计划用水。宜使机组在高效率区运行。应适时复核修正有关工程特性参数、机组动力特性、电厂动力特性等，不断提高优化运行水平。

（二）长期调度优化运行

电站长期调度优化运行应根据水库综合利用任务和水库调度图，按照电网和电站的实际运行情况，并依据不同水文条件，统筹兼顾，编制水库调度方案和年度发电计划。电站水库进行预报调度，应随时掌握预报来水、水库蓄水及发电水等具体情况，加强计划用水。加强水库优化调度和梯级联合调度管理，减少水库水量损失。加强水电站厂内及梯级水电站优化调度，强化上下游在发电、生态、灌溉、供水等方面的协作，加强流域水能资源统一管理，提高资源利用率。梯级电站统筹考虑下泄生态流量，发挥调蓄能力，各水库可分别承担调节、反调节功能，确保下游任何时段不断流。

当实际来水与年初预测来水相接近时，宜按原拟订的年预报调度线进行调度；当实际来水与年初预测来水偏离较大时，应根据面临时期预报来水过程，修正后期水库调度线。编制电站水库调度方案，制定各种水文条件下的水库优化运行方式，编制电站年度发电计划，年发电量宜按平水年考虑，同时应根据蓄水和来水情况做必要调整；在设计水文条件下，应在满足防洪及其他综合利用正常用水要求的前提下，使电站按保证运行方式发电；在比设计条件有利（来水偏丰）的水文条件下，应使电站在以保证运行方式参加电力系统容量平衡和满足防洪及其他综合利用正常用水要求的前提下，按电站发电量最大准则制定电站及其水库的运行方式；在比设计条件不利（来水偏枯）的水文条件下，可采用均匀降低出力的运行方式，使电站降低出力的保证率不低于设计保证率。

（三）短期调度优化运行

电站短期调度优化运行应以长期优化运行方案确定的发电用水量为依据，在满足防洪及其他综合利用用水要求的前提下，以电站发电效益最大为准则。

电站短期调度优化运行方案宜根据短期水文预报及有关电力市场信息进行编制。

对至少具有日调节库容的电站，编制短期调度优化运行方案时，应充分发挥水库的调节作用。

（四）厂内调度优化运行

开展厂内经济运行，优化开机方式和负荷分配，保持机组在高效出力区运行。合理安排机组开停机，缩短机组空载时间，减少机组空载损耗，尽量降低水耗。电站宜使机组在高效率区运行。在实施电站优化运行过程中，应适时对电站有关工程特性参数、机组动力特性和电厂动力特性等资料进行复核修正，不断提高优化运行水平。

电站厂内调度优化运行应根据出力、流量和水头平衡关系及机组动力特性编制厂内调度优化运行总图或厂内调度优化运行总表。

当总负荷给定时，以电站所消耗的总水量最小为准则；当发电总水量给定时，以电站总发电效益最大为准则。

电站应根据出力、流量和水头平衡关系及机组动力特性等编制厂内优化运行总图或总表。厂内优化运行机组间最优负荷分配，可结合机组特性，采用等微增率法或动态规划法。厂内运行应实施机组有功、无功负荷的优化分配。厂内优化运行宜采用计算机实时监控；负荷变化不大的电站也可按厂内优化运行总图、总表操作实施。

（五）梯级电站优化运行

（1）梯级电站优化运行应以全梯级总发电效益最大为目标。

（2）实施优化运行梯级电站的机组特性资料及其他有关资料应完备；宜具有计算机实时监控系统或具有厂内优化运行总图或总表。

（3）梯级电站应向电力调度机构传送实时运行数据，并应符合相关规定。电力调度机构应及时将运行计划下达到各电站。有条件的梯级电站，可选择一骨干电站设置梯级集中控制中心。

（六）小型水电站群优化运行

（1）有条件的流域、区域已经实行了电站群的集中集约运行管理。电站群的优化运行以年发电总效益最大为目标，以系统中各电站的优化运行为基础，应充分利用各电站水文特性及水库调节能力的差异，进行相互之间的补偿调节，充分利用水能资源，还应考虑系统整体综合效益最大的目标。

（2）电站群的年优化运行方案，应由电力系统根据负荷情况和各电站水文特性、调节性能及发电量，下达各电站运行计划。各电站应在满足规定的发电约束条件和水库综合利用要求的前提下，实现发电效益最大化。

（3）电站群的月优化运行方案，应根据年优化运行方案和电网需求的情况，在满足其他部门正常用水要求的条件下，通过各电站的优化运行，少用水、多发电，完成各月电力电量平衡。

（4）电站群的日优化运行方案应以地方电力系统提供的日负荷曲线为基础，合理确定各电站在日负荷图上的工作位置，各电站实行厂内优化运行，达到耗水少、发电效率高的目的。

第八节　运行技术管理记录及档案和信息化管理

一、运行技术管理

技术管理实行分级管理，责任到人，主要包含技术组织管理、技术监控管理、设备异动管理等，要通过规范技术管理工作，充分发挥技术支撑体系作用。建立技术管理工作网，实行分级负责管理，责任到人。建立技术信息的收集，事故及故障分析、整理、反馈制度。定期开展技术经验交流，技术革新及合理化建议等活动。

（一）运行技术管理的基本任务

（1）按照电网的调度，完成电网下达的调频、调压任务，保证电网的供电质量。

（2）进行机电设备的启停操作、负载调整、巡回检查、缺陷和异常处理，保证水轮发电机组的安全运行。

（3）预防事故和分析事故发生原因，及时采取对策，防止事故发生和处理已发生的事故。

（4）做好运行日志、操作记录和其他有关生产及管理的原始记录，建立健全必要的台账，为企业的生产、经营管理提供依据。

（5）开展节水增发、经济运行活动，降低发电水耗和厂用电量，提高企业经济效益。

（6）建立健全生产调度系统，贯彻执行"两票三制"，对运行值班人员进行培训，提高他们的素质，关心他们的生活。

（7）随时督促运行值班人员对备用设备按设备定期轮换试验制规定周期，进行设备切换运行和启动试验。

（8）根据有关规定和设备、系统的现状，对现场运行规程，特别是新投产设备的现场运行规程、事故处理规程应及时组织修正、补充和完善。

（二）运行技术管理的主要内容

运行技术管理的主要内容根据其基本任务要求和工作特点确定，主要包括以下几个方面。

1. 严格执行"两票三制"

严格按照安全规程的规定，贯彻执行"两票三制"是预防"两误"（误触电、误操作）事故发生的重要安全措施，提高"两票"合格率是运行技术管理的重要内容。

2. 岗位分析

公司应建立设备运行、维护、检修的统计分析制度。加强技术管理对设备的运行状况、检修及事故或故障的统计分析和技术攻关，采取针对性的措施提高设备的利用率，减小设备的损坏率。

（1）值班人员在值班时间内对仪表活动进行分析。

（2）对所管辖岗位设备参数的变化进行分析。

（3）对设备异常和缺陷、操作异常等情况进行分析。

（4）专业分析。

1）对设备运行状态进行分析，摸索规律，找出薄弱环节，有针对性地制定事故防范措施。

2）将运行记录、运行日志进行整理并进行定期的系统分析。

3）分析机组运行的经济性和安全性，找出其影响因素并加以解决。

4）分析设备磨损老化的趋势及应采取的措施。

（5）专题分析。

1）专题分析是针对在专业分析中发现的突出问题进行专门、深入、细致的分析。

2）新机组启、停过程的分析。

3）检修前设备运行状况及缺陷情况的分析，并提出改进意见。

4）检修或设备改进后的运行工况对比及运行效果分析。

（6）事故及异常分析。

1）发生事故后及时调查，并按"四不放过"原则对事故处理和有关操作认真进行分析。

2）分析事故原因，采取事故对策。

3）总结经验教训，提高运行技术水平。

（7）技术经济指标分析。

1）按月、季、年对经济指标完成情况进行分析。

2）分析节水增发措施的执行情况、效果及存在的问题。

3）对经济调度情况及计量仪表的可靠性进行分析。

3. 技术培训

生产培训严格按照教育培训制度执行。

4. 技术监控管理

（1）技术监控的管理负责人为公司有关工程技术人员。

（2）依据有关的方针政策、法律法规、标准、规程、制度，利用计量、检验、试验等手段，建立全方位的技术监控管理体系。技术监控管理实行重大问题预警制度。重要设备出现重大异常或事故，应及时逐级报告。

（3）技术监控管理工作按照"关口前移、闭环控制"及依法监督、分级管理、闭环控制、专业归口的原则，实行技术管理责任制。

（4）实施对系统初步设计审查、设备选型与监造、安装、调试、试生产到运行、检修、停备用、技术改造中的技术性能检测和设备退役鉴定的全过程技术监控管理。水电站的技术监控要以大坝、水工建筑物、绝缘、金属专业为重点。

（5）应结合设备年度检修和技术改造工程，制订年度技术监控管理工作计划，确保技术监控工作计划按期完成。

二、记录

小型水电站运行管理涉及的各种规程规范中附带很多记录表格，应使用规范的记录表格，建立水电站运行管理记录体系并严格执行。

记录体系各种台账、运行记录、"两票"、水工建筑物巡回检查记录等，如实记录运行、安全活动等情况；记录按规定期限要求保存。

三、档案管理

（1）档案包括工程档案、运行管理档案、财务档案、人事档案、各类文件、制度、规程规范等。

（2）应落实专人负责档案管理，人员变动时应按规定办理档案移交手续。

（3）应按相关规定建立和执行档案管理制度，档案管理制度应包括归档、保管、借阅、保密、鉴定、销毁、档案设备管理、监督检查等内容。

（4）档案应按年度归档、分类存放，应具备防潮、防火、防盗、防光、防蛀功能的档案存放地和设施。

（5）指定专人负责档案管理工作。档案管理应有专用房间和档案柜，档案室通风良好，满足档案管理要求。档案归档立卷、分类、存放等应符合国家档案管理有关要求。借阅和使用档案必须履行相应的手续。

（6）技术档案管理应由专人负责管理，确保其资料的完整性、连续性、有效性、准确性；定期收集归档有关文书数据、图表、原始数据资料，并建立健全文档查阅制度。

（7）档案资料内容。

1）工程技术资料，包含但不限于：①工程整套的设计及详图，可行性研究报告、初步设计报告及施工图、竣工图等全套图纸；②各批复文件、验收文件；③施工报告、图表和说明，施工记录、质量检查记录、隐蔽工程和单项工程的验收签证以及有关材料照片、影片等，工程质量事故、重大缺陷的处理或遗留问题的处理意见等；④工程投产前的安全运行技术检查和生产管理的注意事项；⑤重大设备验收、试运行和运行的记录和日记；⑥阶段验收资料、竣工验收资料，竣工报告、竣工图和工程验收总报告；⑦设备出厂说明书及图纸资料，出厂试验记录。

2）运行技术档案资料，包括：①水工建筑物各项观测记录和分析成果，水库大坝蓄水安全鉴定、安全鉴定等报告；②机电设备检修计划、记录和总结等文件，安装、检修图纸、记录及有关资料，设备改造和大、小修记录及其试验报告；③交接试验报告及有关资料，电气设备预防性试验报告；④设备台账、设备缺陷管理档案，设备事故、故障及运行专题分析报告；⑤历年设备评级资料；⑥事故记录、处理资料；⑦其他需要保存的技术资料。

3）安全资料，包括：①主要安全生产过程、事件、活动、检查的安全记录；②班组日志（运行日志）、巡检记录、不安全事件记录；③安全生产通报、安全相关会议记录纪要、安全活动记录、安全检查记录、安全培训及考核等；④安全生产风险评估报告、隐患排查治理记录；⑤制度、规程、预案制定和修订记录，预案演练等记录；⑥事故过程及调查处理相关资料。

四、信息化管理

（1）小型水电站宜实现互联网连接。

（2）设备设施巡查及设备运行监控宜采取信息化智能管理措施。

（3）小型水电站宜实施档案管理的信息化，电子档案应进行备份。

（4）安全生产信息化建设。企业应根据自身实际情况，利用信息化手段加强安全生产管理工作，开展安全生产电子台账管理、重大危险源监控、职业病危害防治、应急管理、安全风险管控和隐患自查自报、安全生产预测预警等信息系统的建设。

第三章　设备设施管理

第一节　水工建筑物

一、管理通用要求

（1）应根据水工建筑物管理的有关规程、规范，结合工程实际，制定公司水工建筑物管理技术标准/规程。

（2）按规定需要注册登记的水库大坝应及时向主管部门申请注册登记。注册事项发生变更时，及时向登记部门报告。

（3）按规定进行大坝、水库确权划界，设立界桩界碑。

（4）水库大坝按规定定期进行大坝安全鉴定。对于坝高 15m 以上或库容在 100 万 m³以上的水库大坝，按照《水库大坝安全鉴定办法》（水建管〔2003〕271 号）执行。大坝建成投入运行后，应在初次蓄水后的 2～5 年内组织首次安全鉴定。运行期间的大坝，原则上每隔 6～10 年组织一次安全鉴定。

坝高小于 15m 的小（2）型水库大坝按照《坝高小于 15m 的小（2）型水库大坝安全鉴定办法（试行）》（水运管〔2021〕6 号）执行。应在竣工验收或蓄水使用后 5 年内进行安全鉴定，以后每隔 10 年进行一次安全鉴定。

运行中遭遇特大洪水、强烈地震、工程发生重大事故或出现影响安全的异常现象后，应组织专门的安全鉴定。根据安全鉴定/认定要求及时消缺或申请进行除险加固。

（5）按照《混凝土坝安全监测技术规范》（SL 601—2013）等有关规程规范，对大坝、前池（调压井）、镇支墩等进行安全监测。

（6）建立管护责任制度，明确日常管护责任人和责任。按照《水工建筑物管理技术标准/规程》对水工建筑物日常巡回检查，工程各部位检查内容齐全，检查记录规范。

（7）按照水工建筑物维修养护相关规程，对水工建筑物进行维修养护。

（8）设置水库安全警示标志，保证标识及标志牌不破坏、不污损。

（9）经政府部门同意的库区网箱养殖、采砂船（或坝下采砂），养殖、采砂主体方应落实安全措施，防止影响泄洪、危害大坝安全。

为了防止发生意外伤害、保护人民群众生命财产安全，按照"谁管理、谁负责"的原则，设置水库安全警示标志，建立管护责任制度，明确日常管护责任人和责任，保证标识及标志牌不破坏、不污损。

二、安全警示标志及保护范围

（一）库区安全警示标志

水库涉水危险区域的警示标志牌，应设置在对人民群众生命财产安全构成威胁的危险区边界、路口等醒目位置，设置数量因点而定，必要处需加设警戒线、围墙、防护栏等保护设施。

主要设置在库区水域周边、堤坝干道的人行道两头处，水库工程出险处，游客、行人能随意接触水面和下水的通道口处，水库滑坡、山崖垮塌及陡峭边坡处，输泄水渠槽周边，每个防汛重点部位等。

此外，在坝上安全护栏不完整处、坝肩两侧、坝顶溢流堰处，受损道路及桥梁处，水库连续急弯处，周围高压线、输配电危险区等有关设施、设备上，饮用水水源保护区的边界等水库的重大危险源处也应设有明显的警示标志。在没有防护的地段，应每隔一定距离设一安全警示牌，距离以能相通视为限。

进入库区、坝区宜有相应提醒，库区、大坝等场所的显眼处应有"禁止游泳""库区水深"等标识。在水库周边的入口区，设立安全警示宣传牌。根据具体情况确定警示语句，如"水深危险，注意安全""此处水深，严禁戏水""禁止捕鱼""注意安全，小心落水""水深流急，珍惜生命""工作桥，非工作人员禁行"等。

（二）水工建筑物安全警示标志

泄洪表孔、泄洪底孔、冲沙闸等应有名称标识，标志在闸门启闭机房或泄洪洞口上，应牢固、美观。

大坝或水库下游可能被泄水漫过的路面应设警示标识，标识内容包括禁停、过流警告。

有限荷、限高要求的工作桥、交通桥应悬挂限荷、限高标示牌。

泄洪闸、发电洞、水库管理房等各主要建筑物上相应的名称标识应完整清晰。

有限荷、限高要求的道路、桥梁应悬挂限荷、限高标示牌。禁止行人通行的调压井，应设置"水深危险，禁止通行"的禁止标志牌。

检修电源箱门上应设置"当心触电"警告标志牌。

（三）工程管理及保护范围

申请依法划定工程管理范围及保护范围。大坝标示牌应牢固、美观，一般设置在进入库区、坝区或坝体显眼处。大坝保护范围界桩、界碑应完整。

三、水工建筑物安全监测

（一）基本要求

观测设施应满足相关安全监测技术规范的要求，设施维护保养良好，大坝观测设施运行正常。对大坝所有观测标点、基点、水尺、断面桩进行经常性检查，保持完好。对观测用的仪器量具，应定期检查进行率定。

水库库区应有水位标尺，一般设置在迎水面踏步或启闭机斜拉杆旁，水位测尺明显清晰。

（二）巡回检查项目

1. 近坝库区、库岸

库区水面有无漩涡、冒泡现象；岸坡冲刷、塌陷、裂缝、滑移迹象；是否存在高边坡和滑坡体；岸坡地下水出露及渗漏情况；表面排水设施或排水孔工作是否正常；边坡应稳定或基本稳定。

2. 大坝

检查建筑物外露部分（坝上下游面、坝顶、廊道、泄洪表孔、隧洞的过水表面、进出口等）的裂缝、剥蚀、渗漏、钙质析出、冲刷、空蚀等情况，坝体及坝基止水、排水设备状况等，大坝表面有无脱壳、剥落、松软、侵蚀等现象。

3. 渗漏

渗漏包括坝体渗漏、坝基渗漏和绕坝渗漏。应经常对混凝土坝和砌石坝下游坝面、溢流面、廊道及坝后地基表面有无渗水现象进行检查，特别是高水位期间要加强观察。如发现有渗水现象，应测定渗水点部位、高程、桩号等，并详细记载，绘制渗水位置图，或进行照相。必要时，需定期进行渗水量观测。冬季结冰期间，应注意观察渗水结冰情况。混凝土坝现场检查项目见表 3-1。

表 3-1 混凝土坝现场检查项目

项目（部位）		日常检查	年度检查	定期检查	应急检查
坝体	坝顶	●	●	●	●
	上游面	●	●	●	●
	下游面	●	●	●	●
	廊道	●	●	●	●
	排水系统	●	●	●	●
坝基及坝肩	坝基		●	●	●
	两岸坝段	○	●	●	●
	坝趾		●	●	●
	廊道	○	●	●	●
	排水系统		●	●	●
输、泄水设施	进水塔（竖井）	○	●	●	●
	洞（管）身		○	●	●
	出口	○	●	●	●
	下游渠道	○	●	●	●
	工作桥	○	●	●	●
溢洪道	进水段	○	●	●	●
	控制段	○	●	●	●
	泄水槽	○	●	●	●
	消能设施	○	●	●	●
	下游河床及岸坡	○	●	●	●
	工作桥	○	●	●	●
闸门及金属结构	闸门	○	●	●	●
	启动设施	○	●	●	●
	其他金属结构	○	●	●	●
	电气设备	○	●	●	●

续表

项目（部位）		日常检查	年度检查	定期检查	应急检查
监测设施	监测仪器设备	○	●	●	●
	传输线缆	○	○	●	○
	通信设施	○	●	●	●
	防雷设施	○	●	●	●
	供电设施	○	●	●	●
	保护设施	○	●	●	●
近坝库岸	库区水面	○	●	●	●
	岸坡	○	●	●	●
	高边坡	○	●	●	●
	滑坡体	○	●	●	●
电站		○	●	●	●
管理与保障设施	预警设施	●	●	●	●
	备用电源	○	●	●	●
	照明与应急照明设施		●	●	●
	对外通信与应急通信设施		●	●	●
	对外交通与应急交通工具		●	●	●

注 有●者为必须检查内容，有○者为可选检查内容。

（三）观测

严格按照《混凝土坝安全监测技术规范》（SL 601—2013）等有关规程规范规定的项目、频次开展观测，对大坝、前池（调压井）、镇支墩等进行安全监测。较大规模的大坝运行安全管理信息系统应当具备在线监测功能；当发生地震、大洪水、库水位骤升骤降、库水位低于死水位或者其他可能影响大坝安全的异常情况时，应当加强巡回检查，增加监测频次（必要时增加监测项目），及时分析监测数据，评判大坝运行状态。混凝土坝安全监测分类及项目测次分别见表 3-2 和表 3-3。

表 3-2   混凝土坝安全监测分类

监测类别	监测项目	大 坝 级 别			
		1	2	3	4
现场检查	坝体、坝基、坝肩近坝库岸	●	●	●	●
环境量	上、下游水位	●	●	●	●
	气温、降水量	●	●	●	●
	坝前水温	●	●	○	○
	气压	○	○	○	○
	冰冻	○	○	○	
	坝前淤积、下游冲淤	○	○	○	

续表

监测类别	监测项目	大坝级别			
		1	2	3	4
变形	坝体表面位移	●	●	●	●
	坝体内部位移	●	●	●	○
	倾斜	●	○	○	
	接缝变化	●	●	○	○
	裂缝变化	●	●	○	○
	坝基位移	●	●	●	○
	近坝岸坡位移	●	●	○	○
	地下洞室变形	●	●	○	○
渗流	渗流量	●	●	●	●
	扬压力	●	●	●	●
	坝体渗透压力	○	○	○	○
	绕坝渗流	●	●	○	○
	近坝岸坡渗流	●	●	○	○
	地下洞室渗流	●	●	○	○
	水质分析	●	●	○	○
应力、应变及温度	应力	●	○		
	应变	●	●	○	
	混凝土温度	●	●	○	
	坝基温度	●	●	○	
	地震动加速度	○	○	○	
	动水压力	○			
	水流流态、水面线	○	○		
	动水压力	○	○		
	流速、泄流量	○	○		
	空化空蚀、掺气、下游雾化	○	○		
	振动	○	○		
	消能及冲刷	○	○		

注　1. 有●者为必设项目，有○者为可选项目，可根据需要选择。

　　2. 坝高 70m 以下的 1 级坝，应力、应变为可选项。

(四) 监测资料分析

根据明确的大坝安全监测设施检查及监测限值，对扬压力、位移等进行比对，出现问题及时预警。

应当及时整理、分析监测数据，对测值的可靠性和监测系统的完备性进行评判，掌握监测系统的运行情况，对监测仪器设备的异常情况进行处理。

表 3-3　　　　　　　　　　　　　混凝土坝安全监测项目测次

监测类别	监测项目	测　次		
		施工期	首次蓄水期	运行期
现场检查	日常检查	2～1 次/周	1 次/天～3 次/周	3～1 次/月
环境量	上、下游水位	2～1 次/天	4～2 次/天	2～1 次/天
	气温、降水量	逐日量	逐日量	逐日量
	坝前水温	1 次/周～1 次/月	1 次/天～1 次/周	1 次/周～2 次/月
	气压	1 次/周～1 次/月	1 次/天～1 次/周	1 次/周～1 次/月
	冰冻	按需要	按需要	按需要
	坝前淤积、下游冲淤		按需要	按需要
变形	坝体表面位移	1 次/周～1 次/月	1 次/天～2 次/周	2～1 次/月
	坝体内部位移	2～1 次/周	1 次/天～2 次/周	1 次/周～1 次/月
	倾斜	2～1 次/周	1 次/天～2 次/周	1 次/周～1 次/月
	接缝变化	2～1 次/周	1 次/天～2 次/周	1 次/周～1 次/月
	裂缝变化	2～1 次/周	1 次/天～2 次/周	1 次/周～1 次/月
	坝基位移	2～1 次/周	1 次/天～2 次/周	1 次/周～1 次/月
	近坝岸坡变形	2～1 次/月	2～1 次/周	1 次/月～4 次/年
	地下洞室变形	2～1 次/月	2～1 次/周	1 次/月～4 次/年
渗流	渗流量	2～1 次/周	1 次/天	1 次/周～2 次/月
	扬压力	2～1 次/周	1 次/天	1 次/周～2 次/月
	坝体渗透压力	2～1 次/周	1 次/天	1 次/周～2 次/月
	绕坝渗流	1 次/周～1 次/月	1 次/天～1 次/月	2～1 次/月
	近坝岸坡渗流	2～1 次/月	1 次/天～1 次/周	1 次/月～4 次/年
	地下洞室渗流	2～1 次/月	1 次/天～1 次/周	1 次/月～4 次/年
	水质分析	1 次/月～1 次/季	2～1 次/月	2～1 次/年
应力、应变及温度	应力	1 次/周～1 次/月	1 次/天～1 次/周	2 次/月～1 次/季
	应变	1 次/周～1 次/月	1 次/天～1 次/周	2 次/月～1 次/季
	混凝土温度	1 次/周～1 次/月	1 次/天～1 次/周	2 次/月～1 次/季
	坝基温度	1 次/周～1 次/月	1 次/天～1 次/周	2 次/月～1 次/季
其他	地震动加速度	按需要	按需要	按需要
	动水压力		按需要	按需要
	水流流态、水面线		按需要	按需要
	动水压力		按需要	按需要
	流速、泄流量		按需要	按需要

监测类别	监测项目	测　次		
		施工期	首次蓄水期	运行期
其他	空化空蚀、掺气、下游雾化		按需要	按需要
	振动		按需要	按需要
	消能及冲刷		按需要	按需要

注　1. 表中测次，均系正常情况下人工测读的最低要求，特殊时期（如发生大洪水、地震等），增加测次；监测自动化可根据需要，适当加密测次。

　　2. 在施工期，坝体浇筑进度快时，变形和应力监测的次数取上限；在首次蓄水期，库水位上升快的，测次取上限；在初蓄期，开始测次取上限；在运行期，当变形、性态趋于稳定时取下限，渗流等形态变化速度大时，测次取上限，性态趋于稳定时取下限；当多年运行性态稳定时，可减少监测项目或停测，但应报主管部门批准；当水位超过前期运行水位时，按首次蓄水执行。

应当于每年 3 月底前完成上一年度监测资料的整编分析。年度整编分析应当突出趋势性分析和异常现象诊断，并且应当结合工程情况和特点，针对存在的问题进行综合分析。

应当开展长系列监测资料的综合分析工作，也可结合大坝安全定期检查或者特种检查开展，监测资料综合分析应当系统分析监测数据和巡回检查情况，结合工程地质条件、环境量和结构特性，对大坝安全性态进行分析。

四、水工建筑物管理要求

（一）管理设施

1. 上坝交通及通信供电

上坝交通道路畅通，限速、限行交通标志完整明显。工作桥、交通桥、抢险通道应做到：①路面通畅；②板、梁、柱、墩结构完好；③其他混凝土结构平整无裂缝，钢结构无严重锈蚀。

传输线缆、通信设施、防雷设施、保护设施、供电设施正常。对水库各项建筑物的动力和照明设备、安全防护设备以及其他附属设备都要注意观察是否正常完好。

2. 坝区封闭管理

坝区封闭完整，无关人员不能进入；并符合反恐各项要求。

3. 其他管理设施

与大坝安全有关的供电系统、预警设施、备用电源、照明、通信、交通等应急设施无损坏，工作正常。

各水工建筑物的工作桥、交通桥、交通廊道、电梯、爬梯、人孔以及对外交通道路、通信设备和线路均应经常检查，保持通畅。

大坝管理房完善。

（二）近坝库区、库岸

库区水面有无漩涡、冒泡现象；岸坡冲刷、塌陷、裂缝、滑移迹象；是否存在高边坡和滑坡体；岸坡地下水出露及渗漏情况；表面排水设施或排水孔工作是否正常；边坡应稳定或基本稳定。

（三）挡水建筑物

（1）坝顶：坝面应无裂缝、错动、沉陷；相邻坝段之间无错动；伸缩缝开合状况、止水设施工作状况；排水设施工作状况正常。

（2）基础岩体无挤压、错动、松动和鼓出；坝基基岩与坝肩岸坡稳定。

（3）坝体与基岩（岸坡）结合处无错动、开裂、脱离及渗水等情况；两岸坝肩区无裂缝、滑坡、沉陷、溶蚀及绕渗等情况。坝体无影响大坝结构安全的裂缝和渗漏，坝肩无异常绕渗。

（4）上游面：上游面无裂缝、错动、沉陷、剥蚀、冻融破坏；伸缩缝开合、止水设施工作状况正常。

（5）下游面：下游面无裂缝、错动、沉陷、剥蚀、冻融破坏、钙质离析、渗水；伸缩缝开合状况正常。

（6）廊道：廊道无裂缝、位移、漏水、溶蚀、剥落；伸缩缝开合状况、止水设施工作状况正常；照明通风状况良好。

（7）坝趾：下游坝趾无冲刷、管涌、坍塌、渗水量、颜色、浑浊度及其变化状况在正常范围。

（8）排水系统：排水孔排水量、水体颜色及浑浊度正常。混凝土坝的集水井、排水管正常，无堵塞现象。

（9）导流洞堵头：无渗漏，封堵体无松动。封堵体应完整无裂缝，无严重渗漏，水质正常。

（10）安全监测：测值在允许范围内。

（四）泄水建筑物

1. 坝顶溢流堰

堰顶或闸室、闸墩、胸墙、边墙、溢流面、底板等处无裂缝、渗水、剥落、冲刷、磨损和损伤；流道通畅，结构完整；流态平稳；分流墩无局部气蚀。

2. 桥梁通道

泄水设施上方的工作桥、交通桥应做到工作桥无不均沉降、裂缝、断裂等现象；路面通畅，板、梁、柱、墩结构完好，其他混凝土结构平整无裂缝，钢结构无严重锈蚀。

3. 消能设施

消能设施无磨损、冲蚀和淤积。护坦、消力池的排水孔排水正常，无堵塞现象。

冲坑深度与距坝趾距离之比符合规范要求，消力池、护坦安全可靠。

经常对水流形态进行观察，密切注意有无不正常的水流现象，出口水跃或射流形态及位置是否正常稳定，跃后水流是否平稳，有无折冲水流、摆动流、回流、滚波、漩涡、水花翻涌等现象。

河岸及河床无冲刷、塌坡或淤积等现象，齿墙完好等。

下游岸坡无冲刷，如引起两岸崩塌或冲刷坑恶化危及挑流鼻坎安全时，要及时采取防护措施；条件允许时可调整泄量减轻冲刷。

（五）取水及输水建筑物

1. 进水口

进水口的边坡应稳定。进水塔（口）结构稳定，应无裂缝、渗漏、空蚀或其他损坏现象；塔体应无倾斜、不均沉降、裂缝及损坏。

2. 拦污栅

拦污栅应无变形、无严重锈蚀；栅前后压差监测系统完备；流速、压差在正常范围；清污及时；进水口拦污栅处应有清污安全防护设施。

3. 输水建筑物

输水建筑物出现破裂、漏水，影响山体稳定的应及时处理。应定期对输水建筑物进行巡回检查，雨季应加强巡回检查，特别是对易产生地质灾害的高边坡的巡回检查。检查、巡回检查应包括下列内容。

（1）引水隧洞。

1）隧洞应无裂缝、变形、渗漏、剥蚀、磨损、空蚀、碳化、止水填充物流失等迹象，主体结构应稳定；衬砌隧洞不应有严重的混凝土剥落及渗漏现象。

2）无衬砌隧洞不应有严重的岩石掉落和渗漏现象。洞顶无异常掉块和剥落，洞底积石坑清理及时。

3）隧洞围岩稳定，无渗漏、坍塌现象，能保证电站正常发电。

4）充排水（气）系统工作正常。

5）施工支洞封堵体、检修进人门无渗漏等。

6）隧洞进（出）口山坡出现失稳或渗漏水现象应及时处理。

7）隧洞或压力管道充、排水时，应按照操作规程进行；无压涵管顶部或上覆岩层厚度小于3倍内径的无压洞顶部不能堆放重物，不能有建筑物。

8）隧洞应定期放空检查及检修，并应定期清理隧洞中杂物。

（2）渠道。有压进水口后接明渠的渠道，应控制进水口闸门启闭开度。当超过设计引用流量时，应通过侧堰泄流。

渠道在设计流量下的平均流速应小于护面材料的允许流速；在多泥沙条件下应满足不冲、不淤的要求。

渠道主体和边坡应稳定，无岩土坍塌或岸崩等现象。

渠道内不应有泥沙淤积，渠道表面无冲蚀、衬砌损坏，不得出现严重渗水等现象。

（3）渡槽。渡槽槽身、槽墩应稳定，不应有倾斜、开裂、破损和严重渗水等现象。

渡槽出现损坏、开裂、冲蚀、止水老化的，应予修复或改造。管槽基础开裂、变形的，应予修复或加固。

（六）水电站建筑物

1. 平压建筑物

（1）前池。前池结构完整、稳定，定期位移监测显示无异常。压力前池底板、溢流堰、挡墙应无变形、衬砌破损、渗漏水及边坡坍滑等现象；应保证溢流及排水设施和冲沙孔等完好；泄水侧堰无堆积堵塞。

（2）调压室。调压室整体应稳定，无不均匀沉陷、渗漏、裂缝、严重风化剥蚀、衬砌损坏等现象，结构安全可靠，能满足负荷突变时水流稳定和涌浪的要求；调压室附属设施应完整无松动，水位观测设施应正常可靠。调压室（井、塔）结构稳定，无塌陷、变形、破损和漏水现象；顶部布置能满足负荷突变时涌浪的要求，有顶盖的调压井通气良好；溢流调压井有安全防护措施；附属设施（栏杆、扶手、楼梯、爬梯）和必要的水位观测应完整、可靠。

2．压力管道

（1）镇墩、支墩。镇墩、支墩应完整稳固，无开裂、破损；支墩滑道结构应完整。支墩与镇墩结构稳定，混凝土无老化、开裂、位移、沉陷、破损。

定期进行变形观测，检查全管段的表面锈蚀情况、伸缩节渗漏情况和镇支墩基础结构的稳定状况。巡检周期每年至少2次，一般在丰水期前、后各1次，管理单位也可视运行情况适当增加。

（2）压力钢管。压力钢管符合安全设计要求且运行正常。

1）无明显变形，明管焊缝无开裂。

2）进人孔、伸缩节密封良好，无渗漏。

3）压力钢管无超标锈蚀；防腐涂层应均匀、无脱离。

4）排（补）气阀、排气孔工作正常。

5）应保证压力钢管在支墩滑道轴线上自由滑动。

6）使用年限达到40年的压力钢管，应进行折旧期满安全检测。

根据《水工金属结构防腐蚀规范》（SL 105—2007），周期视运行环境不同，每1～3年进行1次防腐处理；出现锈蚀、裂缝或失稳等病害应修复或更换。联合承载的埋管与混凝土及岩石之间缝隙增大时，可采取接缝灌浆等措施处理；明管振动时应采取减振措施。

（3）巡查通道。管坡排水、巡回检查道路完好；巡查通道应做到台阶、护栏完整，无高草灌木。

第二节　金　属　结　构

一、管理要求

金属结构应按照《闸门启闭设备检修维护规程》进行检修、维护，应按照《水工钢闸门和启闭机安全检测技术规程》（SL 101—2014）定期进行检测。闸门和启闭机投入运行5年后进行首次检测，首次检测后，以后每隔6～10年进行定期检测，由有资质的单位进行检测。

泄洪闸门等应确保双回路电源、备用动力（柴油发电机）运行可靠，柴油发电机定期进行启动试验。

水力自控翻板闸门应启闭自如，无淤积、卡塞，运行方式符合规定。

有泄洪闸的水电站，安装泄洪预警设施。

压力管道定期巡回检查，定期防腐，定期进行检测。

二、标志与标识

泄洪闸启闭机房、发电洞启闭机房等各主要建筑物上相应的名称标识应完整清晰、牢固美观。

坝区变压器应有名称，编号清晰，固定在器身的中部，且铭牌齐全清晰，正面朝向巡回检查通道。盘、柜、屏前后均应有设备名称、编号。

启闭机各部件铭牌应齐全清晰，包括：①卷扬式启闭机的启闭机、减速箱、电动机、制动器等；②液压启闭机的启闭机、液压缸、电动机、油泵等；③螺杆式启闭机的启闭机、电动机等。

柴油发电机名称、编号齐全清晰，柴油机和发电机的铭牌应齐全清晰。

三、闸门

（一）闸门正常使用要求

1. 通用要求

（1）闸门应无变形、锈蚀，止水完好，滑轮滚动灵活。

（2）闸门的面板、主梁及边梁、弧形闸门支臂等主要构件发生锈蚀的，应及时进行结构检测，并应复核强度、刚度。

（3）闸门应整体坚固可靠，整扇闸门需要更换的构件达到30％及以上的应予以报废更换。

（4）应定期对闸门埋件进行检查维护，闸门轨道严重磨损或接头错位超过2mm不能修复的，或闸门埋件严重腐蚀、锈损或空蚀的，应予以更换。

2. 平面闸门

平面闸门正常使用要求如下：

（1）门体无变形、裂纹、螺（铆）钉松动、焊缝开裂；钢筋混凝土闸门门体无破损、无露筋。

（2）吊耳、销杆、吊杆、连接螺栓结构完整。

（3）止水橡皮无老化开裂，润滑水供给正常。

（4）主轮、侧轮转动灵活，反向支承结构完整。

（5）门槽无变形，门槽无堵塞、气蚀等。

（6）刷漆完整。

（7）闸门启闭平稳；闸门结构完整、启闭平稳；闸门不发生振动、气蚀现象。

3. 弧形闸门

弧形闸门正常使用要求如下：

（1）电源正常，配电箱指示灯正常。

（2）电源闸刀（或开关）在拉开位置。

（3）刹车装置完好。

（4）启闭机各轴承黄油适当。

（5）大小齿轮内无异物。

（6）电动机抱闸应在制动位置。

（7）制动器的摩擦没有过分磨损，间隙在规定值范围内。

（8）保护罩及传动部分没有摩擦现象。

（9）钢丝绳完好无断丝，夹头无松动。

（10）冲水管道完好，无漏水现象。

4. 水力自控翻板闸门

水力自控翻板闸门正常使用要求如下：

（1）河中漂浮物能及时清除，树枝、异物等容易卡住滚轮，过水后应及时清理，以免传动机构无法运行和对闸门造成损坏，液压辅助控制翻板闸门在操作液压设备时，应注意闸门周围的环境，在常规情况下液压闸门需同步开启，避免相邻两孔之间的闸门产生位移。

（2）门叶启闭自如无卡阻，如果两孔门之间出现位移，发生门扇卡阻情况，过水后应及时清理，以免对门板产生挤压破坏。液压设备无漏油等故障，坝前无影响闸门翻起的严重淤积。

（3）水位将达闸门翻起水位或需要液压开启时，应检查下游是否有安全隐患并提前预警，避免下泄流量对下游人员或牲口造成伤亡事故，泄洪时人工局部启门将导致部分闸门无法启动或延后，且将造成过闸孔集中出流冲刷下游河段，应予以避免。

（4）闸门维修应有专业人员进行指导施工，人工拉起闸门应两侧同步，当需要长时间拉起闸门，应将同一轴线上全部闸门拉至全开状态并锁紧。

（二）闸门维护要求

闸门维护应满足下列要求：

（1）及时清理闸门和门槽上的水生物、杂草、污物等附着物。

（2）保持闸门转动部件润滑良好。

（3）紧固件连接应可靠、无脱落。

（4）寒冷地区冬季结冰时，应采取措施避免或减少闸门承受冰冻压力。

（5）及时更换老化、磨损、撕裂的止水。

四、启闭机

（一）电源

（1）启闭机应有可靠的备用电源。应做到：①容量满足运行要求，能随时启动；②柴油发电机房有专门通烟管道，室内通风良好，布置整洁；③机房、油库不混用，消防设施齐全；④定期巡查和试运行，运行状态良好。

（2）配电柜应做到：①标识清楚；②柜内电气元器件接触可靠、动作正确、无异常发热；③屏柜外壳接地可靠。

（3）电力电缆布线整齐、防护可靠。

（4）启闭机的操作电气装置及附属设施应安全可靠。

（5）露天启闭机应安装罩壳等保护措施，操作电气装置应上锁。

（6）坝区变压器应做到：①容量满足运行要求；②支架、围栏等防护措施到位，安全距离充足；③运行情况良好。

（7）防雷设施可靠。

（二）操作规程

（1）有金属结构、机电设备维护制度并明示。

（2）有闸门及启闭设备操作规程，并明示。

（3）操作人员固定，定期培训，持证上岗。

（4）按操作规程和调度指令运行，无人为事故。

（5）操作记录规范。

（三）启闭机房

（1）地面、墙面、屋面整洁。

（2）巡查、操作记录完整，管理、操作制度上墙。

（3）消防器材配备齐全。

（4）电气接地良好。

（5）紧邻下游村庄的水库泄洪闸，启闭机房内应配备泄洪预警设施。

（6）进水口事故闸门（快速门）控制系统满足运行工况要求，并定期校验，自动保护装置良好，能随时投入运行；远方和现地紧急停机回路完备可靠，且能够远方手动紧急关闭主阀或进水闸门。

（四）闸门启闭机正常使用要求

1. 卷扬式启闭机

（1）机座稳定，机架无变形。

（2）扬式启闭机钢丝绳不应有扭结、压扁、弯折、笼状畸变、断股、波浪形，钢丝、绳股、绳芯不应有挤出、损坏，并保持钢丝绳润滑。

（3）卷筒无裂纹。

（4）开式齿轮啮合平稳，护罩可靠。

（5）减速箱齿轮啮合平稳，油位、油色正常。

（6）制动器动作灵敏可靠，电气控制正常。

（7）启闭操作平稳，运行应安全可靠。

2. 液压式启闭机

（1）三相电源无缺项，开关位置正确。

（2）油泵电机电缆无破损。

（3）液压元件、阀组、液压管路无渗漏。

（4）各阀门位置正常，压力送变器、阀件压力正常。

（5）回油箱油温、油位正常。

（6）运行噪声不超过 85dB(A)。

3. 螺杆式启闭机

（1）电动螺杆式启闭机应有可靠的电气和机械过载安全保护装置。

（2）手动/电动两用或手动螺杆启闭机应装设安全把手；手动/电动两用的启闭机在手动机构与机器联通时，应有断开全部电路的安全措施。

（3）机座稳定，机架无变形。

（4）螺杆平直，齿面无损伤。

（5）制动器动作灵敏可靠，电气控制正常；制动、限位设备准确有效。

（6）启闭操作平稳。

（五）启闭机维护要求

（1）启闭机电气设备应完好。

（2）应定期清洁减速器和齿轮，定期过滤、更换液压油。

（3）制动轮和制动瓦表面应保持洁净，闸瓦间隙正常；制动瓦磨损严重的应及时更换。

（4）变量泵、溢流阀、压力表等的整定值异常时应重新整定。

（5）钢丝绳和滑轮组应经常涂油防锈。

（6）高度指示器和负荷限制器等应定期校验、整定。

（六）启闭机应急

为避免出现启闭机失灵、线路中断、柴油发电机无法工作等极端情况导致的洪水位超标、出现险情等状况，确保下游安全，应按照有关规程，安装闸门无电启动的相关设备。

第三节　厂区、厂房及升压站

在《国家电网公司电力安全工作规程 第 3 部分：水电厂动力部分》（Q/GDW 1799.3—2015）总则的 4.2 条中，对作业现场的基本条件规定如下：①作业现场的生产条件和安全设施等应符合有关标准、规范的要求，工作人员的劳动防护用品应合格、齐备；②经常有人工作的场所应配备急救箱，存放急救用品，并应指定专人经常检查、补充或更换；③现场使用的安全工器具应合格并符合有关要求；④各类作业人员应被告知其作业现场和工作岗位存在的危险因素、防范措施及事故紧急处理措施。

一、厂区

（一）厂区管理

厂区实施封闭管理，封闭完整，建设门禁系统，无关人员不得进入。

路面应做到：①路面硬化已完成；②平整，无积水、无凹坑、无开裂；③卫生区域划分明确、落实到人。

绿化应做到：①无裸露空地；②草坪、树木专人修剪。

厂区道路和绿化区域不得放养家禽、家畜。

（二）厂区标示牌

厂区标示牌（包括路标、绿化标牌、主要建筑物名称标牌）应明确、清晰；单位（公司、电站）标识牌明晰；厂区导引标示牌应做到标示清晰，指示正确。

厂区门口应有告示及外来人员安全告知牌。主要内容包括：①进入厂区前须进行登记；②服从安保、安全、技术人员引领，遵守安全警告标示及告示牌的注意事项；③不得吸烟；④遵守厂区着装要求，做好安全帽佩戴等安全防护。

厂区道路应有限速标志，入厂限速 5km/h。厂内主干道宜设置不大于 5km/h 的限速标示牌；在道路口、交叉口、人行稠密地段宜设置不大于 5km/h 的限速标示牌；进入生产厂房门口、生产现场的道路入口宜设置限速 5km/h 的限速标示牌。

地面宜有巡查路线、巡回检查点标示牌，标识宜用绿色油漆喷涂。

检修场所应采用红白布带围护，靠通道处宜有主要检修内容标牌。

主、副厂房各区域门上应有名称标识，如"中控室""低配室"等标识应完整、牢固、美观。

主厂房外墙面电站名称、主厂房门边外墙警告标识，如"禁止吸烟""佩戴安全帽"等完整。

升压站门边外墙应有禁止、警告标识，包括"禁止吸烟""佩戴安全帽""止步高压危险"等。

低矮通道的入口应有"当心碰头"标识。起重机下应有"吊物下禁止站人"等标识。距地 1.0m 以下的墙上应有安全出口疏散指示标志，安全出口上方应有"安全出口"标识，标识应配有不间断电源。应急疏散指示标志和应急疏散场地标识应明显。

（三）办公楼标示牌

1. 门牌号及功能标示

所有房间均应有门牌号及功能标示牌，如"118 站长办公室""218 会议室"等。

2. 门厅及楼道

门厅墙面、地面应整洁，宜设置职工信息栏。楼道应做到：①墙面、地面整洁；②通风、照明良好；③楼道配备灭火器，安全出口指示清晰。

3. 办公室、阅览室、档案室、会议室、洗手间

办公室应做到：①墙面粉刷完整，无渗水，窗户玻璃完好；②地面整洁，桌椅摆放有序；③通风、照明良好；④资料的归置分类有序、标识清楚、取用方便。

阅览室资料的归置分类有序、取用方便。档案室内有"禁止明火"标识。

会议室应做到：①墙面、窗户完整美观，地面整洁；②桌椅摆放有序；③通风、照明良好，会议室桌椅摆放有序；④企业文化氛围浓厚。

洗手间应做到：①墙面、地面整洁；②通风、照明良好；③水池应有"节约用水"标识。

（四）生产区域用电、照明及消防

1. 用电

电源箱箱体接地良好，接地线应选用足够截面的多股线，箱门完好，开关外壳、消弧罩齐全，接入、引出电缆孔洞封堵严密，室外电源箱防雨设施完好。

导线敷设符合规定，采用下进下出接线方式，内部器件安装及配线工艺符合安全要求，漏电保护装置配置合理、动作可靠。

各路配线负荷标志清晰，熔丝（片）容量符合规程要求，无铜丝替代熔丝现象。保护接地、接零系统正确、牢固可靠。插座相线、中性线布置符合规定，接线端子标志清楚。

临时用电电源线路敷设符合规程要求，不得在有爆炸和火灾危险场所架设临时线，不得将导线缠绕在护栏、管道及脚手架上或不加绝缘子捆绑在护栏、管道及脚手架上。

临时用电导线架空高度，室内应大于 2.5m、室外大于 4m，跨越道路大于 6m（均指最大弧垂）；原则上不允许地面敷设，若采取地面敷设时应采取可靠、有效的防护措施。临时线不得接在刀闸或开关上口，使用的插头、开关、保护设备等符合要求。

2. 照明

生产厂房内外工作场所的常用照明，应保证足够的亮度。在操作盘、重要表计及设备、主要通道等地点还必须有事故照明。

火灾事故照明、疏散指示标志可采用蓄电池、应急灯作备用电源，但连续供电时间不应少于 20min。

水轮机室、发电机风道和廊道的照明器，当安装高度低于 2.4m 时，如照明器的电压超过《特低电压（ELV）限值》（GB 3805—2008）规定值时，应设有防止触电的防护措

施。大坝廊道的照明应落实防潮、防漏电措施。

3. 消防

厂区消防应成立消防体系，制订消防措施，定期隐患排查，积极开展演练。

厂区的消防栓、灭火器等消防设施均有明显标志，着色为红色。室外消防栓宜设在绿化带内，但周边不得有遮掩；室内消防栓布置在消防箱内，箱体按当地消防部门要求制作。

主厂房消防通道的安全出口应不少于两个，且有一个直通室外地面。扑救带电火灾应选用洁净气体、二氧化碳、干粉型灭火器，但旋转电机不宜用干粉型灭火器。

消防器材应按设计要求配备。根据主厂房长度，配备 5kg 手提式灭火器的标准为每15m 一组（2 只）。消防器材应放置在门边或通道边显眼处。

生产厂房及仓库应备有必要的消防设备。消防设备应定期检查和试验，保证随时可用。禁止在工作场所存储易燃易爆物品。

生产厂房内外的电缆，在进入控制室、电缆层、控制柜、开关柜等处的电缆孔洞，必须用防火材料严密封闭。配电室、电缆夹层等门口应加装高度不低于 400mm 的防小动物板。防小动物板材料应为铝合金或不锈钢，安装方式为插入式；防小动物板上部应刷防止绊跤线标志。生产厂房的取暖用热源，应有专人管理。

油处理室应有防火、防爆措施，不准在油处理室外的厂房存放透平油、绝缘油等易燃易爆物品。

配电装置室应设防火门，并装有内侧不用钥匙可开启的锁，并应向外开启，防火门应装弹簧锁，严禁用门闩。相邻配电装置室之间如有门时，应能双向开启。地面宜有巡查路线、巡回检查点标识，标识宜用绿色油漆喷涂。

检修场所应采用隔离围栏围护，靠通道处宜有主要检修内容标牌。

二、厂房

（一）主厂房

主厂房应做到：①大门美观完整；②屋顶、墙面粉刷完整、无渗水，窗玻璃、纱窗完好；③地面整洁、无油污，通道通畅；④通风、照明良好；⑤噪声不高于 80dB（A）；⑥设备归置有序，标识清楚，表面清洁；⑦检修场所区域分明，检修设备和工具归置有序，检修人员着装规范；⑧消防设施配备齐全；⑨厂房及其结构（含蜗壳和尾水管）无异常变形和裂纹、风化、下塌、漏水现象，稳定可靠，监测手段完好；⑩厂房排水设备运转正常，通风、防潮、防水满足安全运行要求；⑪生产厂房内外保持清洁完整，无积水、油、杂物，门口、通道、楼梯、平台等处无杂物阻塞。

（二）副厂房

1. 基本要求

检修场所区域分明，检修设备和工具归置有序，楼梯通道扶手稳固。继电保护、配电屏柜颜色、规格应统一协调，固定在屏柜或操作单元的上方。

2. 上墙内容

（1）制度。中控室重要规章制度应上墙，主要包括《工作票制度》《操作票制度》《交接班制度》《巡回检查制度》和《运行值班制度》等。

（2）图表。主要包括：①电气主接线模拟图板；②安全运行揭示板；③调速系统及油、气、水系统图；④水轮机运行特性曲线图；⑤电气防误闭锁模拟图；⑥设备巡回检查路线图；⑦设备主要运行参数表；⑧有权签发工作票人员、工作负责人和工作许可人名单，可单独巡回检查高压设备人员名单；⑨接地选择顺位表；⑩继电保护及自动装置定值表；⑪紧急停机操作顺序表；⑫事故处理紧急使用电话表；⑬现场安全指南。

主厂房大门正对墙面或桥机横梁上可设置安全生产提醒，如"安全第一、预防为主""安全高于一切""安全、规范、和谐、创新"等标语。主厂房墙面显眼处应悬挂"逃生线路图""消防器材布置图"。

3. 中控室

中控室应做到：①屋顶、墙面粉刷完整，无渗水，窗户玻璃、纱窗完好；②运行值班制度已上墙，运行值班人员已公示，宜设置水电站信息标牌，如安全揭示牌（安全生产累计天数）、实时水库水位、天气预报等；③地面整洁，桌椅摆放有序；④桌面无报纸杂志等杂物摊放；⑤通风、照明良好；⑥噪声不高于 65dB（A）；⑦运行规程、规范、制度、记录的归置分类有序、标识清楚、查阅方便；⑧安全工器具定期试验合格，有专用区域摆放，归置分类有序；⑨消防设施配备齐全。

4. 高压室、励磁变室

高压室、励磁变室应做到：①门口有防鼠板，过墙电缆已用防火泥封堵；②屋顶、墙面粉刷完整，无渗水，窗户玻璃、纱窗完好；③地面整洁；④通风、照明良好；⑤屏柜刷漆完整、表面整洁，表计、信号指示正常，电缆布线规整，电气元件工作正常；⑥设备编号清楚、设备负责人明确，铭牌完整；⑦配电房地面绝缘胶垫完整。

5. 检修工具间及备品备件仓库

检修工具间及备品备件仓库应做到：①屋顶、墙面粉刷完整，无渗水，窗户玻璃、纱窗完好；②地面整洁；③通风、照明良好；④物品的归置分类有序、标识清楚、取用方便。

三、升压站

（一）升压站场地

（1）厂区外的室外配电装置场地四周应设置 2200～2500mm 高的实体围墙，厂区内的室外配电装置周围应设置围栏，高度应不小于 1500mm。

（2）升压站、变电站围墙结构稳定可靠，边坡稳定无隐患；隔挡间距不得超过 0.2m，金属围栏要可靠接地。

（3）主变压器及开关站位置一般应结合安装检修、运输、消防通道、进线、防火防爆等要求综合确定。

（4）升压站内地面平整、无杂草、排水正常、电缆沟及各设备基础稳定。

（二）升压站防火安全距离

（1）室外主变压器升压站与厂房、宿办楼等厂区建筑物的距离应符合《建筑设计防火规范》（GB 50016—2014）要求；主副厂房、安装间、中控室、继电保护室，母线室、母线廊道等火灾危险性类别为丁级，耐火等级为二级；当变压器总油量 5～10t 时，防火间距不小于 12m，当油量 10～50t 时，防火间距不小于 15m。

（2）当厂房外墙与变压器距离不满足防火间距时，厂房外墙应采用防火墙，且该墙与变压器外缘距离不应小于 0.8m；厂房外墙距油浸变压器 5m 以内时，在变压器总高度加 3m 的水平线以下及两侧外缘各加 3m 的范围内，不应开设门窗和孔洞，在其范围以外的防火墙的门和固定式窗，其耐火极限不应小于 0.9h。

（3）油量为 2500kg 以上的油浸变压器，35kV 及以下时，防火间距不小于 5m；110kV 时，防火间距不小于 8m；当不满足要求时，应设置防火隔墙或在防火隔墙顶部加设防火水幕；隔墙高度不应低于变压器油枕顶端高程，长度不应小于变压器贮油坑两端各加 0.5m；当防火隔墙顶部加设防火水幕时，其高度应比变压器顶盖高出 0.5m。

（4）临近林草茂盛山坡的升压站，应有防火隔离带。

（三）消防设施

（1）主变压器底部一般应设有排油、集油坑，坑内铺卵石，并铺有通向远处事故油池的排油管。

（2）当母线穿越防火墙时，母线周围空隙应用非燃烧材料封堵。

（3）按设计要求配备灭火器，设置消防砂池，砂池有护盖，保持沙子干燥，并配备消防桶和铁锹。

（4）电缆沟每隔 50m 进行防火分隔，电缆刷防火涂料。

（四）设备标识及安全警示标志、标线

（1）升压站设备必须标识清楚，标识不全、不清有可能造成误入间隔、误操作，属于重大隐患；升压站各设备相序、接地扁铁均应规范着色。

（2）升压站必须安全警示标志齐全规范，如在入口醒目位置应悬挂"未经许可，不得入内"禁止标志牌和"必须戴安全帽"指令标志牌，围栏四周背向变电站应悬挂"止步，高压危险"警告标志牌（标志牌间隔不应超过 20m），变电站爬梯遮栏门上应悬挂"禁止攀登，高压危险"禁止标志牌，室外独立安装的变压器围栏四周应悬挂"止步，高压危险"警告标志牌（每面至少挂一个，间隔不超过 20m），室外油浸式变压器围栏上应悬挂"禁止烟火"禁止标志牌、"防火重点部位"文字标志牌，室外变压器本体上下爬梯上应悬挂"禁止攀登，高压危险"禁止标志牌，变压器放油门应挂有"禁止操作"禁止标志牌，等等。

（3）各类标线要清晰，如设备周边划设警戒线，对升压站巡视路线进行标示。

（五）防雷、接地

升压站设备接地必须规范，防止出现虚接；防雷、接地按规程定期进行检测。

四、文明生产

班组办公场所和生产设备现场推行"7S"管理，"7S"即整理、整顿、清扫、清洁、素养、安全、节约。对生产现场、班组责任区、班组办公区、检修车间的整理、整顿、清扫、清洁工作每天都要进行，保持生产设备、生产区域无卫生死角。规范物品的定置摆放和现场标识，创建和保持规范、整洁、有序的工作环境。集中控制室和所有值班岗位的物品、工器具、文件、资料、记录定置摆放，实行定置管理。有条件的应对工作人员进行统一着装。保持设备和室内生产场所的清洁是提高设备完好率和安全生产的必需条件。每班应对设备外壳用软质布擦拭一次，每周进行一次全面的大扫除。白班运行人员应对保护屏、继电器外壳清扫一次。每周应对端子排、二次线清扫、吹尘一次，每周进行一次全面的大扫除。仪表、工具应保持清洁，放置整洁，记录表簿面应保持整洁、整齐。

　　班组工作区及休息室等要达到"五净"，即门窗、桌椅、文件柜、地面、墙壁干净。

　　"五整齐"指桌椅、更衣柜、文件柜、上墙和桌面压放的图表、办公用品摆放整齐，厨房、炊具、餐具、橱柜等应保持洁净。

　　设备区做到"五无"，即场区无杂物、无乱堆乱放、无积水、无渗漏和油污、无积灰；"四全"，即安全遮栏、沟道盖板、设备标志、照明设施齐全。

　　设备检修和消缺工作现场做到"三无"，即无油迹、无水、无尘；"三齐"，即拆下零部件摆放整齐、检修机具摆放整齐、材料备品堆放整齐；"三不乱"，即电线不乱拉、部件不乱放、杂物不乱丢；"三不落地"，即检修现场拆下的设备及零部件，需安装的设备及零部件，工作中使用的工器具和材料备品、油管、气管、电缆、电源线等都要整齐放置在垫板上，不能直接落在地面上。

　　工作现场每天打扫干净，做到"工完料清场地净"。

第四节　机　电　设　备　管　理

一、机电设备管理要求

（一）制定《机电设备管理标准》

　　（1）设备着色完整，标志、标识、标线齐全，安全防护措施可靠。

　　（2）现场安全工器具、个人防护用品按规定购置、发放和定期试验，粘贴合格标志。现场使用前进行检查，正确使用，正确保管，做好记录、台账。试验不合格及使用期限已满的安全工器具、劳动保护用品强制报废。

　　（3）设备设施实施定置管理。

　　（4）现场应建立健全各种设备管理台账，包括：设备基本信息和参数、设备巡检记录、设备定期试验及维护保养记录、设备缺陷处理及检修履历等。

　　（5）按照定点、定方法、定标准、定周期、定人等要求，制定适合本企业的设备巡（点）检标准，有效组织开展设备巡（点）检工作；建立设备日常巡检、定期专业点检、技术诊断与劣化倾向管理等多层次的设备管理防护体系，保证设备安全、稳定、经济运行。

（二）设备定期试验和轮换

　　小型水电站应按《电力设备预防性试验规程》（DL/T 596—1996）的有关规定开展电力设备预防性试验；防雷接地等按规定检测。

　　现场安全工器具、个人防护用品的购置、发放、定期试验由公司负责。承担使用前的检查、正确保管、正确使用职责，按上级要求做好记录、台账。

　　对主要机电设备达到或超过设计使用年限、运行条件改变、设施设备出现影响安全运行的异常现象等情况时，按《小型水电站安全检测与评价规范》（GB/T 50876—2013）的规定开展安全检测与评价工作。

（三）评级管理

　　水电站应按《农村水电站技术管理规程》（SL 529—2011）的规定开展设备设施评级

工作，并根据评级结果相应调整检修计划。

（四）缺陷管理

按照《设备缺陷管理办法》对设备缺陷进行分类，并结合企业生产管理的实际情况，制定设备缺陷管理实施细则，明确设备缺陷管理职责分工和工作流程。

树立"零缺陷"理念，严格执行设备缺陷在发现、登记、消缺、验收等各阶段的时限要求。对不能及时消除的威胁安全生产和系统完整的重大缺陷，应制定监视措施，做好事故预想，以防缺陷蔓延或扩大。具有明显危及设备和人身安全缺陷的设备，应立即停止运行。

设备管理部门是设备缺陷管理的主要负责部门，要建立设备缺陷全过程管理机制，采用适当的缺陷评价指标，对设备缺陷处理过程进行有效的跟踪和评价，形成闭环管理。

（五）报废

设备设施通过维护、保养、检修达不到安全运行要求时，应及时进行更新改造。达到合理使用年限的水电站按《小型水电站安全检测与评价规范》（GB/T 50876—2013）进行检测评价。按《小型水电站机电设备报废条件》（GB/T 30951—2014）的规定开展设备设施报废管理工作。已淘汰报废的设备应在现场设置明显的报废设备设施标志，并及时拆除，退出生产现场。在报废设备设施拆除前应制定方案，报废、拆除涉及许可作业的，应按照有关规定执行，并在作业前对相关作业人员进行培训和安全技术交底。

二、机电设备命名及标志标识

设备着色完整规范，转动设备、高压设备围栏等的警示色鲜明，油、气、水辅助系统设备及管路着色应规范、齐全，介质、流向标示应正确。

机电设备的名称、编号、主要信息、状态标识应规范、齐全，设备标识应齐全清晰。机电设备，尤其是开关、刀闸的双重名称标识应规范、齐全、明晰。

设备警戒线、禁止阻塞线等标线鲜明齐全。

设备的安全防护设施应齐全规范，转动部件防护应完整有效，电气设备金属外壳接地装置应安全可靠。电气设备"五防"〔防止误分、合断路器；防止带负荷分、合隔离开关；防止带电挂（合）接地线（接地开关）；防止带地线送电；防止误入带电间隔〕正常。

（一）设备双重名称

1. 机组及辅助系统

（1）水轮机、发电机标志牌应有双重名称（设备名称、编号），如"1G　1号水轮机""1F　1号发电机""1F　1号水轮发电机"。尺寸自行确定，外形为按2∶1比例设置的长方形，宜用白底红字，字体采用仿宋体，放置在发电机上方或安置在发电机面向巡回检查通道的位置。

（2）立式机组水机室上方设标志牌，如"1号水轮机室"。

（3）水轮机和发电机的铭牌应齐全、清晰，按出厂位置固定。

（4）调速器屏柜标志牌应有设备名称、编号，如"1号调速器"，高宜为50mm，长为屏盘宽度，宜用白底红字，字体采用仿宋体。

（5）调速器油泵应有编号，如"1-1　1号调速器1号油泵"，标识在1号机1号油泵电动机的机罩上。

调速器铭牌应齐全、清晰，固定在操作屏下方的集油槽上。励磁屏柜、保护屏柜、监控屏柜颜色、规格应统一协调；标志牌有设备名称、编号，高 50mm，长为屏盘宽度，宜用白底红字，字体采用仿宋体，也可采用其他规格，但同一电站应该统一；标志牌固定在屏柜上方。

（6）屏柜上的控制开关、按钮、表计、指示灯均应标明名称及编号，字体采用仿宋体，字迹清晰、表述明确、大小适当，可喷漆或粘贴固定。

2. 主阀

主阀上应有名称、编号，如"1号机蝶阀"。标志牌宜为长方形，尺寸自行确定，宜用白底红字，字体采用仿宋体，可采用固定、喷涂、悬挂等方式标识。

3. 变压器

变压器标志牌应有名称、编号，如"1B 1号主变压器"。标志牌尺寸，110kV 主变为 500mm×400mm，35kV 主变为 450mm×230mm，10kV 主变为 350mm×230mm，具体可根据安装位置大小调整。白底红字，字体采用仿宋体；宜固定在器身的中部，正面朝向巡回检查通道。

变压器本体的爬梯设"禁止攀登，高压危险"警示牌。变压器的铭牌应齐全、清晰，按出厂位置固定。

4. 断路器

断路器双重名称齐全，标志牌应有名称、编号，如"××× ×××断路器"（编号以批准的主接线上为准）。组合电气设备按内部各组件分别制作标志牌，分相组件应每相分别制作相位牌。35～110kV 设备和户外断路器标志牌尺寸为 450mm×230mm，10kV 设备和户外断路器标志牌尺寸为 230mm×170mm，白底红字，字体采用仿宋体，固定在机构箱门上。

隔离开关双重名称齐全，标志牌应有名称、编号，如"××× ×××隔离开关"。标志牌规格与断路器相同，固定在操作把手的正面或操作机构箱门上。

5. 避雷器、互感器

避雷器、互感器标志牌应有名称、相别，尺寸为 230mm×170mm，其他规格与断路器相同，固定在设备底部的支架上。

线路出口应有电压等级、名称，如"35kV×××线"，分别悬挂相别标志，固定在进出线构架横梁上，正面朝向升压站里侧。

（二）设备着色

1. 机组

卧式机组水轮机、发电机外壳宜刷蓝色或绿色；立式机组上机架宜刷蓝色或绿色，上机架盖板刷黑色，水机室踏板刷黑色。

卧式机组主轴颜色宜与机组外壳相同，也可刷黑色或红色；立式机组水机室内主轴、法兰刷红色。水轮机顶盖宜刷黑色，主接力器拐臂、推拉杆、油缸刷红色或黑色。卧式机组飞轮轮缘宜刷黑色，轮毂刷红色，机罩刷黄色。

2. 调速器

调速器屏柜、油槽、油罐颜色应与机组颜色协调，压力油管刷红色，回油管刷黄色，充排气管路刷白色。电动机外壳颜色宜与油槽、油罐相同，电动机轴、离合器刷红色。调速器推拉杆、调速轴刷红色；卧式机组飞轮轮毂刷红色，轮缘刷黑色。

3. 辅助系统

（1）油、气、水管路的颜色和流向标识要求见表3-4，流向标识尺寸自行确定。装有铝板等外包防结露保温层的冷却水管可不全面着色，标注色环，流向标识宜采用绑扎方式固定。

表 3-4　　　　　　　　　　管路的颜色和流向标识要求

管道名称	压力油	无压回油	气体	供水	排水	消防	排污
管道颜色	红	黄	白	蓝	绿	橙	黑
流向标识颜色	黄	红	蓝	白	白	蓝	蓝
字	白字	白字	蓝字	白字	白字	白字	白字

（2）油、气、水管路设置的各种阀门、示流器、指示仪表标志牌应有设备名称、编号，可根据设备外形尺寸自行确定，宜用白底、红字，字体采用仿宋体，悬挂在设备下方；阀门下方还应悬挂"开""关"状态标识。

（3）油、气、水系统中的油泵、空压机、水泵上应有名称、编号，标志牌宜为长方形，尺寸自行确定，宜用白底红字，字体采用仿宋体，采用固定、喷涂、悬挂等方式标识。水泵房门外左上方应悬挂"机房重地，闲人莫入"等统一的警示牌，水泵房内地面平整、墙面为白色涂料，管道应有流向标识。

生活用水管道油漆为绿色；消防用水管道油漆为大红色或橙色；污、废水管道油漆为黑色，金属设备机座、支架油漆为黑色，各类泵、阀、电机等机电产品按本色复漆。各种设备控制箱和阀门悬挂统一标识牌，开、闭状态牌，且符合实际情况。

4. 电气

电力电缆的端部、断路器、隔离开关、避雷器、互感器等处，应采用黄、绿、红颜色标明相别。

接地刀闸操作竖拉杆，自操作把手处向上应刷黑漆，高度应不低于500mm。

机架的接地扁铁应刷黄绿相间油漆。可按水利部门要求，每种颜色约30mm宽，倾斜45°；也可按电力企业标准要求，涂宽度相等的黄绿相间条纹，间距以100～150mm为宜。

5. 起重设施

起重设施的机架应刷红色、橙红或橙黄。

三、机电设备管理

（一）主阀

主阀应满足下列要求：

（1）刷漆完整，表面整洁，机坑无积水、油渍。

（2）关闭密封良好、无漏水。

（3）设备编号清楚，设备主人明确，设备铭牌完整。

（4）开度指示明确。

（5）手、自动均能可靠关闭，关闭时间符合设计要求。

（二）水轮机

水轮机应满足下列要求：

（1）外壳无变形，刷漆完好，水轮发电机组外观整洁。

（2）设备编号标识清楚，设备铭牌完整。

（3）水轮机蜗壳、转轮、导水机构、主轴密封、控制环、接力器、制动环、闸瓦以及各个导轴承等所有部件完好，满足运行要求。

（4）水轮机导叶、喷针间隙正常，停机时无明显漏水。

（5）声音、机组振动、摆度符合标准，稳定性良好，无锈蚀；各部轴承温度、油质等符合运行规程标准；在制造厂规定参数范围内运行时，不应该有严重气蚀、磨损和机组效率降低。

（6）真空表、压力表、温度表等能按规定装设，零部件完整，动作灵活，指示正确。

（7）转轮、蜗壳、座环、主轴、轴承等符合安装工艺要求，无漏油，漏水现象。

（8）供水系统、润滑密封油系统所属转动机械设备正常，振动、轴承温度、电动机电流正常，润滑系统可靠。

（9）主轴密封间隙合适，无异常甩水，顶盖排水通畅。

（10）机组制动可靠。轴承无漏油，油色、油位正常，油温不超过60℃。

（11）机组测压表计指示正常，能连续达到铭牌标称出力；在各工况和负荷条件下均能正常运行。

（三）调速器

调速器应满足下列要求：

（1）刷漆完整，表面整洁无渗油。

（2）设备编号清楚，设备主人明确，设备铭牌完整。

（3）油位指示正常。

（4）油泵运转平稳，油压正常。

（5）接力器开度反馈正常，关闭时间符合设计要求。

（6）调速器油槽、油罐、油泵刷漆完整，表面无渗油，运行参数正常。调速器压油系统、技术供水系统滤水器、供水管路、阀门符合防漏、防堵措施要求；冷却系统设备处于良好状态。

（四）发电机

发电机应满足下列要求：

（1）发电机转子、推力轴承、轴瓦、油冷却器等设备状况良好，满足运行要求。

（2）声音、振动、主轴摆度正常。

（3）定子绕组温度和温升正常，F级绝缘的温度和温升分别不超过155℃、105℃；发电机无异味。

（4）转动部位防护可靠。飞轮等转动部位、碳刷等带电部位、发电机进出风口等通风部位均应有网罩防；转动部分必须装有防护罩或其他防护设备，露出的轴端必须设有护盖，以防止衣服绞入；在机器转动时，禁止取下防护罩或其他防护设备；卧式水轮机的飞轮必须加防护罩，以防人体接近时长发、衣服卷入而发生人身危险；水轮机与发电机的联轴法兰必须位于人体部位不易触及的位置，并且在联轴法兰的连接螺栓外露部分加防护罩，防止伤人；禁止在运行中清扫、擦拭和润滑机器的旋转和移动部分，以及把手伸入栅栏内。

（5）所有电气设备的金属外壳均应良好接地。

（6）励磁装置屏柜刷漆完整、表面整洁，表计、信号指示正常，电缆布线规整，电气元件工作正常；设备编号清楚，设备负责人明确、设备铭牌完整；碳刷架、励磁罩无积灰。

（五）辅助系统、设备

1. 油、气、水系统

（1）油系统应满足下列要求。

1）管道刷漆完整，表面整洁无渗油。

2）油流方向标识明确。

3）油处理室布置整洁，防爆门宽度大于 1.2m 并外开，消防警告标识清楚，照明为防爆灯，灭火设施完备。

（2）水系统应满足下列要求。

1）技术供水：①管道刷漆完整，表面无结露滴水，接头无渗漏；②水流方向标识明确；③水泵运行可靠，水压满足供水要求；④泵房布置整洁，地面无积水，冷却水管示流器指示正确，冷却水压在 0.2～0.3MPa 之间，消防水压力符合规范，泵、阀门正常。

2）排水系统。水泵房内应悬挂安全管理制度；水泵房应通风良好，照明充足，并有应急照明，门窗开启灵活；水泵房内严禁存放无关杂物，机房内禁止吸烟，应配备相关消防器材，防小动物设施完好。

值班人员按照两小时一次巡回路线检查所属的设备，并做好记录，检查内容包括：①厂房排水沟、集水井水位是否正常，各水位检测装置是否正常；②各阀门开关位置是否正常，是否处于正常位置；③各阀门管道有无漏水现象，压力表读数是否正常；④电压表、电流表读数是否正常；⑤电机接线盒有无发热现象；⑥水泵、机组有无振动及异常响声；⑦联轴节填料松紧情况，排除不正常的漏水现象。

3）备用系统。在汛期、雨季前，应对厂房排水设备（设施）进行全面检查、清疏和维修，确保完好、畅通和安全运行；如遇大雨天气，应增加巡检次数，防止厂区积水，紧急情况下可把水泵打手动位置，加强排水。

集水井主水泵和备用泵要经常轮换使用，周期为 7～10 天。检查内容包括：①水泵房备用排水泵试运转；②排水沟各潜水排污泵试运转；③主厂房外接排水管阀门；④全面检查排水设备（设施）及各主要阀门是否在正常位置，转动一下平时不动的阀门；⑤值班人员应每天清洁泵房，确保室内设施无积灰、无杂物。

（3）气系统应满足下列要求。

1）管道刷漆完整。

2）空压机运行可靠，气压、容量满足供气要求。

3）空压机房布置整洁。

4）压油槽、储气罐等压力容器满足运行工况要求，自动和保护装置良好，并定期进行校验。

2. 起重设备

起重设备部件精细，经不起碰撞、冲击，设备检修时比较容易发生设备和人身安全事故，因此，起重设备的运行安全非常重要。由于其受力复杂，承载量大，万一发生故障，将导致严重后果，因此，对新装、经过大修或改变重要性能的起重设备，在使用前必须进行技术检验。技术检验的主要内容包括：无负载试验、静负载试验和动负载试验。

（1）管理要求。

1）注册登记。起重设备、压力容器应按规定注册登记。特种设备应在投入使用前或者投入使用后 30 日内，向属地市场监督管理局办理使用登记，取得使用登记证书。登记标志应当置于该特种设备的显著位置。

2）定期检验。特种设备严格执行定期检测规定，现场悬挂检验合格标志。压力容器的安全状况分为 1～5 级。对在用压力容器，应当根据检验情况，按照《固定式压力容器安全技术监察规程》（TSG 21—2016）有关规定进行评级。金属压力容器投用后 3 年内进行首次定期检验，以后的检验周期由检验机构根据压力容器的安全状况等级，按照以下要求确定：安全状况等级为 1 级、2 级的，一般每 6 年检验 1 次；安全状况等级为 3 级的，一般每 3～6 年检验 1 次；安全状况等级为 4 级的，监控使用，其检验周期由检验机构确定，累计监控使用时间不得超过 3 年，在监控使用期间，使用部门应当采取有效的监控措施；安全状况等级为 5 级的，应对缺陷进行处理，否则不得继续使用。安全阀一般每年至少校验 1 次，压力表每半年校验 1 次。

在用起重机应进行定期检验，定期检验周期为每 2 年 1 次。一般定期试验以 1.1 倍容许工作荷重进行 10min 的静力试验；新安装或经过大修的应以 1.25 倍额定工作荷重进行 10min 的静力试验，检查整个起重设备的状况和部件，并测量构架挠曲度。起重工器具定期试验情况见表 3 - 5。

表 3 - 5　起重工器具定期试验情况

序号	工器具名称	检查与试验标准	试验周期
1	白棕绳	日常检查：绳子光滑、干燥，无磨损现象	
		试验：以 2 倍容许工作荷重进行 10min 静力试验，不应有断裂和显著的局部延伸	1次/a
2	钢丝绳（起重用）	日常检查：接扣可靠，无松动现象；钢丝绳无严重磨损现象；钢丝绳断裂根数在规定限度内	
		试验：以 2 倍容许工作荷重进行 10min 静力试验，不应有断裂和显著的局部延伸	1次/a
3	铁链（手拉葫芦）	日常检查：链节无严重锈蚀，无磨损；链节无裂纹	
		试验：以 2 倍容许工作荷重进行 10min 静力试验，链条不应有断裂和显著的局部延伸及个别拉长现象	1次/a
4	滑车（绳子葫芦）	日常检查：葫芦滑轮完整灵活；滑轮杆无磨损现象，开口销完整；吊钩无裂纹、变形；棕绳光滑无任何断裂现象；润滑油充分	
		试验：①新安装的或经过大修的以 1.25 倍容许工作荷重进行 10min 静力试验后，以 1.1 倍容许工作荷重进行动力试验，不应有裂纹和显著的局部延伸现象；②一般的定期试验以 1.1 倍容许工作荷重进行 10min 静力试验	1次/a

序号	工器具名称	检查与试验标准	试验周期
5	夹头、卡环等	日常检查：丝扣良好，表面无裂纹	
		试验：以2倍容许工作荷重进行10min静力试验	1次/a
6	千斤顶	日常检查：顶重头形状能防止物件的滑动；螺旋或齿条千斤顶，防止螺杆或齿条脱离丝扣的装置良好；螺纹磨损率不超过20%；螺旋千斤顶，自动制动装置良好	
		试验：①新安装的或经过大修的以1.25倍容许工作荷重进行10min静力试验后，以1.1倍容许工作荷重进行动力试验，不应有裂纹和显著的局部延伸现象；②一般的定期试验以1.1倍容许工作荷重进行10min静力试验	1次/a
7	吊钩	日常检查：①无裂纹或显著变形；②无严重腐蚀、磨损现象	
		试验：以1.25倍容许工作荷重进行10min静力试验，用放大镜或其他方法检查，不应有残余变形、裂纹及裂口	1次/a

3）持证上岗。特种设备作业人员应取得特种设备作业人员证，方可从事相应的作业或者管理工作。特种设备作业人员证每4年复审1次。持证人员应在复审期届满3个月前向发证部门提出复审申请。

4）编制特种设备操作规程并严格执行。

5）建立设备台账和技术档案，包括设备基本信息和参数、设备巡检记录、设备定期试验及维护保养记录、设备缺陷处理及检修履历等。

（2）设备状况要求。

1）起重机的移动机构及电动行车小车的移动机构失去电源时，自动刹车装置应能正常工作。

2）桥式起重机的微量调节控制系统应可靠。

3）金属结构以及所有电气设备的外壳应保证接地可靠。

4）滑触线完好，电缆绝缘应可靠。

5）灭火器材应能正常使用，驾驶室内橡胶绝缘垫应有效。

6）平衡荷重物，不得搬运或任意增减。

7）在工作中一旦断电，应将起动器恢复至原来静止的位置，再将电源开关拉开；设有制动装置的可将其刹紧。

8）轨道的终端缓冲器应可靠。

9）起重机应每年年检1次，电动滑轮可2～6年维修1次。

10）在轨道上检修时，检修地点两端应用钢轨夹具固定，其他起重机不得驶入该检修区域。

11）停止工作时，应切断电源并安装好轨道夹。

12）新装或大修后起重机在投入使用前，应按有关规定进行静、动负荷试验。

13）按国家技术监督总局2021年《市场监管总局办公厅关于开展起重机械隐患排查治理工作的通知》，在2022年3月31日前，3t以上行车，高度必须有"双限位"装置。

14）吊钩必须有防脱卡扣。

15）外观刷漆良好，钢丝绳、铰链及吊具保养及时。

（六）电气

1. 一次设备

（1）变压器。

1）变压器本体：①安装位置的安全距离等符合规范要求；变压器各部件应完整无缺，外壳无锈蚀；②无过热现象，油温不超过85℃；③内部无异常声响；④各部件无渗漏；⑤接地体完好、无锈蚀。

2）变压器油枕：①油位、油色正常；②油枕及与本体相连的油路无渗漏；③呼吸器硅胶颜色符合相关规定，变色未超过2/3；④瓦斯继电器防雨罩完好，瓦斯继电器窥视窗打开，瓦斯继电器内无气体。

3）各侧套管：①瓷瓶无裂纹，无放电痕迹；②无渗漏现象。

4）有载调压机构：①现场挡位与主控室挡位一致；②密封完好，机构内部无受潮锈蚀现象且无异味；③调压机构工作电源正常，机构外观整洁。

5）分接开关位置应符合运行要求，盖罩严密。

6）冷却装置：①风机正确投入且运转正常；②冷却器及管道阀门开闭正确，冷却装置油流指示正常；③控制箱密封完好，内部无受潮现象、无焦味；④各组冷却器无渗漏。

（2）断路器：①分、合位置指示正确；②内部无异常声响；③套管、支持绝缘子洁净、无裂痕，无放电声；④引线的连接部位接触良好，松弛适中；⑤油断路器的油色、油位正常。

（3）隔离开关：①接头、触头接触良好，机构无变形、无螺丝松脱；②分、合位置指示正确；③支持绝缘子洁净、无裂痕，无放电声；④引线的连接部位接触良好，松弛适中；⑤开关及刀闸操作动作灵活，闭锁装置动作正确、可靠，无明显过热现象，能保证安全运行；⑥隔离开关额定电压、额定电流、遮断容量均满足设计要求。

（4）互感器：①瓷瓶、套管、绝缘子应洁净、无裂痕、无放电声；②引线的连接部位接触良好，松弛适中；③充油互感器的油色、油位正常。

（5）电缆：①防护良好，无老化破损；②无异常发热；③电缆沟排水通畅，电缆孔洞封堵严密，分层电缆分隔规范；④电缆绝缘层良好，无脱落、剥落、龟裂等现象。

（6）母排：①无变形、无螺丝松脱，刷漆完好；②无异常发热；③支持绝缘子洁净、无裂痕，无放电声；④母线及构架技术规格能满足安全运行的要求，无过热现象，安装、敷设、防火符合规程规定。

（7）避雷设施：①防雷避雷设施的配置齐全完整，避雷针和避雷线保护范围满足要求；②避雷器表面整洁，动作可靠，计数正确，可靠固定；③避雷装置与接地体的连接应完好。

（8）接地装置：①接地装置以及接地电阻符合规程要求；②对防雷避雷装置及接地装置应开展定期试验。

2. 二次设备

（1）保护与监控系统：①屏柜刷漆完整、表面整洁，表计、信号指示正常，电缆布线规整，电气元件工作正常；②设备编号清楚，设备负责人明确，设备铭牌完整。

（2）继电保护系统：①自控装置继电保护系统的各部分信号装置、指示仪表动作可靠，指示正确，在正常及事故情况下能满足保护与监控要求；②设备无过热现象，外壳和二次侧的接地牢固可靠；③控制和保护的定值、动作逻辑正确并符合规程及设计要求；④对自控装置继电保护系统应定期进行试验。

（3）通信系统。通信系统应无影响电力设备运行操作或电力调度的缺陷。

（4）直流系统。蓄电池电压、对地绝缘、放电容量应满足要求。

（5）其他：①火灾报警系统运行正常；②工业电视系统运行正常；③门禁系统运行正常。

第五节　机电设备运行要求

一、主阀

（1）进水主阀开启前应符合下列要求。

1）进水主阀铭牌应在明显位置。

2）蜗壳排水阀应全关。

3）调速器应在全关位置。

4）进水主阀机械锁锭应在投入位置。

5）阀前阀后水压应基本平衡。

（2）关闭进水主阀应符合下列要求。

1）进水主阀控制回路应工作正常。

2）进水主阀应有后备保护功能。

3）机组停机后，宜关闭进水主阀。

4）导水机构故障无法全关时，进水主阀应能在5min之内动水关闭。液压操作的闸阀、蝴蝶阀和电（手）动操作的蝴蝶阀、闸阀在失电后应在5min内动水关闭。

5）阀门确认关闭后，应投入机械锁锭。

（3）进水主阀的运行与维护应符合下列要求。

1）阀门及其控制装置投入运行后，应经常检查巡回检查，出现异常情况应及时处理。

2）检查进水阀与延伸段、伸缩节、连接法兰处有无漏水。

3）检查各压力开关、压力表等表计指示是否正常，外表有无损坏。

4）检查旁通阀管道阀门位置是否正确，动作是否正常。

5）检查空气阀工作是否正常。

6）检查进水阀开启、关闭声音是否正常。

7）检查阀门是否能在规定的时间内动水关闭。

8）检查行程开关工作是否正常，开度指示器位置是否正确。

9）检查各信号装置工作是否正常；表计外壳、电缆有无破损。

10）检查操作电源和电控装置工作是否正常。

11）传动机构应定期加注润滑油和润滑脂。

（4）液压操作进水主阀的运行维护还应符合下列要求。

1）油压装置的油位不应低于油标底线以上1/3。液压系统第一次投入使用3个月后，应将液压油过滤一次，并应清洗油箱，定期检查。

2）定期检查蓄能器内充气压力。当充气压力低于设定值时，应及时充装氮气至设定值。

3）检查油路、水路连接是否完好，有无松动，接头有无漏油、漏水。

4）检查进水阀操作接力器位置是否正确，接头有无漏油。

5）检查压力油泵及循环油泵运行时有无异常，手动油泵是否能正常开启阀门。

6）检查进水阀操作接力器位置是否正确，接头有无漏油、漏水。

7）检查锁锭装置工作是否正常。

二、水轮机及调速器

电力生产发、供电是同时完成的，根据用户用电负载的变化，水轮发电机组需经常启、停操作。水轮发电机组主要有停机备用状态、空转状态、空载运行、负载运行、调相运行等几种运行状态。也就是说，根据电力系统用户用电的需要，水轮机会经常在这几种工况间进行转换，这就要进行相应的运行操作。这些操作主要包括：①机组的首次启动操作；②顶转子操作；③机组的并列（并网）操作；④机组正常启动发电操作；⑤机组正常停机操作；⑥机组调相运行操作；⑦机组停机备用转检修操作。

（1）新装机组或机组大修后投入运行前，应做下列检查，检查完成后确认机组内无人工作，收回全部工作票，方可投入试运行。

1）压力钢管、蜗壳等流道及补气管中无杂物。

2）制动装置工作正常且处于复归位置。

3）导水机构正常，导叶无损坏，剪断销无松动。

4）发电机内部无杂物或遗留工具；集电环碳刷弹簧压力正常，并无卡阻、松动等现象。

5）机组自动化装置正常。

6）水轮机各密封装置良好。

7）水轮机进水主阀和调压阀的操作机构及行程开关工作正常。

8）油、气、水系统正常。

9）调速器工作正常。

10）机组四周无妨碍工作的杂物。

11）机组顶转子工作已完成。

12）电气各项试验、机组过速及甩负荷试验合格。

13）新装机组连续72h满负荷试运行合格。受电站水头和电力系统条件限制，机组不能带额定负荷时，可按当时条件在尽可能大的负荷下进行72h连续运行。

（2）机组启动应具备下列条件。

1）进水主阀在全开位置，调压阀在全关位置，并保证全压状态。

2）调速器处于全关位置，锁锭投入；油压正常，油泵电源投入。

3）机组各轴承油位正常，油色合格并无漏油。

4）交直流操作电源投入正常。

5）电气部分正常，可随时投入运行。

6）机组制动装置工作正常，且在复归位置。

7）热备用机组应与运行机组一样，定时进行巡回检查，不得进行无关的操作。

（3）水轮机正常开机应满足下列条件。

1）反击式水轮机应符合下列要求：①导叶应能开关正常，蜗壳排气阀应能正常工作；②导叶漏水应不妨碍机组正常停机；③转桨式水轮机的桨叶应能正常调节。

2）冲击式水轮机应符合下列要求：①在全关位置时，喷针不漏水，有喷管排气阀的水轮机，开机时喷管排气阀工作应正常；②折向器工作应正常，位置准确；③制动副喷嘴工作应正常。

（4）水轮机正常运行应符合下列要求。

1）水轮机应按设计的相关参数长期连续运行。

2）水轮机轴承的油温低于5℃时不得启动，油温低于10℃时应停止供给冷却水。

3）水轮机轴承的瓦温不宜超过60℃，最高不得超过70℃。当轴承瓦温达到65℃时，应发出故障信号；当瓦温超过70℃时，应发出机组事故跳闸信号，并跳闸。弹性金属塑料推力轴瓦瓦温不宜超过55℃。

4）轴承冷却水应工作正常，无漏水，无异常响声；冷却水温度应为5～30℃，冷却水压力宜为0.15～0.3MPa。

5）停机时各轴承油面高度应在油位标准线附近，油质应符合标准。

6）导叶、导叶拐臂、剪断销工作应正常。

7）主轴密封及导叶轴套应无严重漏水。

8）油、气、水管路应无渗漏及阻塞情况。

9）真空补气阀运行应正常。

10）机组各部件摆度及振动值应在允许范围内。

11）调速器宜在自动控制状态下运行，遇调速系统工作不稳定、失灵等特殊情况时，可采用手动控制。

12）下列情况时应禁止运行：①上下游水位不能保证机组正常运转或尾水管压力脉动过大；②机组部件振动、摆度过大，剪断销剪断；③油压装置的油压降至事故低油压规定值。

13）检修后或停机时间较长的机组，应按实际情况投入试运行。

14）大修后的机组投入运行，宜进行甩负荷试验。

15）采用调压阀的机组，调压阀与调速器联动应工作正常。

16）各表计指示应正确。

17）每隔1h应对机组运行工况做一次检查和记录。

（5）水轮机维护与故障处理应符合下列要求。

1）水轮机定期检查维护应包括下列内容：①测量记录水轮机主轴摆度和机组轴电压、轴电流；②切换附属设备和辅助系统的主备用系统；③按各轴承和润滑部位用油情况，加注或更换润滑油和润滑脂；④检查调整主轴密封间隙，使之适中，检查密封用水的水质；⑤技术供水滤水器清扫排污；⑥各气水分离器放水排污；⑦检测导叶开度是否均匀，立面和端面间隙是否合格；⑧检测水轮机迷宫间隙是否合格；⑨新机停运24h、投运3个月至

1 年的机组停运 72h、投运 1 年以上的机组停运 10 天后，再次启动前应顶转子一次。对采用弹性金属塑料瓦的推力轴承允许不采用高压油顶起而启动水轮发电机，允许机组停机后立即进行热启动；⑩定期对设备外表进行保洁。

2）运行中水轮机维护与处理应符合下列要求：①水轮机运转声音异常，经处理无效，应停机检查；②机组过速时，应立即关闭导叶，查明原因，进行相应维护处理；③导叶剪断销剪断时，应停机并关主阀，更换剪断销；④轴承温度不正常上升时，应检查各部件有无漏油、油面和油色是否正常、轴承冷却水供给是否正常、机组振动和摆度有无增大、轴承内部有无异常声响，并加强轴承温度监视。若无法消除，应请示停机处理；⑤轴瓦温度超过 65℃，经处理无效，且继续上升，应停机检查；⑥轴承油面下降时，应立即停机，进行相应处理；⑦轴承冷却器漏水时，应立即停机后更换或修复冷却器，并进行 1.5 倍工作压力耐压试验；⑧轴承冷却水受阻或中断时，应停机检查；⑨机组振动、摆度超过允许值时，应避开该负荷运行，若一时无法处理，应停机检查原因；⑩没有制动装置的机组应进行改造，不应采用木垫块或木棍等人工方式制动；⑪应消除危及人身、设备安全的其他故障。

（6）调速系统。

1）液压系统和调速器应符合下列要求：①工作时接力器锁锭应拔出；②机手动或电手动运行时，接力器动作应正常，不得出现接力器抽动、振动等现象；③液压阀四周无渗油，阀块密封圈无缺陷；④调速器关闭时间应整定合格，并应防止调整机构松动变位；⑤负载运行时接力器人工死区应设置合理；⑥接力器的电气反馈装置正常，不得出现"反馈断线"故障；⑦机组停机后，应投入接力器锁锭；⑧机组控制参数应设置合理的空载开度；⑨对配置调压阀的机组，调速器与调压阀联动应正常。

2）调速器正常运行应符合下列要求：①调速器应运行稳定，指示正常，且无异常的摆动和卡阻；②常规控制调速器的主配压阀和辅助接力器应无异常抖动，控制柜内各杠杆、销轴无松动、脱落；③调速器各油管、接头处应无漏油；④应定期清洗调速器滤油器，检查调速器的油位、油色；⑤调速器油泵运行正常，电气回路工作正常，应能在规定油压范围内启动和停止；⑥安全阀和逆止阀动作应可靠；⑦压力油罐各表计应显示运行正常，过滤器压力表显示调速器液压控制回路的操作压力正常；⑧用于控制油泵启动、停止的压力表应工作正常；⑨油泵电动机应工作正常；⑩压力油罐及回油箱油位应正常；⑪油压装置上的可视油位计应完好；⑫带中间补气罐的油压装置应补气到正常压力，并满足油气比要求；⑬油泵的安全阀压力整定值应合格；⑭高油压调速器单向阀运行正常，在停泵时，电机不得出现反转。

3）调速系统出现下列故障之一应退出运行：①用于控制油泵停止的电接点压力表故障；②油泵故障；③安全阀故障；④电动机缺相运行；⑤压力油罐上的可视液位计故障；⑥调速器关机时间调节故障；⑦反馈断线；⑧机频故障；⑨液压阀四周渗油。

4）调速系统检修维护项目包括下列内容：①检查油压装置部件，包括电接点压力表、油泵、油泵电动机、安全阀、紧急停机电磁阀及紧急停机时间调整机构、压力油罐的可视液位计、回油箱的可视液位计、主油阀、油泵控制箱；②检查液压控制部件，包括滤油器中滤芯、滤油器压力表、液压阀块的渗油；③定期给调速器销轴注油；④经常检查调速器压力油罐油气比是否合格；⑤观察调速器电气部件、元件的运行状况；⑥检查外部操作回路；⑦检查外观。

三、发电机及励磁系统

（1）机组大修或小修后，应验收合格方能投入运行，验收应符合下列要求。

1）拆除临时接地线、标示牌、遮栏，相关设备上无人工作，无杂物及工具遗漏。

2）定子绕组、转子回路的绝缘电阻满足要求。

3）发电机一次、二次回路情况应正常。

4）励磁回路正常，励磁手动、自动切换开关应在截止位置。

5）发电机隔离开关、断路器、灭磁开关应在断开位置。

6）立式机组顶转子工作应已完成。

（2）发电机的正常启动、并列、增荷和停机应符合下列条件。

1）正常开停机操作应接到调度命令后，由值班长组织进行。

2）备用中的发电机及其附属设备应处于完好状态，随时能立即启动。

3）机组大修或小修后，验收合格方能投入运行。

4）当发电机的转速达额定转速的 50% 左右时，应检查集电环上电刷振动和接触情况及机组各部件声响是否正常，当不正常时，应查清原因并予以消除。

5）当机组转速基本达到额定值以后，应合上灭磁开关，即可起励、升压。

6）发电机在升压过程中应检测下列内容：①可控硅励磁的发电机，调节励磁的电位器圈数要适当；②三相定子电流应等于零，如果定子回路有电流，应立即跳开灭磁开关并停机检查定子回路有否短路，接地线是否拆除等；③检查三相定子电压是否平衡；④检查发电机转子回路绝缘电阻；⑤在空载额定电压下，转子电压、电流是否超过空载额定值，若超过，应立即停机检查励磁主回路故障。

7）有下列情况之一者，不得并列合闸：①同期表回转过快，不易控制时间；②指针接近同期标线停止不动；③指针有跳动现象；④同期表失灵；⑤操作者情绪紧张，四肢抖动。

8）发电机的解列停机操作应符合下列要求：①接到停机命令之后，应减少机组的有功、无功负荷；②当有功、无功负荷都接近于零时，应跳开发电机断路器；③对于可控硅励磁的发电机应进行续流灭磁；④拉开隔离开关；⑤当准备较长时间停机时，应测量转子回路、定子回路绝缘电阻，并应做好记录。

9）发电机绝缘电阻测定和干燥应符合下列要求：①按电站实际环境气候情况，对停机 3～10 天以上的发电机，在启动前应测量定子回路的绝缘电阻；②测量转子回路的绝缘电阻；③发电机出线电压为 6.3kV 及以上的高压机组，定子回路的绝缘电阻用 2.5kV 的兆欧表测量，且应将测量数据转化成 75℃时的数据，测量定子绕组绝缘电阻时，可包括电力电缆，若为发电机主变压器组接线时，可包括变压器的低压绕组；④发电机出线电压为 400V 的机组，定子、转子回路的绝缘电阻可用 500V 兆欧表测量，其绝缘电阻值应在 0.5MΩ 以上，全部励磁系统的绝缘电阻，用 500V 兆欧表测量，其绝缘电阻值应在 0.5MΩ 以上。

10）因受潮引起的绝缘电阻不符合要求时，应对发电机进行干燥，干燥方法应包括下列内容：①自然空转风冷法或通热风干燥法；②直流电干燥法；③灯泡干燥法；④电炉烤烘法；⑤短路干燥法。

（3）发电机正常运行应符合下列要求。

1）发电机按照制造厂铭牌规定可长期连续运行。

2）空气冷却的发电机，空气温度以 0～40℃ 为宜。空气应清洁、干燥、无腐蚀性。

3）定子绕组、转子绕组和铁芯的最高允许温升及温度不应超出制造厂规定。

4）输出功率不变时，电压的波动在额定值的 ±5％ 以内，最高不得超过额定值的 ±10％，此时励磁电流不得超过额定值。最低运行电压根据系统稳定要求确定，不宜低于额定值的 90％，此时定子电流仍不应超过额定值的 105％。

5）频率波动不超过 ±0.5Hz 时，可按额定容量运行。当低于 49.5Hz 时，转子电流不得超过额定值。对于孤立运行小电网，机组频率波动范围可适当放宽。

6）不得缺相运行。在事故条件下允许短时过电流，定子绕组过电流倍数与相应的允许持续时间应按现行国家标准《水轮发电机基本技术条件》（GB/T 7894—2009）的要求确定，达到允许持续时间的过电流次数每年不应超过 2 次。

7）在运行中应保证功率因数为 0.8 或其他设计值，不应超过迟相的 0.95，根据机组的进相能力在调度的要求下运行，转子电流及定子电流均不应高于允许值。

8）制动装置应正常，对于气制动方式机组，制动气压应为 0.5～0.7MPa，当机组在额定转速的 20％～35％ 时开始制动，制动时间宜为 2min；应避免机组长期在低转速下运行；水斗式水轮机组采用副喷嘴反向冲水制动时，制动时间最长不应超过 5min，制动冲水投入和切除的监控装置工作应正常。

（4）发电机正常监视和维护应满足下列要求。

1）监视集控台、电气盘柜上各表计的变动情况，应每小时记录 1 次。

2）定子绕组、定子铁芯、空冷器出水、进出口风、轴承等温度应每小时记录 1 次。

3）转子绕组温度可由电流、电压法测得，单机容量为 25MW 以上的电站每月应测量 1 次，单机容量为 25MW 及以下的电站每月宜测量 1 次。

4）励磁回路的绝缘电阻采用电压表法，单机容量为 25MW 以上的电站，每班应测量 1 次，单机容量为 25MW 及以下的电站，每班宜测量 1 次。

5）电气仪表读数应每小时记录 1 次，并应对转子的绝缘和定子三相电压平衡情况进行检查。

6）微机监控的电站宜做好记录。

7）监视发电机、励磁系统等转动部分的声响、振动、气味等，发现异常情况应及时处理并汇报。

8）检查一次回路、二次回路各连接处有无发热、变色，电压、电流互感器有无异常声响，油断路器的油位、油色是否正常等。

9）发电机及其附属设备应定期检查，每班至少进行 1 次。

10）发电机应定期进行预防性试验，试验周期及项目应按现行行业标准《电力设备预防性试验规程》（DL/T 596—1996）的有关规定执行。

（5）功率因素调整。有功负载的调节是通过改变导叶的开度。运行中，调节有功负载时应注意使功率因数尽量保持在规程规定的范围内，并缓慢进行，不要大于迟相的0.95。因为功率因数过高，则与该有功相对应的励磁电流小，即发电动机定、转子磁极间用以拉住的磁力线少，这就容易失去稳定。从功角特性来看，送出的有功增大，δ角就会接近90°，这样也就容易失去稳定。此外，有功功率的调节也会影响到无功功率的数值，在增大发电机的有功功率时，将引起无功功率相应的下降。

无功负载的调节是通过改变励磁电流的大小来实现的。在调节无功负载时应注意：①增加无功时，定子电流、转子电流不要超出规定值，也就是不要使功率因数太低，功率因数太低，说明无功过多，即励磁电流过大，这样转子绕组就可能过热；②由于发电机的额定容量、定子电流、功率因数都是相对应的，若要维持励磁电流为额定值，又要降低功率因数运行，则必须降低有功出力，不然容量就会超过额定值；③无功减少时，要注意不可使功率因数进相，且调节励磁电流改变无功功率时，虽然不影响发电机有功功率的数值，但是如果励磁电流调得过低，则有可能使电动机失去稳定而被迫停止运行。

（6）发电机的维护与故障处理应符合下列要求。

1）在事故情况下，可允许发电机短时间过负荷，其过负荷允许时间应符合表3－6要求。当发电机定子电流超过允许值时，应检查发电机的功率因数、电压、电流超过允许值的时间。可先降低励磁电流使发电机定子电流不超过最大允许值，当还不能满足要求时，应报告调度，要求降低有功负荷，直至达到电流许可值，其1.5倍过负荷电流每年不得超过2次。

表3－6　　　　　　　　　　发电机短时间过负荷允许时间

过负荷电流/额定电流/A	1.10	1.12	1.15	1.20	1.25	1.50
允许持续时间/min	60	30	15	6	5	2

2）发电机过负荷时，应与调度联系减少无功负荷；若减少励磁电流不能使定子电流降到额定值，则应降低发电机有功负荷；当电力系统事故时，应遵守发电机事故过负荷规定，并应严格监视定子线圈温度。

3）励磁系统一点接地时，应停机处理。

4）发电机温度不正常时，应检查测温装置和所测部件是否正常。

5）电压互感器回路故障时，应检查二次回路熔丝；当处理二次熔丝不能消除故障时，应申请停机处理。

6）发电机操作电源消失时，应检查发电机操作电源熔丝是否熔断；操作回路监视继电器是否断线；接线端子是否松动；发电机断路器跳闸、合闸线圈是否断线；辅助触点是否接触不良。当故障无法排除时，应停机处理。

7）发电机断路器自动跳闸时，应检查定子绕组是否短路或接地短路；发电机出线、母线或线路短路，继电保护装置及断路器操动机构误动作或值班人员误碰触，应立即断开发电机灭磁开关，将手动/自动励磁控制开关转至截止位置，还应查明原因并处理。

8）当线路事故而引起的低压过流保护动作，发电机断路器跳闸，同时主变断路器、线路断路器也因过流而跳闸时，运行人员可不经检查直接将机组启动升压、维持空载位置，等调度命令送电。

9）差动保护动作，应立即停机灭磁，检查故障指示、差动回路、继电保护动作是否正确；检查发电机是否有内部绝缘击穿而引起的弧光、冒烟、着火等现象；检查差动保护范围内的设备短路、接地情况；用 2.5kV 兆欧表测量发电机线圈绕组相间及相对地的绝缘电阻；经检查未发现故障点，绝缘电阻良好，可报告调度，从零起升压，在零起升压过程中应特别注意，发现异常应立即停机；差动跳闸在未找出原因时，绝对不应开机强送。

10）过电压保护动作时，查明过电压跳闸原因，除特别严重的飞车事故要检查机组绝缘外，可立即升压、并列。

11）发电机断路器误动作，应立即调整发电机励磁及转速至空载位置，并应检查误动作原因，确认是误碰、误操作，可立即并入系统运行。

12）发电机的非同期并列，应测量发电机定子绕组的绝缘电阻，检查发电机端部绕组有无变形，查明原因，当发电机机电部分正常后，方可再启动、升压、并列。

13）当发电机无法升压时，应检查励磁系统电源和励磁回路接触情况。

14）双绕组电抗分流励磁装置发生故障时，应停机，逐项检查，消除故障。

15）出现下列情况之一，应停机处理：①无刷励磁系统不能建压；②可控硅自励系统不能建压；③发电机失去励磁；④发电机定子、转子冒烟、着火或有焦臭味；⑤滑环碳刷有强烈火花且经过处理无效；⑥电气部分及线路发生故障不能恢复；⑦金属性物件等异物掉入发电机内。

16）当发电机发生振荡时，应增加发电机励磁电流来创造恢复同期条件，适当降低负荷，以恢复同期。整个电厂与系统不同步时，除应设法增加各机组的励磁电流外，尚应在无法恢复同步 2min 后，将电厂与系统解列。

17）当定子或转子的测量仪表指示突然消失时，应按其他测量仪表的指示，检查是否由于仪表或二次回路导线损坏而不通，不宜改变发电机的运行方式，采取措施以消除故障。

18）当发电机着火时，应立即将发电机断路器跳闸，关小导叶开度，但不能制动停机；当确认发电机内部绝缘烧坏时，应停机，并应采取消防措施减轻危害。值班人员应按现行行业标准《电力安全工作规程》的有关规定，用不导电的灭火器进行灭火；当确定电源已经切断时，可用水灭火装置进行灭火。

（7）励磁系统。

1）励磁系统正常运行应具备下列条件：①屏柜整洁，无积灰；②接线整齐，线路无异常老化，电缆接头牢固；③元器件无损坏；④风机运行正常；⑤碳刷完整、良好、不跳动、不过热；⑥励磁调节器各项限制功能正常并投入。

2）励磁系统出现下列故障应退出运行：①装置或设备的温度明显升高，采取措施后仍然超过允许值；②系统绝缘下降，不能维持正常运行；③灭磁开关、磁场断路器或其他交、直流开关触头过热；④整流功率柜故障不能保证发电机带额定负荷和额定功率因数连续运行；⑤冷却系统故障，短时不能恢复；⑥励磁调节器自动单元故障，手动单元不能投入；⑦自动通道长期不能正常运行。

3）励磁系统检修维护应包括下列内容：①屏柜及整流元件积尘清扫；②检查励磁系

统操作回路；③检查各开关机构；④励磁系统过电压保护、限制及其他辅助功能单元检查；⑤励磁调节器输入、输出整体性能及移相范围检查；⑥运行缺陷处理；⑦检修后的励磁系统应进行系统试验。

四、辅助系统

（一）水系统

1. 技术供水

（1）供水系统设备正常运行应符合下列要求。

1）供水系统流量、压力应满足要求。

2）减压阀后压力应在设计值范围内。

3）滤水器工作应正常。

4）滤水器清污时，供水不应中断。供水系统沉砂、排砂设施应可靠运行。

5）轴承润滑水、主轴密封用水的水质应满足设计要求。

6）电磁阀或电动阀应正常动作，无卡阻。

7）供水泵工作应正常，备用泵可随时启动。

（2）供水设备出现下列故障时应退出运行。

1）减压阀阀后压力出现异常，或停水时阀后压力高于设计值。

2）自动滤水器无法正常清污。

3）电磁阀或电动阀出现卡阻。

4）压力变送器无法正常使用。

（3）供水系统设备的检修维护应符合下列要求。

1）减压阀阀后压力不稳定，检修后仍达不到要求的应更换。

2）滤水器堵塞严重，拆卸后应检修或更换滤芯。

3）若电磁阀卡阻，应更换，或换成电动阀。

4）压力变送器无法正常传送数据，应更换。

5）供水泵和电动机宜每年更换一次润滑油。

6）供水泵锈蚀严重、故障频发，应更换。

7）供水管锈蚀严重，应更换。

8）管路标色应涂刷完整，颜色鲜明。

2. 排水系统

（1）排水系统设备正常运行应符合下列要求。

1）排水系统管路工作应正常。

2）水泵启动运行应正常，无异常声音。

3）集水井水位测量装置工作应正常。

4）排水管路止回阀应正常。

（2）排水设备出现下列故障应退出运行。

1）排水泵严重故障。

2）集水井液位信号器故障。

3）示流信号器故障。

（3）排水系统设备的检修维护应满足下列要求。

1）排水泵和电动机宜每年更换一次润滑油。

2）排水泵工作异常，应检修或更换。

3）液位信号计有不正常显示，应更换或修理。

4）排水明管锈蚀严重，应更换。

5）管路标色应涂刷完整，颜色鲜明。

（二）油系统

（1）油系统设备正常运行应符合下列要求。

1）油系统设备、管路应按设计要求单独设立。

2）油系统的储存量应满足系统中最大用油设备110％用油量的要求。

3）油处理设备应布置在油室内，并应满足设计要求。

4）消防设施满足设计要求。

（2）油系统设备出现下列故障应退出运行。

1）油系统管路锈蚀或堵塞。

2）消防设施不满足要求。

（3）油系统设备的检修维护应符合下列要求。

1）油系统管路锈蚀或堵塞，应更换。

2）油系统储存量少于系统中最大用油设备110％用油量时，应补足储备用油。

3）应定期检查维护消防设施，清理油污。

4）管路标色应涂刷完整，颜色鲜明。

（三）气系统

（1）气系统中设备正常运行应符合下列要求。

1）不同压力等级的气系统分开布置，主用、备用的空压机应能相互自动切换正常运行。

2）对于螺杆式空压机，应有一定的备品备件。

3）储气罐（包括安全阀、排污阀）应检验合格、工作正常。

4）油水分离器应检验合格、工作正常。

（2）气系统设备出现下列故障时应退出运行。

1）空压机压力输出异常。

2）储气罐漏气。

3）储气罐排污口堵塞、安全阀故障。

4）油水分离器无法正常工作。

（3）气系统设备的检修维护应符合下列要求。

1）空压机压力输出异常时，可启用备用空压机，对故障设备进行检修。

2）空压机及储气罐的安全阀应每年检验、鉴定1次。

3）应经常检查储气罐有无漏气，检查记录空压机的启动次数；应适时打开储气罐排污口排污。

4）管路标色应涂刷完整，颜色鲜明。

五、电气

(一) 电气一次设备

1. 变压器

(1) 变压器正常运行应符合下列要求。

1) 变压器检修及长期停用 (半个月以上) 后，在投入运行前，应测量各线圈之间和线圈与外壳之间的绝缘电阻。绝缘电阻降低至原来的 50％ 以下时，应测量变压器介质损失角 tanδ 和吸收比 ($R60/R15$)，并应取油样进行试验。

2) 变压器电流、电压应保持在额定范围内。

3) 变压器温升和油温应正常，并应符合现行国家标准《电力变压器 第 2 部分 液浸式变压器的温升》(GB 1094.2—2013) 的有关规定。

4) 变压器无载分接开关不可在带负荷状态下调整，在变换分接头之前应将变压器高低压侧电源断开。保持电压波动范围在分接头额定电压的 ±5％ 以内，最高运行电压不得大于分接头额定值的 105％。

5) 在事故情况下，变压器可以在事故过负荷允许的范围内运行，其允许值应根据变压器的冷却条件和温度情况决定。

6) 严密监视变压器运行情况。每班应做一次检查和记录。在恶劣气候条件下或短路后，应加强巡回检查。

(2) 变压器日常巡回检查应包括下列内容。

1) 油温正常，无渗油、漏油，储油柜油位与温度相对应。

2) 套管油位正常，套管外部无破损裂纹、无严重油污、无放电痕迹及其他异常。

3) 变压器声响正常。

4) 散热器各部位温度相近，散热附件工作正常。

5) 呼吸器完好，干燥剂干燥。

6) 引线接头、电缆、母线无发热迹象。

7) 压力释放器、安全气道及防爆膜完好。

8) 分接开关的分接位置及电源指示正常。

9) 气体继电器内无气体。

10) 各控制箱和二次端子箱密闭，无受潮。

11) 干式变压器的外表无积污。

12) 变压器室不漏水，门、窗、照明完好，通风良好，温度正常。

13) 变压器外壳及各部件保持清洁。

14) 变压器风扇和散热完好。

15) 变压器外壳接地良好。设备的接地引下线无损伤、断裂、锈蚀，连接处接触良好；接地装置在引入建筑物的入口处要有明显的标志，明敷的接地引下线表面的涂漆标志完好。

(3) 变压器异常运行和事故处理应符合下列要求。

1) 变压器出现漏油、油枕内部油面不足、油温上升过快、声响不正常等现象应及时处理，记入值班运行日志和设备缺陷本内，并应及时汇报。

2）变压器出现下列情况之一时，应立即停止运行：①变压器内部声响很大、声音不均匀、有爆裂声；②在正常运行条件下，变压器温度异常并不断升高；③漏油严重；④油枕或防爆管喷油；⑤套管破损或有严重放电；⑥变压器冒烟及着火。

3）变压器油温超过允许值时，应判明原因，采取措施使其降低；当判别为变压器内部故障时，应立即减负荷直至停止运行。

4）当发现变压器的油位显著降低时，应立即查明原因，并应补足油量。

5）变压器因过负荷、外部短路或保护装置二次回路故障自动跳闸时，经故障排除和变压器外部检查后可重新投入运行。

6）变压器差动保护动作后按下列要求进行处理：①详细检查差动保护范围内的主变压器、断路器、电流互感器、母线、电力电缆、绝缘子等有无短路或接地情况；②用绝缘电阻表测量变压器及所连接设备的绝缘电阻，符合规定的可对变压器做充电合闸试验；③充电合闸试验时，若断路器重新跳闸，应查明原因。

7）变压器轻瓦斯继电器动作按下列要求进行处理：①检查变压器是否因进入空气、漏油、油面过低或二次回路故障等引起轻瓦斯继电器动作；②经过外部检查分析，未发现异常现象时，应检查瓦斯继电器内储积气体的性质，判断故障原因。

8）变压器重瓦斯继电器动作，不是由于继电保护或二次回路误动作而引起的，未查明原因之前变压器不允许投入运行。

9）变压器若因差动保护或重瓦斯继电器动作而跳闸，不管原因如何，绝对不能强送，应吊出芯子进行检查。

10）变压器着火时，应将其高、低压侧电源切断，采用自动水喷雾灭火系统或灭火器进行灭火。

（4）变压器的大修项目应包括下列内容。

1）吊出芯子进行检修。

2）绕组、引线及磁屏蔽装置检修。

3）分接开关检修。

4）铁芯、穿心螺丝、轭梁、压钉及接地片等检修。

5）油箱、套管、散热器、安全气道及储油柜等检修。

6）保护装置、测量装置及操作控制箱检查、试验。

7）变压器油处理。

8）变压器油保护装置检修。

9）封衬垫更换。

10）油箱内部的清洁，油箱外壳及附件除锈、涂漆。

11）必要时对绝缘进行干燥处理。

12）进行规定的测量和试验。

（5）变压器应按现行行业标准《电力设备预防性试验规程》（DL/T 596—1996）的有关规定进行预防性试验。

2. 断路器

（1）真空断路器。

1）真空断路器正常巡视内容包括：①外观完好，操作机构性能符合相关要求，无卡阻，分、合指示器指示正确，应与当时实际运行工况相符；②同一电气回路的配电装置相序应一致，并应有明显的色别，A、B、C 三相分别标示黄色、绿色、红色；③每班应检查 2 次，高温、高负荷及存在缺陷的设备应加强巡回检查，若发现危及人身和设备安全时应立即停电检查；④支持绝缘子无裂痕、损伤、表面光洁；⑤真空灭弧室无异常，可观察屏蔽罩颜色有无明显变化；⑥金属框架或底座无严重锈蚀和变形；⑦可观察部位的连接螺栓无松动，轴销无脱落或变形；⑧接地良好；⑨引线接触部位或有示温蜡片部位无过热现象，引线弛度适中。

2）真空断路器维护内容包括：①结合预防性试验清扫真空灭弧室、绝缘杆、支持绝缘子等元件表面的积灰和污秽物；②结合预防性试验或合分操作 2000 次时应进行机构维修，检查所有紧固件有无松动，磨损较严重的部件要及时更换，摩擦部位加润滑油；③玻璃外壳的真空灭弧室，宜观察金属屏蔽罩颜色有无明显变化，有怀疑时应检查真空度；④检查真空灭弧室触头接触行程的变化，接触行程的变化直接反映触头的磨损量，触头磨损超过产品技术条件要求时应更换真空灭弧室；⑤检查真空灭弧室的寿命，寿命已到应及时更换。

（2）SF_6 断路器。

1）SF_6 断路器正常巡回检查内容包括：①断路器的瓷套应完好，无损坏、脏污及闪络放电现象；②对照温度-压力曲线观察压力表（或带指示密度控制器）指示，应在规定的范围内，并应定期记录压力、温度值；③分、合闸位置指示器应指示正确，分、合闸应到位；④整体紧固件应无松动、脱落；⑤储能电机及断路器内部应无异常声响；⑥分、合闸线圈应无焦味、冒烟及烧伤现象；⑦外壳和支架接地应良好；⑧外壳和操动机构箱应完整、无锈蚀；⑨各器件应无破损、变形、锈蚀严重等现象。

2）SF_6 断路器维护内容包括：①每年对断路器外壳锈蚀部分进行防腐处理及补漆；②每半年对断路器转动及传动部位作 1 次润滑，操动 3 次应正常；③每两年 1 次对断路器所有密封面定性检漏，年泄漏率不超过 1%；④每年 1 次 SF_6 气体微量水分测试，测试结果对照水分-温度曲线不应超过 0.3‰（20℃）。

3. 隔离开关

（1）隔离开关正常巡回检查内容。

1）检查隔离开关接触部分的温度是否过热。

2）检查绝缘子有无破损、裂纹及放电痕迹，绝缘子在胶合处有无脱落迹象。

3）检查隔离开关刀片锁紧装置是否完好。

（2）隔离开关维护内容。

1）清扫瓷件表面的尘土，检查瓷件表面是否掉釉、破损，有无裂纹和闪络痕迹，绝缘子的铁、瓷结合部位是否牢固。若破损严重，应进行更换。

2）检查刀片接触表面是否清洁，有无机械损伤、氧化和过热痕迹及扭曲、变形等现象。

3）检查触点或刀片上的附件是否齐全，有无损坏。

4）检查连接隔离开关和母线、断路器的引线是否牢固，有无过热。

5）检查软连接部件有无折损、断股等现象。

6）检查并清扫操作机构和传动部分，并应加入适量的润滑油脂。

7）检查传动部分与带电部分的距离是否符合要求；定位器和制动装置是否牢固，动作是否正确。

8）检查隔离开关的底座是否良好，接地是否可靠。

4. 交流金属封闭开关柜

交流金属封闭开关柜运行维护应按现行行业标准《高压开关设备和控制设备标准的共用技术要求》（DL/T 593—2016）的有关规定执行。

5. 避雷器

（1）电站应有可靠的避雷装置。避雷针和避雷线保护范围应能覆盖所保护区域，并应可靠接地。

（2）避雷器表面应整洁，动作可靠，计数正确。

（3）防雷装置与接地体的连接应完好。

（4）接地装置的接地电阻值应符合现行国家标准《小型水力发电站设计规范》（GB 50071—2014）的有关规定。

（5）电站应定期测量接地电阻，若不能满足要求，可通过水下敷设接地体、引外接线、深井接地等方式来降低接地电阻。

（6）在高土壤电阻率地区，当接地装置要求的接地电阻值不合理时，接地电阻值应通过设计计算确定；接地电阻值应在保证人身和设备安全情况下，以设计计算可以满足的指标实施。

（7）应定期进行防雷装置的预防性试验。

6. 其他一次设备

其他一次设备外部检查的内容包括：①母线支持瓷瓶应完整，各连接处应牢固可靠；②电流、电压互感器运行情况良好；③电缆沟内无积垢、积水；④各电缆头、电缆外表完整，无过热；⑤熔断器完整，接触良好；⑥有防止小动物进入的措施。

一次设备有下列情况之一者应停电处理：①外壳与绝缘套管破裂；②接线头、电缆头过热、变色严重以致熔化；③有漏油、漏气现象；④内部着火或发出臭味、冒烟等情况；⑤线圈与外壳之间或与引线之间有火花、放电。

（二）电气二次设备

1. 监控系统

（1）应保持中控室、控制台整洁。

（2）非电厂工作人员不得操作。

（3）值班人员不得随意更改设备整定值、限值等数据；不得任意删除有关程序和记录。

（4）上位机操作时应同时观察下位机，监视其通信是否畅通、所传数据是否正确。

（5）值班人员不得进行与监控无关的作业。

（6）电站应定期维护计算机、网络通信，备份数据库。

2. 继电保护

（1）运行中的继电保护应每班检查，检查应包括下列内容。

1）模块的发热、声响、压板位置、二次熔丝及二次线的腐蚀。

2）破损、扭曲、变色、松动、断股情况。

3）检查蜂鸣器、电铃、开关、指示灯等情况。

4）继电保护整定值及接线，任何人不得随意改变。

5）继电保护检修检验后，应会同当值值班员检查验收，做好检修检验记录和交代注意事项，办理工作票终结手续。

6）凡继电保护动作应做好记录；若保护误动作，应保持原有状态或详细记录误动作过程，并应查明原因及时处理。

（2）继电保护与监控系统应定期进行检查试验。继电保护及二次接线装置的定检应按现行行业标准《继电保护和电网安全自动装置检验规程》（DL/T 995—2016）的有关规定执行。

3．直流系统

（1）充电装置的运行及维护应符合下列规定。

1）应定期检查充电装置的交流输入电压、直流输出电压、直流输出电流等各表计显示是否正确，运行噪声有无异常，各保护信号是否正常，绝缘状态是否良好。

2）交流电源中断，蓄电池组将不间断地向直流母线供电，应及时调整控制母线电压，确保控制母线电压值的稳定；当蓄电池组放出容量超过其额定容量的20%及以上时，恢复交流电源供电后，应立即手动或自动启动充电装置，按制造厂规定的正常充电方法对蓄电池组进行补充充电，或按恒流限压充电—恒压充电—浮充电方式对蓄电池组进行充电。

3）运行中的绝缘在线监测装置应检查装置的显示值和实测值是否一致。

（2）蓄电池运行维护中应定期检查下列内容。

1）蓄电池连接片有无松动和腐蚀现象，壳体有无渗漏和变形，是否清洁。

2）极柱与安全阀周围是否有酸雾溢出。

3）绝缘电阻是否下降。

4）一次连接线的螺栓是否松动或腐蚀污染，松动应拧紧至规定扭矩，发生腐蚀应及时更换。

5）新旧不同、容量不同的蓄电池不宜混用，蓄电池外壳不得用有机溶剂清洗；蓄电池不得过充电和过放电；蓄电池放电后应及时充电，搁置时间不应超过2h；维护蓄电池时，操作者面部不得正对蓄电池顶部，应保持一定角度和距离。

6）有蓄电池室的，应定期检查蓄电池室通风、照明、调温设备及消防设施。

（3）直流电源微机监控装置的运行维护符合下列规定。

1）运行中直流电源装置的微机监控装置，应通过操作按钮切换检查有关功能和参数，其各项参数的整定应有权限设置和监督措施。

2）当微机监控装置故障时，有备用充电装置时，应先投入备用充电装置，并应将故障装置退出运行；无备用充电装置时，应启动手动操作，调整到需要的运行方式，并应将微机监控装置退出运行，经检查修复后再投入运行。

4．通信

（1）应定期进行设备的维护、检查，及时解决影响通信质量的问题，保证设备技术性能符合要求，保持电站与上级防汛指挥、调度部门、调度自动化系统通信畅通。

（2）应高度重视通信系统防雷保护，防雷系统应符合现行行业标准《电力系统通信站过电压防护规程》（DL/T 548—2012）的有关规定。

（3）通信系统启用、停运和检修应得到相关通信调度部门同意后统一安排。

第六节　机电设备运行中紧急情况的处理

一、运行中的紧急情况

紧急情况是指在水电站中，已经发生并有迅速恶化的严重趋势，且正在对人身造成伤害或设备造成损坏，必须迅速果断处理的紧急情况。

（一）事故状态时可不等待调度指令进行的操作

为防止事故扩大，事故单位可不等待调度指令进行以下紧急操作：①将直接威胁人身安全的设备停电；②将事故设备停电隔离；③解除对运行设备安全的威胁；④恢复全部或部分厂用电及重要用户的供电。

（二）水轮发电机组事故处理的一般原则

事故处理的主要任务是尽量限制事故的扩大，首先解除对人身和设备的危害，其次坚持设备的继续运行，并尽力保证厂用电。同时需注意考虑泄水闸门的运行状态和对航运的影响。

事故处理的领导人为值长。值长必须掌握事故的全面情况。交接班时发生事故，而交接班工作尚未结束时，由交班者负责处理，接班者在交班者的要求下可协助处理。待恢复正常运行，方可进行交接班。若事故一时处理不了，在接班者许可时，可交由接班者继续处理。

凡危及人身伤亡和重要设备损坏，运行人员不需要请示调度和领导同意，首先进行紧急事故处理，解危后，再将有关情况汇报。处理事故时，值班员应迅速、沉着，不要惊慌失措。

处理事故后，应向电力调度及领导汇报事故的详细经过，包括事故发生的原因、过程、现象、处理方法及事故处理后仍存在的问题，并在运行日志上做好事故的登记工作。

发生事故后，相关部门应组织有关人员进行事故分析，分清事故的原因和责任，总结经验，吸取教训，提高运行水平和反事故能力。

（三）反事故演习和考问讲解

进行反事故演习的目的有：①定期检查生产人员处理事故的能力，当设备的运行发生不正常的现象时，值班人员是否能迅速准确地运用现场规程正确判断和处理；②使生产人员掌握迅速处理事故和异常现象的正确方法；③贯彻反事故措施，帮助生产人员更好地掌握现场规程，熟悉设备运行特性；④发现运行设备上的缺陷和运行组织上存在的问题以及规程中的不足之处。

考问讲解的目的是：①检查生产人员对设备的性能和构造的熟悉程度；②督促生产人员正确维护设备，掌握合理的操作方法及工艺方法，学会排除设备可能发生的故障；③检查本单位和上级发给的事故通报贯彻情况，生产人员是否接受了事故教训，并掌握预防事故的方法；④检查对新技术、新设备采用后的知识掌握情况；⑤检查各种规程制度及上级指示是否得到认真贯彻。

二、计算机监控系统紧急情况

（一）上位机出现死机时的处理

当操作员工作站发生死机时，运行值班人员应立即检查其控制网运行情况与现场现地控制单元是否运行正常，并完整记录事故现象与处理过程，报告上级调度，并及时通知相关维护人员。

（1）开机准备。操作人员发出发电命令后，微机首先判断机组是否满足开机准备条件。若开机准备条件具备，自动进入停机转发电操作程序。机组开机准备状态的条件包括：①进水口闸门全开；②机组无事故；③调速器锁锭退出；④断路器在开断位置；⑤制动闸落下。

当以上开机条件具备后，程序自动解除对第二步操作的闭锁，为第二步操作做准备。

（2）开辅机。

1）开启高压减载油泵，当高压减载工作油泵故障出现时，经延时后，启动备用油泵，若两台油泵均故障，则自动转入停机程序。

2）打开冷却水电磁阀，若出现冷却水中断信号，经过延时，仍无冷却水信号，发出冷却水中断故障信号。

3）打开密封水电磁阀，若开启密封水电磁阀并经过延时后无密封水信号，发出密封水故障信号。

4）当高压减载油泵运行、冷却水正常及密封水正常，程序自动解除对第三步操作的闭锁。

（3）启动调速器。启动调速器，将开度限制开至空载开度；当导叶位置在空载位置时，程序自动解除对第四步操作的闭锁。

（4）投励磁装置。导叶打开后，机组转速上升；如机组选用准同步方式，当转速升至80％额定转速时，投入励磁装置，给发电机机端升压。

（5）停高压减载油泵。当机组转速升至95％额定转速时，切除高压减载油泵。

（6）投准同步装置。当发电机端电压为90％额定电压时，投入准同步装置。准同步装置投入后，程序自动解除对第七步操作的闭锁。

（7）关合发电机断路器。准同步装置检测到机组并列条件满足后，机组以准同步方式并入系统；发电机断路器在关合位置时，程序自动解除对第八步操作的闭锁。

（8）打开开度限制至全开。调速器自动打开开度限制至全开，为机组带负载创造条件；至此，停机转发电操作过程完成，机组为发电状态。

（二）监控系统的维护

采取授权方式进行，权限分为系统管理员和一般维护人员。系统管理员负责监控系统的账户、密码管理和网络、数据库、系统安全防护的管理。监控系统中的其他维护工作，可由一般维护人员完成。

所有账户及其口令的书面备份应密封后交上级部门保存，以备紧急情况下使用。

对监控系统模拟量限值、模拟量量程、保护定值的修改，应持技术管理部门审定下发的定值通知单进行。

对监控系统所做的维护、缺陷处理、技术改进等工作应设置专用台账并及时记录相关内容。

对监控系统软件的修改，应制订相应的技术方案并经技术管理部门审定后执行。修改后的软件应经过模拟测试和现场试验，合格后方可投入正式运行。实施软件改进前，应对当前运行的应用软件进行备份并做好记录。改进实施完成后，应做好最新应用软件的备份。及时更新软件功能手册及相关运行手册。若软件改进涉及多台设备，且不能一次完成时，宜采用软件改进跟踪表，以便跟踪记录改进的实施情况。

遇有硬件设备需要更换时，应使用经通电老化处理检测合格的备件。更换硬件设备时，应采取防设备误动、防静电措施，并做好相关记录，更新相关台账。

当与对外通信及与调度高级应用软件相关的硬、软件需要更新时，应取得对方的许可后方可进行。

（三）上位机设备维护

（1）对上位机控制系统计算机主机及网络设备应每年进行 1 次停电除尘。

（2）对冗余配置的上位机控制系统设备宜每半年冷启动 1 次，以消除因为系统软件的隐含缺陷对系统运行产生的不利影响。对于未做冗余配置的厂站层设备，在做好完备的安全措施以后方可冷启动。

（3）对计算机附属的光盘驱动器、软盘驱动器、磁带机等应使用专用清洁工具进行清洁；对显示器、键盘、鼠标（跟踪球）的清洁宜每月进行 1 次。

（4）检查通信软件的运行情况，进行数据核对，以确保数据通信的正确。

（5）检查机组运行监视程序工作的正确性（如设备自动故障切换、设备定时倒换等运行监视功能）。

（6）检查语音报警功能的工作情况（含 SMS 短信功能、电话语音报警功能）。

（7）定期做好应用软件的备份工作。软件改动后应立即进行备份，在软件无改动的情况下，宜每年备份 1 次，备份介质应实行异地存放。

（8）应做好软件版本的管理工作，确保保存最近 3 个版本的软件；固化类软件应确保无误后再投入运行。

（9）检查计算机监控系统运行监视与保护程序的限（定）值的设置情况。

（10）对数据库、文件系统进行备份，若备份工作由计算机自动完成，则应检查自动备份完成情况。

（11）对上位机控制系统计算机系统进行病毒扫查。防病毒系统代码库的升级每周应进行 1 次，并采用专用的设备和存储介质，离线进行。

（12）检查 UPS 系统，宜每年对蓄电池进行 1 次充放电维护。

（四）现地控制单元维护

（1）现地控制单元设备应每年进行 1 次停电除尘，并定期备份现地控制单元软件，无软件修改的备份 1 年 1 次，有软件修改的，修改前后各备份 1 次。

（2）冗余配置的现地控制单元（含冗余配置的 CPU 模件）应每半年进行 1 次主备切换。

（3）现地控制单元随被监控的设备定检进行相应的检查和维护，主要内容包括：①现地控制单元工作电源检测并试验；②电源风机、加热除湿设备检查和处理；③模拟量输入模件通道校验；④模拟量输出模件通道校验；⑤开关量输入模件通道校验；⑥开关量输出模件校验；⑦事件顺序记录模件通道校验；⑧脉冲计数模件检查校验；⑨各类通信模件配置检查、测试；⑩网络连接线缆、现场总线的连通性和衰减检测；⑪光纤通道（含备用通道）衰减检测；⑫现地控制单元与远程 I/O 柜的连接、通信检查与处理；⑬现地控制单元与厂站层通信通道的检查与处理；⑭现地控制单元与其他设备的通信检查与处理；⑮I/O 接口连线检查、端子排螺钉紧固；⑯I/O接口连线绝缘检查；⑰控制流程的检查与模拟试验；⑱监视与控制功能模拟试验；⑲时钟同步测试；⑳事件顺序记录模块事件分辨率测试。

（4）发现监控设备故障、事故时，应查阅事件顺序记录、事故追忆记录及相关监视画面，进行综合分析判断，依据现场规程进行处理；监控系统的语音、闪光报警、弹出的事故处理指导画面，应予以记录，经过值班负责人同意方可复归或关闭。

（5）发现监控设备事故时，应及时打印事件顺序记录、事故追忆记录及相关工况日志，为事故分析提供依据。

（6）发现测点数据值异常突变、频繁跳变等情况，应立即退出该测点，并采取必要措施，防止设备误动或监控系统资源占用；对与机组功率测量有关的电气模拟量，应立即退出相应的功率调节控制功能，并通知监控系统维护人员进行检查。

（7）当操作员工作站出现事件确认延时时，应分析是否有频繁的报警信号，对于频繁的报警信号，应暂时不予确认；同时对于重复报警的信号，应及时分析问题并通知维修人员进行处理。此时如引起画面短时黑屏，而现地层现地控制单元运行均正常，运行值班人员应尽量少作画面切换，并停止报警确认。

（8）对于部分重复出现的信号，经值班负责人同意，在采取相关措施后，可对此类报警信号进行屏蔽，同时通知相关人员进行处理，并应做好记录，处理后要及时解除屏蔽。

（9）当机组发生严重危及人身、设备安全的重大事故，又遇保护拒动时，值班负责人有权启动监控系统紧急停机流程。

三、水力机械

（一）竖轴反击式水轮发电机组正常停机流程

（1）第一步：减负载。调速器自动减机组有功功率和励磁装置自动减无功功率为最小。当机组有功功率和无功功率为最小时，程序自动解除对第二步操作的闭锁。

（2）第二步：开断发电机断路器。开断发电机断路器，使机组与系统解列。当发电机断路器在开断位置时，程序自动解除对第三步操作的闭锁。

（3）第三步：关开度限制。调速器关闭开度限制至全关位置。当导叶为全关位置、机组转速下降到小于90％额定转速时，程序自动解除对第四步操作的闭锁。

（4）第四步：启动高压减载油泵。当高压减载工作油泵故障出现时，经延时后，启动备用油泵，若两台油泵均故障，则自动打开开度限制，使机组恢复正常转速。当高压减载油泵运行，程序自动解除对第五步操作的闭锁。

（5）第五步：投入电气制动。当机组转速下降至60％额定转速，且发电机内部无电气故障时投入电气制动。

（6）第六步：投入机械制动。当机组转速下降至15％额定转速，开启制动电磁阀，压力空气进入制动闸进行制动。若程序判断未采用电气制动，机组转速下降至35％额定转速，则立即开启制动电磁阀。机组转速下降至5％以下并经过延时后，程序自动解除对第七步操作的闭锁。

（7）第七步：停辅机。

1）关闭制动电磁阀。

2）关闭冷却水电磁阀。

3）关闭密封水电磁阀。

4）开启围带充气电磁阀。

5）投入导叶锁定。

6）切除高压减载油泵。

当制动闸块落下、无冷却水、无密封水、围带充气、导叶锁定投入时，机组处于停机状态，解除对其他控制的闭锁。

（二）机组的非正常停机方式

相对于正常停机，由机械故障或电气故障等原因所造成的机组停机称为非正常停机。根据其严重程度的不同，通常将其分为事故停机和紧急事故停机（有的电站也称紧急停机）。其中事故停机又分为机械事故停机和电气事故停机。

事故停机一般是在机组遇到一些对其影响不大的故障（或事故）时所动作的一种停机方式。事故停机一般是通过调速器来执行，即通过动作快关阀（紧急停机电磁阀），使调速器主配压阀迅速开到关闭状态的最大位置，导叶在较快的速度下关闭。

紧急事故停机则是在遇到较大故障或是紧急情况时所动作的一种停机方式。相对于事故停机而言，紧急事故停机的停机速度要快（通过落快速闸门、动作旁通阀等措施实现）。紧急事故停机是考虑到调速器因某种原因不能动作时，通过动作快速闸门、旁通阀等措施，在不通过调速器（绕开调速器）的情况下使机组停下来，是在机组出现事故时保证机组或电站安全的最后一道屏障。

事故停机与紧急事故停机的动作条件（表3-7）各有不同，其动作情况也有所区别（不同电站，其动作条件和动作情况的设置会略有差别，但大体上都基本相同）。

表3-7 事故停机与紧急事故停机的动作条件

事故类型		动 作 条 件	动 作 情 况	备注
事故停机	机械事故停机	（1）手动事故停机令； （2）油压装置事故低油压、低油位； （3）润滑油箱装置低油位； （4）轴承润滑油中断； （5）轴承瓦温过高	（1）动作快关阀关导叶； （2）同时启动停机流程	不甩负荷
	电气事故停机	（1）发电机逆功率保护动作； （2）发电机过电压保护动作； （3）发电机失磁保护动作； （4）发电机差动保护动作； （5）发电机负序过电流保护动作； （6）主变压器事故及连锁切机动作； （7）发电机复合电压闭锁过电流保护动作	（1）立即跳发电机出口开关、励磁开关（国产机组一般设置为不跳励磁开关，只进行灭磁）； （2）同时动作快关阀关导叶； （3）同时启动停机流程	甩负荷
紧急事故停机		（1）手动紧急事故停机令； （2）事故停机过程中剪断销剪断； （3）机组转速达到额定转速的160%； （4）调速器主配压阀阀卡超过3s； （5）机组火灾报警	（1）立即跳发电机出口开关、励磁开关； （2）同时动作事故配压阀快速关闭导叶（在液压系统不冲突的情况下，有的也会同时动作快关阀），或动作快速闸门； （3）同时启动停机流程	甩负荷

注 1. 快关阀在国内的一些电站中又称为紧急停机电磁阀。

2. 事故配压阀又称为旁通阀。

（三）停机过程中发电机出口开关跳不开时的处理

水轮发电机组在正常停机过程中，可能会由于开关跳闸时间超过整定值、计算机监控系统的程序模块出现故障、开关控制回路故障（如跳闸线圈故障等）、开关本体操动机构故障等原因而造成不能正常跳开。此时的机组状态为：发电机出口开关、励磁开关都在合上位置，水轮机导叶在空载开度位置左右，机组维持很小的有功和无功。在这种情况下若按下"紧停"，则有可能造成机组进相运行的后果，从而使发电机阻尼绕组产生高温，甚至熔断，且使励磁屏柜起火等一系列问题，后果非常严重。其原因是：发电机出口开关由于先前的固有故障在停机过程中给了跳闸令还没有跳开，而按下"紧停"后，由于先前故障，它仍然不会动作跳闸，而此时却使励磁开关跳开，导叶全关，如此便造成机组进相运行。

面对这种情况的正确处理方法是：①机组在零负载时并网情况稳定，可先停止操作，观察机组情况，同时将事故情况向调度及上级有关领导汇报，等待检查处理；②若检查发现确系出口开关本身问题，造成机组无法与系统解列，而又未出现紧急情况的前提下，可先将本组接线的另一台机组解列后，再拉开相连的主变压器高压侧开关，使故障机组与系统成功解列；③若已发生紧急情况，则立即拉开对应的主变压器高压侧开关，使故障机组与系统强行解列。

（四）全厂停电事故处理

在水电站中，因水淹厂房、输电线路倒塌等事故造成机组全停，由此造成全厂停电。全厂停电事故发生以后，运行人员应该在值长的统一指挥下进行事故处理，并遵循下列原则。

（1）根据信号系统反馈及其他现象，准确判断分析故障点及故障原因，尽快限制发电厂内部的事故发展，消除事故根源并解除对人身和设备的威胁。

（2）优先恢复厂用电系统供电，在自用电消失的情况下可采用外来电源供电方式。

（3）尽快使失去电源的重要辅机（如调速器油泵、励磁交流电源等）恢复供电。

（4）积极与调度联系，尽快恢复与系统的联系。

（5）在机组无电气事故的情况下，可以考虑保持机组转速，并有效地利用发电机的剩磁逐步恢复发电机电压，以便恢复厂用电系统。

（6）尽快利用备用电源（柴油发电机）对泄水闸进行操作调度，确保大坝安全。

（7）为了防止全厂停电事故的发生，应及时将厂用电系统（即带厂用电的水轮发电机组）与电网解列，特别是当系统发生低频率、低电压事故时，是一项较为有效的措施。厂用电系统解列运行后，如果能保证其可靠地连续供电，这对尽快恢复全厂正常生产将会起到非常重要的作用。此外，当带厂用电的水轮发电机组与电网解列后，由于失去了与系统的联络，而且容量较小，任何微小的干扰都将引起频率和电压的变化，特别是频率较高时，稍有不慎（如调速系统故障等）就会引起机组因过速跳闸而使厂用电源中断，因此在带厂用电系统的水轮发电机组与系统解列期间，必须安排值班人员专门负责监视及调整工作，并对其有关保护进行调整，且按有关规定严格执行。

（五）机组发生飞逸时的处理

当系统发生故障使发电机突然甩去全部负荷，此时又因为某种原因（如调速器失灵）

使水轮机导叶不能关闭，导致机组转速升高超过额定转速，并达到某一最大值时，此时的转速称为飞逸转速。其最大值由设备制造厂提供，一般为额定转速的 $1.5\sim2.7$ 倍。冲击式水轮机的飞逸转速一般是额定转速的 $1.8\sim1.9$ 倍。

在机组运行中，需极力避免机组出现飞逸工况，而且在实际情况中，由于现在的机组其保护系统已经配置得比较完善，通常在飞逸转速前设置了转速过高（120％额定转速）、电气过速（160％额定转速）、机械飞摆过速（170％额定转速）等几步保护装置，所以机组出现飞逸转速的概率比较小。

一旦机组出现飞逸，应及时采取一系列措施，防止设备受到损害。当发现机组转速过高而保护系统没有动作时，应立即施行手动停机，并检查导叶是否关闭，如果未关闭，则应手动操作关闭导叶；检查事故配压阀是否动作，若未动作，则应手动操作；当经上述两项操作无效时，应立即关闭主阀或操作进水口的快速或事故闸门使其下落切断水流；在机组停机过程中，当机组转速下降至额定转速的 $35\%\sim40\%$ 时，监视制动装置是否自动加闸，若不能，应以手动操作加闸停机。总之，应及时采取有效措施，尽快将机组停下来。

旁通阀将接力器的开、关腔接通，导叶在关闭重锤的作用下自动关闭。此装置结构简单、成本低廉，因此应用比较普遍，但对于立式机组（无关闭重锤装置），此装置的可靠性差，当发生油压下降事故时不能关闭导叶。

当调速系统失灵时，将接力器活塞两侧的油压解除，导叶靠水力矩作用自行关闭。我国目前生产的导叶，一般在大于空载开度时，作用在导叶上向关闭方向的水力矩均能克服摩擦力矩，实现导叶自关闭。对于某些不能实现自关闭的导水机构，需在接力器上安装向关闭方向作用的助力弹簧，利用弹力补偿自关闭能力的不足，可实现导叶在全开度范围内自关闭。水力矩曲线的变化与导叶偏心矩和翼型有关，因此要全部实现自关闭，必须设计合适的偏心矩和翼型。

（六）剪断销剪断时的处理

在水轮机导水机构的传动机构中，连接板和导叶臂之间是通过剪断销连接在一起的。正常情况下，导叶在动作过程中，剪断销有足够的强度带动导叶转动，但当某一导叶间卡有异物时，导叶轴和导叶臂都不能动了，而连接板在叉头带动下仍会转动，因而对剪断销产生剪切，当该剪切应力增加到正常操作应力的 1.5 倍时，剪断销首先被剪断，该导叶脱离控制环，而其他导叶仍可正常转动，避免事故扩大。在正常关机过程中，当导叶被卡住时，剪断销被剪断，同时发出报警信号告知运行人员；在事故停机过程中，当导叶被异物卡住剪断销剪断时，除发出报警信号外，还通过信号装置迅速关闭水轮机前的主阀（蝴蝶阀或球阀）或快速闸门。当剪断销被剪断后，对应的导叶便失去了控制，处于自由状态，此时导水机构的水力平衡被破坏了，机组便会由于水力不平衡出现较大振动，而如果是出现多个剪断销被剪断时，那么机组的振动则更大，甚至会出现转轮的扫膛现象。通常情况下，由于剪断销被剪断后，导叶失去控制，便会自由翻转并撞击相邻导叶，当撞击力足够大时，就会造成相邻导叶的剪断销也被剪断，并出现连锁反应，扩大事故面。

剪断销被剪断的原因有：①导叶间有杂物（如木块）卡住；②导叶连杆安装时倾斜度较大，造成憋劲；③导叶上、下端面间隙不合格及上、中、下轴套安装不当，产生憋劲或被卡；④对使用尼龙轴承套的导叶，在运行中因尼龙轴套吸水膨胀与导叶轴颈"抱死"；

⑤使用时间较长或操作频繁，使剪断销产生疲劳破损等。

预防措施为：①在电站上游装设浮式拦污栅，防止大的漂浮物冲坏拦污栅而进入蜗壳及导叶，进水口处的拦污栅应保持完好；②保证检修质量，以避免连杆等部件的倾斜等，导叶应灵活无螫劲；③当采用尼龙轴套时，应预先用水浸处理再加工，或采用尺寸稳定性良好且吸水率低的尼龙材料。

处理方法为：①判明剪断销被剪断的原因，及时调整负载，以适应检修处理的需要；②若运行中无法处理，应尽早停机，待停机后处理；③若是剪断销被剪断的数量过多，造成机组无法停机，则应及时落下快速闸门，防止机组超负载运行或出现飞车。

（七）水轮机抬机时的处理

水轮机甩负荷后，导叶迅速关闭，使导叶后的压力急剧降低而出现真空。水流连续性遭到破坏，脱离转轮的这股水流由于惯性下泄时受到下游侧水压作用的制动，尾水管内产生反向加速流动，与旋转的转轮相撞而产生反水锤，使转轮下面的压力大增，称为反水锤抬机。尾水管内出现真空形成反水锤，同时水轮机进入水泵工况产生水泵升力，并由此产生反向轴向力，只要反向轴向力大于机组转动部分的总重量，就会使机组转动部分被抬起一定高度，此现象称为抬机；抬机现象常见于低水头且具有长尾水管的轴流式水轮机中。

抬机高度往往由转轮与支持盖之间的间隙所限。当发生严重抬机时，它会导致水轮机叶片的断裂、顶盖损坏等；也会导致发电机电刷和集电环的损坏，发电机转子风扇损坏而甩出，引起发电机烧损的恶性事故等。预防抬机的措施有：在保证机组甩负荷后其转速上升值不超过规定的条件下，可适当延长导叶的关闭时间或导叶采用分段关闭；采取措施减小转轮室内的真空度，如向转轮室内补入压缩空气，装设在顶盖上的真空破坏阀经常保持动作准确和灵活。

四、发电机

（一）发电机定子绕组单相接地

一般来说，发电机的中性点都是绝缘的，如果一相接地，由于带电体与处于地电位的铁芯间有电容存在，发生一相接地，接地点就会有电容电流流过。单相接地电流的大小与接地线匝的份额成正比。当机端发生金属性接地，接地点的接地电流最大，而接地占越靠近中性点，接地电流越小。当故障点有电流流过时，就可以产生电弧，当接地电流大于5A时，就会有烧坏铁芯的危险。另外，针对这种情况，通常在保护中设有定子一点接地保护，并且根据其保护范围的不同，又分为80%定子一点接地保护和100%定子一点接地保护，其中80%定子一点接地的保护范围一般是从发电机到中性点，当发生此保护动作时，便会跳发电机出口开关；而100%定子一点接地的保护范围一般是从发电机到主变压器低压侧，此保护动作时，便会跳主变压器高压侧开关。

对于转子绕组一点接地而言，其一般是转子绕组的某点与转子铁芯相通。由于电流构不成回路，所以按理能继续运行。但这种运行不能认为是正常的，因为它有可能发展为两点接地故障，转子电流就会增大，其后果是部分转子绕组发热，有可能被烧毁，而且发电机转子由于作用力偏移而导致强烈的振动。当在运行中出现转子绕组一点接地时，一般只告警，不会跳闸，但需进行停机检查。

（二）发电机着火

当发电机着火时，应立即将发电机断路器跳闸，关小导叶开度，但不能制动停机；当确认发电机内部绝缘烧坏时，应停机，并应采取消防措施减轻危害。值班人员应按现行行业标准《电力安全工作规程》的有关规定，用不导电的灭火器进行灭火；当确定电源已经切断时，可用水灭火装置进行灭火。

（三）电气振动

电气振动主要是由于水轮发电机设计不合理或制造安装质量不良所产生的电磁力而造成的。如：①由于转频引起的振动，转频振动的振动频率等于转速频率或它的整数倍，产生转频振动的原因有转子不圆、转子几何中心与旋转中心不一致、主轴弯曲、转子不平衡及转子产生匝间短路等，这些都会产生磁力不平衡，从而引起水轮机的振动和摆动；②由于极频引起的振动，极频振动的频率一般为 100Hz，产生极频振动的主要原因有定子不圆、合缝间隙过大、定子铁芯装压不紧、负序电流引起的反转磁势、齿谐波磁势及并联支路内的环流产生的磁势等。对于电磁原因引起的振动，同样需查清振动的原因，然后采取相应的措施予以处理。

五、机组运行中的温度等问题

水轮发电机从水轮机获得的机械功率损耗主要有铁损耗、铜损耗、机械损耗及附加损耗等四部分。这些损耗可使效率降低 1%～2%，这些损耗将会引起水轮发电机发热。这些热量传给绕组和铁芯，轻则使绕组温度升高，电阻增大，降低发电机的效率，重则会使发电机的绕组和铁芯绝缘烧毁引起发电机着火。温度高首先表现出来的是绝缘的各种基本特性恶化，如绝缘电阻降低、击穿电场强度降低、机械强度降低等。在较长时间的高温作用下，绝缘会加速老化，当受到电动力作用时，容易开裂、破碎，以致丧失绝缘能力。所以，运行温度越高，其绝缘材料的寿命越短。绝缘材料寿命随温度按指数函数下降，通常情况下，每当温度增高 8℃，绝缘寿命就缩短一半，可见温度对绝缘寿命影响很大。所以必须装设空气冷却器，使发电机内的热风经冷却器变成冷风，其热量由冷却水带走，从而降低发电机内部温度，保证发电机在额定温度以下运行。

（一）水轮发电机允许温度的限制条件

发电机的出力受允许温度的限制，而限制发电机允许温度的就是包缠着线棒的绝缘材料。绝缘材料都有一个适当的最高允许工作温度，在此温度内，它可以长期安全工作；若超过此温度，绝缘材料将会迅速老化。绝缘材料耐热程度分为 A、E、B、F、H、C 六个等级，水轮发电机的绝缘等级多为 B 级、F 级，电动机多使用 E 级、B 级绝缘。

对于 B 级绝缘，发电机定子绕组的温度一般不得超过 90℃，最高不应超过 120℃，转子绕组的温度最高不应超过 130℃。

对于 F 级绝缘，发电机定子绕组的温度一般不得超过 120℃，最高不应超过 140℃，转子绕组的温度最高不应超过 150℃。

对绝缘材料通常规定的是温升而不是温度。温升是指某一点的温度与参考（或基准）温度之差。电动机温升限度，在国家标准《旋转电机定额和性能》（GB 755—2019）中有明确的规定。如 B 级绝缘空气冷却的发电机绕组，其极限温度为 130℃，考虑其风冷器的出口风温为 40℃，则发电机绕组的最大允许温升为 90℃。但在实际运行中，检温计所测出的最高温度并不一定就是整个发电机绕组绝缘的最高温度，一方面检温计可能存在误差，另一方面考虑到发电机各部位的发热不均匀和一定的可靠性，电厂实际运行中所控制的温升还要低一些，通常为70℃或80℃。

（二）推力轴承的温度要求

1. 推力轴承的作用

水轮发电机组的推力轴承承受整个水轮发电机组转动部分重量以及水轮发电机轴向水推力，经推力轴承将这些力传递给水轮发电机的荷重机架及基础混凝土。推力轴承应满足以下要求：在机组启动过程中，能迅速建立起油膜；在各种负载工况下运行，能保持轴承的油膜厚度，对于巴氏合金轴瓦，油膜厚度至少在0.1mm左右，对于弹性金属塑料瓦，油膜厚度为0.05～0.15mm；各块推力瓦受力均匀；各块推力瓦的最大温升及平均温升应满足设计要求，并且各瓦之间的温差较小；循环油路畅通且气泡少；冷却效果均匀且效率高；密封装置合理且效果良好；推力瓦的变形量在允许的范围内。

2. 推力轴承的结构

根据其形式各有不同，但其主要组成部分基本相同，一般由推力头、镜板、推力瓦、轴承座、油槽和冷油器等组成。推力头是发电机承受轴向负载和传递转矩的机构部件，通常用键固定在转轴上，随轴旋转。悬式发电机的推力头一般采用过渡配合固定在发电机轴上端，在伞式机组中也有直接固定在轮毂上或与轮毂铸成整体。

镜板为固定在推力头下面的转动部件，它使推力负载传递到推力瓦上，是推力轴承的关键部件之一。在镜板与推力头结合面间常有绝缘垫，同时可用于安装时调整机组的轴线。近年来有些发电机已经取消镜板，直接在推力头端面处加工出镜板所要求的光洁度。

推力瓦是推力轴承中的静止部件，也是推力轴承的主要部件之一，一般在扇形钨金瓦上都开有温度计孔，用于安装温度计，便于运行人员监视轴瓦温度和温度升高报警跳闸。推力瓦的种类可分为巴氏合金推力瓦、弹性金属氟塑料瓦。巴氏合金推力瓦是传统推力瓦，而弹性金属氟塑料瓦是一种塑料材质的新型瓦，它的特点是摩擦系数较小，耐热，承载性能好，装配方便，不需要刮瓦，加一次透平油可多次盘车，瓦温比巴氏合金瓦要低。按瓦的冷却方式又分为普通瓦和水冷瓦两种冷却方式。对于普通瓦，其摩擦损耗掉的热量一部分由润滑油带走，其余热量由瓦体向周围油中传导。水冷瓦又有钻孔式、铸管式和排管式三种。水冷瓦是在瓦面钨金层嵌铸冷却管或在瓦体内钻孔，通过循环冷却水将瓦面大部分热量带走。一般的瓦都在瓦上开有温度计孔，用于安装温度计，以便监视轴瓦温度和温度升高报警跳闸。

轴承座是支承轴瓦的机构，通过它能调节推力瓦的高低，使各轴瓦受力基本均匀；油槽主要用于存放起冷却和润滑作用的润滑油，整个推力轴承安装在密闭的油槽内。在机组运行时，推力轴承摩擦时所产生的热量是很大的，因此，油槽内的润滑油除起润滑作用外，还起散热作用，即润滑油将吸收的热量，并借助通水的油槽冷却器将油内的热量吸收带走；冷油器就是将润滑油冷却，对推力轴承起散热降温的作用。

3. 推力瓦的温度要求

机组在运行中，轴瓦的最高允许温度一般为70℃，通常控制在50～60℃为宜，超过60℃时属于偏高，一般在65℃或70℃则会发出报警信号，到70℃或75℃时则会事故停机，超过 75℃ 则会出现熔化现象。对于新投入的机组，在试运行的时候应进行温升试验，看轴瓦的最高稳定温度是多少，以检测轴瓦的刮削和安装质量以及镜板的质量。

衡量推力轴承工作优劣，主要从以下两个方面来判别：①推力瓦的平均温度应不大于 60℃，如果平均温度过大，则说明推力瓦摩擦损耗大或油冷却器散热不足；②各推力瓦的最大温差应不大于 8℃，如果温差过大，则说明各块瓦之间由于瓦受力不均匀或刮瓦质量不良等原因而造成的发热不均匀。如果在温升试验中，轴瓦的整体温度都普遍偏高，则应予以分析和处理。常见的问题通常有以下几种：

（1）平均温度偏高。这种问题通常是推力瓦摩擦损耗大、冷却润滑用的润滑油油量不足或油冷却器散热不足等原因引起的。此外，随着运行时间的增加，轴瓦在正常情况下运行，推力瓦以及导轴瓦都有磨损，磨损到一定的程度就会产生温度偏高，如果不及时检修甚至会产生烧瓦等现象。

（2）个别几块瓦温度较高。其原因大致有以下几种：①各块瓦受力不均匀；②推力瓦刮瓦质量不良；③某些推力瓦灵活受卡阻；④推力瓦挡块间隙偏小；⑤瓦变形过大；⑥ ρv 值偏大。

4. 推力瓦平均温度偏高的处理方法

（1）增加冷却润滑用的润滑油油量，以提高其散热效果，降低轴瓦运行温度。

（2）改善油冷却器的冷却效果，降低润滑油的温度。若是冷却水量不足，则应设法增大冷却水量，在可能的情况下，通过适当增大冷却器进水压力，加大冷却器进出水管径，增加冷却器进出水流量等措施予以改善。此外，应检查油冷却器内部有无堵塞现象；还可在冷却管上加装吸热片，以增加吸热面积，提高吸热量，如若不行，则应增加冷却装置或更换大容量的冷却器。

（3）重新检查轴瓦的研磨刮削质量和镜板的质量，对于新投入的机组，在试运行的时候应先进行温升试验，以检测轴瓦的刮削和安装质量以及镜板的质量，如果在温升试验中轴瓦的整体温度普遍偏高，且在对润滑油量和冷却水量校核都没有问题时，则应重点检查轴瓦的刮削安装质量以及镜板的质量，发现问题后，应进行重新刮削或对镜板进行研磨和调整处理。

（4）及时进行检修挑花或更换轴瓦处理。机组运行数年后，如果机组轴瓦的温度越来越高，则说明极有可能是轴瓦磨损导致瓦温升高的原因，对于这种情况则应及时进行检查，如发现问题，应采取挑花或更换轴瓦等措施予以处理。

1）各块瓦受力不均匀。推力瓦之间温差过大一般是由于没有调好瓦的受力，瓦温高者是受力较大所引起，应适当调低，或者采用普遍刮削的方法，把温度较高的推力瓦普遍刮削 1～2 遍，使瓦面稍有降低，以减少受力，降低瓦温；也可将温度较低的推力瓦略微抬高。

2）推力瓦刮瓦质量不良。有时因推力瓦刮削粗糙导致瓦温偏高，因此需将温度较高的推力瓦抽出检查，并做必要的瓦面修刮。

3）某些推力瓦灵活性受卡阻。对于温度较高的推力瓦应检查其灵活性，看其是否受卡阻。

4）推力瓦挡块间隙偏小。对于温度偏高的推力瓦应检查其挡块间隙是否足够，间隙过小会影响楔形油膜的形成，也影响冷油进入瓦面，轻者引起瓦温过高，重者会造成烧瓦事故。

5）瓦变形过大。瓦的厚度不够会产生过分的机械变形，热油与冷油温差较大会使瓦产生较大的热变形。过大的变形使瓦承载面积减小，单位面积受力增大导致瓦温增高，瓦若有变形应进行更换。

六、电晕及其危害

发电机内的电晕是发电机定子高压绕组绝缘表面某些部位由于电场分布不均匀，局部场强过强，导致附近空气电离而引起的辉光放电。

与其他形式的局部放电相比，电晕本身的放电强度并不是很高，但由于电晕的存在会使定子绕组周围的空气发生游离而产生臭氧，它又与空气中的氮化合生成一氧化二氮，并与电动机内部的潮气结合而呈酸性物质，这种酸性化合物对电动机内部的金属部件及绝缘材料起着腐蚀作用，促使绝缘老化，大大降低了绝缘材料的性能。表面电晕使绝缘表面局部温度升高，电晕的热效应及其产生的化合物也会损坏局部绝缘，对黄绝缘来说是将绝缘层变成白色粉末，其程度的深浅与电晕作用时间有关。材料表面损坏后，放电集中于凹坑并向绝缘材料内部发展，严重时发展为树枝放电直到击穿。此外，电晕还使其周围产生带电离子，一旦定子绕组出现过电压，则就有造成线棒短路或击穿的可能。黄绝缘的击穿场强随温度的升高而略有下降，当温度超过 180℃ 时，其击穿场强将急剧下降。电晕形成必将增加损耗，影响效率，还会导致定子绕组一些部位的电场分布很不均匀，电力线密集。在发电机突然甩负荷或短路故障时，发电机的电压将较正常运行时的电压增高很多，致使一些部位易发生绝缘击穿故障。

第四章　水电站安全作业

第一节　作业行为规范

一、作业中常见问题及"十不干"

（一）违章

在电力生产、施工中，凡是违反国家、部或上级主管制定的有关安全的法规、规程、条例、指令、规定、办法、有关文件，以及违反本单位制定的现场规程、管理制度、规定、办法、指令而进行的工作，称为违章作业。

习惯性违章是指固守旧有的不良作业传统和工作习惯，工作中违反有关规章制度，违反操作规程、操作方法的行为。这是一种长期沿袭下来的违章行为，不是在一代人而是在几代人身上反复发生过；也不是在一个人身上偶尔出现，而是经常表现出来的违章行为。其表现形式主要有：不按规定穿戴工作服；进入施工作业现场不佩戴或不正确佩戴安全帽；高处作业时不系安全带和防坠器；使用有缺陷的工器具；管理人员违规指挥等。

造成习惯性违章的主观心理因素有：①因循守旧，麻痹侥幸；②马虎敷衍，贪图省事；③自我表现，逞能好强；④玩世不恭，逆反心理。

造成习惯性违章的客观因素主要有操作技能不熟练、制度不完善、安全监督不够等。

习惯性违章的种类按照其性质的不同分为作业（行为）性违章、装置性违章、指挥性违章三类。

（1）作业（行为）性违章是指在电力生产过程中，不遵守国家、行业以及电厂颁发的各项规定、制度，违反保证安全的各项规定、制度及措施的一切不安全行为。通俗地讲，就是工作时违章。

（2）装置性违章是指工作现场的环境、设备及工器具等不符合国家、行业的有关规定，以及反事故措施和保证人身安全的各项规定及技术措施，不能保证人身和设备安全的一切不安全状态。

（3）指挥性违章是指班组长（含工作负责人、监护人等）及以上管理人员指挥或默许工作人员无票作业、使用有错误的作业指导书进行作业或擅自扩大工作范围，对需培训考试合格才能上岗的人员，未取得合格证书前就上岗工作等这些情况，视为指挥性违章。

习惯性违章主要有三大特征：普遍性、反复性、顽固性。

对于如何防止习惯性违章，一般采用3E对策叠加法，即安全教育、安全措施、安全管理叠加使用。其具体内容是：用安全教育让员工明白哪些是违章行为，引导职工认识习惯性违章的危害。用安全检查去查找存在违章行为，排查习惯性违章行为，制定反习惯性违章措施。用考核去杜绝违章行为的再发生，加强对习惯性违章的处罚，引进纠正习惯性违章的激励机制。三者结合可大大降低违章行为的存在。另外，班组长及各级领导要起好模范带头作用。

（二）误操作

误操作是指人员在执行操作指令和其他业务工作时，思想麻痹，违反《电力安全工作规程》和现场作业的具体规定，不履行操作监护制度，看错或误碰触设备造成的违背操作指令意愿的错误结果或严重后果。误操作是违章操作的典型反映，也是电力生产中恶性事故的统称。

水电站若发生误操作事故，可能导致设备损坏、危及人身安全以及造成大面积停电，对国民经济带来巨大损失，常出现的倒闸误操作事故有：①误拉、误合断路器或隔离开关；②带负载拉合隔离开关；③带电挂地线或带电合接地隔离开关；④带地线合闸；⑤非同期并列等。除以上五点外，防止操作人员高处坠落、误入带电间隔、误登带电架构、避免人身触电，也是倒闸操作中须注意的重点。

不少误操作事故都直接或间接与误拉、误合断路器或隔离开关有关。所以，防止误操作应采取以下措施：操作前进行"三对照"，操作中坚持"三禁止"，操作后坚持复查，整个操作要贯彻"五不干"。

（1）"三对照"：对照操作任务、运行方式，由操作人填写操作票；对照电气模拟图审查操作票并预演；对照设备编号无误后再操作。

（2）"三禁止"：禁止操作人、监护人一起动手操作，失去监护；禁止有疑问时盲目操作；禁止边操作边做与操作无关的工作（或聊天），分散精力。

（3）"五不干"：操作任务不清不干；应有操作票而无操作票时不干；操作票不合格不干；应有监护而无监护人不干；设备编号不清不干。

电气设备"五防"包括：防止误分、合断路器；防止带负荷拉、合隔离开关；防止带电挂接地线（合接地刀闸）；防止带接地线（接地刀闸）合闸；防止人员误入带电间隔。

（三）生产现场作业"十不干"

作业要坚持"四不伤害"原则，即不伤害他人、不伤害自己、不被他人伤害、保护他人不受伤害。要坚持"十不干"，即：

（1）无票的不干。在电气设备上及相关场所的工作，正确填用工作票、操作票是保证安全的基本组织措施。无票作业容易造成安全责任不明确、保证安全的技术措施不完善、组织措施不落实等问题，进而造成管理失控发生事故。

倒闸操作应有调控值班人员、运维负责人正式发布的指令，并使用经事先审核合格的操作票。在电气设备上工作，应填用工作票或事故紧急抢修单，并严格履行签发许可等手续，不同的工作内容应填写对应的工作票。动火工作必须按要求办理动火工作票，并严格履行签发、许可等手续。

（2）工作任务、危险点不清楚的不干。在电气设备上的工作（操作），做到工作任务明确、作业危险点清楚，是保证作业安全的前提。工作任务、危险点不清楚，会造成不能正确履行安全职责、盲目作业、风险控制不足等问题。

倒闸操作前，操作人员（包括监护人）应了解操作目的和操作顺序，对操作指令有疑问时应向发令人询问清楚无误后执行。

工作班成员工作前要认真听取工作负责人、专责监护人交代，熟悉工作内容、工作流程，掌握安全措施，明确工作中的危险点，履行确认手续后方可开始工作。

检修、抢修、试验等工作开始前，工作负责人应向全体作业人员详细交代安全注意事项，交代邻近带电部位，指明工作过程中的带电情况，做好安全措施。

（3）危险点控制措施未落实的不干。采取全面有效的危险点控制措施，是现场作业安全的根本保障，分析出的危险点及预控措施也是"两票""三措"等的关键内容，在工作前向全体作业人员告知，能有效防范可预见性的安全风险。

全体人员在作业过程中，应熟知各方面存在的危险因素，随时检查危险点控制措施是否完备、是否符合现场实际，危险点控制措施未落实到位或完备性遭到破坏的，要立即停止作业，按规定补充完善后再恢复作业。

（4）超出作业范围未经审批的不干。在作业范围内工作，是保障人员、设备安全的基本要求。擅自扩大工作范围、增加或变更工作任务，将使作业人员脱离原有安全措施保护范围，极易引发人身触电等安全事故。

增加工作任务时，如不涉及停电范围及安全措施的变化，现有条件可以保证作业安全，经工作票签发人和工作许可人同意后，可以使用原工作票，但应在工作票上注明增加的工作项目，并告知作业人员。

（5）未在接地保护范围内的不干。在电气设备上工作，接地能够有效防范检修设备或线路突然来电等情况。未在接地保护范围内作业，如果检修设备突然来电或临近高压带电设备存在感应电，容易造成人身触电事故。检修设备停电后，作业人员必须在接地保护范围内工作。

禁止作业人员擅自移动或拆除接地线。高压回路上的工作，必须要拆除全部或一部分接地线后才能进行的工作，应征得运维人员的许可（根据调控人员指令装设的接地线，应征得调控人员的许可），方可进行，工作完毕后立即恢复。

（6）现场安全措施布置不到位、安全工器具不合格的不干。悬挂标示牌和装设遮栏（围栏）是保证安全的技术措施之一。标示牌具有警示、提醒作用，不悬挂标示牌或悬挂错误存在误拉合设备，误登、误碰带电设备的风险。

安全工器具能够有效防止触电、灼伤、坠落、摔跌等，保障工作人员人身安全。合格的安全工器具是保障现场作业安全的必备条件，使用前应认真检查有无缺陷，确认试验合格并在试验期内，拒绝使用不合格的安全工器具。

（7）杆塔根部、基础和拉线不牢固的不干。确保杆塔稳定性，对于防范杆塔倾倒造成作业人员坠落伤亡事故十分关键。作业人员在攀登杆塔作业前，应检查杆根、基础和拉线是否牢固，铁塔塔材是否缺少，螺栓是否齐全、匹配和紧固。

铁塔组立后，地脚螺栓应随即加垫板并拧紧螺母及打毛丝扣。新立的杆塔应注意检查杆塔基础，若杆基未完全牢固，回填土或混凝土强度未达标准或未做好临时拉线前不能攀登。

（8）高处作业防坠落措施不完善的不干。高处坠落是高处作业最大的安全风险，防高处坠落措施能有效保证高处作业人员人身安全。高处作业均应先搭设脚手架、使用高空作业车、升降平台或采取其他防止坠落措施，方可进行。

在没有脚手架或者在没有栏杆的脚手架上工作，高度超过 1.5m 时，必须使用安全带，或采取其他可靠的安全措施。在高处作业过程中，要随时检查安全带是否拴牢。高处作业人员在转移作业地点过程中，不得失去安全保护。

（9）有限空间内气体含量未经检测或检测不合格的不干。有限空间进出口狭小，自然通风不良，易造成有毒有害、易燃易爆物质聚集或含氧量不足，在未进行气体检测或检测不合格的情况下贸然进入，可能造成作业人员中毒、有限空间燃爆事故。

电缆井、电缆隧道、深度超过2m的基坑、沟（槽）内等工作环境比较复杂，同时又是一个相对密闭的空间，容易聚集易燃易爆及有毒气体。在上述空间内作业，为避免中毒及氧气不足，应排除浊气，经气体检测合格后方可工作。

（10）工作负责人（专责监护人）不在现场的不干。工作监护是安全组织措施的最基本要求，工作负责人是执行工作任务的组织指挥者和安全负责人，作业过程中工作负责人、专责监护人应始终在现场认真监护，及时纠正不安全行为。

专责监护人临时离开时，应通知被监护人员停止工作或离开工作现场，专责监护人必须长时间离开工作现场时，应变更专责监护人。工作期间工作负责人若因故暂时离开工作现场时，应指定能胜任的人员临时代替，并告知工作班成员。

二、电气设备操作行为规范

（一）一般行为要求

1. 精神风貌

在电气操作过程中，运行人员精神饱满，注意力集中，情绪稳定。

2. 纪律要求

（1）在电气操作过程中，禁止做任何与本次操作无关的事情。

（2）严格遵守《电力安全工作规程》《电气操作导则》和《调度规程》等规章制度。

（3）以严肃认真的态度来执行电气操作过程中的每一步骤。

3. 着装标准

（1）应穿着统一配发的棉质工作服，工作服着装要求整洁、完好、扣子扣全，并正确佩戴工作袖章。

（2）佩戴安全帽时双手持帽檐，将安全帽从前至后扣于头顶，调整好后箍，系好下颌带，低头不下滑、昂头不松动。

（3）戴绝缘手套时将外衣袖口放入手套的伸长部分。

（4）穿绝缘靴时裤脚放入绝缘靴内。穿工作鞋时不得挽裤脚。

（5）留长发的员工将头发束好，放入安全帽内。

4. 语言标准

（1）应使用标准普通话。

（2）吐字清晰，声音不小于50dB。

（3）语速适中，约150～180字/min。

（二）调度

1. 接令

（1）接令人应在4次电话响铃内接听电话。

（2）接令时，接令人坐姿端正，将调度操作指令记录本放置于正前方，手持话筒，持笔在调度操作指令记录本上边接听边记录。

（3）记录完整后接令人要对照记录，完整复诵调度命令。

2．电话转发调度指令

（1）发令人坐姿端正，将调度操作指令记录本放置于正前方，手持话筒，边看调度操作指令边发令。

（2）接令人复诵时，发令人对照调度操作指令认真核对无误后，发出"正确，可以执行"的命令。

3．现场转发调度指令

（1）发令人正对接令人，双方站姿端正，间距 1m。

（2）发令人手持调度操作指令记录本，向接令人正确、完整下达操作指令。

（3）接令人手持操作票，核对操作指令与操作内容是否一致。

（4）接令人复诵时，发令人对照调度操作指令认真核对无误后，发出"正确，可以执行"的命令。

（三）关键操作行为标准

1．操作过程的走位、站位、手指

（1）走位。

1）明确操作目标。

2）在走动的过程中，由操作人走在前面，监护人走在后面，两人的间距控制在 2m 以内。

3）途中不得闲谈或做与操作无关的事情。

（2）站位。

1）操作人、监护人到达目标设备前方。

2）操作人眼看、手指目标设备，核对设备名称、位置，监护人确认。

3）确认完毕后操作人站在目标设备标示牌的正前方，监护人站在操作人的侧后方。两人间距以监护人能清楚观察操作人的行为，并能够用手有效制止操作人违章操作为准。

（3）手指。

1）操作人用食指指向目标设备，其余四指弯曲成拳，眼睛正视手指所指的位置。

2）监护人确认完毕后，操作人方能结束手指动作。

2．模拟操作

（1）模拟屏。

1）操作人、监护人按站位标准站在模拟屏正前方。

2）核对模拟屏上待操作设备的状态与现场运行方式一致。

3）面对模拟屏，监护人朗读即将进行的操作任务，并宣布模拟操作开始，操作人选择进入模拟操作模式。

4）监护人唱票，操作人手指模拟设备进行复诵。

5）监护人确认无误，发出"对，执行"的命令后，操作人进行模拟操作。

6）完成模拟操作项目后，核对操作结果正确。

7）操作人进行操作任务传输并取出电脑钥匙交监护人。

（2）后台机。

1）操作人、监护人并排坐在后台机正前方，坐姿端正。

2）核对后台机上待操作设备的状态与现场运行方式一致。

3）面对后台机，监护人朗读即将进行操作任务，并宣布操作开始，操作人选择进入模拟操作模式。

4）监护人唱票，操作人用鼠标箭头指向设备图标进行复诵。

5）监护人确认无误，发出"对，执行"的命令后，操作人进行模拟操作。

6）完成模拟操作项目后，核对操作结果正确。

7）操作人进行操作任务传输并取出电脑钥匙交监护人。

3. 唱票、复诵

（1）唱票。

1）监护人手持、眼看操作票，按照操作票上顺序逐项发出命令。

2）在监护人唱票时，操作人眼看、手指待操作设备的标示牌。

（2）复诵。

1）操作人眼看、手指待操作设备的标示牌进行复诵。

2）监护人对照操作票确认操作人复诵的内容正确。

3）复诵完毕后监护人将电脑钥匙交给操作人。

4）操作人执行完操作后将电脑钥匙交回监护人。

4. 设备操作

（1）后台机操作。

1）操作人、监护人坐在监控后台机正前方，坐姿端正。

2）由操作人控制鼠标及键盘，登录后台机，进入相应间隔细节图。

3）监护人唱票时，操作人眼看屏幕，用鼠标指向待操作的设备。

4）操作人复诵设备数字编号和操作动词，监护人核对控制对象名称、编号及状态无误后，发出"对，执行"的命令。

5）操作人、监护人分别输入用户名和密码，然后由操作人输入设备编号，执行操作。

6）整个操作过程中，操作人每执行完一个步骤，手应立即离开鼠标和键盘，等待监护人发出下一步指令。

7）在操作人点击鼠标或键盘输入的操作过程中，监护人视线不得离开监控画面。

（2）屏面设备操作。屏面操作包括在保护屏、控制屏、汇控柜及端子箱上进行控制把手、压板、按钮、熔断器等操作。

（3）控制把手操作。

1）操作人、监护人按站位标准站在待操作控制把手的正前方。

2）操作人手指控制把手，核对把手的名称及编号无误，监护人确认。

3）监护人进行唱票，操作人眼看、手指待操作的控制把手进行复诵，同时，指明该把手切换的方向及应切至的位置。

4）监护人确认无误后，发出"对，执行"的命令，操作人操作控制把手切至正确位置。

（4）压板操作。

1）操作人、监护人在待操作压板的正前方。

2）操作人员手指待操作压板，核对压板的名称及编号无误，监护人确认。

3）监护人进行唱票，操作人眼看、手指待操作的压板进行复诵。

4）监护人确认无误后，发出"对，执行"的命令，操作人执行投退压板的操作。

（5）按钮操作。

1）操作人、监护人按站位标准站在待操作按钮的正前方。

2）操作人员手指待操作按钮，核对按钮的名称及编号无误，监护人确认。

3）监护人进行唱票，操作人眼看、手指待操作的按钮进行复诵。

4）监护人确认无误后，发出"对，执行"的命令，操作人用食指按下按钮。

（6）熔断器操作。

1）操作人、监护人在待操作熔断器的正前方。

2）操作人手指待操作熔断器，核对熔断器的名称无误，监护人确认。

3）监护人进行唱票，操作人眼看、手指待操作的熔断器进行复诵。

4）监护人确认无误后，发出"对，执行"的命令，操作人进行熔断器投上或取下的操作。

5. 验电操作

（1）操作人预先组装好试电笔，戴绝缘手套，穿绝缘靴，在待验电设备相同电压等级的带电间隔按站位标准站立。

（2）操作人双手紧握试电笔护环以下手柄部分，用试电笔在带电设备上试验验电器完好。

（3）操作人、监护人回到待验电设备的正前方，到位后按站位标准站立。

（4）操作人眼看、手指设备标示牌及验电位置，监护人进行唱票，操作人复诵，监护人确认无误后，发出"对，执行"的命令。

（5）操作人双手举起试电笔保持平衡稳定后，眼看验电器，将验电器的验电头与待验电设备的导体充分接触，确保耳听、眼看验电器声光正常。

（6）验电结束，验电器必须放靠在构架或者箱体上架空，防止验电器脏污或受潮。

6. 接地刀闸操作

（1）接地刀闸合闸操作。

1）摇动式操作机构接地刀闸。其操作步骤如下：①操作人、监护人按站位标准站在待操作接地刀闸操作手柄的正前方；②操作人戴上绝缘手套，插入操作手柄，确认手柄的摇动方向，用双手慢慢地将接地刀闸摇起，待刀闸动触头有明显移动后，停顿3s，并眼看、手指接地刀闸动触头的移动方向与停电设备的方向一致；③监护人眼看接地刀闸的移动方向并确认正确；④操作人继续摇动手柄，合上接地刀闸。

2）推动式操作机构接地刀闸。其操作步骤如下：①操作人、监护人按站位标准站在待操作接地刀闸操作手柄的正前方；②操作人戴上绝缘手套，插入操作手柄，确认手柄的推动方向，用双手慢慢地将接地刀闸推起，待刀闸动触头有明显移动后，停顿3s，并眼看、手指接地刀闸动触头的移动方向与停电设备的方向一致；③监护人眼看接地刀闸的移动方向并确认正确；④操作人继续推动手柄，合上接地刀闸。

3）固定式开关柜接地刀闸。其操作步骤如下：①操作人、监护人按站位标准站在待操作接地刀闸操作孔的正前方；②操作人戴上绝缘手套，插入操作手柄，监护人确认，操作人合上接地刀闸。

（2）接地刀闸分闸操作。

1）摇动式操作机构接地刀闸。其操作步骤如下：①操作人、监护人按站位标准站在待操作接地刀闸操作手柄的正前方；②操作人戴上绝缘手套，插入操作手柄，确认手柄的摇动方向，停顿3s，监护人确认；③操作人继续摇动手柄，拉开接地刀闸。

2）推动式操作机构接地刀闸。其操作步骤如下：①操作人、监护人按站位标准站在待操作接地刀闸操作手柄的正前方；②操作人戴上绝缘手套，插入操作手柄，确认手柄的推动方向，停顿3s，监护人进行确认；③操作人继续推动手柄，拉开接地刀闸。

3）固定式开关柜接地刀闸。其操作步骤如下：①操作人、监护人按站位标准站在待操作接地刀闸操作孔的正前方；②操作人戴上绝缘手套，插入操作手柄，监护人确认，操作人拉开接地刀闸。

7. 接地线操作

（1）装设接地线。

1）操作人、监护人在接地点的正下方（正前方）将接地线理顺、放好。

2）操作人把接地线的接地端插入接地桩，拧紧，监护人进行检查确认。

3）操作人戴绝缘手套，双手举起绝缘棒，逐相装设接地线。

4）需使用绝缘梯时，由操作人、监护人在接地点正下方架好绝缘梯，由监护人扶稳绝缘梯，操作人戴好绝缘手套，双手扶着绝缘梯，登上绝缘梯合适高度并站稳，监护人双手举起绝缘棒，递给操作人，操作人双手举起绝缘棒，逐相装设接地线。

5）装设完毕，监护人确认接地线装设正确。

（2）拆除接地线。

1）操作人、监护人在接地点正下方（正前方）。

2）操作人戴好绝缘手套后双手紧握绝缘棒，逐相取下接地线。

3）需使用绝缘梯时，由操作人、监护人在接地点正下方架好绝缘梯，由监护人扶稳绝缘梯，操作人戴好绝缘手套后，扶着绝缘梯登至合适高度并站稳，双手紧握绝缘棒，逐相取下接地线，传递给监护人。

4）逐相拆除完接地线的导体端后，操作人脱下绝缘手套，拆除接地线的接地端。

5）接地线的接地端拆除后，由监护人进行确认。

第二节　保障安全的措施

为了保证水电站中各项工作的安全开展，《电力安全工作规程》对工作开展提出了保障安全的组织措施和技术措施，根据机械工作和电气工作的区别，对其要求各有不同，具体见表4-1。

表 4-1   保障安全的组织措施和技术措施

类 别	机 械 工 作	电 气 工 作
组织措施	(1) 现场勘察制度； (2) 工作票制度； (3) 工作许可制度； (4) 工作监护制度； (5) 工作间断、试运和终结制度； (6) 动火工作票制度； (7) 操作票制度	(1) 现场勘察制度； (2) 工作票制度； (3) 工作许可制度； (4) 工作监护制度； (5) 工作间断、试运和终结制度
技术措施	(1) 停电； (2) 隔离； (3) 泄压； (4) 通风； (5) 加锁、悬挂安全标示牌和装设遮栏（围栏）	(1) 停电； (2) 验电； (3) 接地； (4) 悬挂标示牌和装设遮栏（围栏）

一、安全距离和安全工器具

（一）安全距离

安全距离就是在各种工作条件下，带电导体与周围接地的物体、地面，其他带电体以及工作人员之间所必须保持的最小距离或最小空气间隙。这个间隙不但应保证各种可能出现的最大工作电压或过电压的作用下不发生闪络放电，而且还应保证工作人员在对设备进行维护、检查、操作和检修时的绝对安全。安全距离主要是根据空气间隙的放电特性确定的，但在超高压电力系统中，还应考虑静电感应和高压电场的影响。另外，当相同的空气间隙承受不同电压时，其电气强度变化很大。所以，为确保工作人员和设备的安全，必须确定合理、可靠的安全距离。根据《电力安全工作规程》的规定，电气设备不停电时的安全距离见表 4-2。

表 4-2   电气设备不停电时的安全距离

电压等级/kV	安全距离/m	电压等级/kV	安全距离/m
10 及以下	0.70	220	3.00
20~35	1.00	330	4.00
60~110	1.50	500	5.00

注　表中未列电压按高一挡电压等级的安全距离。

（二）使用合格的工具、防护用具和携带型仪表

常用的防护用具有绝缘手套、绝缘鞋（靴）、高压验电器、绝缘拉杆、绝缘垫和绝缘夹钳等。常用的携带型仪表有万用表、绝缘电阻表、钳形电流表等。对安全用具的维护和保管应做到：①工器具、仪表、标识牌等应存放在干燥、通风良好的地方，并保持整洁；②绝缘手套应放在专用支架上；③绝缘拉杆应垂直存放，吊挂在支架上，但不要靠墙壁；④各种仪表、绝缘鞋、绝缘夹等应存放在柜内，且做到对号入座、存取方便；⑤验电笔（器）应存放在专用的盒内；⑥接地线应编号入位，放在固定地点；⑦安全工具上面不准堆放其他物品，不准移作他用，橡胶制品不可与石油类的油脂接触，使用安全工具前应检查有无破损和是否在有效期内；⑧应定期对各种绝缘用具进行检查和试验。

二、保证安全的重要技术措施

（一）高压设备安全技术措施

1. 停电

在电力系统中，不论是中性点直接接地系统，还是中性点不接地系统，在正常运行中，中性点都存在位移电压。对中性点经消弧线圈接地或不接地的系统来说，它是因导线排列不对称、相对地电容不相等以及负载不对称而产生的。即使中性点直接接地系统中的变压器的中性点也具有一定的电位，它们在系统发生故障时，电位会更高，其数值可达等级值额定电压的 10%以上。如果在停电时不注意将其中性点与运用中设备的中性点断开，就有可能会使这些电压引到检修设备上去，那将是很危险的。所以，设备停电时，必须将检修设备各方面的电源断开，特别应注意将运用中设备的中性点和停电设备的星形中性点解开。在工作地点，必须停电的设备包括：①检修的设备；②与工作人员进行工作时正常活动范围的距离小于规定安全距离的设备；③带电部分在工作人员后面或两侧无可靠安全措施的设备。

检修设备时必须把各方面的电源完全断开（运行中的星形接线设备的中性点，必须视为带电设备）。禁止在只经开关断开电源的设备上工作，必须拉开刀闸，使各方面至少有一个明显的断开点。与停电设备有关的变压器和电压互感器，必须从高、低压两侧断开，以防向停电检修设备反送电。

线路作业必须停电的范围包括：①检修线路的所有开关及联络开关和刀闸；②危及检修线路停电作业，且不能采取安全措施的交叉跨越、平行及同杆架设线路的开关和刀闸；③可能将电源返送至检修线路的用户自备发电机的开关和刀闸。

2. 验电

在倒闸操作中，为了检查倒闸操作的可靠性，确保倒闸操作后的工作绝对安全，在倒闸操作时，需对设备的相应部位进行验电。在进行验电时，一要态度认真，克服可有可无的思想，避免因走过场而流于形式；二要掌握正确的判断方法和要领。其要求是：①高压验电，操作人必须戴绝缘手套；②验电时，必须使用试验合格、在有效期内、符合该系统电压等级的验电器，特别要禁止与不符合系统电压等级的验电器混用，因为在低压系统使用电压等级高的验电器，有电也可能验不出来，反之操作人员安全得不到保证；③雨天室外验电，禁止使用普通（不防水）的验电器或绝缘拉杆，以免受潮闪络或沿面放电，引起人身事故；④先在有电的设备上检查验电器，应确认验电器良好；⑤在停电设备的两侧（如断路器的两侧、变压器的高低压侧等）及需要短路接地的部位，分相进行验电。

验电的方法为：①试验验电器，不必直接接触带电导体，通常验电器清晰发光电压不大于额定电压的 25%，因此，完好的验电器只要靠近带电体（6kV、10kV、35kV 系统，分别约为 150mm、250mm、500mm），就会发光或有声光报警；②用绝缘拉杆验电要防止钩住或顶着导体，室外设备架构高，用绝缘拉杆验电，只能根据有无火花及放电声判断设备是否带电，不直观，难度大，白天火花看不清，主要靠听放电声，在噪声很大的场所，思想稍不集中，极易做出错误判断，因此操作方法很重要，验电时如绝缘拉杆钩住或顶着导体，即使有电也不会有火花和放电声，因为实接不具备放电间隙，正确的方法是绝缘拉杆与导体应保持虚接或在导体表面来回蹭，如设备有电，通过放电间隙就会产生火花和放电声。

正确掌握区分有无电压是验电的关键，可参考以下方法进行判断：①有电，因工作电压的电场强度强，验电器靠近导体一定距离，就发光（或有声光报警），显示设备有工作电压，然后，验电器离带电体越近，亮度（或声音）就越强，操作人细心观察、掌握这一点对判断设备是否带电非常重要，另外，用绝缘拉杆验电，有"吱吱"放电声；②静电，对地电位不高，电场强度微弱，验电时验电器不亮，与导体接触后发光，但随着导体上静电荷通过"验电器→人体→大地"放电，验电器亮度由强变弱，最后熄灭，停电后在高压长电缆上验电时，就会遇到这种现象；③感应电，与静电差不多，电位较低，一般情况验电时验电器不亮；④在低压回路验电，如试电笔亮，可借助万用表来区别是哪种性质的电压，将万用表的电压挡放在不同量程上，测得的对地电压为同一数值，可能是工作电压，量程越大（内阻越高），测得的电压越高，可能是静电或感应电压。

验电时，必须用电压等级合适而且合格的验电器，在检修设备进出线两侧各相分别验电。验电前，应先在有电的设备上进行试验，确证验电器良好后进行验电。

线路验电应逐相进行。同杆架设的多层电力线路验电时，先验低压，后验高压。先验下层，后验上层。高压验电时必须戴绝缘手套。

表示设备断开和允许进入间隔的信号及经常接入的电压表只能作为参考，不能作为设备有无电压的依据。但如果信号和仪表指示有电，则禁止在设备工作。

3. 接地

（1）装设接地线的保护作用。

1）可将电气设备上的剩余电荷泄入大地，同时当突然来电时，可促使电源开关迅速跳开。

2）可以限制发生突然来电时设备对地电压的升高。

（2）带电挂地线（带电合接地隔离开关），除引起接地短路、损坏设备停电外，因电弧温度很高（表面达 3000～4000℃，中心约 10000℃），往往烧伤操作人员，危及生命安全，造成终身残疾或死亡。因此，带电挂地线必须绝对禁止。其具体措施是：①断路器、隔离开关拉闸后，必须检查实际位置是否拉开，以免回路电源未切断；②坚持验电，及时发现带电回路，查明原因；③正确判断正常带电与感应电的区别，防止误把带电当静电；④隔离开关拉开后，若一侧带电，一侧不带电，应防止将有电一侧的接地隔离开关合上，造成短路，当隔离开关两侧均装有接地隔离开关时，一旦隔离开关拉开，接地隔离开关与隔离开关之间的机械闭锁即失去作用，此时任意一侧接地隔离开关都可以自由合上；⑤普遍安装带电显示器，并闭锁接地隔离开关，有电时不允许接地隔离开关合上。

（3）装设接地线的原则。

1）对可能送电至停电设备的各个电源侧，均应装设接地线，从电源侧看过去，工作人员均应在接地线的后面，在接地线的保护之下。

2）当有产生危险感应电压的可能时，要视情况适当增挂接地线。

3）进行线路工作时，除应遵循以上两条外，还应在每个工作台班的工作地段两侧悬挂接地线，即使是单端有电源的受电线路也应在工作地点的两端分别挂接地线。在水电站中，所有的高压设备停电检修时，都需装设接地线。

4）对于可能送电至停电设备的各方面或停电设备可能感应电压的都要装设接地线，所装接地线与带电部分应符合安全距离的规定。同杆架设的多层电力线路挂接地线时，应先挂下层导线，后挂上层导线。先挂离人体较近的导线（设备），后挂离人体较远的导线（设备）。

（4）装设接地线。接地线应用多股软裸铜线，其截面应符合短路电流的要求，不得小于 25mm^2。

当验明设备确已无电压后，应立即将检修设备接地并三相短路；装设接地线必须由两人进行。装设接地线必须先接接地端，后接导体端，必须接触良好。先装接地端后接导体端完全是操作安全的需要，因为在装拆接地线的过程中可能会突然来电而发生事故，操作第一步即应将接地线的接地端可靠地与地极螺栓良好接触，这样在发生各种故障的情况下都能有效地限制地线上的电位。

接地线必须使用专用的线夹固定在导体上，严禁用缠绕的方法进行接地或短路。缠绕接地或短路时应注意：①接地线接触不良会导致其在通过短线电流时过早地被烧毁；②接触电阻大，在流过短路电流时检修设备上产生较大的电压降，这是极其危险的，所以严禁采用这样的方法。

装设接地线时应使用绝缘棒或绝缘手套，人体不得接触接地线或未接地的导线。使用绝缘杆接地线应注意选择好位置，避免与周围已停电设备或地线直接碰触。装设接地线还应注意使所装接地线与带电设备导体之间保持规定的安全距离。

（5）装设接地线时应注意以下事项。

1）装设接地线在实施安全技术措施停电、验电之后进行，很多情况下要在带电设备附近进行操作。不仅装设接地线，而且拆除接地线也应遵守高压设备上工作的规定，由两人配合进行，以防无人监护而发生误操作，以及带电挂地线发生人身伤害事故时无人救护的严重后果。为此，必须遵守《电力安全工作规程》的有关规定。对单人值班变电站布置安全技术措施时，只允许通过操动机构合接地隔离开关，或使用基本安全工具绝缘棒合接地隔离开关。

2）装设接地线时主要应防止麻电和触电烧伤，防高处摔伤，挂设正确合格，装设中应注意以下几个方面：①装设之前，应先根据设备接地处所的位置选择合适的接地线，提前进行检查，保证接地线合格良好待用；②准备好所使用的工器具和安全防护用具，如阴雨天气应备好雨具、登高时的梯子需在杆塔上挂设时必须系好安全带等；③现场应先理顺展放好地线，因挂地线是和验电一起进行的，验明确无电压后，操作人先将接地端装好，选择挂设时合适的站立位置，如在平台、凳子上操作时应站稳，注意人身防护，保持好接地线与周围带电设备的安全距离，特别是部分停电地点，空间距离窄小时更应注意把持安全距离，在接通导体端的整个过程中，操作人员身体不得挨靠接地线金属部分。

3）对同杆架设的双回线、双母线、旁路母线等电气设备，停一回而另一回运行及其他产生感应电压突出明显的设备，应尽量使用接地隔离开关接地。在无接地隔离开关的设备上所挂的地线，均应为带有长绝缘操作杆的地线，以减小操作人员的风险。

4）挂设导体端时，应缓慢接近导电部分，待即将接触上的瞬间果断地将线夹挂入，并应检查接触良好。

拆接地线的顺序与装接地线相反，即先拆接地端，后拆导体端。只有在导体端与设备全部解开后，才可拆除接地端子上的接地线。否则，若先行拆除了接地端，则泄放感应电荷的通路即被隔断，操作人员再接触检修设备或地线，就有触电的危险。

4.悬挂标示牌和装设遮栏（围栏）

检修设备在完成停电、验电、悬挂接地线后还不能工作，以防工作中工作人员及工具误碰带电设备或距离带电设备太近，造成带电设备对人体放电。同时，应防止误合闸造成误送电，所以还必须完成悬挂标示牌、装设遮栏工作。只有做好上述各项技术措施后，才能开始工作。《电力安全工作规程》规定：在一经合闸即可送电到工作地点的开关和刀闸的操作把手上，均应悬挂"禁止合闸，线路有人工作！"标识牌。线路标示牌的格式、字样应符合《电业安全工作规程》的规定。标识牌的悬挂和拆除应严格按规定进行。

遮栏可用干燥木材、橡胶或其他坚韧绝缘材料制成，装设应牢固，并悬挂"止步，高压危险！"的标识牌。

工作人员在工作中严禁移动或拆除遮栏及接地线和标识牌，以确保工作安全。

（二）低压带电作业的安全措施

在380/220V低压电气设备和线路上带电工作，电气工作人员思想上绝对不能麻痹大意，绝不能认为电压低危险性小，统计数字表明，在触电伤亡事故中，在低压电气设备和线路上触电的比例较大，所以一定要严格按规定做好安全措施。在低压带电工作时必须注意以下安全事项。

（1）低压带电工作应有专人监护，使用有绝缘柄的工具，并站在干燥的绝缘物上进行工作。人体与地和金属之间要有足够的安全距离，人体与其他相的导体（包括中性线）之间有良好的绝缘或规定的安全距离。工作时带电部分尽可能位于检修人员的一侧，检修人员最好单手操作，以免发生两相触电事故。

（2）对于高、低压同杆架设的线路，假如要在低压线路上工作时，应先检查与高压线的距离，采取防止误碰高压线的措施。工作人员手的活动范围和头部与上层合杆的6～10kV高压线路应保持0.7m以上距离，与35kV高压线路应保持1m以上距离。

（3）工作人员必须穿长袖工作服、工作裤，严禁穿背心、短裤进行带电工作。要穿戴好绝缘鞋、绝缘手套和安全帽，高处作业还必须系好安全带。

（4）在工作中要认清相线、中性线，要严格按顺序拆搭。断开导线时先断火线，后断零线。搭接导线时顺序应相反；在工作时不准人体同时接触任何两根导线。

（5）工作中不准用钢卷尺或夹有金属丝的皮卷尺、线尺进行测量工作，也不得使用锉刀及用金属物制成的毛刷等工具。

（6）在带电的电流互感器二次回路上工作时，应有专人监护，并站在绝垫上工作。工作中严禁将电流互感器二次开路，以防止二次开路时产生的高电压损坏设备、伤人或铁芯产生的高温烧毁设备，要断开二次回路时必须用短接片将电流互感器二次回路先短路。禁止在电流互感器与短接端子之间的回路或导线上工作。

（7）在带电的电压互感器二次回路上工作时，应使用绝缘工具，并防止二次回路发生短路，以免短路电流使电压互感器发热烧坏或伤人。

（8）在低压电气设备和线路上工作，应尽可能停电进行，以确保工作安全。

（三）倒闸操作"五防"措施

倒闸操作是一项十分重要的工作，要严格防止误调度、误操作、误整定事故发生。倒

173

闸操作一定要严格做到"五防",即防止带负荷拉、合隔离开关;防止带接地线(接地刀闸)合闸;防止带电挂接地线(合接地刀闸);防止误分、误合断路器;防止人员误入带电间隔。此外,应防误登带电架构,避免人身触电,也是倒闸操作须注意的重点。

(1)倒闸操作发令、接令或联系操作要正确、清楚,并坚持重复命令,有条件的要录音。

(2)操作前进行"三对照",操作中坚持"三禁止""五不干",操作后坚持复查。

1)"三对照":①对照操作任务、运行方式,由操作人填写操作票;②对照"电气模拟图"审查操作票并预演;③对照设备编号无误后再操作。

2)"三禁止":①禁止操作人、监护人一起动手操作,失去监护;②禁止有疑问盲目操作;③禁止边操作边做与其无关的工作(或聊天),分散精力。

3)"五不干":①操作任务不清不干;②应有操作票而无操作票时不干;③操作票不合格不干;④应有监护而无监护人不干;⑤设备编号不清不干。

1. 防止带负载拉、合隔离开关

按照隔离开关允许的使用范围及条件进行操作。拉合负载电路时,严格控制电流值,确保在全电压下开断的小电流值在允许值之内。

(1)拉合规程规定之外的环路,必须谨慎,要有相应的技术措施:①操作前应经过计算或试验,使 $\Delta U < \Delta U_G$,操作方案经批准后,方可执行;②选择有利的操作方式,尽量使用室外隔离开关进行操作(L_2 大);③设备、环境、人身安全应符合要求,隔离开关最好有引弧角,且禁止使用慢分合的隔离开关拉合环路,隔离开关与周围建筑物保持安全距离(应不小于 L_2),主导电部分上方不得有建筑物,以防飞弧引起接地短路,在条件允许的情况下宜尽可能远方操作,如手动操作,就地要有保证人身安全的防护措施;④拉合环路电流,应与对应的允许断口电压差相配合,环路电流太大时,不得进行环路操作。

(2)加强操作监护,对号检查,防止走错间隔、动错设备、错误合拉隔离开关。同时,对隔离开关普遍加装防误操作闭锁装置。

(3)拉合隔离开关前,现场检查断路器,必须在断开位置。隔离开关经操作后,操动机构的定位销一定要销好,防止因机构滑脱接通或断开负载电路。

(4)倒母线及拉合母线隔离开关,属于等电位操作,$\Delta U = 0$,故必须保证母联断路器合入,同时取下该断路器的控制熔断器(保险),以防止跳闸。

(5)隔离开关检修时,与其相邻运行的隔离开关机构应锁住,以防止误拉合。

(6)手车式断路器的机械闭锁必须可靠,检修后应实际操作进行验收,以防止将手车带负载拉出或推入间隔,引起短路。

(7)安装带电显示器,并闭锁接地刀闸,有电时不允许接地刀闸合上。

2. 防止带接地线(接地刀闸)合闸

带电挂地线(带电合接地刀闸),除引起接地短路,损坏设备停电外,因电弧温度很高(表面达 3000~4000℃,中心约 10000℃),往往烧伤操作人员,危及生命安全,造成终身残疾或死亡。因此,带电挂地线必须绝对禁止。

(1)加强地线的管理,按编号使用地线。拆、挂地线要做记录并登记。防止在设备系统上遗留地线。

(2)拆、挂地线或拉合接地隔离开关,要在电气模拟图上做好标记,并应与现场的实际位置相符。交接班检查设备时，同时要查对现场地线的位置、数量是否正确，与"电气模拟图"是否一致。

（3）禁止任何人不经运行值班人员同意，在设备系统上私自拆、挂地线，挪动地线的位置，或增加地线的数量。

（4）设备第一次送电或检修后送电，运行值班人员应到现场进行检查，掌握地线的实际情况。调度人员下令送电前，事先应与发电厂、变电站的运行值班人员核对地线，防止漏拆接地线。

（5）设备检修后的注意事项：①检修后的隔离开关应保持在断开位置，以免接通检修回路的地线，送电时引起人为短路；②防止工具、仪器、梯子等物件遗留在设备上，送电后引起接地或短路；③送电前，坚持摇测设备绝缘电阻，若遗留地线，通过绝缘电阻表测量绝缘可以发现。

3. **防止带电挂接地线（合接地刀闸）**

（1）加强地线的管理。按编号使用地线，拆、挂地线要做记录并登记。

（2）防止在设备系统上遗留地线。

1）拆、挂地线或拉合接地刀闸，要在"电气模拟图"上做好标记，并与现场的实际位置相符，交接班检查设备时，同时要查对现场地线的位置、数量是否正确，与"电气模拟图"是否一致。

2）禁止任何人不经值班人员同意，在设备系统上私自拆、挂地线，挪动地线的位置，或增加地线的数量。

3）设备第一次送电或检修后送电，值班人员应到现场进行检查，掌握地线的实际情况；调度人员下令送电前，事先应与发电厂、变电所、用户的值班人员核对地线，防止漏拆接地线。

4. **防止误分、误合断路器**

（1）对于一经操作可能向检修地点送电的隔离开关，其操作机构要锁住，并悬挂"禁止合闸，有人工作"的标示牌，防止误操作。

（2）正常倒母线，严禁将检修设备的母线隔离开关误合入。事故倒母线，要按照"先拉后合"的原则操作，即先将故障母线上的母线隔离开关拉开，然后再将运行母线上的母线隔离开关合上，严禁将两母线的母线隔离开关同时合上并列，使运行的母线再短路。

5. **防止人员误入带电间隔**

（1）完善安全规章制度，严格执行《电力安全工作规程》、"两票"制度，加强制度宣贯、考核，注重安全意识的逐步培养。

（2）搞好技术培训，提高人员素质，要求做到"三熟""三能"，注重效果反馈。

（3）设备和系统设计上实现"五防"技术措施。

（4）电气设备停电后，即使是事故停电，在未拉开有效隔离开关和做好安全措施前，不得触及设备或进入遮栏，防止突然来电。

（5）设备检修、改造，应按制度要求填写第一种或第二种工作票。

（6）结合现场实际，开展有针对性和实效性的安全技术交底工作。

（7）进入高压室巡视应由两人进行，人员要有资质（本单位考核认可）。

（8）进入带电间隔前应仔细核对编号、位置，防止走错间隔。若带电间隔设备旁有表计，应检查表计是否有带电指示。检查设备是否有运行声音，防止进入带电间隔。

（9）尽可能避开几个电气工作面同时开工、交叉作业、赶工期、设备部分停电等特殊情况；若不能避免，则要求层层交底，并将带电间隔与非带电间隔（检修维护设备间隔）明显区分、有效隔离，警示明显。

（10）深入开展设备消缺、隐患排查治理专项行动，注重过程监管及实效。通过技术改造、集中整治等手段，逐步消除设备的不安全状态。

三、保障安全的重要组织措施——"两票"

（一）工作票

1. 定义及使用要求

电站的工作票，根据其工作性质的不同，一般分为：电气第一种工作票、电气工作票、水力机械检修工作票、工作任务单、动火工作票等5种。现场任何作业人员除严重危及人身、设备安全的紧急情况外，都无权无票作业。现场作业必须做到100%开票，票面安全措施、危险点分析与控制措施及两票执行环节必须100%落实。

（1）填用第一种工票的工作内容如下。

1）高压设备上工作，需要全部停电或部分停电。

2）高压室内的二次接线和照明等回路上工作，需要高压设备停电或做安全措施。

3）高压电力电缆需停电或要做安全措施的工作。

4）其他需要将高压设备停电或要做安全措施的工作。

（2）填用第二种工作票的工作内容如下。

1）带电作业和在带电设备外壳上的工作。

2）控制盘和低压配电盘、配电箱、电源干线上的工作。

3）二次接线回路的工作（无须高压设备停电）。

4）发电机、同时调相机的励磁回路或高压电动机转子电阻回路上的工作。

5）非当值值班人员用绝缘棒和电压互感器定相或用钳形电流表测量高压回路电流的工作。

（3）口头或电话命令的工作。除按上述规定填用第一种和第二种工作票的工作外，其他工作用口头或电话命令。口头或电话命令必须清楚正确，值班员应将发令人、负责人及工作任务详细记入操作记录簿中，并向发令人复诵核对一遍。

（4）动火作业。所谓动火作业，是指在禁火区进行焊接与切割作业及在易燃易爆场所使用喷灯、电钻、砂轮等可能产生火焰、火花和炽热表面的临时性作业。在发电厂中，根据防火区的重要性，动火区分为一级动火区和二级动火区。其中，一级动火区是指火灾危险性很大，发生火灾时后果很严重的部位或场所；二级动火区是指一级动火区以外的所有防火重点部位或场所以及禁止明火区。

1）一级动火范围包括：油区和油库围墙内，变压器等注油设备、蓄电池室，其他需要纳入一级动火管理的部位。

2）二级动火范围包括：动火地点有可能火花飞溅落至易燃易爆物体附近，电缆隧道内、电缆夹层，中控室、档案室，其他需要纳入二级动火管理的部位。

2. 五种人及其职责

工作负责人可以填写工作票，工作许可人不得签发工作票，工作票签发人不得兼任该项工作的工作负责人。每年应对工作负责人、工作许可人、工作票签发人进行考核并公布名单，并下发至班组、站。

（1）工作负责人必须是具有相关经验，熟悉设备情况、工作班人员工作能力和安全工作规程，并经过工区（厂、公司）生产领导书面批准的人员。工作负责人（监护人）的安全责任为：①正确、安全地组织工作；②确认工作票所列安全措施正确、完备，符合现场实际条件，必要时予以补充；③工作前对工作班全体成员告知危险点，督促、监护工作班成员执行现场安全措施和技术措施。

（2）工作许可人应是经公司或电站生产领导批准的有一定工作经验的运行人员或经批准的检修单位的操作人员（进行该工作任务操作及做安全措施的人员）。用户变、配电站的工作许可人应是持有效证书的高级电工。工作许可人的安全责任为：①确认工作票所列安全措施正确完备，符合现场条件；②确认工作现场布置的安全措施完善，确认检修设备无突然来电的危险；③对工作票中所列内容即使发生很小疑问，应当向工作票签发人询问清楚，必要时应要求作详细补充。

（3）工作票签发人必须是熟悉工作人员技术水平、设备情况、安全工作规程并具有相关工作经验的生产领导人、技术人员或经本单位生产领导批准的人员。工作票签发人的安全责任为：①确认工作必要性和安全性；②确认工作票上所填安全措施正确、完备；③确认所派工作负责人和工作班成员适当、充足。

（4）专责监护人就是具有相关工作经验，熟悉设备情况、熟悉安全工作规程的人员。专责监护人的安全责任为：①明确被监护人员和监护范围；②工作前对被监护人员交代安全措施，告知危险点和安全注意事项；③监督被监护人员执行《电力安全工作规程》和现场安全措施，及时纠正不安全行为。

（5）工作班成员的安全责任为：①熟悉工作内容、工作流程，掌握安全措施，明确工作中的危险点，并履行确认手续；②遵守安全规章制度、技术规程和劳动纪律，执行安全规程和实施现场安全措施；③正确使用安全工器具和劳动防护用品。

3. 工作票的执行程序

根据实际工作情况，工作票的执行程序一般为：工作票签发→接受工作票→布置和执行安全措施→工作许可→开始工作→工作监护→工作延期→检修设备试运行→工作终结→工作票终结→拆除临时措施与接地线等→工作票审核存档，如图 4-1 所示。其中，需要特别注意的是：①在接受工作票时，第一种工作票应在开工前一天 16：00 前交给值班人员，其他工作票可在当天交给值班人员；②值班人员在接受工作票时，对其安全措施审核时应进行"四考虑"。其他具体情况在《电力安全工作规程》中做了详细规定，执行工作票时，应严格按照规定程序执行，严防习惯性违章。

4. "四考虑"

在水电站的工作中，很多时候，在同一时间、同一工作地点、同一设备区会进行多项工作，为了保证各项工作的有序进行、互不干扰，运行值班人员在接受工作票时，需要对各工作票的安全措施审核进行"四考虑"，以确保各项工作的安全。其内容包括：考虑电

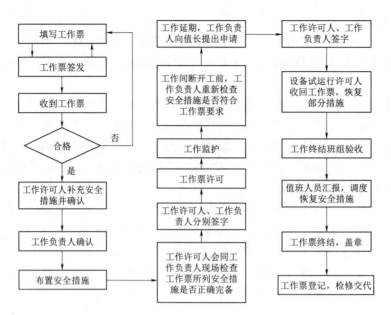

图 4-1　工作票执行流程图

气一次、二次的相互影响；考虑电气、机械方面的相互影响；考虑各检修作业面的相互影响及检修与运行设备的影响；考虑可能引起的问题与注意事项。

5. 防范措施

由于填用第二种工作票的工作种类繁多，而且大多是在带电设备或部分停电的屏盘上进行的，注意事项栏应针对可能出现的不安全现象或现场周围环境中存在的危险因素，具体地填写出防范措施，其主要内容包括以下两个方面。

（1）防止误动、误碰运行中的二次设备。对二次回路或设备上以及保护定检等工作，应填明：防止电压（互感器）回路短路，如将××（标号）线从×端子排上断开并绝缘包扎固定。防止电流回路开路，在×端子排处或设备接线柱处将××回路可靠短接。工作设备与运行保护有关连接的压板的投、退，有关部分是否使用封条、锁具，遮栏隔开的工作设备与相邻保护的情况。

（2）防止人员触电。低压电源干线、照明回路上的工作，应填明需要装设接地线的数量、处所，装设绝缘挡板数量、处所，提醒作业人员在工作地点采取安全措施，指明应检修的工作地点，以及警示值班人员禁止向某设备合闸送电等，它是保证电气工作人员安全的重要技术措施。在进行工作的工作票中，应在安全措施栏中写明：电气操作必须严格执行《电气设备操作行为规范》。

6. 规范工作票的执行

（1）工作票填用规定。

1）工作票要用钢笔或圆珠笔填写，一式两份，应正确清楚，不得任意涂改。如有个别错、漏需要修改时，应字迹清楚。两份工作票的其中一份必须保存在工作地点，由工作负责人收执；另一份由值班人员收执，按值移交。值班人员应将工作票号码、工作任务、许可工作时间及完工时间记入操作记录簿中。在无人值班的设备上工作时，第二份工作票由工作许可人收执。

2）一个工作负责人只能发给一张工作票。工作票上所列的工作地点以一个电气连接部位为限。如施工设备属于同一电压，位于同一楼层、同时停送电，且不会触及带电导体时，则允许在几个电气连接部位共用一张工作票。开工前工作票内的全部安全措施应一次做完。建筑工、油漆工等非电气人员进行工作时，工作票发给监护人。

3）在几个电气连接部位上依次进行不停电的同一类型的工作，可以发给一张第二种工作票。

4）若一个电气连接部位或一个配电装置全部停电，则所有不同地点的工作，可以发给一张工作票，但要详细填明主要工作内容。几个班同时进行工作时，工作票可发给一个总的负责人，在工作班成员栏内只填明各班的负责人，不必填写全部工作人员名单。

若在预定时间内，一部分工作尚未完成，仍需继续工作而不妨碍送电的，在送电前，应按照送电后现场设备带电情况，办理新的工作票，布置好安全措施后，方可继续工作。

5）事故抢修工作可不用工作票，但应记入操作记录簿内。在开始工作前必须按规定做好安全措施，并应指定专人负责监护。

6）线路、用户检修班或基建施工单位在发电厂或变电所进行工作时，必须由所在单位（发电厂、变电所或工区）签发工作票并履行工作许可手续。

7）第一种工作票应在工作前一日交给值班人员，临时工作在工作开始以前直接交给值班员。第二种工作票应在进行工作的当天预先交给值班员。

8）第一、二种工作票的有效时间，以批准的检修期为限。第一种工作票至预定时间，若工作尚未完成，应由工作负责人办理延期手续。工作票有破损不能继续使用时，应补填新的工作票。

9）需要变更工作班中的成员时，须经工作负责人同意。需要变更工作负责人时，应由工作票签发人将变动情况记录在工作票上。若扩大工作任务，必须由工作负责人通过工作许可人，并在工作票上增填工作项目。若需变更或增设安全措施，必须填用新的工作票，并重新履行工作许可手续。

（2）工作票的填写。

1）工作票由工作许可人按许可开始工作时间顺序即时统一编号，原则上按站名（监控中心）、年度（四位）、序号顺序（三位）依次编号。其中站名（监控中心）使用汉语拼音简称，年、序号顺序号码使用数字编号。工作票的填写必须使用标准的名词术语（系指国标、行标、陕西省电力公司规范的标准称谓）、设备的双重名称。

2）工作票的打印要做到字迹工整、清楚，不得涂改、刮改。票面上填写的数字，用阿拉伯数字表示，时间按24h计，年度填写4位数字，月、日、时、分填写两位数字，如2013年01月03日18时18分。

3）"单位"栏填写工作地点所在的电站（水库站、监控中心）名称。

4）"编号"栏由工作许可人按规定的要求填写。

5）"工作负责人（监护人）"栏：工作负责人即为工作监护人，单一工作负责人或多项工作的总负责人填入此栏。

6）"工作班成员"栏：工作班成员（包括临时工、民工）的姓名以横格填满为止，若不够填时，写明工作班成员人数"共×人"的总人数不包括工作负责人和配合工作人员；采用阿拉伯数字填写。

7)"班组"栏：一个班组检修，班组栏填写工作班组全称。几个班组进行综合检修，则班组栏填写检修单位。

8)"工作的变、配电站名称及设备名称"栏：写明被检修设备所在的具体地点，工作地点必须填写区域名、室名或实际位置，中断路器、隔离开关填写双重名称。母线、构架、线路及其他设备上工作填写电压等级和设备名称，用双重名称表述设备的实际位置，表述必须与现场实际命名相符，并做到明确详细。

9)"工作内容"栏：工作内容主要说明设备检修、试验及设备技改、安装、拆除等具体工作内容。

10)"计划工作时间"栏：根据工作内容和工作量预计完成该项工作所需的时间。计划工作时间不包括设备停电、送电的操作时间。

11)"安全措施"栏：填写工作应具备的安全措施，安全措施要周密、细致，做到不丢项、不漏项。

12)"收到工作票时间"栏：当值班组具有工作许可人资格人员接收该工作票后填写接受人姓名和时间；收到工作票时间应按实际收到正式合格工作票时间填写。

13)"确认本工作票上述各项内容"栏：工作许可人在布置检修设备的安全措施前，会同工作负责人确认工作票1)~7)项正确无误，工作许可人将工作票上传至监控中心，值班长审查同意后，方可布置检修设备的安全措施，布置结束后，应会同工作负责人到现场共同检查所做的安全措施正确无误，双方共同签名，由工作许可人填写许可时间，工作票方可生效。

14)"确认工作负责人布置的工作任务和安全措施"栏：工作班全体人员明确工作任务和工作负责人组织布置的安全措施后分别亲自签字。

7. 工作票签发及相关人员安全职责

工作票签发人应由熟悉人员、设备和安全规程的生产领导人、技术人员或经厂、局主管生产领导批准的人员担任，工作票签发人员名单应书面公布，工作票签发人不得兼任该项工作的负责人；工作负责人可填写工作票，但不得签发工作票。

工作票所列人员的安全职责如下。

(1) 工作票签发人职责。

1) 工作是否必要。

2) 工作是否安全。

3) 工作票上所填安全措施是否正确完备。

4) 所派工作负责人和工作班人员是否适当和足够，精神状态是否良好。

(2) 工作负责人（监护人）职责。

1) 正确安全地组织工作。

2) 结合实际进行安全思想教育。

3) 督促、监护工作人遵守安全规程。

4) 负责检查工作票所列安全措施是否正确完备和值班员做的安全措施是否符合现场

实际条件。

5）工作前对工作人员交代安全事项。

6）工作人员变动是否合适。

（3）工作许可人职责。

1）负责审查工作票所列安全措施是否正确完备，是否符合现场条件。

2）工作现场布置的安全措施是否完善。

3）负责检查停电设备有无突然来电的危险。

4）对工作票中所列内容即使发生很少疑问，也必须向工作票签发人询问清楚，必要时应要求作详细补充。

（4）工作班成员职责。认真执行《电力安全工作规程》各现场安全措施，互相关心工作安全，并监督《电力安全工作规程》和现场安全措施的实施，保证安全工作。

8. 工作许可制度

电气工作开始前，必须完成工作许可手续。工作许可人（运行值班负责人）应负责审查工作票所列安全措施是否正确完善，是否符合现场条件；并负责落实施工现场的安全措施。工作许可人应会同工作负责人到现场检查所做的安全措施是否完备、可靠，并检验证明检修设备确无电压。工作许可人应给工作负责人指明带电设备的位置和注意事项，然后分别在工作票上签名，工作班方可开始工作。

工作过程中，工作负责人和工作许可人任何一方不得擅自变更安全措施，值班人员不得变更有关检修设备的运行接线方式。工作中如有特殊情况需变更时，应事先取得对方同意。

线路停电检修，运行值班人员必须在变配电所将线路可能受电的各方面均拉闸停电，并挂好接地线，将工作班数目、工作负责人姓名、工作地点和工作任务记入记录簿内，然后才能发出许可工作的命令。

在工作中需注意：严禁约定时间送电。

9. 工作监护制度

完成工作许可手续后，工作负责人（监护人）应向工作班成员交代现场安全措施、带电部位及其他注意事项。工作负责人（监护人）必须始终在工作现场，对工作班成员的安全认真监护，及时纠正违反安全的动作。

工作班成员必须服从工作负责人（监护人）的指挥。工作负责人（监护人）如发现工作人员有违反安全工作规程或进行不安全工作时，应立即指正，必要时可暂停其工作。

工作负责人或专责监护人因故离开现场时，须指定能胜任的人员临时代替，并交代清楚，使监护人工作不间断。若工作负责人必须长时间离开工作现场，则应由原工作票签发人变更工作负责人，履行变更手续并告知工作班成员及工作许可人。

所有工作人员（包括工作负责人）不单独留在高压室内或户外变配电所高压设备区内，以免发生意外触电或电弧灼伤事故。

监护人所监护的内容归纳如下：①部分停电时，监护所有工作人员的活动范围，与带电部分要保持规定的安全距离；②带电作业时，监护所有工作人员的活动范围，与接地部分保持规定的安全距离；③监护所有工作人员的工具使用是否正确，工作位置是否正确，工作位置是否安全，操作方法是否正确等。

10. 工作间断、转移和终结制度

工作间断时，工作班成员应从工作现场撤出，所有安全措施保持不动，工作票仍由工作负责人留存，间断后继续工作，无须通过工作许可人。每日收工，应清扫工作地点，开放已封闭的通路，并将工作票交回运行值班员。次日复工时，应得到工作许可人的许可，取回工作票，工作负责人必须在工作前重新认真检查安全措施是否符合工作票的要求，然后才能继续工作，若无工作负责人或监护人带领，工作人员不得进入工作地点。

在同一电气连接部位用同一工作票依次在几个工作地点转移工作时，全部安全措施由运行值班员在开工前一次做完，不需再办转移手续，但工作负责人在转移工作地点时，应向工作人员交代带电范围、安全措施和注意事项。

全部工作完毕后，工作班应清扫、整理现场。工作负责人应先进行周密检查，待全体工作人员撤离工作地点后，再向运行值班人员讲清所检修项目、发现的问题、试验结果和存在问题等，并与运行值班人员共同检查设备状况，有无遗留物件，是否清洁等，然后在工作票上填明工作终结时间，经双方签名后，工作票方告终结。

只在同一停电系统的所有工作票结束，拆除所有接地线、临时遮栏和标示牌，恢复常设遮栏，并得到运行值班调度员或运行值班负责人的许可命令后，才能合闸送电。合闸送电后，工作负责人检查电气设备或线路的运行情况，正常后方可离开工作现场。

已结束的工作票、事故应急抢修单要保存 1 年。

陕西宁强二郎坝水力发电公司"两票"如图 4-2 所示。

（二）操作票

1. 操作票的执行要求

操作票的操作范围不得任意扩大。按照《电力安全工作规程 变电部分》（Q/GDW 1799.1—2013）的规定，允许下列电气操作可以不使用操作票：事故应急处理；拉合断路器（开关）的单一操作。

上述操作在完成后应做好记录，事故应急处理应保存原始记录。

而下述情况下进行倒闸操作时可以不用操作票：

处理事故时，为了能迅速断开故障点、缩小故障范围，尽快恢复供电，允许不填操作票进行操作，在事故处理结束后，应尽快向上级运行负责人汇报，并做好记录；在高压断路器与隔离开关之间有连锁装置时，并且全部高压断路器和隔离开关都能在控制盘（或上位机）上进行遥控操作；在简单设备上进行单一操作时，如拉合高压断路器、拉开隔离开关的接地刀、拆装一组临时接地线、380V 开关室内单项设备的停送电操作等；寻找直流接地；浮充电动机、短充电动机与蓄电池的并列操作等。

2. 倒闸操作前书写操作票时应考虑的问题

（1）倒闸操作时系统接地点。电压为 110kV 及以上的系统均为大电流接地系统，任何情况下均不得失去接地点运行。为了保证电网的安全及继电保护正确动作，系统接地点的数量、分布，接地变压器的容量，均应符合电网调度规程的规定。制订系统接地点的实施方案时，通常从以下几方面考虑。

1）使单相短路电流不超过三相短路电流。

2）在低压侧或中压侧有电源的发电厂（变电站），该厂（所）至少应有一台主变压器

电气第一种工作票

| 单位 | 卧龙台电站 | 编号 | WLT2021l036 |

1、工作负责人（监护人）：白民生　　　　　班组：电气班

2、工作班成员：郑雨庆　　　　　　　　　　　　　　共 1 人

3、工作的变、配电站名称及设备双重名称：卧龙台电站3503 三号主变35KV侧开关柜

| 4、工作任务 | 工作地点或设备双重名称 | 工作内容 |
| | 卧二期35KV开关室 | 3503 三号主变35KV侧开关柜内更换加热板 |

5、计划工作时间：自 2021 年 11 月 23 日 09 时 10 分至 2021 年 11 月 23 日 16 时 00 分

6、安全措施（必要时可绘图说明）	应拉断路器、隔离开关、应投切相关交直流电源（开关、熔断器、连接片）	已执行 ✓
	1）拉开3503 三号主变35KV侧开关	✓
	2）拉开3503 三号主变35KV侧开关控制电源开关	✓
	3）将3503 三号主变35KV侧开关拉至"检修"位置	✓
	4）拉开3503 三号主变35KV侧开关柜内加热板开关	✓
	应接接地线（注明确实地点）应合接地刀闸（注明双重名称及接地线编号）	已执行
	应设遮栏、应挂标示牌及防止二次回路误碰等措施	已执行 ✓
	1）在所拉开的开关操作把手上挂"禁止合闸，有人工作"标示牌各1块	✓
	工作地点保留带电部分或注意事项（由工作票签发人填写）	补充工作地点保留带电部分和安全措施（由工作许可人填写）
	无	无

工作票签发人签名：郑雨庆　　　签发日期 2021 年 11 月 23 日 09 时 20 分

7、收到工作票时间：2021 年 11 月 23 日 09 时 35 分
工作许可人签名：辰雅涛　　　工作负责人签名：白民生

8、确认本工作票中上述各项正确
票中所列各项经值班长 张力 审核同意
安全措施已全部执行完毕，从2021年 11 月 23 日 10 时 00 分许可开始工作。
工作许可人签名：辰雅涛　　　工作负责人签名：白民生

9、确认工作负责人布置的工作任务和安全措施：
工作班人员签名：郑雨庆

10、工作负责人更改情况：
原工作负责人 _____ 离去 变更	工作票签发人：	日期：__年__月__日__时__分
为工作负责人 _____	工作许可人：	日期：__年__月__日__时__分
原工作负责人 _____ 离去 变更	工作票签发人：	日期：__年__月__日__时__分
为工作负责人 _____	工作许可人：	日期：__年__月__日__时__分

11、工作人员变动情况（变动人员姓名、日期及时间）：
工作负责人签名：

12、工作票延期：

第 1 页 共 2 页

经申请值班长 _____ 同意，有效期延长到：____年__月__日__时__分
工作负责人签名：　　　　　　　日期：____年__月__日__时__分
工作许可人签名：　　　　　　　日期：____年__月__日__时__分

13、检修试运
检修设备需试运（工作终间，所列安全措施应全部执行）检修设备试运结束，工作票所列安全措施应全部执行

允许试运时间	工作许可人	工作负责人	允许恢复工作时间	工作许可人	工作负责人
__年__月__日__时__分			__年__月__日__时__分		
__年__月__日__时__分			__年__月__日__时__分		

14、工作票终结：
(1) 全部工作于 2021 年 11 月 23 日 13 时 50 分结束，设备及安全措施已恢复自至开工前状态，工作人员已全部撤离，材料工具已清理完毕。
(2) 临时遮栏、标示牌已拆除，常设遮栏已恢复，接地线（接地刀闸）共 0 组，已拆除（拉开）0 组，未拆除（拉开）的接地线（接地刀闸）编号（双重名称）共 0 　共 0 组。已汇报值班负责人 张力 确认。
工作负责人签名：白民生　　　日期：2021 年 11 月 23 日 13 时 51 分
工作许可人签名：辰雅涛　　　日期：2021 年 11 月 23 日 13 时 52 分

15、备注：
(1) 指定专责监护人 _____　负责监护 _____（地点及具体工作）
(2) 其他事项：

* 已执行栏目及接地线编号由工作许可人填写。

第 2 页 共 2 页

二郎坝发电公司安全风险预控

1. 工作内容：3503 三号主变35KV侧开关柜内更换加热板　　3. 工作编号：WLT2021036

4.作业成员声明	我已经学习掌握了下述风险控制措施，在作业中遵照执行。工作班组成员签名：郑雨庆			2021 年 11 月 23 日
序号	作业风险	风险描述	具体控制措施	是否更新项目	验证人工作负责人
4.1	管理因素	1）未办理工作票。2）无安全技术措施或安全措施不完备。3）未严格工作监护制度	1.严格执行两票三制；2.工作许可人在合同工作负责人检查所做的安全措施正确完备，并指明带电设备位置和注意事项；3.认真履行工作监护职责，严禁擅自离开工作现场。	否	白民生
4.2	人为因素	1）擅自拆除或挪用安全装置和设施；2）违反劳动纪律；3）疫情防控	1.安全装置及设施严禁私自拆除、挪用；2.严格遵守劳动纪律，从严考核；3.做好疫情期间个人防护，人员思想稳定，健康状态良好。白民生：酒精：0 体温：36.2 血压：118/82 郑雨庆：酒精：0 体温：36.3 血压：116/70	否	白民生
4.3	触电伤害	1）误入带电间隔；2）误碰带电设备	1.工作人员提醒有核对设备；2.工作前应确保与带电体的安全距离；3.逐手不准触摸开关以及其他带电设备。发现有人触电后，应立即切断电源，使触电人脱离电源，并进行急救。	否	白民生
4.4	检修交代	交代不清影响设备安全运行	1.工作束清扫作业现场，检查有无安全隐患。会同许可人现场检查完成情况，做好试验交代并作记录。	否	白民生

5. 备注（填写工作中发现的新风险项和工作后遗留问题）：无

6. 工作票签发人：郑雨庆　　　　签发时间：2021 年 11 月 23 日

二郎坝发电公司安全风险预控

1. 工作内容：3503 三号主变35KV侧开关柜内更换加热板　2. 工作负责人：白民生　3. 工作票编号：WLT2021036

4.作业成员声明	我已经学习掌握了下述风险控制措施，在作业中遵照执行。工作班组签名：郑雨庆			2021 年 11 月 23 日
序号	作业风险	风险描述	具体控制措施	是否更新项目	验证人工作负责人
4.1	管理因素	1）未办理工作票。2）无安全技术措施或安全措施不完备；3）未严格工作监护制度	1.严格执行两票三制；2.工作许可人在合同工作负责人检查所做的安全措施正确完备，并指明带电设备位置和注意事项；3.认真履行工作监护职责，严禁擅自离开工作现场。	否	白民生
4.2	人为因素	1）擅自拆除或挪用安全装置和设施；2）违反劳动纪律；3）疫情防控	1.安全装置及设施严禁私自拆除、挪用；2.严格遵守劳动纪律，从严考核；3.做好疫情期间个人防护，人员思想稳定，健康状态良好。白民生：酒精：0 体温：36.2 血压：118/82 郑雨庆：酒精：0 体温：36.3 血压：116/70	否	白民生
4.3	触电伤害	1）误入带电间隔；2）误碰带电设备	1.工作人员提醒有核对设备；2.工作前应确保与带电体的安全距离；3.逐手不准触摸开关以及其他带电设备。4.发现有人触电后，应立即切断电源，使触电人脱离电源，并进行急救。	否	白民生
4.4	检修交代	交代不清影响设备安全运行	1.工作结束清扫作业现场，检查有无安全隐患。会同许可人现场检查完成情况，做好试验交代并作记录。	否	白民生

5. 备注（填写工作中发现的新风险项和工作后遗留问题）：无

6. 工作票签发人：郑雨庆　　　　签发时间：2021 年 11 月 23 日

图 4-2　陕西宁强二郎坝水力发电公司"两票"

的高压侧中性点接地，以保证与电网解列后不失去接地点。

3）三相绕组升压变压器，高压侧停电后该侧中性点接地闸应合上，以保证单相短路时，变压器差动保护及零序电流保护能够动作。

（2）倒闸操作中，为了防止发生操作过电压及铁磁谐振过电压，根据需要，允许将平时不接地的变压器中性点临时接地。

（3）改变后的运行方式是否正确、合理及可靠。

1）在确定运行方式时，应优先采用运行规程中规定的各种运行方式，使电气设备及继电保护尽可能处在最佳状态运行。

2）制定临时运行方式时，应根据以下原则：保证设备额定功率、满发满供，不过负载；保证运行的经济性、系统功率潮流合理，机组能较经济地分配负载；保证短路容量在电气设备的允许范围之内；保证继电保护及自动装置正确运行及配合；厂用电可靠；运行方式灵活，操作简单，处理事故方便。

（4）倒闸操作是否会影响继电保护及自动装置的运行。在倒闸操作过程中，如果预料有可能引起某些保护或自动装置误动或失去正确配合，要提前采取措施或将其停用。

（5）要严格把关，防止误送电，避免发生设备事故及人身触电事故。因此，在倒闸操作前应遵守以下要求。

1）在送电的设备及系统上，不得有人工作，工作票应全部收回。同时设备要具备以下运行条件：发电厂或变电站的设备送电，线路及用户的设备必须具备受电条件；一次设备送电，相应的二次设备（控制、保护、信号、自动装置等）应处于备用状态；电动机送电，所带机械必须具备转动条件，否则应切断；防止下错令，将检修中的设备误接入系统送电。

2）设备预防性试验合格，绝缘电阻符合规程要求，无影响运行的重大缺陷。

3）严禁约时停送电、约时拆挂地线或约时检修设备。

4）新建电厂或变电站，在基建、安装、调试结束及工程验收后，设备正式投运前，应经本单位主管领导同意及电网调度下令批准，方可投入运行，以免忙中出错。

（6）制定倒闸操作中防止设备异常的各项安全技术措施，并进行必要的准备。

（7）进行事故预想。电网及变电站的重大操作，调度员及操作人员均应做好事故预想。发电厂内的重大电气操作，除值长及电气值班人员要做好事故预想外，其他主要车间的负责人及工作人员也要做好事故预想。事故预想要从电气操作可能出现的最坏情况出发，结合本专业的实际，全面考虑，拟定对策及具体可行的应急措施。

3. 操作票中应填写的内容

填写操作票的目的是拟定具体操作内容和顺序，防止在操作过程中发生顺序颠倒或漏项。而对于倒闸操作所使用操作票的范围，在水电站及电网的倒闸操作时，对于1000V以上的高压电气设备，正常运行情况下进行任何操作都必须填写操作票。

（1）操作票的使用，应符合下列规定。

1）操作票应先编号，并按照编号顺序使用。

2）一个操作任务填写一张操作票。

3）操作票中所填设备名称，实行双重编号。

（2）操作票的填写内容如下。

1）操作任务。

2）应拉合的断路器及隔离开关的名称、编号。

3）检查断路器及隔离开关的分、合实际位置。

4）投入或取下控制回路、信号回路、电压互感器回路的熔断器（保险）。

5）定相或检查电源是否符合并列条件。

6）检查负载分配情况。

7）断开或投入保护连接片和自动装置。

8）检查回路是否确无电压。

9）装、拆接地线（合拉接地隔离开关），检查接地线（接地隔离开关）是否拆除（拉开）等。倒闸操作中的辅助操作包括：测量设备的绝缘电阻；变压器或消弧线圈改变分接头位置；启停强油循环变压器的油泵；接通或断开断路器的合闸动力电源及隔离开关的控制电源或气源等。这些操作是否写入操作票中，应根据各厂制定的操作规程的规定而定。

（3）操作票填写设备名称和编号的作用。

1）使操作票简洁、明了，避免某些语句在书写和复诵上过于烦冗。

2）通过使用双重名称，可以避免发令和受令时在听觉上出错，特别是在操作票中，为了保证设备的可靠运行，防止走错间隔和误操作，一般在操作票中需填写设备双重名称，同一变电站内同音或近音的设备尤为必要；应该注意的是发电厂和变电站内的设备，编号要能明显地区分开来，不得重复编号。

（4）在操作票上必须填写高压断路器和隔离开关的操作步骤，此外还应填写下列内容。

1）拉开和合上高压断路器的操作电源（取下或装上操作熔断器），拉开和合上电压互感器的隔离开关，以及取下或装上电压互感器的熔断器。

2）检查高压熔断器和隔离开关的实际开合位置。

3）使用验电器检验需要接地部分是否确已无电。

4）使用或停用继电保护和自动装置，或改变其整定值，以及切断或合上它们的电源。

5）拆、装接地线并检查有无接地。

6）进行两侧具有电源的设备的同期操作。

4. 操作票实行三级审查制

"三审"是指操作票填好后，必须进行三次审查。

（1）自审，由操作票填写人进行。

（2）初审，由操作监护人进行。

（3）复审，由值班负责人（值长）进行。

三审后的操作票，经值长批准生效，得到调度正式操作令后执行操作。

5. 固定操作票的使用

对于与电气运行方式关系不大的频繁操作或特定操作，在不违反《电力安全工作规程》、不降低安全水平的情况下，经领导批准，可以使用内容、格式统一的固定操作票，并要注意以下事项。

（1）使用固定操作票，也要审票，并严格执行操作票制度的有关规定。

（2）一般可考虑使用固定操作票的操作包括：高低压电动机停送电；备用励磁机定期

185

测绝缘电阻、试转、升压；发电机解、并列；设备定期联动试验；分段母线的预试等。

6. 操作票的执行原则

（1）"四个对照"：①对照运行设备系统图；②对照运行方式和模拟接线图；③对照工作任务；④对照固定操作票。

（2）"五不操作"：①未进行模拟预演不操作；②操作任务或操作目的不清楚不操作；③未经唱票复诵和思考不操作；④操作中产生疑问或异常不操作；⑤操作项目的检查不仔细不操作。

（3）"四不开工"：①工作地点或工作任务不明确不开工；②安全措施的要求或布置不完善不开工；③审批手续或联系工作不完善不开工；④检修和运行人员没有共同赴现场检查或检查不合格不开工。

（4）"五不结束"：①检修（包括试验）人员未全部撤离工作现场不结束；②设备变更和改进交代不清或记录不明不结束；③安全措施未全部拆除不结束；④有关测量试验工作未完成或测试不合格不结束；⑤检修（包括试验）和运行人员没有共同奔赴现场检查或检查不合格不结束。

已结束的操作票应保存 1 年。

陕西宁强二郎坝水力发电公司操作票如图 4-3 所示。

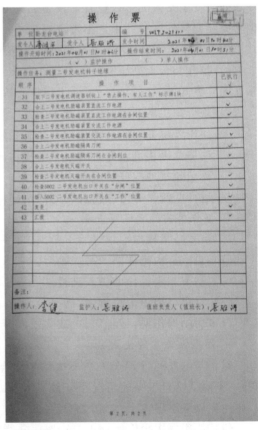

图 4-3　陕西宁强二郎坝水力发电公司操作票

第三节 倒 闸 操 作

一、倒闸操作的定义

电力系统的设备状态一般划分为运行、热备用、冷备用和检修 4 种状态。热备用和冷备用是指设备的相对状态，其中热备用是指设备只有断路器处在断开位置。而冷备用是指断路器、隔离开关均断开。另外，检修状态是指在冷备用状态下，且布置了安全措施。而运行状态则是指设备处于正常的工作状态。

将电气设备由上述一种状态转变为另一种状态的过程叫作倒闸，倒闸时所进行的操作叫作倒闸操作。倒闸操作可以通过就地操作、遥控操作、程序操作完成，遥控操作、程序操作的设备应满足有关技术条件。

在水电站及电网的倒闸操作中，其内容一般包括：①水轮发电机组的启动、并列和解列；②电力变压器的停、送电；③电力线路的停、送电；④网络的合环与解环；⑤母线接线方式的改变（即倒换母线）；⑥中性点接地方式的改变和消弧线圈的调整；⑦继电保护和自动装置使用状态的改变；⑧接地线的拆装与拆除等。

在雷雨天时应禁止进行倒闸操作，其原因主要是有雷电活动时，雷电波会通过母线在线路之间溃散，雷电流是相当大的，而高压断路器的遮断容量是有限的，如果恰好在操作中遇上开断雷电流，就会发生严重后果。有雷电活动时，输电线路及其他电气设备发生故障的概率也高，操作条件恶劣，对人身和设备风险都大，工作无安全保障。

二、程序及要求

倒闸操作的执行程序一般是：发布和接收操作任务→填写操作票→审查与核对操作票→操作准备→操作执行命令的发布和接收→进行倒闸操作→复查→汇报、盖章与记录。

倒闸操作的基本原则就是不能带负载拉、合隔离开关。

倒闸操作的基本要求为：手动合隔离开关时，必须迅速果断，但合到底时不能用力过猛，以防合过头及损坏支持绝缘子。隔离开关一经合上，不得再行拉开。手动拉开隔离开关时应谨慎，特别是刀片刚离开刀嘴时，如发生大电弧应立即合上，停止操作并查明原因。如无大电弧产生，则迅速拉开。

在一般情况下，断路器不允许带电手动合闸。这是因为手动合闸慢，易产生电弧。在遥控操作断路器时，为防止损坏控制开关及断路器合闸后又跳闸，操作时不得过猛或返回太快。在断路器操作后，应检查有关信号及测量仪表的指示以判断断路器动作的正确性。

三、倒闸操作注意事项

（一）倒闸操作的准备工作

1. 接受操作任务

操作任务通常由操作指挥人或操作领导人（调度员、值长或上级领导）下达，是进行倒闸操作准备的依据。有计划的复杂操作或重大操作，应尽早通知相关单位的人员做好准备。接受操作任务后，值班负责人首先要明确操作人及监护人。

2. 确定操作方案

根据当班设备的实际运行方式，按照规程规定，结合检修工作票的内容及地线位置，综合考虑后确定操作方案及操作步骤。

3. 填写操作票

操作票的内容及步骤是操作任务、操作意图及操作方案的具体化，是正确执行操作的基础和关键。所以填写操作票时，务必严肃、认真、准确，且注意以下几点。

（1）操作票必须由操作人填写。

（2）填好的操作票应进行审查，达到准确无误。

（3）特定的操作，按规定也可使用固定操作票。

（4）准备操作用具及安全用具，并进行检查。

（5）此外，准备停电的设备如带有其他负载，倒闸操作的准备工作还包括将这些负载转移的操作。例如，停电的线路上有接负载时，应事先将其倒出。

（二）倒闸前的模拟操作

为核对操作票的正确性，经班长批准进行模拟操作。此时监护人按操作票的项目顺序唱票，由操作人对照模拟图板，以核对其操作票是否正确。

在进行现场操作时，操作人和监护人携带操作工具进入现场。操作前，先核对被操作设备的名称、编号应与操作票相同。当监护人认为操作人站立位置正确和使用安全用具符合要求时，按操作票的顺序及内容高声"唱票"，操作人应再次核对设备名称和编号，稍加思考（即 3s 思考）无误后，复诵一遍。监护人确认无误后，下达"对，执行"的命令。此时，操作人方可按照命令进行操作。操作人在操作过程中，监护人还应监视其操作方法是否正确，当操作人操作完一项时，监护人立即在操作项目左侧做一个"√"记号，然后继续进行下一项操作。

（三）操作监护制

操作监护制是我国发供用电运行部门普遍实行的一种基本工作制度，即倒闸操作时实行一人操作、一人监护的制度。这个制度在执行中有以下基本要求。

1. 倒闸操作必须由两人进行

通常由技术水平较高、经验比较丰富的值班员担任监护，另一人担任操作。发电厂、变电站、调度所及用户，每个值班人员的监护权、操作权应在岗位责任制中明确规定，通过考试合格后由领导以书面命令正式公布，并取得合格证。

2. 操作前应进行模拟预演

经"三审"批准生效的操作票，在正式操作前，应在电气模拟图上，按照操作票的内容和顺序模拟预演，对操作票的正确性进行最后检查、把关。

3. 严格按程序执行

每进行一项操作，都应遵循"唱票→对号→复诵→核对→操作"这 5 个流程进行。具体地说，就是每进行一项操作，监护人按操作票的内容、顺序先"唱票"（即下操作令），然后操作人按操作令查对设备名称、编号及自己所站的位置无误后，复诵操作令，监护人听到复诵的操作令后，再次核对设备编号无误，最后下达"对，执行"的命令，操作人方可进行操作。

　　操作票必须按顺序执行，不得跳项和漏项，也不准擅自更改操作票内容及操作顺序。每执行完一项操作，做一个"√"记号。

　　除非发生特殊情况（如操作人突然生病，或中途发生事故、受伤等），不要随便更换操作人或监护人。

　　操作中产生疑问或发现电气闭锁装置动作，应立即停止操作，报告值班负责人，查明原因后，再决定是否继续操作。

　　全部操作结束后，派人对操作过的设备进行复查，并向发令人汇报。

（四）倒闸操作时监护复诵

　　监护复诵制度实际上是对操作实施进行全过程安全监护的制度。模拟预演结束后，因为监护人较之于操作人更熟悉设备，经验丰富，所以，操作人应由监护人带领前往操作现场。以油断路器单元设备为例，操作之前，监护人持票面向待操作设备，站于操作人附近身后，两人立准位置，核对设备名称、编号和位置正确，准备开始操作，监护人记录开始操作时间，发布操作命令，高声唱票。操作人听令，核对设备名称、编号、位置，无误后以手指示高声复诵一遍并做好操作准备。监护人审查操作人所诵所指行为正确无误，发出"执行"的命令。操作人接到命令即动手操作，用钥匙打开电气防误闭锁装置，操作完毕复位，听候监护人下一项命令，监护人监督操动后设备状态合乎要求，则在该项上按规定打"√"，接着唱诵下一项操作指令，如此按顺序进行，直至全部项目完结后，再全部进行一次复查，证明设备状态良好，监护人记录操作结束时间，带领操作人离开操作现场。

（五）倒闸操作时安全用具的使用

　　倒闸操作时须使用绝缘手套、绝缘靴、绝缘拉杆、验电器等。按照《电力安全工作规程》的要求，这些安全用具必须定期进行耐压试验，试验合格的安全工具才能使用。

　　（1）安全用具使用前应进行一般检查，要求如下。

　　1）用充气法对绝缘手套进行检查，应不漏气，外表清洁完好。同时，要注意高、低压绝缘手套不能混用。

　　2）对绝缘靴、绝缘拉杆、验电器等进行外观检查，应清洁无破损。

　　3）禁止使用低压绝缘鞋（电工鞋）代替高压绝缘靴。

　　4）对声光验电器应进行模拟试验，检查声光显示正常，设备电路完好。

　　5）所有安全用具均应在有效试验期之内。

　　（2）倒闸操作使用绝缘棒时要戴绝缘手套。绝缘棒的绝缘并不绝对，当保管不当受潮时，它的绝缘能力将会降低，表现为泄漏电流增大，假如使用这样的绝缘棒操作，绝缘棒上就会产生电压降，如果操作人不戴绝缘手套，则其两手之间的接触电压将对人身安全造成威胁。其次，如果操作中出现错误引起设备接地，那么，对地电位升高，操作人会因两手之间承受接触电压而受伤害。因此，在使用绝缘棒进行倒闸操作时，还必须戴绝缘手套。

　　（3）穿绝缘靴。穿绝缘靴是为了防止设备外壳带有较高电位时操作人员受到跨步电压的危害。在实际操作中应严格遵守上述规定，并注意在出现以下情况时穿好绝缘靴：

　　1）电气设备出现异常的检查巡视中，包括小电流接地系统接地检查时。

　　2）雨天、雷电活动中设备巡视和用绝缘棒进行操作时。

3）发生人身触电，前往解救时。

4）对接地网电阻不合格的配电装置进行倒闸操作和巡视时。

（4）下雨天倒闸操作。下雨天对倒闸操作来说是一种特殊气候，必须有针对性地采取措施。《电力安全工作规程》中指出：雨天操作室外高压设备时，绝缘棒应有防雨罩，还应穿绝缘靴。接地网电阻不符合要求的，晴天也应穿绝缘靴。绝缘棒的绝缘部分加装的防雨罩是喇叭口形的，使用时应注意，防雨罩的上口必须和绝缘部分紧密接触、无渗漏。这样它就可以把绝缘棒上顺流下来的雨水阻断，保持一定的耐压，而不至于形成对地闪络。增加了防雨罩，还可以保证绝缘棒上的一部分不被淋湿，提高它的湿闪电压。

四、电气设备的倒闸操作

（一）断路器

（1）操作断路器时应注意以下事项。

1）拉合控制开关（SA），不得用力过猛或操作过快，以免合不上闸。

2）断路器合闸送电或跳闸后试发，人员应远离现场，以免因带故障合闸造成断路器损坏，发生意外。

3）远方（电动或气动）合闸的断路器，不允许带工作电压手动合闸，以免合闸在故障回路使断路器损坏或引起爆炸。

4）当断路器出现非对称开合闸时，首先要设法恢复对称运行（三相全合或全开），然后再做其他处理。发电厂及变电站的运行规程应结合本单位的一次接线，明确规定故障发生在不同回路（发电机或出线）时的具体处理步骤和方法。

5）断路器经拉合后，应到现场检查其实际位置，以免传动机构开焊，绝缘拉杆折断（脱落）或支持绝缘子碎裂，造成回路实际未拉开或未合上。

6）拒绝拉闸或保护拒绝跳闸的断路器，不得投入运行或列为备用。

（2）其他注意事项。

1）对于外皮带电的断路器，倒闸操作时应与其保持安全距离，间隔门或围栏不得随意打开。

2）在电弧作用下，SF_6气体将生成有毒的分解物。发现SF_6断路器漏气，人员应远离故障现场，以免中毒。在室外，至少应离开漏气点10m以上（戴防毒面具、穿防护服除外）并站在上风口。在室内，应立即将人员撤至室外，开起全部通风机。

3）对液压传动的断路器，操作后如油系统不正常，应及时查明原因并进行处理。处理中，特别要防止"慢分闸"。

4）对弹簧储能机构的断路器，停电后应及时释放机构中的能量，以免检修时发生人身事故。

5）手车断路器的机械闭锁应灵活、可靠，防止带负载拉出或推入，引起短路。

6）断路器累计切断短路次数达到厂家规定，应适时安排进行检修。

7）检修后的断路器，应保持在断开位置，以免送电时隔离开关带负载合闸。

（二）隔离开关

1. 按照允许的使用范围进行操作

当回路中未装断路器时，允许使用隔离开关进行下列操作。

（1）拉、合电压互感器和避雷器。

（2）拉、合母线和直接连接在母线上设备的电容电流。

（3）拉、合变压器中性点的接地线，但当中性点接有消弧线圈时，只有在系统没有接地故障时才可进行。

（4）与断路器并联的旁路隔离开关，当断路器在合闸位置时，可拉合断路器的旁路。

（5）拉、合励磁电流不超过 2A 的空载变压器和电容电流不超过 5A 的无负载线路，但当电压为 20kV 及以上时，应使用屋外垂直分合式的三联隔离开关。

（6）用屋外三联隔离开关可拉合电压 10kV 及以下、电流 15A 以下的负载电流。

（7）拉、合电压 10kV 及以下，电流 70A 以下的环路均衡电流。

2. 禁止用隔离开关进行的操作

隔离开关没有灭弧装置，当开断的电流超过允许值或拉合环路压差过大时，操作中产生的电弧超过本身"自然灭弧能力"，往往引起短路。因此，禁止用隔离开关进行下列操作。

（1）当断路器在合入时，用隔离开关接通或断开负载电路（符合规定者除外）。

（2）系统发生一相接地时，用隔离开关断开故障点的接地电流。

（3）拉合规程允许操作范围外的变压器环路或系统环路。

（4）用隔离开关将带负载的电抗器短接或解除短接，或用装有电抗器的分段断路器代替母联断路器倒母线。

（5）在双母线中，当母联断路器断开分母线运行时，用母线隔离开关将电压不相等的两母线系统并列或解列，即用母线隔离开关合拉母线系统的环路。

3. 操作隔离开关时应注意的事项

（1）拉合隔离开关时，断路器必须在断开位置，并经核对编号和位置无误后，方可操作。

（2）远方操作的隔离开关，不得在带电压的条件下就地手动操作，以免失去电气闭锁，或因分相操作引起非对称开断，影响继电保护的正常运行。

（3）就地手动操作的隔离开关：合闸必须迅速果断，但在合闸终了不得用力过猛，以防合过头损坏支持绝缘子，即使合上接地或短路回路也不得再拉开。拉闸应慢而谨慎，特别是动、静触头分离时，如发现弧光，应迅速合上，停止操作，查明原因，但切断空载变压器、空载线路、空载母线或拉系统环路，应快而果断，促使电弧迅速熄灭。

（4）分相操作的隔离开关，拉闸操作时先拉中相，后拉边相。合闸操作时相反。

（5）隔离开关经拉合后，应到现场检查其实际位置，以免传动机构或控制回路（指远方操作）有故障，出现拒合或拒拉现象。同时检查触头的位置是否正确，合闸后，工作触头应接触良好。分闸后，断口张开的角度或拉开的距离应符合要求。

（6）其他注意事项。

1）隔离开关操动机构的定位销在操作后一定要销牢，防止滑脱引起带负载切合电路或带地线合闸。

2）已装电气闭锁装置的隔离开关，禁止随意解锁进行操作。

3）检修后的隔离开关，应保持在断开位置，以免送电时接通检修回路的地线或接地隔离开关，引起人为三相短路。

（三）母线倒闸操作

（1）倒母线必须先合母联断路器，并取下控制回路熔断器（保险），以保证母线隔离开关在并、解列时满足等电位操作的要求。

（2）在母线隔离开关的合、拉过程中，如可能发生较大火花时，应依次先合靠母联断路器最近的母线隔离开关。拉闸的顺序则与其相反，目的是尽量减小操作母线隔离开关时的电位差。

（3）断开母联断路器前，母联断路器的电流表应指示为零。同时，母线隔离开关辅助触点、位置指示器应切换正常。以防"漏"倒设备，或从母线电压互感器二次侧反充电，引起事故。

（4）倒母线的过程中，母线差动保护的工作原理如不遭到破坏，一般均应投入运行。同时，应考虑母线差动保护非选择性开关的拉、合及低电压闭锁母线差动保护连接片的切换。

（5）母联断路器因故不能使用，必须用母线隔离开关拉、合空载母线时，应先将该母线电压互感器二次侧断开（取下熔断器或断开自动开关），防止运行母线的电压互感器熔断器熔断或自动开关跳闸。

（6）其他注意事项。

1）严禁将检修中的设备或未正式投运设备的母线隔离开关合入。

2）禁止用分段断路器（串有电抗器）代替母联断路器进行充电或倒母线。

3）当拉开工作母线隔离开关后，若发现合上的备用母线隔离开关接触不好、有弧光，应立即将拉开的隔离开关再合上，并查明原因。

4）停电母线的电压互感器所带的保护（如低电压、低频、阻抗保护等），如不能提前切换到运行母线的电压互感器上供电，则事先应将这些保护停用，并断开跳闸连接片。

（四）倒闸操作时继电保护及自动装置的使用原则

（1）设备不允许无保护运行。一切新设备均应按照《继电保护和安全自动装置技术规程》（GB/T 14285—2006）的规定，配置足够的保护及自动装置。设备送电前，保护及自动装置应齐全，图纸、整定值应正确，传动良好，保护出口压板按规定位置加用。

（2）倒闸操作中或设备停电后，如无特殊要求，一般不必操作保护或断开压板。但在下列情况下必须采取措施。

1）倒闸操作将影响某些保护的工作条件，可能引起误动作，则应提前停用。例如，电压互感器停电前，低电压保护应先停用。

2）运行方式的变化将破坏某些保护的原工作方式，有可能发生误动时，倒闸操作前也必须将这些保护停用。例如，当双回线接在不同母线上，且母联断路器断开运行时，线路横联差动保护应停用。

3）操作过程中可能诱发某些联动跳闸装置动作时，应预先停用。例如，发电机无励磁倒备用励磁机，应预先把灭磁开关连锁连接片断开，以免恢复励磁、合灭磁开关时，引起发电机主断路器及厂用变压器跳闸。

4）设备虽已停电，例如该设备的保护动作（包括校验、传动）后，仍会引起运行设备断路器跳闸时，也应将有关保护停用，连接片断开。例如，一台断路器控制两台变压器，应将停电变压器的重瓦斯保护连接片断开。发电机停机，应将过电流保护跳其他设备（主变压器、母联及分段断路器）的跳闸连接片断开。

（五）倒闸操作时对解并列操作要求

1. 系统解并列

（1）两系统并列的条件。

1）频率相同，电压相等，相序、相位一致。发电机并列，应调整发电机的频率、电压与系统频率、电压之差在允许范围内，且电压的相位基本一致。电网之间并列，应调整地区小电网的频率、电压与主电网一致。如调整困难，两系统并列时频差最大不得超过 0.25Hz，电压差允许 15%。

2）系统并列应使用同期并列装置。必要时也可使用线路的同期检定重合闸来并列，但投入时间一般不超过 15min。

3）系统解列时，必须将解列点的有功功率调到零，电流调到最小方可进行，以免解列后频率、电压异常波动。

（2）拉合环路。

1）合环路前必须确知并列点两侧相位正确，处在同期状态。否则，应进行同期检查。

2）拉合环路前，必须考虑潮流变化是否会引起设备过载（过电流保护跳闸），或局部电压异常波动（过电压），以及是否会危及系统稳定等问题。因此，必须经过必要的计算。

3）如估计环流过大，应采取措施进行调整或改变环路参数加以限制，并停用可能误动的保护。

4）必须用隔离开关拉合环路时，应事先进行必要的计算和试验，并严格控制环路内的电流，尽量降低环路拉开后断口上的电压差。

2. 变压器解并列

（1）变压器并列的条件：接线组别相同，电压比及阻抗电压应相等，符合规定的并列条件。

（2）送电时，应由电源侧充电，负载侧并列；停电时操作顺序相反。当变压器两侧或三侧均为电源时，应按继电保护运行规程的规定，由允许充电的一侧充电。

（3）必须证实投入的变压器已带负载，才能停止（解列）运行的变压器。

（4）单元连接的发电机变压器组，正常解列前应将工作厂用变压器的负载转至备用厂用变压器。事故解列后要注意工作厂用变压器与备用厂用变压器是否为一个电源系统，倒停变压器要防止在厂用电系统发生非同期并列。

第四节　有关测量及特殊作业

一、水力机械

（一）水轮机流量测量

水轮机流量测量的意义在于在保证一定出力的情况下，使总耗水量为最小，这样则可使机组在进行能量转换时效率最高。因此，随着生产技术水平的提高，对水电站运行管理的要求更加严格，对具有一定规模的中、小型水电站也要求进行水轮机流量测量，以便更好地利用水力资源，提高经济效益。水轮机流量测量的目的可归纳为以下几个方面：

（1）由于真机效率是在设计时利用相似定律由模型机效率换算出来的，其数值与真实效率有一定差异。为了获得较准确的真机效率，就必须较准确地测量水轮机的流量。

（2）根据真机流量与效率，绘制总效率和总耗水率曲线，以便制定机组间或电站间的负载分配方案。

（3）在正常运行中，根据某时间内机组的总耗水量，推算出水库的渗漏水量和蒸发水量，增进对水库的经营管理。

要比较精确地测量水轮机的流量，试验的测定和组织工作十分复杂，而且要使用高精度和高灵敏度的电测仪表和测定装置，其准备工作、试验程序和结果整理、计算规模都比较大。所以说，流量测量是一项比较复杂和困难的工作。根据水电站的特点和要求，对流量的测量通常采用流速仪测流法、水锤测流法、蜗壳测流法、计量仪表法（电磁流量计等）、差压法等几种方法，其中应用较多的是差压法。

（二）机组振动测量

机组振动主要是由于水力、机械、电磁等几个方面所引起的，其振动情况则在不同的机组或不同工况等自身因素下而各有不同。其主要与本身的下列因素有关：①水轮机的类型，冲击式与反击式的水轮机振动情况会有不同，而在反击式水轮机中，混流式、轴流式、贯流式等又会不同；②水轮机的参数，这与机组的尺寸大小、结构、水头、转速等参数有关，同一类型的机组，其参数不同，振动也会不同；③发电机的结构型式，如悬式、伞式、半伞式的结构，以及与导轴承的数量、型式、布置位置等因素也有关系；④机组的布置型式，立轴或横轴；⑤水轮机的工况，与水轮机运行时的水头、导叶开度、负载大小、导桨叶协同等运行工况有关；⑥其他因素，如机组的安装质量、进水口水的流态、进水口拦污栅的压差、抗压盖板下是否存有气体（只在贯流式机组中）等。

运行中的水力机组，由于水力、机械、电气等各种因素，不可避免地要产生振动现象。在表征水轮机运行稳定性的振动、摆度和压力脉动等几个主要参数中，振动是影响机组运行稳定性的主要因素。因此，水轮机振动的大小反映出了水轮机运行稳定性的好坏。若振动量在机组工作允许的范围之内，则对机组本身及其工作并无妨害，但是超过了一定限度的、经常性的振动却是非常有害的。对某些机组可根据需要进行振动测量，尤其是对经常出现有害振动的机组，更应有针对性地进行振动测量，以便查明产生振动的原因，研究振动的特性与规律，采取减小机组振动的有效措施。

（1）采用机械式仪表的测振方法。这种方法的实质就是利用机械式示振仪测量振动的位移量变化，通常可采用百分表或示振仪来进行测量。百分表只能粗略地测量振动的幅度，而示振仪则可用笔式记录装置测录振动的时间历程与波形相位，据此可进一步计算出振动的频率和周期。这种测量方法只能通过人工在现场测量。

（2）采用电测式的测振方法。这种方法即是利用测振传感器来测定机组的振动状态及其特性。其灵敏度高，频率范围广，便于实现遥测和自动控制。振动电测系统一般是由传感部分、放大部分和记录分析部分组成。振动测量中常用的系统有电动式测振系统、压电式测振系统和电阻应变式测振系统。

　　1）电动式测振系统主要用来测量位移，也可测量速度和加速度。该系统的传感器不耗电源、输出信号大（阻抗中等，为几千欧）、干扰不大而且受长导线的影响较小，所以抗干扰性能较好。

　　2）压电式测振系统多用来测量加速度，通过积分网路也可以获得一定范围内的速度和位移，这类系统的传感器输出阻抗很高，因此放大器的输入阻抗也很高，导线和接插件对阻抗的影响较大，要求绝缘电阻很高，仪器自振频率很高，可测频响宽，输出信号也较大，但系统的抗干扰性能较差，易受电磁场干扰。

　　3）电阻应变式测振系统的传感器有电阻式位移计、加速度计等，需配套使用的放大器一般采用电阻式应变仪，记录装置为光线示波器或其他类型的记录装置。该测振系统的频率响应能从 0Hz 开始，其低频响应较好、阻抗较低，长导线时的灵敏度要比短导线时的低，也容易受到干扰。

　　（3）在实际测量中，应根据被测对象的主要频率范围和最需要的频率及幅值，合理选择仪器，对配套仪器的阻抗匹配、频带范围要特别予以重视，否则会造成错误的测量结果。

　　为了寻找振源，一般应做以下几种工况的振动试验，并分别在各工况下的 25%、50%、75% 和 100% 的额定值下进行测量。

　　1）空载无励磁变转速工况试验。这是判断振动是否由机组转动部件质量不平衡所引起的一种试验。机组转速可以从额定转速的 50% 开始，以后每增 10%～20% 进行一次测量，直至额定转速的 120% 左右为止。

　　2）空载变励磁工况试验。这是判定振动是否由机组电磁力不平衡所引起的一种试验，试验中还有必要测定发电机间隙，有时还应当测量发电机定子铁芯的温度。

　　3）变负载工况试验。这是查明机组振动是否由过水系统的水力不平衡所引起的一种试验。另外，为查明振动是由水力不平衡引起的具体原因，还可测定机组过水系统各部位的水流的脉动压力。

　　4）调相运行工况试验。这是区别机组振动是由于水力不平衡力，还是由于机械不平衡力或电气不平衡力所引起的一项重要试验。若机组振动减弱或消失，则振动是由于水力不平衡所引起的。

　　对上述各项试验成果进行分析，就可判断出引起机组振动的各种原因。

　　（三）卧式机组轴向位移测量

　　卧式机组中（如贯流式机组）由于受水推力的作用，机组在运行时有向前（下游）走的趋势，其向前走的大小，就是机组的轴向位移。若轴向位移过大就会造成叶片和转轮室碰撞、挡油环与导轴承相刮擦等情况，成为重大的事故隐患。所以，对运行中机组的轴向位移有一定的要求，并且要对其进行监测。

　　产生轴向位移的主要原因有：①轴承存在间隙；②由于机组的机架等承重部位强度不够而造成的变形。在正常运行时，机组轴向位移的测量通常采用电感或电容式非接触位移传感器作为感受转换元件，将感受到的轴向位移量转换为电信号，经测量回路输给显示记录仪表，并根据需要发出相应的控制信号。对于轴向位移的数值，一般机组的轴向位移量应在 1～2mm 之间，不同的机组有不同的要求，需根据实际情况而定，其允许值应保证在叶片和转轮室不碰撞，挡油环与导轴承不相刮的范围内，通常最大不得超过 5mm。

（四）机组转速测量

对于运行中的机组，其转速工况根据不同转速通常分为 4 种，分别为：转速过高、电气过速、机械过速、飞逸转速。在不同的电站，其整定值和处理方式各有不同。其中，转速过高的整定值一般为 $(115\%\sim120\%)n_e$，当机组达到这个转速时，则会发出报警，或自动调整到 100% 转速，或动作紧急停机；$(140\%\sim150\%)n_e$ 为电气过速，当机组达到这个转速时，则会通过电气回路动作紧急停机；$(160\%\sim170\%)n_e$ 为机械过速，当机组达到这个转速时，则会通过机械装置（过速飞摆等）动作，以控制调速器的液压系统来实现紧急停机；而飞逸转速则根据不同的机组各有不同，其一般为额定转速的 $1.5\sim2.7$ 倍。

机组转速的测量方式一般有三种，分别是通过永磁发电机的永磁机——LC 测频、通过发电机电压互感器的发电机残压——脉冲测频、通过机械齿盘的齿盘和磁头——脉冲测频。其中，第一种转速测量方式，在早期含有永磁机的机组中应用较为广泛（现已较少采用），而后两种转速测量方式，则主要是在现在的机组中广泛应用，而且一般是结合使用，通常是当频率小于 47Hz 时，由齿盘测速工作，当机组频率大于 47Hz 时，则由调速器（数字调速器的内部静态继电器触点）或监控系统将其转换到残压测频。

（五）水轮机空蚀测量

对原型水轮机进行空蚀测量的意义是：①得出空蚀随工况变化的规律，用以指导水轮机的运行，使其避开严重空蚀区，确保水轮机的安全经济运行；②从原型和模型水轮机的空蚀特性差异中更好地解决空蚀相似换算问题。

常见的水轮机相对空蚀强度测量方法有声学法和电阻法两种。

（1）声学法原理：由于在发生空蚀时，空蚀状态同压力脉动是相互联系的，同时，空泡的产生与溃灭数目的增多及其冲击强度的加大，会在声振动频谱上表现出一定频率的谐振（一般在 $100\sim120kHz$），这样一来，空蚀过程的状态和变化，就可以在压力脉冲的幅值和振动频谱中反映出来。从这种联系中，我们就可通过声学法测量声强这个参数来反映空蚀的强度大小。一般采用超声波相对空蚀强度测定仪来进行测量，利用声学原理测量水轮机相对空蚀的方法具有明显的优点，即可在机组不停机的情况下进行原型水轮机空蚀的观测。

（2）电阻法原理：当水轮机发生空蚀时，由于水中气泡浓度的不断增加，使单相介质流变为气液两相介质流，从而使水的导电率发生变化，即水流的电阻值发生变化，这样一来，通过测量水流的电阻值就可反映出空蚀程度的大小。电阻式相对空蚀测定仪的优点也是可以连续测量运行中机组的空蚀。

（六）导水机构最低动作油压测定

为了检查导水机构动作的灵活性，通常需要测量导水机构的最小操作力。其测量方法是：首先将调速器置于全开位置，导叶置于某一开度位置，将调速系统消压至零，再慢慢将调速系统升压，同时观察导水机构的动作，当调速系统油压升到某一值时，导水机构就会动作，此时调速系统的油压就是导水机构的最低动作油压。

（七）水轮机效率试验

所谓机组的相对效率，是相对机组的总效率而言的，根据机组的总效率计算公式，将

N_g 与 $9.81QH$（Q 为额定流量，H 为额定水头）的比值称为机组的相对效率。

效率特性是水轮机的基本动力特性，是评价该水轮机优劣的主要指标之一。但在现场做测量水轮机的效率试验时，需要测量出机组出力、水头和流量的绝对值，难度很大，工作量最大的是流量的测定，甚至有的水电站根本不具备测流条件。而当测定机组的相对效率时，无须测量机组出力、水头和流量的绝对值，仅测量 $N_g/9.81QH$ 随不同工况的变化情况即可，所以使测量程序变得十分简单，且适合机组在运行条件下的连续测量。通过测量相对效率可确定机组运行的较优工况区，可调整导叶、桨叶较优协联关系。所以这种相对效率值，对比较同一机组相邻工况的效率大小在水电站运行中具有较大的实际意义。

水轮机的效率 η_T 为水轮机轴输出功率 N_T 与输入水轮机的水流理论功率 N_t（$N_t = 9.81HQ$）之比。水轮机的能量损失主要是受容积损失、水力损失和机械损失这三种损失的影响，其轴上输出功率总是比进入水轮机水流功率要小，水轮机效率总是小于 1。

1. 容积效率

进入水轮机的流量 Q 并未全部进入转轮做功，其中有一小部分流量 q 从水轮机的旋转部分与固定部分之间的空隙（如水轮机上、下冠止漏装置间隙及转轮室间隙等）中漏掉了。进入转轮的有效流量与进入水轮机的流量之比，称为容积效率 η_V，即：$\eta_V = [(Q-q)/Q] \times 100\%$。

2. 水力效率

从水轮机进口断面开始，水流经引水部件、导水机构、转轮、尾水管等，由于摩擦、撞击、脱流等，将产生水头损失 $\sum \Delta H$。所以，水流实际做功的有效水头为 $H_e = H - \sum \Delta H$，水流由 H_e 转换的功率与进入转轮的水流功率之比，称为水力效率 η_s，即 $\eta_s = [(H - \sum \Delta H)/H] \times 100\%$。水力损失比较复杂，一般主要由以下两部分组成：①摩擦损失，这部分损失主要取决于水轮机内水流行程的长度、过水断面的水力半径、通流表面的糙率等因素；②撞击和漩涡损失，当水轮机偏离最优工况时，水流在转轮室内产生漩涡和碰撞而大量消耗水能，使效率显著降低。此外，还有转轮制造（检修）工艺粗糙、叶形偏离设计值、不符合流线型、尾水管出口水流总是有一定速度的，故存在水流出口的动能损失等。

3. 机械效率

机组的导轴承、推力轴承以及各轴承的油封、水封和其他密封装置的转动与静止部分之间的相对运动，都要产生摩擦损失，称为机械损失。水轮机轴的输出功率 N_T 为水轮机的有效功率 N 与机械功率损失 ΔN_j 之差，即 $N_T = N - \Delta N_j$，那么，机械效率为 $\eta_j = [(N - \Delta N_j)/N] \times 100\%$。

所以，水轮机总效率为容积效率、水力效率、机械效率的乘积，即 $\eta_T = \eta_V \eta_s \eta_j$。近代的中、大型水轮机的效率 $\eta_T = 90\% \sim 95.8\%$，中、小型的 $\eta_T = 75\% \sim 85\%$。

水轮机的效率是不能直接测量的，需要通过间接测量的方法才能求得，一般是先通过测量流量、水头或扬程、发电机输出功率或电动机的功率、转速等项目后，再用相关公式进行计算得到效率。在现场试验时，一般是先测量出水轮发电机的输出功率，然后求出水力机组的总效率，再根据已知的发电机效率，通过公式换算求得水轮机效率，即

由于
$$\eta = N_g/N_o = N_g/9.81QH$$

又因为
$$\eta = \eta_g \eta_T$$

故 $$\eta_T = N_g/(N_o \times \eta_g) = N_g/(9.81QH\eta_g)$$

式中　N_g——发电机的输出功率；

　　　N_o——水流功率；

　　　η——机组总效率；

　　　η_g——发电机效率；

　　　η_T——水轮机效率。

在以上式中，发电机的效率 η_g 是已知的，所以，在试验时，只要测量和计算出发电机的输出功率 N_g、水轮机的流量和水头，就可以求出水轮机的实际效率。其效率试验实测数据汇总表和效率试验计算数据汇总算表分别见表 4-3 和表 4-4。

表 4-3　　　　　　　　　　　水电站机组效率试验实测数据汇总表

试验测次	导叶开度/%	接力器行程/mm	上游水位/m	下游水位/m	蜗壳进口压力/MPa	尾管出口压力/MPa	蜗壳压差/MPa (mmH$_2$O)			瓦特表读数		周波表读数/Hz	功率因数表读数	备注
							高压	低压	压差	W_1	W_2			

表 4-4　　　　　　　　　　　水电站机组效率试验计算数据汇总表

试验测次	导叶开度/%	接力器行程/mm	蜗壳压差平方根/mmH$_2$O	实测流量/(m^3/s)	水轮机工作水头/m	发电机有功功率/kW	换算到平均水头 $H_a =$ m 以下		机组效率/%	发电机效率/%	水轮机效率/%	机组耗水率/(m^3/℃)	备注
							流量/(m^3/s)	功率/kW					

值得注意的是，在测量发电机的有效功率时，必须在与水轮机试验条件相同的情况下测定，也就是应在测量水轮机流量的同时测定，此时发电机在额定电压和额定转速下运行，而且尽可能使功率因数等于 1，至少应保持额定的功率因数，因为随着功率因数的改变，发电机效率也会变化，所以在试验时应将功率因数的数值记录下来。另外，发电机有效功率的测定位置，应尽可能在发电机出线端，如不可能，则在测定的功率上必须加上发电机出线端至测量装置之间所产生的损失。而对于流量的测量，如果是用水锤法测流量，则发电机功率应当是在水锤压差曲线记录前稳定工况下所测出的平均值。

机组的相对效率通常通过机组相对效率的测量装置（又称效率计）来测量，其原理如图 4-4 所示。

反击式水轮机不宜在低水头和低出力下运行。

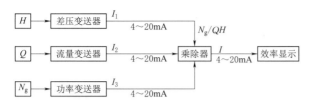

图 4-4 机组相对效率测量装置原理图

反击式水轮机在低于设计最小水头下运行时，可能产生以下危害：①由于较大地偏离设计工况，因此在转轮叶片入口处的冲角偏差很大，从而产生撞击损失以及在出口处水流的剧烈旋转，不仅大大降低了水轮机效率，而且还会增加水轮机的振动和摆度，使空蚀情况恶化，水轮机运行工况偏离设计工况越远，这种不良现象就越严重；②由于水头低，水轮机的出力达不到额定值，同时在输出同一出力时，水轮机的引用流量要增加；③水头低就意味着水位过低，有可能出现使有压水流变为无压水流，容易造成水流带气，使过水压力系统不能稳定运行，特别是在甩负荷过程中，容易造成引水建筑物和整个水电站发生振动；④可能卷起水库底部的淤积泥沙，增加引水系统和水轮机的磨损。

水轮机在低出力下运行时，机组的效率（包括水轮机和发电机的效率）会明显地下降，而若发出同样的出力，则水轮机的引用流量增大，不利于电站的经济运行。所以，为了减轻水轮机的空蚀、振动、噪声、泥沙磨损和提高机组效率，反击式水轮机都规定了最小出力限制：混流式为额定出力的 50%；转桨式由于其桨叶角度可以随负载改变，大大改善了工作特性，其最小出力限制为水轮机刚进入协联工况时的出力；定桨式水轮机最好在额定出力附近运行。

针对水轮机的能量损失，提高运行中水轮机效率的主要措施有：①维持水轮机在最优工况运行，避免在低水头、低负载下运行，以减少水力损失；②保持设计要求的密封间隙，减少转轮止漏装置和大轴轴封的漏水量，以减少容积损失；③焊补过的转轮和导叶要保持原设计线型，并保持叶片表面的光洁度和减少波浪度；④保持转动部分与固定部分之间有良好的润滑；⑤水轮机在低负载运行时，可向尾水管适当补气，如破坏尾水管内的水流漩涡，既可减小振动和空蚀，又可提高水轮机的效率；⑥对于轴流转桨式水轮机，应尽可能保持其在最佳协联工况下运行。

二、发电机及电气设备

（一）摇测绝缘

1. 绝缘要求

（1）电气设备的绝缘及绝缘电阻，主要靠专业试验人员在大小修时按照《电力设备预防性试验规程》（DL/T 596—2021）的规定要求，定期进行监督。在正常运行维护中，为了及时发现缺陷，值班人员有时也需测量绝缘电阻。通常情况下，送电前除了感应电压比较高的设备或架构高不好测量的设备外，均要测量绝缘电阻。

（2）发电机每次启动前及停机后，都要用 $1000\sim2500\text{V}$ 绝缘电阻表测量定子绕组的绝缘电阻，并做好记录。启动频繁的机组可以适当减少次数，但至少每月应测量 1 次，以便掌握发电机在运行过程中的绝缘状况，保证安全运行。定子绕组的安全绝缘电阻值，规程上未做具体规定，一般是通过与前次测量结果比较来进行判断。如果所测得的绝缘电阻较上次降低 $1/5\sim1/3$ 时，则认为绝缘不良。在测量绝缘电阻的同时，还应测量发电机绝缘的吸收比，要求 $R_{60}/R_{15}\geqslant1.3$，若低于 1.3，则说明发电机绝缘已受潮，应予以干燥。

（3）对发电机转子绕组及励磁回路的绝缘电阻的测量，使用 500～1000V 绝缘电阻表。发电机转子绕组绝缘电阻往往和励磁回路一起测量，只有当发现问题时才分开测量。在热状态下解列停机后，全部励磁回路的绝缘电阻应不小于 0.5MΩ。为了防止发电机产生轴电流，轴承对地应该是绝缘的，用 1000V 绝缘电阻表测量时，其绝缘电阻应不小于 1MΩ，在轴承油管和水管全部组装好的情况下，用 1000V 绝缘电阻表测量，轴承对地绝缘电阻应不小于 0.5MΩ。

（4）绝缘电阻是随着温度的升高而降低的，为了使测得的数据有可比性，每次测量的结果应换算成 75℃时的绝缘电阻值，换算方法为 $R_{75} = R_1/2^{[(75-T)/10]}$（$R_1$ 为实际测量的绝缘电阻值，T 为测量时的环境温度）。如测量的绝缘电阻不合格，并判断是因为受潮所致，就必须对发电机进行干燥。

2. 测量

测量应遵守《电力安全工作规程》的有关规定。

（1）测量高压设备绝缘电阻应由两人进行。

1）测量绝缘电阻时，必须将设备从电源的各方面断开，验明无电压且对地放电，确认检修设备无人工作，测量线路绝缘尚应取得对方同意，方可进行。摇测绝缘电阻前应将一次回路的全部接地线拆除，拉开接地隔离开关；将设备的工作接地点（如 TV）或保护接地点临时甩开；对于低压回路（380/220V），应将负载（电压表、电能表、信号灯、继电器）的"中性"线甩开。测量绝缘电阻时，被测线路有感应电压，必须将另一回线路停电，方可进行，雷电时，严禁测量线路绝缘。

2）摇测电缆绝缘前先要对电缆进行放电。电缆等设备相当于一个电容器，在其上施加电压运行时被充电，停后，电缆芯上积聚的电荷短时间内未被完全释放掉，故留有一定的残压，此时，若用手触及则会使人触电，若接上绝缘电阻表，会使绝缘电阻表损坏。所以摇测设备绝缘电阻前，要先对地放电，以确保人身和检测设备的安全。

（2）正确选择使用绝缘电阻表。其内容主要包括：绝缘电阻表电压的选择，绝缘电阻表容量的选择，正确进行接线，测量前对绝缘电阻表进行检查等。

1）绝缘电阻表电压的选择。除摇测水冷发电机绝缘电阻，应使用专用绝缘电阻表或规定的仪表进行测量外，通常情况，被测设备的额定电压高，所使用绝缘电阻表的工作电压应相应高一些，否则设备缺陷不能充分暴露。绝缘电阻表的电压一般可参考表 4-5 的推荐值选用。测量带有电子元器件（二极管、三极管、晶闸管、集成电路、电脑及其终端）或电子成套设备回路的绝缘电阻时，因电子元件及设备耐压低，为了防止被击穿，应先将这些元件及设备从回路上甩开或短接，再用绝缘电阻表对线路或连接回路进行测量。电子元器件及电子设备的回路绝缘状况只能用万用表（放欧姆挡）进行测量检查。

表 4-5　　　　　　　　　　　绝缘电阻表电压　　　　　　　　　　单位：V

设备额定电压	100 以下	100～500	500～3000	3000～10000	10000 以上
绝缘电阻表电压	250	500	1000	2500	2500 或 5000

2）绝缘电阻表容量的选择。绝缘电阻表应选用容量足够大且负载特性比较平坦的定型表计。否则，当绝缘电阻比较低或吸收电流比较大时，其输出电压急剧下降，将影响测

量结果。以 ZC-7 型绝缘电阻表为例，该表额定电压为 2500V，当被测绝缘电阻分别为 20MΩ 及 5MΩ 时，其输出电压为 2000V 及 1000V，仅为额定电压值的 80% 及 40%。

3）正确进行接线。绝缘电阻表有三个接线柱：L 代表接被测设备；E 代表接地；G 代表接屏蔽。其中，L、E 不能反接，否则将产生较大的测量误差；绝缘电阻表的引线不得使用双股绞线，或把引线随便放在地上，以免因引线绝缘不良（相当于在被测设备两端并联一个小电阻），引起错误结果。

4）测量前对绝缘电阻表进行检查。在额定转速时，绝缘电阻表两端开路，应指 "∞"。低速旋转，短路时，应指 "0"。测量时，在额定转数下持续 1min。摇测绝缘电阻时，为了使测量值尽量准确，要求两条引线分开，不能缠绕在一起。因为绝缘电阻表测出的电压较高，如果将两条引线编织在一起，当导线绝缘性能不好、裸露导线或其绝缘水平低于被测设备时，相当于在被测设备上并接了一个电阻，会影响绝缘结果。尤其在测量电气设备的吸收比时，由于分布电容的存在更会影响其测量的准确性。

5）测量绝缘电阻时，绝缘电阻表及人员应与带电设备保持安全距离，同时，采取措施，防止绝缘电阻表的引线反弹至带电设备上，引起短路或人身触电。

6）绝缘电阻测量结束后，应将被测试设备对地放电。

7）拆除设备的接地点。

3．复核

绝缘电阻的好坏，直接决定设备能否送电，一般可按下述掌握：①每千伏工作电压，绝缘电阻应不小于 1MΩ，另外，有具体要求的设备还需根据其具体要求而定；②出现以下异常情况之一时，应查明原因，绝缘电阻已降至前次测量结果（或制造厂出厂测试结果）的 1/5～1/3，绝缘电阻三相不平衡系数大于 2，绝缘电阻吸收比 $R_{60}/R_{15} < 1.3$（粉云母绝缘小于 1.6），在排除干扰因素，确认设备无问题后，方可送电，否则，送电可能造成设备事故。

影响设备绝缘电阻阻值的外部因素主要有 3 个方面：温度、湿度及放电时间。初步判定某设备绝缘电阻不合格时，为了慎重，值班人员应找同一电压等级的绝缘电阻表进行核对，以证实原有的绝缘表无问题。若确定设备绝缘电阻有问题，应通知高压试验人员复查。同时，可按以下步骤查找原因。

（1）加屏蔽再进行测量，以排除湿度及绝缘表面脏污的影响。将绝缘电阻折算到同一温度进行比较。绝缘电阻随温度按指数规律变化。不同设备，折算方法如下。

1）变压器绝缘电阻，折算到 20℃ 的绝缘电阻 R_{20} 按 $R_{20} = 1.5^{[(t-20)/10]} R_t$ 计算。

2）电动机为热塑性绝缘，折算到 75℃ 的绝缘电阻 R_{75} 按 $R_{75} = R_t/2^{[(75-t)/10]}$ 计算。

3）电动机为 B 级热固性绝缘，折算到 100℃ 的绝缘电阻 R_{100} 按 $R_{100} = R_t/1.6^{[(100-t)/10]}$ 计算。

以上三式中，R_t 为温度为 t 时测得的绝缘电阻值，单位为 MΩ；t 为测量时设备的温度，单位为 ℃。

（2）与该设备的出厂试验、交接试验、历年大修试验的数值进行比较。与同型设备或设备本身的三相之间进行比较。

（3）在排除各种干扰因素的影响后，绝缘电阻仍不合格，说明设备确实存在缺陷，不得送电运行或列为备用，应继续查找原因，直至消除缺陷。

（二）测量发电机定子绕组的绝缘电阻和吸收比

一般来说，除了用绝缘电阻表测量绝缘电阻绝对值之外，还要测量吸收比 R_{60}/R_{15}，以判断绝缘的受潮程度。测量发电机定子绕组的绝缘电阻和吸收比，可初步了解绝缘状况，特别是测量吸收比，能有效发现绝缘是否受潮。但是，由于绝缘电阻受温度、湿度、绝缘材料的几何尺寸等因素的影响，尤其是受绝缘电阻表电压低的影响，在反映绝缘局部缺陷上不够灵敏，但它可以为更严格的绝缘试验提供绝缘的基本情况。而对于转子绕组，由于其电压等级较低，故只需测量绝缘电阻即可。

在测量时需注意以下几点：①因为高压大容量发电机的几何尺寸大，绝缘为多层复合绝缘，故电容电流和吸收电流都大，所以绝缘电阻表需要有能满足吸收过程的容量，一般要用 $1000 \sim 2500\text{V}$、读数范围大的绝缘电阻表测量定子绕组绝缘，绝缘电阻表的读数最好在 $0 \sim 10000\text{M}\Omega$ 及以上，测量转子绝缘用 $500 \sim 1000\text{V}$ 绝缘电阻表；②测量前的放电一定要充分，放电不充分会使测得的绝缘电阻值偏大，使吸收比值偏小，测量时要注意尽量避免外界的影响，且最好选在相近温度下进行。

大、中型水轮发电机由于电容大，故其吸收过程很长，有时 60s 的绝缘电阻仍较低，并不能真正反映发电机的绝缘电阻，也不能真实地反映定子绕组受潮和绝缘受损的情况，所以增加了极化指数的测量。从电介质理论来看，对于吸收比测量试验，由于其时间短（60s），大容量电容类的设备复合介质中的极化过程还处于初始阶段，不足以反映极化的全过程，不能完全反映绝缘介质的真实情况，故以吸收比的结果判断受潮不够准确。而极化指数试验时间为 600s，介质极化过程可以说基本已接近完成，故能较准确地反映绝缘受潮情况，易于在实际工作中做出准确判断。此外，极化指数在较大范围内与定子绕组的温度无关。

绝缘电阻、吸收比、极化指数是作为检查定子绝缘的 3 个指标。

（1）绝缘电阻。发电机定子绕组绝缘电阻受脏污、潮湿、温度等因素的影响很大，所以规程对绝缘电阻值不作硬性规定，而只是将所测得的数值和历次的数据、三相数据或与同类电动机的数值相比较。相关标准规定，在相似条件下，不应降至前一次的 $1/3$，且各相或各分支绝缘电阻值的差值不应大于最小值的 100%。

（2）吸收比或极化指数。发电机定子绕组绝缘如受潮气、油污的侵入，不仅绝缘下降，而且会使其吸收特性的衰减时间缩短，即吸收比 $K = R_{60}/R_{15}$ 的值减小。由于吸收比对受潮反应特别灵敏，所以一般以它作为判断绝缘是否干燥的主要指标之一。相关标准规定：对于沥青浸胶及烘卷云母绝缘吸收比 $R_{60}/R_{15} \geqslant 1.3$（或极化指数不应小于 1.5），对于环氧粉云母绝缘吸收比 $R_{60}/R_{15} \geqslant 1.66$（或极化指数不应小于 2.0），即认为发电机定子绕组没有严重受潮。测量吸收比时应注意吸收比也受温度的影响，通常吸收比和温度的关系是呈直线关系，同一绝缘物的吸收比随着温度的上升而降低。通常要求温度在 $10 \sim 30℃$ 时测量。对于转子绕组的绝缘，只进行绝缘电阻的测量即可，一般要求在室温时不应低于 $0.5\text{M}\Omega$。

（三）发电机定子绕组直流电阻的测量

定子绕组的直流电阻包括线棒铜导体电阻、焊接头电阻及引线电阻三部分。通过测量发电机定子绕组的直流电阻可以发现：绕组在制造或检修中可能产生的连接错误、导线断股等缺陷。另外，由于工艺问题而造成的焊接头接触不良（如虚焊），特别是在运行中长期受电动力的作用或受短路电流的冲击后，使焊接头接触不良的问题更加恶化，进一步导致过热，而使焊锡熔化、焊头开焊。在相同的温度下，线棒铜导体及引线电阻基本不变，焊接头的质量问题将直接影响焊接头电阻的大小，进而引起整个绕组电阻的变化，所以，测量整个绕组的直流电阻，基本上能了解焊接头的质量状况。

　　直流电阻的测量通常采用双臂电桥或电压降法。采用电压降法测量时，须选用0.5级以上的电流表，通入定子绕组的直流电流应不超过其额定电流的20％。采用电桥法测量时，因同步发电机定子绕组的电阻很小，应选0.2级的双臂电桥。

　　定子绕组应分别测量各相电阻，如有分支引出线时，应按每一分支分别测量。测量电压、电流接线点必须分开，电压接线点在绕组端头的内侧并尽量靠近绕组，电流接线点在绕组端头的外侧。发电机定子绕组的电感量较大，当采用压降法测量时，必须先合上电源开关，当电流稳定后，再搭接上电压表，同时读取电压、电流值。断开时，应先断开电压表，再断开电流回路。当采用双臂电桥测量时，必须先按下电源按钮，待电流稳定后（靠经验），再按下检流计按钮进行测量，测完后必须先断开检流计按钮，再松开电源按钮。若违反上述操作顺序，则可能因绕组自感电动势过大，而损坏电桥。直流电阻的测量应在冷状态下进行，绕组表面温度和周围空气之差不得大于3℃，测量绕组直流电阻的同时应测定子绕组的温度。必须准确测量绕组的温度，若温度偏差为1℃，会给电阻带来0.4％的误差，容易造成误判断。运行发电机停机后到测量时，约需相隔48h。且必须用经校准后的酒精温度计进行测量，不能使用水银温度计，以防破损后水银滚入铁芯，影响铁芯绝缘和通风。温度计应不少于6支，分别置于绝缘的端部和槽部，若测量槽部的温度困难，可测定子铁芯通风孔和齿部表面温度，温度计应紧贴测点表面，并用绝缘材料盖好，放置时间不少于15min。对装有测量进口风温温度计及定子埋入式温度计的，需同时测量。将各温度测量数据的平均值作为绕组的温度。为了避免因测量仪表的不同引起误差，各次测量应尽量使用同一电桥或电压、电流表，且测量时，被测绕组中的电流数值应不大于绕组额定电流的20％，并尽快读数，以免绕组发热而影响测量的准确性。采用压降法测量时，应在三个不同电流值下测量计算电阻值，取其平均电阻值作为被测电阻值。每次测量电阻值与平均电阻值之差，不得超过±5％。发电机定子绕组的电阻值很小，交接试验标准和预防性试验规程中所规定的允许误差也很小，所以测量时必须非常谨慎仔细，否则将引起不允许的测量误差，导致判断错误。

　　定子绕组的直流电阻包括铜导线电阻、焊接头电阻和引出连线电阻三部分，直流电阻发生变化通常是由于焊接头电阻变化所致，对其测量结果通常按以下方法分析判断。

　　（1）交接试验标准规定：各相或各分支绕组的直流电阻，在校正了由于引线长度不同而引起的误差后，相互间差别不应超过其最小值的2％；与产品出厂时测得的数值换算至同温度下的数值比较，其相对变化也不应大于2％。

　　（2）在预防性试验中，一般要求定子绕组各相或各分支的直流电阻值，在校正了由于引线长度不同而引起的误差后，其相互间差别及与初次（出厂或交接时）测量值比较，相差不得大于最小值的1％，超出要求者应查明原因。其相间差别的相对变化的计算方法是：

如前一次测量结果 A 相绕组比 B 相绕组的直流电阻值大 1.5%，而本次测量结果 B 相绕组比 A 相绕组的直流电阻值大 1%，则 B 相绕组与 A 相绕组的直流电阻值的相对变化为 2.5%。

（3）各相或分支的直流电阻值相互间的差别及其历年的相对变化大于 1% 时，应引起注意，可缩短试验周期，观察差别变化，以便及时采取措施。

（4）将本次直流电阻测量结果与初次测得数值相比较时，必须将电阻值换算到同一温度，通常历次直流电阻测量值都要换算到 20℃ 时的数值。

（5）测量定子绕组的直流电阻值后，经分析比较，确认为某相或某分支有问题时，则应对该相或分支的各焊接头做进一步检查。其常用方法有直流电阻分段比较法、焊接头发热试验法、测量焊接头直流电阻法、涡流探测法及丁射线透视法（这些专门的方法须另外参阅有关资料）。

（四）发电机转子绕组直流电阻的测量

测量转子绕组直流电阻可以发现因制造、检修或运行中的各种原因所造成的导线断裂、脱焊、虚焊、严重的匝间短路等缺陷。

测量仪表选择及操作方法步骤等与测量定子绕组的直流电阻相同，要求试验在冷状态下进行。在测量有滑环的发电机转子绕组直流电阻时，为了良好地导入测量电流，准确测量电压，可以用 1.5～2mm 厚的铁皮做成抱箍，套在滑环上，用螺钉拉紧。电流引线压紧在螺母下。电压引线压紧在抱箍下面直接与滑环接触。为了避免电压引线端头与滑环间的接触压降加入电压测量回路，可在抱箍与导线间垫入一层绝缘物，使抱箍与电压引线隔开。若不用抱箍与滑环连接，也可用两对铜丝刷，分别将电压和电流的引线端头压接在滑环上，每个滑环上的电压与电流铜丝刷应相距 90°，不要相互接触。交接试验标准规定，对手显极式转子绕组，应测量各磁极绕组直流电阻，当误差超过规定时，还应对各磁极绕组间连接点的直流电阻进行测量，以便比较，找出缺陷所在。

将直流电阻测量值换算到初次测量温度下的值或 20℃ 以下的值。在同一温度下，将转子绕组的直流电阻值与初次所测得结果进行比较，其差别一般不应超过 2%。如直流电阻值显著增大，说明转子绕组存在导线断裂或焊接头有脱焊、虚焊等缺陷。如直流电阻显著减小，说明转子绕组存在严重的匝间短路故障。

但要注意：直流电阻比较法反映转子绕组匝间短路故障的灵敏度很低，不能作为判断匝间有无短路的主要方法，只能作为一般监视之用。在准确测量的情况下，只有当短路线圈匝数超过总匝数的 4% 以上时，才能从直流电阻数值变化上发现问题。要较准确地判断转子绕组有无匝间短路，最好是测量转子绕组的交流阻抗和功率损耗，与原始（或前次）的测量值比较。

对于铜导线直流电阻的温度换算，在任意温度 t 下测得的铜导线直流电阻 R_t，可用下式换算为 20℃ 时的直流电阻，即：$R_{20} = R_t[(234.5+20)/(234.5+t)] = R_t K_{t1}$。对于铝导线，其换算公式是：$R_{20} = R_t[(225+20)/(225+t)] = R_t K_{t2}$。在绝缘表面沿电容电流的方向便产生了显著的电压降，离铁芯较远的端部导线与绝缘表面间的电位差便减小，因此，不能有效地发现离铁芯较远的绕组端部绝缘缺陷。而在直流耐压试验不存在电容电流，只有很小的泄漏电流通过端部的绝缘表面。因此，沿绝缘表面，也就没有显著的电压降，使得端部主绝缘上的电压分布比较均匀，因而在端部各段上所加的直流试验电压都比较高，这样就能比较容易地发现端部绝缘的局部缺陷。

（五）接地电阻的测量

电气装置中必须接地或接零的部分包括：①变压器、携带式或移动用电器具等的金属底座和外壳；②电气设备的传动装置；③屋内外配装置的金属或钢筋混凝土构架以及靠近带电部分的金属遮栏和金属门；④配电、控制、保护用的屏（柜、箱）及操作台等的金属框架和底座；⑤交、直流电力电缆的接头盒、终端头和膨胀器的金属外壳和电缆的金属护层、可触及的电缆金属保护管和穿线的钢管；⑥电缆桥架、支架；⑦装有避雷线的电力线路杆塔；⑧装在配电线路杆上的电力设备；⑨封闭母线的外壳及其他裸露的金属部分；⑩六氟化硫封闭式组合电器和箱式变电站的金属箱体，控制电缆的金属护层。

1. 接地电阻

接地电阻是表征接地装置功能的一个最重要的电气参数。接地电阻包括接地引线的电阻、接地体本身的电阻、接地体与土壤间的过渡（接触）电阻和大地的溢流电阻。不过与最后的溢流电阻相比，前三种电阻要小得多，一般均忽略不计。接地电阻指电流通过接地装置流向大地受到大地的阻碍作用，它就是电力设备的接地体对接地体无穷远处的电压与接地电流之比，即

$$R_e = U_j / I_e$$

式中　R_e——接地电阻，Ω；

　　　　I_e——接地电流，A；

　　　　U_j——接地体对接地体无穷远处的电压。

影响接地电阻的主要因素有土壤电阻率、接地体的尺寸形状及埋入深度、接地体的连接等。

土壤电阻率是土壤的一种基本物理特性，是土壤在单位体积内的正方体相对两面间在一定电场作用下，对电流的导电性能。一般取 $1m^3$ 的正方体土壤电阻值为该土壤电阻率 ρ，单位为 $\Omega \cdot m$。土壤电阻率与土壤本身的性质、含水量、化学成分、季节等有关。一般来讲，我国南方地区土壤潮湿，土壤电阻率低一点，而北方地区，尤其是土壤干燥地区，土壤电阻率高一些。

对接地装置的接地电阻值要求为：①大电流接地系统，接地装置的接地电阻值在一年内任何时候都不应超过 0.5Ω；②小电流接地系统，接地装置的接地电阻值一般不宜超过 10Ω；③独立避雷针的接地电阻值一般不大于 25Ω，安装在架构上的避雷针，其接地电阻值一般不大于 10Ω。

接地体顶面埋设深度应符合设计规定，当无规定时，不宜小于 0.6m。角钢及钢管接地体应垂直配置。除接地体外，接地体引出线的垂直部分和接地装置焊接部位应做防腐处理。在做防腐处理前，表面必须除锈并去掉焊接处残留的焊药。

接地网是起着"工作接地"和"保护接地"的双重作用。当其接地电阻过大时，则会产生以下危害：①发生接地故障时，使中性点电压偏移增大，可能使健全相和中性点电压过高，超过绝缘要求的水平；②在雷击或雷电波袭击时，由于电流很大，会产生很高的残压，使附近的设备遭受反击的威胁，并降低接地网本身保护设备带电导体的耐雷水平，达

不到设计的要求而损坏设备。

2. 变压器接地装置测试

用导通法定期检查接地引下线的通断情况。定期测试接地电阻值是否合格。杆塔接地电阻测量，一般线段每 5 年一次，发电厂、变电站进出线段 1～2km 及特殊地点每 2 年一次。测量应在土壤电阻率最高时进行。100kVA 及以上的变压器，接地电阻值不大于 4Ω；100kVA 以下的变压器，接地电阻值不大于 10Ω。

测试中，表计不稳定时，主要是由外界干扰所致，如附近有感应电、高压放电等都将会影响表计的摆动，这时，应改变测量位置或改变几种转速以免除外界干扰的影响。

当接地阻值偏高时，应检查表计接线是否正确，接触是否良好，检查电位探针插入得是否合理，电流极和电压极的布线应尽量垂直于线路或接地体方向，接地极的引线和接地极本体应分别测试（将接地引下线从变压器低压 N 线端子拆下），对夹线处进行打磨，使其接触良好。很多阻值偏高均发生在此处，由于年久失修、气候变化等，造成接地极与上引线接触处腐蚀、氧化，阻值相差悬殊，起不到安全保护作用，在进行预试时，保证其良好接触。经以上检查后，阻值仍偏高，方可确定不合格，要及时处理或更换。

三、特种作业及安全注意事项

（一）特种作业

1. 水电站涉及的特种作业

特种作业是指容易发生人员伤亡事故，对操作者本人、他人及周围设施的安全可能造成重大危害的作业。直接从事特种作业的人员称为特种作业人员。

在水电厂中，特种作业及人员范围包括：①电工作业，含发电、送电、变电、配电工，电气设备的安装、运行、检修（维修）、试验工，矿山井下电钳工；②金属焊接、切割作业，含焊接工、切割工；③起重机械作业，含起重机械司机、司索工、信号指挥工、安装与维修工；④登高架设作业，含 2m 以上登高架设、拆除、维修工，高层建（构）物表面清洗工；⑤压力容器作业，含压力容器罐装工、检验工、运输押运工、大型空气压缩机操作工。

2. 焊接作业

（1）电焊机使用管理、检查试验制度完善，检查维护责任落实，编号统一、清晰。

（2）电焊机符合安全要求，接线端子屏蔽罩齐全。

（3）接线规范，金属外壳可靠接地（零），一、二次绕组及绕组与外壳间绝缘良好，一次线长度不超过 2～3m，二次线无裸露现象。

（4）焊接作业人员持证上岗，严格执行操作规程。焊接作业现场有可靠防火措施，作业人员按规定正确佩戴个人防护用品。

（5）不准在带有压力的设备上或带电的设备上进行焊接。对承重构架进行焊接，应经过有关技术部门的许可。

（6）禁止在装有易燃物品的容器上或油漆未干的结构或其他物体上进行焊接。

（7）禁止在装有易燃物品的房间内进行焊接。在易燃易爆材料附件进行焊接时，其最小水平距离不得小于 5m，并根据现场情况，采取安全可靠措施。

（8）对于存有残余油脂或可燃液体的容器，应打开盖子，清理干净。对存有残余易燃易爆物品的容器，应先用水蒸气吹洗，或用热碱水冲洗干净，并将其盖口打开，方可焊接。

（9）在蜗壳、钢管、尾水管、油箱、油槽以及其他金属容器内进行焊接作业，应有以下防触电措施。

1）电焊时焊工应避免与铁件接触，要站立在橡胶绝缘垫上或穿橡胶绝缘鞋，并穿干燥的工作服。

2）容器外面应设有可看见和听见焊工工作的监护人，并应设有开关，以便根据焊工的信号切断电源。

3）应设通风装置，内部温度不得超过40℃，禁止用氧气作为通风的风源。

4）在密闭容器内，不准同时进行电焊及气焊工作。

（10）电焊工在合上或拉开电源刀闸时，应戴干燥手套，另一只手不得按在电焊机的外壳上。

（11）固定或移动的电焊机的外壳以及工作台，应有良好的接地。

（12）使用中的氧气和乙炔气瓶应垂直放置并固定起来，氧气瓶和乙炔气瓶的距离不得小于8m，气瓶的放置地点不得靠近热源，距明火10m以外。

3.高处作业

凡在离地面（坠落高度基准面）2m及以上的地点进行的工作，都应视为高处作业，应按有关规程执行。

（1）高处作业必须使用安全带（绳），安全带（绳）使用前应进行检查，并定期进行试验。安全带（绳）必须挂在牢固的构件上或专为挂安全带用的钢丝绳上，不得低挂高用，禁止系挂在移动或不牢固的物体上。在没有脚手架或者在没有栏杆的脚手架上工作，高度超过1.5m时，必须使用安全带或采取其他可靠的安全措施。

（2）在坝顶、屋顶、杆塔、吊桥以及其他危险的边沿进行工作，临空一面应装设安全网或防护栏杆；否则工作人员必须使用安全带。

（3）高处作业应使用工具袋，较大的工具应固定在牢固的构件上，不准随便乱放，上下传递物件应用绳索拴牢传递，严禁上下抛掷。

（4）在高处作业现场，工作人员不得站在作业处的垂直下方。高空落物区不得有无关人员通行或逗留，在行人道口或人口密集区从事高处作业，工作点下方应设围栏或其他保护措施，防止落物伤人。

（5）在气温低于−10℃时，不宜进行高处作业。却因工作需要进行作业时，作业人员应采取保暖措施，施工场所附近设置临时取暖休息所，并注意防火，高处连续作业不宜超过1m。

（6）在冰雪、霜冻、雨雾天气进行高处作业，应采取防滑措施；夜间作业应有足够照明。

（7）孔洞盖板、栏杆、安全网等安全防护设施禁止任意拆除。必须拆除时，应征得原搭设单位的同意，并采取临时措施，作业完毕后立即恢复原状并经原搭设单位验收。不准乱动非工作范围内的设备、机具及安全设施。

4.有限空间作业

（1）水电站有限空间作业一般涉及集水井（渗漏、检修、室外、大坝及压力容器内部）、蜗壳及主变压器事故油池等，长隧洞检修若通风不良，也可能出现缺氧等状况。有限空间作业必须悬挂有限空间作业安全告知牌。

（2）有限空间作业必须履行审批手续。

（3）有限空间作业要有专人监护，并落实防火、防窒息及逃生等措施。

（4）进入有限空间危险场所作业要先通风，再测定氧气、有害气体、可燃性气体、粉尘等气体浓度，符合安全要求方可进入。

（5）在有限空间内作业时要进行通风换气，并保证气体浓度测定次数或连续检测，严禁向内部输送氧气。进行衬胶、涂漆、刷环氧玻璃钢等工作时应强力通风，符合安全要求和消防规定方可工作。

（二）特种设备操作

1. 管理要求

定期检查电动机、抱闸设备、电气控制回路、接触器、防撞缓冲器、限位开关装置、滑触线等的性能是否良好。高度必须有"双限位"措施。应正确判断钢丝绳的新旧程度，对严重磨损、弯曲、变形、锈蚀和断丝的钢丝绳应停止使用。起重用的钢丝绳、绳索、滑车等应先检查、试验，钢丝绳的安全系数应按要求选用，不允许使用有缺陷的起重工具和断股或严重损伤的钢丝绳或绳索。驾驶室应铺设绝缘垫，配置灭火器。

非特种设备操作人员，严禁安装、维修和动用特种设备。

2. 安全要求

（1）桥机试验区域应设警戒线，并布置明显警示标志，非工作人员严禁上桥机。试验时桥机下面严禁有人逗留，严禁人员在吊物下通过或停留。

（2）零部件起吊前，应详细检查连接件是否拆卸完毕，起重工具的承载能力是否足够，起吊过程中应慢起慢落。拆卸下的零部件应安放妥当，放置部位不能影响正常的巡视通道，精密设备严禁放在粗糙的垫木上，应放置在用毛毡或胶皮垫好的平整处或悬空放置，以免损坏精密表面。

（3）严格保证吊重物的重量不超过起重设备的额定起重量。在正式提升重物前应试吊，让钢丝绳完全受力拉紧，确保各钢丝绳的受力均匀。再将被吊重物吊离地面 $2\sim3cm$，检查重物的均衡情况后才开始起吊。提升重物要平稳，不得有忽快忽慢及摇摆现象。重物移动时重物上不得站人，重物移动的路线下面不得有人。

（4）钢丝绳与设备构件的棱角接触时，必须垫木板、管子皮、麻袋、胶皮板或其他柔软垫物，防止棱角对钢丝绳的损伤。

（5）在进行起重工作时，为保证起重工作安全，对起重工作列出了"十不吊"，其主要内容包括：①斜吊不吊；②超载不吊；③散装物装得太满或捆扎不牢不吊；④指挥信号不明不吊；⑤吊物边缘锋利、无防护措施不吊；⑥吊上站人不吊；⑦埋在地下的构件不吊；⑧安全装置失灵不吊；⑨光线阴暗看不清吊物不吊；⑩6级以上强风不吊（门机）。

（6）严格按照操作规程进行操作。扒杆手动葫芦（"人"字扒杆手动葫芦和三脚扒杆手动葫芦）用在人力起重场合，其中"人"字扒杆手动葫芦常用在卧式机组安装检修时的转子串心，应充分考虑扒杆的刚度和杆脚与地面的摩擦情况，严防负重时扒杆失衡或杆脚打滑。应经常检查和保养葫芦的制动器，保持葫芦的自锁可靠，防止起重过程中重物下滑。拉动链条时用力应均匀，不可过快或过猛，以免额外增大重物的惯性力。单梁电动葫芦的行车速度较快，水平移动时容易发生重物摆动现象，因此，移动重物时应充分考虑重物摆动对周边设备和人员的影响。

（三）安全措施

1. 在金属容器内进行焊接时防止触电的措施

在蜗壳、钢管、尾水管、油箱、油槽及其他金属容器内进行焊接工作时，应有下列防止触电的措施：①电焊时焊工应避免与铁件接触，要站立在橡胶绝缘垫上或穿橡胶绝缘鞋，并穿干燥的工作服；②容器外面应设有可看见和听见焊工工作的监护人，并应设有开关，以便根据焊工的信号切断电源；③应设通风装置，内部温度不得超过40℃，禁止用氧气作为通风的风源，并且不准同时进行电焊及气焊工作。

2. 行灯使用注意事项

一般的照明灯采用的是220V交流电，安装在人不容易触及的地方。特殊场合（比如车库的地沟、地下室等）需要临时照明时，需要人手持灯具，这样220V交流电会对人身安全造成威胁，必须使用对人身安全没有威胁的低压电。这种使用低压电可以移动的灯就称为"行灯"，行灯是在水电站中进行维护和检修工作时需要经常使用的工具之一。行灯电压不得大于36V，在周围均是金属导体的场所和容器内工作时，不应超过24V。

在使用时，应注意以下事项：①手持行灯电压不准超过36V，在特别潮湿或周围均属金属导体的地方工作时，如在蜗壳、钢管、尾水管、油槽、油罐以及其他金属容器或水箱等内部，行灯的电压不准超过12V；②行灯电源应由携带式或固定式的隔离变压器供给，变压器不准放在蜗壳、钢管、尾水管、油槽、油罐等金属容器的内部；③携带式行灯变压器的高压侧应带插头，低压侧带插座，并采用两种不能互相插入的插头；④行灯变压器的外壳应有良好的接地线，高压侧宜使用单相两极带接地插头。此外，对于进入水轮机工作的行灯变压器和行灯线要有良好的绝缘、接地装置和漏电保护装置，尤其是引水管、蜗壳、转轮室、尾水管内等工作场地的行灯电压不得超过12V。

3. 进入发电机内进行检修工作的安全措施

（1）切断有关保护装置的交直流电源。

（2）钢管无水压或做好防转有关措施。

（3）切断检修设备的油、水、气来源。

进入发电机（电动机）内部工作的注意事项包括：①进入内部工作的人员，无关杂物应取出，不得穿有钉子的鞋子入内；②进入内部工作的人员及其所携带的工具、材料等应登记，工作结束时要清点，不可遗漏；③不得踩踏磁极引出线及定子绕组绝缘盒、连接梁、汇流排等绝缘部件；④在发电机（电动机）内部进行电焊、气割等工作时应备有消防器材，做好防火措施，并采取防止电焊渣、铁屑等掉入发电机内部的措施；⑤在发电机（电动机）内凿下的金属、电焊渣、残剩的焊头等杂物应及时清理干净；⑥发电机着火后进入检查，务必排烟、检测和使用呼吸器。

4. 日常使用的各种气瓶规定

在水电站中，常用的气瓶主要有氧气瓶和乙炔瓶。氧气瓶应涂天蓝色，用黑色标明"氧气"字样。乙炔气瓶应涂白色，并用红色标明"乙炔"字样。氮气瓶应涂黑色，并用黄色标明"氮气"字样。二氧化碳气瓶应涂铝白色，并用黑色标明"二氧化碳"字样。氢气瓶应涂灰色，并用绿色标明"氢气"字样。其他气体的气瓶也应按规定涂色和标字。气瓶在保管、使用中，禁止改变气瓶的涂色和标志，以防止表层涂色脱落造成误充气。

氧气瓶、乙炔瓶必须严格按规程使用。必须减震胶圈完好，压力表计正常。乙炔气瓶专用减压器、回火防止器完好，禁止倾倒。氧气、乙炔存放时保证不低于 8m 的安全距离。

5. 油库设备的安全措施

在水电站中，油库是重点的防火防爆区域，对其安全措施应格外重视，主要应注意以下事项：①发电厂内应划定油区，油区照明应采用防爆型，油区周围应设置围墙，其高度不低于 2m，并挂有"严禁烟火"等明显的安全标示牌，动火要办理动火工作票；②油区应制定油区出入制度，进入油区应进行登记，交出火种，不准穿钉鞋和化纤衣服；③烘箱、加热器、微波炉等电器设备不得放置于储油罐室内；④作业人员离开储油罐室、油处理室和柴油发电机房前应切断滤油机、烘箱等电器设备的电源；⑤储油罐室、油处理室和柴油发电机房内应保持清洁，无油污，禁止储存其他易燃物品和堆放杂物；⑥储油罐室、油处理室和柴油发电机房的一切电气设施（如开关、刀闸、照明灯、电动机、电铃、自启动仪表接点等）均应为防爆型，电力线路应是暗线或电缆，不准有架空线；⑦油区内一切电气设备的维修，都应停电进行；⑧储油罐室、油处理室和柴油发电机房内应有符合消防要求的消防设施，应备有足够的消防器材，并经常处在完好的备用状态；⑨油区周围应有消防车行驶的通道，并经常保持畅通；⑩事故油池应保证足够容积；⑪储油罐室、油处理室和柴油发电机房内应保证良好的通风，地面应采用防滑材料。

6. 水工建筑物检修注意事项

（1）孔洞内作业前，应检查有害气体的浓度，当有害气体的浓度超过规定标准时，应及时排除。

（2）易燃、易爆等危险场所严禁吸烟和明火作业；不得在有毒、粉尘生产场所进食。

（3）供检修用携带式作业灯，应符合《特低电压（ELV）限值》（GB/T 3805—2008）的有关规定。

7. 水轮机检修注意事项

（1）检查机组内部应 3 人以上，并应携带手电筒，特别是进入钢管、蜗壳和发电机风洞内部时，应留 1 人在进入口处守候。

（2）导叶进行动作试验时，应事先通告相关人员，应在水轮机室、蜗壳进口处悬挂警示标志，严禁进入导叶附近，应有可靠的信号联系，并应有专人监护。

（3）蝴蝶阀和球阀动作试验前，应检查钢管内和活门附近有无障碍物，不应有人在内工作。试验时应在其进口处挂"禁止入内"警示标志，并应设专人监护。

（4）在容器内进行喷涂时，应保持通风，容器内应无易燃、易爆物及有毒气体。容器外应专人监护。

（5）喷砂枪喷嘴接头应牢固，严禁喷嘴对人，沿喷射方向 30m 范围内不应有人停留和作业，喷嘴堵塞应停机消除压力后，进行修理或更换。

8. 定子下线规定

（1）铁芯磁化试验时，现场应配备足够的消防器材；定子周围应设临时围栏，挂警示标志，并应派专人警戒；定子机座、测温电阻接地应可靠，接地线截面应符合规范要求。

（2）耐电压试验时，应有专人指挥，升压操作应有监护人监护；操作人员应穿绝缘鞋；现场应设临时围栏，挂警示标志，并应派专人警戒。

（3）转子支架组装和焊接时，使用化学溶剂清洗转子中心体时，场地应通风良好，周围不应有火种，并应有专人监护，现场配备灭火器材。

（4）有绝缘要求的导轴瓦或上端轴，安装前后应对绝缘进行检查；试验时应对实验场所进行安全防护，应设置安全警戒线和警示标志。

9. 电气设备检修注意事项

（1）变压器、电抗器器身进行检查或进行各项电气试验时，应设立警戒线，悬挂警示标志。

（2）附件安装及电气试验时，现场高压试验区应设遮栏，并悬挂警示标志，设警戒线，派专人看护。

（3）安装、调试时，试验区域应有安全警戒线和明显的安全警示标志。被试验物的金属外壳应可靠接地；试验接线应经过检查无误后，方可开始试验，未经监护人同意严禁任意拆线；雷雨时，应停止高压试验。

（4）安装硬母线、封闭母线，在高空作业时，工作人员应系好安全带，并设置安全警戒线及警示标志。

（5）电缆头制作时，现场高压试验区应设围栏，挂警示标志，并应设专人监护。

（6）试验区应设围栏、拉警戒线并悬挂警示标志，将有关路口和有可能进入试验区域的通道临时封闭，并应安排专人看守。

（7）在进行高压试验和试送电时，应由一人统一指挥，并派专人监护；高压试验装置的金属外壳应可靠接地。

（8）机械设备、电气盘柜和其他危险部位应悬挂安全警示标志和安全操作规程。

10. 金属结构

底水封或防撞装置安装时，门体应处于全关或全开状态，启闭机应挂停机牌，并应派专人值守，严禁擅自启动。

11. 有风情况下的作业安全措施

在水电站的各项工作中，风速主要是对起重、高处作业、搭建脚手架、焊接和气割等室外工作有影响。为了保证安全，对各种工作的风速要求如下。

（1）起重工作。遇有6级以上的大风时，禁止露天进行起重工作。当风力达到5级以上时，受风面积较大的物体不宜起吊。

（2）高处作业。在5级及以上的大风以及暴雨、雷电、大雾等恶劣天气下，应停止露天高处作业。

（3）搭拆脚手架。当有5级及以上大风和雾、雨、雪天气时，应停止脚手架搭设与拆除作业。

（4）焊接和气割。当风力超过5级时禁止露天进行焊接和气割。风力在5级以下、3级以上进行露天焊接和气割时，应搭设挡风屏以防火星飞溅引起火灾。

第五章 水电站安全管理

第一节 水电站安全防护及警示设施

一、安全防护设施

（一）水工建筑物

（1）压力前池以及人口密集区渠道应有防止坠落、溺水的防护措施。

（2）进水口拦污栅处应有清污时安全防护设施。

（二）厂区厂房

（1）厂房结构无倾斜、裂缝、风化、塌陷等现象，门窗应完整；生产厂所内外保持清洁完整。

（2）厂区外的屋外配电装置四周应设 2200～2500mm 高的实体围墙；厂区内的屋外配电装置周围应设置围栏，高度不应低于 1500mm。

（3）在楼板和结构上打孔或在规定地点以外安装起重滑车或堆放重物等，事先必须经过本单位有关技术部门的审核许可；规定放置重物及安装滑车的地点应有明显标记（标出界限和荷重限度）。

（4）配电装置室应设防火门，并装有内侧不可用钥匙开启的锁，向外开启；防火门应装弹簧锁，严禁用门闩；相邻配电装置室之间如有门时，应能双向开启。

（5）通道应做到：①低矮通道口设置提醒；②上方通行的坑、井应设置盖板，盖板防止阻塞线应清晰完整，不通行的应在四周设置栏杆；③巡查路线标识明确，逃生路线清晰；④工作照明良好，事故照明可靠。

（6）所有楼梯、平台、通道、栏杆都应保持完整，升降口、大小孔洞必须装置不低于 1200mm 高的栏杆和不低于 100mm 高的护板。楼梯爬梯应做到：①扶手稳固；②主阀阀坑、集水井等处楼梯口装设门或护链。

（7）厂房门口、通道、楼梯和平台处不准放置杂物，以免阻碍通行。地板上临时放有容易使人绊跤的物件时，必须设置明显的警告标志。禁止在栏杆上、管道上、靠背轮上、安全罩上或运行设备的轴承上行走或坐立。

（8）厂房内沟道、孔洞、电缆隧道入口的盖板均应为防滑板，并标有禁止阻塞线；电缆隧道的盖板应能从下部随时打开。

（9）工作场所的井、坑、孔、洞或沟道，必须有与地面齐平的坚固盖板，盖板边缘应大于孔洞边缘 100mm，铁板表面应有防滑纹路。在检修工作中如需将盖板取下，必须设临时围栏。临时打的孔、洞，在施工结束后，必须恢复原状，夜间不能恢复的，应加警示红灯；宜标示出盖板允许荷载限值。

（10）厂房和工作场所所有升降口、大小孔洞、楼梯和平台所装设的栏杆上应悬挂适量的"禁止跨越"标识牌。如在检修期间需将栏杆拆除时，必须装设临时遮栏，并在检查结束时将栏杆立即装回；遮栏如图 5-1 所示。

图 5-1　遮栏

（11）厂房外墙等处固定的爬梯，必须牢固可靠，应设有护笼。高 100m 以上的爬梯，中间应设有休息平台，并应定期进行检查和维护。

（12）应急疏散指示标识和应急疏散场地标识应明显。

（13）油处理室应有防火、防爆措施，不准在油处理室外的厂房存放透平油、绝缘油等易燃易爆物品。

（14）实施文明生产及"7S"（整理、整顿、清扫、清洁、素养、安全、节约）管理，对生产现场、班组责任区、班组办公区、检修车间的整理、整顿、清扫、清洁工作每天都要进行，保持生产设备、生产区域无卫生死角，无积灰、积水、积油，无烟头、痰迹、杂物。集中控制室和所有值班岗位的物品、工器具、文件、资料、记录应定置摆放，实行定置管理；有条件的应对人员进行统一着装。

（三）设备设施

（1）机器的转动部分必须装有防护罩或其他防护设备，露出的轴端必须设有护盖，以防止绞卷衣服。禁止在机器转动时，取下防护罩或其他防护设备。卧式水轮机的飞轮必须加防护罩，以防人体接近时长发、衣服卷入而发生人身危险。有很多小机组的飞轮是没有防护罩的，则必须用栅栏隔离，防止人体接近。水轮机与发电机的联轴法兰必须位于人体部位不易触及的位置，并且在联轴法兰的连接螺栓外露部分加防护罩，防止伤人。有的低水头低压机组的水轮机通过三角皮带增速后带动发电机转动，三角皮带也应加装防护罩。

（2）不准在转动的机器上装卸或校正皮带，或直接用手向皮带上撒松香等物。禁止在运行中清扫、擦拭和润滑机器的旋转和移动部分，或把手伸入栅栏内。

（3）所有电气设备的金属外壳均应良好接地。

（四）生产区域用电及照明

（1）生产厂房内外工作场所的常用照明，应保证足够的亮度。在操作盘、重要表计及设备、主要通道等地点还必须有事故照明。

（2）火灾事故照明、疏散指示标识，可采用蓄电池、应急灯作为备用电源，但连续供电时间不应少于 20min。

（3）水轮机室、发电机风道和廊道的照明器，当安装高度低于 2.4m 时，如照明器的电压超过《特低电压（ELV）限值》（GB/T 3805—2008）规定值时，应设有防止触电的防护措施。大坝廊道的照明，应落实防潮、防漏电措施。

（4）电源箱箱体接地良好，接地线应选用足够截面的多股线，箱门完好，开关外壳、消弧罩齐全，接入、引出电缆孔洞封堵严密，室外电源箱防雨设施完好。导线敷设符合规定，采用下进下出接线方式，内部器件安装及配线工艺符合安全要求，漏电保护装置配置合理、动作可靠。各路配线负荷标识清晰，熔丝（片）容量符合要求，无铜丝替代熔丝现象。保护接地、接零系统正确、牢固可靠。插座相线、中性线布置符合规定，接线端子标识清楚。

（5）临时用电电源线路敷设符合要求，不得在有爆炸和火灾危险场所架设临时线，不得将导线缠绕在护栏、管道及脚手架上或不加绝缘子捆绑在护栏、管道及脚手架上。临时用电导线架空高度，室内应大于 2.5m，室外大于 4m，跨越道路大于 6m（均指最大弧垂）；原则上不允许地面敷设，若采用地面敷设时应采取可靠、有效的防护措施。临时线不得接在刀闸或开关上口，使用的插头、开关、保护设备等应符合要求。

（五）厂区消防

（1）生产厂房及仓库应备有必要的消防设备。消防设备应定期检查和试验，保证随时可用。

（2）禁止在工作场所存储易燃易爆物品。

（3）生产厂房内外的电缆，在进入控制室、电缆层、控制柜、开关柜等处的电缆孔洞时，必须用防火材料严密封闭。配电室、电缆夹层等门口应加装高度不低于 400mm 的防小动物板。防小动物板材料应为塑料板、金属板或木板，安装方式为插入式；防小动物板上部应刷防止绊跤线标识。

（4）生产厂房的取暖用热源，应有专人管理。

（六）劳动安全与工业卫生

（1）生产厂房内应备有急救药箱，存放消过毒的包扎材料和必需的药品。

（2）工作人员进入生产现场，应根据作业环境中存在的危险因素，穿戴必要的职业安全健康防护设施。如进入生产现场应戴安全帽，高空作业应系安全带，进入噪声超标的区域应戴护耳器等。

二、标牌及标识

（一）安全色

安全色指传递安全信息含义的颜色，国家标准《图形符号 安全色和安全标志 第 5 部分：安全标志使用原则与要求》（GB/T 2893.5—2020），规定"红色、黄色、蓝色、绿色 4 种颜色为安全色"。

红色传递禁止、停止、危险或提示消防设备、设施的信息；蓝色传递必须遵守规定的指令性信息；黄色传递注意、警告的信息；绿色传递安全的提示性信息。

对比色是使安全色更加醒目的反衬色，包括黑、白两种颜色。白色用于安全标识中红、蓝、绿的背景色，也可用于安全标识的文字和图形符号。黑色用于安全标识的文字、图形符号和警告标识的几何边框。

在水电站中，为了便于识别设备、防止误操作、确保电气工作人员的安全，通常用安全色来区分各种设备。

在电气上，黄、绿、红 3 种颜色分别代表 A、B、C 三相；涂成红色的电器外壳是表示其外壳有电；涂成灰色的电器外壳是表示其外壳接地或接零；线路上黑色代表工作零线；明敷接地扁钢或圆钢涂黑色；用黄绿双色绝缘导线代表保护零线；低压电网的中性线用淡蓝色作为标志。

二次系统中，交流电压回路、电流回路分别采用黄色和绿色标识。直流回路中正、负电源分别采用红、蓝两色，信号和警告回路采用白色。

另外，为了保证运行人员更好地操作、监盘和处理事故，在设备仪表盘的运行极限参数位置画有红线。

（二）标牌

标牌指制作标识的指示牌，以颜色、形状、文字、数字符号、图形符号等内容向使用者传递信息。

（1）导视类标识标牌。水电站工程周边或者管理范围内设置的用于引导、说明、指示的标识标牌。

（2）公告类标识标牌。电站工程周边或者管理范围内设置的用于工程基本情况介绍、周边管理界限范围公示、宣传及提示的标识标牌。

（3）名称编号类标识标牌。水电站工程管理范围内设置的用于介绍设备、设施名称、区别编号的标识标牌。

（4）安全类标识标牌。水电站工程周边或者管理范围内设置的用于警示、防范及提醒的标识标牌，引起人们对不安全因素的注意，预防和避免事故发生。

1）禁止标识。禁止人们不安全行为的图形标识。

2）警告标识。提醒人们对周围环境引起注意，以避免可能发生危险的图形标识。

3）指令标识。强制人们必须做出某种动作或采用防范措施的图形标识。

4）提示标识。人们提供某种信息（如标明安全设施或场所等）的图形标识。

（5）特殊标识标牌。适用于易导致触电、火灾等危险环境以及高温、潮湿环境的有特殊要求的标识标牌。

（6）设备二维码。基于设备、设施等名称和编码对应生成的二维码信息。

（三）安全警示标识

安全警示标识是通过颜色与几何形状的组合表达通用的安全信息，并且通过附加图形符号用于表达禁止、警告、指令、提示、消防等特定安全信息的标识。

1. 禁止标识

禁止标识是禁止人们不安全行为的图形标志。禁止标识牌的基本形式是长方形衬底色为白色，圆形斜杠为红色，禁止标识符号为黑色。常用的禁止标识牌包括：禁止烟火；禁止带火种；禁止合闸，有人工作；禁止合闸，线路有人工作；禁止操作，有人工作；禁止攀登，高压危险；禁止跨越；禁止吸烟；施工现场，禁止通行；禁止游泳；禁止使用无线通信；禁止戴手套；未经许可，不得入内；等等。部分禁止标识如图5-2所示。

图5-2　部分禁止标识

2. **警告标识**

警告标识是提醒人们对周围环境引起注意、以避免可能发生危险的图形标识，促使人们提高对可能发生危险的警惕性。警告标识牌的基本形式是长方形衬底色为白色，正三角形及标识符号为黑色，衬底为黄色，矩形补充标识为黑框黑体字，字为黑色，白色衬底。常用的警告标识牌包括：止步，高压危险；当心触电；当心腐蚀；当心落水；当心落物；当心坑洞；当心坠落；当心中毒。部分警告标识如图5-3所示。

图5-3　部分警告标识

3．指令标识

指令标识是强制人们必须做出某种动作或采用防范措施的图形标识。指令标识牌的基本形式是长方形衬底色为白色，圆形衬底色为蓝色，标识符号为白色，矩形补充标识为黑色框和黑色字符，字体为黑体。常用的指令标识牌包括：必须戴安全帽；必须戴防护眼镜；必须系安全带；必须戴防护帽；必须戴防护手套；注意通风。部分指令标识如图5-4所示。

图 5-4　部分指令标识

4．提示标识

提示标识是向人们提供某种信息（如标明安全设施或场所等）的图形标识。提示标识牌的基本形式是正方形边框，内为圆形提示标识。圆形提示标识为白色，黑色黑体字，衬底色为绿色。常用的提示标识牌有：从此上下；在此工作；从此进出。部分提示标识如图5-5所示。

图 5-5　部分提示标识

5. 消防安全标识

常用消防安全标识如图5-6所示。

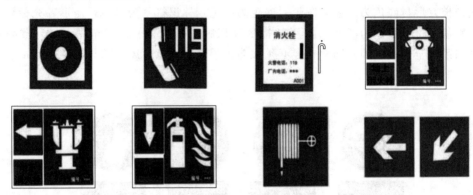

图5-6 常用消防安全标识

6. 电气安全标识牌

电气安全标识牌由安全色、几何图形和图形符号构成，是用以表达特定安全信息的一种标识物。其作用是悬挂在电气设备上，用来警告作业人员不得接近设备的带电部分，提醒作业人员在工作地点采取安全措施，指明应检修的工作地点，以及警示值班人员禁止向某设备合闸送电等；它是保证电气工作人员安全的重要技术措施。标识牌要求有良好的绝缘性，一般是用木材、塑料或其他绝缘材料制作，不得用金属板制作。

电气安全标识牌根据其用途的不同，一般分为警告类、允许类、提示类和禁止类等4类共8种，其名称、式样、悬挂处所（使用要求）见表5-1。

表5-1　　　　　　　　　　电气安全标识牌的名称、式样及悬挂处所

序号	名称	悬挂处所（使用要求）	式样		
			尺寸 /(mm×mm)	颜色	字样
1	禁止合闸，有人工作！	一经合闸即可送电到施工设备的断路器和隔离开关操作把手上	200×100 和 80×50	白底，红色圆形斜杠，黑色禁止标识符号	黑字
2	禁止合闸，线路有人工作！	线路断路器和隔离开关操作把手上	200×100 和 80×50	白底，红色圆形斜杠，黑色禁止标识符号	黑字
3	禁止分闸	接地隔离开关与检修设备之间的断路器（开关）操作把手上	200×160 和 80×65	白底，红色圆形斜杠，黑色禁止标识符号	黑字
4	在此工作！	室外和室内工作地点或施工设备上	250×250 和 80×80	绿底，中有直径 200mm 和 65mm 白圆圈	黑字，写于白圆圈中
5	止步，高压危险！	施工地点邻近带电设备的遮栏上；室外工作地点的围栏上；禁止通行的过道上；高压试验地点；室外构架上；工作地点邻近带电设备的横梁上	300×240 和 200×160	白底，黑色正三角形及标识符号，衬底为黄色	黑字
6	从此上下！	工作人员上下的铁梯、梯子上	250×250	绿底，中有直径 200mm 白圆圈	黑字，写于白圆圈中

序号	名称	悬挂处所（使用要求）	式　样		
			尺寸 /(mm×mm)	颜色	字样
7	从此进出	室外工作地点围栏的出入口处	250×250	绿底，中有直径200mm 白圆圈	黑体黑字，写于白圆圈中
8	禁止攀登，高压危险！	高压配电装置构架的爬梯上，变压器、电抗器等设备的爬梯上	500×400 和 200×160	白底，红色圆形斜杠，黑色禁止标识符号	黑字

7. 安全标识牌的设立

（1）多个安全标识牌在一起设置时，应按警告、禁止、指令、提示类型的顺序，先左后右、先上后下地排列。也可根据工作场所实际情况，组合使用各类安全标识。

（2）当厂区或车间内所设安全标识牌的观察距离不能覆盖全厂或整个车间面积时，应多设几个安全标识牌。安全标识应设在与安全有关的醒目位置，并使进入现场的人员看见后，有足够的时间来注意它所表示的内容。

（3）环境信息标识宜设在有关场所的入口处和醒目处；局部信息标识应设在所涉及的相应危险地点或设备（部件）附近的醒目处。

（4）标识牌的颜色、规格、材质、内容等应严格遵循国家相关法律、法规、标准的要求。标识牌的设置应综合考虑、布局合理，防止出现信息不足、位置不当或数量过多等现象。

（5）现有的标识牌缺失、数量不足、设置不符合要求的，应及时补充、完善或替换。安全标识牌应采用坚固耐用的材料制作，一般不宜使用遇水变形、变质或易燃的材料；有触电危险的作业场所应使用绝缘材料；标识牌应图形清楚，无毛刺、孔洞或影响使用的任何瑕疵。

（6）安全标识牌不应设在门、窗、架等可移动的物体上，以免这些物体位置移动后，看不见安全标识；安全标识牌前不得放置妨碍认读的障碍物。

8. 安全标识牌设置规范

（1）生产场所建筑物门口醒目位置，应根据内部设备、介质的安全要求，按配置规范悬挂相应的安全标识牌。如"止步，高压危险！""未经许可，不得入内""必须戴安全帽""禁止烟火"等。

（2）在生产场所主要通道入口处应悬挂"必须戴安全帽"指令标识牌。

（3）检修电源箱门上应设置"当心触电"警告标识牌。

（4）水轮机水车室入口、发电机风洞进入处、高压空压机室等高噪声场所，应悬挂"必须戴护耳器"指令标识牌。

（5）在变电站入口醒目位置应悬挂"未经许可，不得入内"禁止标识牌和"必须戴安全帽"指令标识牌。

（6）变电站围栏四周背向变电站应悬挂"止步，高压危险！"警告标识牌（标识牌间隔不应超过30m）。

（7）变电站爬梯遮栏门上应悬挂"禁止攀登，高压危险！"禁止标识牌。

（8）配电室入口醒目处应悬挂"未经许可，不得入内"禁止标识牌。

（9）室外独立安装的变压器围栏四周应悬挂"止步，高压危险！"警告标识牌（每面至少挂1个，间隔不超过20m）。

（10）室外油浸式变压器围栏上应悬挂"禁止烟火"禁止标识牌、"防火重点部位"文字标识牌。

（11）室外变压器本体上下爬梯上应悬挂"禁止攀登，高压危险！"禁止标识牌。

（12）变压器放油门，应挂有"禁止操作"禁止标识牌。

（13）室内变压器室入口处应悬挂"禁止烟火"禁止标识牌、"必须戴安全帽"指令标识牌、"防火重点部位"文字标识牌。

（14）蓄电池室入口醒目位置应悬挂"注意通风"警告标识牌、"禁止烟火"禁止标识牌、"防火重点部位"文字标识牌。蓄电池室内醒目处应悬挂"当心腐蚀"警告标识牌。

（15）电缆夹层入口处应悬挂"必须戴安全帽"指令标识牌，"防火重点部位"文字标识牌。

（16）控制室、计算机室、通信室入口醒目位置应悬挂"未经许可，不得入内""禁止烟火"禁止标识牌。

（17）控制室、计算机室、通信室入口处应悬挂"防火重点部位"文字标识牌。

（18）禁止行人通行的前池、渠道边缘、平台，应设置"水深危险，禁止通行"的禁止标识牌。

前池泄水道、溢流式调压井溢流道、溢流堰顶、消力池等部位应设置"泄水危险，禁止停留"的禁止标识牌。

（19）厂内主干道宜设置不大于30km/h的限速标识牌；在道路口、交叉口、人行稠密地段宜设置不大于15km/h的限速标识牌；进入生产厂房门口、进入生产现场的道路入口宜设置限速5km/h的限速标识牌。

三、警示线

（一）定义

警示线是界定和划分危险区域，向人们传递某种注意或警告的信息，防止人身伤害及影响设备（设施）正常运行或使用的标识线。常见警示线及其规范分别如图5-7和表5-2所示。

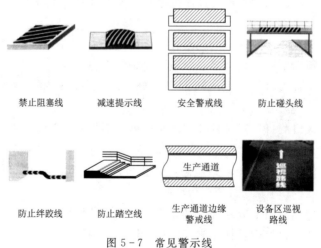

| 禁止阻塞线 | 减速提示线 | 安全警戒线 | 防止碰头线 |
| 防止绊跌线 | 防止踏空线 | 生产通道边缘警戒线 | 设备区巡视路线 |

图5-7　常见警示线

表 5-2　　　　　　　　　　　　　常见警示线配置及标注规范

名称及图形符号	标注规范	配置规范
禁止阻塞线	1）标注在地下设施入口盖板上； 2）标注在灭火器存放处； 3）标注在厂房通道旁边的配电室、仓库门口； 4）标注在电源盘前	1）黄色条宽 100mm，间隔 100mm； 2）灭火器存放处、电源盘前标注，长与标注物等长，宽为标注物前 800mm； 3）黄色条向左下方倾斜
减速提示线	1）标注在限速区域入口处； 2）标注在弯道、交叉路口处	1）黄色条宽 100mm，间隔 100mm； 2）黄色条向左下方倾斜
安全警戒线	1）标注在发电机组周围； 2）标注在汽动给水泵组周围； 3）标注在控制盘（台）前； 4）标注在配电盘（屏）前	1）黄色条宽 100～150mm； 2）黄色条距发电机组周围 1m； 3）黄色条距落地安装的转动机械、控制盘（台）前、配电盘（屏）前周围 0.8m
防止踏空线	1）标注在楼梯第一级台阶上； 2）标注在人行通道高差 300mm 以上的边缘处	1）黄色条宽 150mm； 2）黄色条长与楼梯、通道一致； 3）防止踏空标识应采用黄色油漆涂到第一级台阶地面边缘处
防止碰头线	标注在人行通道高度不足 1.8m 的障碍物上	黄黑相间条纹，两色宽度相等一般为 0.1m，面积较小时可适当缩小，斜度为 45°
防止绊跤线	标注在人行横道地面上高差 300mm 以上的管线或其他障碍物上	黄色条宽 100mm，间隔 100mm；底色为黑色

（二）类别

（1）安全警戒线。水电站工程电气设备、变配电站、机械设备、消防设备、行车停放位置下方、启闭机的旋转部位等危险场所或危险部位周围应设置安全警戒线和防护设施。电气设备安全警戒线距设备距离应大于设备安全距离。安全警戒线的宽度宜为50～150mm。

（2）禁止阻塞线。标注在地下设施入口盖板上，灭火器存放处，厂房通道旁边的配电室、仓库门口、标注在电源盘等。长与标注物等长，宽为标注物前 800mm。黄色条宽100mm，间隔 100mm，黄色条向左下方倾斜。

（3）防止碰头线。标注在人行通道高度不足 1800mm 的障碍物上。黄黑相间条纹，两色宽度相等，一般为 100mm，面积较小时可适当缩小，斜度为 45°。

（4）防止踏空线。标注在楼梯第一级台阶上，人行通道高差 300mm 以上的边缘处。防止踏空标识应用黄色油漆涂到第一级台阶地面边缘处。

（5）防止绊跤线。标注在人行横道地面上高差 300mm 以上的管线或其他障碍物上。

黄色条宽 100mm，间隔 100mm，底色为黑色。

（6）减速警示线。标注在限速区域入口处，弯道或交叉路口处。黄色条宽 100mm，间隔 100mm，黄色条向左下方倾斜。

第二节　水电站安全用具

一、安全用具的作用和分类

安全用具是指为防止触电、灼伤、坠落、摔跌等事故，保障工作人员人身安全的各种专用工具和器具。安全用具根据其作用的不同，分为绝缘（电气）安全用具和一般防护安全用具两大类。绝缘安全用具根据其功能不同，又分为基本安全用具和辅助安全用具两大类。

安全用具分为绝缘（电气）安全用具、一般防护安全用具、安全标识工具三大类。

1. 绝缘（电气）安全用具

绝缘安全用具分为基本和辅助两种绝缘安全工器具，包括高压验电器、高压绝缘棒、绝缘鞋（靴）、绝缘手套、绝缘垫、绝缘夹钳、绝缘台、绝缘挡板、携带型接地线等。

（1）基本安全用具。指那些绝缘强度大、能长时间承受电气设备的工作电压，能直接用来操作带电设备或接触带电体的用具，如高压绝缘棒、高压验电器、携带型接地线、绝缘夹钳等。

电容型验电器是通过检测流过验电器对地杂散电容中的电流，检验高压电气设备、线路是否带有运行电压的装置。电容型验电器一般由接触电极、验电指示器、连接件、绝缘杆和护手环等组成。

绝缘杆是用于短时间对带电设备进行操作或测量的绝缘工具，如接通或断开高压隔离开关、跌落熔丝具等。绝缘杆由合成材料制成，结构一般分为工作部分、绝缘部分和手握部分。

绝缘隔板是由绝缘材料制成，用于隔离带电部件、限制工作人员活动范围的绝缘平板。

绝缘罩是由绝缘材料制成，用于遮蔽带电导体或非带电导体的保护罩。

携带型短路接地线是用于防止设备、线路突然来电，消除感应电压，放尽剩余电荷的临时接地装置。

个人保护接地线（俗称"小地线"）用于防止感应电压危害的个人用接地装置。

核相器是用于鉴别待连接设备、电气回路是否相位相同的装置。

（2）辅助安全用具。指那些绝缘强度不足以承受电气设备或线路的工作电压，而只能加强基本安全用具的保安作用，用来防止接触电压、跨步电压、电弧灼伤对操作人员伤害的用具。属于这一类的安全用具包括：绝缘手套、绝缘靴（鞋）、绝缘垫、绝缘台等。使用时，不能用辅助安全用具直接接触高压电气设备的带电部分。

绝缘手套是由特种橡胶制成的，起电气绝缘作用的手套。

绝缘靴是由特种橡胶制成的，用于人体与地面绝缘的靴子。

绝缘胶垫是由特种橡胶制成的，用于加强工作人员对地绝缘的橡胶板。

2. 一般防护安全用具

一般防护安全用具主要是指那些本身没有绝缘性能，但可以起到防护工作人员发生事故的用具。这种安全用具主要用作防止检修设备时误送电，防止工作人员走错隔间、误登带电设备，保证人与带电体之间的安全距离，防止电弧灼伤、高处坠落等。这些安全用具尽管不具有绝缘性能，但对防止工作人员发生伤亡事故是必不可少的。属于这一类的安全用具主要包括：防护眼镜、安全帽、安全带、标示牌、临时遮栏等。此外，登高用的梯子、脚扣、站脚板等也属于这类安全用具的范畴。

此外还包括防静电服、防电弧服、防护眼镜、过滤式防毒面具、正压式消防空气呼吸器、安全测试仪器、耐酸手套、耐酸服及耐酸靴等。

安全帽是一种用来保护工作人员头部，使头部免受外力冲击伤害的帽子。

登高工器具包括安全带、安全自锁器、绳、各类梯具、移动平台和升级平台等。安全带是预防高处作业人员坠落伤亡的个人防护用品，由腰带、围杆带、金属配件等组成。安全绳是安全带上面的保护人体不坠落的系绳。

梯子由木料、竹料、绝缘材料、铝合金等材料制作的登高作业的工具。

脚扣是用钢或合金材料制作的攀登电杆的工具。

防静电服是用于在有静电的场所降低人体电位、避免服装上带高电位引起的其他危害的特种服装。

防电弧服是一种用绝缘和防护的隔层制成的保护穿着者身体的防护服装，用于减轻或避免电弧发生时散发出的大量热能辐射和飞溅融化物的伤害。

护目眼镜是在维护电气设备和进行检修工作时，保护工作人员不受电弧灼伤以及防止异物落入眼内的防护用具。

过滤式防毒面具是用于有氧环境中使用的呼吸器。

正压式消防空气呼吸器用于在浓烟毒气、缺氧等环境或有毒物质环境中安全有效地进行灭火、抢险、救护工作。

安全测试仪器包括：携带式可燃气体测试仪、氧量测试仪、SF_6气体检漏仪、有毒气体测试仪、氢气测试仪、射线报警仪等。其中，SF_6气体检漏仪是用于绝缘电器的制造及现场维护、测量SF_6气体含量的专用仪器。

3. 安全标识工具

安全标识工具是指为规范人在生产活动中的行为，设置在生产现场的各类警告牌、警示牌、提示牌、遮栏网等；包括各种安全围栏（网）、安全警告牌及设备标示牌。

二、安全用具管理

（一）配置

公司所属各站应当配备相应电压等级的验电器各 2 支、绝缘手套 2 副、绝缘靴 2 双、各电压等级的绝缘杆各 2 支或根据实际需要配置。绝缘安全用具又称为安全工器具。安全工器具应在手持端油漆喷涂编号，编号要清晰，总长度不得过 100mm。

（二）保管

安全工器具应时刻处于完好的备用状态，使用后应妥善保管。未经本单位负责人或安全专责的许可，班组不得将安全工器具转借外单位（外来人员）使用。

（1）安全工器具应有专人保管，并建立台账。执行定期盘点，做到账、卡、物相符，试验报告齐全，专人保管、登记注册，并建立每件用具的试验检查记录。台账包括：制造厂家、规格、试验数据、试验时间、配备时间、数量及编号等。安全工器具各类图表、单据、台账、资料等管理有序，字迹工整、清晰无涂改；安全工器具的保管应严格按照公司安全工器具管理要求。

（2）统一规定设备名称、编号，分类存放。所有安全工器具均应编号并定置摆放，做到对号入座，不得乱放。每种安全工器具在存放处应标明总数额，发现数量不对时，应核查清楚。

（3）安全工器具应随班交接，轮值班组对安全工器具的正确使用、妥善保管、正常移交负责。各班组安全员应对安全工器具每班检查一次，对检查出不合格的安全工器具应立即停止使用并向部门报告。

（4）各站每月组织对安全工器具进行至少一次的外观检查。

（5）不得与不合格的安全工器具或其他物品混放。安全工器具柜应干燥、通风，电气绝缘安全工器具应在专用安全工器具柜内摆放整齐，堆放要合理、牢固，标志齐全、清晰醒目，便于收、发、存。其中：

1）绝缘安全工器具应存放在温度－15～35℃，干燥通风的工具（柜）内。验电器、绝缘操作杆、绝缘夹钳、绝缘靴、绝缘手套、绝缘隔板等基本绝缘安全工器具使用后应擦拭干净，检查外观是否正常。

2）橡胶类绝缘安全工器具应存放在封闭的柜内或支架上，上面不得堆压物件，不得接触酸、碱、油品、化学药品或在太阳下曝晒，并保持干燥、清洁。橡胶绝缘用具应放在避光的橱柜内，定期擦滑石粉，防止粘住。绝缘安全工器具不能与金属、注油工器具混放保管或运输。

3）绝缘杆一般应垂直放置。水平放置时，支撑点间距不宜过大，以免操作杆变形弯曲。

4）防毒面具和正压式呼吸器应严格按照使用说明书和存放要求管理，并做好登记。

5）安全测试仪器的保管和使用应严格遵循制造厂家说明书的要求，并定期送检。

6）个人保管的安全帽、安全带等工器具，应有固定的存放地点，做到摆放整齐。

7）安全围栏（网）应保持完整、清洁无污垢，成捆整齐存放在安全工具柜内。

（三）安全工器具的试验

预防性试验是指为防止使用中的电力安全工器具性能改变或存在隐患而导致在使用中发生事故，而对电力安全工器具进行试验、检测和诊断的方法和手段。

校验应符合《电力安全工作规程》及产品制造厂规定，校验合格后必须在安全工器具上（不妨碍绝缘性能且醒目的部位）贴上"试验合格证"标签，注明试验人、试验日期及下次试验日期。校验不合格的安全工器具应标注清晰、明显的标志，并放在指定的不合格报废工器具柜内，防止错用。

1. 试验要求

绝缘安全工器具应分期分批试验，保证在任何时间内现场都有合格的安全工器具使用。应进行试验的安全工器具如下。

（1）按规程规定的试验周期进行试验的安全工器具。

（2）检修后及零部件经过更换的安全工器具。

（3）自制的安全工器具。

（4）对安全工器具有疑问或发现缺陷时。

2. 常用安全工器具预防性试验项目及周期

各种绝缘安全工器具的试验项目及周期见表5-3。

表5-3　　　　　　　　　各种绝缘安全工器具的试验项目及周期

序号	名称	电压等级/kV	周期	交流耐压/kV	时间/min	泄漏电流/mA	附　注
1	绝缘棒	6～10	1年	44	5		
		35～154		四倍相电压			
		220		三倍相电压			
2	绝缘夹钳	35及以下	1年	三倍线电压	5		
		110		260			
		220		400			
3	验电器	6～10	半年	40	5		发光电压不高于额定电压的25％
		20～35		105			
4	核相器	6	半年	6	1	1.7～2.4	
		10		10		1.4～1.7	
5	绝缘手套	高压	半年	8	1	≤9	
		低压		2.5		≤2.5	
6	绝缘靴	高压	半年	15	1	≤7.5	
7	绝缘鞋	1及以上	半年	3.5	1	≤2	
8	绝缘垫	6	2年	20	2		
		8		25			
		10		30			
		12		35			
9	绝缘台		3年	40	2		
10	绝缘罩	35	1年	80	2		
11	绝缘隔板	6～10	1年	30	5		
		35		80			
12	绝缘绳	高压	半年	105/0.5m	5		

3. 合格证

安全工器具试验合格后，应贴上合格证，合格证应注明试验标准、试验人、试验周期及下次试验日期，并出具试验报告，试验报告一式三份，一份交使用部门，一份交安全生产管理机构存档。对于每次安全工器具的试验结果应记录在台账内，并由安全专责保管留存，试验报告单保存到下一次报告单出来后。

工器具上应粘贴试验合格证，合格证应粘贴在有金属部分或与设备接触部分的一侧，距顶端（金属部分与活动部分除外）距离不得超过50mm，合格证总长度（沿杆长方向）不得超过30mm。试验合格证填写要工整、正确、清晰，内容包括：工具名称、试验日期、结果、有效期、结论、试验员签名。

安全工器具上的"试验合格证"标签发生损坏，应立即向安全专责反映，由单位安全专责通知公司安全生产管理机构，并及时补上。严禁使用无"试验合格证"标签的安全工器具。

（四）安全工器具的报废

淘汰不合格的安全工器具及手持电动工器具应单独隔离存放保管，同时必须醒目标明"不合格工器具，严禁使用"的标志。安全工器具达到使用期限、试验不合格、损坏后如不能修复或修复后达不到应有的安全技术要求，必须报废。出现下列情况的安全工器具也应予以报废。

（1）绝缘操作杆表面有裂纹或工频耐压试验没有通过。

（2）绝缘操作杆金属接头破损和滑丝，影响连接强度。

（3）绝缘手套出现漏气现象或工频耐压试验泄漏电流超标。

（4）绝缘靴底有裂纹或工频耐压试验泄漏电流超标。

（5）接地线塑料护套脆化破损，导线断股导致截面小于规定的最小截面。成组直流电阻值小于规定要求。

（6）防毒面具过滤功能失效。

（7）梯子结构松动，横撑残缺不齐，主材变形弯曲。

（8）安全帽帽壳有裂纹，帽衬不全。

（9）安全带织带脆裂、断股，金属配件有裂纹，铆钉有偏移现象，静负荷试验不合格。

三、安全用具使用

（一）基本安全用具

1. 绝缘棒

（1）用途。绝缘棒又称绝缘杆、操作杆，其主要是用来接通或断开带电的高压隔离开关、跌落开关，安装和拆除临时接地线以及带电测量和试验工作；在使用时要求其具有良好的绝缘性能和机械强度。

（2）构造。绝缘棒主要由工作部分、绝缘部分和握手部分构成，如图5-8所示。

1）工作部分一般由金属或具有较大机械强度的绝缘材料（如玻璃钢）制成，一般不宜过长。在满足工作需要的情况下，长度不应超过5~8cm，以免操作时发生相间或接地短路。

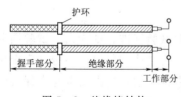

图5-8 绝缘棒结构

2）绝缘部分和握手部分是用浸过绝缘漆的木材、硬塑料、胶木等制成，两者之间由护环隔开。绝缘棒的绝缘部分须光洁、无裂纹或硬伤。绝缘部分和握手部分的长度应根据工作需要、电压等级和使用场所而定，如110kV电气设备使用的绝缘棒，其绝缘部分的长度为1.3m，握手部分的长度为0.9m，其他的具体见表5-4。

表 5-4			绝缘棒绝缘部分和握手部分的最小长度				
电压等级/kV	10	35	63（66）	110	220	330	500
绝缘部分最小长度/m	0.7	0.9	1.0	1.3	2.1	3.1	4.0
握手部分最小长度/m	0.3	0.6	0.7	0.9	1.1	1.4	4.0

另外，为了便于携带和保管，往往将绝缘棒分段制作，每段端头有金属螺钉，用以相互镶接，也可用其他方式连接，使用时将各段接上或拉开即可。

（3）使用方法。使用前，应先检查绝缘棒是否超过有效试验期，检查绝缘棒的表面是否完好，各部分的连接是否可靠；操作前，棒表面应用清洁的干布擦拭干净，使棒表面干燥、清洁；操作者的手握部分不得越过护环；绝缘棒的规格必须符合被操作设备的电压等级，切不可任意取用；为防止因绝缘棒受潮而产生较大的泄漏电流，危及操作人员安全，在使用绝缘棒时，工作人员应戴绝缘手套，以加强绝缘棒的保安作用；在下雨、下雪天用绝缘棒操作室外高压设备时，绝缘棒应有防雨罩，以使罩下部分的绝缘棒保持干燥，另外还应穿绝缘靴（鞋）；当接地网接地电阻不符合要求时，晴天操作也应穿绝缘靴，以防止接触电压、跨步电压的伤害；使用绝缘棒时要注意防止碰撞，以免损坏表面的绝缘层；使用绝缘棒时，操作人应选择好合适的站立位置，保证工作对象在移动过程中与相邻带电体保持足够的安全距离；使用绝缘棒装拆接地线等较重的物体时，应注意绝缘棒受力角度，以免绝缘棒损坏或绝缘棒所挑物件失控落下，造成人员和设备损伤。

（4）保管方法。绝缘棒应存放在干燥的地方，以防止受潮；绝缘棒应统一编号，存放在特制的架子上或垂直悬挂在专用挂架上，以防弯曲变形；绝缘棒不得直接与墙或地面接触，以防碰伤其绝缘表面；绝缘棒一般应每 3 个月检查一次，检查时要擦净表面，检查有无裂纹、机械损伤、绝缘层损坏；使用后要把绝缘棒清擦干净并统一编号保存在干燥的室内，以防受潮；一般应放在特制的架子上或垂直悬挂在专用挂架上，以防弯曲变形；每年应定期进行一次预防性试验，检验合格并粘贴合格标志。

2. 高压验电器

验电器是检验电气设备、电器、导线上是否有电的一种专用安全用具。根据电压等级的不同，分为高压和低压两类。

高压验电器是检验高压电气设备、电器、导线上是否有电的一种专用安全器具。当设备断电后，在装设携带型接地线前，必须用验电器验明设备确实无电后，方可装设接地线。目前常用的高压验电器主要有声光型和回转带声光型两种。当声光型验电器的金属电极接触带电体时，验电器流过的电容电流，发出声、光报警信号。回转带声光型验电器是利用带电导体尖端放电产生的电风来驱使指示器叶片旋转，同时发出声、光信号。

高压验电器由指示部分、绝缘部分和握柄部分组成，如图 5-9 所示。指示部分包括金属工作触头和指示器（由氖泡和电容器等组成）；绝缘部分和握柄部分一般是用环氧玻璃布管、胶木或硬橡胶等制成，在两者之间标有明显的标志或装设护环。高压验电器的最小有效绝缘长度和最小握柄长度见表 5-5。

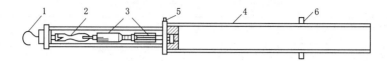

图 5-9　高压验电器结构

1—工作触头；2—氖泡；3—电容器；4—支持器；5—接地螺钉；6—隔离护环

表 5-5　　　　　　　　高压验电器绝缘部分和握柄部分的最小长度

电压等级/kV	10 以下	35	63（66）	110	220	330	500
绝缘部分最小长度/m	0.7	0.9	1.0	1.3	2.1	3.1	4.0
握柄部分最小长度/m	0.12	0.15	0.25	0.3	0.5	0.6	0.8

（3）使用方法。

1）验电前的检查。投入使用的高压验电器必须是经电气试验合格的验电器（每年应定期进行一次预防性试验），高压验电器必须定期试验，确保其性能良好。使用验电器前，应先检查验电器的工作电压与被测设备的额定电压是否相符，验电器是否超过有效试验期。并检查其绝缘部分有无污垢、损伤、裂纹，检查指示氖泡是否损坏、失灵。利用验电器的自检装置，检查验电器的指示器叶片是否旋转及声、光信号是否正常。还应在电压等级相适应的带电设备上检验报警正确，方能到需要接地的设备上验电。

2）验电操作。验电时操作人手握验电器护环以下的部位，不准超过护环，让验电器顶端的金属工作触头逐渐靠近带电部分，至氖泡发光或发出音响报警信号为止，验电器不应受邻近带电体的影响，以至发出错误的信号。验电时如果需要使用梯子时，应使用绝缘材料的牢固梯子，并应采取必要的防滑措施，禁止使用金属材料梯；验电时，验电器不应装接地线，除非在木梯、木杆上验电，不接地不能指示者才可装接地线。验电时工作人员必须戴绝缘手套，且须握在绝缘棒护环以下的握手部分，不得超过护环。使用高压验电器必须穿戴高压绝缘手套、绝缘鞋，并有专人监护。验电时，应将验电器的触头逐渐靠近被测设备，一旦验电器开始正常回转，且发出声、光信号，即说明该设备有电。若指示器的叶片不转动，也未发出声、光信号，则说明验电部位已确无电压。应立即将金属接触电极离开被测设备，以保证验电器的使用寿命。验电时必须精神集中，不能做与验电无关的事，以免错验或漏验。在停电设备上验电前，应先在有电设备上验电，验证验电器功能正常。必须在设备进出线两侧各相分别验电，以防在某些意外情况下，可能出现一侧或其中一相带电而未被发现。对线路的验电应逐相进行，对联络用的断路器或隔离开关或其他检修设备验电时，应在其进出线两侧各相分别验电。

对同杆塔架设的多层电力线路进行验电时，先验低压、后验高压、先验下层、后验上层；在电容器组上验电，应待其放电完毕后再进行；验电完备后，应立即进行接地操作，验电后因故中断未及时进行接地，若需要继续操作必须重新验电。

（4）保管。验电器应按电压等级统一编号，每个电压等级的验电器现场至少保存 2 支。验电器在用后应装匣放入柜内，保持干燥，避免积灰或受潮。

3. 携带型接地线

（1）作用。当对高压设备进行停电检修或进行其他工作时，接地线可防止设备突然来电和邻近高压带电设备产生感应电压对人体的危害，还可用以放尽断电设备的剩余电荷。因此要按安全工作要求正确选择短路接地线悬挂数量，正确选择悬挂地点，正确使用短路接地线，采取这些措施后，可避免危险电压和电弧的影响。

（2）构造。携带型接地线一般由以下几部分组成。

1）专用夹头（线夹）。它由连接接地线到接地装置的专用夹头、连接短路线到接地线部分的专用夹头和连接短路线到母线的专用夹头等几个部分组成。

2）多股软铜线。其中相同的三根短的软铜线是接向三根相线的，它们的另一端短接在一起；一根长的软铜线是接向接地装置端的。多股软铜线的截面应符合短路电流的要求，即在短路电流通过时，软铜线不会因产生高热而熔断，且应保持足够的机械强度，故该软铜线截面不得小于 $25mm^2$。软铜线截面的选择应视该接地线所处的电力系统而定。电力系统比较大的，短路容量也大，这时应选择较大截面的短路软铜线。

（3）使用方法。

1）接地线在每次装设以前应经过详细检查，损坏的接地线应及时修理或更换，禁止使用不符合规定的导线作接地线或短路线之用。应检查接地铜线和三根短接铜线的连接是否牢固，一般应由螺钉拧紧后，再加焊锡焊牢，以防因接触不良而熔断。

2）装设接地线必须由两人进行，装、拆接地线均应使用绝缘棒和戴绝缘手套。

3）接地线必须使用专用线夹固定在导线上，严禁用缠绕的方法进行接地或短路。使用时，接地线的连接器（线卡或线夹）装上后接触应良好，并有足够的夹持力，以防短路电流幅值较大时，由于接触不良而熔断或因电动力的作用而脱落。

4）接地线和工作设备之间不允许连接刀闸或熔断器，以防它们断开时，设备失去接地，使检修人员发生触电事故。

（4）保管与试验。每组接地线均应编号，存放在固定的地点，存放位置也应编号。接地线号码与存放位置号码必须一致，以免在较复杂的系统中进行部分停电检修时，发生误拆或忘拆接地线而造成事故。携带型接地线的试验项目、周期和要求见表 5-6。

表 5-6　　　　　　　　　　携带型接地线的试验项目、周期和要求

序号	项目	周期	要求				说明
1	成组直流电阻试验	不超过 5 年	在各接线鼻之间测量直流电阻，对于 $25mm^2$、$35mm^2$、$50mm^2$、$70mm^2$、$95mm^2$、$120mm^2$ 的各种截面，平均每米的电阻值应分别小于 $0.79m\Omega$、$0.56m\Omega$、$0.40m\Omega$、$0.28m\Omega$、$0.21m\Omega$、$0.16m\Omega$				同一批次抽测，不少于 2 条接线鼻与软导线压接的应做试验
2	操作棒的工频耐压试验	5 年	额定电压/kV	试验长度/m	工频耐压/kV		试验电压加在护环与紧固头之间
					1min	5min	
			10		45		
			35		95		
			66		175		
			110		220		
			220		440		
			330			380	
			500			580	

4.绝缘夹钳

（1）作用。绝缘夹钳是用来安装和拆卸高压熔断器或执行其他类似工作的工具，主要用于35kV及以下电力系统。

（2）构造。绝缘夹钳由工作钳口、绝缘部分（钳身）和握手部分（钳把）组成，如图

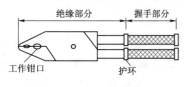

图5-10　绝缘夹钳

5-10所示。各部分所用材料与绝缘棒相同，只是它的工作部分是一个强固的夹钳，并有一个或两个管形的钳口，用以夹紧熔断器。其绝缘部分和握手部分的最小长度不应小于表5-7中的数值，主要根据电压和使用场所确定。

表5-7　　　　　　　　　　　　　绝缘夹钳各部分的最小长度

电压/kV	户 内 设 备 用		户 外 设 备 用	
	绝缘部分	握手部分	绝缘部分	握手部分
10	0.45m	0.15m	0.75m	0.20m
35	0.75m	0.20m	1.20m	0.2m

（3）使用和保管。使用前，应测试绝缘夹钳的绝缘电阻；绝缘夹钳上不允许装接地线，以免在操作时，由于接地线在空中游荡而造成接地短路和触电事故；在潮湿天气只能使用专用的防雨绝缘夹钳；作业人员工作时，应戴护目眼镜、绝缘手套和穿绝缘靴（鞋）或站在绝缘垫上，手握绝缘夹钳要精力集中并保持平衡；绝缘夹钳要保存在专用的箱子里或匣子里，以防受潮和磨损。

5.高压核相器

（1）作用。核相器用于额定电压相同的两个系统核相定相，以使两个系统具备并列运行条件。

（2）构造。核相器由长度和内部结构基本相同的两根测量杆配以带切换开关的检流组成。测量杆用环氧玻璃布管制成，分为工作、绝缘和握柄三部分。有效绝缘长度与绝缘操作杆相同，握柄与绝缘部分交接处应有明显标志或装设护环。

（3）使用及保管注意事项。使用核相器前，应检查核相器的工作电压与被测设备的额定电压是否相符，是否超过试验有效期；使用核相器前，应检查核相器的测量杆绝缘是否完好；使用核相器时，应戴绝缘手套；户外使用核相器时，须在天气良好时进行；核相器应存放在干燥的柜内。

6.低压钳型电流表

低压钳型电流表又称夹钳电流表，它是在低压线路上，用来在不断开导线情况下测量导线电流的工具。钳型电流表由可以开合的钳型铁芯互感器和绝缘部分组成，上面装有用转换开关来变更量程的电流表。

使用与维护方法包括：①使用钳型电流表时，操作人员应戴干燥的线手套；②测量前，应将钳口处擦净；③使用时，应先估计电流数值，选择适当的量程，若对被测电流值心中无数，应把量程放在最大挡，然后根据测得结果，再选择合适的量程测量；④测量

时，张开钳形铁芯，套入带电导线后，钳口应紧密闭合，以保证读数准确；⑤测完后，应把量程放在最大挡；⑥在潮湿和雷雨天气，禁止在户外使用钳型电流表进行测量；⑦钳型电流表应存放在专用的箱子或盒子内，放在室内通风干燥处。

（二）辅助安全用具

1. 绝缘手套

（1）作用。

1）绝缘手套可使人的两手与带电物绝缘，是防止同时触及不同极性带电体而触电的安全用品。

2）绝缘手套是在高压电气设备上进行操作时使用的辅助安全用具，如用来操作高压隔离开关、高压跌落开关、装拆接地线、在高压回路上验电等工作。

3）在低压交直流回路上带电工作，绝缘手套也可以作为基本安全用具使用。

4）绝缘手套一般是由特种橡胶制成。绝缘手套的式样和规格，按照其电压的不同，一般分为 12kV 和 5kV 两种，且都是以其试验电压命名。

（2）使用规范。

1）绝缘手套是作业时使用的辅助绝缘安全用具，须与基本绝缘安全工器具配套使用。

2）在 400V 以下带电设备上直接用于不停电作业时，在满足人体的安全距离的前提下，不允许超过绝缘手套的标称电压等级使用。

3）必须佩戴绝缘手套的作业包括：①验电及装、拆接地线等电气倒闸操作时，高压设备发生接地时，需接触设备的外壳和架构时；②操作机械传动的断路器（开关）或隔离开关（刀闸），以及用绝缘棒拉合隔离开关（刀闸）或经传动机构拉合隔离开关（刀闸）和断路器（开关）；③解开或恢复电杆、配电变压器和避雷器的接地引线时；④低压带电作业，带电水冲洗作业；⑤装拆高压熔断器（保险）；⑥高压设备验电；⑦使用钳型电流表进行工作时；⑧在带电的电压互感器二次回路上工作时；⑨电容器停电检修前，对电容器放电时；⑩锯电缆以前，用接地的带木柄的铁钎钉入电缆芯时，扶木柄的人应戴绝缘手套。

（3）正确使用的步骤。

1）看：①看电压等级，对于绝缘手套，根据工作范围选择相应的绝缘手套；②看年份标签，看制造年份，绝缘手套与绝缘靴出厂年限满 5 年的绝缘手套应报废；③看试验日期，所有的手套上均应贴有统一的试验合格标签，检查试验日期，若不在试验合格的有效期内，则不能直接使用（定期检验周期为 6 个月一次交流耐压试验）。

2）查：①检查外观，绝缘手套使用前先进行外观检查，外表应无磨损、破漏、划痕等，检查方法是将手套筒边朝手指方向卷曲，稍用力将空气压至手掌及指头部分检查，若手指鼓起，证明无沙眼漏气，漏气裂纹的，禁止使用；②检查气密性，受潮或发生霉变时应禁止使用，遭雨淋、受潮时应进行干燥处理后方可使用，但干燥温度不能超过 65℃，如一双手套中的一只可能不安全，则这双手套不能使用。

3）穿：将衣袖口套入手套筒口内，同时注意防止尖锐物体刺破手套。

（4）使用后的处理。

1）绝缘手套使用后应进行清洁，擦净、晾干，并应检查外表良好。

231

2）手套被弄脏时应用肥皂和水清洗，彻底干燥后涂上滑石粉，避免粘连，及时存放在绝缘工器具柜。

（5）存放及管理要求。

1）必须按照"三分开"原则（即绝缘安全工器具、一般防护安全工器具和其他安全工器具与材料分开存放）。

2）储存仓库保持整洁、通风干燥，避免阳光直射，避免潮湿和高温。离地和墙壁0.2m以上，不得接触油、酸碱类或其他腐蚀性物质。储存在环境温度宜为（20±5）℃，相对湿度50%～80%的库房中。避免挤压折叠，垂直倒插摆放整齐。

3）外出检修应将绝缘手套存放在绝缘工器具专门的工具箱内，当工作完毕后，须将绝缘手套整理清洗并及时存放在安全工器具柜，严禁长期将绝缘手套放置于外。

4）使用单位须分类列册登记，建立绝缘手套使用和试验台账，对定期检验的数据进行校核。各种检查记录、有关证书和检验试验报告、出厂说明及有关技术资料均应妥善保存，以备查核。

5）不合格的绝缘手套须隔离处理，不准与合格绝缘工器具混放。

（6）报废标准。外观检查有破损、霉变、针孔、裂纹、砂眼、割伤，定期（预试）试验不合格或出厂后年限满5年；符合以上其中一项即作报废或销毁处理。

2. 绝缘靴（鞋）

（1）作用。绝缘靴（鞋）的作用是使人体与地面保持绝缘，是高压操作时使用人用来与大地保持绝缘的辅助安全用具，可以作为防跨步电压的基本安全用具。绝缘靴（鞋）也是由特种橡胶制成，通常不上漆，这是和涂有光泽黑漆的橡胶水靴在外观上所不同的，其式样及规格一般有：37～41号，靴筒高（230±10）mm；41～43号，靴筒高（250±10）mm。

（2）使用。

1）绝缘靴（鞋）不得当作雨鞋或作他用，其他非绝缘靴（鞋）也不能代替绝缘靴（鞋）使用。

绝缘靴（鞋）在每次使用前应进行外部检查，查看表面有无损伤、磨损或破漏、划痕等。如有砂眼漏气，应禁止使用。

2）所有的绝缘靴（鞋）上均应贴有统一的试验合格标签。若不在试验合格的有效期内，则不能直接使用。

3）将裤袖口套入绝缘靴（鞋）筒口内，裤袖口套入绝缘靴（鞋）筒口内。

4）如一双绝缘靴（鞋）中的一只可能不安全，则这双绝缘靴（鞋）不能使用。

5）绝缘靴（鞋）被弄脏时应用肥皂和水清洗，彻底地干燥后及时存放在绝缘工器具室。绝缘靴（鞋）使用后应进行清洁、擦净、晾干、并应检查外表良好。对绝缘靴（鞋）进行检查，如发生霉变、有任何破损则不能使用。遭雨淋、受潮时应进行干燥处理后方可使用，但干燥温度不能超过65℃。

（3）试验与保管。

1）绝缘靴（鞋）定期检验周期为6个月一次。

2）绝缘靴（鞋）如试验不合格，则不能再使用。其使用情况可从其大底面磨损程度作初步判断。当大底面磨光并露出黄色面胶（绝缘层）时，就不能再使用了。

3）应放在干燥的专用柜，放置离地面高度和墙壁 20cm 以上，其上面不得堆压任何物件，绝缘靴（鞋）不得与油、酸碱类或其他腐蚀品接触。

4）绝缘靴（鞋）的使用年限自出厂后年限满 5 年，到期应报废。

5）不得与石油类的油脂接触，合格与不合格的绝缘靴（鞋）不能混放在一起，以免使用时拿错。绝缘手套及安全工器具应专柜存放，如图 5-11 所示。

图 5-11　安全工器具柜及绝缘手套存放

3. 绝缘垫

（1）作用。绝缘垫也是由特种橡胶制成的，绝缘垫的安保作用与绝缘靴基本相同，因此可把它视为一种固定的绝缘靴。绝缘垫一般铺在配电装置室等地面上以及控制屏、保护屏、高压柜处，以便带电操作开关时，增强操作人员对地的绝缘，避免或减轻发生单相短路或电气设备绝缘损坏时，接触电压与跨步电压对人体的伤害；在低压配电室地面上铺绝缘垫，可代替绝缘鞋，起到绝缘作用，因此在 1kV 及以下时，绝缘垫可作为基本安全用具；而在 1kV 以上时，仅作辅助安全用具。

绝缘垫的厚度有 4mm、6mm、8mm、10mm、12mm 五种，宽度常为 1m，长度为 5m，其尺寸不宜小于 0.75m×0.75m。

（2）使用。在使用过程中，应保持干燥、清洁，注意防止与酸、碱及各种油类物质接触，以免受腐蚀后老化、龟裂或变黏，降低其绝缘性能。应避免阳光直射或锐利金属划刺，存放时应避免与热源距离太近，以防急剧老化变质，绝缘性能下降。使用过程中要经常检查有无裂纹、划痕等，发现有问题时要立即禁用并及时更换。

（3）试验及保管。按照要求，绝缘垫应每两年试验一次。其试验接线如图 5-12 所示。试验方法为：试验时使用两块平面电极板，电极距离可以调整，以调到与试验品能接触时为止；把一整块绝缘垫划分成若干等分，试了一块再试相邻的一块，直到所划等分全部试完为止；试验时先将要试的绝缘垫上下铺上湿布，布的大小与极板的大小相同，然后再在湿布上下面铺好极板，中间不应有空隙，然后加压试验，极板的宽度应比绝缘垫宽度

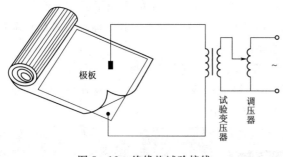

图 5-12　绝缘垫试验接线

小 10～15cm。其试验标准为：在 1kV 及以上场所使用绝缘毯，其试验电压不低于 15kV，试验电压依其厚度增加而增加；在 1kV 以下者，其试验电压为 5kV；试验时间都为 2min。

4. 安全带与防坠器

安全带是预防高处作业人员坠落伤亡最有效的防护用品，只有在系好安全带后，两只手才能同时进行作业，否则工作既不方便，而且危险性很大，极有可能发生坠落事故。

安全带由腰带、护腰带、围杆带、绳子和金属配件组成。根据作业性质的不同，分为围杆作业安全带和悬挂作业安全带两种。围杆作业安全带适用于电工等杆上作业；悬挂作业安全带适用于建筑、安装等工作。

安全带的使用和保管应注意以下事项：①安全带使用前，必须做一次外观检查，如发现破损、变质及金属配件有断裂者，应禁止使用，平时不用时也应一个月做一次外观检查；②安全带应高挂低用或水平拴挂，高挂低用就是将安全带的绳挂在高处，人在下面工作，水平拴挂就是使用单腰带时，将安全带系在腰部，绳的挂钩挂在和带同一水平的位置，人和挂钩保持差不多等于绳长的距离，切忌低挂高用，并应将活梁卡子系紧；③安全带使用和存放时，应避免接触高温、明火和酸类物质，以及有锐角的坚硬物体和化学药物；④安全带可放入低温水中，用肥皂轻轻擦洗，再用清水漂干净，然后晾干，不允许浸入热水中、在日光下曝晒或用火烤；⑤安全带上的各种部件不得任意拆掉，更换新绳时要注意加绳套，使用期一般为 3～5 年，发现异常应提前报废。

防坠器又称速差器，一般与安全带配合使用，在匀速时可自动伸缩，而当工作人员在高处作业发生突然坠落时（有较大速差时），它可在限定距离内快速制动锁定坠落人员，以此来保护高处作业人员的安全。其特点为：①防坠器能在限定距离内快速制动锁定坠落物体；②工作人员发生突然坠落时，安全绳拉出距离一般不超过 0.2m；③防坠器破坏试验冲击力是大于等于额定载荷的 4 倍；④控制系统采用合金钢，质轻、耐磨、抗冲击；⑤安全载重绳采用优质航空钢丝绳。

5. 安全帽

安全帽是用来保护使用者头部或减缓外来物体冲击伤害的个人防护用品，预防从高处坠落物体（器材、工具等）对人体头部的伤害，广泛应用于电力系统、基建修造等工作场所。水电站应配备电工型安全帽，其绝缘性能应符合《安全帽测试方法》（GB/T 2812—2006）的要求。

水电站企业安全帽（电工型）可以分为红、黄、蓝、白四色，管理人员戴红色安全帽，运行值班人员戴黄色安全帽，外来检查及参观人员戴白色安全帽，现场作业（检修、试验、施工）人员戴蓝色安全帽。

安全帽应放在阴凉、干燥、通风的地方，安全帽上不得放置重物，不得与其他金属物品混放，不得与强腐蚀性物品同架存放。安全帽是保护作业人员头部免受或减轻意外伤害的专用安全工器具，工作中不准将安全帽当作传递工具、材料的盛装物使用，在任何场合不得当小凳使用。

安全帽的使用要求如下。

（1）安全帽的使用期，从产品制造完成之日起计算，塑料帽不超过两年半；玻璃钢（维纶钢）橡胶帽不超过三年半。

（2）每顶安全帽应有以下四项永久性标志：①制造公司名称、商标、型号；②制造年、月；③生产合格证和检验证；④生产许可证编号，LA、QS及合格证齐全。

（3）安全帽使用前应进行外观检查，安全帽各部件应完好，帽壳与顶衬缓冲空间须符合23～50mm。安全帽的外观检查项目包括：①帽盔清洁，编号清晰；②帽盔无裂痕、破损；③帽盔与帽衬连接可靠；④帽衬各个连接部分良好，编织带无断股，无严重抽丝现象；⑤帽带无断股、抽丝现象，锁紧程度可靠。

（4）进入作业现场必须佩戴安全帽。进入工作现场（办公室、班组活动室、值班室除外）必须戴好安全帽，内容包括系好帽带，扣好帽带锁紧扣，根据头型调整好帽箍的松紧，帽子必须戴正，不得取出帽子的衬垫，并系好下颏带。

（5）使用的同一批次的安全帽到使用有效期时，必须进行抽样冲击试验和穿刺试验，试验合格该批次的安全帽方可继续使用。禁止使用超试验周期的、试验不合格的、外观检查不合格的安全帽。

6. 脚扣

脚扣是用钢或合金铝材料制作的近似半圆形、带皮带扣环和脚蹬板的轻便登杆工具，根据其用途不同分为木杆用和水泥杆用两种形式。木杆用脚扣的半圆环和根部均有突起的小齿，以便登杆时刺入杆中起到防滑的作用；水泥杆用脚扣的半圆环和根部装有橡胶套或橡胶垫来防滑。

在使用脚扣时应注意以下几点：①在使用前，应按电杆和规格选择适合的脚扣，不得用绳子或电线代替脚扣系脚皮带；②在使用脚扣前进行外观检查，查看各部分是否有裂纹、断裂等现象；③登杆前，应对脚扣做人体冲击试蹬以检查其强度，其方法是将脚扣系于电杆上离地0.5m左右处，借人体重量猛力向下蹬踩，此时查看脚扣应无变形及任何损伤，方可使用；④脚扣不得随意从高处往下摔扔，以防损坏，同时，作业前后应轻拿轻放并妥善保管，存放在工具柜里。

7. 升降板

升降板也称踏板、登高板等，是一种常用的攀登电杆的用具，升降板由踏脚板和吊绳组成。

使用升降板作业前，必须学会使用登高杆的技巧。登高杆时通常使用两副升降板，先将一副背在肩上，用另一副的绳索绕电杆一周并挂在钩上，作业人员登上这副升降板，再把肩上的升降板挂在电杆上方，作业人员登上后，弯腰将下面升降板的挂钩脱下，这样反复操作，攀到预定高度。下杆时，操作顺序相反。

在使用升降板时应注意以下几点：①使用前必须进行外观检查，看踏脚板是否有裂纹、断裂现象，绳索是否有断股，若有则不能使用；②登杆前也应对升降板做人体冲击试验，以检验其强度，检验方法是将升降板系于电杆上离地0.5m处，人站在踏脚板上，双手抱杆，双脚腾空猛力向下蹬踩，此时，绳索不发生断股，踏脚板不折裂，方可使用；③使用升降板时要保持人体平稳不摇晃；④升降板不能随意从杆上往下扔，以免摔坏，用后应妥善保管，存放在工具柜内。

8. 梯子

梯子一般有靠（直）梯和人字梯两种，其中直梯通常用于户外登高作业，根据其是否具有可伸缩性，又分为可伸缩梯和不可伸缩梯；人字梯一般用于户内登高作业。直梯的两脚应各绑扎胶皮之类防滑材料；人字梯应在中间绑扎两道防自动滑开的防滑拉绳。

登梯作业时应注意：①登梯前应检查梯子各部分完好，无损坏，梯脚上的防滑胶套必须完整，否则地面应放胶垫，在光滑坚硬的地面上使用时，更应注意防滑动，若在泥土地面上使用时，梯脚最好加铁尖；②使用直梯作业时，为防止直梯翻倒，其梯脚与墙之间的距离不得小于梯子长度的 1/4，同时为了避免打滑，其间距也不得大于梯长的 1/2；③使用人字梯作业前，必须将防滑拉绳绑好，且梯子之间距离不能太小，以防梯子不稳，登在人字梯上操作时，切不可采取骑马方式站立，以防不小心摔下造成伤害；④在直梯上工作时，梯顶一般不应低于作业人员的腰部，或作业人员应站在距梯子顶部不小于 1m 的横档上作业，切忌站在梯子的最高处或靠最上面一、二横档上，以防朝后仰卧而摔下造成伤害；⑤梯子应每半年试验 1 次，同时，每个月应对其外表检查 1 次，看是否有断裂、腐蚀等现象，梯子不用时，应保管在库房的固定地点。

9. 安全绳和安全网

安全绳和安全网都是高处作业人员作业时必须具备的防护用具。安全绳通常与护腰式安全带配合使用，工作人员在高处作业时，将其绑在同一平面处的固定点上，安全绳广泛应用于架空线路等高处作业中，用以防止作业人员不慎跌下摔伤。

安全网是防止高处作业人员坠落和高处落物伤人而设置的保护用具。安全网一般是用直径 3mm 的锦纶绳编制而成，它的形状如同渔网，其规格有 4m×2m、6m×3m、8m×4m 三种，每张安全网中间都有网杠绳，这样当作业人员坠入网内时能被兜住。

安全绳、安全网的使用和维护注意事项包括：①每次使用前必须进行详细的外观检查，安全绳或安全网绳均应完好无损，若有断股现象，禁止使用；②使用的安全绳必须按规程规定进行定期静荷试验，并做好合格标志；③分解、组塔时，当塔身下段已组好，即可将安全网设置在塔身内部的水平铁件的位置上，距地面或塔身内断面的距离不小于 3m，四角用直径 10mm 的锦纶绳牢固绑在主铁和水平铁上，并拉紧，安全网一般应按塔身断面的大小设置。如果安全网不够大，可以接起来使用；④安全绳、安全网用完后应放置在专用柜中，切勿接触高温、明火及酸类物质。

10. 临时遮栏

临时遮栏是根据检修工作需要而设立的临时安全措施。正确使用临时遮栏可以确保电气作业人员与带电设备保持足够的安全距离。特别对于部分停电的工作，使用它能够阻止工作人员走错间隔发生失误。临时遮栏一般有以下三种形式：①可以和电气设备直接接触的绝缘挡板，它只用于 35kV 及以下电压等级，用干燥木材、橡胶及其他坚韧绝缘材料制成；②栅栏状遮栏，其特点是安装固定方便，移动也简便，对其要求是界隔明显、标色醒目，高度可根据实际情况确定；③绳索围栏，在围绕界隔场地时使用绳索围栏，它上面一般串有红色三角小旗，检修工作时可在其上朝向围栏里面（高压试验时应朝外）挂上适当数量的"止步，高压危险！"标识牌，它可以使用专门的活动式铁栏杆架设，适用于室外高压设备或单元设备检修、高压试验时使用。

在一般防护安全用具中，安全带、安全帽、脚扣、升降板、竹（木）梯等属于登高工器具，其各自的试验标准见表5-8。

表5-8　　　　　　　　　　　　登高工器具的试验标准

序号	名称	项目	周期	要　　　求			说　　　明
1	安全带	静负载试验	1年	种类	试验静拉力/N	载荷时间/min	牛皮带试验周期为半年
				围杆带	2205	5	
				围杆绳	2205	5	
				护腰带	1470	5	
				安全绳	2205	5	
2	安全帽	冲击性能试验	按规定期限	受冲击力小于4900N			使用寿命从制造之日起，塑料帽不大于2.5年，玻璃钢帽不大于3.5年
		耐穿刺性能试验	按规定期限	钢锥不接触头模表面			
3	脚扣	静负载试验	1年	增加1176N静压力，持续时间5min			
4	升降板	静负载试验	半年	增加2205N静压力，持续时间5min			
5	竹（木）梯	静负载试验	半年	增加1765N静压力，持续时间5min			

四、手持电动工具管理及使用

（一）水电站常用手持电动工具

水电站常用手持电动工具包括手持式电动工器具和移动式电动工器具，如角向磨光机、手枪电钻、手持（移动）式砂轮机、无齿锯、安全隔离变压器、电焊机、台钻等。

（二）管理

手持电动工具应符合《手持式电动工具的管理、使用、检查和维修安全技术规程》（GB/T 3787—2017）的要求。

建立电气安全用具、手持电动工具台账，统一编号，专人专柜对号保管，定期试验。使用人员掌握使用方法并在有效期内正确使用。同时要求每半年试验1次，测量工器具的绝缘电阻，用500V兆欧表测量绝缘电阻应不小于表5-9规定的数值。

表5-9　　　　　　　　　　　　绝　缘　电　阻　值

被试绝缘	绝缘电阻/MΩ		
	Ⅰ类工具	Ⅱ类工具	Ⅲ类工具
带电部分与壳体之间	2	7	1

企业购置的手持电动工具应符合国家标准。现场使用的手持电动工具等设备应满足规范要求。

按作业环境要求选用手持电动工具。使用Ⅰ类手持电动工具应配有漏电保护装置，接地连接可靠。绝缘电阻值符合要求，并有定期测量记录。电源线必须用护管软线，长度不超过6m，无接头及破损。电动工具的防护罩、盖及手柄完好无松动，电动工具的开关灵敏、可靠无破损，规格与负载匹配。

（三）电动工具的使用

（1）工器具电源线上的插头不得任意拆除或调换。器具的电源线不得任意接长或拆换。当电源离工器具操作点距离较远而电源线长度不够时，应采用耦合器进行连接。

（2）插头、插座中的接地极在任何情况下只能单独连接保护线。严禁在插头、插座内用导线直接将接地极与中性线连接起来。

（3）工器具的危险运动零部件的防护装置（如防护罩、盖）等不得任意拆卸。

（4）长期搁置不用的工器具，在使用前必须测量绝缘电阻，如果绝缘电阻小于表5-9规定的数值，必须进行干燥处理或维修，经检查合格后方可使用。

（5）工器具如有绝缘损坏，电源线护套破裂，保护线脱落，插头、插座裂开或不利于安全的机械损伤等故障时，应立即进行修理，在未修复前，不得继续使用。

（6）电动工具合格标准：外壳、手柄无裂缝和破损；保护线连接正确，牢固可靠；电源线完好无损；电源插头完整无损；电源开关动作正常、灵活，无缺损、破裂；机械防护装置完好；转动部分转动灵活、轻快，无阻滞现象；电气保护装置良好。

（7）电动工具现场使用必须接在带有漏电保护器的检修电源上，或者使用带有漏电保护器的临时电源箱、拖线盘上，所使用的漏电保护器必须经过定期检验，并合格。

第三节　水电站应急常识

一、触电伤害及防范措施

1. 触电伤害

电流对人体会造成多种伤害，如伤害呼吸、心脏和神经系统，使人体内部组织破坏，乃至死亡。当电流流经人体时，人体会产生不同程度的刺痛和麻木，并伴随不自觉的肌肉收缩。触电者会因肌肉收缩而紧握带电体，不能自主摆脱电源。此外，胸肌、膈肌和声门肌的强烈收缩会阻碍呼吸，甚至导致触电者窒息死亡。人体触及带电体时，电流通过人体，对人体造成伤害，其伤害的形式主要有电击和电伤两种。

（1）电击是当人体直接接触带电体时，电流通过人体内部，对心脏、呼吸和神经系统等内部组织造成的伤害。电击是最危险的触电伤害，多数触电死亡事故是由电击造成的。

（2）电伤是指电流对人体外部（表面）造成的局部创伤，电伤往往在肌肤上留下伤痕，严重时，也可导致人的死亡。电伤根据其产生伤害的不同，分为灼伤、电烙印、皮肤金属化等三类。

1）灼伤是指电流热效应产生的电伤。最严重的灼伤是电弧对人体皮肤造成的直接烧伤。例如，当发生带负载拉刀闸、带地线合刀闸时，产生的强烈电弧会烧伤皮肤。灼伤的后果是皮肤发红、起泡，组织烧焦并坏死。

2）电烙印是指电流化学效应和机械效应产生的电伤。电烙印通常在人体和带电部分接触良好的情况下才会发生。其后果是皮肤表面留下和所接触的带电部分形状相似的圆形或椭圆形的肿块痕迹。电烙印有明显的边缘，且颜色呈灰色或淡黄色，受伤皮肤硬化。

3）皮肤金属化是指在电流作用下，产生的高温电弧使电弧周围的金属熔化、蒸发并飞溅渗透到皮肤表层所造成的电伤。其后果是皮肤变得粗糙、硬化，且呈现一定颜色。根据人体表面渗入金属的不同，呈现的颜色也不同，一般渗入铅为灰黄色，渗入紫铜为绿色，渗入黄铜为蓝绿色。金属化的皮肤经过一段时间后会逐渐剥落，不会永久存在而造成终身痛苦。

2. 影响电流对人体伤害程度的主要因素

（1）电流、电压及频率。通过人体的电流越大伤害越严重。一般来说，通过人体的交流电（50Hz）超过10mA、直流电超过50mA时，触电者自己难以摆脱电源，这时就有生命危险。接触的电压越高，通过人体的电流越大，所以电压越高越危险。常用的50～60Hz工频交流电对人体的伤害最为严重，而频率偏离工频越远，对人体的伤害就越轻，即50～60Hz电流最危险；小于50Hz或大于60Hz的电流，危险性降低。

（2）电流途径。电流通过心脏会引起心室颤动，甚至使心脏停止跳动，这两者都会使血液循环中断而导致死亡；电流通过中枢神经系统会引起中枢神经强烈失调而导致死亡。研究表明，最危险的途径是从手到胸部到脚，较危险的途径是从手到手，危险较小的途径是从脚到脚。

（3）通电时间长短。电流通电时间越长，对人体组织的破坏越厉害，后果也越严重。通常可用触电电流大小与触电时间的乘积（称为电击能量）来反映触电的危害程度。

（4）人体电阻。皮肤如同人的绝缘外壳，在触电时起着一定的保护作用。当人体触电时，流过人体的电流与人体的电阻有关，人体电阻越小，通过人体的电流越大，也就越危险。

人体电阻不是固定不变的，它的数值随着接触电压的升高而下降，见表5-10；又随皮肤的条件不同而在很大范围内变动，见表5-11。皮肤潮湿、多汗、有损伤、带有导电性粉尘，以及电极与皮肤的接触面积加大、接触压力增加等情况下，人体电阻都会降低。不同类型的人，其人体电阻也不同，一般认为人体电阻为1000～2000Ω（不计皮肤角质层电阻）。

表5-10 随电压变化的人体电阻

接触电压/V	12.5	31.3	62.5	125	220	250	380	500	1000
人体电阻/Ω	16500	11000	6240	3530	2222	2000	1417	1130	640

表5-11 不同条件下的人体电阻

接触电压 /V	人体电阻/Ω			
	皮肤干燥	皮肤潮湿	皮肤湿润	皮肤浸入水中
10	7000	3500	1200	600
25	5000	2500	1000	500
50	4000	2000	875	440
100	3000	1500	770	375
250	1500	1000	650	325

根据电流的大小对人体所产生的反应不同，将电流分为感知电流、摆脱电流、致命电流等三种，其定义与数值见表 5 - 12。

表 5 - 12　　　　　　　　　　　　不同电流的定义及数值

名称	定　义		对成年男性/mA	对成年女性/mA
感知电流	引起人有感觉的最小电流	工频	1.1	0.7
		直流	5.2	3.5
摆脱电流	人体触电后能自主地摆脱电源的最大电流	工频	16	10.5
		直流	76	51
致命电流	在较短时间内危及生命的最小电流	工频	30～50	
		直流	1300 (0.3s)、50 (30s)	

（5）人体状况。人体状况与触电伤害程度关系密切。

1）性别。女性对电的敏感性比男性高，触电后更难以摆脱。

2）年龄。在遭受电击后，小孩的伤害程度要比成年人重。

3）健康状况。健康状况较差的人比健康人更易受电伤害。

4）精神状态。精神状态欠佳会增加触电伤害程度。

3．人身触电

人身触电包括两种：①人体直接触及或靠近电气设备的带电部分；②人体触碰平时不带电、因绝缘损坏而带电的金属外壳或金属构架。

人身触电包括单相触电、两相触电、跨步电压触电、接触电压触电和雷击电压触电。单相与两相触电都是人体与带电体的直接接触触电，其中两相触电最危险。

4．防止人身触电的技术措施

为防止人身触电事故发生，除思想上重视、认真执行《电力安全工作规程》之外，还应该采取必要的技术措施，一般有保护接地、保护接零、工作接地等几种，通过这些措施可以减小或是消除触电给人所带来的伤害。

（1）安全电压。可以把摆脱电流看作是人体允许的电流，只要流过人体的电流小于摆脱电流，即可把摆脱电流认为是安全电流。通过试验得知，通常把 50～60Hz、10mA 及直流 50mA 确定为人体的安全电流值。在各种不同环境条件下，人体接触到有一定电压的带电体后，其各部分组织（如皮肤、心脏、呼吸器官和神经系统等）不发生任何损害，该电压称为安全电压。国际电工委员会规定接触电压的限定值为 50V，即低于 50V 的对地电压为安全电压。并规定在 25V 以下时，不需考虑防止电击的安全措施。

我国规定的安全电压等级是 42V、36V、24V、12V、6V 等 5 个。当电气设备的额定电压超过 24V 安全电压等级时，应采取直接接触带电体的保护措施。目前我国采用的安全电压以 36V 和 12V 较多。发电厂生产场所以及变电站等处使用的行灯电压一般为 36V，在比较危险的地方或工作地点狭窄、周围有大面积接地体、环境潮湿场所，如电缆沟、廊道等地，所用行灯的电压一般规定不准超过 12V。

（2）工作接地。将电力系统中的某一点（通常是中性点）直接或经特殊设备（如消弧线圈、电抗、电阻等）与地作金属连接，称为工作接地。其作用有：①降低人体的接触电压；②迅速切断电源，在中性点绝缘系统中，当一相碰地时，由于接地电流很小，故保护设备不能迅速动作切断电源，因此接地故障将长时间持续下去，这对人身是很不安全的，在中性点接地系统中，情况就不同了，当一相碰地时，接地电流成为很大的单相短路电流，它能使保护装置迅速动作而切断电源，从而保护人体免于触电；③降低电气设备和输电线路的绝缘水平；④满足电气设备运行中的特殊需要，如减轻高压窜入低压的危险性。

（3）保护接地。为防止人身因电气设备绝缘损坏而遭受触电，将电气设备的金属外壳与接地体连接，称为保护接地。保护接地适用于中性点不接地的低压电网中。在中性点直接接地的低压电网中，电气设备不采用保护接地是危险的。采用了保护接地，仅能降低触电的危险程度，但不能完全保证人身安全。

（4）保护接零。为防止人身因电气设备绝缘损坏而遭受触电，将电气设备的金属外壳与电网的零线（变压器中性线）相连接，称为保护接零，适用于三相四线制中性点直接接地的低压电力系统中。当采用保护接零时，除电源变压器的中性点必须采取工作接地外，零线要在规定的地点采取重复接地，使保护接零能够起到较好的保护作用。对接零装置有以下要求。

1）零线上不能装熔断器和断路器，以防止零线回路断开时零线出现相电压而引起触电事故。

2）在同一低压电网中（指同一台变压器或同一台发电机供电的低压电网），不允许将一部分电气设备采用保护接地，而另一部分电气设备采用保护接零，否则接地设备发生碰壳故障时，零线电位升高，接触电压可达到相电压的数值，这就增大了触电的危险性。

3）在接三眼插座时，不准将插座上接电源零线的孔与接地线的孔串接，否则零线松掉或折断就会使设备金属外壳带电；若零线和相线接反，也会使外壳带电；正确的接法是接电源零线的孔同接地的孔分别用导线接到零线上。

4）除中性点必须良好接地外，还必须将零线重复接地。所谓重复接地，就是指零线的一处或多处通过接地体与大地再次连接。重复接地可降低漏电设备外壳的对地电压，减小零线断线时的触电危险，缩短碰壳或接地短路持续的时间。

（5）漏电保护器。漏电保护器是以检测漏电电流而动作的保护装置。在规定的条件下，当漏电电流达到或超过额定值时，能自动切断电路。因此，漏电保护器不但能有效地保护人身和设备安全，而且还能监督电气线路、设备的绝缘情况。

漏电保护器主要是在有漏电电流时动作（自动断开），起漏电保护；而空气开关则是在短路、过电流、欠电压时动作。

漏电保护器根据其检测信号可分为电压型和电流型；按脱扣形式可分为电磁式和电子式；按其保护功能和结构特征又分为漏电开关、漏电断路器、漏电继电器、漏电保护插座等。

漏电保护器的主要技术参数是动作电流和动作时间，按漏电动作电流可分为高灵敏型（30mA 及以下）、中灵敏型（30～100mA）、低灵敏型（100mA 以上）。漏电保护器动作时间取决于保护要求，一般有以下几类：快速型，动作时间不超过 0.1s；延时型，动作时间不超过 0.1～1s；反时限型，漏电电流为动作电流时，动作时间不超过 1s，2 倍动作电流时不超过 0.2s，5 倍动作电流时动作时间不超过 0.03s。

为保证人身安全和线路、设备的正常运行，防止事故的发生，在以下用电场所，按规定一般需安装漏电保护器：①触电、防火要求较高的场所均应安装漏电保护器；②新制造的低压配电柜、动力柜、开关柜、操作台、试验台及机床、起重机械、各种传动机械等机电设备的配电箱，在考虑设备过载、短路、失电压、断相等保护的同时，必须考虑漏电保护；③建筑施工场所、临时线路的用电设备必须安装漏电保护器。因此，一般在每个配电箱的插座回路上和全楼总配电箱的电源进线上都安装有漏电保护器，后者则主要用于防电气火灾。

漏电保护器与空气开关的保护功能各有不同，空气开关又称作空气断路器。空气断路器一般为低压，即额定工作电压为1kV。空气断路器是具有多种保护功能，能够在额定电压和额定工作电流状况下切断和接通电路的开关装置，其保护功能的类型及保护方式由用户根据需要选定，如短路保护、过电流保护、分励控制、欠电压保护等。其中，前两种保护为空气断路器的基本配置，后两种为选配功能。所以空气断路器能在故障状态（负载短路、负载过电流、低电压等）下切断电气回路。

二、火灾

1. 火灾类别

根据《火灾分类》（GB/T 4968—2008）、根据可燃物的类型和燃烧特性，火灾分为A、B、C、D、E、F等6类，根据不同的火灾类型采取不同的灭火方法。

（1）A类火灾指固体物质火灾。这种物质通常具有有机物质性质，一般在燃烧时能产生灼热的余烬，如木材、煤、棉、毛、麻、纸张等火灾。

（2）B类火灾指液体或可熔化的固体物质火灾。如煤油、柴油、原油、甲醇、乙醇、沥青、石蜡等火灾。应关闭供油设备或阀门，切断泄漏源，封堵泄漏点。

（3）C类火灾指气体火灾。如煤气、天然气、甲烷、乙烷、丙烷、氢气等火灾。应切断火源、切断气源，喷洒雾状水稀释，合理通风（室内抽排风、室外强力通风），禁止泄漏气体进入受限空间（如下水道等），避免发生爆炸。

（4）D类火灾指金属火灾。如钾、钠、镁、铝镁合金等火灾。

（5）E类火灾指带电火灾，即物体带电燃烧的火灾。

（6）F类火灾指烹饪器具内的烹饪物（如动植物油脂）火灾。

2. 水电站消防设施及能力

根据水电站的规模，消防设施主要包括：①基于消防水泵管网系统的消防栓，自动喷水灭火系统少见；②配备常用的如灭火器、消防砂箱（池）等灭火设备；③部分水电站设置了火灾报警系统。基于消防水泵管网系统的自动喷水灭火系统在小型水电站中尚不普及。在水电站中，常用的灭火器有二氧化碳灭火器、四氯化碳、干粉灭火器、泡沫灭火器等，少量电站还设有七氟丙烷灭火系统。各种灭火器的性能及使用情况见表5－13。

表5－13　　　　　　　　　　常备灭火器的性能及使用情况

种类	二氧化碳灭火器	四氯化碳灭火器	干粉灭火器	泡沫灭火器
规格	2kg 以下、2～3kg、5～7kg	2kg 以下、2～3kg、5～8kg	8kg、50kg	10L、65～130L
药剂	瓶内装有压缩成液态的二氧化碳	瓶内装有四氯化碳液体并加有一定压力	钢筒内装有钾盐或钠盐干粉，并备有盛装压缩气体的小钢瓶	钢筒内装有碳酸氢钠发泡剂和硫酸铝溶液

种类	二氧化碳灭火器	四氯化碳灭火器	干粉灭火器	泡沫灭火器
用途	不导电,扑救电气、精密仪器、油类和酸类火灾,不能扑救钾、钠、镁、铝等物质火灾	不导电,扑救电气设备火灾,不能扑救钾、钠、镁、铝、乙炔、二硫化碳等火灾	不导电,可扑救电气设备火灾,不宜扑救旋转电动机火灾,可扑救石油、石油产品、有机溶剂、天然气和天然气设备火灾	有一定导电性,扑救油类或其他易燃液体火灾,不能扑救带电物体火灾
效能	接近着火点,保持3m远	3kg 喷射时间 30s,射程 7m	8kg 喷射时间 14~18s,射程 4.5m;50kg 喷射时间 50~55s,射程 6~8m	10L 喷射时间 60s,射程 8m;65L 喷射时间 170s,射程 13.5m
使用方法	一手拿好喇叭筒对着火源,另一只手打开开关	只要打开开关,液体就可以喷出	提起圈环于粉即可喷出	倒过来稍加摇动或打开开关药剂即喷出
保养方法	置于取用方便的地方;注意使用期限;防止喷嘴堵塞;冬季防冻,夏季防晒	置于取用方便的地方;注意使用期限;防止喷嘴堵塞;冬季防冻,夏季防晒	置于干燥、通风处,防受潮、日晒	置于干燥处,避免曝晒、风吹、雨淋,冬季防冻
检查方法	每月测量1次,当低于原重 1/10 时,应充气	每月检查压力情况,少于规定压力时应充气干粉灭火器	每年抽查1次干粉是否受潮或结块,小钢瓶内气体压力每半年检查1次,如重量减少 1/10 应换气	1年检查1次重量,泡沫发生倍数低于4倍时应换药

在水电站中,消防安全工作已形成制度化,一般应每年定期进行演习或培训,使全体职工达到"三懂、三会、三能"。

"三懂",即懂得本岗位生产过程中或商品性质存在什么火灾危险,懂得怎样预防火灾的措施,懂得扑救火灾方法;"三会",即会使用消防器材,会处理危险事故,会报警;"三能",即能自觉遵守消防规章制度,能及时发现火灾,能有效扑救初起火灾。

3. 水电站火灾处置

任何时间、地点,一旦发现火情,立即报警并按照预案、现场处置方案处理,根据不同的火灾类型采取不同的灭火方法。疏散逃生时,尽量用浸湿的衣物披裹身体,用湿毛巾(布)捂住口鼻,降低身体重心,贴近地面,沿应急疏散路线爬行脱离现场。身上着火时,可就地打滚或用不易燃物覆盖压灭火苗。大火封门无法逃生时,要关闭大门并用浸湿的被褥衣物堵塞门缝,同时向门泼水降温,并呼救待援。

(1)电缆着火。当电缆起火时,火势会沿着线路迅速蔓延,扩大到控制室或机房,引起严重的火灾和停电事故。同时,着火会产生大量的浓烟和有毒气体,对人体危害很大。当遇到电缆着火时,其扑救方法和注意事项如下。

1)电缆着火燃烧时,不论什么情况,都应立即切断电源,并认真检查和找出起火电缆的故障点,同时迅速组织人员进行扑救。

2)当敷设在沟中的电缆发生燃烧时,如果与其并排敷设的电缆有明显的燃烧可能,也应将这些电缆的电源切断。电缆若是分层排列的,则应先把起火电缆上面的受热电缆电源切断,再把和起火电缆并排的电缆电源切断,最后把起火电缆下面的电缆电源切断。

3)在电缆起火时,为了避免空气流通以便迅速灭火,应将电缆沟的隔火门关闭或将两端堵死,采用窒息法进行扑救,这对电缆间隔小而电缆布置稠密的电缆沟较为有效。

4）扑救电缆沟道等处的电缆火灾时，扑救人员应尽可能戴上防毒面具及橡皮手套，并穿绝缘靴。

5）扑救电力电缆火灾时，可采用手提式干粉灭火器、1211灭火器或二氧化碳灭火器灭火，也可用黄土和干砂进行覆盖灭火。如果用水灭火，则使用喷雾水枪也十分有效。

6）在扑救电力电缆火灾时，禁止用手直接接触电缆铠甲，也不准移动电缆。

（2）变压器火灾。变压器一旦起火爆炸，顷刻之间便能蔓延成灾，而且不易扑救，其后果非常严重。因此，一旦变压器发生火灾，要迅速组织人员进行扑救，其方法如下。

1）变压器起火后，应立即切断变压器各侧断路器，并向值班长和有关领导报告，迅速组织人员到现场扑救；同时赶快拨打火警电话，使消防人员尽快赶到现场进行扑救。

2）若变压器油溢在变压器顶盖上着火，则应设法打开变压器下部的放油阀，使油流入蓄油坑内，油面低于着火处；当变压器内确实有直接燃烧的危险或外壳有爆炸的可能时，则必须把变压器的油全部放到蓄油坑里去。操作放油阀时，为保证操作人员的安全，最好用喷雾水枪隔离火源。

3）在通向火区的通道上，应临时设立值勤保卫人员。扑救火灾要统一指挥，以免现场混乱。为预防变压器爆炸伤人，无关人员严禁靠近。

4）对起火的变压器应使用干粉灭火器、1211灭火器或推车式泡沫灭火器进行灭火。一旦专业消防队赶到，则应以消防队为主进行灭火。在不得已的情况下可用砂子覆盖灭火，严禁带电使用泡沫灭火器灭火，以防触电伤人。

5）当火势继续蔓延扩大，可能波及其他设备时，应采取适当的隔离措施，必要时可用砂土堵挡油火；同时要防止着火油料流入电缆沟内。

6）当变压器着火并威胁到装设在其上部的电气设备或当烟灰、油脂飞落到正在运行的设备和架空线上（如露天的升压站或开关站）时，必须设法切断此类设备的电源。

7）对于大型变压器的火灾，可用设置的固定式自动水喷雾灭火器或1211灭火器进行灭火，其效果甚佳。对一般的变压器火灾，也可使用喷雾水枪进行灭火。

（3）电气设备着火。遇有电气设备着火时，应立即将有关设备的电源切断，然后进行救火。对可能带电的电气设备及发电机、电动机等，应使用干式灭火器、二氧化碳灭火器灭火；对油开关、变压器（已隔绝电源），可使用干式灭火器等灭火，不能扑灭时再用泡沫灭火器灭火，不得已时可用干砂灭火；地面上的绝缘油着火，应用干砂灭火。扑救可能产生有毒气体的火灾（如电缆着火等）时，扑救人员应使用正压式消防空气呼吸器。

（4）油罐火灾。

1）如罐顶敞口处出现稳定燃烧火焰，顶盖未被破坏，则应立即启动泡沫灭火器扑救。也可以用水封法扑救，即用强力的水流封住罐顶的敞口，断绝油气，从而割切灭火；还可以用覆盖法灭火，首先判别火焰情况，如火色发蓝、发白，说明油罐随时有爆炸的可能，扑救人员不能登上罐顶，如火色暗红、浓烟滚滚，说明缺氧，暂不具备爆炸的条件，扑救人员应抓紧有利时机登上罐顶，用浸湿的被褥、麻袋或石棉毡覆盖（在消防队员的水枪掩护下），火便因缺氧而熄灭；覆盖时如果油罐内的油气体压力太大，可以用沙袋或其他重物压住覆盖物灭火。

2）当油气体爆炸、油罐顶掀掉时，应立即启用泡沫泵向油罐内喷射泡沫。若是钢板油罐，则应同时启用淋水泵，冷却油罐的罐壁；如果泡沫产生器已遭破坏，可在罐壁旁挂上泡沫钩管，接通空气泡沫混合液向油罐内喷射泡沫。

3）如果罐顶炸开以后没有飞掉，有一部分浸没在油面以下，另一部分在油面以上，被顶盖遮住的那部分火焰不易被扑灭，这时可以采用提高液面的方法，使液面高于罐盖，然后再予以扑灭。

4）油罐爆炸以后，有时油品外溢在防火堤内燃烧。为防止油品流淌到堤外，应关闭防火堤下水道上的防火闸门。如有安全地带，可临时将油排走。扑救油品外溢火灾时，应先扑救防火堤内的油火。

5）可以使用喷雾水枪进行油罐灭火。根据火场范围的大小，尽可能用多支水枪同时喷射，扑救人员站在上风处，把火焰逐步赶到一边加以扑灭，效果较好。

三、紧急救护法

（一）紧急救护法及基本要求

1. 概念

人的生命终止分为濒死、临床死亡、生理死亡三个阶段。濒死就是生命处于血压下降，呼吸困难、心跳微弱的危险阶段；临床死亡就是呼吸、心跳停止；生理死亡就是组织细胞逐渐死亡。

根据临床表现，"假死"分成三类：①心跳停止，但尚能呼吸；②呼吸停止，心跳尚存在，但脉搏很微弱；③心跳呼吸均停止。对于以上假死状态的伤员，还应坚持抢救。如果触电者在抢救过程中出现面色好转、嘴唇逐渐红润、瞳孔缩小、心跳和呼吸逐渐恢复正常，即可认为抢救有效。至于伤员是否真正死亡，只有医生才能有权做出诊断结论。

紧急救护法是指各种紧急情况下的救护方法。其内容包括：心肺复苏法；中暑、中毒、溺水急救；外伤救护；烧伤急救；触电急救；冻伤急救等。

2. 基本要求

在现场采取积极措施保护伤员生命，减轻伤情，减少痛苦，并根据伤情需要，迅速联系医疗部门救治。

急救的成功条件是动作快，操作正确。任何拖延和操作错误都会导致伤员伤情加重或死亡。

要认真观察伤员全身情况，防止伤情恶化。发现呼吸、心跳停止时，应立即在现场就地抢救，用心肺复苏法支持呼吸和循环，对脑、心等重要脏器供氧。应当记住在心脏停止跳动后，只有分秒必争地迅速进行抢救，救活的可能性才较大。

现场工作人员都应定期进行培训，学会紧急救护法，即学会正确解脱电源、会心肺复苏法、会止血、会包扎、会转移搬运伤员、会处理急救外伤或中毒等。

生产现场和经常有人工作的场所应配备急救箱，存放急救用品，并应指定专人经常检查、补充或更换急救用品。

（二）心肺复苏法（CPR）

1. 心肺复苏的意义

呼吸和心脏跳动是人存活的基本特征，一旦呼吸停止，肌体则不能建立正常的气体交换而死亡。同样，心脏一旦停止跳动，机体则因血液循环中止、缺乏氧气和养料而丧失正常功能，也会死亡。心肺复苏法就是根据伤员心跳和呼吸突然停止的不同情况，分别采取的一种支持心跳和呼吸的措施，用以对病人实施急救。在现场若发现伤员心跳和呼吸突然停止，则应采用现场心肺复苏法来进行抢救。只要抢救及时，复苏成功率还是很高的。现场心肺复苏法的抢救程序和流程如图 5-13 所示。

2. 心肺复苏的步骤程序

在进行心肺复苏法时，其支持生命的三项基本措施是通畅气道（清理口腔异物）、人工呼吸和胸外心脏按压。

3. 效果判断

在急救中判断心肺复苏法是否有效，其指标主要有以下几个方面。

（1）瞳孔。复苏有效时，可见伤员瞳孔由大变小；如瞳孔由小变大、固定、角膜混浊，则说明复苏无效。

（2）面色（口唇）。复苏有效，可见伤员面色由紫色转为红润，如若变为灰白，则说明复苏无效。

（3）颈动脉搏动。按压有效时，每一次按压可以摸到一次搏动，如若停止按压，搏动也消失，应继续进行心脏按压；如若停止按压后，脉搏仍然跳动，则说明伤员心跳已恢复。

（4）神志。复苏有效，可见伤员有眼球活动，睫毛反射与对光反射出现，甚至手脚开始抽动，肌张力增加。

（5）出现自主呼吸。伤员自主呼吸出现，并不意味可以停止人工呼吸。如果自主呼吸微弱，仍应坚持口对口呼吸，并注意在持续进行心肺复苏情况下，应由专人护送至医院进一步抢救。

（三）触电急救

1. 触电后特征

人体触电后，虽然有的心跳、呼吸停止了，但是可能属于濒死或临床死亡。如果抢救正确及时，一般还是有可能救活的。人触电以后，往往会出现神经麻痹、昏迷不醒，甚至呼吸中断、心脏停止跳动等症状，从外表看好像已经没有恢复生命的希望了，但只要没有明显的致命内外伤，一般并不是真正的死亡。一般来说，触电者死亡后有以下 5 个特征：①心跳、呼吸停止；②瞳孔放大；③尸斑；④尸僵；⑤血管硬化。如果以上 5 个特征中有一个尚未出现，都应视为"假死"。

触电者的生命能否获救，其关键在于能否迅速脱离电源和进行正确的紧急救护。经验证明：触电后 1min 内急救，有 60%～90% 的救活可能；1～2min 内急救，有 45% 左右的救活可能；如果经过 6min 才进行急救，则只有 10%～20% 的救活可能；超过 6min，救活的可能性就更小，但是还有救活的可能。

2. 触电急救程序

（1）脱离电源。当发现有人触电时，切不可惊慌失措，应设法尽快将触电人所接触的带电设备的开关或其他断路设备断开，使触电者脱离电源。这是减轻伤害和救护触电者的关键和首要工作。要根据触电现场的具体情况（是低压电还是高压电），选择正确脱离电

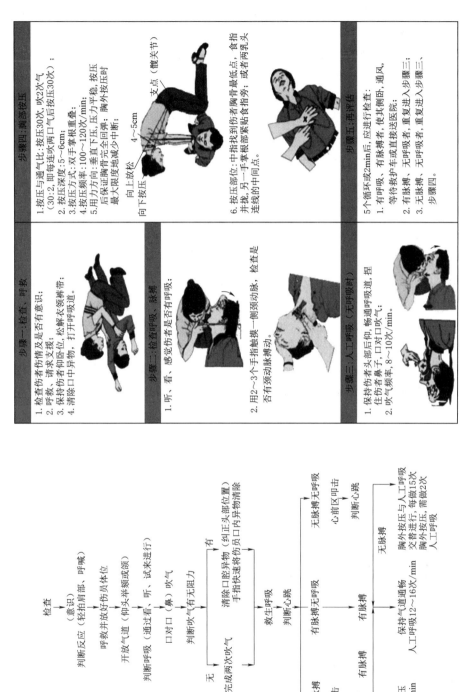

图 5-13　现场心肺复苏法抢救程序和流程图

源的方法，以最快的速度将电源脱离。若触电人所处的位置较高，必须采取一定的安全措施，以防断电后，触电者从高处摔下。救护时应保持头脑冷静清醒，应观察场地和周围环境，要分清是高压还是低压触电，以便做到忙而不乱，并采取相应的正确措施使触电者脱离电源，而救护人又不致触电。

1) 使触电者脱离低压电源的主要方法包括：①切断电源，如果电源开关或者插座就在附近，应迅速拉开开关或者拔掉插头等；②割断电源线，如果电源开关或插座离触电地点很远，则可用带绝缘柄的电工钳或者用装有干燥木柄的斧头、锄头、铁锹等利器把电源侧的电线砍断，割断点最好选择在靠电源侧有支持物处，以防被砍断的电源线触及他人或救护人；③挑、拉电源线，如果电线断落在触电人身上或压在触电人身下，并且电源开关又不在触电现场附近时，救护者可用干燥的木棍、竹竿、扁担等一切身边可能拿到的绝缘物把电线挑开，或用干燥的绝缘绳索套拉导线或触电者，使其脱离电源；④拉开触电者，如果救护人身边什么工具也没有，在场救护人员可戴上绝缘手套或用干燥的衣服、帽子、围巾等物把一只手缠包起来，去拉触电人的干燥衣服，当附近有干燥的木板、木凳时，则可站在其上去拉（可增加绝缘），但要注意，为使触电者与导电体解脱，救护人最好用一只手去拉，切勿碰触电者触电的金属物体或裸露身躯；⑤采取相应措施救护，如果电流通过触电者入地，并且触电者紧握电线，则可设法用干木板塞到触电人身下使其与地隔离，然后用绝缘钳或其他绝缘器具（如干木把斧头等）将电线剪（切）断，救护人员在救护过程中也要尽可能站在干木板上或绝缘垫上。

2) 使触电者脱离高压电源的方法。脱离高压电源的方法和低压不同，在高压电源情况下使用低压工具是不安全的，当发生高压触电时，可采用下列方法之一使触电者脱离电源：①立即通知有关供电单位或用户停电；②戴上绝缘手套，穿上绝缘靴，用相应电压等级的绝缘工具按顺序拉开电源开关或熔断器；③抛掷裸金属线使线路短路接地，迫使保护装置动作，断开电源。注意抛掷金属线之前，应先将金属线的一端固定可靠接地，然后另一端系上重物抛掷，抛掷的一端不可触及触电者和其他人。另外，抛掷者抛出线后，要迅速离开接地的金属线 8m 以外或双腿并拢站立，防止跨步电压伤人。在抛掷短路线时，应注意防止电弧伤人或断线危及人员安全。

（2）对症急救。当触电者安全脱离电源后，救护者要熟悉救护方法，施行人工呼吸和胸外心脏按压时，一定要按照规定动作进行操作，只有动作准确，救治才会有效。

当触电者脱离电源后，应马上判断其意识，并进行呼救，同时将伤员旋转至适当体位，然后根据不同情况进行相应的抢救。触电者脱离电源以后，现场救护人员应迅速对触电者的伤情进行判断，要根据触电伤员的不同情况，对症抢救。同时设法联系 120 到现场接替救治。

1) 触电者神志清醒、有意识，心脏跳动，但呼吸急促、面色苍白，或曾一度昏迷、但未失去知觉。此时不能用心肺复苏法抢救，应将触电者抬到空气新鲜、通风良好的地方躺下，安静休息 1~2h，让他慢慢恢复正常。天凉时要注意保温，并随时观察呼吸、脉搏变化。

2) 触电者神志不清，判断意识无，有心跳，但呼吸停止或极微弱时，应立即用仰头抬颏法，使气道开放，并进行口对口人工呼吸。此时切记不能对触电者施行心脏按压。如此时不及时用人工呼吸法抢救，触电者将会因缺氧过久而引起心跳停止。

3）触电者神志丧失，判定意识无，心跳停止，但有极微弱的呼吸时，立即用心肺复苏法抢救。不能认为尚有微弱呼吸，只需做胸外按压，因为这种微弱呼吸已起不到人体需要的氧交换作用，如不及时进行人工呼吸即会发生死亡，若能立即施行人工呼吸法和胸外按压，就能抢救成功。

4）触电者心跳、呼吸停止时，应立即进行心肺复苏法抢救，不得延误或中断。

5）触电者和雷击伤者心跳、呼吸停止，并伴有其他外伤时，应先迅速进行心肺复苏急救，然后再处理外伤。

6）发现杆塔上或高处有人触电，要争取时间及早在杆塔上或高处开始抢救。触电者脱离电源后，应迅速将伤员扶卧在救护人的安全带上（或在适当地方躺平），然后根据伤者的意识、呼吸及颈动脉搏动情况来进行前五项不同方式的急救。应提醒的是，高处抢救触电者，迅速判断其意识和呼吸是否存在是十分重要的。若呼吸已停止，开放气道后立即口对口（鼻）吹气2次，再测试颈动脉，如有搏动，则每5s继续吹气1次；若颈动脉无搏动，可用空心拳头叩击心前区2次，促使心脏复跳。若需将伤员送至地面抢救，应再口对口（鼻）吹气4次，然后立即用绳索参照《电力安全工作规程》中的正确下放方法，迅速放至地面，并继续按心肺复苏法坚持抢救。

7）触电者衣服被电弧光引燃时，应迅速扑灭其身上的火源，着火者切忌跑动，可利用衣服、被子、湿毛巾等扑火，必要时可就地躺下翻滚，使火扑灭。

救治要分秒必争，坚持不懈地进行，要有信心、耐心，不要因一时抢救无效而放弃抢救。救护人员在救治他人的同时要切记注意保护自己，如在触电者未脱离电源之前，救护人员在尚未采取任何安全措施的情况下千万不能用手直接去拉触电人，防止发生救护人触电事故。夜间发生触电事故，为救护触电伤员而切除电源时，有时照明会同时失电，因此应考虑事故照明、应急灯等临时照明，以利于救护。

（四）其他急救

1. 溺水急救

应清除溺水者口腔、呼吸道异物，使气道畅通，迅速倒出呼吸道和胃内积水。如遇呼吸心跳停止者，使用心肺复苏法坚持抢救。

2. 中毒急救

气体中毒开始时有流泪、眼痛、呛咳、咽部干燥等症状，应引起警惕，稍重时出现头痛、气促、胸闷、眩晕，严重时引起惊厥、昏迷。怀疑存在有害气体时，应立即将人员撤离，转移到通风良好处休息；抢救人员进入现场必须戴防毒面具。已昏迷人员应保持气道通畅，呼吸心跳停止者用心肺复苏法坚持抢救。

3. 烧伤急救

电灼伤、火烧伤时应保持伤口清洁，并全部用清洁纱布片或消毒纱布覆盖；强酸灼伤时用大量清水彻底冲洗，冲洗时间不少于10min，并迅速将被侵蚀的衣物剪去。灼伤部位不宜涂抹任何东西和药物，并应立即送医，送医途中可少量多次给伤员口服自制糖盐水。

4. 出血急救

小创口出血，可用纱布胶带（干净毛巾或其他软质布料）等覆盖包扎。对于喷射状或有鲜红血液涌出的出血，用清洁手指压迫出血点上方（近心端），使血流中断。对于较大肢体动脉出血，先用软布片或伤员衣袖等数层垫在止血带下面，再扎紧止血带，以恰好使肢端脉搏消失为度。绑上止血带后，每 30~60min 放松 1 次，一次放松 3~5min，直到无大量出血。严禁使用电线、铁丝、细绳等作为止血带使用。

5. 骨折急救

肢体骨折可用夹板、木棍、竹竿等将断骨上下两个关节固定，固定时应避免骨折部位移动。伴有大量出血的开放性骨折，要先止血再固定，并用纱布（干净布片）覆盖伤口，切勿将外露的断骨推回伤口内。

疑有颈椎损伤时，使伤员平躺后，应将砂（土）袋放置头部两侧使颈部固定不动。腰椎骨折时应将伤员平卧在硬木板上，并将腰椎躯干及两侧下肢一同进行固定，预防瘫痪。搬动伤员时应数人合作，保持平稳，不能扭曲。

第四节　安全目标职责

一、安全管理保证体系及监督体系

（一）安全管理机构

根据《中华人民共和国安全生产法》，从业人员超过 100 人的，应当设置安全生产管理机构或者配备专职安全生产管理人员；从业人员在 100 人以下的，应当配备专职或者兼职的安全生产管理人员。生产管理部门与安全生产管理部门宜分设。

公司、电站、班组应设专职或兼职安全员，形成公司、电站、班组三级安全管理网络体系。

安全保证体系对业务范围内的安全工作负主体责任，安全监督体系负综合协调和监督管理责任。

（二）安全生产议事机构（决策机构或领导机构）

水电站法人单位应成立安全生产委员会（以下简称"安委会"）或安全生产领导小组，安委会或安全生产领导小组下设办公室，或成立安全生产职业健康环境保护委员会（以下简称"安健环委"）或安全生产职业健康环境保护领导小组（以下简称"安健环领导小组"）。作为本单位安全议事机构（决策机构或领导机构），研究解决安全生产重大问题，决策决定安全生产重大事项，全面领导本单位安全生产工作，并对上一级安委会负责。

水电站法人单位应成立防汛、消防、应急等相应的组织协调机构。

安委会、安全生产领导小组或安健环领导小组下设办公室，办公室设在公司办公室。人员变动时，应及时予以调整。

生产经营单位的工会依法组织职工参加本单位安全生产工作的民主管理和民主监督，维护职工在安全生产方面的合法权益。生产经营单位制定或者修改有关安全生产的规章制度，应当听取工会的意见。

（三）全员参与、全员安全生产责任制及安全承诺制

各单位主要负责人是本单位的安全第一责任人，对本单位安全工作和安全目标负全面

责任。

各部门负责人应当按照分工，抓好主管范围内的安全工作，对主管工作范围内的安全工作负领导责任。

各部门、各岗位应当明确安全管理职责，做到责任分担，并实行下级对上级的安全逐级负责制。

各单位应制定《全员安全生产责任制度》，明确安全职责；每年年初应逐级签订安全责任书。

安全生产承诺制度是为强化全员安全意识，深入落实安全责任，提高遵章守纪的自觉性，确保安全生产而建立。公司、负责人、员工均需签署安全承诺书。

《中华人民共和国安全生产法》中关于生产运行人员权利与义务的规定如下：

第五十条　生产经营单位的从业人员有权了解其作业场所和工作岗位存在的危险因素、防范措施及事故应急措施，有权对本单位的安全生产工作提出建议。

第五十一条　从业人员有权对本单位安全生产工作中存在的问题提出批评、检举、控告；有权拒绝违章指挥和强令冒险作业。生产经营单位不得因从业人员对本单位安全生产工作提出批评、检举、控告或者拒绝违章指挥、强令冒险作业而降低其工资、福利等待遇或者解除与其订立的劳动合同。

第五十二条　从业人员发现直接危及人身安全的紧急情况时，有权停止作业或者在采取可能的应急措施后撤离作业场所。生产经营单位不得因从业人员在前款紧急情况下停止作业或者采取紧急撤离措施而降低其工资、福利等待遇或者解除与其订立的劳动合同。

第五十三条　因生产安全事故受到损害的从业人员，除依法享有工伤保险外，依照有关民事法律尚有获得赔偿的权利的，有权向本单位提出赔偿要求。

第五十四条　从业人员在作业过程中，应当严格遵守本单位的安全生产规章制度和操作规程，服从管理，正确佩戴和使用劳动防护用品。

第五十五条　从业人员应当接受安全生产教育和培训，掌握本职工作所需的安全生产知识，提高安全生产技能，增强事故预防和应急处理能力。

第五十六条　从业人员发现事故隐患或者其他不安全因素，应当立即向现场安全生产管理人员或者本单位负责人报告；接到报告的人员应当及时予以处理。

第一百零四条　生产经营单位的从业人员不服从管理，违反安全生产规章制度或者操作规程的，由生产经营单位给予批评教育，依照有关规章制度给予处分；构成犯罪的，依照刑法有关规定追究刑事责任。

二、安全管理目标及考核奖惩

（一）安全管理目标

企业应制定《安全生产目标及考核制度》并严格执行。

企业应制定中长期安全目标。每年年初制定和印发年度安全生产目标，各部门、电站认真细化分解贯彻落实。公司、电站及班组三级安全生产目标要明确。

（1）公司控制人身重伤事故。不发生人身死亡和重大设备事故；不发生误操作事故；不发生重大交通事故和生产场所火灾事故。

（2）电站控制人身轻伤、重大未遂事故和障碍。不发生人身重伤和设备事故；不发生负主要责任的交通、火灾事故。

（3）班组控制人身事故未遂和设备异常，不发生轻伤事故和责任障碍。

（二）安全管理目标示例

1. 总的安全目标

（1）安全生产管理制度齐全。

（2）不发生有人员责任的重大事故。

（3）不发生恶性误操作事故。

（4）不发生职业病危害事故。

（5）不发生火灾、爆炸事故。

（6）三级安全教育率达到 100％。

（7）不发生人员伤亡。

（8）隐患排查治理率达 100％以上。

（9）安全设施、设备完好率不小于 95％。

（10）特种作业人员和特种设备作业人员持证上岗率 100％。

2. 年度安全管理目标

严格执行国家安全生产法律法规和公司各项安全生产规章制度，履行安全生产主体责任，保证公司年度安全生产目标的实现。安全管理目标如下。

（1）不发生轻伤及以上人身伤亡事件。

（2）不发生 B 级一般及以上环保事件。

（3）不发生 B 级一般及以上火灾事故。

（4）不发生公共卫生事件，包括传染病流行事件。

（5）"两措"项目完成率达 100％。

（6）特种设备定期检验率达 100％。

（7）"两票"执行率达 100％。

（8）重大事故隐患整改合格率达 100％，一般事故隐患整改合格率达 98％以上。

（三）考核奖惩

公司实行安全、职业健康目标考核、管理过程考核和以责论处的奖惩制度。安全奖惩坚持精神鼓励和物质奖励相结合，坚持思想教育与行政经济处罚结合的原则。设立安全奖励基金，对实现安全目标的单位和对安全工作做出突出贡献的个人、集体予以表扬和奖励。

（四）安全生产责任书

小水电企业、电站每年要逐级签订《安全生产责任书》，任何岗位人员均须签订，《安全生产责任书》签订率应达 100％。

三、安全生产投入

（一）法律规定

《中华人民共和国安全生产法》第二十条规定如下：

生产经营单位应当具备的安全生产条件所必需的资金投入，由生产经营单位的决策机构、主要负责人或者个人经营的投资人予以保证，并对由于安全生产所必需的资金投入不足导致的后果承担责任。

有关生产经营单位应当按照规定提取和使用安全生产费用，专门用于改善安全生产条件。安全生产费用在税前扣除，成本中据实列支。

生产经营单位的决策机构、主要负责人或者个人经营的投资人不依照规定保证安全生产所必需的资金投入，致使生产经营单位不具备安全生产条件的，责令限期改正，提供必需的资金；逾期未改正的，责令生产经营单位停产停业整顿。

有前款违法行为，导致发生生产安全事故的，对生产经营单位的主要负责人给予撤职处分，对个人经营的投资人处二万元以上二十万元以下的罚款；构成犯罪的，依照刑法有关规定追究刑事责任。

（二）制度

2012 年，财政部、国家安全生产监督管理总局出台了《企业安全生产费用提取和使用管理办法》（财企〔2012〕16 号）。在 16 号文件中，定义了安全生产费用：企业按照规定标准提取在成本中列支，专门用于完善和改进企业或者项目安全生产条件的资金。2019 年 7 月 8 日，财政部、应急管理部以应急厅函〔2019〕428 号文下发了《企业安全生产费用提取和使用管理办法》（征求意见稿）。

企业应按照《企业安全生产费用提取和使用管理办法》制定《安全生产投入管理制度》并严格执行，保证在职业健康、安全生产方面的投入。安全费用按照"企业提取、政府监管、确保需要、规范使用"的原则进行提取和管理安全生产费用，设置"安全生产费用"科目专门核算，专门用于改善安全生产条件。生产运营部门负责制定年度安全生产管理专项经费支出计划或经费预算，经公司安全生产委员会或安全生产领导小组审议通过后执行。

（三）安全生产费用的使用

安全生产费用使用范围包括：安全标志、安全工器具、安全设备设施、安全防护装置，安全教育培训，劳动保护；反事故措施；安全检测、安全评价、安全保卫；安全生产标准化建设实施与维护。

（四）安全生产费用的管理

安全投入提取标准严格执行国家有关政策，设置"安全生产费用"科目专门核算。制定年度安全生产管理专项经费支出计划或经费预算，经安委会或安全生产领导小组审定，应建立安全生产费用台账，严格资金使用审批管理。应把职业健康培训经费列入职业病防治经费开支。

四、职业健康

（一）职业危害

职业危害指对从事职业活动的劳动者可能导致职业病的各种危害。职业危害因素包括：职业活动中存在的各种有害的化学、物理、生物因素以及在作业过程中产生的其他有害因素。

职业病指用人单位的劳动者在职业活动中，因接触粉尘、放射性物质和其他有毒有害物质等因素而引起的，并列入国家公布的职业病名单的疾病。

（二）原则与标准

职业卫生管理与职业病防治工作坚持"预防为主、防治结合"的方针，实行分类管理、综合治理的原则。

对工作场所存在的各种职业危害因素进行定期监测，工作场所各种职业危害因素检测结果必须符合国家有关标准要求。主要生产场所（发电机层）噪声不超过 85dB（连续接触 8h）；一般控制室噪声不超过 70dB；集中控制室、中央控制室等噪声不超过 60dB。

（三）措施

1. 防护用品

劳动防护用品指为员工配备的，使其在劳动过程中免遭或者减轻事故伤害及职业危害的个人防装备。劳动防护用品分为特殊劳动防护用品和一般劳动防护用品。特殊劳动防护用品是指列入特殊劳动防护用品目录的防护用品（由国家安全防护生产监督管理总局确定并公布），未列入目录的劳动防护用品为一般劳动防护用品。劳动防护用品是员工在生产过程中安全防护和健康的辅助措施，它不能替代机械设备的安全防护及对尘毒有害物质的治理。员工发放的劳动防护用品不是福利待遇，是根据不同工种及不同的劳动条件按照安全防护生产的需要，按照标准规定发放。

应按照法律法规和国家及行业标准要求，为从业人员提供符合职业健康要求的工作环境和条件，配备与工作岗位相适应的劳动防护用品（具），并教育、监督从业人员正确使用。

2. 职业健康体检

应定期安排各岗位人员进行健康检查，建立健全职业健康档案，其包括新入厂员工上岗前的健康查体和员工离岗前的职业健康查体。

建立健全职业卫生档案和员工健康监护档案，对患有职业禁忌证的，应及时调整到合适岗位。定期对职业危害场所进行检测，对接触职业危害的人员定期进行健康检查。

3. 检测

定期由有资质的单位进行噪声、工频电场、SF_6 气体的检测。

4. 告知与教育

在厂房悬挂职业危害告知牌，进行职业危害告知。在入职时如实告知职业危害情况，并写入劳动合同。

与从业人员订立劳动合同时，应将作业过程中可能产生的职业危害及其后果和防护措施如实告知从业人员，并明确双方的安全权利和义务。

对进入企业检查、参观、学习等外来人员进行安全教育，主要内容包括：安全规定、可能接触到的危险有害因素、职业病危害防护措施、应急知识等。

把劳动防护用品的性能、用途、正确佩戴和使用等作为对新员工及每年全员培训的重要内容进行培训、学习和考核。

第五节　制度化管理

一、法律规定

《中华人民共和国安全生产法》第十一条规定："国务院有关部门应当按照保障安全生产的要求，依法及时制定有关的国家标准或者行业标准，并根据科技进步和经济发展适时修订。

生产经营单位必须执行依法制定的保障安全生产的国家标准或者行业标准。"

第四十四条规定："生产经营单位应当教育和督促从业人员严格执行本单位的安全生产规章制度和安全操作规程；并向从业人员如实告知作业场所和工作岗位存在的危险因素、防范措施以及事故应急措施。"

二、法规标准的识别

（一）识别获取

应制定《法律法规规程识别及管理制度》并严格执行，明确行业主管部门；明确负责识别和获取国家各种最新适用于农村水电站管理的法律、法规、规程、规范、标准的部门或人员；明确部门或人员负责收集获取国家各种最新适用的法律、法规、规程、规范、标准，并通过行业主管部门、购买、培训等方式获取。

（二）印发清单和宣贯

应印发电站适用的法律、法规、标准、规程、规范清单，配备现行相关法律法规、规程规范和管理制度等，并定期予以更新。印发适用法律、法规、标准、规程、规范清单，建立法律、法规、标准、规程、规范数据库，并向运行人员进行宣贯。

（三）常用法律法规和规程规范（包含但不限于）

（1）法律法规。

1）《中华人民共和国安全生产法》（中华人民共和国主席令〔2021〕第 88 号）。

2）《中华人民共和国消防法》（中华人民共和国主席令〔2021〕第 81 号）。

3）《中华人民共和国防洪法》（中华人民共和国主席令〔2016〕第 48 号）

4）《中华人民共和国突发事件应对法》（中华人民共和国主席令〔2007〕第 69 号）。

5）《中华人民共和国特种设备安全法》（中华人民共和国主席令〔2013〕第 4 号）。

6）《中华人民共和国职业病防治法》（中华人民共和国主席令〔2018〕第 24 号）。

7）《国家安全生产事故灾难应急预案》（国务院 2006 年 1 月 22 日发布）。

8）《生产安全事故报告和调查处理条例》（国家安全生产监督管理总局令〔2015〕第 77 号）

9）《特种设备安全监察条例》（国务院令〔2009〕第 549 号）。

10）《陕西省安全生产条例》（陕西省人民代表大会常务委员会公告〔2017〕第 51 号）。

11）《电力安全事故应急处置和调查处理条例》（国务院令〔2011〕第 599 号）。

（2）部门及地方规章。

1）《生产安全事故应急预案管理办法》（中华人民共和国应急管理部令〔2019〕第 2 号）。

2）《生产安全事故信息报告和处置办法》（国家安全生产监督管理总局令〔2009〕第 21 号）。

3）《生产经营单位生产安全事故应急预案评估指南》（AQ/T 9011—2019）。

4）《陕西省生产安全事故应急预案》（2022 年 5 月 22 日印发执行）。

（3）有关技术标准。

1）《生产经营单位生产安全事故应急预案编制导则》（GB/T 29639—2020）。

2）《电力安全工作规程 发电厂和变电站电气部分》（GB 26860—2011）。

3）《水利水电工程施工危险源辨识与风险评价导则（试行）》（水利部办监督函〔2018〕1693 号）。

4）《水利水电工程（水库、水闸）运行危险源辨识与风险评价导则（试行）》（水利部办监督函〔2019〕1486 号）。

5）《水利水电工程（水电站、泵站）运行危险源辨识与风险评价导则（试行）》（水利部办监督函〔2020〕1114 号）。

6）《小型水电站安全检测与评价规范》（GB/T 50876—2013）。

7）《小型水电站运行维护技术规范》（GB/T 50964—2014）。

8）《农村水电站技术管理规程》（SL 529—2011）。

9）《水库大坝安全管理应急预案编制导则》（SL/Z 720—2015）。

10）《生产安全事故应急演练基本规范》（AQ/T 9007—2019）。

11）《生产过程危险和有害因素分类与代码》（GB/T 13861—2022）。

12）《企业职工伤亡事故分类》（GB 6441—1986）。

13）《水电工程劳动安全与工业卫生设计规范》（NB 35074—2015）。

14）《建筑灭火器配置设计规范》（GB 50140—2005）。

15）《电力设备典型消防规程》（DL 5027—2015）。

16）《建筑物防雷设计规范》（GB 50057—2010）。

17）《起重机械安全技术监察规程-桥式起重机》（TSG Q0002—2008）。

18）《起重机械安全规程　第 5 部分：桥式和门式起重机》（GB/T 6067.5—2014）。

19）《水电站厂房设计规范》（NB 35011—2016）。

20）《水力发电厂照明设计规范》（NB/T 35008—2013）。

21）《电力变压器运行规程》（DL/T 572—2010）。

22）《水轮机运行规程》（DL/T 710—2018）。

23）《立式水轮发电机检修技术规程》（DL/T 817—2014）。

24）《图形符号　安全色和安全标志　第 5 部分：安全标志使用原则与要求》（GB/T 2893.5—2020）。

25）《道路交通标志和标线　第 2 部分：道路交通标志》（GB 5768.2—2022）。

26）《安全色》（GB 2893—2008）。

27）《工业管道的基本识别色、识别符号和安全标识》（GB 7231—2003）。

28）《个体防护装备选用规范》（GB/T 11651—2008）。

29）《消防安全标志　第 1 部分：标志》（GB 13495.1—2015）。

30）《事故伤害损失工作日标准》（GB/T 15499—1995）。

31）《危险化学品重大危险源辨识》（GB 18218—2018）。

32）《生产经营单位生产安全事故应急预案编制导则》（GB/T 29639—2020）。

33）《化学品生产单位特殊作业安全规范》（GB 30871—2014）。

34）《建筑设计防火规范（2018 年版）》（GB 50016—2014）。

35）《工业企业总平面设计规范》（GB 50187—2012）。

36）《危险化学品重大危险源安全监控通用技术规范》（AQ 3035—2010）。

37）《企业安全文化建设导则》（AQ/T 9004—2008）。

38）《农村水电站安全生产标准化评审标准》（水利部办水电〔2019〕16 号）。

39)《绿色小水电评价标准》(SL/T 752—2020)。

40)《工作场所有害因素职业接触限值 第1部分：化学有害因素》(GBZ 2.1—2019)。

41)《工作场所有害因素职业接触限值 第2部分：物理因素》(GBZ 2.2—2007)。

42)《工作场所职业病危害警示标识》(GBZ 158—2003)。

43)《职业健康监护技术规范》(GBZ 188—2014)。

三、规章制度或企业标准

应根据生产实际，将适用的安全生产和职业卫生法律法规、标准规范的相关要求转化为本单位的规章制度，形成相关企业标准、工作标准，予以发布，并及时传达给所有人员，严格执行，确保相关要求落实到位。安全生产方面的制度由公司安健环部门负责制定，运行管理等相关规程由公司生产运行部门负责。

制度必须履行以下程序：制定—讨论及修改完善—公司安委会或安全生产领导小组审议通过—以正式文件批准发布—评估—修订。

运行管理规程必须履行以下程序：制定—讨论及修改完善—技术负责部门审查—批准发布—执行后的评估—修订—审查—发布。

企业应确保从业人员参与岗位安全生产、职业卫生制度及操作规程的编制和修订工作。

（一）制度

农村水电站应依据国家法律法规，结合本站实际，制定和印发岗位责任、设备设施管理、运行维护、检测监测、安全管理、教育培训、档案管理等必备制度，配备现行相关法律法规、规程规范和管理制度等。应每年对规章制度的适用性、有效性和执行情况进行一次评估，情况发生变化时应及时修订。企业安全管理制度目录见表5-14。

表 5-14　　　　　　　　企业安全管理制度目录（参考）

序号	名　称	序号	名　称
1	全员安全生产责任制	15	设备定期试验轮换制度
2	安全生产目标及考核管理制度	16	设备缺陷管理制度
3	安全生产费用提取和使用管理制度	17	设备检修管理制度
4	法律法规规程识别及管理制度	18	职业健康管理制度
5	教育培训及考核管理办法	19	危险源分级管控制度
6	安全承诺制度	20	重大危险源管理制度
7	防汛管理制度	21	安全检查及生产事故隐患排查治理制度
8	消防管理制度及消防规则	22	应急管理制度
9	交通安全管理制度	23	应急预案管理办法
10	相关方管理制度	24	生产安全事故报告及调查处理制度
11	工作票制度	25	行政管理制度手册
12	操作票制度	26	绩效评定和持续改进制度
13	交接班制度	27	环境管理（绿色小水电）运行管理制度
14	巡回检查制度	28	标准化管理办法

（二）规程和标准

1. 规程

（1）运行规程是水电站根据运行岗位需要，对各个设备在运行参数、操作方法、注意事项、故障处理等方面所做的说明和规定。其主要内容包括该设备的技术规范，它的正常和极限运行参数、操作程序、操作方法（如设备启动前的准备、启动、并列、解列、停机等操作方法）、设备事故原因的判别、事故处理的操作程序和方法等；它是运行操作、监视和定期检查维护的依据。

（2）调度规程是电力调度机构（电力局或电力公司）对电力系统发电、供电、用电等各环节及其他与电力调度有关的行为在调度管理、调度操作、事故处理等方面所做的说明及规定；它是执行调度指令和运行操作的依据。调度规程一般是由各省根据其电力系统的实际情况而制定。运行值班人员须经过调度规程考试合格后才能上岗。

（3）企业运行规程目录见表 5-15，不同企业可根据自己电站实际情况适当增减。

表 5-15　　　　　　　　　企业运行规程目录（参考）

序号	名　称	序号	名　称
1	水库调度规程	7	变压器运行规程
2	水轮机运行规程	8	闸门启闭机操作规程
3	发电机运行规程	9	行车操作规程
4	油系统运行规程	10	柴油发电机组操作规程
5	压缩空气系统运行规程	11	电动工具及机修设备操作规程
6	技术供水系统运行规程	12	设备检修规程

2. 标准

按照国家标准、行业标准，结合实际情况制定企业各项标准，企业标准不得与国家、行业标准规范及上级规定相抵触，不得低于其规定的标准。

（1）制定程序：立项—编写编制大纲—审查编制大纲—调查研究，收集信息—编写征求意见稿—征求意见—编写送审稿—审查送审稿—编制报批稿—审定—批准、发布。具体制定程序可根据标准的复杂程度进行调整。

（2）企业标准编号规则如下。

1）管理标准编号：$Q/××S-G-××-20××$。

2）技术标准编号：$Q/××S-J-××-20××$。

3）工作标准：$Q/××S-Z-××-20××$。

其中，企业标准代字以字母 Q 表示，单位代字以××表示；标准类别代字为：管理标准为 G、技术标准为 J、工作标准为 Z；其后××为标准顺序号；发布年号为 20××。

（3）企业标准目录见表 5-16，不同企业可根据自己电站实际情况适当增减。

（三）发布和宣贯

企业标准制定后，组织进行技术审查，正式印发执行。

表 5 - 16　　　　　　　　　　　　　企业标准目录（参考）

序号	名　　称	序号	名　　称
1	水工建筑物管理标准	8	水电站运行管理通则
2	厂区厂房管理标准	9	工作票管理标准
3	机电设备管理标准	10	操作票管理标准
4	特种设备管理标准	11	工作行为标准
5	安全工器具管理标准	12	技术参数手册
6	设备巡视技术标准	13	安全工器具使用指南
7	工作检查标准	14	安全警示标志管理标准

应将有关规程规范标准进行宣贯，及时传达给所有人员并严格执行。经审查批准的各项规章制度、企业标准、运行及操作规程，汇编成册，人手一册，及时传达给所有岗位、员工，并严格执行。

（四）适宜性和有效性评价

每年至少对已经发布的制度、标准、规程的适宜性、有效性、可操作性和执行情况等进行一次评估，并将评估结果、安全情况、事故情况等作为修订的依据。不需修订的，也应出具经复查人、审核人、批准人签名的"可以继续执行"的书面文件，并书面通知有关人员。应每年至少评估一次安全生产和职业卫生法律法规、标准规范、规章制度、操作规程的适用性、有效性和执行情况，根据评估结果、安全检查情况、自评结果、评审情况、事故情况等，及时修订安全生产和职业卫生规章制度、操作规程。

（五）修订

现场规程每 3～5 年进行一次全面修订。国家标准、行业标准更新，投入新技术、新工艺、新设备及设备系统变动时，应及时对规程进行补充或对有关条文进行修订，并书面通知有关人员。企业应根据评估结果、安全检查情况、自评结果、评审情况、事故情况等，及时修订安全生产和职业卫生规章制度、操作规程。当有以下情况时应及时更新。

（1）当现行法律、法规、标准和其他要求更新时，应重新及时识别。

（2）安全负责部门每年进行一次法律、法规、标准及其他要求的获取、识别和更新工作。

（3）当生产过程中的危险、有害因素发生变更时，应及时进行法律、法规和其他要求的重新识别。

（4）在新技术、新材料、新工艺、新设备设施投入及设备改造使用前，组织制定和修订相应的安全生产、职业卫生、操作规程，确保其适宜性和有效性。

（5）规程的补充或修订应严格履行审查、审批、发布手续，保存相关记录。

第六节　安全教育培训及安全文化

一、相关法律规定

《中华人民共和国安全生产法》第二十八条规定："生产经营单位应当对从业人员进行

安全生产教育和培训，保证从业人员具备必要的安全生产知识，熟悉有关的安全生产规章制度和安全操作规程，掌握本岗位的安全操作技能，了解事故应急处理措施，知悉自身在安全生产方面的权利和义务。未经安全生产教育和培训合格的从业人员，不得上岗作业。

生产经营单位使用被派遣劳动者的，应当将被派遣劳动者纳入本单位从业人员统一管理，对被派遣劳动者进行岗位安全操作规程和安全操作技能的教育和培训；劳务派遣单位应当对被派遣劳动者进行必要的安全生产教育和培训。

生产经营单位接收中等职业学校、高等学校学生实习的，应当对实习学生进行相应的安全生产教育和培训，提供必要的劳动防护用品。学校应当协助生产经营单位对实习学生进行安全生产教育和培训。

生产经营单位应当建立安全生产教育和培训档案，如实记录安全生产教育和培训的时间、内容、参加人员以及考核结果等情况。"

第二十九条规定："生产经营单位采用新工艺、新技术、新材料或者使用新设备，必须了解、掌握其安全技术特性，采取有效的安全防护措施，并对从业人员进行专门的安全生产教育和培训。"

第三十条规定："生产经营单位的特种作业人员必须按照国家有关规定经专门的安全作业培训，取得相应资格，方可上岗作业。特种作业人员的范围由国务院应急管理部门会同国务院有关部门确定。"

二、教育培训要求及内容

（一）基本要求

作业人员的基本条件见表 5-17。进入水电站运行岗位工作的人员，都需要进行上岗前的培训和考核，并通过考试合格后方可上岗。其培训内容一般分为安全知识、专业知识、岗位知识等，公司应制定并严格执行教育培训制度；应明确教育培训的负责部门或负责人。

表 5-17　　　　　　　　　　作业人员的基本条件

工作类型	机械工作	电气工作
基本条件	（1）经医师鉴定，无妨碍工作的病症（体格检查每两年至少1次）； （2）具备必要的相关知识和业务技能，且按工作性质，熟悉本规程的相关部分，并经考试合格； （3）具备必要的安全生产知识，学会紧急救护法； （4）特种作业人员应持证上岗； （5）进入作业现场应正确佩戴安全帽，现场作业人员应穿全棉长袖工作服、绝缘鞋	（1）经医师鉴定，无妨碍工作的病症（体格检查每两年至少1次）； （2）具备必要的电气知识和业务技能，且按工作性质，熟悉本规程的相关部分，并经考试合格； （3）具备必要的安全生产知识，学会紧急救护法，特别要学会触电急救； （4）进入作业现场应正确佩戴安全帽，现场作业人员应穿全棉长袖工作服、绝缘鞋

制定年度教育培训计划，职工教育培训纳入年度安全目标考核。

实行各部门各级人员的全员培训，未经安全生产教育培训并考试合格的从业人员，不得上岗作业。

从业人员每年接受培训的学时应符合国家和地方政府的有关规定。初次安全培训时间不得少于 32 学时，每年再培训时间不得少于 12 学时。新上岗的从业人员，岗前安全培训时间不得少于 24 学时。教育培训应有记录，并对培训效果进行评估和改进。

从业人员内部调整工作岗位或离岗一年以上重新上岗时，应当重新接受车间和班组级的安全培训。采用新工艺、新技术、新材料或者使用新设备时，应当对有关从业人员重新进行有针对性的安全培训。

建立职工教育培训档案。公司生产运营部负责安全培训工作，制定年度培训计划，定期检查实施情况；公司财务部门应保证员工安全培训所需经费。

建立员工安全培训管理档案，详细、准确记录企业主要负责人、安全生产管理人员、特种作业人员培训和持证情况、生产人员调换岗位和其岗位面临新工艺、新技术、新设备、新材料时的培训情况以及其他员工安全培训考核情况。

（二）培训对象及要求

（1）企业主要负责人、安全管理人员应参加相关安全培训，具备必备的安全知识。

（2）新入职的水工建筑物及机电运行、从事倒闸操作的人员，岗前应经过公司、电站、班组三级安全培训教育，经过现场规程制度的学习、现场见习和至少 3 个月的跟班实习。

（3）每年生产岗位人员应参加不少于 1 次的生产技能、安全规程考试，考试合格方可上岗。在岗生产人员应定期进行有针对性的现场考问、反事故演习、技术问答、事故预想等现场培训活动。

（4）从业人员离岗 3 个月以上或调换工作岗位的必须培训考核合格后才能上岗。

（5）定期对工作票签发人、工作负责人、工作许可人及可单独巡视高压设备的人员进行培训、考核。

（6）特种作业人员、特种设备作业人员应经培训考试合格取得相应资格。离开特种作业岗位 6 个月的作业人员，应重新进行实际操作考试，经确认合格后方可上岗作业。

（7）对违章作业造成安全事故、严重未遂事故的责任者，除按有关规定处理外，还应责成其学习有关规程制度，并经考试合格后方可重新上岗。

（8）对外来参观、检查、施工等相关方人员就有关安全规定、可能接触到的危险和应急知识等进行教育和告知。

（三）培训内容

教育培训内容应包括水电站涉及的法律法规、安全生产、运行管理及岗位技能等类的知识。

1. 安全知识

安全知识包括《电力安全工作规程》和各电厂自身制定的《安全文明生产管理规定》，其学习时间一般为 1 周，学习完后，需通过考试合格后才能进入电站进行下一步的实习培训。进入水电站工作，为了保证人身和设备安全，必须进行安全规程教育。以《电力安全工作规程（发电厂和变电站电气部分）》（GB 26860—2011）为例，其内容包括：范围、规范性引用文件、术语和定义、作业要求、安全组织措施、安全技术措施、电气设备运行、线路作业时发电厂和变电站的安全措施、带电作业、发电机和高压电动机的检修、维护、在六氟化硫（SF_6）电气设备上的工作、在低压配电装置和低压导线上的工作、二次系统上的工作、电气试验、电力电缆工作、其他安全要求等。

到现场工作的人员，必须具备必要的电气知识，按其职务和工作性质，熟悉《电力安全工作规程》的有关部分，并经考试合格后方可上岗作业。

工作人员要学会紧急救护法，首先应学会触电急救法和心肺复苏法。

2. 专业知识

学习运行规程、电站系统图，以及各个电站自己汇编的培训教材，其内容包括：①厂房部分，了解厂房的结构组成和电站设备，熟悉设备的安装地点；②机械部分（油气水系统、机组整体结构、机械辅助设备）；③电气部分（电气各系统图、电气一次部分、励磁系统、调速系统、监控系统、保护系统、直流系统等）；④水情部分（水情预报、水库调度）。主要是理论联系实际，对各部分的结构组成、工作原理、运行参数、操作方法等予以熟悉。

3. 岗位知识培训

岗位知识培训包括调度规程、工作票的审核与办理、操作票的填写与执行、事故处理的原则与方法、应急预案等一系列工作内容。

三、培训记录

如实记录安全生产教育培训的时间、内容、参加人员以及考核结果等情况。

员工参加各级行业主管部门、能源监管部门、技术监督部门、安全生产监督管理部门、电网管理部门及行业协会的安全生产、职业健康等方面培训一并如实记录。

建立健全公司安全教育培训档案。公司各部门负责职责范围内安全教育培训档案管理工作。

四、教育培训的评估

所有培训必须对培训效果进行评估。评估采取向培训对象发放公司培训评价表的方式进行，培训组织者根据培训对象的反馈情况进行客观评估，并根据评估结果不断改进。

五、安全文化

（一）安全文化的定义及内涵

广义的安全文化是指在人类生存、繁衍和发展历程中，在其从事生产、生活乃至生存实践的一切领域内，为保障人类身心安全并使其能安全、舒适、高效地从事一切活动，预防、避免、控制和消除意外事故和灾害，为建立起安全、可靠、和谐、协调的环境和匹配运行的安全体系，为使人类变得更加安全、康乐、长寿，使世界变得友爱、和平、繁荣而创造的物质财富和精神财富的总和。

狭义的安全文化是指企业安全文化。关于狭义的安全文化，比较全面的是英国卫生与安全委员会下的定义：一个单位的安全文化是个人和集体的价值观、态度、能力和行为方式的综合产物。也可理解为安全文化是在生产实践中，经过长期积淀，不断总结、提炼形成的由公司决策层倡导，为全体员工所认同的本公司的安全价值观和行为导则。

人类安全理念的发展变化见表5-18。

古代，人们由于对自然、事物认识的局限，安全理念以听天由命为主，但也有对安全、对事故的精辟见解。东汉末期的政论家史学家、《申鉴》作者荀悦有云："先其未然谓之防，发而止之谓之救，行而责之谓之戒。防为上，救次之，戒为下。"这段话告诉我们：

表 5-18 人类安全理念的发展变化

序号	时 代	技术特征	认识论	方法论	管理手段	管理体系
1	工业革命前	农牧业及手工业	听天由命	神的旨意	祈祷、占卜	自然本能
2	17 世纪至 20 世纪初	蒸汽机时代	局部安全	亡羊补牢、事后补救型		自然本能
3	20 世纪初至 50 年代	电气化时代	本质安全	预防型	技术、设计和标准	法制监督
4	20 世纪 50—90 年代	宇航技术	系统安全	系统工程	技术、设计、标准与管理	法制监督
5	20 世纪 90 年代以来	信息化时代	大安全观	安全管理模式化	技术、设计、标准、管理体系与企业文化	法制监督、自我管理与团队文化

在事故未发生前未雨绸缪，预想到事故可能会发生并采取防治措施，将事故消灭在萌芽状态，防患于未然，这是处理事故的上策；未能及时发现事故隐患，采取防范措施，导致事故发生，但能在事故发生时及时采取措施并制止事故的扩大，这种救治事故的措施是中策；未能发现事故隐患并处理，事故发生时也未能及时扑救，致使事故发生并蔓延，事故停息后，根据事故责任处理相关当事人，起到警戒后人的作用，这是事故处理的下策。防患于未然是上策，现代企业"一切事故可以预防"的零事故理念与此一脉相承；但人们往往由于未能看到事故发生带来的严重损失和危害，忽视了对采取措施防患于未然者的重视和及时奖赏。

事后控制不如事中控制，事中控制不如事前控制。古人说，良医者，常治无病之病，故无病；圣人者，常治无患之患，故无患。中国自古就讲"万事预防为先""防患于未然""防微杜渐"等道理。这与安全工作始终遵循的"安全第一、预防为主"的方针相一致。

事后型管理模式：发生事故或灾难→调查原因→分析主要原因→提出整改对策→实施对策→进行评价→新的对策。

预防型管理模式：提出安全减灾目标→分析存在的问题→找出主要问题→制定实施方案→落实方案→评价→新的目标。

随着安全理念的变化，事故发生率也呈明显的下降趋势。

（二）安全文化建设要求

企业应按照《企业安全文化建设导则》（AQ/T 9004—2008）的要求开展企业安全文化建设，明确安全承诺，规范行为和程序，制定激励机制和保障措施，组织开展多种形式的文化活动，创建全员认同的企业文化。

确立本企业的环境管理、安全生产和职业病危害防治理念及行为准则。制定运行管理人员行为规范、电气操作行为规范并严格执行。采用多种形式与手段，开展安全宣传教育活动，教育、引导全体人员贯彻执行，创建全员认同的企业文化。

通过安全文化建设，发挥导向作用、凝聚功能、激励功能，形成"我要安全、我懂安全、我会安全"的安全文化氛围。

（1）导向功能：使身处其中的每一个员工、合作伙伴自觉不自觉地接受公司绿色发展理念及安全价值观，遵从公司的绿色发展理念和安全行为导则。

（2）凝聚功能：企业文化主要依靠员工认同的目标、导则、观念等把员工的思想和行为统一起来，造就出忠诚、敬业、勤奋，崇尚关心人、爱护人、尊重人的团队。

（3）激励功能：使每一个员工都能够把自己的安全需求、家庭幸福与公司的兴衰成败紧密联系起来。

（三）安全文化内容

1. 安全例会和活动

（1）安全例会。公司应定期召开各类安全例会，具体包括以下几种。

1）年度安全工作会。每年年初召开1次年度安全工作会，总结上年度安全情况，部署本年度安全工作任务。

2）安全分析会。每季度召开1次安全分析会，各站每月召开1次安全分析会，通报安全情况，分析事故（事件）教训，查找薄弱环节，研究采取预防事故（事件）的措施。

3）周安全生产例会。各电站应每周召开1次安全生产例会，协调解决安全工作存在的问题，安排布置下周安全工作任务和要求。

4）班前会和班后会。班前会应结合当班运行方式、工作任务，开展安全风险分析，布置风险预控措施，组织交代工作任务、作业风险和安全措施，检查个人安全工器具、个人劳动防护用品和人员精神状况。班后会应总结讲评当班工作和安全情况，表扬遵章守纪，批评忽视安全、违章作业等不良现象，布置下一个工作日任务；班前会和班后会均应做好记录。

（2）安全活动。公司各级单位应定期组织开展各项安全活动，具体包括以下几种。

1）年度安全活动。根据公司年度安全工作安排，组织开展专项安全活动，抓好活动各项任务的分解、细化和落实。

2）安全生产月活动。根据公司要求，结合本站安全工作实际情况，每年组织开展安全生产月活动。

3）安全日活动。班组每周或每个轮值进行1次安全日活动，活动内容应联系实际，有针对性并做好记录。班组上级主管领导每月至少参加1次班组安全日活动并检查活动情况。

4）安全分析考评。应建立"两票"管理制度，分层次对操作票和工作票进行分析、评价和考核，班组每月1次，公司至少每季度1次。

2. 安全生产承诺

为加强安全生产诚信管理，进一步落实安全生产主体责任，根据《中华人民共和国安全生产法》《国务院关于建立完善守信联合激励和失信联合惩戒制度加快推进社会诚信建设的指导意见》（国发〔2016〕33号）《国务院安全生产委员会关于加强电站安全生产诚信体系建设的指导意见》（安委〔2014〕8号），实行安全生产承诺制。各单位应建立《安全生产承诺制度》。

（1）安全生产承诺人及事项。指公司、电站就安全生产责任、安全投入、安全培训、标准化建设、风险分级管控和隐患排查治理、应急管理等工作向社会和职工公开承诺，单位向社会、政府承诺，主要负责人（实际控制人）向职工承诺，职工个人就履行安全生产责任、执行有关法律法规和操作规程、落实各项安全管理制度等进行承诺。安全生产承诺主要包括定期承诺、许可申请承诺和事故处置承诺。

（2）安全生产承诺方式及公开。对安全生产承诺事项，明确达到的标准，明确安全生产承诺的相关责任和义务。承诺书应当在每年1月底通过电站宣传橱窗、信息网络等途径向社会和职工公开，并抄送电站上级单位和负有安全监管职责的政府工作部门，接受政府、职工和社会监督。电站安全生产承诺书必须经法定代表人（实际控制人）签字确认、加盖单位公章；电站主要负责人和电站职工应当在安全生产承诺书上亲笔签字。

（3）安全生产承诺的落实。公司、电站领导要带头落实安全生产承诺制度，应当认真履行安全承诺，落实安全承诺事项，防止安全生产承诺流于形式。每年要编制安全生产承诺履行情况报告，并在电站大会上报告年度安全生产承诺履行情况。监管部门对安全生产承诺制度落实情况进行奖惩，严重的应纳入安全生产不良行为"黑名单"管理，实施联合惩戒。

3. 安全准则（导则）及行为规范

根据《企业安全文化建设导则》（AQ/T 9004—2008）、《企业安全文化建设评价准则》（AQ/T 9005—2008）、《企业安全生产标准化基本规范》（GB/T 33000—2016）等，水电站管理单位应结合本单位实际情况，建立《安全准则》及《员工守则》《员工行为规范》《电气操作行为规范》等。

《安全准则》应包括如将系统优化到位、将防范进行到底、将隐患清除到根等内容。

《员工行为规范》应包括如岗敬业、团结协作、遵章守规、明礼诚信，提高安全意识、履行安全职责、服从安全管理、遵守安全规定等内容。

《员工守则》示例如下。

企业负责人

掌握安全生产法律法规

时刻关心职工安全健康

坚持安全生产一票否决

率先垂范做好安全工作

中层管理人员

对上级负责　把好安全关

对员工负责　管好自己人

对企业负责　做好安全事

安全管理人员

提升自身素质　懂安全

严格监督检查　不徇私

执行安全标准　不打折

履行管理职责　不懈怠

运行人员

遵纪守法　履职尽责

以诚处世　友善对人

心胸坦诚　谦虚务实

严己宽人　身正言谨

诚实为人　诚信做事

言行一致　表里如一

待人谦和　友善热情

互尊互敬　有礼有节

热心公益　扶贫解困

互帮互助　团结协作

崇尚礼仪　行为得体

以技立身　勤学实干

服从调度　规范操作

规范管理　精心养护

遵章守纪　实现三不伤害

自我管理　让安全成为习惯

4. 安全手册或现场安全指南

应编制安全手册或现场安全指南。安全手册包含安全注意事项、应急联系方式、逃生路线；本单位可能存在的安全方面的问题、一旦发生安全事故的应对措施。

现场安全指南是将某一项安全设施的使用步骤张贴在现场。如在消防器材存放处，张贴有发生火灾后应采取的措施，按步骤详细注明处置办法，该做什么，怎么做，使人一目了然。在现场急救设施旁，张贴发生人身伤害事故时的处理方法，一步步详细注明。

5. 安全警示语

在工作、生活场所，张贴、涂刷安全警示语，潜移默化地提高职工的安全意识，常用安全警示语示例如下。

（1）事故出于麻痹，安全来于警惕。安全和效益结伴而行，事故与损失同时发生。

（2）安全警句千条万条，安全生产第一条。

（3）千计万计，安全教育第一计。

（4）安全生产勿侥幸，违章蛮干要人命，造高楼靠打基础，保安全靠抓班组。

（5）制度严格漏洞少，措施得力安全好。

（6）安全来自长期警惕，事故源于瞬间麻痹。

（7）时时注意安全，处处预防事故。

（8）落实安全规章制度，强化安全防范措施。消除一切安全隐患，保障生产工作安全。

（9）加强安全技术培训，人人学会保护自己。

（10）安全生产工作方针：安全第一、预防为主、综合治理。

（11）安全生产人文观：以人为本、善待生命、珍惜健康。

（12）安全生产发展观：科学发展、安全发展、持续改进、长治久安。

（13）安全生产价值观：安全就是效益，安全就是品牌，安全就是保障。

（14）安全生产业绩观：昨天安全不等于今天安全，今天安全不代表明天安全；安全生产只有起点、没有终点。

（15）安全承诺：履行安全责任，做好本职工作，不伤害自己，不伤害他人，不被他人伤害。

第七节　安全生产双重预防机制

一、双重预防机制的定义及建设原则

（一）双重预防机制的定义

2016 年 4 月 28 日，国务院安全生产委员会办公室印发了《标本兼治遏制重特大事故工作指南》（安委办〔2016〕3 号）；10 月 9 日，又印发了《实施遏制重特大事故工作指南构建双重预防机制的意见》（安委办〔2016〕11 号），明确了双重预防体系就是安全风险分级管控和隐患排查治理。构建安全生产风险辨识管控与隐患排查治理双重预防体系是党中央、国务院加强和改进新时期安全生产工作的重要部署，是新形势下推动安全生产领域改革创新的重大举措，是落实企业主体责任、提升本质安全水平的治本之策。

2021 年修订颁布的《中华人民共和国安全生产法》第四条规定："生产经营单位必须遵守本法和其他有关安全生产的法律、法规，加强安全生产管理，建立健全全员安全生产责任制和安全生产规章制度，加大对安全生产资金、物资、技术、人员的投入保障力度，改善安全生产条件，加强安全生产标准化、信息化建设，构建安全风险分级管控和隐患排查治理双重预防机制，健全风险防范化解机制，提高安全生产水平，确保安全生产。"正式将安全生产风险辨识管控与隐患排查治理双重预防体系改为双重预防机制。

（二）双重预防机制建设的原则

（1）坚持风险管控优先原则：以风险管控为主线，把全面辨识评估风险和严格管控风险作为安全生产的第一道防线，切实解决"认不清、想不到"的突出问题。

（2）坚持系统性原则：从"人、机、料、法、环"五个方面，从风险管控和隐患治理两道防线，从企业生产经营全流程、生命周期全过程开展工作，努力把风险管控挺在隐患之前，把隐患排查治理挺在事故之前。

（3）坚持全员参与原则：将双重预防机制建设各项工作责任分解落实到企业的各层级领导、各业务部门和每个具体工作岗位，确保责任明确。

（4）坚持持续改进原则：持续进行风险分级管控与更新完善，持续开展隐患排查治理，实现双重预防机制不断深入、深化，促使机制建设水平不断提升。

（三）具体工作及要求

（1）建立安全风险清单和数据库。

（2）制定重大安全风险管控措施。

（3）设置重大安全风险公告栏。

（4）制作岗位安全风险告知卡。

（5）绘制安全风险四色分布图。

（6）建立"两清单"（风险管控责任清单、风险管控措施清单）。

（7）建立安全风险分级管控和隐患排查治理制度。

（8）建立隐患排查治理台账或数据库。

（9）制定重大隐患治理实施方案。

二、双重预防机制的建设流程

双重预防机制的建设流程包括 13 个主要环节。

（1）成立工作机构：企业应在现有安全管理组织架构基础上，根据自身情况专门或合署成立落实双重预防机制的责任部门，并以企业正式文件形式予以明确机构和相关人员工作职责。

（2）人员培训：通过参加专题培训、企业间交流观摩等方式加强对企业专职人员的培训，使专职人员具备双重预防机制建设所需的相关知识和能力。

（3）策划与准备：制定企业双重预防机制建设总体实施方案及年度实施方案，明确要实现的工作目标、实施步骤及经费预算等，以及基础资料的收集。

（4）危险源辨识：确定危险源的辨识范围、辨识方法以及辨识要求。

（5）风险评估：明确常用评估方法及其适用范围，企业可以根据自身实际情况选用适当的风险评估方法。

（6）风险分级：根据实际情况，依据统一标准对本企业的安全风险进行有效的分级；推荐采用 LEC 评价法（格雷厄姆评价法）、风险矩阵法等方法对危险源进行风险分级，确定安全风险等级；从高到低依次划分为重大风险、较大风险、一般风险和低风险四级，分别采用红、橙、黄、蓝四种颜色表示。

（7）制定风险清单：企业在风险辨识评估和分级之后，应建立风险清单；风险清单至少应包括风险名称、风险位置、风险类别、风险等级、管控主体、管控措施等内容。

（8）风险分级管控：建立安全风险分级管控工作制度，制定工作方案，明确安全风险分级管控原则和责任主体；分别落实领导层、管理层、员工层的风险管控职责和风险管控清单，分类别、分专业明确公司、部门、车间、班组、岗位的安全风险管理措施；明确管控措施的类别、制定原则、风险告知方式和重大风险管控措施。

（9）绘制企业安全风险图：企业在确定安全风险清单，制定安全风险管控措施之后，应建立安全风险数据库，绘制安全风险四色分布图和作业安全风险比较图。

（10）形成风险分级管控运行机制：包括建立对运行效果的评价和闭环管理机制。

（11）隐患排查治理：建立健全隐患排查治理制度，逐渐建立并落实从主要负责人到每位从业人员的隐患排查治理和防控职责；并按照有关规定组织开展隐患排查治理工作，及时发现并消除隐患，实行隐患闭环管理。

（12）双重预防机制运行评估：组织外部技术专家、企业内部技术人员和一线员工，至少每年对企业双重预防机制运行情况进行评估，及时修正发现问题和偏差，确保双重预防机制不断完善，持续保持有效运行。

（13）持续改进：企业应根据实际情况，每年至少进行一次全面的危险源辨识和风险评价工作，以有效管控风险；企业应根据风险再评估结论，每年至少更新一次风险清单、事故隐患清单、安全风险图。

三、风险分级管控

（一）危险源分类及辨识

水电站常见事故类型包括：设备停运、设备损坏、溃堤（坝）、物体打击、机械伤害、起重伤害、触电、淹溺、火灾、高处坠落、坍塌、中毒、窒息、其他伤害等。危险源关键在于能否发现、找到它，因为只有找到它，才能有的放矢地对其进行防控，以防止造成事故。所以首先要进行危险源的辨识。

1. 水电站危险源分类

依据《水利水电工程（水库、水闸）运行危险源辨识与风险评估导则（试行）》（办监督函〔2019〕1486号）、《水利部办公厅关于印发水利水电工程（水电站、泵站）运行危险源辨识与风险评估导则（试行）》（办监督函〔2020〕1114号），其中涉及水库、水闸工程运行管理的，按《水利水电工程（水库、水闸）运行危险源辨识与风险评估导则》执行。危险源分为6个类别，分别为构（建）筑物类、金属结构类、设备设施类、作业活动类、管理类和环境类。

（1）构（建）筑物类：挡水及泄水建筑物、引（输）水建筑物、平压建筑物（调压井、前池等）、厂房、升压站、管理房等。

（2）金属结构类：闸门、阀组、拦污与清污设备、启闭机械等。

（3）设备设施类：主阀、机组及附属设备、油气水系统、电气设备、起重设备、管理设施等。

（4）作业活动类：作业活动、检修、试验、检验等。

（5）管理类：管理体系、运行管理等。

（6）环境类：自然环境、工作环境等。

2. 危险源辨识

（1）定义。危险源辨识指对有可能产生危险的根源或状态进行分析，识别危险源的存在并确定其特性的过程，包括辨识出危险源以及判定危险源类别与级别。危险源辨识应考虑工程正常运行受到影响或工程结构受到破坏的可能性，相关人员在工程管理范围内发生危险的可能性，以及作业条件、环境、设备的危险特性等因素，进行综合分析判定。

（2）方法。危险源应由在工程运行管理和（或）安全管理方面经验丰富的专业人员及基层管理人员（技术骨干），采用科学、有效及合适的方法进行辨识，辨识时应依据《生产过程危险和有害因素分类与代码》（GB/T 13861—2022）的规定，充分考虑人、物、环境和管理等4种不安全因素，以及危害因素的根源和性质。危险源辨识方法主要有直接判定法、安全检查表法、预先危险性分析法、因果分析法等。对其进行分类和分级，汇总制定危险源清单，并确定危险源的名称、类别、级别、事故诱因、可能导致的事故等内容，必要时可进行集体讨论或专家技术论证。水电站运行管理危险源辨识方法包括直接判定法、安全检查表法（简称SCL）、工作危害分析法（简称JHA）和预先危险分析法（简称PHA）。

1）直接判定法。危险源辨识应优先采用直接判定法，不能用直接判定法辨识的，应采用其他方法进行判定。当水电站工程出现符合《水电站工程运行重大危险源清单》中任何一条的，可直接判定为重大危险源。

2）安全检查表法。对于水电站设备设施和场所区域，宜采用安全检查表法辨识每个子系统或部件中的危险源；检查的项目是静态物，而非活动；对设备设施、场所区域等进行危险源辨识，应按功能或结构划分为若干检查项目，针对每一检查项目，列出检查标准，对照检查标准逐项检查，并确定不符合标准的情况和后果。

3）工作危害分析法。对于水电站运行管理日常作业活动、工艺流程，宜采用工作危害分析法辨识每个作业步骤中的危险源；运用工作危害分析法对作业活动开展危险源辨识时，应在对作业活动划分为作业步骤或作业内容的基础上，系统地辨识危险源。

4）预先危险分析法。对于水电站项目建设、维修、运行的初期阶段，特别是在设计、施工的开始之前，宜采用预先危险分析法对系统存在的各种危险源（类别、分布）、出现条件和事故可能造成的后果进行宏观的、概略的风险分析。对潜在危险了解较少和无法凭经验觉察的工艺项目的初期阶段进行危险源辨识，收集有关资料，对要进行分析的系统做基本情况了解，通过经验判断、技术诊断或其他方法确定危险源，研究危险因素转变事故的触发条件，填写预先危险性分析表，提出主要的防范措施。

（3）辨识时考虑的问题。

1）辨识时考虑 3 种状态。

a. 正常态：指正常、持续的生产运行。

b. 异常态：指生产的开车、停车、检修等情况。

c. 紧急态：指发生爆炸、火灾等重大突发情况。

2）辨识时考虑 3 种时态。

a. 过去：过去的作业活动、系统或设备等控制状态及发生过的人身伤害事故和未遂事故。

b. 现在：作业活动、系统或设备等现在维护、改进、报废的安全状态。

c. 将来：可以预见的未来作业活动、系统、设备等即将产生的安全状态。

3）辨识时考虑 6 种能量逸散类型：动能、势能、电能、物理能、化学能、生物能。

4）辨识时考虑 4 种事故起因：人的不安全行为、物的不安全状态、作业环境缺陷、管理缺陷。

（二）危险源风险评价

1. 风险等级

风险是对事故发生可能性及其后果严重性的主观评价，危险源风险评价是对危险源在一定触发因素作用下，对导致事故发生的可能性及危害程度进行调查、分析、论证等，以判断危险源风险程度，确定风险等级的过程。需要尽可能客观、公正评价其危险程度，以便决定是否防控及如何防控。危险源分别为重大危险源和一般危险源。危险源的风险分为4 个等级，由高到低依次为重大风险、较大风险、一般风险和低风险，分别用红、橙、黄、蓝 4 种颜色标示。

对于重大危险源，其风险等级应直接评定为重大风险；对于一般危险源，其风险等级应结合实际选取适当的评价方法确定。

风险点中各危险源评价出的最高风险级别作为风险点的级别。

（1）一级风险，即重大风险（红色风险）：极其危险。

（2）二级风险，即较大风险（橙色风险）：高度危险。

（3）三级风险，即一般风险（黄色风险）：中度（一般）危险。

（4）四级风险，即低风险（蓝色风险）：轻度（低）危险。

2. 风险评价方法

评价根据水利部办公厅《关于印发水利水电工程（水电站、泵站）运行危险源辨识与风险评价导则（试行）的通知》（办监督函〔2020〕1114号），危险源风险评价方法主要有直接评定法、作业条件危险性评价法（LEC法）、风险矩阵法（LS法）等。对于可能影响工程正常运行或导致工程破坏的一般危险源，应由管理单位不同管理层级以及多个相关部门的人员共同进行风险评价，评价方法推荐采用风险矩阵法（LS法）。一般危险源 L、E、C 值（作业条件危险性评价法）或 L、S 值（风险矩阵法）的参考取值范围及风险等级范围见《水电站工程运行一般危险源风险评价赋分表（指南）》。

（1）直接评定法。水电站工程运行重大危险源（以下简称重大危险源）是指在水电站工程运行管理过程中存在的，可能导致人员重大伤亡、健康严重损害、财产重大损失或环境严重破坏，在一定的触发因素作用下可转化为事故的根源或状态。重大危险源包含《中华人民共和国安全生产法》定义的危险物品重大危险源。在工程管理范围内危险物品的生产、搬运、使用或者储存，其危险源辨识与风险评价参照国家和行业有关法律法规和技术标准。

水电站工程运行重大危险源清单见表 5-19。

表 5-19　　水电站工程运行重大危险源清单（办监督函〔2020〕1114 号）

序号	类别	项目	重大危险源	事故诱因	可能导致的后果
1	构（建）筑物类	挡水建筑物	挡水堰（坝）	不良地质，变形、渗漏异常	溃坝、水淹厂房和周边设施等、人员伤亡
2		引（输）水建筑物	调压设施	不良地质，变形、渗漏异常	顶部溢水、塌陷、漏水、水淹厂房及周边设施等、人员伤亡
3			压力管道、镇支墩	变形、开裂	失稳、爆管
4	金属结构类	压力钢管	压力钢管、阀组、伸缩节	变形、锈蚀、未定期检验、机组飞逸且紧急关阀、水锤防护设施失效	爆管、水淹厂房和周边设施等、人员伤亡
5	设施设备类	特种设备	起重设备	未经常性维护保养、自行检查和定期检验	设备严重损坏、人员伤亡
6	作业活动类	作业活动	高处作业	违章指挥、违章操作、违反劳动纪律、未正确使用防护用品	高处坠落、物体打击
7			有限空间作业		淹溺、中毒、坍塌
8			水下观测与检查作业		淹溺、人身伤害
9			带电作业		触电、人员伤亡
10	管理类	运行管理	操作票、工作票，交接班、巡回检查、设备定期试验制度执行	未严格执行	工程及设备严重损（破）坏、人员重大伤亡
11	环境类	自然环境	自然灾害	山洪、泥石流、山体滑坡等	工程及设备严重损（破）坏、人员重大伤亡
12			洪水位超防洪标准	超保证水位运行	水淹厂房和周边设施等、人员伤亡

（2）风险矩阵法（LS法）。

1）风险矩阵法（LS 法）的数学表达式为

$$R = L \times S \tag{5-1}$$

式中　R——风险值；

　　　L——事故发生的可能性；

　　　S——事故造成危害的严重程度。

2）L 值的取值过程与标准。L 值由管理单位的三个管理层级（分管负责人、部门负责人、运行管理人员）、多个相关部门（运行管理、安全或有关部门）人员按照以下过程和标准共同确定。

第一步：由每位评估人员根据实际情况和表 5-20，参照选用，初步选取事故发生的可能性数值。

表 5-20　　　　　　　　　　L 值 取 值 标 准

事故情况	一般情况下不会发生	极少情况下才发生	某些情况下发生	较多情况下发生	常常会发生
L 值	3	6	18	36	60

第二步：分别计算出三个管理层级中，每一层级内所有人员所取 L 值的算术平均数 L_{j1}、L_{j2}、L_{j3}；其中，j1 代表分管负责人层级、j2 代表部门负责人层级、j3 代表管理人员层级。

第三步：按照式（5-2）计算得出 L 的最终值。

$$L = 0.3 \times L_{j1} + 0.5 \times L_{j2} + 0.2 \times L_{j3} \tag{5-2}$$

3）S 值取值标准。S 值应按标准计算或选取确定，具体分为以下两种情况。

a. 在分析水库工程运行事故所造成危害的严重程度时，应综合考虑水库水位 H 和工程规模 M 两个因素，用两者的乘积值 V 所在区间作为 S 取值的依据。V 值按照表 5-21 计算，S 值按照表 5-22 取值。

表 5-21　　　　　　　　　　V 值 计 算 表

水库水位 H ＼ 工程规模 M		小（2）型 取值 1	小（1）型 取值 2	中型 取值 3	大（2）型 取值 4	大（1）型 取值 5
$H \leqslant$ 死水位	取值 1	1	2	3	4	5
死水位＜$H \leqslant$ 汛限水位	取值 2	2	4	6	8	10
汛限水位＜$H \leqslant$ 正常蓄水位	取值 3	3	6	9	12	15
正常蓄水位＜$H \leqslant$ 防洪高水位	取值 4	4	8	12	16	20
H＞防洪高水位	取值 5	5	10	15	20	25

表 5-22　　　　　　　　　　水库工程 S 值取值标准

V 值区间	危害程度	水库工程 S 值	V 值区间	危害程度	水库工程 S 值
$V \geqslant 21$	灾难性的	100	$6 \leqslant V \leqslant 10$	轻微的	7
$16 \leqslant V \leqslant 20$	重大的	40	$V \leqslant 5$	极轻微的	3
$11 \leqslant V \leqslant 15$	中等的	15			

b. 分析水闸工程运行事故所造成危害的严重程度时，仅考虑工程规模这一因素，S 值应按照表 5-23 取值。

表 5-23　　　　　　　水闸工程 S 值取值标准

工程规模	小（2）型	小（1）型	中型	大（2）型	大（1）型
水闸工程 S 值	3	7	15	40	100

4）一般危险源风险等级划分。按照上述内容，选取或计算确定一般危险源的 L、S 值，由式（5-1）计算 R 值，再按照表 5-24 确定风险等级。

表 5-24　　　　　一般危险源风险等级划分标准表（风险矩阵法）

R 值区间	风险程度	风险等级	颜色标示
$R>320$	极其危险	重大风险	红
$160<R\leqslant320$	高度危险	较大风险	橙
$70<R\leqslant160$	中度危险	一般风险	黄
$R\leqslant70$	轻度危险	低风险	蓝

（3）作业条件危险性评价法（LEC 法）。对于工程维修养护等作业活动或工程管理范围内可能影响人身安全的一般危险源，根据《水利水电工程施工危险源辨识与风险评价导则（试行）》（办监督函〔2018〕1693 号），评价方法推荐采用作业条件危险性评价法（LEC 法）。

用与风险有关的三种因素指标值的乘积来评估风险大小，这三种因素分别是：L（事故发生的可能性）、E（人员暴露于危险环境中的频繁程度）和 C（发生事故可能造成的后果）。根据三种因素的不同等级分别确定不同的分值，再以三个分值的乘积 D（危险性）来评估风险大小，即：$D=L\times E\times C$。L、E、C 的取值分别见表 5-25～表 5-27，D 值与风险级别对应关系见表 5-28。

表 5-25　　　　　　　事故发生的可能性取值（L）

分值	事故、事件或偏差发生的可能性
10	完全可以预料
6	相当可能；或危害的发生不能被发现（没有监测系统）；或在现场没有采取防范、监测、保护、控制措施；或在正常情况下经常发生此类事故、事件或偏差
3	可能，但不经常；或危害的发生不容易被发现；现场没有检测系统或保护措施（如没有保护装置、没有个人防护用品等），也未做过任何监测；或未严格按操作规程执行；或在现场有控制措施，但未有效执行或控制措施不当；或危害在预期情况下发生
1	可能性小，完全意外；或危害的发生容易被发现；现场有监测系统或曾经做过监测；或过去曾经发生类似事故、事件或偏差；或在异常情况下发生过类似事故、事件或偏差
0.5	很不可能，可以设想；危害一旦发生能及时发现，并能定期进行监测
0.2	极不可能；有充分、有效的防范、控制、监测、保护措施；或员工安全卫生意识相当高，严格执行操作规程
0.1	实际不可能

表 5 - 26 暴露于危险环境的频繁程度取值（E）

分值	频繁程度	分值	频繁程度
10	连续暴露	2	每月1次暴露
6	每天工作时间内暴露	1	每年几次暴露
3	每周1次或偶然暴露	0.5	非常罕见地暴露

表 5 - 27 发生事故产生的后果严重性（C）

分值	事故产生后果				
	法律法规及其他要求	人员伤亡	财产损失	停工	公司形象
100	严重违反法律法规和标准	10 人以上死亡，或50 人以上重伤	5000 万元以上直接经济损失	公司停产	重大国际、国内影响
40	违反法律法规和标准	3 人以上 10 人以下死亡，或 10 人以上 50 人以下重伤	1000 万元以上 5000 万元以下直接经济损失	装置停工	行业内、省内影响
15	潜在违反法规和标准	3 人以下死亡，或 10 人以下重伤	100 万元以上 1000 万元以下直接经济损失	部分装置停工	地区影响
7	不符合上级或行业的安全方针、制度、规定等	丧失劳动力、截肢、骨折、听力丧失、慢性病	10 万元以上 100 万元以下直接经济损失	部分设备停工	公司及周边范围
3	不符合公司的安全操作程序、规定	轻微受伤、间歇不舒服	1 万元以上 10 万元以下直接经济损失	1套设备停工	引人关注，不利于基本的安全卫生要求
1	完全符合	无伤亡	1 万元以下直接经济损失	没有停工	形象没有受损

表 5 - 28 风险等级判定准则及控制措施（D）

风险度	风险等级	标志色
＞320	一级风险，重大风险	红
160～320	二级风险，较大风险	橙
70～160	三级风险，一般风险	黄
＜70	四级风险，低风险	蓝

3. 重大风险的确定

对有下列情形之一的，可直接判定为重大风险。

（1）违反法律、法规及国家标准、行业标准中强制性条款的。

（2）发生过死亡、重伤、重大财产损失事故，且现在发生事故的条件依然存在的。

（3）具有溃堤（坝）、漫坝、管涌、塌陷、边坡失稳、中毒、爆炸、火灾、坍塌等危险的场所或设施，可能伤害人员在 10 人及以上的。

（4）可能造成大中城市供水中断，或造成 1 万户以上居民停水 24h 以上事故的。

（5）涉及重大危险源的。

（6）经风险评价确定为最高级别风险的。

（三）风险的管控

在确定的风险点现场设置明显的安全警示标志、风险点警示牌（或告知牌），针对风险点编制相应的应急预案或现场处置方案、管控措施。

1. 编制风险分级管控清单

水电站运行管理单位应在每一轮风险辨识和评价后，编制包括全部风险点各类风险信息的风险分级管控清单，并按规定及时更新。

2. 风险分级管控要求

风险分级管控应遵循风险越高管控层级越高的原则。对于操作难度大、技术含量高、风险等级高、可能导致严重后果的风险，应重点进行管控；上一级负责管控的风险，下一级必须同时负责管控，并逐级落实具体措施；管控层级可进行增加、合并或提级。当该等级风险不属于对应管控层级职能范围时，应当提级直至单位管控层级。

（1）重大风险：极其危险，由管理单位主要负责人组织管控，上级主管部门重点监督检查。必要时，管理单位应报请上级主管部门协调相关单位共同管控。

（2）较大风险：高度危险，由管理单位分管运行管理或有关部门的领导组织管控，分管安全管理部门的领导协助主要负责人监督。

（3）一般风险：中度危险，由管理单位运管或有关部门负责人组织管控，安全管理部门负责人协助其分管领导监督。

（4）低风险：轻度危险，由管理单位有关部门或班组自行管控。

水电站风险管控层级分为单位、部门、班组、岗位等。一级风险由单位负责管控，单位主要负责人为第一责任人；二级风险由单位负责管控，单位分管负责人为第一责任人；三级风险由部门负责管控，部门主要负责人为第一责任人；四级风险由班组、岗位负责管控，班组长、岗位员工为第一责任人。

通过风险分级管控体系建设，水电站运行管理单位应至少在以下方面得到改进。

（1）全体人员熟悉、掌握风险分级管控的相关知识、方法，安全意识得到提升。

（2）员工对所从事岗位的风险有充分的认识，安全技能和应急处置能力进一步提高。

（3）原有管控措施得到改进，或者增加新的管控措施降低风险等级。

（4）重大风险的公示、标识牌、警示标志得到完善。

（5）安全生产风险分级制度得到改进和完善，风险管控能力得到加强。

（6）根据风险管控措施，使隐患排查清单得到完善，隐患排查治理工作得到改进。

3. 风险控制措施

在选择风险控制措施时，考虑以下内容：①措施的可行性、有效性、先进性、安全性和经济合理性；②使风险降低到可接受的程度；③未产生新的风险；④已选定最佳的解决方案。

风险控制措施在实施前应依据有关要求组织评审。包括工程技术措施、管理措施、教育培训措施、个体防护措施和应急处置措施等方面。水电站运行管理单位应将安全生产风险与职业病危害风险进行一体化管控，对可能产生职业病危害的作业岗位，应当在其醒目位置，设置警示标识和警示说明。

（1）工程技术措施。工程技术措施主要包括以下内容。

1）消除或控制，通过对装置、设备设施、工艺等的设计来消除、控制危险源。

2）替代，用低危害物质替代或降低系统能量，如较低的动力、电流、电压、温度等。

3）封闭，对产生或导致危害的设施或场所进行密闭。

4）隔离，通过隔离带、栅栏、警戒绳等把人与危险区域隔开。

5）移开或改变方向，如有毒、有害气体的排放口。

（2）管理措施。管理措施主要包括以下内容。

1）制定实施作业程序、安全许可、安全操作规程等。

2）制定实施运行调度规划、计划。

3）检查、巡查，尤其是汛期前后、暴雨、大洪水、有感地震、强热带风暴、供水期前后或持续高水位以及冰冻期等情况。

4）预警和警示标识。

5）轮班制以减少暴露时间。

6）严格按照规定进行安全评价、评估及鉴定。

（3）教育培训措施。教育培训措施主要包括以下内容。

1）加强风险意识和对安全风险分级管控认识的培训。

2）对有效识别危害因素及掌握危害分析评价方法进行培训，提高控制风险能力。

3）培训职工本岗位安全风险和防控方法。

（4）个体防护措施。个体防护措施主要包括以下内容。

1）正确使用个体防护用品，常见防护用品包括安全帽、救生衣、防护服、听力防护罩、防护眼镜、防护手套、绝缘鞋等。

2）当工程控制措施不能消除或减弱危险有害因素时，均应采取防护措施。

3）当处置异常或紧急情况时，应考虑佩戴防护用品。

（5）安全风险告知。

1）公告警示。水电站运行管理单位应建立完善安全风险公告警示制度。对存在重大安全风险的工作场所和岗位设置警示标志，并强化危险源监测和预警。在重点区域醒目设置安全风险公告栏，标明风险等级、危害因素、可能引发危害后果、管控措施及报告方式等内容。宁强县卧龙台水电站安全生产风险分级管控分布如图5-14所示。

2）风险告知。根据风险分级管控清单将设备设施、作业活动及工艺操作过程中存在的风险及应采取的措施通过安全教育培训、安全技术交底等方式告知各岗位人员及相关方，使其掌握规避风险的措施并落实到位。

（6）应急处置措施。水电站运行管理单位应制定综合应急预案、专项应急预案和现场处置方案，配备应急队伍、物资、装备等，定期开展演练，提高应急能力。

（四）风险分级管控体系评审及更新

1. 评审

水电站运行管理单位应每年对风险管控体系进行一次综合性评审，及时发现问题，持续改进，并对评审结果进行公示。

2. 更新

当出现以下情况时，水电站运行管理单位应及时开展风险分析，制定、完善管控措施，及时更新风险信息。

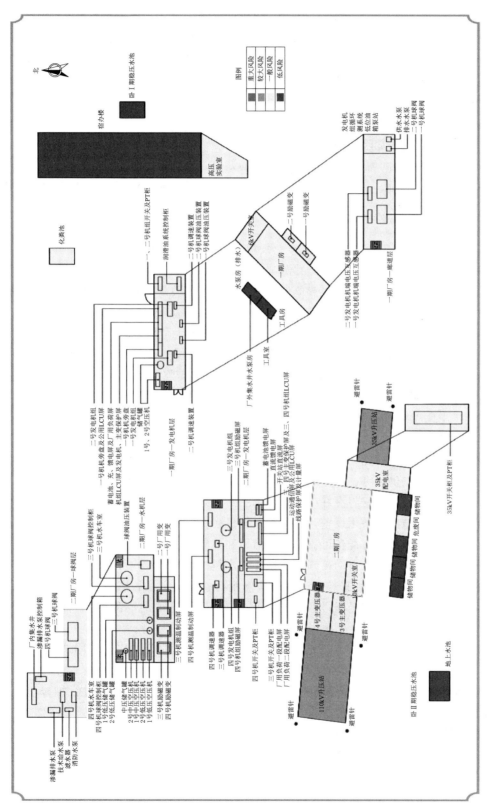

图 5-14 宁强县卧龙台合水电站安全生产风险分级管控分布图

（1）安全生产法律、法规、规章、标准、规程、管理制度或上级要求等发生变化，或构（建）筑物、金属结构、设备设施、作业活动、管理、环境等相关要素发生变化后。

（2）使用新工艺、新材料、新设备、新技术。项目技术改造、设备设施变更或首次采用尚无相关技术标准的新技术、新材料、新设备、新工艺的部位。

（3）发生事故、事件后。

（4）组织机构发生重大调整。

（5）补充新辨识出的危险源评价。

（6）风险程度变化后，需要对风险控制措施的调整。

（7）汛期前后、暴雨、大洪水、有感地震、强热带风暴、库水位骤升骤降或持续高水位及冰冻期等。

（五）重大危险源

《中华人民共和国安全生产法》第三十七条规定："生产经营单位对重大危险源应当登记建档，进行定期检测、评估、监控，并制定应急预案，告知从业人员和相关人员在紧急情况下应当采取的应急措施。生产经营单位应当按照国家有关规定将本单位重大危险源及有关安全措施、应急措施报有关地方人民政府安全生产监督管理部门和有关部门备案。"

应建立《重大危险源管理制度》，对照有关标准开展重大危险源辨识，明确辨识与评估、等级确定、登记建档、上报备案、监控措施、预案等措施。制定《重大危险源判定标准》，对辨识出的重大危险源进行登记建档，上报备案，落实监控措施、预案。

（六）水电站常见风险控制检查

1. 水淹厂房风险控制检查

《水电站防水淹厂房安全检查技术规程》（DL/T 2447—2021）适用于大中型水电站，小型水电站可以参考。不同类型、不同机型的水电站防止水淹厂房的措施不同，检查的重点不同。以下检查重点供参考。

（1）定期检修确保主轴密封完好，导叶轴承密封完好，消除渗漏点。

（2）顶盖排水设施应有备用设备，轴流式水轮机必要时应有双重备用，宜采用不同驱动方式的主用和备用设备；应配备可靠的水位信号和控制装置；定期检验维护，确保顶盖排水管道畅通，自动排水泵及自动控制回路完好，水位控制浮子动作可靠。

（3）检查快速闸门（事故闸门）、进水口检修闸门、启闭机是否完好，是否随时可以截断水流，是否可以在中控室操作；检查尾水出水口闸门门槽混凝土结构完整性、渗水等情况及通气孔孔口高程。

（4）定期检查压力钢管伸缩节，开展金属探伤，及时更换损坏的密封紧固螺丝和密封材料。

（5）定期对主阀、压力钢管、蜗壳人孔门的密封、紧固螺丝、测量孔进行维修消缺；对蜗壳排水盘形阀的关闭密封性能进行处理完善，满足安全运行要求。

（6）检查检修、渗漏排水设施，应具有自动启动和报警功能，定期轮换、定期检修；检查厂房集水井水位监测装置及水位过高报警信号传输通道，检查厂房内独立的水淹厂房声光、警铃等报警系统功能。

（7）定期检查检修维护各个轴承油冷却器及其水管、发电机空气冷却器，防止系统冷却水管破裂漏水。

（8）检查厂区有无可能产生固体径流的冲沟，检查前池泄槽（含溢流式调压井）附近是否有泥沙、土石、树枝等杂物堆积，有无被冲入厂房、厂区的可能。

（9）检查厂区排水设施，根据本地区暴雨强度及其他可能的集水量，综合考虑厂区的排水量、沟网布置、排出方式及排水设施，采取可靠措施防止洪水倒灌。

（10）检查泄洪雾化应对措施是否完善，按常年和季节盛行风向，考虑泄洪雾化对厂区的不利影响。

（11）检查有关孔洞封堵情况，对可能导致水淹厂房的孔洞、管沟、通道、预留缺口等采取必要的封堵措施；检查排水系统水泵出口止回阀是否为缓闭式止回阀及其完好性。

（12）检查边坡渗水情况及有无岸坡塌滑封堵尾水渠情况。

（13）检查备用排水泵、排水管、沙袋等是否齐备；检查厂房排水系统在正常和事故两种情况下供电电源的可靠性，检查柴油发电机组定期启动记录。

（14）排查地下厂房交通洞进口的防洪措施和人员安全进出通道设置情况。

（15）检查防止水淹厂房事故应急预案的针对性、完备性、可操作性以及编制、更新、演练、物资准备状态。

2. 大坝溃坝风险控制检查

（1）按照是否按有关规定开展水电站大坝安全评价和定期检查、特种检查、大坝安全注册的相关工作。

（2）检查大坝安全监测系统及仪器是否完备，是否进行检查、维护和率定；是否按规范要求对监测资料及时进行整理、整编和分析。检查有无异常监测数据。

（3）检查是否明确大坝安全重点部位，针对可能发生的险情提出监测方法和应对（或应急）措施并落实。

（4）严密监视水工建筑物及其基础、影响工程安全的边（滑）坡的工作状态，发现异常情况，应及时分析论证；对危及大坝安全的缺陷应及时维修和加固，对已确认的病、险坝立即补强加固，并制定风险防范措施。

（5）检查泄水道、泄水闸门是否满足设计洪水和校核洪水的下泄要求；是否有可靠的双回路电源及防汛备用电源。

（6）检查水情测报系统、泄洪预警系统是否完善。

（7）检查紧急情况通信、应急物资、大坝安全管理应急预案等是否完备。

3. 机组飞逸风险控制检查

（1）检查机组调速系统性能是否良好，调节机构有无卡涩。

（2）调节系统静态品质、动态特性、接力器不动时间、主阀或进水口工作闸门快速关闭时间均符合规范要求。

（3）主要表计精度合格，指示正确。用于机组过速保护的转速信号器（或装置）采用冗余配置，其输入信号必须取自不同的信号源；转速信号器的选用应符合规程要求。

（4）电气过速保护和机械过速保护系统可靠且投入运行；剪断销剪断、事故低油压等紧急停机联锁动作可靠。

（5）快速闸门、进水口事故闸门、主阀控制系统满足运行工况要求，自动和保护装置良好，投入运行并定期校验；远方和现地紧急停机回路完备可靠，且能够远方手动紧急关闭主阀或进水闸门。

4. 振动超标风险控制检查

（1）测定水轮发电机组的振动特性，为故障诊断及改善机组振动水平提供依据；监测运行机组各部位的振动、摆度值；超过规定值应报警，发生异常振动时能够紧急停机。

（2）机组应在技术条件规定的功率范围内稳定运行，并设置补气装置或采取其他措施减轻振动的影响；发电工况下，机组空载时间尽量缩短，严禁在振动区长时间运转；因振动超限需经试验鉴定并履行相关程序后，限制机组运行范围。

（3）定期检查机组转动部分、基础紧固件、导水机构、密封件以及过水流道等各部件，消除缺陷和隐患。

（4）按照工艺要求完成检修项目并严格验收。

5. 轴瓦损坏风险控制检查

（1）检查各部轴瓦报警及停机时的温度值，是否满足制造厂的规定和有关规范。

（2）检查轴承润滑油的选择是否满足设备技术条件的要求；润滑水系统供水可靠；润滑油、水系统的表计齐全、指示正确，并定期校验；油泵及自动装置应定期检查试验，各项保护和自动联锁正常投入。

（3）检查各轴承油位、油色异常或油温和瓦温温度升高或达到报警值，或水润滑轴承主要用润滑水中断或降到报警值时，是否及时按规程要求处置；轴瓦温度继续上升至停机温度值时，是否紧急停机处理。

（4）检查油系统油质，油质劣化及时处理。在油质及清洁度超标的情况下，严禁机组启动。

6. 抬机风险控制检查

（1）检查水轮机导叶分段关闭规律符合调节保证计算要求，分段关闭装置可靠，反馈机构连接完好，传动灵活。

（2）检查水轮机自动补气阀、真空破坏阀设备是否可靠，动作正确；防抬机止推装置完好。

（3）在调相运行过程中及时补气压水。

7. 机组重要部件紧固件损坏风险控制检查

（1）定期检测水轮机组基础连接件、紧固件、压力钢管、蜗壳入孔门及紧固螺丝的安全性和连接紧密情况，及时紧固和更换不正常的连接部件。

（2）检查紧固顶盖、上、下机架基础螺丝，防止松动失效。

（3）检查压力钢管、蜗壳入孔门的密封和紧固螺丝。

四、生产安全事故隐患排查治理

（一）隐患排查治理总体要求

《中华人民共和国安全生产法》第三十八条规定："生产经营单位应当建立健全生产安全事故隐患排查治理制度，采取技术、管理措施，及时发现并消除事故隐患。事故隐患排查治理情况应当如实记录，并向从业人员通报。"

隐患排查治理是《中华人民共和国安全生产法》规定企业必须开展的重要工作，对排查出的一般隐患、重大隐患进行分类处理、验收，实现"闭环"管理是保证安全生产的重要手段。

建立和严格执行《生产安全事故隐患排查治理制度》，明确责任部门，落实责任人。对隐患进行分析评价，确定隐患等级，并形成记录。对及时发现隐患的人员进行适当奖励。

对于判定出的重大事故隐患，要立即组织整改，不能立即整改的，要做到整改措施、整改资金、整改期限、整改责任和应急预案"五落实"。重大事故隐患及其整改进展情况需经本单位负责人同意后报有管辖权的水行政主管部门。

（二）隐患排查治理方法

1. 隐患排查频次及方法

公司级安全检查及隐患排查每季度 1 次；季节性的安全检查及隐患排查可与公司级的合并。电站级安全检查及隐患排查每月 1 次；班组级安全检查及隐患排查每周 1 次；日常安全巡查每天进行；节假日、紧急情况下的安全检查可根据实际情况决定。

（1）综合性安全检查：对设施设备、安全用电、特种作业、交通安全、消防安全等情况进行全面的安全检查。

（2）专项安全检查：包括特种设备、施工用电、机械安全、防雷、防小动物、交通安全、安全工器具、安全标识、消防、危险化学品、重大危险源、水淹厂房、上级临时安排的专项安全检查等。

（3）季节性安全检查：根据季节变化的特点情况，而组织的有针对性的安全检查，如春季安全检查、汛前安全检查、秋冬季安全检查等。

（4）节假日前后的安全检查：五一节、国庆节和春节等节假日前后的各项安全检查工作。

（5）日常安全检查：日巡检、周例检。

（6）紧急情况下的安全检查：发生洪水、泥石流、地震等特殊情况时的安全检查。

隐患排查采取安全标准化法，按照安全生产标准化要求，根据公司自身特点，对设备、现场环境与职业健康、安全管理进行打分考评，根据公司《安全检查表》进行检查，不合格的项目即存在安全隐患。

2. 安全检查及隐患排查主要内容（包含但不限于）

隐患排查主要排查设备设施、作业环境、防控手段等硬件方面存在的隐患，以及安全生产体制机制、制度建设、安全管理组织体系、责任落实、事故查处等软件方面的薄弱环节。查思想、查管理、查制度、查隐患、查设备、查安全性评价。

（1）安全责任。

1）全员安全生产责任制是否落实。

2）岗位安全职责是否明晰。

3）安全目标是否明确。

4）安全责任书是否层层签订。

（2）培训考核。

1）运行人员是否坚持按规定进行安规、运规考试。

2）值班期间是否统一着装、佩戴岗位标志。

3）特种设备作业是否持证上岗。

4）本站所有运行人员是否经过模拟人的培训，掌握了触电急救及心肺复苏法。

（3）制度及规程。

1）是否具备了国家及行业颁发的法规、规程。

2）公司各项标准、规程、制度是否宣贯到位。

3）技术资料、档案资料保管是否规范。

4）各项记录是否齐全规范。

（4）交接班。

1）接班人员是否坚持提前 20min 以上进场检查，正点交接完毕。

2）交接班的内容是否符合现场运行管理规定，且亲自签名（不得打印）。

3）接班人员是否重点核对模拟图板与实际运行方式相符。

4）接班人员是否重点核对保护压板位置与实际运行方式相符。

5）接班人员是否重点了解设备缺陷、异常及当日负荷潮流等情况。

6）接班后，班长是否根据当日天气、运行方式、工作情况、设备情况等安排本班工作，做好事故预想。

7）交接班是否开"班前会"和"班后会"。

8）是否认真填写运行日志。

9）操作联系等是否正确使用调度术语。

（5）巡回检查。

1）对各种巡视方式、路线、时间、次数、内容，是否按规定严格执行。

2）运行人员是否都能按规定认真巡视到位，有无本班未发现的缺陷被接班人员发现。

3）正常巡视（含交接班）、全面巡视、熄灯巡视和特殊巡视、异常巡视是否都有记录。

4）每周是否坚持全面巡视一次（内容主要是对设备全面的外观检查，对缺陷有无发展作出鉴定，检查设备的薄弱环节，检查防火、防小动物、防误闭锁等有无漏洞，检查接地网及引线是否完好）。

5）每周是否进行一次熄灯检查（内容是检查设备有无电晕、放电，接头有无发热现象）。

6）雷雨、大风、冰雪、大雾、设备变动、新设备投入等情况发生时，是否坚持特殊巡视。

7）设备发生过负荷、发热、跳闸、接地，设备缺陷有发展等异常情况后，是否及时加强了对设备的异常巡视。

（6）设备管理定期工作。

1）是否按规定对蓄电池定期检查、维护、测试。

2）是否按规定定期进行事故照明系统切换试验。

3）是否按规定定期进行主变冷却装置投切试验。

4）是否按规定定期进行站用电备自投切换试验。

5）是否按规定定期进行直流系统备用充电机启动试验。

6）是否按规定定期进行消防系统检测。

7）是否按规定定期轮换备用与运行设备。

8）预防性试验是否完整、合格；预试是否超期。

9）户外 10kV 及以上开关、刀闸（包括临时接地线的接地桩）等设备，是否实现了"四防"（不含防止误入带电间隔）；户内高压开关、刀闸（包括临时接地线的接地桩）、网门等设备，是否实现了"五防"，是否保持长期正常运行。

10）电力安全工器具是否进行定期检验，是否在合格期内使用。

11）个体防护用品是否在有效期内。

12）行车、压力容器及其附件是否按规定检验。

13）防雷等检测是否按规定开展。

14）水工建筑物定期巡查、安全监测是否正常开展，监测值有无异常。

15）闸门、金属结构及启闭机是否完好。

16）坝区备用电源是否完好。

（7）"两票"管理。

1）当年"三种人"名单是否公布。

2）站内是否完好保存有上一年的"两票"。

3）是否坚持每月对"两票"合格率进行分析统计。

4）是否抽查"两票"，并对不合格票进行了统计（对责任人员按规定进行处罚）。

（8）防误闭锁管理。

1）是否制定防误装置使用的明确规定（包括解锁规定）。

2）电气闭锁装置是否有符合实际的图纸。

3）解锁钥匙是否封存管理，并有使用记录。

4）是否建立了防误装置的维修责任制。

（9）消防管理。

1）是否定期检查消防器具的放置、完好情况。

2）电缆隧道和夹层、端子箱等电缆孔是否用防火材料封堵、分割。

3）设备室或设备区是否堆放易燃、易爆物品。

4）站内动火作业是否办理动火手续和采取了相应安全措施。

5）消防通道是否畅通。

6）蓄电池室、油处理室等防火、防爆场所照明、通风设备是否采用防爆型。

7）运行人员是否掌握站内各种不同类型消防器材的使用方法。

（10）防汛及应急管理。

1）是否制定有防汛预案并备案。

2）是否有防汛组织及备有防汛器材等。

3）水情、汛情信息、应急救援部门通信是否畅通。

4）防汛值班制度是否落实。

5）各项预案是否公布，是否进行了演练。

6）事故报告程序是否清楚知晓。

（11）防小动物管理。

1）各设备室门窗应完好严密，出入时应随手将门关好。

2）设备室通往室外的电缆沟道应严密封堵，因施工拆动后是否及时堵好。

3）各设备室是否未存放食物，是否放有鼠药或捕鼠器械。

4）各设备室出入门处是否有防小动物的隔板或措施。

（12）安全设施及标志规范化管理。

1）站内安全标志和设备的标志是否齐全，并符合规定。

2）设备构架的爬梯上是否悬挂有"禁止攀登，高压危险"标识牌，爬梯是否有遮栏门。

3）是否有"禁止吸烟""禁止烟火"标志。

4）停电工作使用的临时遮栏、围网、布幔和悬挂的标识牌是否符合现场情况和安规要求。

5）站内道路交通标志是否符合交通法规要求。

6）站内防止踏空、碰头、绊跤、阻塞等警示线是否符合规范。

7）站内照明（含事故照明）是否符合现场的安全要求。

8）站内栏杆、盖板是否齐全，且符合现场安全要求。

（13）安全工器具管理。

1）站内安全工器具是否齐备，是否建立台账（型号、数量、试验周期等）。

2）运行人员是否会正确使用和保管各类安全工具和器具。

3）各种安全工器具是否有明显编号。

4）绝缘杆、验电器、绝缘手套、绝缘靴等绝缘工器具是否已按安规规定周期试验，并贴有试验合格标志。

5）各种安全工器具是否按安规规定周期进行检查，并贴有合格标志。

6）接地线有无断股，护套是否完好，端部接触是否牢固，卡子有无松动，弹簧是否有效。

7）接地线数量是否满足本站各电压等级需要，并对号存放。

8）使用手持、移动电动工器具时是否在漏电保护器保护范围内。

（14）安全活动管理。

1）站内安全活动是否坚持每周（轮值）不少于1次。

2）安全活动是否认真填写记录（包括日期、主持人、参加人、学习讨论发言内容等），不得记录与安全生产无关的内容，不得事后补记。

3）分管领导、安全专责、站长等是否按规定定期检查安全活动记录填写情况，对运行人员提出的建议和措施作出反馈并签名。

4）站内是否发生不安全情况，是否制定防范措施。

（15）记录。记录是否规范，具体包括：运行日志、巡回检查记录、继电保护及自动装置检验记录、蓄电池记录、设备缺陷记录、避雷器动作检查记录、设备测温记录、解锁钥匙使用记录、设备试验记录、开关故障跳闸记录、收发信机测试记录、安全活动记录、自动化设备检验记录、反事故演习记录、事故预想记录、培训记录、运行分析记录等。

（三）安全隐患判定

1. 隐患判定要求

（1）一般事故隐患：危害和整改难度较小，发现后能够立即整改排除的隐患。由生产经营单位负责人或者有关人员立即组织整改。

（2）重大事故隐患：危害和整改难度较大，应当全部或者局部停产停业，并经过一定时间整改治理方能排除的隐患，或者因外部因素影响致使生产经营单位自身难以排除的隐患；由生产经营单位主要负责人组织制定并实施事故隐患治理方案。

（3）事故隐患判定应严格执行国家和水利行业有关法律法规、技术标准，制定本单位《生产安全事故隐患判别标准》。可执行的有《水利部关于印发〈水利工程生产安全重大事故隐患判定标准〉的通知》（水安监〔2017〕344号）。根据《生产安全事故重大隐患直接判定清单》《生产安全重大事故隐患综合判定清单》判定为重大隐患，其余隐患判定为一般隐患。生产安全重大事故隐患判定方法分为直接判定法和综合判定法，应先采用直接判定法，不能用直接判定法的采用综合判定法判定。

2．直接判定法

符合《生产安全重大事故隐患直接判定清单》（表5-29）中的任何一条要素的，可判定为重大事故隐患。

表5-29　　　　　　生产安全重大事故隐患直接判定清单（包含但不限于）

隐患编号	隐 患 内 容
SY-D001	无立项、无设计、无验收、无管理的"四无"水电站
SY-K001	大坝安全鉴定为三类
SY-K002	大坝坝身出现裂缝，造成渗水、漏水严重或出水浑浊
SY-K003	大坝渗流异常且坝体出现漏洞或坝基出现管涌
SY-K004	闸门主要承重件出现裂缝、门体止水装置老化或损坏渗漏超出规范要求，闸门在启闭过程中出现异常振动或卡阻，或卷扬式启闭机钢丝绳达到报废标准未报废； 水力自动翻板闸门前淤积严重或卡塞导致无法翻起
SY-K005	泄水建筑物堵塞无法泄洪或行洪设施不符合相关规定和要求
SY-K006	近坝库岸或者工程边坡有失稳征兆
SY-K007	坝下建筑物与坝体连接部位有失稳征兆
SY-K008	存在有关法律法规禁止性行为危及工程安全的
SY-D002	主要发供电设备异常运行已达到规程标准的紧急停运条件而未停止运行
SY-D003	厂房渗水至设备、电器装置
SY-D004	存在三类设备设施
SY-G001	渡槽及跨渠建筑物地基沉降量较大，超过设计要求
SY-G002	渡槽结构主体裂缝多，碳化破损严重，止水失效，漏水严重
SY-G003	隧洞洞脸边坡不稳定
SY-G004	隧洞围岩或支护结构严重变形
SY-G005	渠下涵阻水现象严重，泄流严重不畅
SY-Y001	钢管锈蚀严重
SY-Y002	镇支墩、管道沉降量较大
	安全距离、围栏高度等不符合工程建设强制性条文或安规要求

3. 综合判定法

符合《生产安全重大事故隐患综合判定清单》（表5-30）中重大隐患判定依据的，可判定为重大事故隐患。

表5-30 生产安全重大事故隐患综合判定清单（包含但不限于）

	一、水库大坝工程	
序号	基础条件	重大事故隐患判据
1	水库管理机构和管理制度不健全，管理人员职责不明晰	
2	大坝安全监测、防汛交通与通信等管理设施不完善	
3	水库调度规程与水库大坝安全管理应急预案未制定并报批	
4	不能按审批的调度规程合理调度运用，未按规范开展巡回检查和安全监测，不能及时掌握大坝安全状态	
5	大坝养护修理不及时，工程设施破损或维护不及时，管理设施、安全监测等不满足运行要求，处于不安全、不完整的工作状态	
6	工程管护范围不明确、不可控	
7	安全教育和培训不到位或相关岗位人员未持证上岗	
隐患编号	物的不安全状态	
SY-KZ001	大坝未按规定进行安全鉴定	
SY-KZ002	大坝抗震安全性综合评价级别属于C级	
SY-KZ003	大坝泄洪洞、溢流面出现大面积气蚀现象	
SY-KZ004	坝体混凝土出现严重碳化、老化、表面大面积出现裂缝等现象	
SY-KZ007	闸门螺杆式启闭机螺杆有明显变形、弯曲的	满足任意3项基础条件+任意3项物的不安全状态
SY-KZ008	卷扬式启闭机滑轮组与钢丝绳锈蚀严重或启闭机运行震动、噪声异常，电流、电压变化异常	
SY-KZ009	没有备用电源或备用电源失效	
SY-KZ010	未按规定设置观测设施或观测设施不满足观测要求	
SY-KZ011	通信设施故障、缺失导致信息无法沟通	
SY-KZ012	工程管理范围内的安全防护设施不完善或不满足规范要求	
SY-ZZ007	交通桥结构钢筋外露锈蚀严重且混凝土碳化严重	
SY-DZ001	消防设施布置不符合规范要求	
SY-DZ002	机组的油、气、水等系统出现异常，无法正常运行，或存在可能引起火灾、爆炸事故	
SY-DZ003	机组的电流、电压、振动、噪声异常；发电过程存在气蚀破坏、泥沙磨损、振动和顶盖漏水量大等问题，出现绝缘损害、短路、轴承过热和烧坏事故等	
SY-DZ004	水轮发电机组绕组温升超过限定值	
SY-DZ005	主变压器温度、瓦斯严重超标	
	行车、防雷、定期预防性试验、电力安全工器具、压力容器及附件未按规定开展	

（四）隐患治理

1. "五落实"

对检查发现的问题和排查出的隐患，严格按照公司安全工作标准相关要求进行处理。一般隐患立即组织整改排除；重大事故隐患应按规定上报，并制定隐患治理方案，做到整改措施、整改资金、整改期限、整改责任人和应急预案"五落实"。

2. 隐患治理验收

隐患排查治理实行闭环管理，隐患治理完成后进行验收。

3. 如实记录事故隐患排查治理情况或者向从业人员通报

在接到自然灾害预报时应及时发出预警信息，对自然灾害可能导致的事故隐患应采取相应的预防措施。

（五）水电站人的不安全行为及纠正方法

1. 作业纪律

（1）进入施工现场或设备区不戴安全帽或不能正确佩戴安全帽。纠正方法：应对职工讲清楚施工现场和设备区存在着诸多危险因素，如物体坠落等，因此，必须加强对头部的防护，戴好安全帽，真正起到防护作用；在进入施工现场和设备区之前，应严格检查职工安全帽的佩戴情况。发现没有正确佩戴的，应及时纠正，如有未戴安全帽的不允许进入，并视情节给予批评教育。

（2）职工进入施工现场不戴安全帽。纠正方法：向职工讲清楚不戴安全帽的危害性，要求凡进入施工现场的职工必须戴安全帽，否则不得进入；同时工作前应给雇用的职工配备足够数量的安全帽以供佩戴。

（3）工作前不向雇用职工交代安全注意事项。纠正方法：工作前必须向职工交代清楚安全注意事项，才能更好地保证他们的安全和工作的顺利完成；如果发现工作前未向职工交代安全注意事项的，应立即暂停工作，交代清楚后再行工作，并对责任人提出批评教育，或视情节予以处罚。

（4）工作期间饮酒或酒后从事电力生产工作。纠正方法：加强劳动纪律教育，讲清酒后从事电力生产工作的危害性，严禁工作期间饮酒或酒后从事电力生产工作。

（5）工作期间不按规定穿工作服，如衣服和袖口不扣，穿化纤、涤纶布料衣服，女职工穿裙子、高跟鞋，或者辫子、长发不盘在工作帽内等。纠正方法：应讲清楚，不按规定着装，衣服或肢体有可能被转动的机器绞住受伤；穿化纤、涤纶衣料当发生烧伤时使烧伤程度加重；穿裙子容易被他物所挂、下肢裸露易受伤；穿高跟鞋行走不便或者被绊倒；辫子、长发外露易被机器绞住或他物挂住受伤等。在作业时，班组长应对着装进行检查，不按规定着装不准上岗作业。

（6）指挥未经培训的临时工从事电业生产工作。纠正方法：凡使用的临时工都必须经过安全培训，并经过《电业安全工作规程》考试合格后，方能从事电业生产工作；对未经培训就指挥临时工从事电业生产工作的，应追究部门领导及责任人的责任。

（7）翻越栏杆，在运行设备上行走。纠正方法：应讲清其危害性，使大家知道栏杆上、管道上、安全罩上或运行中的设备上，都属于危险部分，翻越或在上面行走，容易发生摔、跌及触电等伤害事故，应教育职工严格遵守劳动纪律，应及时纠正、严肃批评，不得再犯。

（8）在有可能下落的设备下面工作，如在有人工作的构架下面工作，或在起重抓斗、吊物下面工作等。纠正方法：在有可能突然下落的设备上工作，很有可能被下落和的物体砸伤或被吊物碰伤；因此，工作时应离开危险区域，在安全环境下工作，如果必须在有可能突然下落的设备下面工作时，应事先做好防范措施。

2. 高处作业

（1）站在梯子上工作时不使用安全带。纠正方法：应讲清楚站在梯子上工作使用安全带的必要性，不要以为只要站得稳就不会出事，因为在工作中会有意想不到的情况发生而造成坠落事故；所以不但需要安全带，而且要会正确使用，要将安全带的一端拴在高处牢固的地方；对上梯工作不系安全带的，应督促他们使用和系好安全带，同时，使用的梯子要有防滑措施，以免发生摔伤事故。

（2）上杆工作不系安全带。纠正方法：安全带是高空作业时防坠落的安全技术措施，因不系安全带造成坠落伤害的事例很多，要用具体事例教育职工，增强自我保护意识，严格执行保证人身安全的措施；如不系安全带登杆，监护人要及时提醒，并不准上杆。

（3）虽系了安全带，但将安全带挂在不牢固的物件上。纠正方法：要向职工讲清楚如果是把安全带拴在不牢固的物件上，安全带就达不到保护作用的道理；选择悬挂安全带的物件，必须牢固可靠；自己和一起工作的人员要互相监护、认真检查，发现安全带悬挂不牢固时，要及时纠正，督促其摘下，重新选择牢固可靠的物件。

（4）安全带弹簧卡扣误扣在衣服上。纠正方法：应讲清误扣存在的危险性，安全带弹簧卡扣必须扣在卡扣里，否则安全带就起不到保险作用，要教育职工无论干什么工作都要细心，不可马虎；系完安全带后，一定要仔细检查，看是否扣好，是否处于安全可靠状态。

（5）高处作业不使用工具袋，上下取物不用绳索，随意上下抛物。纠正方法：要教育职工不要图省事、怕麻烦；不使用工具袋，工具随便放置，容易造成坠物伤人，用上下抛、丢的方法传递物件容易把人砸伤；对在高处作业不使用工具袋、不使用绳索取物者，应严厉批评教育，并写检查。

（6）作业中随意从高处跳下。纠正方法：应向职工讲清楚随意从高处跳下存在的危险性；发生从高处跳下造成的伤害事故不少，可以用具体事例对职工进行教育；高处作业，严禁从高处往下跳，防止发生意外事故。

（7）在变电站上构架爬梯时不注意逐档检查。纠正方法：要使大家知道爬梯虽然是稳固性构件，但是随着时间和环境变化及其他意外原因，有可能发生锈蚀、损坏等缺陷和隐患，而不被人们所发现；因此上下爬梯时，不但要逐档检查是否牢固，而且还应两手各抓一个梯阶，以免发生坠落事故。

3. "两票"执行

（1）单台配电变压器停电无工作票。纠正方法：要使职工清楚工作票是进行电气工作的书面命令，要克服因工作简单而造成的麻痹心理，自以为单台配电变压器停电无所谓，往往结果会酿成事故；因此，要求职工严格执行"两票三制"，即使单台配电变压器停电也必须填写"两票"，并按"两票"进行逐项操作。

（2）不带工作票弃票作业。纠正方法：工作票是电气作业的行动指南，同时也是确保安全的重要措施；在作业开始前，工作负责人应向工作班成员宣读工作票及安全措施，并按工作票的要求进行作业；工作票应始终带在工作负责人身边，对不带工作票即展开工作的，工作人员有权拒绝作业，并对工作负责人作相应的处罚。

（3）开工前不宣读工作票。纠正方法：要讲清楚宣读工作票的必要性和重要性，宣读工作票是为了让所有参加工作的人员明确本项工作的任务及保证安全的组织措施、技术措施以及注意安全的重要部位、环节，确保作业的顺利完成；开工前不宣读工作票，工作班成员有权拒绝工作。

（4）工作人员未在工作票上签名。纠正方法：工作人员在工作票上签名是为了让全体工作班成员知道本次工作的全部内容，包括任务、地点、设备以及各种安全措施，以便更好地执行，同时也是为了明确各自的责任而采取的组织措施；因此，工作人员开工前必须在工作票上签名，如不签名，一经发现必须批评教育，令其改正。

（5）工作票所列人员与现场实际参加工作的人员不符。纠正方法：工作票所列工作人员是根据工作任务和工作内容要求由工作负责人和工作票签发人审定的，如果需要临时变更必须通过工作负责人同意，并在工作票备注栏中注明；如发现现场工作人员与工作票所列人员不符应查明原因，予以纠正。

（6）工作票填写存在严重错误，如指派工作负责人不当、安全措施不齐全、带电部位未交代或交代不清楚等。纠正方法：要讲清楚工作票填写存在错误的严重后果，要求工作票签发人对工作负责人的审查要严格，看其是否能胜任本项工作；对工作票的填写内容要认真审核，安全措施必须齐全，带电部位必须清楚，不能出现漏项、错误等，如发现工作票填写不合格，接收人员和工作许可人有权拒绝接收，令其重新办理。

（7）工作票未经许可，工作人员就提前进入施工现场工作或做准备工作。纠正方法：要讲清楚工作票未经许可，工作人员就进入工作现场的危害性，要求工作票在未经许可前，工作人员严禁进入工作现场从事一切工作，如有发生应立即制止，令其退出，并予以批评教育。

（8）工作负责人已在办理工作终结手续，但工作班成员还未撤离工作现场。纠正方法：在工作班成员未撤离工作现场的情况下工作负责人就去办理工作终结手续是完全错误的，也是绝对不允许的，工作负责人只有在工作班成员全部撤离工作现场的情况下才能办理工作终结手续；所以，工作人员未撤离工作现场，工作负责人就去办理工作终结手续，这是严重的违章行为，必须杜绝，如有发生应立即阻止，并批评教育，严厉处罚。

（9）工作监护人干预监护无关的工作。纠正方法：应该教育工作监护人要增强责任感，集中精力搞好监护工作，要对被监护人工作的全过程进行监护，绝不能擅离职守；工作负责人不应给监护人分配其他工作，确保监护人专心监护。

（10）工作负责人在工作班成员还未能保证安全的情况下就参加工作。纠正方法：要向工作负责人讲清楚自己工作的主要职责是指挥和监护全班人员在安全状态下工作，只有在全部停电或部分停电时，安全措施可靠，人员集中在一个工作地点且不会误碰导电部分的情况下，才能参加工作；如发现未保证安全就参加工作的情况，应批评教育，立即纠正。

（11）监护人暂离作业现场，未指定临时监护人接替。纠正方法：应使监护人知道，暂离作业现场不指定临时监护人接替自己工作的危险性；监护人必须始终在工作现场监护，如因工作需要暂时离开，应指定能够胜任该项工作的人员临时接替；如工作监护人离开工作现场后无指定临时监护人的，应暂停作业，并对监护人严厉批评。

（12）监护人工作不认真。纠正方法：要教育职工懂得监护工作的重要性，使监护人知道自己责任重大；监护人工作直接关系作业人员的生命安全，如果监护不认真、不到位，就会造成难以弥补的后果，一经发现应严肃处理。

（13）不经模拟预演便进行电气操作。纠正方法：应讲清楚电气操作前进行模拟预演的必要性和重要性，它可以有效地纠正操作中的错误，防止误操作事故的发生；操作票填写好后，工作许可人、操作人和监护人应共同在模拟盘上预演，确认无误后再行操作。

（14）接收命令后不复诵即行操作。纠正方法：要讲清楚接受命令后不做复诵就操作的危险性，在接收命令时必须复诵，确认无误后再按相关规定要求进行操作。在操作中，应认真执行唱票复诵制度，不得在无人监护情况下擅自操作，对不复诵者，应及时纠正并予以处罚。

（15）工作负责人不到或中途离开工作现场。纠正方法：工作负责人是本项工作的组织者和指挥人，因此，工作负责人必须始终在工作现场，更不能不到工作现场，如需中途离开，必须指定临时工作负责人，并设法通知工作班所有成员和工作许可人后方可离开；如发现上述违章行为，应对工作负责人进行批评教育。

（16）工作前对工作现场未进行踏勘。纠正方法：要使班组长和工作负责人清楚工作前提前对工作现场勘察的重要性，它是根据工作现场实际，制订切实可行的"三措"的依据。因此，要求工作前应对工作现场认真勘察。

4. 接地

（1）高、低压停电工作，挂接地线前不验电。纠正方法：要教育职工接地线前若不验电，如果电未真正停下来，就极有可能发生触电事故，因此一定要按《电业安全工作规程》的规定，在悬挂接地线前必须验电，并且使用合格的、相应电压等级的验电器进行验电；对不验电就挂接地线者，应批评教育并立即纠正。

（2）将接地线背在肩上上杆塔。纠正方法：要向职工讲清楚将接地线背在肩上上杆塔的危害，一方面影响登杆，导致高处坠落；另一方面有可能使接线滑脱，下落伤人；要求接地线必须用合格的绳索传递，严禁将接地线背在肩上登杆塔，如有发现应批评教育并及时纠正。

（3）挂接地线时，接地线与人体接触。纠正方法：要向职工讲清挂接地线时接地线不能与人体接触的道理，接地线实质上是引流线，如果所挂导线上有电，就会有强大的电流沿着接地线流过，接地线与人体接触必须导致触电事故发生；要教育职工增强自我保护意识，如有发现，应立即制止，并批评教育。

（4）用缠绕的方法装设接地线。纠正方法：应向职工讲清楚用缠绕的方法装设接地线是严重违反安全规程规定的做法，这样容易使接地线接触电阻增大，失去保护作用，导致触电事故，装设接地线要采用专门的线夹，把接地线紧固在导体上；如发现有用缠绕的方法挂接地线，应立即纠正，并对责任者进行批评教育。

（5）挂接地线前不检查接地线及接地螺丝。纠正方法：要讲清楚使用不合格的接地线将会造成哪些危险后果，要求使用的接地线必须符合《电业安全工作规程》要求，使用前要检查接地线有无破股、断股现象，要检查各接点螺丝有无松动，如发现有松动，必须拧紧。

（6）装设接地线时，接地极插入地面深度不够0.6m。纠正方法：要向职工讲清楚接地极的作用，如果接地极插入深度不够，接地电阻就会很大，使接地电流不能良好地导入大地，起不到保护作用；因此，必须按照《电业安全工作规程》要求，接地极插入地面深度不得小于0.6m，同时对插入点也要有所选择，不能插入干燥的、电阻大的土壤中。

（7）工作人员未全部下杆就拆除接地线。纠正方法：工作人员未全部下杆就拆除接地线是一种严重违章行为，这种做法使杆上人员处于无安全保护状态，一旦线路发生突然来电，必然导致触电、坠落等事故；因此，对责任者要讲清危害性及严重后果。

（8）在变压器台架上作业，未拉开二次跌开式熔断器，未将停电的高压引线接地。纠正方法：要教育职工严格执行《电业安全工作规程》，在变压器台上作业，不论线路是否停电，都必须先拉开低压跌开式熔断器，后拉开高压丝具，并在停电的高压引线及低压侧均装设接地线，防止两侧发生突然来电造成触电事故。

5. 作业行为

（1）雷雨天气不穿绝缘靴巡视室外高压设备。纠正方法：雷雨天气不穿绝缘靴巡视室外高压设备是十分危险的，有产生跨步电压或被雷电击伤的可能，同时在巡视中不得靠近避雷针和避雷器，对雷雨天气巡视时未穿绝缘靴的，应立即劝阻，让其穿上绝缘靴，不穿绝缘靴者不能进行雷雨天室外高压设备的巡视工作，并要进行批评教育。

（2）带负荷拉隔离开关。纠正方法：要向职工讲清楚带负荷拉隔离开关将会引起的严重危害，它不仅妨碍设备的正常运行，而且会导致恶性误操作事故，损坏设备、影响供电，同时也可能发生人身触电等后果；要求停电倒闸操作必须严格执行操作票制度，按规定程序进行，对违反规定带负荷拉隔离开关者，不论后果严重与否，均应批评教育，从严处理。

（3）对投运的闭锁装置随意退出或解锁。纠正方法：要向职工讲清楚，闭锁装置是防止误操作事故的重要措施，所有投入运行的闭锁装置，包括机械闭锁，不经值班调度员的同意，均不得退出或解锁；如果有随意退出或解锁的，应立即纠正，并对责任人给予严厉批评教育。

（4）用手推合高压丝具。纠正方法：应教育职工增强自我保护意识，讲清楚用手推合高压丝具的严重危害，操作高压丝具必须使用操作杆，严禁用手推合丝具；如发现有用手推合高压丝具者应按"五步法则"进行批评教育。

（5）约时停送电。纠正方法：应讲清楚约时停电是十分危险的，如果到了停电的时间停不了电，或者到了送电时间作业未完还在进行，就会发生触电事故，因此严禁约时停送电；如有发现，应立即纠正，并对责任者加重处罚。

（6）误登带电设备或杆塔。纠正方法：停电作业时，应对作业现场进行认真检查，核对线路（设备）名称、杆号（设备编号）及色标，确实辨明作业地点及设备后方可作业；

监护人应加强监护，防止作业人员误登带电线路或带电设备造成触电事故。

（7）下雨天不用带有防雨罩的绝缘杆操作电气设备。纠正方法：要向职工讲清楚带防雨罩绝缘杆的作用及雨天不用带防雨罩绝缘杆操作的危险；雨天操作室外高压设备时，必须用带有防雨罩的绝缘杆进行操作，并且必须穿绝缘靴，否则一经发现，应立即制止，并批评教育。

（8）停电后，对停电设备不挂标识牌。纠正方法：设备停电后，因各种因素都可能随时发生突然送电的危险；因此，停电后，所停设备必须悬挂"线路有人工作，禁止合闸"的标识牌。

（9）在带电的二次回路上工作不使用绝缘工具。纠正方法：在二次回路上工作不使用绝缘工具极易发生误碰现象，引起二次回路短路，引发设备跳闸等电气事故或人员触电事故；因此，要求在带电的二次回路上工作，必须使用绝缘工具，工作人员要增强安全责任心和自我保护意识，防止此类现象发生，同时，对违反者批评教育，对造成事故者加重处罚。

（10）使用超过试验周期的安全工器具。纠正方法：使用超过试验周期的安全工器具，一旦安全工器具达不到规定要求，极易造成触电等恶性事故；应加强对安全工器具的日常管理，做到心中有数，按照安全工器具的试验周期定期进行试验，确保不使用超过试验周期的工器具进行作业和操作。

（11）个人安全用具未按规定进行检查。纠正方法：告知每位职工经常检查个人安全用具的必要性；个人安全用具按规定每月最少进行一次外观和性能检查，每次工作前也应进行检查，严禁使用不合格的安全工具。

（12）工作时个人工具携带不全。纠正方法：工作时个人安全工具佩戴不全不但影响正常工作的进行，同时也会给安全带来一定危害；要求每位职工出工前，应根据工作任务和内容需要携带齐全个人工具，如有在工作中个人工具携带不齐全者要提出严厉批评，使其不再重犯。

（13）全部工作结束后，将物件遗留在设备上。纠正方法：讲清楚将物件遗留在设备上将会造成的后果及严重性，要提醒工作负责人和工作人员在全部工作结束后，必须对工作现场的所有设备进行全面检查，防止将材料、工具及杂物遗留在设备上酿成事故。

（14）检修人员操作运行设备。纠正方法：要向职工讲清楚检修人员操作运行设备的危害性，由于检修人员对运行设备的状况不熟悉，操作时容易发生意外或事故，所以不允许检修人员操作运行设备；另外不允许检修人员或其他人员操作运行设备，也是加强运行设备管理的需要。

（15）移开或越过遮栏工作。纠正方法：不论高压设备带电与否，值班人员、工作人员都不得移开或越过遮栏工作，否则，如果设备突然来电，就会发生触电事故；如果需要移开遮栏工作时，必须与带电设备保持足够的安全距离，并且要有人在现场监护。

（16）检查、擦拭或润滑运行中的机器转动部位。纠正方法：要向职工讲清楚，在机器转动时检查、擦拭或润滑转动部位的危险性；可以用具体的事故案例进行教育，使其吸取教训，对违章操作者要严肃批评，及时纠正。

（17）进入高压室不随手关门。纠正方法：进入高压室巡视或操作设备时不注意关门，容易使无关人员和小动物进入，这样不仅妨碍工作，而且会使小动物溜入高压室，有引起短路事故的可能；所以进入高压室后一定要将门锁好，如果发现不注意锁门的，应立即纠正并给予批评教育。

（18）在室外高压设备上工作时，四周不设围栏。纠正方法：应向职工讲清楚在室外高压设备上工作时，不设围栏存在的危险性，因为四周不设围栏，一旦有人误入禁区，接触高压设备将会使其触电；所以工作时，四周应设立好围栏，并应悬挂一定数量的"止步！高压危险！"的标识牌，对不设围栏的，应让其立即停止，将围栏设好后再开始工作，并给予批评教育。

（19）在带电设备周围使用钢卷尺进行测量工作。纠正方法：在带电设备周围使用钢卷尺进行测量时，一旦与带电设备接触，测量人员就会发生触电，所以必须使用绝缘的尺子；如发现使用钢卷尺等导体类的量具进行测量应立即制止，并讲清楚为什么不能使用。

（20）不采取安全措施，在带电线路上方穿越放、收导线。纠正方法：在带电线路下方穿越放、收线必须采取防止触电的安全措施，以防发生跳线、断线等各种不安全情况，造成碰及下方穿越放、收线应立即制止，并进行批评教育。

（21）施工、检修工作中不召开班前、班后会。纠正方法：要使职工知道施工、检修工作中召开班前、班后会的重要性，班组长或工作负责人施工、检修工作前召开全体工作人员参加的班前会，是为了安排部署工作，共同分析研究所做的安全措施是否齐全完善，向工作成员进行两交底和交代安全注意事项，工作结束后利用班后会对当天的工作进行总结，提出工作中存在的问题，制定整改措施；不召开班前、班后会，其主要责任在班组长及工作负责人，工作班成员也应提醒和监督执行。

（22）未采取防倾倒措施登杆作业。纠正方法：要讲清不采取防倾倒措施即登杆作业的危害，登杆前，必须认真检查杆根情况，看是否有锈蚀、破损及不稳固现象，如发现有上述情况，应采取防倾倒的安全措施后，方可登杆作业。

（23）新立电杆未夯实牢固便登杆作业。纠正方法：要讲清新立电杆未夯实牢固便登杆作业的危险，新立电杆埋设深度应符合规程规定要求，杆根要用素土夯实，严禁新立电杆未牢固前攀登，一经发现，应立即制止。

（24）线路停电、验电时不戴绝缘手套。纠正方法：要向职工讲清线路停电、验电时戴绝缘手套的必要性和重要性，要求线路停电、验电时必须按照《电业安全工作规程》要求戴绝缘手套进行操作，如果发现线路停电、验电时不戴绝缘手套者，应追究当事人的责任。

（25）抄表前未验电就接触计量设备。纠正方法：抄表前未验电就接触计量设备有可能发生触电事故，因此，抄表时，接触计量设备前必须先用合格的、相应电压等级的验电器（笔）进行验电，经验明确无电压后方可接触计量设备。

（26）登杆前不检查登杆工具。纠正方法：登杆前不检查登杆工具，如果登杆工具有问题将会在登杆的过程中或登杆作业中发生意想不到的后果，如高处坠落或失去稳定导致触电等事故；因此，登杆前必须对脚扣、踏板、安全带等进行认真检查，确无问题后方可使用。

（27）杆上作业未按规定穿绝缘鞋。纠正方法：要向职工讲清楚穿皮鞋、拖鞋登杆作业的危险性，要求杆上作业必须按规定穿绝缘鞋，严禁穿皮鞋、拖鞋进行登杆作业。

（28）操作高压丝具不按规定顺序进行。纠正方法：要使职工懂得操作高压丝具为什么要先拉中相、后拉两边相，以及合高压丝具为什么要先合两边相、后合中相的道理；要求职工操作丝具必须按"两票"实施细则规定的操作顺序进行操作。

（29）拉高压丝具操作任务完成后未将丝具管摘下妥善保管。纠正方法：如果将操作完后的丝具管仍然悬挂在丝具架上，有可能造成其他人员误合高压丝具，使停电线路及设备突然带电，酿成触电事故；因此，要求高压丝具操作完后必须将丝具管摘下妥善保管，如发现未按此要求办理者，应立即纠正并批评教育，以防重犯。

（30）单人进行单台配电变压器停电工作。纠正方法：要向职工讲清楚单人进行电气设备操作的危险性，即使配电变压器停电也必须坚持履行工作许可手续，经批准办理相关手续做好安全措施后由两人进行，一人操作，一人监护。

（31）单人进行杆上抄表工作。纠正方法：要讲清楚杆上抄表的危险性，容易发生高空坠落和触电的危险；因此，在杆上抄电表必须由两人进行，一人登杆抄表，一人地面监护，禁止单人登杆抄表。

（32）对领导安排布置的工作只是一味服从，而不考虑安全措施是否完备。纠正方法：教育职工提高工作的积极性和主动性，克服盲从心理；要严格执行"三不开、五不干"的规定，做好反向监督工作。

（33）接地线放错位置，不能对号入座。纠正方法：为了加强对接地线的管理，要求接地线和放置接地线的位置都必须编号，并且要对号入座，这样方可有效防止在使用接地线时错拿或工作结束后漏拆接地线，从而导致恶性事故的发生；因此，接地线必须对号入座，不能放错位置，发现有放错位置者，应立即纠正，并教育职工增强工作责任心，不再发生。

（34）在高压室和设备区搬运长物，未放倒搬运。纠正方法：要使职工知道在高压室和设备区搬运长物，必须放倒搬运的道理和不放倒搬运造成的危险性；如发现有不按规定搬运者，应及时纠正和批评教育。

（35）砍伐树木时攀登脆弱、枯死的树枝。纠正方法：砍伐树木时，攀登脆弱、枯死的树枝容易使树枝断裂，发生高处坠落等事故；因此，砍树时一定要对树木进行全面观察，搞清楚哪儿不能上，现场人员要相互监督，严禁攀登脆弱、枯死的树枝，同时要按照《电业安全工作规程》要求，做好各种安全措施，防止触电、摔伤、砸伤、蜂蛇咬伤等意外情况发生。

（36）立杆、拔杆和收线、放线、紧线无专人指挥或无统一指挥信号。纠正方法：立杆、拔杆和收线、放线、紧线都属于群体工作，如果无专人指挥和无统一指挥信号，很难行动统一、步调一致，极易发生意想不到的事故；所以，立杆、拔杆和收线、放线、紧线工作必须设立专人指挥，不但要有统一指挥信号，而且要使所有工作人员都能够明了，如发现在上述工作中无专人指挥或无统一指挥信号，应立即纠正，同时要对工作负责人批评教育或处罚。

（37）立杆时，有人在离杆下 1.2 倍杆高的距离范围以内。纠正方法：立杆时，如指挥或操作不当，电杆有可能倾倒伤人，因此，《电业安全工作规程》规定立杆过程中"除指挥人及指定人员外，其他人员必须远离杆下1.2倍杆高的距离以外"，防止电杆倾倒压伤或碰伤人员；如有发现，在场人员应立即提醒远离，并批评教育，使其增强自我保护意识。

（38）用突然剪断导线、地线的方法松线。纠正方法：杆上工作，用突然剪断导、地线的方法松线是错误的；这种做法会使电杆稳定性能破坏，有可能导致杆塔倒塌酿成事故，如有发现应立即制止，并批评教育。

（39）设备检修后不进行设备验收。纠正方法：检修后的设备必须经过验收，以确保设备检修质量，防止检修后不合格的设备投入运行，造成事故；因此，必须严格执行设备检查验收制度，坚持谁验收、谁签字、谁负责，把好设备验收质量关。

（40）在放线跨越施工中，与邻近的带电部位小于安全距离。纠正方法：应向施工人员讲清楚，在放线跨越施工中，与邻近的带电部位安全距离小而存在的危险性，极易发生意想不到的情况，如紧收线跳动、断线等发生导线（或牵引绳）与带电部位相碰撞，造成触电事故；因此，作业前，应认真检查和测量安全距离是否合适，以保证作业时与带电部位的安全距离符合《电业安全工作规程》规定的范围。

（41）变电站防小动物意识不强，如孔洞未封堵、门无防鼠板、无鼠药或鼠药失效未更换等。纠正方法：应讲清楚变电站缺乏防小动物意识和无防小动物措施的危险；每年因小动物引发的设备事故不少，因此，要加强对班站防小动物的教育，对主控室、高压室、设备区等处的孔洞严密封堵，并要定时、定置投放鼠药，严防小动物短路而造成事故。

（42）制定"三措"不详，且不符合作业现场实际。纠正方法：要使大家明白制定"三措"的目的和重要性，它是确保安全作业的重要手段，制定"三措"内容不详，没有可操作性，起不到保证安全的作用，如果所制定的"三措"与实际作业现场情况不符，不但起不到安全防护作用，有时候还可能引发事故；所以，制定"三措"之前必须到作业现场进行仔细踏勘，要熟悉作业环境，掌握地形地貌，进行危险点分析，然后在上述基础上才能制定出有效的切实可行的"三措"计划，以保证施工和工作安全。

（43）工作无计划，班站擅自安排工作。纠正方法：各单位每日作业数量的控制，是加强生产计划管理，提高施工、检查质量，确保安全生产工作处于可控、在控状态的重要手续；因此，各单位必须严格执行检修、轮修作业管理制度，按照工作点审批程序及每日规定的作业点数目，安排生产、检修、轮修工作；对于不执行检修、轮修作业管理制度的行为应批评纠正，并按考核规定进行考核，从而杜绝不按作业点批程序办理生产施工和检修工作手续，擅自安排生产施工、检修工作的行为。

（44）不进行危险点预控分析。纠正方法：要向工作负责人和工作班成员讲清楚危险点预控分析的重要性，危险点预控分析是加强安全生产工作的重要环节，才能制定切实可行的预控措施，对于那些不进行危险点预控分析，或者对危险点预控分析不认真、敷衍了事者要严厉批评和制止；在确定上报审批工作点之前，一定要在工作负责人及有关人员带领下到作业现场踏勘，了解工作范围、熟悉工作环境，掌握作业对象状况，根据现场实际进行危险点预控分析，制定详细的"三措"计划。

（45）白天间断工作时，工作班离开工作地点，不采取安全措施或派人看守。纠正方法：要向职工特别是工作负责人讲清楚工作间断时或工作班离开工作地点应采取安全措施或派人看守，否则很可能在工作间断期间造成对外来人员的伤害，或者其他人员改变了原有的安全措施，导致工作人员恢复工作后造成事故；因此要教育职工必须严格执行工作间断制度，在工作间断期间，如果工作班需要暂时离开工作地点，除应采取安全措施和派人看守外，恢复工作前还应检查接地线等各项安全措施的完整性。

（46）厂房、变电站设备区大门不上锁。纠正方法：因变电站设备区大门不上锁而引发的事故不少，它可能造成外来人员或牲畜等擅进设备区，靠近或登上带电设备造成触电事故及其他事故；因此，要用具体事例教育变电站工作人员认识到设备区大门不上锁的危险性，要严格执行门卫管理制度，养成进出设备区随手锁门的职业习惯；如果发现有不锁门的现象应立即纠正和批评教育，有条件的农村水电站可装设门禁系统。

第八节　应　急　管　理

应贯彻国家和公司安全生产应急管理法规制度，坚持"预防为主、预防与处置相结合"的原则，按照"统一指挥、结构合理、功能实用、运转高效、反应灵敏、资源共享、保障有力"的要求，建立系统和完整的应急体系，建立《公司事故应急救援制度》。

一、应急体系

（一）应急组织

建立安全生产应急管理机构或指定专人负责安全生产应急管理工作。应建立与本单位生产特点相适应的专（兼）职应急救援队伍或指定专（兼）职应急救援人员，并组织训练。公司应成立应急领导小组，全面领导本单位应急管理工作，应急领导小组组长由本单位主要负责人担任；建立归口管理、各职能部门分工负责的应急管理体系。水电站负责人是应对突发事件工作的第一责任人，全面负责本站的突发事件应急管理工作。公司各级单位应按照"实际、实用、实效"的原则，建立横向到边、纵向到底、上下对应、内外衔接的应急体系。

应根据突发事件类别和影响程度，成立专项事件应急处置领导机构（临时机构），在应急领导小组的领导下，具体负责指挥突发事件的应急处置工作。对应急队伍，可根据实际需要和电站人员情况，分为安保警戒组、应急抢险组、技术支持组、应急保障组、善后处置组、事故调查组等专业组。

与上下游、周边相关单位建立应急互助协议。

（二）应急物资

根据需要储备充足的应急设备、装备、物资，在应急物资专库存储并登记造册，建立台账。尤其是要按照《水利行业反恐怖防范要求》（SL/T 772—2020）要求配备反恐怖相关器材设施。

（三）预案体系

《中华人民共和国安全生产法》第八十一条规定："生产经营单位应当制定本单位生产安全事故应急救援预案，与所在地县级以上地方人民政府组织制定的生产安全事故应急救援预案相衔接，并定期组织演练。"

水电站管理单位应按照《生产经营单位生产安全事故应急预案编制导则》（GB/T 29639—2020），建立健全生产安全事故应急预案体系（综合应急预案、专项应急预案、现场处置方案），应急预案与当地政府制定的应急预案相衔接。水电站运行管理应具有的预案见表 5-31。

表 5-31　　　　　　　　水电站运行管理应具有的预案（包含但不限于）

预案类别	预 案 名 称	数量	合计
综合应急预案	公司生产安全事故应急预案	1	1
专项应急预案	火灾及爆炸事故专项应急预案	1	7
	特种设备事故专项应急预案	1	
	反恐怖袭击事件专项应急方案	1	
	地震及地质灾害专项应急预案	1	
	防汛专项应急方案	1	
	传染病疫情专项应急预案	1	
	突发环境事件应急预案	1	
现场处置方案	机组飞逸现场处置方案	1	18
	触电事故现场处置方案	1	
	机械伤害伤亡事故现场处置方案	1	
	高处坠落伤亡事故现场处置方案	1	
	车辆伤害事故现场处置方案	1	
	物体打击伤亡事故现场处置方案	1	
	水淹厂房现场处置方案	1	
	闸门启闭机失灵现场处置方案	1	
	受限空间中毒窒息现场处置方案	1	
	淹溺事故现场处置方案	1	
	技术供水管爆裂事故现场处置方案	1	
	调速器压油罐事故现场处置方案	1	
	变压器火灾现场处置方案	1	
	发电机火灾事故现场处置方案	1	
	电缆火灾事故现场处置方案	1	
	中控室火灾事故现场处置方案	1	
	宿办区火灾事故现场处置方案	1	
	泄洪雾化现场处置方案	1	

对应急预案应进行评审、审查后正式印发。应急预案由本单位主要负责人签署发布，并按照《应急预案管理办法》报有关部门备案。《大坝安全管理应急预案》涉及范围较广，需报有管辖权的地方人民政府审批。预案同时通报有关应急协作单位，建立互助协议。

（四）预案演练、评估与修订

对员工进行生产安全事故应急知识培训，所有人员均应熟练掌握应急求救方法、应急逃生方法。

公司各级单位应建立应急资金保障机制，落实应急队伍、应急装备、应急物资所需资金，提高应急保障能力。

每年至少按照《生产安全事故应急演练基本规范》（AQ/T 9007—2019）组织 1 次生产安全事故应急预案演练，至少每半年进行 1 次专项预案、现场处置方案的演练。演练方式有实际演练、桌面演练、提问讨论式演练等。

按照《生产安全事故应急演练评估规范》（AQ/T 9009—2015）对演练效果进行评估；根据演练效果对应急预案进行修订和完善。

每年进行 1 次应急准备工作的总结评估。完成险情或事故应急处置结束后，应对应急处置工作进行总结评估。以 3～5 年为周期，开展应急能力评估，必要时修订应急预案。

二、应急处置

发生事故后，电站现场负责人应立即组织有关人员进行先期处置、控制事态发展，并立即向公司应急救援总指挥部报告，及时向上级和所在地人民政府及有关部门报告。根据突发事件性质、级别，按照分级响应要求，组织开展应急处置与救援。

（一）响应分级

可根据事故的性质、严重程度、可控性和影响范围将事故分为四级，实行分级响应制度，见表 5-32。

表 5-32　　　　　　　　　　响 应 分 级 表

响应级别	响 应 条 件	应 急 行 动
Ⅳ级响应	小型火灾初期，中毒、窒息事故，触电事故，机械伤害事故，车辆伤害事故，物体打击事故，坍塌事故，灼伤事故，特种设备事故，现场管理人员能够有效控制的	由站长、值班长等现场管理人员根据事故类型和既定的现场处置方案开展应急救援工作
Ⅲ级响应	引发较大火灾、爆炸事故，现场管理人员一时不能控制的，公司应急能力可以控制的	由公司应急指挥部组织应急救援行动，各应急工作组按照既定职责开展工作
Ⅱ级响应	引发较大火灾、爆炸事故、坍塌，公司应急能力不能有效控制的	由公司应急指挥部组织先期响应当上级部门应急预案启动后，由上级应急指挥机构指挥和协调
Ⅰ级响应	洪水造成较大险情，可能需要下游撤离等	由政府应急指挥机构指挥和协调

（二）应急处置程序

应急处置程序如图 5-15 所示。

（三）生产秩序恢复

事故后果影响消除后，经有关主管部门同意，组织各相关单位清理现场，抢修损坏设备，尽快恢复生产秩序。安排受伤人员到医院进行救治。安全生产事故灾难发生后，联系保险机构及时开展应急救援人员保险受理和受灾人员保险理赔工作。善后处理组负责受伤人员及其亲属的安抚及赔偿工作。应急救援结束后，污染物由事故所在部门负责回收，按规定处置。

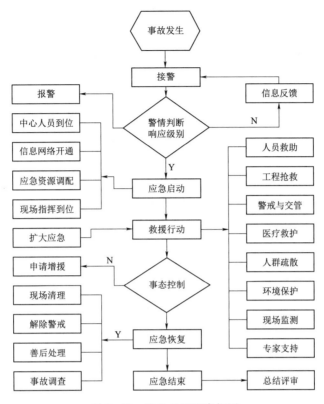

图 5-15 应急处置程序框图

三、应急评估

突发事件应急处置工作结束后，相关单位应对突发事件应急处置情况进行调查评估，提出防范和改进措施。

第九节 事 故 管 理

《中华人民共和国安全生产法》第八十三条规定："生产经营单位发生生产安全事故后，事故现场有关人员应当立即报告本单位负责人。单位负责人接到事故报告后，应当迅速采取有效措施，组织抢救，防止事故扩大，减少人员伤亡和财产损失，并按照国家有关规定立即如实报告当地负有安全生产监督管理职责的部门，不得隐瞒不报、谎报或者迟报，不得故意破坏事故现场、毁灭有关证据。"

一、事故管理制度

水电站运行管理单位应建立《事故管理制度》，明确事故报告、事故调查、责任认定、整改措施、统计与分析、书面报告样式和表格等。

二、事故报告

2022 年 4 月，水利部印发《水利安全生产信息报告和处置规则》（水监督〔2022〕156

号）对生产安全事故和较大涉险事故信息等进行了明确规定。

（一）事故报告的内容

水利生产安全事故信息包括生产安全事故信息和较大涉险事故信息。较大涉险事故包括：涉险 10 人及以上的事故；造成 3 人及以上被困或者下落不明的事故；紧急疏散人员 500 人及以上的事故；危及重要场所和设施安全（电站、重要水利设施、危化品库、油气田和车站、码头、港口、机场及其他人员密集场所等）的事故；其他较大涉险事故。

水利生产安全事故信息报告包括：事故文字报告、事故快报、事故月报和事故调查处理情况报告。

（1）事故文字报告包括：事故发生单位概况，发生时间、地点以及现场情况，简要经过，已经造成或者可能造成的伤亡人数（包括下落不明、涉险的人数）和初步估计的直接经济损失，已经采取的措施，其他应当报告的情况。文字报告按规定直接向水利部监督司报告。

（2）事故快报包括：事故发生单位的名称、地址、性质；事故发生的时间、地点；事故已经造成或者可能造成的伤亡人数（包括下落不明、涉险的人数）。事故快报按规定直接向水利部监督司报告。

（3）事故月报包括：事故发生时间、事故单位名称和类型、事故工程、事故类别、事故等级、死亡人数、重伤人数、直接经济损失、事故原因、事故简要情况等。

（4）事故调查处理情况报告包括：负责事故调查的人民政府批复的事故调查报告、事故责任人处理情况等。

（二）事故报告的程序、时限和方式

水电站发生安全事故（事件）后，应严格依据国家、行业和公司的有关规定，及时、准确、完整报告事故（事件）情况，任何单位和个人对事故（事件）不得迟报、漏报、谎报或者瞒报。

事故发生后，事故现场有关人员应当立即向本单位负责人报告；单位负责人接到报告后，在 1h 内向主管单位和事故发生地县级以上水行政主管部门报告。

情况紧急时，事故现场有关人员可以直接向事故发生地县级以上水行政主管部门报告。

事故报告后出现新情况，或事故发生之日起 30 日内（道路交通、火灾事故自发生之日起 7 日内）人员伤亡情况发生变化的，应当在变化当日及时补报。

对于不能立即认定为生产安全事故的，应当先按照本办法规定的信息报告内容、时限和方式报告，其后根据负责事故调查的人民政府批复的事故调查报告，及时补报有关事故定性和调查处理结果。

三、事故调查处理

（一）调查处理权限

构成特别重大事故，重大事故、较大事故、一般事故分别由事故发生地国务院、省级人民政府、设区的市级人民政府、县级人民政府负责调查。

省级人民政府、设区的市级人民政府、县级人民政府可以直接组织事故调查组进行调查，也可以授权或者委托有关部门组织事故调查组进行调查。

（二）事故（事件）调查及处理原则

任何单位和个人不得阻挠和干涉对事故（事件）的报告和调查处理，任何单位和个人对隐瞒事故（事件）或阻碍事故（事件）调查的行为有权向公司、各级单位反映，任何单位和个人不得故意破坏事故（事件）现场，不得伪造、隐匿或者毁灭相关证据。

事故调查处理应当实事求是，坚持公平、公开、公正的原则。事故（事件）调查应坚持实事求是、尊重科学的原则，及时准确地查清事故（事件）经过、原因和损失，明确事故（事件）性质，认定事故（事件）责任，总结事故（事件）教训，提出整改措施，并对事故（事件）责任者提出处理意见。

处理事故执行"四不放过"（事故原因未查清不放过、事故责任人未受到处理不放过、事故责任人和周围群众没有受到教育不放过、事故制定切实可行的整改措施没有落实不放过）。

（三）事故（事件）调查处理程序

（1）事故发生后，根据事故的具体情况，成立事故调查组。对于由国家和政府有关部门、公司系统上级单位组织的调查，事故（事件）发生单位应积极做好各项配合工作。

（2）及时准确查明事故发生的经过、原因、人员伤亡情况及直接经济损失。

（3）查明认定事故性质和事故责任。

（4）根据公司相关制度，提出对事故责任者的处理建议。

（5）总结事故教训，提出防范和整改措施。

（6）提交事故调查报告。

第十节　记录档案及安全信息化

一、运行及安全记录档案

水电站运行情况及主要安全生产过程、事件、活动、检查均应有完整的记录。可以按照《归档文件整理规则》（DA/T 22—2015）及《企业档案工作规范》（DA/T 42—2009）等进行档案整理。

（一）运行记录

一般电站均有交接班记录、班组日志（运行日志）、巡检记录等，但其他记录相对不全，以下仅列出一些必需的记录名单（包含但不限于）。

（1）生态流量下泄记录。

（2）班组培训学习记录。

（3）水工建筑物现场巡视检查记录表。

（4）金属结构闸门检查记录。

（5）启闭机检查记录。

（6）特种设备自查记录。

（7）蓄电池测量记录。

（8）"两票"（工作票、操作票）记录簿。

（9）"两票"（工作票、操作票）统计与审核记录表。

（10）进出发电机风洞记录。

（11）柴油发机组启停（试验）记录。

（12）闸门启闭记录。

（二）安全记录

（1）相关方人员安全教育记录表。

（2）安委会（安健环领导小组）会议纪要。

（3）安全职业健康环境保护教育培训考核记录。

（4）安全教育培训评估表（被培训人）。

（5）安全教育培训效果评估表（培训人评价）。

（6）班组安全活动记录表。

（7）安全生产费用投入使用计划表。

（8）安全费用使用台账。

（9）设备缺陷记录表。

（10）设备缺陷延期处理申请单。

（11）隐患排查方案表。

（12）隐患排查表。

（13）隐患排查汇总登记台账。

（14）重大事故隐患治理验证和评估表。

（15）重大隐患登记表。

（16）事故隐患排查治理档案表。

（17）事故隐患排查治理统计表。

（18）防止水淹厂房检查记录。

（19）重大危险源清单。

（20）危险源管控清单。

（21）危险源检查记录表。

（22）应急预案演练及评估记录。

（23）应急预案评审、修订记录。

（24）事故情况表。

（25）事故调查报告。

（三）技术资料

现场应建立和保存以下技术资料档案。

1. 建设期的资料

（1）可行性研究报告、初步设计报告及有关批复文件。

（2）初步设计报告附图、施工图、竣工图。

（3）工程质量事故、重大缺陷的处理或遗留问题的处理意见以及全套竣工验收资料（含施工记录、质量检查记录、隐蔽工程和单项工程的验收签证以及有关材料照片、视频等）。

（4）出厂试验记录、设备出厂说明书及图纸资料。

（5）安装、检修图纸、记录及有关资料。

（6）重大设备验收、试运行和运行的记录和日记。

（7）交接试验报告及有关资料。

2．运行期技术资料

（1）机组等各设备台账。

（2）水工建筑物各项观测记录和分析成果。

（3）历年电气设备预防性试验报告。

（4）特种设备注册、年检记录。

（5）压力容器附件（压力表、减压阀）校验记录。

（6）安全工器具试验记录及管理台账。

（7）防雷及接地检测试验记录。

（8）设备缺陷管理档案。

（9）设备改造和大、小修记录及其试验报告。

（10）设备事故、故障及运行专题分析报告。

（11）历年设备评级资料。

（12）水库大坝注册、蓄水安全鉴定、大坝安全鉴定等报告。

（13）大坝安全监测资料及整理分析报告。

（14）机电设备检修计划、记录和总结等文件。

（15）设备事故记录、处理资料。

（16）其他需要保存的技术资料。

二、档案管理

应明确部门或专兼职人员负责技术档案、安全档案管理工作。

档案管理应有专用房间和档案柜，档案室通风良好，满足档案管理要求。档案归档立卷、分类、存放等应符合国家档案管理有关管理要求及标准要求。任何部门、个人借阅和使用档案必须履行相应的手续。

涉及安全全过程的资料、记录等应按国家档案分类、时效等要求进行保存，确保其资料的完整性、连续性、有效性、准确性。

三、安全生产信息化建设

企业应根据自身实际情况，利用信息化手段加强安全生产管理，开展安全生产电子台账管理、重大危险源监控、职业病危害防治、应急管理、安全风险管控和隐患自查自报、安全生产预测预警等信息系统的建设。实行记录、档案管理的电子化。

2022 年 4 月，水利部印发《水利安全生产信息报告和处置规则》（水监督〔2022〕156号），明确了水利行业安全生产信息报送的相关要求，明确水库、水电站、小水电站、水闸、泵站、堤防、引调水工程、灌区工程、淤地坝、农村供水工程等 10 类工程，所有规模以上工程应由管理单位（项目法人）在信息系统填报工程安全生产信息，水电站纳入其中。

水利安全生产信息包括水利生产经营单位和水行政主管部门及所管在建、运行工程的基本信息、危险源信息、隐患信息、事故信息和应急管理信息等。

基本信息、危险源信息、隐患信息、事故月报信息和应急管理信息等通过水利安全生产监管信息系统报送。

第十一节　安全绩效评定及改进

从测量目的、依据、周期、对象、方式和结果等各个方面开展测量工作，这种测量工作就称为安全生产的绩效评定。

《企业安全生产标准化基本规范》（GB/T 33000—2016）及水利部《农村水电站安全生产标准化评审标准》均对生产企业安全生产标准化绩效评价进行了明确规定。

一、职责

主要负责人负责安全生产标准化绩效评定的全面工作，发布安全生产标准化绩效评定实施计划及评定报告，并组织实施。负责编制安全生产标准化绩效评定方案和报告；监督检查各单位安全生产标准化自评工作；督促各相关部门制定纠正和预防措施计划，并跟踪实施情况；负责安全生产标准化绩效评定工作相关记录的分发、保存和建档；根据评定结果和安全预警信息提出持续改进意见和工作规划。公司应制定《安全生产标准化绩效评定管理制度》，并按 PDCA（即"计划、执行、检查、处理"）循环不断提高。每年至少组织 1 次安全生产标准化实施情况的检查评定，验证各项安全生产制度措施的适宜性、充分性和有效性，检查安全生产工作目标、指标的完成情况，提出改进意见，形成评定报告。

二、绩效评定方法

（1）安全生产标准化绩效评定通过检查记录、检查现场和面谈等方法，通过系统的评估与分析，依据水利部《农村水电站安全生产标准化评审标准》进行打分，最后得出可量化的绩效指标。

（2）公司每年组织 1 次安全生产标准化绩效评定工作，当发生死亡事故或生产工艺发生重大变化应重新进行评定，并形成绩效评价报告，并以正式文件印发、公示。

（3）将安全生产标准化实施情况的评定结果，纳入公司年度安全生产绩效考评，实行一票否决制。

三、整改措施计划及记录管理

（1）评定结束后尽快整理评定中发现的问题，立即制定纠正措施并整改，或列入下一年安全计划。

（2）依据有关安全生产文件及档案管理制度对绩效评定记录进行整理、归档、保存，建立台账。

四、持续改进

根据安全生产标准化的评定结果，组织对公司年度安全生产目标与指标、规章制度、操作规程等进行修改完善，纳入下一周期的安全工作实施计划中，并将修改完善的公司年度安全生产目标与指标、规章制度、操作规程等分发，组织全体员工进行培训教育。每次考评后，按照 PDCA 循环的要求，对存在的问题提出完善、改进计划和措施，不断提高安全管理水平，实现安全生产的长效机制。

PCDA 管 理 模 式

　　持续改进的 PDCA 管理式又称为"戴明模式"，是美国质量管理专家沃特·阿曼德·休哈特（Walter A. Shewhart）首先提出的，由戴明采纳、宣传，从而得到普及。PDCA 循环的含义是将质量管理分为 4 个阶段，即 Plan（计划）、Do（执行）、Check（检查）和 Act（处理）。戴明（W. Edwards Deming）（美国人、博士），是世界著名的质量管理专家，他因对世界质量管理发展做出的卓越贡献而享誉全球。20 世纪 50 代，戴明作为统计专家被美国政府派往日本工作。他的贡献在于，他发现日本工业界使用的"计划—统计—检验"的方法，并不能很好地解决质量问题。他提出，"要有改善产品和服务的长期目标，而不是只顾眼前利益""质量是'造'出来的，而不是检验出来的"。这种"改善"思想后来成为日本丰田精益制造模式的精髓。戴明管理理论的特点可归纳为：①计划—执行—检查—处理形成一个循环；②理论与实践结合，由原管理水平达到新的管理水平；③P—D—C—A 为一个动态管理过程，每一阶段均由 P—D—C—A 局部动态循环所控制；④P—D—C—A 是一个不断提升、不断完善、永远向前、与时俱进的发展，即原水平—新水平—高水平—更高水平……不断提升、不断改进。

第六章　水电站安全生产标准化及绿色小水电

第一节　水电站安全生产标准化基本要求

一、安全生产标准化

《中华人民共和国安全生产法》第四条规定："生产经营单位必须遵守本法和其他有关安全生产的法律、法规，加强安全生产管理，建立、健全安全生产责任制和安全生产规章制度，改善安全生产条件，推进安全生产标准化建设，提高安全生产水平，确保安全生产。"

2010年，国家安全生产监督管理总局发布《企业安全生产标准化基本规范》（AQ/T 9006—2010），明确安全生产标准化包含安全生产目标、组织机构和职责、安全投入、法律法规与安全管理制度、教育培训、生产设备设施、作业安全、隐患排查与治理、重大危险源监控、职业健康、应急救援、事故报告调查和处理、绩效评定和持续改进等13项核心要素。

2016年，国家技术监督局出台《企业安全生产标准化基本规范》（GB/T 33000—2016），于2017年4月1日起正式实施，将核心要素调整为目标职责、制度化管理、教育培训、现场管理、安全风险管控及隐患排查治理、应急管理、事故管理和持续改进等8项。

二、小水电的安全生产标准化

2013年，水利部印发《水利安全生产标准化评审管理暂行办法》（水安监〔2013〕189号），后续印发《农村水电站安全生产标准化达标评级实施办法（暂行）》。2019年，水利部印发《农村水电站安全生产标准化评审标准》。

2010年，国家安全生产监督管理总局发布的《企业安全生产标准化基本规范》（AQ/T 9006—2010）、《企业安全生产标准化基本规范》（GB/T 33000—2016）是对《中华人民共和国安全生产法》的贯彻落实。而《水利安全生产标准化评审管理暂行办法》《农村水电站安全生产标准化达标评级实施办法（暂行）》《农村水电站安全生产标准化评审标准》均是对《中华人民共和国安全生产法》《中华人民共和国特种设备安全法》等法律法规和《企业安全生产标准化基本规范》等国家标准在水利行业中的具体细化。《农村水电站安全生产标准化评审标准》的有关要求如果没有得到落实，不但扣分，还可能违反《中华人民共和国安全生产法》相关条文。《中华人民共和国安全生产法》与水电站安全生产标准化相关要求的关系见表6-1。

表 6 - 1　　《中华人民共和国安全生产法》有关条文与水电站安全生产标准化的关系

类别	《中华人民共和国安全生产法》的要求	《中华人民共和国安全生产法》中的罚则（首次检查、逾期未整改或整改不到位）	水电站安全生产标准化需要做的工作
安全监管	第六十六条　生产经营单位对负有安全生产监督管理职责的部门的监督检查人员（以下统称安全生产监督检查人员）依法履行监督检查职责，应当予以配合，不得拒绝、阻挠	第一百零八条　违反本法规定，生产经营单位拒绝、阻碍负有安全生产监督管理职责的部门依法实施监督检查的，责令改正；拒不改正的，处 2 万元以上 20 万元以下的罚款；对其直接负责的主管人员和其他直接责任人员处 1 万元以上 2 万元以下的罚款；构成犯罪的，依照刑法有关规定追究刑事责任	水电站应积极做好相关工作，配合安全生产监督检查人员的监督检查
组织机构和职责	第五条　生产经营单位的主要负责人是本单位安全生产第一责任人，对本单位的安全生产工作全面负责。其他负责人对职责范围内的安全生产工作负责	第九十四条　主要负责人未履行安全生产管理职责的责令限期改正，处 2 万元以上 5 万元以下的罚款；逾期未改正的，处 5 万元以上 10 万元以下的罚款，责令生产经营单位停产停业整顿。生产经营单位的主要负责人有前款违法行为，导致发生生产安全事故的，给予撤职处分；构成犯罪的，依照刑法有关规定追究刑事责任。生产经营单位的主要负责人依照前款规定受刑事处罚或者撤职处分的，自刑罚执行完毕或者受处分之日起，五年内不得担任任何生产经营单位的主要负责人；对重大、特别重大生产安全事故负有责任的，终身不得担任本行业生产经营单位的主要负责人	①主要负责人全面负责安全生产工作，并履行相应责任和义务；分管负责人应对各自职责范围内的安全生产工作负责；各级管理人员应按照安全生产责任制的相关要求，履行其安全生产职责；②水电站应成立由单位主要负责人、其他领导班子成员、有关部门负责人等组成的安全生产委员会（安全生产领导小组），人员变化时应及时调整发布，按规定设置或明确安全生产管理机构；③建立全员安全生产责任制，应明确各级各部门及人员的安全生产职责、权限和考核奖惩等内容
	第二十一条　生产经营单位的主要负责人对本单位安全生产工作负有下列职责：（一）建立健全并落实本单位全员安全生产责任制，加强安全生产标准化建设；（二）组织制定并实施本单位安全生产规章制度和操作规程；（三）组织制定并实施本单位安全生产教育和培训计划；（四）保证本单位安全生产投入的有效实施；（五）组织建立并落实安全风险分级管控和隐患排查治理双重预防工作机制，督促、检查本单位的安全生产工作，及时消除生产安全事故隐患；（六）组织制定并实施本单位的生产安全事故应急救援预案；（七）及时、如实报告生产安全事故	第九十五条　生产经营单位的主要负责人未履行本法规定的安全生产管理职责，导致发生生产安全事故的，由应急管理部门依照下列规定处以罚款：（一）发生一般事故的，处上一年年收入 40% 的罚款；（二）发生较大事故的，处上一年年收入 60% 的罚款；（三）发生重大事故的，处上一年年收入 80% 的罚款；（四）发生特别重大事故的，处上一年年收入 100% 的罚款	

续表

类别	《中华人民共和国安全生产法》的要求	《中华人民共和国安全生产法》中的罚则（首次检查、逾期未整改或整改不到位）	水电站安全生产标准化需要做的工作
组织机构和职责	第二十四条　矿山、金属冶炼、建筑施工、运输单位和危险物品的生产、经营、储存、装卸单位，应当设置安全生产管理机构或者配备专职安全生产管理人员	第九十七条　未按照规定设置安全生产管理机构或者配备安全生产管理人员的，责令限期改正，处10万元以下的罚款；责令停产停业整顿，并处10万元以上20万元以下的罚款，对其直接负责的主管人员和其他直接责任人员处2万元以上5万元以下的罚款	①水电站从业人员超过100人的，应当设置安全生产管理机构或者配备专职安全生产管理人员；从业人员在100人以下的，应当配备专职或者兼职的安全生产管理人员；②企业主要负责人、安全管理人员需经过安全培训
	第二十六条　生产经营单位的安全生产管理机构以及安全生产管理人员应当恪尽职守，依法履行职责	第九十六条　生产经营单位的其他负责人和安全生产管理人员未履行本法规定的安全生产管理职责的责令限期改正，处1万元以上3万元以下的罚款；导致发生生产安全事故的，暂停或者吊销其与安全生产有关的资格，并处上一年年收入20％以上50％以下的罚款；构成犯罪的，依照刑法有关规定追究刑事责任	
安全生产投入	第二十三条　生产经营单位应当具备的安全生产条件所必需的资金投入，由生产经营单位的决策机构、主要负责人或者个人经营的投资人予以保证，并对由于安全生产所必需的资金投入不足导致的后果承担责任	第九十三条　决策机构、主要负责人或者个人经营的投资人不依照本法规定保证安全生产所必需的资金投入，致使生产经营单位不具备安全生产条件的责令限期改正，提供必需的资金。责令生产经营单位停产停业整顿；有前款违法行为，导致发生生产安全事故的，对生产经营单位的主要负责人给予撤职处分，对个人经营的投资人处2万元以上20万元以下的罚款；构成犯罪的，依照刑法有关规定追究刑事责任	①水电站安全生产投入制度应明确费用的提取、使用和管理，按有关规定保证安全生产所必需的资金投入；②根据安全生产需要编制安全生产费用使用计划，并严格审批程序，建立安全生产费用使用台账；③安全生产费用使用应符合有关规定范围，落实安全生产费用使用计划，并保证专款专用；④按照有关规定，为从业人员及时办理工伤等相关保险；⑤每年对安全生产费用的落实情况进行检查、总结和考核，并以适当方式公开安全生产费用提取和使用情况
教育培训	第二十八条　生产经营单位应当对从业人员进行安全生产教育和培训，保证从业人员具备必要的安全生产知识，熟悉有关的安全生产规章制度和安全操作规程，掌握本岗位的安全操作技能，了解事故应急处理措施，知悉自身在安全生产方面的权利和义务。未经安全生产教育和培训合格的从业人员，不得上岗作业	第九十七条　生产经营单位有下列行为之一的，责令限期改正，处10万元以下的罚款；逾期未改正的，责令停产停业整顿，并处10万元以上20万元以下的罚款，对其直接负责的主管人员和其他直接责任人员处2万元以上5万元以下的罚款：未按照规定对从业人员、被派遣劳动者、实习学生进行安全生产教育和培训，或者未按照规定如实告知有关的安全生产事项；未如实记录安全生产教育和培训情况的	①水电站新员工上岗前应接受三级安全教育培训，并考核合格；②在新工艺、新技术、新材料、新设备投入使用前，应根据技术说明书、使用说明书、操作技术要求等，对有关管理、操作人员进行有针对性的安全技术和操作技能培训和考核；③作业人员转岗、离岗3个月以上重新上岗前，应进行安全教育培训，经考核合格后上岗；④每年对在岗作业人员进行安全生产教育和培训，培训时间和内容应符合有关规定；⑤单独巡视高压设备、"两票""三种人"经培训考核合格后上岗

类别	《中华人民共和国安全生产法》的要求	《中华人民共和国安全生产法》中的罚则（首次检查、逾期未整改或整改不到位）	水电站安全生产标准化需要做的工作
制度化管理	第三十九条　生产经营单位生产、经营、运输、储存、使用危险物品或者处置废弃危险物品，必须执行有关法律、法规和国家标准或者行业标准，建立专门的安全管理制度，采取可靠的安全措施，接受有关主管部门依法实施的监督管理	第一百零七条　生产经营单位的从业人员不落实岗位安全责任，不服从管理，违反安全生产规章制度或者操作规程的，由生产经营单位给予批评教育，依照有关规章制度给予处分；构成犯罪的，依照刑法有关规定追究刑事责任	水电站应建立和健全安全生产规章制度，包括但不限于：①目标管理；②安全生产责任制；③安全生产投入；④安全生产信息化；⑤文件、记录和档案管理；⑥新工艺、新技术、新材料、新设备管理；⑦教育培训；⑧班组安全活动；⑨特种作业人员管理；⑩设备设施管理；⑪运行管理（包括操作票、工作票、交接班、设备巡回检查、设备定期试验轮换等）；⑫检修管理；⑬危险物品管理；⑭安全警示标志管理；⑮消防安全管理；⑯交通安全管理；⑰相关方管理；⑱防洪度汛安全管理；⑲职业健康管理；⑳劳动防护用品（具）管理；㉑安全风险管理、隐患排查治理；㉒应急管理；㉓事故管理；㉔安全生产报告；㉕绩效评定管理
生产设备设施	第三十五条　生产经营单位应当在有较大危险因素的生产经营场所和有关设施、设备上，设置明显的安全警示标志	第九十九条　生产经营单位有下列行为之一的，责令限期改正，处5万元以下的罚款，逾期未改正的，处5万元以上20万元以下的罚款，对其直接负责的主管人员和其他直接责任人员处1万元以上2万元以下的罚款；情节严重的，责令停产停业整顿；构成犯罪的，依照刑法有关规定追究刑事责任： （一）未在有较大危险因素的生产经营场所和有关设施、设备上设置明显的安全警示标志的； （二）安全设备的安装、使用、检测、改造和报废不符合国家标准或者行业标准的； （三）未对安全设备进行经常性维护、保养和定期检测的； （四）关闭、破坏直接关系生产安全的监控、报警、防护、救生设备、设施，或者篡改、隐瞒、销毁其相关数据、信息的； （五）未为从业人员提供符合国家标准或者行业标准的劳动防护用品的	①水电站按照规定和现场的安全风险特点，在存在重大安全风险和职业危害因素的工作场所，设置明显的安全警示标志和职业病危害警示标识，告知危险的种类、后果及应急措施等；②在危险作业场所设置警戒区、安全隔离设施，定期对警示标志进行检查维护，确保其完好有效并做好记录
	第三十六条　安全设备的设计、制造、安装、使用、检测、维修、改造和报废，应当符合国家标准或者行业标准。 　　生产经营单位必须对安全设备进行经常性维护、保养，并定期检测，保证正常运转。维护、保养、检测应当做好记录，并由有关人员签字。 　　生产经营单位不得关闭、破坏直接关系生产安全的监控、报警、防护、救生设备、设施，或者篡改、隐瞒、销毁其相关数据、信息		①水电站应根据检修规程、试验规程，编制检修计划和方案，明确安全设备的检修人员、安全措施、检修质量、检修进度、验收要求，各种检修记录规范；②应及时记录故障发生的原因、设备缺陷状态并通知维修，维修处理的结果与缺陷通知单应组成维修记录，短期内处理不了的缺陷应说明原因；③加强安全设备设施清洁保养力度、定期做好检测；④安全设备无改造、维修价值，或者超过规定使用年限，应当及时报废；⑤报废应严格执行相关程序，已报废的设备应及时拆除，退出现场

类别	《中华人民共和国安全生产法》的要求	《中华人民共和国安全生产法》中的罚则（首次检查、逾期未整改或整改不到位）	水电站安全生产标准化需要做的工作
生产设备设施	第三十条　生产经营单位的特种作业人员必须按照国家有关规定经专门的安全作业培训，取得相应资格，方可上岗作业	第九十七条　生产经营单位有下列行为之一的，责令限期改正，处10万元以下的罚款；逾期未改正的，责令停产停业整顿，并处10万元以上20万元以下的罚款，对其直接负责的主管人员和其他直接责任人员处2万元以上5万元以下的罚款；特种作业人员未按照规定经专门的安全作业培训并取得相应资格，上岗作业的	①水电站特种作业人员、特种设备作业人员应按照国家有关规定经过专门的安全作业培训，取得相关证书后上岗作业；②离岗6个月以上重新上岗，应进行实际操作考核合格后上岗工作，建立健全特种作业人员和特种设备作业人员档案
	第四十二条　生产、经营、储存、使用危险物品的车间、商店、仓库不得与员工宿舍在同一座建筑物内，并应当与员工宿舍保持安全距离。生产经营场所和员工宿舍应当设有符合紧急疏散要求、标志明显、保持畅通的出口、疏散通道。禁止占用、锁闭、封堵生产经营场所或者员工宿舍的出口、疏散通道	第一百零五条　生产经营单位有下列行为之一的，责令限期改正，处5万元以下的罚款，对其直接负责的主管人员和其他直接责任人员处1万元以下的罚款；逾期未改正的，责令停产停业整顿；构成犯罪的，依照刑法有关规定追究刑事责任：（一）生产、经营、储存、使用危险物品的车间、商店、仓库与员工宿舍在同一座建筑内，或者与员工宿舍的距离不符合安全要求的；（二）生产经营场所和员工宿舍未设有符合紧急疏散需要、标志明显、保持畅通的出口、疏散通道，或者占用、锁闭、封堵生产经营场所或者员工宿舍出口、疏散通道的	水电站应将宿办楼纳入安全生产标准化建设水电站应将宿办楼纳入安全生产标准化建设的范畴
作业安全	第四十八条　两个以上生产经营单位在同一作业区域内进行生产经营活动，可能危及对方生产安全的，应当签订安全生产管理协议，明确各自的安全生产管理职责和应当采取的安全措施，并指定专职安全生产管理人员进行安全检查与协调	第一百零四条　两个以上生产经营单位在同一作业区域内进行可能危及对方安全生产的生产经营活动，未签订安全生产管理协议或者未指定专职安全生产管理人员进行安全检查与协调的，责令限期改正，处5万元以下的罚款，对其直接负责的主管人员和其他直接责任人员处1万元以下的罚款；逾期未改正的，责令停产停业	水电站边检修边运行时：①进行有效的安全隔离；②与外委的检修单位签订安全协议，明确安全责任；③进行技术、安全交底；④严格执行"两票"制度
	第四十九条　生产经营单位不得将生产经营项目、场所、设备发包或者出租给不具备安全生产条件或者相应资质的单位或者个人。生产经营项目、场所发包或者出租给其他单位的，生产经营单位应当与承包单位、承租单位签订专门的安全生产管理协议，或者在承包合同、租赁合同中约定各自的安全生产管理职责；生产经营单位对承包单位、承租单位的安全生产工作统一	第一百零三条　生产经营单位将生产经营项目、场所、设备发包或者出租给不具备安全生产条件或者相应资质的单位或者个人的，责令限期改正，没收违法所得；违法所得10万元以上的，并处违法所得2倍以上5倍以下的罚款；没有违法所得或者违法所得不足10万元的，单处或者并处10万元以上20万元以下的罚款；对其直接负责的主管人员和其他直接责任人员处1万元以上2万元以下的罚款；导致发生生产安全事故	①水电站承包运行、代运行必须要具备运行、管理能力；②水电站试验、维护、检修、装修等外委项目，合同中必须明确安全职责

类别	《中华人民共和国安全生产法》的要求	《中华人民共和国安全生产法》中的罚则（首次检查、逾期未整改或整改不到位）	水电站安全生产标准化需要做的工作
作业安全	协调、管理，定期进行安全检查，发现安全问题的，应当及时督促整改	给他人造成损害的，与承包方、承租方承担连带赔偿责任。 生产经营单位未与承包单位、承租单位签订专门的安全生产管理协议或者未在承包合同、租赁合同中明确各自的安全生产管理职责，或者未对承包单位、承租单位的安全生产统一协调、管理的，责令限期改正，处 5 万元以下的罚款，对其直接负责的主管人员和其他直接责任人员处 1 万元以下的罚款；逾期未改正的，责令停产停业	
职业健康	第五十二条　生产经营单位与从业人员订立的劳动合同，应当载明有关保障从业人员劳动安全、防止职业危害的事项，以及依法为从业人员办理工伤保险的事项。 生产经营单位不得以任何形式与从业人员订立协议，免除或者减轻其对从业人员因生产安全事故伤亡依法应承担的责任	第一百零六条　生产经营单位与从业人员订立协议，免除或者减轻其对从业人员因生产安全事故伤亡依法应承担的责任的，该协议无效；对生产经营单位的主要负责人、个人经营的投资人处 2 万元以上 10 万元以下的罚款	①水电站经营管理单位与从业人员订立劳动合同时，要如实告知作业过程中可能产生的职业危害、后果及防护措施等；②在严重职业危害的作业岗位，设置警示标识和警示说明，警示说明应载明职业危害的种类、后果、预防以及应急救治措施；③劳动合同中不能有免除电站责任的表述
双重预防机制	第四十一条　生产经营单位应当建立安全风险分级管控制度，按照安全风险分级采取相应的管控措施。 生产经营单位应当建立健全并落实生产安全事故隐患排查治理制度，采取技术、管理措施，及时发现并消除事故隐患。事故隐患排查治理情况应当如实记录，并通过职工大会或者职工代表大会、信息公示栏等方式向从业人员通报。其中，重大事故隐患排查治理情况应当及时向负有安全生产监督管理职责的部门和职工大会或者职工代表大会报告。县级以上地方各级人民政府负有安全生产监督管理职责的部门应当将重大事故隐患纳入相关信息系统，建立健全重大事故隐患治理督办制度，督促生产经营单位消除重大事故隐患	第一百零一条　生产经营单位有下列行为之一的，责令限期改正，处 10 万元以下的罚款；逾期未改正的，责令停产停业整顿，并处 10 万元以上 20 万元以下的罚款，对其直接负责的主管人员和其他直接责任人员处 2 万元以上 5 万元以下的罚款；构成犯罪的，依照刑法有关规定追究刑事责任： 未建立安全风险分级管控制度或者未按照安全风险分级采取相应管控措施的； 未建立事故隐患排查治理制度，或者重大事故隐患排查治理情况未按照规定报告的	①水电站应建立风险评估及管控制度，进行安全风险评估，建立风险清单；②根据危险源风险等级，分级管控，重大危险源进行上报、监控；③对危险源进行告知；④建立事故隐患报告和举报奖励制度，定期组织排查事故隐患，确定隐患等级、治理方案，并形成记录

续表

类别	《中华人民共和国安全生产法》的要求	《中华人民共和国安全生产法》中的罚则（首次检查、逾期未整改或整改不到位）	水电站安全生产标准化需要做的工作
重大危险源管理	第四十条 生产经营单位对重大危险源应当登记建档，进行定期检测、评估、监控，并制定应急预案，告知从业人员和相关人员在紧急情况下应当采取的应急措施。 生产经营单位应当按照国家有关规定将本单位重大危险源及有关安全措施、应急措施报有关地方人民政府应急管理部门和有关部门备案。有关地方人民政府应急管理部门和有关部门应当通过相关信息系统实现信息共享	第一百零一条 生产经营单位有下列行为之一的，责令限期改正，处10万元以下的罚款；逾期未改正的，责令停产停业整顿，并处10万元以上20万元以下的罚款，对其直接负责的主管人员和其他直接责任人员处2万元以上5万元以下的罚款；构成犯罪的，依照刑法有关规定追究刑事责任： 对重大危险源未登记建档，未进行定期检测、评估、监控，未制定应急预案，或者未告知应急措施的	①水电站对本单位的设备、设施或场所等进行危险源辨识，符合重大危险源标准的直接判定为重大危险源；②对危险源的安全风险进行评估，确定安全风险等级；③对确定为重大风险等级的一般危险源和重大危险源，要"一源一案"制定应急预案，进行重点管控；④要按照职责范围报属地水行政主管部门备案，危险化学品重大危险源要按照规定同时报有关应急管理部门备案
隐患排查治理	第四十六条 生产经营单位的安全生产管理人员应当根据本单位的生产经营特点，对安全生产状况进行经常性检查；对检查中发现的安全问题，应当立即处理；不能处理的，应当及时报告本单位有关负责人，有关负责人应当及时处理。检查及处理情况应当如实记录在案。 生产经营单位的安全生产管理人员在检查中发现重大事故隐患，依照前款规定向本单位有关负责人报告，有关负责人不及时处理的，安全生产管理人员可以向主管的负有安全生产监督管理职责的部门报告，接到报告的部门应当依法及时处理。 第七十条 负有安全生产监督管理职责的部门依法对存在重大事故隐患的生产经营单位作出停产停业、停止施工、停止使用相关设施或者设备的决定，生产经营单位应当依法执行，及时消除事故隐患。生产经营单位拒不执行，有发生生产安全事故的现实危险的，在保证安全的前提下，经本部门主要负责人批准，负有安全生产监督管理职责的部门可以采取通知有关单位停止供电、停止供应民用爆炸物品等措施，强制生产经营单位履行决定。通知应当采用书面形式，有关单位应当予以配合。 负有安全生产监督管理职责的部门依照前款规定采取停止供电措施，除有危及生产安全的紧急情形外，应当提前24小时通知生产经营单位。生产经营单位依法履行行政决定、采取相应措施消除事故隐患的，负有安全生产监督管理职责的部门应当及时解除前款规定的措施	第一百零二条 生产经营单位未采取措施消除事故隐患的，责令立即消除或者限期消除，处5万元以下的罚款；生产经营单位拒不执行的，责令停产停业整顿，对其直接负责的主管人员和其他直接责任人员处5万元以上10万元以下的罚款；构成犯罪的，依照刑法有关规定追究刑事责任	①一般事故隐患应立即组织整改排除，重大事故隐患应制定并实施事故隐患治理方案，做到整改措施、整改资金、整改期限、整改责任人和应急预案"五落实"，并按规定上报；②隐患治理完成后，按规定对治理情况进行评估、验收。重大事故隐患治理工作结束后，应组织本单位的安全管理人员和有关技术人员进行评估、验收；③对安全隐患排查等相关数据进行统计分析和召开安全生产风险分析会对检查中发现的问题一查到底，凡经调查属实的及时通报批评并责令整改，跟踪验证，直至问题彻底解决

类别	《中华人民共和国安全生产法》的要求	《中华人民共和国安全生产法》中的罚则（首次检查、逾期未整改或整改不到位）	水电站安全生产标准化需要做的工作
应急救援	第八十一条　生产经营单位应当制定本单位生产安全事故应急救援预案，与所在地县级以上地方人民政府组织制定的生产安全事故应急救援预案相衔接，并定期组织演练	第九十七条　生产经营单位有下列行为之一的，责令限期改正，处 10 万元以下的罚款；逾期未改正的，责令停产停业整顿，并处 10 万元以上 20 万元以下的罚款，对其直接负责的主管人员和其他直接责任人员处 2 万元以上 5 万元以下的罚款；未按照规定制定生产安全事故应急救援预案或者未定期组织演练的	①水电站应制定应急预案体系（综合预案、专项预案、现场处置方案）等；②组织专业人员对各类预案进行评审，发布评估；③定期组织演练、评估，每年至少演练 3 项以上；④对预案进行评估修订
事故管理	第五十条　生产经营单位发生生产安全事故时，单位的主要负责人应当立即组织抢救，并不得在事故调查处理期间擅离职守	第一百一十条　生产经营单位的主要负责人在本单位发生生产安全事故时，不立即组织抢救或者在事故调查处理期间擅离职守或者逃匿的，给予降级、撤职的处分，并由应急管理部门处上一年年收入 60％至 100％的罚款；对逃匿的处 15 日以下拘留；构成犯罪的，依照刑法有关规定追究刑事责任。生产经营单位的主要负责人对生产安全事故隐瞒不报、谎报或者迟报的，依照前款规定处罚	水利部《水利安全生产信息报告和处置规则》（水监督〔2022〕156 号）事故发生后，事故现场有关人员应当立即向本单位负责人报告；单位负责人接到报告后，在 1h 内向主管单位和事故发生地县级以上水行政主管部门报告；情况紧急时，事故现场有关人员可以直接向事故发生地县级以上水行政主管部门报告
		第一百一十四条　发生生产安全事故，对负有责任的生产经营单位除要求其依法承担相应的赔偿等责任外，由应急管理部门依照下列规定处以罚款： （一）发生一般事故的，处 30 万元以上 100 万元以下的罚款； （二）发生较大事故的，处 100 万元以上 200 万元以下的罚款； （三）发生重大事故的，处 200 万元以上 1000 万元以下的罚款； （四）发生特别重大事故的，处 1000 万元以上 2000 万元以下的罚款。 发生生产安全事故，情节特别严重、影响特别恶劣的，应急管理部门可以按照前款罚款数额的 2 倍以上 5 倍以下对负有责任的生产经营单位处以罚款	①配合事故调查处理；②事故处理坚持"四不放过"

　　进行安全生产标准创建的电站，均管理规范且厂容厂貌发生较大的变化，如图 6-1 所示。

图 6-1（一）　标准化电站厂房内景

图 6-1（二） 标准化电站厂房内景

第二节 水电站安全生产标准化创建

一、安全生产标准化创建程序

安全生产标准化创建程序为：企业自主创建→评级采取企业自评→向水行政主管部门申报→主管部门审定→公示公告→颁证。

（一）明确目标任务，制定创建方案

创建单位要确定安全生产标准化达标的目标，制定《安全生产标准化建设实施方案》。成立以法人、总经理为组长的安全生产标准化创建工作领导小组，扎实开展创建及达标工

315

作。公司落实各种经费，专项用于安全生产标准化建设。

（二）学习宣贯，排查问题

全员参与，重点认真组织学习和深刻理解《中华人民共和国安全生产法》《中华人民共和国特种设备安全法》《中华人民共和国防洪法》等法律法规及水利部 2019 年印发的《农村水电站安全生产标准化评审标准》（办水电〔2019〕16 号）中的自评内容。

严格按照评审标准，全面排查生产作业场所和设备、设施的不安全状态、人的不安全行为和管理上的缺陷等安全隐患。归纳整理排查结果，商讨确定整改方案，采取技术升级改造、管理方案改进、教育力度加大等有效手段进行整改，使电站的安全生产状况全面符合国家法律法规和相关技术标准的要求。小水电站安全生产标准化基本条件（一票否决项）见表 6-2，小水电站安全生产标准化涉及的强制性要求及必备管理要求见表 6-3。

表 6-2 **小水电站安全生产标准化基本条件（一票否决项）**

序号	基 本 要 求			要求
1	企业营业执照、取水许可、电力业务许可证（6MW 以上）证书合法有效			独立法人申报；齐全有效
2	大坝（总库容 10 万 m³ 及以上）已按规定进行了注册登记			注册登记
3	大坝需要进行安全鉴定	坝高 15m 以上	竣工验收后 5 年为首次，以后每 6～10 年进行 1 次	二类及以上坝
		总库容 100 万 m³ 及以上		
		坝高低于 15m，库容 10 万～100 万 m³		
4	"两票"			执行率达到 100%
5	评审前一年内未发生人身死亡的生产安全责任事故、较大以上电力设备事故或发生事故后已按"四不放过"原则完成处理，未发生对社会造成重大不良影响的安全生产事件			承诺或证明；政府官网查询
6	不存在安全事故迟报、漏报、谎报、瞒报现象			

表 6-3 **小水电站安全生产标准化涉及的强制性要求及必备管理要求**

序号	类别	基 本 要 求	备 注
1	特种设备	行车（含大坝的门机）注册；两年 1 次的法定检验；管理、操作人员持证上岗	中华人民共和国特种设备安全管理和作业证书
2		压力容器注册、法定检验；储气罐一般 10 年须更换	
3		压力表、减压阀检验	减压阀一年 1 次，压力表半年 1 次
4	特种作业	高、低压电工证，焊接等	
5	培训	主要负责人、安全管理人员培训；日常培训学时达标、记录	
6	压力钢管	满 15 年必须检测	《压力钢管安全检测技术规程》（NB/T 10349—2019）
7	金属结构	闸门、启闭机投入运行满 5 年首次检测，以后每 6～10 年进行 1 次	《水工钢闸门和启闭机安全检测技术规程》（SL/T 101—2014）
		泄洪闸门启闭机双回路电源、柴油发电机组	

续表

序号	类别	基 本 要 求	备 注
8	消防	高压室、中控室、变压器室等防火门；消防应急灯；安全出口指示；消防器材	
9	安全工器具校验	高低压盘柜前绝缘垫、验电器等必须配置齐全；安全工器具柜专柜存放	
10		安全帽、安全带、安全绳1年绝缘杆、验电器1年；绝缘手套、绝缘鞋半年；接地线5年	按《电力安全工器具预防性试验规程》（DL/T 1476—2015）要求的周期开展
11	电力设备	电力设备预防性试验	《电力设备预防性试验规程》（DL/T 596—2021）
12	防雷检测	投入使用后的防雷装置实行定期检测制度。防雷装置应当每年检测1次，对爆炸和火灾危险环境场所的防雷装置应当每半年检测1次	已有防雷装置，拒绝进行检测或者经检测不合格又拒不整改的；可以处1万元以上3万元以下罚款；给他人造成损失的，依法承担赔偿责任；构成犯罪的，依法追究刑事责任
13	大坝安全监测	Ⅳ等小（1）型以上大坝；压力前池、压力管道镇支墩	
14	水情测报系统	Ⅲ等中型及以上水库要建水情测报系统	
15	水库"三个责任人"	行政责任人、技术责任人、巡查责任人要明确	公示牌、发文
16	现场	警示标志、设备标识、标牌、标线及设备着色	规范齐全、明晰
17		安全防护设施	规范
18		氧气、乙炔存放、使用；接地等	
19	职业健康	中控室噪声不超60dB；工频电场、噪声检测	告知
20		工伤保险	
21		职业健康体检	
22		劳动保护用品	
23	水利反恐	反恐物资、装备	
24	人员	劳动合同及养老、医疗等	《中华人民共和国劳动法》
25	双重预防机制	风险评估	评估报告、风险清单、四色图、告知
26		隐患排查治理	记录
27	应急管理	预案体系	大坝安全管理应急预案报批
28		预案演练	预案演练一年至少3次，记录、评估、修订
29		应急物资	应急物资齐全，必要时配置卫星电话
30	事故管理	事故报告	1h内事故报告；缓报、瞒报追究刑责
31		事故调查处理	《生产安全事故报告和调查处理条例》（国务院493号令）
32		事故信息管理	
33	持续改进	年度自评、公示	不断提高

（三）各方面的完善

1. 硬件

（1）对照评审标准的要求，对电站现有设备的标识及安全警示标识、标牌、标线进行梳理，按需要增设或规范设备标识牌、遮栏、警告、警示牌等设置位置和方式。

（2）对照《电力安全工作规程》《工程建设强制性条文》，完善大坝护栏、启闭机防护、楼梯挡脚板、尾水平台等各类安全防护措施；消除高压室非向外开非防火门、变压器安全距离不足、升压站围栏高度不够等不符合的事项。

（3）对照有关标准及管理要求，对各工程管理现状进行系统梳理，制定分步实施方案，规范现场管理，规范大坝巡回检查、安全监测、监测数据分析利用；规范工程日常巡查及养护；规范泄洪设施的维护；规范大坝安全警示牌设置；电气设备定期预防性试验。

（4）规范电气主接线等上墙内容，设计制作《水电站技术参数表》《水电站定期工作表》《职业危害告知牌》《危险源风险告知牌》《水库大坝安全通告》等警示牌及所有设备标识、安全警示标识等。

2. 软件

（1）依法依规完成相关管理必须事项。如大坝注册、大坝安全鉴定、特种设备注册及年检、大坝划界确权、特种设备及特种作业持证上岗、安全管理机构等。

（2）确保"两票"执行率达 100%、合格率达 100%。

（3）在现有管理体系的基础上，规范流程、明确标准、统一管理。修订制度、企业标准、规程、预案；建立和统一公司安全记录、运行记录体系。

（4）建立应急体系，增强应急处置能力。提高防汛等预案操作性、针对性，完善预案体系。

（5）建立督查检查体系。建立绩效评价、检查督查表格、制度体系，在防汛检查和日常监管中，严格按照制定的标准化管理标准、要求检查，做到依法、依标检查，提高安全检查的技术含量和针对性。

（6）企业文化及人才队伍建设。建立起"技术和标准＋管理体系＋企业文化"的管理模式，使公司的管理规范化、标准化，提高本质安全度；一对一、结合电站实际开展技术培训管理及技术现场培训，对各类制度、规程、预案的宣贯。

（四）自评申报

对照水利部《农村水电站安全生产标准化评审标准》，进行自评打分。同时完成《农村水电站安全生产标准化自评报告》和《农村水电站安全生产标准化自评申请表》，向县级、市级、省级水利部门逐级提出达标评级的书面申请。

二、安全生产标准化评审

（一）评审管理

根据《水利部关于印发〈水利安全生产标准化评审管理暂行办法〉的通知》（水安监〔2013〕189 号）、《农村水电站安全生产标准化达标评级实施办法（暂行）》，农村水电站安全生产标准化分为一级、二级、三级和不达标四个等级。

水利部负责一级单位的评审组织管理，省级人民政府水行政主管部门负责二级、三级单位的评审管理。水利部、省水利厅、市（区）水利（水务）局分别负责标准化一级、二级、三级的评审工作。农村水电站申报安全生产标准化达标评级的，按照分级管理权限逐级上报。

（二）评审标准

根据国家安全生产监督管理总局《企业安全生产标准化基本规范》（AQ/T 9006—2010）、水利部 2013 年印发的《农村水电站安全生产标准化达标评级实施办法（暂行）》，农村水电站安全生产标准化实行评分制。《农村水电站安全生产标准化评审标准》按照《企业安全生产标准化基本规范》设置了 13 个一级要素，总分 1000 分。《企业安全生产标准化基本规范》（GB/T 33000—2016）颁布后，水利部于 2019 年印发《农村水电站安全生产标准化评审标准》，将原来 13 个一级要素调整为 8 个，总分仍为 1000 分。

（三）评审方法

评审采用评分制，总分 1000 分。评审得分＝[各项实际得分之和/（1000－各合理缺项标准分之和）]×1000。

安全生产标准化分为一级、二级、三级和不达标四种评审结果。其中，一级为评审得分大于等于 90 分；二级为评审得分小于 90 分、大于等于 75 分；三级为评审得分小于 75 分、大于等于 65 分；不达标为评审得分小于 65 分。

各一级要素单项的分类率需大于 70%。

（四）评审及整改

迎接上级部门组织的评审是对创建成果的检验，应坚持问题导向、照单全收、扎实整改，继续完善提高。

问题整改是落实安全生产标准化中隐患排查治理、绩效评定和持续改进等的重要手段，也是标准化达标过程中对评审报告的积极响应。参与评审的水电站企事业单位接到正式外部评审报告后，应高度重视问题整改及监督验证工作，积极认真进行整改；整改结束后，应对整改结果进行验收，保证整改质量。

三、年度自评及持续改进

（一）建立《安全生产标准化绩效评定管理制度》

包括绩效评定内容、方法、频次、结果处理等内容。

（二）年度自评及绩效评价

每年年末进行自评，形成自评报告。自评报告要向安全生产标准化评定的单位报送。

每年至少一次对安全生产标准化实施情况进行评定，可以采用标准化法，即对照评审标准逐项评价，并形成正式的评定报告。发生死亡事故或生产工艺发生重大变化应重新进行评定。

自评报告、绩效评价报告将是标准化等级到期延续复审的重要依据。

公司正式文件将安全生产标准化自评结果、绩效评定情况向所有部门、所属单位和从业人员通报。

将安全生产标准化实施情况的评定结果，纳入部门、所属单位、员工年度安全绩效考评。

（三）持续改进

根据安全生产标准化的评定结果和安全预警指数系统，对安全生产目标与指标、规章制度、操作规程等进行修改完善，制订完善安全生产标准化的工作计划和措施，实施计划、执行、检查、改进（PDCA）循环，不断提高安全绩效。

四、动态管理

（一）目的

为深入贯彻落实《中共中央　国务院关于推进安全生产领域改革发展的意见》《地方党政领导干部安全生产责任制规定》和《水利行业深入开展安全生产标准化建设实施方案》（水安监〔2011〕346号），进一步促进水利生产经营单位安全生产标准化建设，督促水利安全生产标准化达标单位持续改进工作，防范生产安全事故发生，2021年5月18日，水利部印发《关于水利安全生产标准化达标动态管理的实施意见》（水监督〔2021〕143号）。

目的是坚持"人民至上、生命至上"，建立健全安全生产标准化动态管理机制，实行分级监督、差异化管理，积极应用相关监督执法成果和水利生产安全事故、水利建设市场主体信用评价"黑名单"等相关信息，对达标单位全面开展动态管理，建立警示和退出机制，巩固提升达标单位安全管理水平。

（二）方法

按照"谁审定，谁动态管理"的原则，水利部对标准化一级达标单位和部属达标单位实施动态管理，地方水行政主管部门可参照实施意见对其审定的标准化达标单位实施动态管理。

水利生产经营单位获得安全生产标准化等级证书后，即进入动态管理阶段。动态管理实行累积记分制，记分周期同证书有效期，证书到期后动态管理记分自动清零。

动态管理记分依据有关监督执法成果以及水利生产安全事故、水利建设市场主体信用评价"黑名单"等各类相关信息。达标单位在证书有效期内累计记分达到10分，实施黄牌警示；累计记分达到15分，证书期满后将不予延期；累计记分达到20分，撤销证书。以上处理结果均需进行公告，并告知达标单位。

（三）计分标准

（1）因水利工程建设与运行相关安全生产违法违规行为，被有关行政机关实施行政处罚的：警告、通报批评记3分/次；罚款记4分/次；没收违法所得、没收非法财物记5分/次；限制开展生产经营活动、责令停产停业记6分/次；暂扣许可证件记8分/次；降低资质等级记10分/次；吊销许可证件、责令关闭、限制从业记20分/次。同一安全生产相关违法违规行为同时受到2类及以上行政处罚的，按较高分数进行量化记分，不重复记分。

（2）水利部组织的安全生产巡查、稽察和其他监督检查（举报调查）整改文件中，因安全生产问题被要求约谈或责令约谈的，记2分/次。

（3）未提交年度自评报告的，记3分/次；经查年度自评报告不符合规定的，记2分/次；年度自评报告迟报的，记1分/次。

（4）因安全生产问题被列入全国水利建设市场监管服务平台"重点关注名单"且处于公开期内的，记10分；被列入全国水利建设市场监管服务平台"黑名单"且处于公开期内的，记20分。

（5）存在以下任何一种情形的，记 15 分：发生 1 人（含）以上死亡，或者 3 人（含）以上重伤，或者 100 万元以上直接经济损失的一般水利生产安全事故且负有责任的；存在重大事故隐患或者安全管理突出问题的；存在非法违法生产经营建设行为的；生产经营状况发生重大变化的；按照水利安全生产标准化相关评审规定和标准不达标的。

（6）存在以下任何一种情形的，记 20 分：发现在评审过程中弄虚作假、申请材料不真实的；不接受检查的；迟报、漏报、谎报、瞒报生产安全事故的；发生较大及以上水利生产安全事故且负有责任的。

五、期满延续

（一）申请延期时间

农村水电站安全生产标准化一级等级证书有效期为 5 年，二级、三级等级证书有效期为 3 年。有效期满前 3 个月，应申报期满延续复审。未申请续期的，证书到期后自动失效。

（二）申请延期条件

证书在有效期内应满足以下条件才可以申请续期。

（1）未发生死亡 1 人（含）以上或者一次 3 人（含）以上重伤的生产安全责任事故。

（2）未发生对社会造成重大不良影响的安全生产事件。

（3）不存在重大事故隐患或者安全管理突出问题。

（4）无非法或违法生产经营建设行为。

（5）生产经营状况未发生重大变化（大坝注册、安全鉴定等均有效，不属于三类坝）。

（6）每年对安全生产标准化运行情况进行绩效评价，并按规定提交自评报告，且自评得分满足标准化一级、二级、三级的要求。

（三）申请延期所需的主要材料

（1）农村水电站安全生产标准化证书续期申请表。

（2）营业执照或法人证书发生变更的，重新提交。

（3）水库大坝的注册登记证和安全鉴定报告。

（4）申请材料真实性和续期条件符合性承诺书。

第三节　绿色小水电

一、绿色小水电定义

（一）定义

《绿色小水电评价标准》（SL/T 752—2020）中明确指出，绿色小水电是在生态环境友好、社会和谐、管理规范和经济合理方面具有示范性的小型水电站。绿色小水电实际是通过有效的规划、设计、建设和运行管理措施，将水电工程对生态环境的负面影响降至最低程度，使河流生态系统的结构和功能处于良好状态，达到相应技术要求的水电站。

（二）绿色小水电创建

绿色小水电由创建单位在"农村水利水电管理信息系统"中进行申报，省级初审上报，最终由水利部评审和命名。

绿色小水电评价期为一年。绿色小水电实行评分制，满足基本条件，按照《绿色小水电评价标准》（SL/T 752—2020）评分，不低于 85 分且水文情势得分不低于 12 分的为符合绿色小水电资料审查的要求。

绿色小水电有效期为 5 年，满 5 年后可以申请延期。未申请或评审不通过的自动失效。

★ 自 2017 年以来，全国已有 900 余座水电站被授予"绿色小水电"称号，发挥了显著的示范带头作用。

二、绿色小水电的基本要求

总体来说，绿色小水电应满足生态、社会服务、管理、经济等四方面的要求。

（一）生态方面的要求

1. 水文情势

（1）生态流量标准。严格按照政府有关部门（生态环境、水利）批复的标准，足额下泄生态流量。生态需水按照流域综合规划、水能资源开发规划等规划及规划环评、项目取水许可、项目环评等文件规定执行；上述文件均未作明确规定或规定不一致的，按照有管辖权的水行政主管部门商同级生态环境主管部门论证确定的结果执行。评价期内任意时段的上游净来水流量（扣除泄放设施之前引走的依法依规应优先保障的用水）不大于对应时段的下泄流量，则该时段视为满足生态需水要求。

（2）生态流量泄放设施。

1）无调节性能的河床式水电站。

2）设有生态流量无节制泄放设施的水电站，当泄放设施出现泥沙淤堵、杂物淤堵造成下泄不畅时，必须及时予以清理。

3）坝后设有生态机组的水电站应保持机组持续运行，不能运行时应开启冲沙闸、旁通阀（管）或采取其他措施，保障生态流量下泄。

4）坝后或河床式水电站依靠厂内机组运行下泄生态流量的，调度一台机组持续运行，不能运行时应开启冲沙闸、旁通阀（管）或采取其他措施，保障生态流量下泄。

（3）生态流量监测监控。

1）建设生态流量在线自动监测、视频监控系统，接入政府部门监管平台。

2）对监测、视频监控设备及时维护，确保运行正常。

3）建设有水情测报系统的水电站，水情测报系统与监测监控系统协调运行。

（4）生态调度。

1）按照生活、生态、生产的顺序，发电服从防洪、区域服从流域、电调服从水调的原则，制定和实施生态调度运行方案。

2）前池有弃水时，调整进水口闸门开度，余水从大坝下泄。

3）实行有利于生态的调度方式，无调蓄能力的引水式电站，以水定电：当来水小于生态流量时，敞泄不发电；当来水大于生态流量时，扣除生态流量后，小于最小发电流量的，敞泄不发电。

4）生态流量记录。准确记录生态流量下泄情况、数据。

2. 河流形态

河流形态考虑河道形态影响情况和输沙影响情况。

（1）河道形态影响情况。维持厂坝间河段的连通性、蜿蜒性及原真性，保持该河段局部弯道、深潭、浅滩及洲滩等特征。按照《河湖生态修复与保护规划编制导则》（SL 709—2015）及《小型水电站下游河道减脱水防治技术导则》（SL/T 796—2020）的要求进行河道生态整治恢复。

（2）输沙影响情况。综合考虑所在河流含沙特性、水电站排沙设施和措施情况。排沙设施包括排沙底孔、（自）排沙廊道等。排沙措施包括汛期控制库水位调度泥沙、部分汛期控制库水位调度泥沙、按分级流量控制库水位调度泥沙、异重流排沙、不定期敞泄排沙、定期敞泄排沙等。

汛期择机优先开启冲沙设施运行，严格按排沙水位、泥沙分界流量运行；开展库区清淤时，应落实环保措施。

3. 水质保护

水质变化程度采用电站退水断面（尾水出口下游河道代表性断面）水质类别值与入库断面（水库回水末端靠近回水区河道代表性断面）水质类别值的差值表示。无调节和日调节的水电站，可按不改变水质的情况直接评价；周调节及以上的水电站，应根据评价期内指定断面的水质检测结果确定水质变化程度。水质保护措施主要包括以下几个方面。

（1）严格控制清污分流，杜绝清污不分，确保不发生污水污染环境事件；不使用含磷洗涤剂。

（2）生活污水及检修废水禁止直接排放至河道。

（3）建设有小型污水处理设备的，保障设施运行正常。

（4）网箱养殖、库区有污水直排造成水质下降的，及时向有关部门反映处理。

（5）厕所粪便进行无害化处理。

（6）在生产过程中，要加强检查，减少跑、冒、滴、漏现象，各电站努力建设无滴漏水电站。

（7）倡导节水减污活动，循环使用，提高水的综合利用率。

4. 水生及陆生生态保护措施

（1）建设的增殖放流站、鱼道、拦鱼等设施规范运行。

（2）有泄洪闸的电站，开闸泄洪时，在不影响防洪安全的情况下，避免一次多孔齐开，应先泄放小的示警流量，防止鱼被大流量冲离。关闸时尽量减少多孔齐关，防止鱼类搁浅在河漫滩。

（3）发现在库区、尾水区毒鱼、电鱼及非法采砂等行为的，有权有义务向有关部门举报。

5. 减排及替代效应

（1）替代效应。替代效应应按式（6-1）计算：

$$P = \frac{WU}{100C} \tag{6-1}$$

式中　P——替代效应，t/kW；

W——水电站近 3 年平均发电量，万 kW・h；

U——单位千瓦时火电的煤耗，g/(kW・h)，应采用中国电力企业联合会等主管部门最新发布的全国 6000kW 及以上火电厂的发电煤耗数据；

C——水电站设计装机容量，kW。

(2) 减排效率。减排效率应按式（6-2）计算：

$$e = \frac{Wf}{V} \tag{6-2}$$

式中　e——减排效率，kg/m^3；

f——排放因子，$tCO_2/(MW・h)$，应采用国家发展改革委等主管部门最新发布的全国区域电网基准线电量边际排放因子和容量边际排放因子的均值计算；

V——正常蓄水位对应的库容，万 m^3。

替代效应和减排效率指标赋分标准见表 6-4。

表 6-4　　　　　　　　　　　替代效应和减排效率指标赋分标准

指标	替代效应 P			减排效率 e		
指标值	$P \geqslant 0.7$	$0.5 \leqslant P < 0.7$	$P < 0.5$	$e \geqslant 4$	$l \leqslant e < 4$	$e < 1$
赋分	5 分	3 分	1 分	5 分	3 分	1 分

6. 其他环境保护措施

(1) 噪声管理。

1) 噪声控制标准。厂界噪声应符合《工业企业厂界环境噪声排放标准》（GB 12348—2008）的要求。厂区内主要生产场所（发电机层、水轮机层、蜗壳层、变压器室、空压机室、油处理室、启闭机室、充泄水阀门室等）噪声不超过 85dB（连续接触 9h）；一般控制室和附属房间（机组控制室、配电柜式、电气实验室、继电保护屏室等）噪声不超过 70dB；集中控制室、中央控制室等，噪声不超过 60dB。

2) 噪声控制措施：①严格遵守机电设备的操作规程，防止因误操作而产生异常噪声；②按照机电设备的检查与维护要求，做好设备维护保养；③施工单位作业时，符合《建筑施工场界环境噪声排放标准》（GB 12523—2011）。

(2) 废物及垃圾管理。

1) 列入危险废物管理的物品包括废油、废蓄电池，以及检修产生的棉纱、废油手套、抹布、垫木、废旧蓄电池等。

2) 危险废物存储。根据产生的不同危险废物进行分别存储，专库储存，不得与其他生产、生活、办公物品混合存放，严禁露天存放、淋雨或放在厂区有渗流、渗漏的部位；存放区域严禁烟火；危险废物警示标识牌悬挂位置规范，危险废物存储容器上应张贴危险废物标签，危险废物储存场所应悬挂危险废物分类识别标识牌。

3) 危险废物管理。危险废物的收集、储存、转移应当使用符合标准的容器和包装物，禁止将危险废物混入非危险废物中收集、储存、转移、处置；与有资质的危险废物处理单位签订相关协议，废油等由其统一回收处理，禁止倒入明沟、下水道或河道。危险废物管理实行计划管理，建立危险废物管理记录台账，按时、详细、准确登记危险废物产生、储存、利用、处置、转移等各个环节，并记录各个环节危险废物相关数据，台账应严格保管。

4）垃圾处理。拦污栅前废物应及时打捞，集中送至政府垃圾收集地点，防止二次污染；实行生活垃圾分类；生活垃圾集中收集，统一交由当地环卫部门处理，禁止乱倒和焚烧。

5）废旧资源循环使用规定：倡导低碳环保的生产生活方式，减少一次性物品、废物产生；废旧资源、设备应回收处理。

（3）化学品管理。

1）SF_6、氧气、乙炔、蓄电池等化学品储存应当符合规范，并配备消防设施。

2）油库使用防爆灯具、消除静电设施，设置拦油坎，配备符合标准的消防设施。

3）使用危险化学品的部门和个人，对废液进行妥善处理、分类集中，不能随意倾倒。

（4）厂区及绿化管理。

1）提高电站绿化覆盖率，建设花园式电站。

2）实施"7S"（整理、整顿、清洁、清扫、素质、安全、节约）管理，时刻保持环境整洁、美观，文明生产。

（5）环境应急。

1）制定环境保护专项应急预案、现场处置方案，并定期进行演练。

2）厂房内油浸式励磁变、厂用变、蓄电池、电缆等防起火、爆炸、泄露的措施和预案应完善。

3）升压站主变压器事故油池、消防沙池、灭火器等设施设备保持完好。

4）吸油棉、消防沙、消防铲等应急物资齐备。

5）发生危险废物污染事故或者其他突发性事件，立即向有关部门上报，同时启动应急预案，采取有效措施消除或者减轻对环境的污染危害。

6）上下游发生尾矿库泄漏、危险物品运输车辆事故影响河道环境时，发挥大坝功能，配合政府部门做好拦截、沉淀等工作。

（二）社会服务方面的要求

1. 移民

（1）不涉及移民的。大量的小水电为低坝引水，淹没范围小，基本不涉及移民，不涉及移民则社会影响小。

（2）涉及移民的。要求必须全面落实移民安置政策，妥善安置，并完成移民专项验收。

2. 基础设施改善

小水电企业要积极在基础设施改善方面做出贡献，主要包括以下几个方面：

（1）公共照明。

（2）公共道路。

（3）灌溉设施。

（4）供水设施。

（5）教科文卫设施。

（6）保障当地应急供电。

（7）其他公共设施改善措施。

3. 民生保障

（1）承担扶贫消薄任务或支助贫困户。

（2）提供就业机会。

（3）与电站周边村集体分享投资收益。

（4）为当地提供优惠电量等。

4. 综合利用

（1）无综合利用要求。一些批复或建设时无综合利用功能的水电站，发挥了一定的调蓄、供水、灌溉、旅游、景观等功能。如陕西省汉中市城固县湑水河梯级水电站为批复的纯发电项目，但形成了 5000 多万 m³ 的调节库容，对下游无调节的湑惠渠灌区发挥了调节径流的作用，显著提高了灌溉保证率。

（2）有综合利用要求。此类水电站必须按设计要求实现多功能综合利用。

5. 区域经济贡献

采用社会贡献率指标进行评价，衡量水电站对当地的经济贡献，贡献越大得分越高。赋分权值为 3 分，赋分标准应满足表 6-5 的规定。

表 6-5　　　　　　　　　　　社会贡献率指标赋分标准

指标	社会贡献率（s）			
指标值	$s \geqslant 8\%$	$6\% \leqslant s < 8\%$	$4\% \leqslant s < 6\%$	$s < 4\%$
赋分	3分	2分	1分	0分

社会贡献率计算公式为

$$s = \frac{G_z}{T_z} \times 100\% \qquad (6-3)$$

式中　　s——社会贡献率，%；

G_z——近一年的水电站年度社会贡献总额，万元。

注：社会贡献总额主要包括工资、劳保退休统筹及其他社会福利支出、利息支出净额、应交增值税、营业税金及附加（产品销售税金及附加）、应交所得税及其他税、净利润等。

（三）管理方面的要求

1. 安全生产及运行管理

绿色小水电必须首先实现安全生产标准化达标，且在评价期内无生产安全事故发生。

2. 保障机制

（1）制度建设及执行情况。

1）配备了绿色小水电建设专兼职管理人员并明确职责。

2）制订了年度绿色小水电建设工作计划，按计划完成并总结。

3）针对绿色小水电建设中存在的问题建立台账并进行整改。

4）组织人员参加绿色小水电建设相关业务培训。

5）开展绿色发展文化建设。

6）建立了环境突发事件应急响应机制。

（2）设施建设及运行情况。

1）设置了明确监督部门和监督电话的生态流量公示牌。

2）开展了生态调度运行。

3）具有可对库区等重点区域进行水质监测的设施，并按照《水环境监测规范》（SL 219—2013）开展监测。

4）对生产生活污水、废油等进行环保处理。

3．技术进步

（1）达到无人值班或少人值守等自动化要求。

（2）开展电站远程控制或集中控制、集中运维。

（3）建有水雨情测报系统。

（4）实现流域梯级优化调度。

（5）达到运行管理信息化，办公自动化或安全生产管理信息化要求。

（6）采用拦污栅自动化清污等技术。

（四）经济方面的要求

水电站自身应该具备良好的经济性，资产负债率低，盈利能力强，能持续运行。可通过销售净利率、资产负债率和社会贡献率等指标对其进行衡量。

第四节　绿色小水电评价

一、绿色小水电评价标准

水利部于 2017 年颁布《绿色小水电评价标准》（SL/T 752—2017），标准主要包括生态环境、社会、管理、经济等四个方面，是参考美国低影响水电、瑞士绿色水电等相关标准，结合中国小水电实际制定的评价标准。2020 年进行一次修订，现已发布《绿色小水电评价标准》（SL/T 752—2020），标准明确了绿色小水电评价要素、指标，详见表 6－6。

表 6－6　　　　　　　　　　　　　绿色小水电评价内容

类别	要　素	指　标
生态环境	水文情势	生态需水保障情况
	河流形态	河道形态影响情况
		输沙影响情况
	水质	水质变化程度
	水生及陆生生态	水生保护物种影响情况
		陆生保护生物生境影响情况
	景观	景观恢复度
		景观协调性
	减排	替代效应
		减排效率

续表

类别	要素	指标
社会	移民	移民安置落实情况
	利益共享	公共设施改善情况
		民生保障情况
	综合利用	水资源综合利用情况
管理	生产及运行管理	安全生产标准化建设情况
	保障机制	制度建设及执行情况
		设施建设及运行情况
	技术进步	设备性能及自动化程度
经济	财务稳定性	盈利能力
		偿债能力
	区域经济贡献	社会贡献率

二、绿色小水电申报基本条件

绿色小水电既要符合现行有关法律法规要求，还要满足《绿色小水电评价标准》（SL/T 752—2020）规定的所有基本条件，并在"农村水利水电管理信息系统"中进行申报，佐证材料中若有任何一项不满足要求，则无法通过技术审核。

1. 合法合规

已投产运行 1 年及以上，通过竣工验收或完工验收。相关佐证材料包括立项审批（核准）或可行性研究批复文件，取水申请批准文件以及有效的取水许可证，环境影响评价报告书（表）批复意见、环保竣工验收材料或备案的环境影响评价登记表，用地预审（林地征/占用）批文，工程竣工验收鉴定书及印发通知或工程完工验收材料。

2. 民生用水保障

按《水利水电建设项目水资源论证导则》（SL 525—2011）和《水资源供需预测分析技术规范》（SL 429—2008）规定，下泄流量应满足坝（闸）下游影响区域居民生活及工农业生产用水要求，不影响坝（闸）下游影响区域居民生活及工农业生产用水，评价期内水电站及其工程影响区内未发生水事纠纷。

3. 安全生产标准化达标

评价期内水电站已完成安全生产标准化建设并自评达到三级及以上，相关佐证或说明材料包括有效的安全生产标准化评定级别文件（关键页）或证书照片。

4. 生态环境友好

评价期内水电站及其工程影响区内未发生较大及以上等级的突发环境事件。

5. 特殊物种保护

水电站及其影响区域若涉及珍稀濒危或国家重点保护对象，应采取主要工程或管理等保护措施且见效。

6. 水库安全管理责任落实

带小（2）型及以上水库的电站是否纳入小型水库管理、注册登记及落实防汛"行政、技术、巡查"三个责任人。坝高 15m 及以上且库容在 10 万 m^3 以下的电站，需提供鉴定或审定部门出具的大坝安全鉴定或评价报告。库容 10 万 m^3 以上（含）的水电站水库大坝，需进行安全鉴定；库容不足 10 万 m^3 的水电站挡水建筑物，可简化为安全评估。

7. 申报所需资料

申报绿色小水电应提供评价所需资料（表 6-7），并承诺资料真实、合法、有效。

表 6-7　　　　　　　　　　　　绿色小水电申报材料

评价指标		主要支撑材料
合法合规	立项审批（核准）	立项审批（核准）或可行性研究报告批复文件
	环境影响评价	环境影响评价报告书（表）批复意见、环保竣工验收材料或备案的环境影响评价登记表
	取水许可	取水申请批准文件以及有效的取水许可证
	土地	用地预审批文、土地证等
	林地	林地占用许可
民生用水保障		水行政主管部门官方网站就相关事宜的公告文件或截图等
安全生产达标		包括有效的安全生产标准化评定级别文件（关键页）或证书照片
特殊物种保护		水电站及其影响区域是否涉及上述物种或保护对象，应以批复的水电站环境影响报告书（表）、竣工验收报告、当地渔业管理机构的批复文件为准。相关佐证或说明材料包括渔业和林业等行业主管部门的证明文件，或环境影响报告书（表）及其批复意见、竣工验收报告的相关内容选截图等；已采取的主要保护该物种或栖息地的措施说明材料包括技术文本、现场照片、有关效果呈现等
水库安全管理责任落实		鉴定审定部门出具的大坝安全鉴定或评价报告结论页，且评价结果为二类及以上
承诺		法人单位出具资料真实、合法、有效的承诺书

三、绿色小水电创建要点

严格对照《绿色小水电评价标准》（SL/T 752—2020），分别从生态环境、社会、管理、经济等方面提供佐证材料，并重点关注生态需水保障、安全生产标准化建设、河流形态影响（库区泥沙淤堵、减脱水河段治理）、景观协调性（电站水工建筑物养护情况、电站及周边环境整治、站容站貌）等。评审专家将依据佐证材料是否足以支撑对各项指标进行评分。本部分根据"绿色水电管理信息系统"评分分布情况，就绿色小水电得分要点逐一说明，分为 4 个类别，包含 14 个评价要素，共 21 项评分指标，满分为 100 分。

（一）生态环境（55 分）

生态环境类别包含水文情势、河流形态、水质、水生及陆生生态、景观、减排等 6 个要素。

1. 水文情势（15 分）

绿色小水电水文情势评价要素见表 6-8。

表 6-8　　　　　　　　绿色小水电水文情势评价要素

指标	标准分	分　值	说　明
生态需水保障情况	15	无调节河床式电站，15 分	重点关注调节性能和开发方式
		设有满足生态需水要求的无节制生态流量泄放设施：评价期进行监测或监视的，15 分；评价期未开展监测和监视的，12 分；其他情况 0 分	首先核查泄流设施是否为无节制。有闸、阀等控制设施的属有节制，但有最小开度限位装置的可视为无节制；无法判断是否为无节制泄放的可视为存疑电站列入现场核查名单。无节制泄放的，以下情况为 0 分：存在明显瑕疵影响泄流、堵塞等无法满足最小生态流量的；无生态流量泄放要求但无法判断取用水关系的。有节制泄放的，以下情况为 15 分：提供连续近一年生态流量监测数据的统计表，并有电站和水行政主管部门签章，且逐日的监测数据均能达标；对于枯水期流量泄放小于最小生态流量要求的天数，必须有相关主管部门出具的证明文件
		设有有节制生态流量泄放设施（含生态机组）：评价期实际监测数据（不含监视图像）显示下泄流量满足生态需水要求的，得 15 分；其他情况 0 分	
合计	15		

2. 河流形态（5 分）

绿色小水电河流形态评价要素见表 6-9。

表 6-9　　　　　　　　绿色小水电河流形态评价要素

指标	标准分	分　值	说　明
河道形态影响情况	3	自然条件下可维持坝（闸）下游影响范围内河道的相关特征，3 分。采取人工修复或治理措施后维持相关特征，根据水面率、水深、流态等情况，采用专家打分法：良好 3 分；较好 2 分；一般 1 分；其他情况 0 分	重点关注坝下及库区，严格控制打分尺度。河道形态佐证图片体现电站库区及坝（闸）下影响范围以下情况的得 0 分：改变河道形状及走向的、河道渠化明显的、河道裸露较多影响观感的；以下情况每项扣 1 分，扣完为止：库区干涸、库岸裸露；坝（闸）下河道存在砂石淤积、河床裸露、杂草丛生、水深较浅或干涸、覆盖层较厚；生态泄流冲击坝下河道导致坝下河流流态较差的
输沙影响情况	2	综合河流含沙特性、电站排沙设施和措施情况，采用专家打分法：基本没有影响 2 分；影响较小 1 分；影响较大 0 分	重点关注：河流含沙特性；排沙设施和措施技术参数、照片、运行情况及排沙效果等。按设计报告设置了排沙设施的或少沙河流设计报告未要求设置排沙设施的，认定为基本没有影响，2 分；拦河坝前或取水口存在明显淤积，认定为影响较大，0 分；介于基本没有影响与影响较大之间的情况，认定为影响较小，1 分；当淤积影响安全可能成为重大隐患时，上升为一票否决项
合计	5		

3. 水质（5 分）

绿色小水电水质评价要素见表 6-10。

表 6 - 10　　　　　　　　　　绿色小水电水质评价要素

指标	标准分	分　　值	说　　明
水质变化程度	5	不存在设备设施或检修漏油污染水域及生活生产废水直接排入水体；无调节、日调节或周调节电站，5 分；周调节以上水电站且经检测未引起水质类别降低的，5 分；周调节以上水电站且经检测引起水质类别降低的，0 分。 　　设备设施或检修漏油污染水域或生活等废水直接排入水体的，0 分	重点关注：调节性能（是否免于水质检测）；水质检测报告（入库及尾水水质检测结果）；水体观感；危废（废油等）管理情况的佐证材料。以下情况得 0 分：有明显富营养化、水华现象、明显漏油污染情况。 　　危废（废油等）管理存在以下情况每项扣 2 分，扣完为止：未与有资质单位签署回收合同（配备有滤油器等设备，自行处理的除外）；未设立危废物临时存储库、警示标志应急物资、预案的
合计	5		

4. 水生及陆生生态（10 分）

绿色小水电水生及陆生生态评价要素见表 6 - 11。

表 6 - 11　　　　　　　　绿色小水电水生及陆生生态评价要素

指标	标准分	分　　值	说　　明
水生保护物种影响情况	6	涉及相关保护物种或鱼类三场：采取了保护措施①或②，6 分；采取了保护措施③～⑦之一，3 分。不涉及相关保护物种和鱼类三场：采取了保护措施①或②，6 分；采取了保护措施③～⑦之一 5 分；未采取保护措施 3 分；其他情况 0 分。 　　保护措施主要包括：①不设坝或正常年份每天的某些时段堰坝被浸没形成贯通的河道，没有阻碍本地鱼类物种迁徙；②设有功能良好的过鱼、集运鱼过坝设施（如鱼道、亲友型水轮机、集运鱼平台、升鱼机等）；③设有防止或减少鱼类过机设施；④采取了减少低温水下泄影响的措施；⑤采取了鱼类栖息地保护以及鱼类增殖放流等措施；⑥采取了控制水体富营养化、改善水质，设置河岸生态护坡，改善水生生物栖息环境等措施；⑦鱼类产卵繁殖期间，按需采取增加放水等生产运行或调度方式	重点关注：渔业等相关部门出具的证明材料或批复文件，或水电站环境影响报告书（表）批复文件、竣工验收报告等证明不涉及的依据；电站采取的水生生物及其生境保护措施技术资料、相关设备设施照片、应用情况的公开报道截图等证明材料是否符合相应保护措施的认定要求。不涉及依据必须由指定主管部门或相关文件证明，其他自证或非指定主管部门出具的证明不予认可。对于①，低坝，洪水期至少可以淹没上下连通的，可以算作①；对于②，强调功能良好，基本没有投运或者无法看出效果的不作为得分依据；对于③，必须是格栅间距较小的专用拦鱼设施才算，普通拦污栅（拦污之用，并未针对鱼类进行改良）不能算；对鱼类伤害较小的低转速水轮机、其他鱼类友好型水轮机，予以认可；对于④，一般指高坝的分层取水；对于⑤，鱼类增殖放流必须有主管部门认可，且需提供增殖放流相关方案、财务资料、现场照片或媒体报道；对于⑥，一般坝下因地制宜采取了生态堰坝、生态护坡的，可以视情况认可；对于⑦，采取有利于鱼类的生态泄流方案必须经上级主管部门批复（备案）予以认可
陆生保护生物生境影响情况	4	涉及相关保护物种：按规定采取了保护措施①或②，得 4 分；采取了保护措施③，得 2 分。不涉及相关保护物种：采取了保护措施③，得 4 分；未采取保护措施，得 2 分；其他情况 0 分。 　　保护措施主要包括：①对受项目建设影响的珍稀特有植物或古树名木，进行异地移栽、苗木繁育、种质资源保存等；②对受阻隔或栖息地被淹没的珍稀动物，修建动物廊道、构建类似生境等；③根据原陆生生境特点，按照不低于水土保持方案的设计要求恢复植被	重点核查：林业等相关主管部门出具的证明材料或批复文件，或水电站环境影响报告书、表批复文件、竣工验收报告等证明不涉及的依据；电站采取的陆生生物及其生境保护措施技术资料、相关设备设施照片或应用情况的公开报道截图等证明材料是否符合相应保护措施的认定要求。 　　注：对于①、②，可提供设计资料、相关措施、照片等；对于③，有验收的水土保持方案可直接认可；建成年份早［1993 年 8 月 1 日《水土保持法实施条例》（国务院令第 120 号）施行前］、没有要求做水土保持的，提供的现场照片显示厂区、坝区、生活区等植被情况良好的可认可③
合计	10		

5. 景观（10 分）

绿色小水电景观评价要素见表 6-12。

表 6-12　　　　　　　　　　绿色小水电景观评价要素

指标	标准分	分　值	说　明
景观恢复度	5	根据水电站扰动土地原地貌恢复、植被覆盖及恢复情况，量化具体赋分指标，采用专家打分法，取加权平均：非常好，5分；比较好，3分；一般，1分；较差，0分	重点关注有助于说明电站工程影响区域水土流失治理成效及植被恢复情况的现场照片和视频，整体论证，从严考核，以下情况每项扣1分：电站责任范围内存在滑坡体；地表裸露、水土流失；库区干涸、泥沙淤积；厂坝间河段减脱水、砂石淤积、河床裸露等情况。经2名以上审核人员共同论证后认为上述情况特别严重或明显的，上升为否决项
景观协调性	5	获得风景名胜区、水利风景区等相关称号或对其有贡献的，5分。 　其他情况综合考虑水电站厂区、办公区和生活区以及库区景观评价，量化具体赋分指标，采用专家打分法，取加权平均，累计不超过5分：非常协调，2分；基本协调，有美感，1分；杂乱无章、杂草丛生闸坝杂草丛生或淤积严重等其他情况，0分	重点关注佐证图片和视频。视频制作质量酌情扣分。存在以下情况每项扣1分：闸门及螺杆老化锈蚀明显；坝体杂草丛生、面板剥落、坝下河床裸露；库区或坝下水体颜色异常（明显水黄、浑浊等）、有明显的弃渣、漂浮垃圾；厂区卫生条件差、杂物堆放、杂草丛生、厂房内/外墙陈旧、墙体有剥落；机组、压力钢管等主要设施设备陈旧、污渍锈蚀明显等。经2名以上审核人员共同论证后认为上述情况特别严重或明显的，上升为否决项
合计	10		

6. 减排（10 分）

绿色小水电减排评价要素见表 6-13。

表 6-13　　　　　　　　　　绿色小水电减排评价要素

指标	标准分	分　值	说　明
替代效应	5	替代效应≥0.7，5分；0.5≤替代效应<0.7，3分；替代效应<0.5，1分	重点关注数据来源，使用规范计算表格。绿色水电申报系统会根据相关减排指标自动计算得分。其中历经改造的，可扣除施工期，进行折算
减排效率	5	减排效率≥4，5分；1≤减排效率<4，3分；减排效率<1，1分	
合计	10		

（二）社会（18 分）

1. 移民（6 分）

绿色小水电移民评价要素见表 6-14。

表 6-14　　　　　　　　　　绿色小水电移民评价要素

指标	标准分	分　值	说　明
移民安置落实情况	6	不涉及移民的，6分。 　涉及移民的：已全面落实移民安置政策的，6分；已基本落实移民安置政策的，3分；未落实移民安置政策的，0分	重点关注与电站建设移民相关的佐证资料。 　首先判断是否涉及移民，不涉及的得6分。 　涉及移民的：按考察安置政策落实情况及效果得分，建站早，缺移民专项设计资料的，应由移民主管部门出具证明；存在移民纠纷等问题的不予通过
合计	6		

2. 利益共享（8分）

绿色小水电利益共享评价要素见表6-15。

表6-15　　　　　　　　　　绿色小水电利益共享评价要素

指标	标准分	分　值	说　明
公共设施改善情况	4	提供以下公共设施改善的每项加1分（累计得分不超过4分） 1. 公共照明； 2. 公共道路； 3. 灌溉设施； 4. 供水设施； 5. 教科文卫设施； 6. 保障当地应急供电； 7. 其他公共设施改善措施	重点关注与电站相关的公共服务方面的投入协议、支出凭证、捐赠收据、设施照片有关新闻报道等文件资料。 佐证材料要求能证明为电站自身行为
民生保障情况	4	符合以下情况之一的，得4分： 1. 承担扶贫消薄任务或支助贫困户； 2. 提供就业机会； 3. 与电站周边村集体分享投资收益； 4. 为当地提供优惠电量等	重点关注与电站相关的民生保障方面的投入协议、支出凭证、捐赠证据、有关媒体报道图片等资料。 要求能证明为电站自身行为
合计	8		

3. 综合利用（4分）

绿色小水电综合利用评价要素见表6-16。

表6-16　　　　　　　　　　绿色小水电综合利用评价要素

指标	标准分	分　值	说　明
水资源综合利用情况	4	无综合利用要求，4分。 有综合利用要求：已按设计要求实现多功能综合利用的，4分；未按设计要求实现多功能综合利用的，0分	重点关注电站竣工验收报告以及实现综合利用功能的相关设施技术文件和现场运行照片等文件资料。 首先判断有无综合利用要求，无要求的，得4分；有综合利用要求的，按综合利用类型及实现情况得分现场明显可见功能未发挥作用的（如严重淤积的船闸等）得0分
合计	4		

（三）管理（18分）

1. 生产及运行管理（6分）

绿色小水电管理评价要素见表6-17。

表6-17　　　　　　　　　　绿色小水电管理评价要素

指标	标准分	分　值	说　明
安全生产标准化建设情况	6	被评为安全生产标准化一级的，6分；被评为安全生产标准化二级的，5分；被评为安全生产标准化三级的，3分	重点关注电站安全生产标准化评定文件、证书等文件资料。 期满延续的，按延续等级评价；期满未延续不得分；认可的其他部门主持的安全生产标准化按同等级别评价。安全生产标准化虽然达标，但发现以下严重隐患的，在按照标准化等级评分的基础上，每项问题加扣1分，扣完为止：厂内设备陈旧锈蚀；安全工器具配置摆放不到位、消防设施配置摆放不当；标识标牌不健全、线路凌乱；临时物件未按规定堆放；存在明显"跑冒滴漏"现象；安全生产制度及相关图表未按规定上墙等
合计	6		

2. 保障机制（8分）

绿色小水电保障机制评价要素见表6-18。

表6-18　　　　　　　　　绿色小水电保障机制评价要素

指标	标准分	分　值	说　明
制度建设及执行情况	4	存在以下情况每项加1分（累计得分不超过4分）： 1. 配备了绿色小水电建设专兼职管理人员并明确职责； 2. 制订了年度绿色小水电建设工作计划，按计划完成并总结； 3. 针对绿色小水电建设中存在的问题建立台账并进行整改； 4. 组织人员参加绿色小水电建设相关业务培训； 5. 开展绿色发展文化建设； 6. 建立了环境突发事件应急响应机制	重点关注电站的有关制度文本（一般要求以正式文件发布）、实施记录以及照片等文件资料
设施建设及运行情况	4	存在以下情况每项加1分（累计得分不超过4分）： 1. 设置了明确监督部门和监督电话的生态流量公示牌； 2. 开展了生态调度运行； 3. 具有可对库区等重点区域进行水质监测的设施，并按照SL 219开展监测； 4. 对生产生活污水、废油等进行环保处理	重点关注电站的有关设计方案以及照片等文件资料。其中生态调度运行方案需经主管部门批复或备案。 强调电站设置的专项水质监测及、污水废油等环保处理设施
合计	8		

3. 技术进步（4分）

绿色小水电技术进步评价要素见表6-19。

表6-19　　　　　　　　　绿色小水电技术进步评价要素

指标	标准分	赋　分　原　则	创　建　要　点
设备性能及自动化程度	4	存在以下情况每项加1分（累计得分不超过4分）： 1. 达到无人值班或少人值守等自动化要求； 2. 开展电站远程控制或集中控制、集中运维； 3. 建有水雨情测报系统； 4. 实现流域梯级优化调度； 5. 达到运行管理信息化，办公自动化或安全生产管理信息化要求； 6. 采用拦污栅自动化清污等技术	重点关注电站关于设备性能及自动化程度的综合说明、设计报告和照片等文件资料。其中无调节水库的电站没有流域梯级优化调度能力，调度方案不予认可
合计	4		

（四）经济（9分）

1. 财务稳定性（6分）

绿色小水电财务稳定性评价要素见表6-20。

表6-20　　　　　　　　　绿色小水电财务稳定性评价要素

指标	标准分	赋　分　原　则	创　建　要　点
盈利能力	3	销售净利率≥5%，3分； 3%≤销售净利率<5%，2分； 0<销售净利率<3%，1分； 销售净利率≤0，0分	重点复核水电站或其管理单位签章的销售净利率计算表以及加盖法人公章的近一年的年度财务报表等文件资料的完善性和真实性。绿色水电申报系统会根据相关财务指标自动计算得分。 首先需识别电站是否为独立核算单位； 如电站为独立核算单位，需提供近一年的年度财务报表，并加盖法人公章； 如电站为非独立核算单位，需提供非独立核算发电企业账目分离后的财务报表，以及账目分离说明，并加盖法人公章
偿债能力	3	资产负债率≤70%，3分； 70%<资产负债率≤75%，2分； 75%<资产负债率≤80%，1分； 资产负债率>80%，0分	
合计	6		

2. 区域经济贡献（3 分）

绿色小水电区域经济贡献评价要素见表 6－21。

表 6－21　　　　　　　　　绿色小水电区域经济贡献评价要素

指标	标准分	赋 分 原 则	创 建 要 点
社会贡献率	3	社会贡献率≥8％，得 3 分； 6％≤社会贡献率＜8％，得 2 分； 4％≤社会贡献率＜6％，得 1 分	首先需识别电站是否为独立核算单位； 　如站为独立核算单位，需提供近一年的年度财务报表并加盖法人公章； 　如电站非独立核算单位，需提供非独立核算发电企业账目分离后的财务报表，以及账目分离说明，并加盖法人公章
合计	3		

（五）绿色小水电示范电站创建申报视频制备要求

1. 内容要求

（1）电站概况。包括库区及大坝全貌、防汛"三个"责任人公示、可确定电站取水关系的画面、电站及其影响的流域或区域画面，发电厂房外景全貌、厂内发电及水轮机层全貌、安全生产"双主体"责任人公示、安全生产标准化达标建设、数字化、信息化管理情况等。时长不超过 50s。

（2）生态流量泄放设施运行及公示情况。须从俯视、正面和侧面 3 个角度进行拍摄，有生态机组的需提供相应视频，无生态机组的应清楚显示生态流量出水口正在出水的情况，并拍摄坝下百米左右河道概貌。生态流量公示情况（公开电站名称、泄放设施类型、生态流量确定值、责任单位、监管单位及监督电话等信息，接受社会监督）。时长不少于 30s。

（3）生态流量监测设施运行情况。应包括监测设施运行及后台数据信息处理设施，河流形态、生态修复以及环境友好情况，拍摄画面应完整表述监测及记录全过程。时长不少于 20s。

（4）电站履行企业社会责任、惠民利民及自身示范亮点展示。时长不超过 50s。

2. 形式要求

（1）视频材料署名："××省（自治区、直辖市）××市××县××水电站绿色小水电示范创建申报视频"；须有背景解说，说明电站所在河流、开发方式、装机容量、多年平均发电量、水库库容、调节性能、投产及验收时间、环评等合法合规性许可手续完备情况、大坝安全鉴定或评价情况、带小（2）型及以上水库的电站是否纳入小型水库管理、注册登记等；文字解说内容、字幕应与视频画面协调一致。

（2）内容须为电站申报年度实景拍摄。影像比例为 16：9，图像质量不低于 1024×768，应充分体现生态优先、绿色发展的精神风貌，总时长不超过 3min。

（3）视频材料摄制尽量避免使用变焦、距离过近或过远等，确保画质清晰可辨。

四、绿色小水电评审

（一）总体要求

绿色小水电示范电站创建严格按照《绿色小水电评价标准》（SL/T 752—2020）以及

水利部创建工作要求进行审核，必须达到评价标准基本条件要求，且生态需水保障情况得分不得低于 12 分，总分不得低于 85 分。

（二）审核流程

评审单位或其委托的单位组织专家对省级水行政主管部门报送的绿色小水电示范电站

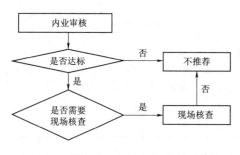

图 6-2　绿色小水电示范电站创建技术
审核流程

申报材料、省级初验意见进行部级技术审核。部级技术审核包括内业审核与现场核查，创建技术审核流程如图 6-2 所示。其中，内业审核以专家交叉审核和会议审核形式进行，主要审查各电站申报资料，根据内业审核结果决定电站是否需要现场核查。水利部农村水利水电司或其委托单位组织专家对需要现场核查的电站进行分组现场核查，现场核查实行组长负责制，现场核查完成后签署现场核查审核意见。

（三）内业审核程序及关注的主要内容

1. **基本条件审核**

关注审核申报单位相关资料是否符合现行有关法律法规要求，是否满足《绿色小水电评价标准》（SL/T 752—2020）规定的所有基本条件，主要包括合法合规建设、民生用水保障、安全生产达标、生态环境友好、特殊物种保护、水库安全管理责任落实等、省级初验合格等 7 项要素的申报要求，佐证材料任何一项不满足要求，技术审核无法通过。经省级初验合格的电站，申报表中省级初验签署意见能证明生态需水保障得分不低于 12 分，总分不低于 85 分。

2. **申报材料合规性审核**

重点关注申报资料的齐全性、材料内容的规范性以及影像资料的有效性。

（1）申报材料的齐全性。主要审核电站"绿色小水电示范电站申报表""绿色小水电示范电站自检表"，评分佐证材料是否齐全完整，签章的省级初验意见等材料是否提交。

（2）申报材料内容的规范性。重点关注申报表、自检表内容填写是否完整正确（特别关注"经批复的生态流量"），各签章处是否逐级盖章，省级水行政主管部门合规性审查、现场检查和公示等结论是否清晰并盖章等。证明材料内容是否翔实，便于审核（包含目录、页码、评分引用说明），足以支撑各项基本条件与指标评分。

（3）影像资料的有效性。重点关注申报视频及关键部位照片是否按照要求制作，内容是否完善，是否如实反映电站情况等。

（四）现场核查

内业审核达标后方可组织现场核查。

1. **现场核查组织**

现场核查实行组长负责制，每组不少于 5 人（原则上涵盖水利水电、生态环保、经济管理、信息化等领域，人数宜为奇数），从绿色小水电建设专家库中抽取不少于 4 人，申报单位所在省份的专家不得作为组长参与。

2. **现场核查选点规则**

（1）省域选取原则。一般重点考虑首次申报的省份、申报数量较多的省份、资料整体情况较弱的省份，地域上应注重区域均衡性。

（2）目标电站选取原则。通过部级内业技术审核的电站，依据内业审核结果，重点针对尚有存疑或图像资料不能反映现场情况的电站、得分偏低的电站。

3. 现场核查内容

（1）清理整改情况复核。对申报电站的清理整改问题整改情况进行复核，并确认是否已完成销号流程。

（2）存疑资料复核。内业审核存在疑问或佐证材料不足的评价内容进行现场复核。

（3）生态流量泄放设施及效果复核。对生态流量泄放设备设施有无节制、生态流量泄放及监测监控情况以及泄放后坝（闸）下河道减脱水情况进行现场重点复核。

（4）安全生产标准化建设情况复核。对安全生产标准化保持情况进行复核。重点复核大坝注册及安全鉴定情况，厂内设备设施维修养护情况，安全工器具、消防设施配置摆放情况，标识标牌设置及摆放情况，安全生产相关制度上墙等情况，特种设备（如启闭设备、压力容器等）按规定注册登记、定期检验情况，安全生产巡检记录登记情况等。

（5）景观协调性复核。重点复核电站责任范围内是否存在滑坡体等水土流失，厂坝间河段减脱水、砂石淤积、河床裸露，水体浑浊等情况。复核闸门及螺杆是否老化锈蚀明显，坝体是否杂草丛生、面板剥落、坝下河床裸露，库区或坝下水体是否颜色异常（明显水黄、浑浊等）、有明显的弃渣、漂浮垃圾、泥沙淤积，厂区是否卫生条件差、杂物堆放、杂草丛生、厂房内外墙陈旧、墙体有剥落，机组、压力钢管等主要设施设备是否陈旧、污渍锈蚀明显等。重点关注复核电站厂坝间河段连通性，库区、坝（闸）前、河道是否有泥沙淤积等。

（6）惠民利民情况复核。走访电站周边，了解电站与周边的社会和谐度，复核电站改善周边公共照明、道路、灌溉、供水、教科文卫、应急供电等公共设施情况，以及承担巩固脱贫攻坚成果任务或支助贫困户、提供就业机会、与电站周边村集体经济组织分享投资收益、提供优惠电量等民生保障情况。

（7）创建工作情况的全面了解。与当地主管部门及电站管理人员等相关人员座谈，全面了解绿色小水电示范电站创建工作开展情况。

五、绿色小水电期满延续审核

（一）审核要求

绿色小水电示范电站期满延续严格按照新标准及《水利部办公厅关于做好绿色小水电示范电站创建和期满延续工作的通知》等期满延续工作要求进行审核。

（二）技术审核流程

水利部农村水利水电司或其委托单位组织专家对省级水行政主管部门报送的绿色小水电示范电站期满延续材料、省级初验意见进行部级技术审核。部级技术审核包括内业审核与现场核查，期满延续技术审核流程如图6-3所示。其中，内业审核以专家交叉审核和会议审

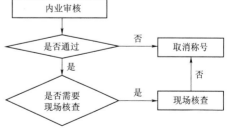

图6-3　绿色小水电示范电站期满延续技术审核流程

核形式进行，主要审查各电站期满延续资料，根据内业审核结果决定电站是否需要现场核查。

（三）内业审核要点

审核工作均通过登录"农村水利水电管理信息系统"完成，每座电站由 2 名具有相关工作经验或经过专门培训的专家审核，1 人复核。内业审核工作主要包括基本条件审核、电站自评打分情况及评分变化的佐证材料核查、电站工作总结核查。

1. **基本条件**

评审专家在"绿色水电管理信息系统"对电站合法合规手续齐全、不属于禁止开发、生态流量落实、民生用水保障、安全生产达标、生态环境友好、景观协调、水库安全管理责任落实、省级初验合格等 9 项要素进行审核，佐证材料中任何一项不满足要求则无法通过技术审核。

（1）合法合规手续齐全：取水申请批准文件及有效的取水许可证；环境影响评价报告书（表）批复意见、环保竣工验收材料或备案的环境影响评价登记表；用地预审（林地征/占用）批文。

（2）不属于禁止开发区：不涉及自然保护地（国家公园、自然保护区、自然公园）等禁止开发区。

（3）生态流量落实：无调节河床式电站的无调节特性未发生变化的说明；无调节河床式以外的其他类型电站、有节制的电站提供近评价期内逐日达标的生态流量监测数据，无节制的电站提供无节制特性佐证或评价期内逐日达标的生态流量监测数据。

（4）民生用水保障：有效期内不影响坝（闸）下游影响区域居民生活及工农业生产用水，水电站及其工程影响区内未发生水事纠纷或安全生产事故。相关佐证或说明材料包括水行政主管部门官方网站就相关事宜的公告文件或截图等。

（5）安全生产达标：有效期内水电站安全生产标准化建设提升情况，需达到三级及以上等级。相关佐证或说明材料包括有效的安全生产标准化评定级别文件（关键页）或证书照片。

（6）生态环境友好：有效期内水电站及其工程影响区内未发生较大及以上等级的突发环境事件。相关佐证或说明材料包括生态环境主管部门官方网站就相关事宜的公告文件或截图等。

（7）景观协调：不存在河床裸露，库区淤积，水工建筑物、厂房等陈旧，有明显弃渣或漂浮垃圾等现象。

（8）水库安全管理责任落实：带小（2）型及以上水库的电站是否纳入小型水库管理和注册登记以及落实防汛"行政、技术、巡查"三个责任人。佐证材料一般由水行政主管部门提供。

（9）省级初验合格：申报表中省级初验签署意见，电站符合期满延续的条件。

若电站未通过任意一项基本条件审核，则无法通过期满延续审核，并取消示范电站称号。

2. **电站自评打分情况及评分变化的佐证材料**

审核过程中，重点关注电站有效期内逐年的自评得分是否均满足生态需水保障得分不低于 12 分，总分不低于 85 分。并核查相对评价年每年自检评分变化的佐证材料，指标评分佐证材料有效性要求与申报创建要求相同。

3. 电站工作总结

核查电站是否按要求上传有效期内的绿色发展情况总结。

（四）现场复核要点

根据资料审核结果决定电站是否需要现场复核。水利部农村水利水电司组织专家对需要现场复核的电站进行分组现场复核，现场复核实行组长负责制，复核要点如下。

1. 存疑资料复核

根据内业资料审核存在的疑问或佐证材料不足的评价内容，重点对存疑资料进行复核，如生态流量监测数据、环境影响评估等合法合规性手续、安全生产标准化等级证书、电站水库防汛"三个责任人"落实等情况。

2. 电站工程设施查看

结合内业资料审核情况，主要查看以下几个方面。

（1）生态流量泄放设施及效果。泄放设备设施有无节制、生态流量泄放及监测监控情况以及泄放后坝（闸）下河道减脱水情况。

（2）安全生产标准化建设情况。大坝注册及安全鉴定情况，安全生产运行情况（厂内设备设施维修养护情况，安全工器具、消防设施配置摆放情况，标识标牌设置及摆放情况，安全生产相关制度上墙等情况），特种设备（如启闭设备、压力容器等）按规定注册登记、定期检验情况，安全生产巡检记录登记情况等。

（3）景观协调性。电站责任范围内是否存在滑坡体等水土流失，库区干涸、泥沙淤积，厂坝间河段减脱水、砂石淤积、河床裸露，水体浑浊等情况。复核闸门及螺杆是否老化锈蚀明显，坝体是否杂草丛生、面板剥落、坝下河床裸露，库区或坝下水体是否颜色异常（明显水黄、浑浊等），有明显的弃渣、漂浮垃圾，厂区是否卫生条件差、杂物堆放、杂草丛生、厂房内外墙陈旧、墙体有剥落，机组、压力钢管等主要设施设备是否陈旧、污渍锈蚀明显等。重点关注复核电站厂坝间河段连通性，库区、坝（闸）前、河道是否有泥沙淤积等。

3. 电站周边走访

结合走访电站周边村民、村委会，了解电站与周边的社会和谐度，复核电站改善周边公共照明、道路、灌溉、供水、教科文卫、应急供电等公共设施情况，以及承担巩固脱贫攻坚成果或支助贫困户、提供就业机会、与电站周边村集体经济组织分享投资收益、提供优惠电量等民生保障情况。

第七章　附　　件

第一节　相 关 附 表

一、工作票

（一）电气第一种工作票（表 7-1）

表 7-1　　　　　　　　　　　电 气 第 一 种 工 作 票

单位		编号	

工作负责人（监护人）：　　　　　　　　班组：

工作班人员（不包括工作负责人）：
　　共　　　　人

工作的变、配电站名称及设备名称：

工作任务	工作地点及设备双重名称	工作内容

计划工作时间：　自　　年　月　日　时　分至　　年　月　日　时　分

安全措施 （必要时可附页 绘图说明）	应拉断路器、隔离开关	已执行
	应装接地线、应合接地刀闸（注明确实地点、名称及接地线编号）	已执行
	应设遮栏、应挂标示牌及防止二次回路误碰等措施	已执行

安全措施 （必要时可附页 绘图说明）	工作地点保留带电部分或注意事项 （由工作票签发人填写）	补充工作地点保留带电部分和安全措施 （由工作许可人填写）
	工作票签发人签名：	签发日期： 年 月 日 时 分

收到工作票时间： 年 月 日 时 分

运行值班人员签名： 工作负责人签名：

确认本工作票上述各项内容：

许可开始工作时间： 年 月 日 时 分

工作许可人签名： 工作负责人签名：

确认工作负责人布置的工作任务和安全措施：

工作班组人员签名：

工作负责人变动情况：

原工作负责人 离去，变更 为工作负责人

工作票签发人： 日期： 年 月 日 时 分

工作许可人： 日期： 年 月 日 时 分

工作人员变动情况（变动人员姓名、日期及时间）：

工作负责人签名：

工作票延期：

有效期延长到： 年 月 日 时 分

工作负责人签名： 日期： 年 月 日 时 分

工作许可人签名： 日期： 年 月 日 时 分

每日开工和收工时间 （使用一天的工作票 不必填写）	收工时间				工作 负责人	工作 许可人	开工时间				工作 负责人	工作 许可人
	月	日	时	分			月	日	时	分		

工作票终结：

1. 全部工作于 年 月 日 时 分结束，设备及安全措施已恢复至开工前状态，工作人员已全部撤离，材料工具已清理完毕，工作已终结。

2. 临时遮栏、标示牌已拆除，常设遮栏已恢复。未拆除或未拉开的接地线编号 等共 组、接地刀闸（小车）共 副（台），已汇报调度值班员。

工作负责人签名： 日期： 年 月 日 时 分

工作许可人签名： 日期： 年 月 日 时 分

备注：

（1）指定专责监护人 负责监护

（地点及具体工作）

（2）其他事项：

已执行栏目及接地线编号由工作许可人填写

（二）电气第二种工作票（表7-2）

表7-2　　　　　　　　　　　电 气 第 二 种 工 作 票

单位		编号	

工作负责人（监护人）：　　　　　　　　　　　　　　　　　　　班组：

工作班人员（不包括工作负责人）：
共　　　　人

工作的变、配电站名称及设备名称：

工作任务	工作地点或地段	工作内容

计划工作时间：自　　年　月　日　时　分至　　年　月　日　时　分

工作条件（停电或不停电，或邻近及保留带电设备名称）：

注意事项（安全措施）：

工作票签发人签名：　　　　　　　　　　　　　　签发日期：　年　月　日　时　分

补充安全措施（工作许可人填写）：

确认本工作票上述各项内容：
工作负责人签名：
工作许可人签名：
许可工作时间：　　　年　月　日　时　分

确认工作负责人布置的工作任务和安全措施：
工作班人员签名：

工作票延期：
有效期延长到：　　年　月　日　时　分
工作负责人签名：　　　　　　　　　　　　　　日期：　年　月　日　时　分
工作许可人签名：　　　　　　　　　　　　　　日期：　年　月　日　时　分

工作票终结：
全部工作于　　年　月　日　时　分结束，工作人员已全部撤离，材料工具已清理完毕。
工作负责人签名：　　　　　　　　　　　　　　日期：　年　月　日　时　分
工作许可人签名：　　　　　　　　　　　　　　日期：　年　月　日　时　分

备注：

（三）电气带电作业工作票（表7-3）

表7-3　　　　　　　　　　　　　电气带电作业工作票

单位		编号	

工作负责人（监护人）：　　　　　　　　　　　　　　　　　　　班组：

工作班人员（不包括工作负责人）：
　共　　人

工作的变、配电站名称及设备名称：

工作任务	工作地点或地段	工作内容

计划工作时间：自　　年　月　日　时　分至　　年　月　日　时　分

工作条件（等电位、中间电位或地电位作业，或邻近带电设备名称）：

注意事项（安全措施）：
工作票签发人签名：　　　　　　　　　　　　　　　签发日期：　　年　月　日　时　分

确认本工作票上述各项内容：
工作负责人签名：

指定　　　　　　　为专责监护人　　　　　专责监护人签名：

补充安全措施（工作许可人填写）：

许可工作时间：　　年　月　日　时　分
工作许可人签名：
工作负责人签名：

确认工作负责人布置的工作任务和安全措施：
工作班组人员签名：

工作票终结：
全部工作于　　年　月　日　时　分结束，工作人员已全部撤离，材料工具已清理完毕。
工作负责人签名：
工作许可人签名：

备注：

（四）水力机械工作票（表7-4）

表7-4	水 力 机 械 工 作 票	编号：

工作负责人（监护人）： 单位和班组 工作负责人及工作班人员总数共＿＿＿＿人	计划工作 时间	自　年　月　日　时　分 至　年　月　日　时　分

工作班人员（不包括工作负责人）：

工作任务：

工作地点：

<table>
<tr><td colspan="2" align="center">安全措施</td></tr>
<tr><td align="center">机械安全措施</td><td align="center">电气安全措施</td></tr>
<tr><td>措施执行
情况</td><td>措施执行
情况</td></tr>
</table>

签发	工作票签发人签名：　　　　工作票会签人签名：
接收	收到工作票时间：　年　月　日　时　分　值班负责人签名：
工作 许可	需补充或调整的安全措施： 其他安全注意事项： 现场满足工作要求时间：　年　月　日　时　分 工作许可人签名：　　　　工作负责人签名：
安全 交代	工作班人员确认工作负责人所交代布置的任务，安全措施和作业安全注意事项。 工作班人员签名：
工作负责人 变更	工作票签发人（签名）：　　　同意变更，原工作负责人签名：　　　现工作负责人签名： 工作许可人签名： 时间：　年　月　日　时　分
延期	有效期延长到：　年　月　日　时　分 工作负责人签名：　　　　值班负责人签名：

<table>
<tr><td rowspan="4">工作间断</td><td align="center">间断时间</td><td align="center">工作负责人</td><td align="center">工作许可人</td><td align="center">工作开始时间</td><td align="center">工作许可人</td><td align="center">工作负责人</td></tr>
<tr><td>月　日　时　分</td><td></td><td></td><td>月　日　时　分</td><td></td><td></td></tr>
<tr><td>月　日　时　分</td><td></td><td></td><td>月　日　时　分</td><td></td><td></td></tr>
<tr><td>月　日　时　分</td><td></td><td></td><td>月　日　时　分</td><td></td><td></td></tr>
</table>

续表

增加工作内容	不需变更安全措施下增加的工作项目： 工作负责人签名： 工作许可人签名：	
检修调试	条件：拆除安全措施，进入调试试运行。 试运行时间： 年 月 日 时 分至 年 月 日 时 分 工作负责人签名： 值班负责人签名：	
工作票的终结	作业结束	全部作业于 月 日 时 分结束，临时安全措施已拆除，已恢复作业开始前状态，作业人员已全部撤离，材料工具已清理完毕。 工作负责人签名： 工作许可人签名： 时间： 年 月 日 时 分
	许可人措施终结	临时遮栏已拆除，标示牌已取下，常设遮栏已恢复。 工作许可人签名： 时间： 年 月 日 时 分
	汇报调度	未拉开接地刀闸双重名称或编号： 共 把 未拆除接地线装设地点及编号： 共 组 值班负责人签名： 值班调度员（姓名）： 时间： 年 月 日 时 分
备注：		

二、操作票和紧急抢修单

（一）操作票（表7-5）

表7-5　　　　　　　　　　　操　作　票

单位			编号	
发令人		受令人	发令时间	年 月 日 时 分
操作开始时间： 年 月 日 时 分			操作结束时间： 年 月 日 时 分	
（ ）监护操作　　　　　　　　　　（ ）单人操作				
操作任务：				

顺序	操　作　项　目	

备注：

操作人：　　　　　　监护人：　　　　　值班负责人（值长）：

（二）紧急抢修单（表7-6）

表7-6 　　　　　　　　　　　　　紧 急 抢 修 单

单位		编号	

抢修工作负责人（监护人）：　　　　　　　　　　　　　　　　　　班组：

抢修班人员（不包括抢修工作负责人）：

　　共　　　人

抢修任务（抢修地点和抢修内容）：

安全措施：

抢修地点保留带电部分或注意事项：

上述各项内容由抢修工作负责人　　　　　　根据抢修任务布置人　　　　　的布置填写。

经现场勘察需补充下列安全措施：
经许可人（调度/运行人员）　　　　　同意（　　月　日　时　分）后，已执行。

许可抢修时间：　　年　月　日　时　分
许可人（调度/运行人员）：

抢修结束汇报：
本抢修工作于　　年　月　日　时　分结束。
现场设备状况及保留安全措施：
抢修班人员已全部撤离，材料工具已清理完毕，事故应急抢修单已终结。
抢修工作负责人：　　　　　　　许可人（调度/运行人员）：
填写时间：　　年　月　日　时　分

三、相关记录表格

其他相关记录表格见表 7-7~表 7-19。

表 7-7　　　　　　　　　　　某水电站工作票统计与审核表

班组：　　　　　　　　　　　　　　　　　　　　　　　　　　　　　编号：

××××年××月份工作票检查统计与审核

第一种工作票份，合格　份，作废　份。

第二种工作票份，合格　份，作废　份。

水力机械工作票份，合格　份，作废　份。

共计　份，合格　份，作废　份。

不合格工作票编号：

班组（站）审核人：

日　期：　　年　月　日

第一种工作票　份，合格　份，合格率　％。

第二种工作票　份，合格　份，合格率　％。

水力机械工作票　份，合格　份，合格率　％。

共计　份，合格　份，合格率　％。

不合格工作票编号：

审核部门：

审核人：

审核日期：

表 7－8　　　　　　　　　　　　**某水电站操作票统计与审核表**

班组：　　　　　　　　　　　　　　　　　　　　　　　　　　　　　　　编号：

×××年××月份操作票检查统计与审核

电站操作票编号从　～　，共计　份。

其中：电气操作票　份，水机操作票　份，合格　份，作废　份，不合格　份。

不合格操作票编号：

班组检查合格率为　％。

存在的问题（可另附）：

班组审查人：

审查日期：

电站运行管理部门：

合格　份，作废　份，不合格　份。合格率为　％。

不合格操作票编号：

存在的问题（可另附）：

审核部门：

审核人：

审核日期：

表 7-9   **事 故 情 况 表**

填报单位：（盖章）   填报时间：   年 月 日

事故发生时间		事故发生地点	
事故单位	名称		
	类型		
	主要负责人		
	联系方式		
	上级主管部门（单位）		
事故工程概况	名称		
	开工时间		
	工程规模		
	项目法人	名称	
		上级主管部门	
	设计单位	名称	
		资质	
	施工单位	名称	
		资质	
	监理单位	名称	
		资质	
	竣工验收时间		
	投入使用时间		
伤亡人员基本情况			
事故简要经过			
事故已经造成和可能造成的伤亡人数，初步估计事故造成的直接经济损失			
事故抢救进展情况和采取的措施			
其他有关情况			

填报说明：

一、事故单位类型填写：1. 水利工程建设；2. 水利工程管理；3. 小水电站及配套电网建设与运行；4. 水文测验；5. 水利工程勘测设计；6. 水利科学研究实验与检验；7. 后勤服务和综合经营；8. 其他。非水利系统事故单位，应予以注明。

二、事故不涉及水利工程的，工程概况不填。

三、水利部监督司电话：010-63203262、63202048，传真：010-63205273。

表 7-10   某水电站泄洪闸门启闭记录

发令人		接令时间	

启闭原因：泄洪（   ），放空（   ），生态流量（   ），下游补水（   ），其他（   ）

启闭前检查	1. 闸门开度是否在原来位置，闸门有无明显倾斜（ ）。		
	2. 启闭系统、配电系统设备是否正常（ ）。		
	3. 监控系统是否正常（ ）。		
	4. 闸门止水是否正常（ ）。		
	5. 闸门门槽、门楣等部位有无卡塞物（ ）。		
	6. 上下游有无船只、漂浮物或其他影响启闭运行的情况（ ）。		
	7. 泄洪预警信号是否已发出，信号发出至闸门开启的时间间隔是否已足够（ ）。		
操作情况	开启闸门	开启前水位及流量	坝前水位_____m，下游水位_____m，入库流量_____m³/s。
		开始操作时间	_____年___月___日___时___分
		操作方式	①微机监控（ ），②现地自动（ ），③现地手动（ ）
		闸门原开度/m	泄洪表孔弧形钢闸门工作方式为动水启闭，允许局开
		开启后闸门开度/m	
		开启后水位及流量	坝前水位_____m，下游水位_____m，流量_____m³/s。
		操作完成时间	_____年___月___日___时___分
	关闭闸门	关闭前水位及流量	坝前水位_____m，下游水位_____m，流量_____m³/s。
		开始操作时间	_____年___月___日___时___分
		操作方式	①微机监控（ ），②现地自动（ ），③现地手动（ ）
		闸门原开度/m	泄洪表孔弧形钢闸门工作方式为动水启闭，允许局开
		关闭后水位及流量	坝前水位_____m，下游水位_____m，流量_____m³/s。
		操作完成时间	_____年___月___日___时___分
启闭后检查	1. 闸门无明显倾斜（ ）。		
	2. 闸门止水无漏水、损坏（ ）。		
	3. 电气设备正常（ ）。		
	4. 启闭机、钢丝绳无异常（ ）。		
	5. 上下游水流流态否正常（ ）。		
备注			

操作人（签名）：   监护人：   记录人：

表 7-11　　　　　　　　××水电站进水口检修闸门启闭记录

发令人		接令时间	

启闭原因：停止发电（　　），启动发到（　　），其他（　　）

启闭前检查	1. 闸门开度是否在原来位置，闸门有无明显倾斜（　　）。			
	2. 启闭系统、配电系统设备是否正常（　　）。			
	3. 监控系统是否正常（　　）。			
	4. 闸门止水是否正常（　　）。			
	5. 闸门门槽、门楣等部位有无卡塞物（　　）。			
	6. 上下游有无船只、漂浮物或其他影响启闭运行的情况（　　）。			
	7. 厂房闸阀、机组等状态满足闸门启闭（　　）。			
操作情况	开启闸门	开启前水位及流量	坝前水位_____m，入库流量_____m³/s。	
		开始操作时间	_____年___月___日___时___分	
		操作方式	①微机监控（　　），②现地自动（　　），③现地手动（　　）	
		闸门原开度/m		进水口检修平面钢闸门工作方式为动闭静启，不允许局开
		开启后闸门开度/m		
		开启后水位及流量	坝前水位_____m，引用流量_____m³/s。	
		操作完成时间	_____年___月___日___时___分	
	关闭闸门	关闭前水位及流量	坝前水位_____m，引用流量_____m³/s。	
		开始操作时间	_____年___月___日___时___分	
		操作方式	①微机监控（　　），②现地自动（　　），③现地手动（　　）	
		闸门原开度/m		进水口检修平面钢闸门工作方式为动闭静启，不允许局开
		关闭后水位及流量	坝前水位_____m，引用流量_____m³/s。	
		操作完成时间	_____年___月___日___时___分	
启闭后检查	1. 闸门无明显倾斜（　　）。			
	2. 闸门止水无漏水、损坏（　　）。			
	3. 电气设备正常（　　）。			
	4. 启闭机、钢丝绳无异常（　　）。			
	5. 水流流态否正常（　　）。			
备注				

操作人（签名）：　　　　　　监护人：　　　　　　记录人：

表 7 − 12　　　　某坝式水电站水工建筑物现场检查频次表（正常运行期）

项目（部位）		日常检查		年度检查	定期检查	应急检查
		项目	频次			
坝体	水位（坝前）	●	1次/天			
	坝顶	●	1次/月	●	●	●
	上游面	●	1次/月	●	●	●
	下游面	●	1次/月	●	●	●
坝基及坝肩	坝基	○	1次/月	●	●	●
	两岸坝段	○	1次/月	●	●	●
	坝趾	○	1次/月	●	●	●
近坝库岸	岸坡	○	1次/月	●	●	●
泄洪消能及冲刷	泄洪设施	●	1次/月	●	●	●
	下游河床及岸坡	●	1次/月	●	●	●
	冲沙闸	●	1次/月	●	●	●
	消能冲刷	○	按需要	●	●	●
引水系统	进水闸	●	1次/月	●	●	●
	隧洞	●	1次/月	●	●	●
	压力管道	●	1次/月	●	●	●
金属结构	泄洪闸门	●	1次/月	●	●	●
	启闭设施	●	1次/月	●	●	●
	其他金属结构	●	1次/月	●	●	●
	坝区供电设备	●	1次/月	●	●	●
	压力管道	●	1次/月	●	●	●
发电厂房	防洪墙	●	1次/月	●	●	●
	边墙、导墙	●	1次/月	●	●	●
	厂房主体	●	1次/月	●	●	●
	尾水	●	1次/月	●	●	●
监控监测	前端设备	●	1次/月	●	●	●
	信号传输缆线	●	1次/月	○	●	○
	通信设施	●	1次/月	●	●	●
管理与保障设施	预警设施	●	1次/月	●	●	●
	备用电源	●	1次/月	●	●	●
	照明与应急照明设施	●	1次/月	●	●	●
	对外通信与应急通信设施	●	1次/月	●	●	●
	对外交通与应急交通工具	●	1次/月	●	●	●

注　有●者为必须检查内容，有○者为可选检查内容。根据工程等别不同进行调整。

表 7－13　　　　某坝式水电站水工建筑物现场巡视检查记录表

日期：　　　　坝前水位：　　　　下游水位：　　　天气：　　　当日降雨量：

项目（部位）		检　查　内　容	检查情况	问题及需要详细记录的情况
坝体	坝顶	坝面有无裂缝、错动、沉陷；相邻坝段之间有无错动；伸缩缝开合状况、止水设施工作状况是否正常	□是 □否	
	坝面	上下游面有无裂缝、错动、沉陷、剥蚀、冻融破坏、钙质离析、渗水；伸缩缝开合状况是否正常	□是 □否	
坝基、坝肩	两岸坝段	坝体与基岩（岸坡）结合处有无错动、开裂、脱离及渗水等情况；两岸坝肩区有无裂缝、滑坡、沉陷、溶蚀及绕渗等情况	□是 □否	
	坝趾、坝基	下游坝趾有无冲刷、管涌、坍塌，渗水量、颜色、浑浊度及其变化状况是否正常	□是 □否	
泄洪消能	泄洪闸、冲沙闸	闸室、闸墩、胸墙、边墙、溢流面、底板等处有无裂缝、渗水、剥落、冲刷、磨损和损伤；排水孔及伸缩缝是否完好	□是 □否	
	溢流面	溢流面有无磨损、冲蚀、裂缝、变形和淤积	□是 □否	
	护坦	消力池是否完好；护坦结构是否完整	□是 □否	
	消力池后冲坑	冲坑深度、冲坑发展有无明显变化；基础有无溯源淘刷	□是 □否	
	岸坡	岸坡是否稳定，河床形态有无变化	□是 □否	
近坝库岸	库区水面	库区水面有无漩涡、冒泡现象	□是 □否	
	岸坡	有无冲刷、塌陷、裂缝、滑移、冻融迹象；岸坡地下水出露及渗漏情况是否正常	□是 □否	
	护岸、防护	护岸、防洪墙是否完整、稳定	□是 □否	
引水系统	进水口	有无堵塞，运行方式是否符合设计条件	□是 □否	
	进水闸	闸室、闸墩、胸墙、边墙、溢流面、底板等处有无裂缝、渗水、剥落、冲刷、磨损和损伤	□是 □否	
生态流量及监控监测	设施	放水设施是否有堵塞，泄放是否正常	□是 □否	
	环境量观测	水位及水情监测设备是否正常	□是 □否	
	生态流量监测	生态流量监控、监控系统是否完好	□是 □否	

续表

项目（部位）		检 查 内 容	检查情况	问题及需要详细记录的情况
安全监测	表观监测	观测墩是否完好，观测水准点是否完好	□是 □否	
	内观监测	内观自动监测系统运行是否正常，监测成果是否符合规范要求	□是 □否	
	环境量	水位、气象等监测是否正常	□是 □否	
厂房及尾水	防洪墙、堤防、护岸	是否完整，基础有无塌陷、淘刷	□是 □否	
	高边坡	右岸高边坡无有无落石、滑坡、蠕动	□是 □否	
	厂房	厂房整体及附属设施是否完好；排水是否通畅	□是 □否	
	构件	混凝土板、梁、柱是否出现裂缝及发展情况；机墩有无开裂、破损	□是 □否	
	尾水	尾水平台结构是否完整；流态是否平顺；导墙是否正常	□是 □否	
管理与保障设施	备用电源	柴油发电机组是否在安全高程，设备是否完好，是否能随时投入运行，油料是否充足	□是 □否	
	预警设施	泄洪预警设施是否完好	□是 □否	
	管理设施	管理房、工作桥、交通桥、爬梯、人孔、各种围栏以及对外交通道路是否完好	□是 □否	
	应急照明	应急照明设施是否完备完好	□是 □否	
	应急通信	应急通信设施是否完好	□是 □否	
	应急物资	防汛物资、应急物资、救生圈及抛绳器等救生设施是否完好，齐备	□是 □否	
	消防设施	灭火器等是否齐备合理齐全，并在有效期内	□是 □否	
	安全标志	安全警示标志是否齐全完好，标线是否清晰完整，应急路线是否明晰	□是 □否	
	大门	围栏是否完整，大门是否完好，坝区是否封闭	□是 □否	
	管理及保护范围	界桩界碑是否完整，警示牌是否完好	□是 □否	
	反恐怖袭击	是否按照《水利行业反恐怖袭击防范要求》设置防范措施	□是 □否	
	其他			

检查人员：　　　　　　　　　　　　　　　　检查班组长：

表 7 - 14   某坝式水电站金属结构现场检查项目频次表

项目（部位）		日常检查		年度检查	定期检查	应急检查
		项目	频次			
金属结构	闸门	●	1次/月	●	●	●
	启闭设施	●	1次/月	●	●	●
	其他金属结构	●	1次/月	●	●	●
	坝区供电设备	●	1次/月	●	●	●
管理与保障设施	泄洪预警设施	●	1次/月	●	●	●
	备用电源	●	1次/月	●	●	●
	照明与应急照明设施	●	1次/月	●	●	●
	对外通信与应急通信设施	●	1次/月	●	●	●
	对外交通与应急交通工具	●	1次/月	●	●	●

注 有●者为必须检查内容，有○者可选检查内容。

表 7 - 15   某坝式水电站金属结构现场巡视检查记录表

项目（部位）		检查内容	检查情况	问题及需要详细记录的情况
泄洪、冲沙闸	弧形钢闸门	有无变形、裂纹、螺（铆）钉松动、焊缝开裂；门槽有无堵塞、气蚀等，闸门是否发生振动、气蚀现象	□是 □否	
	启闭机	启闭机是否正常工作；液压管路是否完好；制动、限位装置是否准确有效；电源、传动、润滑等系统是否正常；启闭是否灵活；噪声是否超标	□是 □否	
进水口	拦污栅	拦污栅有无堵塞，有无变形，结构是否完整；前后压差是否符合规范要求	□是 □否	
	平面钢闸门	有无变形、裂纹、螺（铆）钉松动、焊缝开裂；门槽有无堵塞、气蚀等，闸门是否发生振动、气蚀现象	□是 □否	
	启闭机	启闭机是否正常工作；液压管路是否完好；制动、限位装置是否准确有效；电源、传动、润滑等系统是否正常；启闭是否灵活；噪声是否超标	□是 □否	
	拦污栅	拦污栅有无堵塞，有无变形，结构是否完整；前后压差是否符合规范要求	□是 □否	
尾水闸门	闸门	有无变形、裂纹、螺（铆）钉松动、焊缝开裂；门槽有无堵塞、气蚀等，闸门是否发生振动、气蚀现象	□是 □否	
	启闭设施	启闭电葫芦是否正常工作；保养是否及时；制动、限位装置是否准确有效；电源、传动、润滑等系统是否正常；启闭是否灵活；噪声是否超标	□是 □否	
其他				

表 7 – 16　　　　　　　　　　××水电站特种设备管理台账——行车

设备	设备型号	LD20 – 10 A3		生产厂家			
	设备代码			出厂/安装时间		—	
	登记注册单位	××市场监督管理局		使用登记证号			
法定检验	第1次定检 （　年　月　日）	检验单位		检验结论		报告编号	
		其他					
	第2次定检 （　年　月　日）	检验单位		检验结论		报告编号	
		其他					
	第3次定检 （　年　月　日）	检验单位		检验结论		报告编号	
		其他					
检维修情况	第1次 （　年　月　日）						
	第2次 （　年　月　日）						
	第3次 （　年　月　日）						

表 7 – 17　　　　　　　　　　××水电站特种设备管理台账——压力容器

设备	设备类别	气系统储气罐		设备编号			压力	
	设备型号		生产厂家			出厂编号		
	出厂时间		安装时间			注册时间		
	注册单位	市场监督管理局		注册编号				
法定检验	第1次定检 （　年　月　日）	检验单位		结论		设备级别		
		其他						
	第2次定检 （　年　月　日）	检验单位		结论		设备级别		
		其他						
	第3次定检 （　年　月　日）	检验单位		结论		设备级别		
		其他						
检维修或更换情况	第1次							
	第2次							
	第3次							

表 7 – 18　　　　　　　　　　××水电站特种设备自检表——行车

检查部位	检查内容	标准与要求	检查结果	备注
车轮	1. 有无异常声音	滚动轴承没有产生杂音，轴承润滑良好，无发热		
	2. 螺钉有无松动	弹簧垫有压紧		
	3. 大小车	大小车行走无异响		

续表

检查部位	检查内容	标准与要求	检查结果	备注
减速器	1. 有无异常声音	用旋具检查声响的来源（齿轮、轴承）		
	2. 润滑是否良好	润滑良好，无断续嘶哑声音、减速器没有发热		
	3. 螺钉有无松动	螺钉无松动		
联轴器	1. 有无异常声音	齿无严重磨损，传动轴无窜动，无异常声音		
	2. 螺钉有无松动	螺钉无松动		
制动器	1. 液压推动器有无漏油，推升动作是否顺畅	上升到位，上升顺畅		
	2. 螺钉有无松动	螺钉紧固良好，制动轮无跳动或松动		
	3. 制动轮有无跳动	刹车架无摆动，刹车轮无轴向窜动		
	4. 调整是否适宜	开闭灵活、制动平稳可靠、不溜勾		
	5. 行程开关及缓冲器	轨道终端的行程开关和缓冲器完好		
吊钩	1. 吊钩螺钉有无裂纹	外观仔细观察		
	2. 吊钩固定是否牢固	轴端挡板无松动，螺母紧固销无断裂		
	3. 是否有防脱钩装置	吊钩头应有防脱钩装置		
缓冲器	1. 支座有无裂纹	外观检查		
	2. 缓冲性能是否良好	弹簧弹性良好，无断裂		
吊梁	1. 横梁有无裂焊及弯扭	横梁无裂焊变形（仔细检查）		
	2. 吊环有无裂纹	定期更换（仔细检查）		
	3. 卡板是否松脱	螺钉无松动，卡板无脱落		
滑轮	1. 轮缘有无缺损	无崩裂		
	2. 外罩有无损坏	无变形、无裂焊		
	3. 滑轮轴固定是否牢靠	锁紧圆螺母紧固情况良好		
钢丝绳	1. 有无断丝，断股，打结	在75mm的长度内断丝数不超过12条；无断股		
	2. 钢丝绳压板是否松动	压紧螺钉无松动		
	3. 润滑是否良好	仔细检查		
卷筒	1. 连接螺钉有无松动	仔细检查		
	2. 轴承座有无异常现象	无异常声响、不发热、无振动		
铆链	1. 磨损是否严重	铆链磨损量不超过原直径的10%		
	2. 有无裂焊	仔细检查		

357

续表

检查部位	检查内容	标准与要求	检查结果	备注
电气	1. 是否接地接零	电气设备金属外壳及金属结构应有可靠的接地（零）		
	2. 滑触线是否完好	滑触线完好		
警示	1. 标识标志是否齐全	额定起重负荷标识、警示标志齐全，警示线齐全		
	2. 警铃是否完好	警铃完好、有效		
消防	措施是否完善	司机室铺有绝缘垫、配有灭火器		
检验	1. 是否按规定检验	定期经专业检测部门检验合格，记录及资料齐全、在检测周期内使用		
	2. 合格标志是否张贴	使用许可证、检验合格证张贴		
整机检查结论				
检查人员签字			检查日期	

说明：1. 每次点检要重点检查天车交接班记录本记录的项目；

　　　2. 检查结果填写时，良好、正常、无超标等填"√"，有损坏、不正常等填"×"；

　　　3. 对填有"×"的要求在备注栏填写处理过程或处理建议。

表 7 - 19　　　　　　×× 水电站安全工器具月度检查表　　____年____月

（此表为示意，请根据实际设备填列）

序号	安全工器具名称		数量	编号	检验日期	存放地点	检查标准	检查日期	检查情况	检查人	备注
1	绝缘杆					安全工器具柜	数量与台账相符，外观无损伤；试验标签日期在有效期内；完好、各连接部位牢固				
2	接地线（组）	10kV				安全工器具柜	数量与台账相符，外观无损伤、线无断股，试验标签日期在有效期内，绝缘杆完好、各连接部位牢固				
		35kV				安全工器具柜					
3	高压验电器（支）	10kV				安全工器具柜	数量与台账相符，外观完好无损伤，试验标签日期在有效期内，声光报警正常、绝缘杆拉伸正常				
		35kV				安全工器具柜					
4	摇表（个）	500V				安全工器具柜	试验标签日期在有效期内，接线柱及测量软线完好				
		2500V									
5	绝缘手套（双）					安全工器具柜	数量与台账相符，外观清洁、无损伤，试验标签日期在有效期内，充气试验无漏气				

续表

序号	安全工器具名称	数量	编号	检验日期	存放地点	检查标准	检查日期	检查情况	检查人	备注
6	绝缘靴（双）				安全工器具柜	数量与台账相符，外观完好无损伤，试验标签日期在有效期内				
7	安全帽				个体防护用品柜	为电工型；在使用有效期内；无破损；下颌带、内衬等完好				
8	安全带、安全绳或防坠器（付）				个体防护用品柜	外观完好、无过度磨损；试验标签日期在有效期内；安全钩环齐全、保险装置可靠、各铆钉牢固				

第二节 相 关 标 准

一、双重预防体系有关标准及附表

（一）水电站工程运行重大危险源清单

根据《水利部办公厅关于印发〈水利水电工程（水电站、泵站）运行危险源辨识与风险评价导则（试行）〉的通知》（办监督函〔2020〕1114号），水电站工程运行重大危险源清单见表7-20。

表7-20　　　　　　　　　水电站工程运行重大危险源清单

序号	类别	项目	重大危险源	事故诱因	可能导致的后果
1	构（建）筑物类	挡水建筑物	挡水堰（坝）	不良地质，变形、渗漏异常	溃坝、水淹厂房和周边设施等、人员伤亡
2		引（输）水建筑物	调压设施	不良地质，变形、渗漏异常	顶部溢水、塌陷、漏水、水淹厂房及周边设施等、人员伤亡
3			压力管道、镇支墩	变形、开裂	失稳、爆管
4	金属结构类	压力钢管	压力钢管、阀组、伸缩节	变形、锈蚀、未定期检验、机组飞逸且紧急关阀、水锤防护设施失效	爆管、水淹厂房和周边设施等、人员伤亡
5	设施设备类	特种设备	起重设备	未经常性维护保养、自行检查和定期检验	设备严重损坏、人员伤亡
6	作业活动类	作业活动	高处作业	违章指挥、违章操作、违反劳动纪律、未正确使用防护用品	高处坠落、物体打击
7			有限空间作业		淹溺、中毒、坍塌
8			水下观测与检查作业		淹溺、人身伤害
9			带电作业		触电、人员伤亡

续表

序号	类别	项目	重大危险源	事故诱因	可能导致的后果
10	管理类	运行管理	操作票、工作票，交接班、巡回检查、设备定期试验制度执行	未严格执行	工程及设备严重损（破）坏、人员重大伤亡
11	环境类	自然环境	自然灾害	山洪、泥石流、山体滑坡等	工程及设备严重损（破）坏，人员重大伤亡
12			洪水位超防洪标准	超保证水位运行	水淹厂房和周边设施等、人员伤亡

（二）水电站工程运行一般危险源风险评价赋分表

根据《水利部办公厅关于印发〈水利水电工程（水电站、泵站）运行危险源辨识与风险评价导则（试行）〉的通知》（办监督函〔2020〕1114号），水电站工程运行一般危险源风险评价赋分表见表7-21。

表7-21 水电站工程运行一般危险源风险评价赋分表

序号	类别	项目	一般危险源	事故诱因	可能导致的后果	风险评价方法	L值范围	E值范围	S值或C值范围	R值或D值范围	风险等级范围
1	构（建）筑物类	挡水建筑物	按《水利水电工程（水库、水闸）运行危险源辨识与风险评价导则》执行								
2		引（输）水建筑物	进水口	不良地质	变形、结构破坏、失稳、围岩坍塌	LS法	5~30	—	3~15	15~450	低~重大
3			引水渠	水流冲刷、淤积物	漫溢、淤积、凹陷、滑坡、堵塞	LS法	5~10	—	3~15	15~150	低~一般
4			压力前池	渗漏、涌浪	漫溢、开裂破坏、水淹厂房	LS法	5~5	—	3~15	15~75	低~一般
5			引水渠翼墙	沉降变形、渗透破坏	滑移、裂缝、变形、倾覆、倒塌	LS法	5~30	—	3~15	15~450	低~重大
6			引水隧洞	不良地质、接缝破损、止水失效、高速水流	变形、结构破坏、失稳、渗漏、气蚀	LS法	5~30	—	3~15	15~450	低~重大
7		尾水建筑物	尾水洞	水流冲刷	结构破坏、气蚀	LS法	5~10	—	3~15	15~150	低~一般
8			尾水渠	水流冲刷、淤积物	凹陷、滑坡、堵塞	LS法	5~5	—	3~15	15~75	低~一般
9			尾水渠翼墙	沉降变形、渗透破坏	滑移、裂缝、变形、倾覆、倒塌	LS法	5~30	—	3~15	15~450	低~重大

序号	类别	项目	一般危险源	事故诱因	可能导致的后果	风险评价方法	L值范围	E值范围	S值或C值范围	R值或D值范围	风险等级范围
10	构（建）筑物类	厂房	厂房结构	变形、裂缝、渗漏	结构破坏、渗漏	LS法	5～30	—	3～15	15～450	低～重大
11			屋面及外墙防水	防水失效、暴雨、雨水管堵塞	漏水、设备损坏	LS法	5～30	—	3～15	15～450	低～重大
12		升压站、开关站	基础及支架	沉降、倾覆	设备损坏	LS法	5～30	—	3～15	15～150	低～重大
13		管理房	结构、屋面及外墙防水	变形、裂缝、渗漏、防水失效	结构破坏、渗漏、影响使用	LS法	5～10	—	3～15	15～150	低～一般
14		岸坡	岸坡	不良地质、水流冲刷、浸润线涨高	滑坡、失稳、坍塌	LS法	5～30	—	3～15	15～450	低～重大
15	金属结构类	闸门	工作闸门（进水口）	磨损、锈蚀、潜孔式闸通气不畅	止水失效、锈蚀损坏、振动、气蚀	LS法	5～30	—	3～15	15～450	低～重大
16			检修闸门	磨损、锈蚀	止水失效、锈蚀损坏	LS法	5～5	—	3～15	15～75	低～一般
17			事故闸门/快速闸门	不能及时关闭、断流失效	倒流、机组飞逸	LS法	5～30	—	3～15	15～450	低～重大
18			尾水闸门（出水口）	磨损、锈蚀	止水失效、锈蚀损坏	LS法	5～10	—	3～15	15～150	低～一般
19		阀组	蝶阀、闸阀等	杂物、密封关闭不严、功能失效	流量控制失效、设备受损	LS法	5～30	—	3～15	15～450	低～重大
20		拦污与清污设备	拦污栅/拦漂排	锈蚀、堵塞、撞击损坏	堵塞、严重锈蚀、扭曲变形	LS法	5～30	—	3～15	15～450	低～重大
21			清污机	磨损、锈蚀	影响设备运行	LS法	5～30	—	3～15	15～450	低～重大
22		启闭机械	按《水利水电工程（水库、水闸）运行危险源辨识与风险评价导则》执行								
23	设备设施类	机组及附属设备	发电机	发电机部件制造缺陷或安装缺陷，冷却系统故障，传感器故障，绝缘受潮、老化、损坏	设备损坏、机组解列停机、触电、火灾	LS法	5～30	—	3～15	15～450	低～重大
24			水轮机	检修安装不正确，冷却系统故障，油质劣化，机械、水力、电磁原因引起的故障，违规操作等	机组设备损坏、触电、甩负荷、火灾、人员伤害	LS法	5～30	—	3～15	15～450	低～重大
25			调速器	部件产品质量问题、机构松脱变位、参数设置改变等	失压失控、溜负荷等	LS法	5～30	—	3～15	15～450	低～重大

序号	类别	项目	一般危险源	事故诱因	可能导致的后果	风险评价方法	L值范围	E值范围	S值或C值范围	R值或D值范围	风险等级范围
26	设备设施类	机组及附属设备	转桨式水轮机桨叶密封	密封安装质量不符合要求、密封损坏	污染下游水质	LS法	5～30	—	3～15	15～450	低～重大
27		电气设备	变压器	油品质不符合要求、裸露带电导体与周边的安全净距不满足要求、保护及冷却装置故障、套管或支撑绝缘子损坏	设备损坏、爆炸、触电	LS法	5～30	—	3～15	15～450	低～重大
28			同期装置	设备故障	非同期并列、报警或解列	LS法	5～30	—	3～15	15～450	低～重大
29			气体绝缘全封闭组合电器（GIS）	在线监测系统故障、气密性损坏	爆炸、中毒和窒息	LS法	5～30	—	3～15	15～450	低～重大
30			高、低压开关配电设备	设备故障	影响设备运行	LS法	5～30	—	3～15	15～450	低～重大
31			高压电容器	渗漏油、外壳膨胀	爆炸、人身伤害	LS法	5～30	—	3～15	15～450	低～重大
32			母线、电缆及输电线路	接地故障，绝缘老化，线路断路、短路，雷击等	短路故障、机组过负荷、严重过速、飞逸	LS法	5～30	—	3～15	15～450	低～重大
33			互感器	互感器性能参数不满足要求、回路故障、本体故障、电流互感器二次侧开路、电压互感器二次短接	意外停机、爆炸	LS法	5～30	—	3～15	15～450	低～重大
34			直流系统	蓄电池、整流装置、开关、小母线等故障或损坏	影响设备运行	LS法	5～30	—	3～15	15～450	低～重大
35			励磁系统	励磁系统故障	不能同期或解列	LS法	5～30	—	3～15	15～450	低～重大
36			备用电源（柴油发电机）	线路故障、蓄电池故障、空气进入系统等	不能及时供电、影响电站运行	LS法	5～10	—	3～15	15～150	低～一般
37			电动机变频、旁路装置	变频、旁路装置故障	电机无法正常运行	LS法	5～30	—	3～15	15～450	低～重大

序号	类别	项目	一般危险源	事故诱因	可能导致的后果	风险评价方法	L值范围	E值范围	S值或C值范围	R值或D值范围	风险等级范围
38		仪表、测量控制及保护装置	设备故障，保护定值不合理，保护动作不灵敏	影响设备运行	LS法	5～30	—	3～15	15～450	低～重大
39	电气设备	接地装置	接地装置锈蚀、连接不良、有损伤、折断	触电	LS法	5～30	—	3～15	15～450	低～重大
40		综合自动化系统	硬件故障、使用不当	停机	LS法	5～10	—	3～15	15～150	低～一般
41		顶盖排水系统	排水系统工作不正常	顶盖淹水、停机	LS法	5～30	—	3～15	15～450	低～重大
42		油系统	油品质不达标、油压异常、过滤器堵塞、油管堵塞、安全阀故障等	机组异常温升、机组停机	LS法	5～30	—	3～15	15～450	低～重大
43	辅助设备	技术供水系统	水泵故障、管路堵塞、阀门故障、控制电源及回路故障、冷却装置故障、过滤器故障等	机组停机	LS法	5～30	—	3～15	15～450	低～重大
44	设备设施类	排水系统	排水泵、排污泵淤堵失效，控制系统故障	站内积水、设备损害	LS法	5～30	—	3～15	15～450	低～重大
45		气系统	储气罐压力异常、安全阀故障	机组无法正常停机	LS法	5～30	—	3～15	15～450	低～重大
46		电梯	未及时维修养护、未定期检测	人身伤害	LEC法	0.5～3	2～6	3～15	3～270	低～较大
47	特种设备	压力容器	未及时维修养护、未定期检测	容器爆炸、人身伤害	LS法	5～30	—	3～15	15～450	低～重大
48		专用机动车辆	未及时维修养护、未定期检测	人身伤害	LEC法	0.5～3	2～6	3～15	3～270	低～较大
49		视频监控系统	功能失效	不能及时发现工程隐患或险情	LS法	5～30	—	3～15	15～450	低～重大
50	管理设施	观测设施	设施损坏	影响工程调度运行	LS法	5～30	—	3～15	15～450	低～重大
51		通信及预警设施	设施损坏	影响工程调度运行	LS法	5～30	—	3～15	15～450	低～重大
52		闸门远程控制系统	功能失效	影响闸门启闭、工程调度运行	LS法	5～30	—	3～15	15～450	低～重大

序号	类别	项目	一般危险源	事故诱因	可能导致的后果	风险评价方法	L值范围	E值范围	S值或C值范围	R值或D值范围	风险等级范围
53	设备设施类	管理设施	消防设施	设施损坏、过期或失效	不能及时预警、不能正常发挥灭火功能	LS法	5～30	—	3～15	15～450	低～重大
54			防雷保护系统	功能失效	电气系统设备损坏、影响工程运行安全	LS法	5～30	—	3～15	15～450	低～重大
55	作业活动类	作业活动	机械作业	违章指挥、违章操作、违反劳动纪律、未正确使用防护用品	机械伤害	LEC法	0.5～3	2～6	3～7	3～126	低～一般
56			起重、搬运作业		起重伤害、物体打击	LEC法	0.5～3	2～6	3～7	3～126	低～一般
57			电焊作业		灼烫、触电、火灾	LEC法	0.5～3	2～6	3～7	3～126	低～一般
58			水上观测与检查作业		淹溺	LEC法	0.5～3	2～6	3～7	3～126	低～一般
59			动火作业		触电、失火	LEC法	0.5～3	2～6	3～15	3～270	低～较大
60			断路作业		交通事故、人员伤害	LEC法	0.5～3	2～6	3～15	3～270	低～较大
61			危化作业		中毒、水体污染	LEC法	0.5～3	2～6	3～15	3～270	低～较大
62			破土作业		管线破坏、中毒、坍塌	LEC法	0.5～3	2～6	3～15	3～270	低～较大
63			盲板封堵		淹溺	LEC法	0.5～3	2～6	3～15	3～270	低～较大
64			高压电气设备巡视	防护距离不够、违章操作	触电	LEC法	0.5～3	2～6	3～15	3～270	低～较大
65		检修	水泵、风机检修作业	违章指挥、违章操作、违反劳动纪律、未正确使用防护用品	触电、机械伤害	LEC法	0.5～3	2～6	3～15	3～270	低～较大
66			管道、压力容器检修作业		中毒、窒息	LEC法	0.5～3	2～6	3～15	3～270	低～较大
67			油库、油箱、油管道的运行和检修作业，电机、变压器油类作业（含油取样及分析）	油遇到火源	火灾	LEC法	0.5～3	2～6	3～15	3～270	低～较大
68				油处理不规范	变压器、电机设备损坏	LEC法	0.5～3	2～6	3～15	3～270	低～较大
69				安全措施不完善	火灾、爆炸	LEC法	0.5～3	2～6	3～15	3～270	低～较大
70				违章作业		LEC法	0.5～3	2～6	3～15	3～270	低～较大
71			现场设备检查维护作业	作业违反操作规程	触电、机械伤害	LEC法	0.5～3	2～6	3～15	3～270	低～较大

序号	类别	项目	一般危险源	事故诱因	可能导致的后果	风险评价方法	L值范围	E值范围	S值或C值范围	R值或D值范围	风险等级范围
72	作业活动类	试验检验	管道水压试验	超压爆裂	人身伤害	LEC法	0.5～6	1～6	3～15	1.5～540	低～重大
73			验电	验电顺序不合规	触电	LEC法	0.5～6	1～6	3～15	1.5～540	低～重大
74			高电压试验	漏电		LEC法	0.5～6	1～6	3～15	1.5～540	低～重大
75	管理类	管理体系	机构组成与人员配备	机构不健全	影响工程运行管理	LS法	5～30	—	3～15	15～450	低～重大
76			安全管理规章制度与操作规程制定	制度不健全		LS法	5～30	—	3～15	15～450	低～重大
77			防汛抢险物料准备	物料准备不足	影响工程防汛抢险	LS法	5～10	—	3～15	15～150	低～一般
78			维修养护物资准备	物资准备不足	影响工程运行安全	LS法	5～10	—	3～15	15～150	低～一般
79			人员基本支出和工程维修养护经费落实	经费未落实	影响工程运行管理	LS法	5～30	—	3～15	15～450	低～重大
80			管理、作业人员教育培训	培训不到位	影响工程运行安全、人员作业安全	LS法	5～30	—	3～15	15～450	低～重大
81		运行管理	观测与监测	未按规定开展	设备设施严重损（破）坏	LS法	5～30	—	3～15	15～450	低～重大
82			安全检查制度执行	未按规定开展或检查不到位		LS法	5～10	—	3～15	15～150	低～一般
83			外部人员的活动	活动未经许可		LS法	5～30	—	3～15	15～450	低～重大
84			泄洪、放水或冲沙等	警示、预警工作不到位	影响公共安全	LS法	5～30	—	3～15	15～450	低～重大
85			管理和保护范围划定	范围不明确	影响工程运行管理	LS法	5～30	—	3～15	15～450	低～重大
86			应急预案编制、报批、演练	未编制、报批或演练	影响工程防汛抢险	LS法	5～30	—	3～15	15～450	低～重大
87			调度规程编制	未编制、报批	影响工程调度	LS法	5～30	—	3～15	15～450	低～重大
88			维修养护计划制定	未制定	不能及时消除工程隐患	LS法	5～10	—	3～15	15～150	低～一般
89			采用新技术、新材料、新设备、新工艺	缺少相关标准和经验	故障、设备损坏、人员伤害	LS法	5～30	—	3～15	15～450	低～重大
90			警示、警告标识设置	缺失	影响工程安全运行、人员安全	LS法	5～30	—	3～15	15～450	低～重大

序号	类别	项目	一般危险源	事故诱因	可能导致的后果	风险评价方法	L值范围	E值范围	S值或C值范围	R值或D值范围	风险等级范围
91		疏散逃生通道	通道堵塞	发生火灾时人员无法及时撤离	LS法	5~30	—	3~15	15~450	低~重大
92			消防通道	消防通道不满足要求	发生火灾时不能即时扑灭	LS法	5~30	—	3~15	15~450	低~重大
93		工作环境	油浸式变压器储油池卵石层	储油池内鹅卵石间缝隙被杂物堵塞或鹅卵石尺寸或厚度不满足要求，喷出的绝缘油不能快速下渗	火灾发生后可能持续燃烧	LS法	5~10	—	3~15	15~150	低~一般
94			斜坡、步梯、通道、作业场地	结冰或湿滑	高处坠落、扭伤、摔伤	LEC法	0.5~3	2~6	3~7	3~126	低~一般
95	环境类		孔洞、临边、临水部位	防护栏杆缺失，井、坑、孔、洞、沟道没覆以地面齐平盖板或照明不足	高处坠落、淹溺	LEC法	0.5~3	2~6	3~7	3~126	低~一般
96			管理和保护范围内山体（土体）存在潜在滑坡、落石区域	大风、暴雨、洪水等	坍塌、物体打击	LEC法	0.5~3	0.5~3	3~15	0.75~135	低~一般
97					浪涌破坏	LS法	5~10	—	3~15	15~150	低~一般
98		自然环境	结构受侵蚀性介质作用	侵蚀性介质接触	建筑物结构损坏	LS法	5~30	—	3~15	15~450	低~重大
99			水生生物	吸附在闸门、门槽上	影响闸门启闭	LS法	5~30	—	3~15	15~450	低~重大
100			水面漂浮物、垃圾	在门槽附近堆积		LS法	5~30	—	3~15	15~450	低~重大
101			杨柳絮、老鼠、蛇等	未采取措施防止动物、杨柳絮进入	短路、设备损坏	LS法	5~30	—	3~15	15~450	低~重大
102			有毒有害气体、废弃物	溢出，处理不当	中毒、人员伤亡、污染水体	LS法	0.5~3	2~6	3~7	3~126	低~一般

（三）隐患判定指南

1. 水利工程运行管理生产安全重大事故隐患直接判定清单（指南）

根据《水利部关于印发〈水利工程生产安全重大事故隐患判定标准（试行）〉的通知》（水安监〔2017〕344 号），水利工程运行管理生产安全重大事故隐患直接判定清单（指南）见表 7-22。

表 7-22 水利工程运行管理生产安全重大事故隐患直接判定清单（指南）

管理对象	隐患编号	隐 患 内 容
一、水库大坝工程	SY-K001	大坝安全鉴定为三类
	SY-K002	大坝坝身出现裂缝，造成渗水、漏水严重或出水浑浊
	SY-K003	大坝渗流异常且坝体出现流土、漏洞或管涌
	SY-K004	闸门主要承重件出现裂缝、门体止水装置老化或损坏渗漏超出规范要求，闸门在启闭过程中出现异常振动或卡阻，或卷扬式启闭机钢丝绳达到报废标准未报废
	SY-K005	泄水建筑物堵塞无法泄洪或行洪设施不符合相关规定和要求
	SY-K006	近坝库岸或者工程边坡有失稳征兆
	SY-K007	坝下建筑物与坝体连接部位有失稳征兆
	SY-K008	存在有关法律法规禁止性行为危及工程安全的
二、水电站工程	SY-D001	无立项、无设计、无验收、无管理的"四无"水电站
	SY-D002	主要发供电设备异常运行已达到规程标准的紧急停运条件而未停止运行
	SY-D003	厂房渗水至设备、电器装置
	SY-D004	存在三类设备设施
	SY-D005	涉及水库大坝工程的隐患参照水库大坝工程
三、水闸工程	SY-Z001	水闸安全类别被评定为四类
	SY-Z002	水闸过水能力不满足设计要求
	SY-Z003	闸室底板、上下游连接段止水系统破坏
	SY-Z004	水闸防洪标准不满足规范要求
四、引调水工程	SY-Y001	钢管锈蚀严重
	SY-Y002	管道沉降量较大
	SY-Y003	节制闸、退水闸失效
	SY-Y004	引调水工程其他隐患内容参照本指南中其他相同或相近工程

注 本表删除了与水电站无关的淤地坝等内容。

2. 水利工程运行管理生产安全重大事故隐患综合判定清单（指南）

根据《水利部关于印发〈水利工程生产安全重大事故隐患判定标准（试行）〉的通知》（水安监〔2017〕344 号），水利工程运行管理生产安全重大事故隐患综合判定清单（指南）见表 7-23。

表 7 - 23   **水利工程运行管理生产安全重大事故隐患综合判定清单（指南）**

一、水库大坝工程		
序号/编号	基础条件	重大事故隐患判据
1	水库管理机构和管理制度不健全，管理人员职责不明晰	
2	大坝安全监测、防汛交通与通信等管理设施不完善	
3	水库调度规程与水库大坝安全管理应急预案未制定并报批	
4	不能按审批的调度规程合理调度运用，未按规范开展巡回检查和安全监测，不能及时掌握大坝安全性态	
5	大坝养护修理不及时，处于不安全、不完整的工作状态	
6	安全教育和培训不到位或相关岗位人员未持证上岗	
隐患编号	物的不安全状态	
SY - KZ001	大坝未按规定进行安全鉴定	
SY - KZ002	大坝抗震安全性综合评价级别属于 C 级	
SY - KZ003	大坝泄洪洞、溢流面出现大面积气蚀现象	满足任意 3 项基础条件＋任意 3 项物的不安全状态
SY - KZ004	坝体混凝土出现严重碳化、老化、表面大面积出现裂缝等现象	
SY - KZ005	白蚁灾害地区的土坝未开展白蚁防治工作	
SY - KZ006	闸门液压式启闭机缸体或活塞杆有裂纹或有明显变形的	
SY - KZ007	闸门螺杆式启闭机螺杆有明显变形、弯曲的	
SY - KZ008	卷扬式启闭机滑轮组与钢丝绳锈蚀严重或启闭机运行震动、噪声异常，电流、电压变化异常	
SY - KZ009	没有备用电源或备用电源失效	
SY - KZ010	未按规定设置观测设施或观测设施不满足观测要求	
SY - KZ011	通信设施故障、缺失导致信息无法沟通	
SY - KZ012	工程管理范围内的安全防护设施不完善或不满足规范要求	

二、水电站工程		
序号/编号	基础条件	重大事故隐患判据
1	水电站管理机构和管理制度不健全，管理人员职责不明晰	
2	水电站安全监测、防汛交通与通信等管理设施不完善	
3	水电站调度规程与应急预案未制定并报批	
4	不能按审批的调度规程合理调度运用，未按规范开展安全监测，不能及时掌握水电站安全状态	
5	水电站养护修理不及时，处于不安全、不完整的工作状态	
6	安全教育和培训不到位或相关岗位人员未持证上岗	
隐患编号	物的不安全状态	
SY - DZ001	消防设施布置不符合规范要求	满足任意 3 项基础条件＋任意 2 项物的不安全状态
SY - DZ002	机组的油、气、水等系统出现异常，无法正常运行，或存在可能引起火灾、爆炸事故	
SY - DZ003	机组的电流、电压、振动、噪声异常；发电过程存在气蚀破坏、泥沙磨损、振动和顶盖漏水量大等问题，出现绝缘损害、短路、轴承过热和烧坏事故等	
SY - DZ004	水轮发电机机组绕组温升超过限定值	
SY - DZ005	水电站工程其他物的不安全状态参照本指南中其他相同或相近工程	

三、水闸工程		
序号/编号	基础条件	重大事故隐患判据
1	工程管护范围不明确、不可控，技术人员未明确定岗定编或不满足管理要求，管理经费不足	满足任意3项基础条件＋任意2项物的不安全状态
2	规章制度不健全，水闸未按审批的控制运用计划合理运用	
3	工程设施破损或维护不及时，管理设施、安全监测等不满足运行要求	
4	安全教育和培训不到位或相关岗位人员未持证上岗	
隐患编号	物的不安全状态	
SY－ZZ001	防洪标准安全分级为B类	
SY－ZZ002	水闸未按规定进行安全评价或安全类别被评为三类	
SY－ZZ003	渗流安全分级为B类	
SY－ZZ004	结构安全分级为B类	
SY－ZZ005	工程质量检测结果评级为B类	
SY－ZZ006	抗震安全性综合评价级为B级	
SY－ZZ007	水闸交通桥结构钢筋外露锈蚀严重且混凝土碳化严重	

四、引调水工程		
序号/编号	基础条件	重大事故隐患判据
1	规章制度不健全，档案管理工作不满足有关标准要求	满足任意3项基础条件＋任意2项物的不安全状态
2	未落实管养经费或未按要求进行养护修理，引调水工程不完整，管理设施设备不完备，运行状态不正常	
3	管理范围不明确，未按要求进行安全检查，未能及时发现并有效处置安全隐患	
4	安全教育和培训不到位或相关岗位人员未持证上岗	
隐患编号	物的不安全状态	
	参照相应工程	

注　本表删除了与水电站无关的淤地坝等内容。

二、农村水电站安全生产标准化评审标准及申请表等

(一) 农村水电站安全生产标准化评审标准 (办水电〔2019〕6号)

说明：

一、适用范围：本标准适用于农村水电站开展安全生产标准化等级评审等相关工作。

二、项目设置：本标准以《企业安全生产标准化基本规范》(GB/T 33000—2016) 的核心要求为基础，共设置8个一级项目、28个二级项目和112个三级项目。大坝未按规定进行注册、未按规定进行安全鉴定或鉴定结果未达到二类及以上的，"两票"执行率未达到100%的，安全事故存在迟报、漏报、谎报、瞒报的为否决项。

三、分值设置：本标准按1000分设置得分点，并实行扣分制。在三级项目中有多个扣分点的，可累计扣分，直到该三级项目标准分值扣完为止，不出现负分。

四、得分换算：本标准按百分制设置最终标准化得分，其换算公式如下：

评审得分＝［各项得分之和/（1000－各合理缺项标准分值之和）］×100。最后得分采用四舍五入，保留一位小数。

五、评级标准：评审得分大于等于90分的可评为一级，小于90分、大于等于75分的可评为二级，小于75分、大于等于65分的可评为三级，小于65分或存在否决项的为不达标。

1. 目标职责（110分）

二级项目	三级项目	标准分值	评审方法及评分标准	评审描述	得分
1.1 目标（25分）	1.1.1 安全生产目标管理制度应明确目标的制定、分解、实施、检查、考核等内容	3	查制度文本。 ①无该项制度，不得分； ②制度内容不全，每缺一项扣1分； ③制度内容不符合有关规定，每项扣1分		
	1.1.2 制定安全生产总目标和年度目标，应包括生产安全事故控制、生产安全事故隐患排查治理、职业健康、安全生产管理等目标	4	查相关规划或文件。 ①目标未以正式文件发布，不得分； ②目标制定不全，每缺一项扣1分		
	1.1.3 根据部门和所属单位在安全生产中的职能，分解安全生产总目标和年度目标	4	查相关文件。 ①目标未分解，不得分； ②目标分解不全，每缺一个部门或单位扣1分； ③目标分解与职能不符，每项扣1分		
	1.1.4 逐级签订年度安全生产责任书，并制定目标保证措施	4	查安全责任书。 ①未签订责任书，不得分； ②责任书签订不全，每缺一个部门、岗位或个人扣1分； ③未制定目标保证措施，每缺一个部门、岗位或个人扣1分； ④责任书内容与安全生产职责不符，每项扣1分		
	1.1.5 定期对安全生产目标完成情况进行检查、评估，必要时及时调整安全生产目标实施计划	5	查相关文件和记录。 ①未定期检查、评估，不得分； ②检查、评估的部门不全，每缺一个扣1分； ③未及时调整实施计划，扣2分		
	1.1.6 定期对安全生产目标完成情况进行考核奖惩	5	查相关文件和记录。 ①未定期考核奖惩，不得分； ②考核奖惩不全，每缺一个部门或岗位扣2分		
1.2 机构和职责（30分）	1.2.1 成立由单位主要负责人、其他领导班子成员、有关部门负责人等组成的安全生产委员会（安全生产领导小组），人员变化时及时调整发布	4	查相关文件。 ①未成立或未以正式文件发布，不得分； ②成员不全，每缺一位领导或相关部门负责人扣1分； ③人员发生变化，未及时调整发布，扣2分		

二级项目	三 级 项 目	标准分值	评审方法及评分标准	评审描述	得分
1.2 机构和职责（30分）	1.2.2 按规定设置或明确安全生产管理机构	4	查相关文件。 未按规定设置，不得分		
	1.2.3 按规定配备专（兼）职安全生产管理人员，建立健全安全生产管理网络	4	查相关文件。 ①安全生产管理人员配备不全，每少一人扣2分； ②人员不符合要求，每人扣2分		
	1.2.4 安全生产责任制度应明确各级单位、部门及人员的安全生产职责、权限和考核奖惩等内容。主要负责人全面负责安全生产工作，并履行相应责任和义务；分管负责人应对各自职责范围内的安全生产工作负责；各级管理人员应按照安全生产责任制的相关要求，履行其安全生产职责	10	查制度文本。 ①责任制不全，每缺一项扣2分； ②责任制内容与安全生产职责不符，每项扣1分		
	1.2.5 安全生产委员会（安全生产领导小组）每季度至少召开一次会议，跟踪落实上次会议要求，总结分析本单位的安全生产情况，评估本单位存在的风险，研究解决安全生产工作中的重大问题，并形成会议纪要	8	查相关文件和记录。 ①会议频次不够，或未形成纪要的，每次扣2分； ②未跟踪落实上次会议要求，每次扣2分； ③重大问题未经安全生产委员会或安全领导小组研究解决，每项扣2分		
1.3 全员参与（10分）	1.3.1 定期对部门和从业人员的安全生产职责的适宜性、履职情况进行评估和监督考核	5	查相关记录并现场抽查。 ①未进行评估和监督考核，不得分； ②评估和监督考核不全，每缺一个部门或个人扣1分； ③对自身的安全职责不清楚的，每人次扣1分		
	1.3.2 建立激励约束机制，鼓励从业人员积极建言献策，建言献策应有回复	5	查相关文件和记录。 ①未建立激励约束机制，不得分； ②未对建言献策回复，每少一次扣1分		
1.4 安全生产投入（25分）	1.4.1 安全生产投入制度应明确费用的提取、使用和管理	3	查制度文本。 ①无该项制度，不得分； ②制度内容不全，每缺一项扣1分； ③制度内容不符合有关规定，每项扣1分		
	1.4.2 按有关规定保证安全生产所必需的资金投入	10	查相关文件和记录。资金投入不足，不得分		
	1.4.3 根据安全生产需要编制安全生产费用使用计划，并严格审批程序，建立安全生产费用使用台账。安全生产费用使用应符合有关规定范围	4	查相关记录。 ①未编制安全生产费用使用计划，不得分； ②审批程序不符合规定，扣1分； ③未建立安全生产费用使用台账，不得分； ④台账不全，每缺一项扣1分； ⑤超范围使用的，每项扣1分		

二级项目	三　级　项　目	标准分值	评审方法及评分标准	评审描述	得分
1.4　安全生产投入（25分）	1.4.4　落实安全生产费用使用计划，并保证专款专用。按照有关规定，为从业人员及时办理工伤等相关保险。	4	查相关记录。 ①未落实安全生产费用使用计划，每项扣2分； ②未专款专用，每项扣2分； ③参保人员不全，每缺一人扣1分		
	1.4.5　每年对安全生产费用的落实情况进行检查、总结和考核，并以适当方式公开安全生产费用提取和使用情况	4	查相关记录。 ①未进行检查、总结和考核，不得分； ②未公开安全生产费用提取和使用情况，扣2分		
1.5　安全文化建设（10分）	1.5.1　确立本单位安全生产和职业病危害防治理念及行为准则，并教育、引导全体人员贯彻执行	5	查相关文件和记录。 ①未确立理念或行为准则，不得分； ②未教育、引导全体人员贯彻执行，不得分		
	1.5.2　制定安全文化建设规划和计划，开展安全文化建设活动	5	查相关文件和记录。 ①未制定安全文化建设规划或计划，不得分； ②未按计划实施，每项扣2分； ③单位主要负责人未参加安全文化建设活动，扣2分		
1.6　安全生产信息化建设（10分）	1.6.1　根据实际情况，建立安全生产日常管理、重大危险源监控、职业病危害防治、应急管理、安全风险管控和隐患自查自报、安全生产预测预警等电子台账或信息系统，利用信息化手段加强安全生产管理工作	10	查相关系统。 ①未建立电子台账或管理信息系统，不得分； ②电子台账或信息系统功能不全，每缺一项扣2分		
小　计		110	得分小计		

2. 制度化管理（90分）

二级项目	三　级　项　目	标准分值	评审方法及评分标准	评审描述	得分
2.1　法规标准识别（10分）	2.1.1　明确法规标准识别归口管理部门，识别和获取适用的安全生产法律法规、标准规范，包括但不限于：《中华人民共和国安全生产法》、《中华人民共和国防洪法》、《生产安全事故报告和调查处理条例》、《电力安全工作规程　发电厂和变电站电气部分》（GB 26860）、《小型水电站安全检测与评价规范》（GB/T 50876）、《小型水电站运行维护技术规范》（GB 50964）、《农村水电站技术管理规程》（SL 529）、《生产经营单位生产安全事故应急预案编制导则》（GB/T 29639）、《水库大坝安全管理应急预案编制导则》（SL/Z 720）、《生产安全事故应急演练指南》（AQ/T 9007）、《生产安全事故应急演练评估规范》（AQ/T 9009）	5	查相关文件和记录。 ①未明确归口管理部门，扣2分； ②未进行识别，不得分； ③识别有缺项、或识别后未获取的，每缺一项扣2分； ④法律法规、标准规范失效未及时更新的，每项扣2分		

二级项目	三　级　项　目	标准分值	评审方法及评分标准	评审描述	得分
2.1　法规标准识别（10分）	2.1.2　及时向员工传达并配备适用的安全生产法律法规和其他要求	5	查相关记录。 ①未及时传达或配备，不得分； ②传达或配备不到位，每少一人扣1分		
2.2　规章制度（30分）	2.2.1　应建立和健全安全生产规章制度，包括但不限于：1. 目标管理；2. 安全生产责任制；3. 安全生产投入；4. 安全生产信息化；5. 文件、记录和档案管理；6. 新工艺、新技术、新材料、新设备管理；7. 教育培训；8. 班组安全活动；9. 特种作业人员管理；10. 设备设施管理；11. 运行管理（包括操作票、工作票、交接班、设备巡回检查、设备定期试验轮换等）；12. 检修管理；13. 危险物品管理；14. 安全警示标志管理；15. 消防安全管理；16. 交通安全管理；17. 相关方管理；18. 防洪度汛安全管理；19. 职业健康管理；20. 劳动防护用品（具）管理；21. 安全风险管理、隐患排查治理；22. 应急管理；23. 事故管理；24. 安全生产报告；25. 绩效评定管理	20	查制度文本。 ①无相关制度或未以正式文件发布，每项扣2分； ②制度内容不符合有关规定，每项扣1分		
	2.2.2　将安全生产规章制度发放到相关工作岗位，并组织培训	10	查相关记录。 ①工作岗位发放不全，每缺一个扣2分； ②规章制度发放不全，每缺一项扣2分； ③无培训学习记录的，每项扣1分		
2.3　操作规程（30分）	2.3.1　应根据相关规程规范，并结合电站实际，组织从业人员参与，编制现场运行规程、现场检修规程等	15	查规程文本和记录。 ①规程不齐全，每缺一项扣5分； ②未以正式文件发布，每项扣3分； ③规程不适用或有错误，每项扣2分； ④规程编制工作无从业人员参与，每项扣2分		
	2.3.2　新工艺、新技术、新材料、新设备投入使用前，组织编制或修订相应的安全操作规程，并确保其适宜性和有效性	5	查规程文本和记录。 "四新"投入使用前，未组织编制或修订安全操作规程，每项扣2分		

二级项目	三　级　项　目	标准分值	评审方法及评分标准	评审描述	得分
2.3　操作规程（30分）	2.3.3　安全操作规程应发放到相关班组、岗位，并对员工进行培训和考核	10	查相关记录并现场抽查。 ①未发放，不得分； ②每少发一个班组、岗位扣1分； ③无培训、考核记录，每项扣1分； ④员工不熟悉相应规程，每人次扣1分		
2.4　文档管理（20分）	2.4.1　应建立文件和记录管理制度，明确安全生产规章制度、操作规程的编制、评审、发布、使用、修订、作废以及文件和记录管理的职责、程序和要求	3	查制度文本。 ①无该项制度，不得分； ②制度内容不全，每缺一项扣1分； ③制度内容不符合有关规定，每项扣1分		
	2.4.2　建立健全安全生产过程、事件、活动、检查的安全记录档案，并实施有效管理。安全记录档案应包括但不限于：操作票、工作票、值班日志、交接班记录、巡检记录、检修记录、设备缺陷记录、事故调查报告、安全生产通报、安全会议记录、安全活动记录、安全检查记录	10	查相关记录。 ①未建立安全生产记录档案，不得分； ②缺少相关记录档案的，每项扣2分； ③记录不符合要求，每项扣1分		
	2.4.3　每年至少评估一次安全生产法律法规、标准规范、规范性文件、规章制度、操作规程的适用性、有效性和执行情况	3	查相关记录。 ①未按时进行评估或无评估结论，不得分； ②评估结果与实际不符，扣2分		
	2.4.4　根据评估、检查、自评、评审、事故调查等发现的相关问题，及时修订安全生产规章制度、操作规程	4	查相关记录。 应修订而未及时修订，每项扣2分		
小　计		90	得分小计		

3. 教育培训（70分）

二级项目	三　级　项　目	标准分值	评审方法及评分标准	评审描述	得分
3.1　教育培训管理（10分）	3.1.1　安全教育培训制度应明确归口管理部门、培训的对象与内容、组织与管理、检查和考核等要求	3	查制度文本。 ①无该项制度，不得分； ②制度内容不全，每缺一项扣1分； ③制度内容不符合有关规定，每项扣1分		
	3.1.2　定期识别安全教育培训需求，编制培训计划，按计划进行培训，对培训效果进行评价，并根据评价结论进行改进，建立教育培训记录、档案	7	查相关文件和记录。 ①未编制年度培训计划，不得分； ②培训计划不合理，扣2分； ③未进行培训效果评价，每次扣1分； ④未根据评价结论进行改进，每次扣1分； ⑤记录、档案资料不完整，每项扣1分		

二级项目	三　级　项　目	标准分值	评审方法及评分标准	评审描述	得分
3.2　人员教育培训（60分）	3.2.1　主要负责人和安全生产管理人员，必须具备相应的安全生产知识和管理能力，按规定经有关部门培训考核合格后方可上岗任职，按规定进行复审、培训	10	查相关文件、记录并现场检查。 ①主要负责人、安全生产管理人员未经考核合格或未按规定进行复审、培训，每人扣4分； ②对岗位安全生产职责不熟悉，每人扣1分		
	3.2.2　新员工上岗前应接受三级安全教育培训，并考核合格	10	查相关文件、记录。 ①无培训、考核记录，不得分； ②新员工未经培训考核合格上岗，每人扣2分		
	3.2.3　在新工艺、新技术、新材料、新设备投入使用前，应根据技术说明书、使用说明书、操作技术要求等，对有关管理、操作人员进行有针对性的安全技术和操作技能培训和考核	5	查相关文件、记录。 ①无培训、考核记录的，不得分； ②培训不全的，每少一人扣1分； ③考核不合格的，每人扣1分		
	3.2.4　作业人员转岗、离岗3个月以上重新上岗前，应进行安全教育培训，经考核合格后上岗	5	查相关文件、记录。 ①无培训、考核记录的，不得分； ②考核不合格的，不得分		
	3.2.5　特种作业人员、特种设备作业人员应按照国家有关规定经过专门的安全作业培训，取得相关证书后上岗作业；离岗6个月以上重新上岗，应进行实际操作考核合格后上岗工作。建立健全特种作业人员和特种设备作业人员档案	10	查相关文件、记录并现场检查。 ①未持证上岗，每人扣3分； ②离岗6个月以上，未经考核合格上岗，每人扣3分； ③特种作业人员、特种设备作业人员档案资料不全，每少一人扣2分		
	3.2.6　每年对在岗作业人员进行安全生产教育和培训，培训时间和内容应符合有关规定	10	查相关记录。 未按规定进行培训，每人扣1分		
	3.2.7　督促检查相关方作业人员的安全生产教育培训及持证上岗情况	5	相关记录。 ①未督促检查，扣5分； ②督促检查不全，每缺一个单位扣2分		
	3.2.8　对外来人员进行安全教育，主要内容应包括：安全规定、可能接触到的危险有害因素、职业病危害防护措施、应急知识等，并由专人带领做好相关监护工作	5	查相关记录。 ①未进行安全教育，扣5分； ②安全教育内容不符合要求，扣3分； ③无专人带领，扣5分		
小　　计		70	得分小计		

4. 现场管理（500分）

二级项目	三级项目	标准分值	评审方法及评分标准	评审描述	得分
4.1 设备设施管理（370分）	4.1.1 挡水建筑物 大坝、闸坝、堰坝、前池等应定期进行维护和观测，定期进行安全检查，并按规定进行安全监测。基础稳定，无异常渗漏现象；坝体结构无老化、错位、贯通性裂纹或洞穴；边坡稳定，无隐患；坝顶路面平整，抢险通道畅通；充排水（气）系统工作正常；各类观测、监测设备完好	40	查相关文件、记录并现场检查。 ①大坝未按规定进行注册、未按规定进行安全鉴定或鉴定结果未达到二类及以上的，不得评为达标； ②大坝未按安全鉴定意见完成整改的，不得分； ③未按规定定期开展的，或无相关记录的，扣8分； ④相关记录不全或不详实的，扣4分； ⑤基础、结构及边坡存在安全隐患的，每项扣5分，未采取有效措施，不得分； ⑥坝顶被违规作为他用的，扣5分； ⑦排水（气）系统有缺陷的，扣5分； ⑧安全监测不全的，每缺一项扣2分； ⑨观测设施、仪器、仪表的校验或检定不符合要求，每项扣2分； ⑩各主要监测量异常且未采取有效措施，每项扣5分		
	4.1.2 泄水建筑物 溢洪道、泄洪洞、泄洪孔等应定期进行维护和观测，并按规定进行安全监测。基础稳定，溢流面无冲蚀现象，边坡稳定，无异常渗漏和其他隐患	20	查相关记录并现场检查。 ①未按规定定期开展的，或无相关记录的，扣4分； ②相关记录不全或不详实的，扣2分； ③基础及结构存在影响安全的缺陷，每项扣5分，未采取有效措施，不得分； ④泄水建筑物存在影响泄洪的重大缺陷，不得分		
	4.1.3 引水渠道、渡槽、涵管、尾水渠 应定期进行维护和观测。结构稳定，衬砌良好，无淤积、漏水、老化、错位、坍塌现象，边坡稳定无隐患	15	查相关记录并现场检查。 ①未按规定定期开展的，或无相关记录的，扣3分； ②相关记录不全或不详实的，扣2分； ③有相关缺陷的，每项扣3分		
	4.1.4 隧洞 应定期进行维护和检查。围岩稳定，无坍塌、异常渗漏，能满足电站突然开、停机要求	10	查相关记录并现场检查。 ①未按规定定期开展的，或无相关记录的，扣2分； ②相关记录不全或不翔实的，扣1分； ③有相关缺陷的，每项扣5分		
	4.1.5 调压室（井、塔） 应定期进行维护和观测。结构稳定，无塌陷、变形、破损和漏水现象；顶部布置能满足负荷突变时涌浪的要求，有顶盖的调压井通气良好；附属设施（栏杆、扶手、楼梯、爬梯）和必要的水位观测应完整、可靠	10	查相关记录并现场检查。 ①未按规定定期开展的，或无相关记录的，扣2分； ②相关记录不全或不翔实的，扣1分； ③有相关缺陷的，每项扣2分		

二级项目	三　级　项　目	标准分值	评审方法及评分标准	评审描述	得分
4.1　设备设施管理（370分）	4.1.6　压力管道 　　应定期进行维护和观测，并按规定进行检测。钢筋混凝土压力管道应伸缩节完好，无渗漏，混凝土无老化、剥蚀和钢筋外露现象。压力钢管内外壁维护良好，定期进行防腐处理；焊缝无开裂，伸缩节完好，无渗漏。支墩与镇墩结构稳定，混凝土无老化、开裂、位移、沉陷、破损	20	查相关记录并现场检查。 ①未定期进行维护和观测的，或无相关记录的，扣4分； ②相关记录不全或不翔实的，扣2分； ③有相关缺陷的，每项扣5分； ④未按规定进行检测，或检测结果不满足安全运行要求的，不得分		
	4.1.7　启闭机房、发电厂房 　　应定期进行巡查维护并形成记录。排水、通风、防潮、防水满足安全运行要求；基础稳定，无裂缝、漏水等缺陷	10	查相关记录并现场检查。 ①未按规定定期开展的，或无相关记录的，扣2分； ②相关记录不全或不翔实的，扣1分； ③有相关缺陷的，每项扣2分		
	4.1.8　升压站设施 　　应定期进行巡查维护并形成记录。厂区外的屋外配电装置场地四周应设置2.2～2.5m高的实体围墙，围墙边坡稳定无隐患，结构稳定可靠；厂区内的屋外配电装置场地周围应设置围栏，高度应不小于1.5m，隔挡间距不超过0.2m，金属围栏应可靠接地。升压站内地面平整，无杂草，排水正常，操作道和巡视道完善，电缆沟及各设备基础稳定	10	查相关记录并现场检查。 ①未按规定定期开展的，或无相关记录的，扣2分； ②相关记录不全或不翔实的，扣1分； ③有相关缺陷的，每项扣2分		
	4.1.9　泄洪闸门 　　应双回路供电并配备应急电源；按规定进行维护、检测，每年汛前进行检修和启闭试验。闸门门体、主梁、支臂、纵梁等构件良好，无超标变形、锈蚀、磨损、表面缺陷和焊缝缺陷，启闭动作正常，锁定装置可靠	25	查相关记录并现场检查。 ①未双回路供电、未配备应急电源，不得分； ②未按规定开展的，或无相关记录的，不得分； ③记录不翔实的，扣5分； ④有相关缺陷的，每项扣5分		
	4.1.10　进水口拦污排、拦污栅、进水口闸门、尾水渠闸门 　　应按规定进行维护、检测。外观良好，无超标变形、锈蚀、磨损、表面缺陷和焊缝缺陷，启闭动作正常，锁定装置可靠，平压设备（充水阀或旁通阀）可靠	10	查相关记录并现场检查。 ①未按规定开展的，或无相关记录的，扣2分； ②相关记录不全或不翔实的，扣1分； ③有相关缺陷的，每项扣2分		

二级项目	三级项目	标准分值	评审方法及评分标准	评审描述	得分
4.1 设备设施管理（370分）	4.1.11 启闭机 应按规定进行维护、检测。工作正常，电控部分绝缘良好，主要受力构件无明显变形、磨损、裂纹、漏油	10	查相关记录并现场检查。 ①未按规定开展的，或无相关记录的，扣2分； ②相关记录不全或不翔实的，扣1分； ③有相关缺陷的，每项扣5分		
	4.1.12 水轮机 应定期进行维护、试验。设备外观基本完好，机组振动、摆度、噪声符合标准，稳定性良好；各轴承温度、油质等符合标准且无漏油、甩油现象；主轴密封、导叶套筒无严重漏水现象	15	查相关记录并现场检查。 ①未按规定定期开展的，或无相关记录的，扣3分； ②相关记录不全或不翔实的，扣2分； ③有相关缺陷的，每项扣5分		
	4.1.13 调速器 应定期进行维护、试验。各参数符合设计要求，调节性能良好。在紧急停机时能自动安全关闭，关闭时间符合调保计算要求；调速器油压装置工作正常	15	查相关记录并现场检查。 ①未按规定定期开展的，或无相关记录的，扣3分； ②相关记录不全或不翔实的，扣2分； ③机组未进行甩负荷试验的，扣5分； ④有相关缺陷的，每项扣5分		
	4.1.14 主阀 应定期进行维护、试验。关闭严密，传动灵活可靠，启闭阀门时间符合要求，旁通阀门运行正常；主阀油压装置工作正常；保护涂料完整，无锈蚀现象	15	查相关记录并现场检查。 ①未按规定定期开展的，或无相关记录的，扣3分； ②相关记录不全或不翔实的，扣2分； ③有相关缺陷的，每项扣5分		
	4.1.15 油气水系统 应定期进行巡查、维护。各管道设置符合要求，无裂损和超标锈蚀，无有害振动、变形和明显渗漏，各阀门防腐涂装到位，密封良好，动作灵活可靠；各类管道测控元件工作可靠，压力泵及控制回路工作正常；储油罐、油处理室整洁	15	查相关记录并现场检查。 ①未按规定定期开展的，或无相关记录的，扣3分； ②相关记录不全或不翔实的，扣2分； ③有相关缺陷的，每项扣5分		
	4.1.16 发电机 应按规程规定的周期进行维护、检修和试验。定、转子温度、温升符合规程要求；轴承、绕组无过热，轴承无漏油；机组停机制动安全可靠；定子、转子绕组的绝缘电阻和直流电阻应符合要求	15	查相关记录并现场检查。 ①未按规定的周期开展的，或无相关记录的，扣3分； ②相关记录不全或不翔实的，扣2分； ③有相关缺陷的，每项扣5分		

二级项目	三 级 项 目	标准分值	评审方法及评分标准	评审描述	得分
	4.1.17 励磁装置 应按规程规定的周期进行维护、检修和试验。工作正常，调节性能良好，符合规程要求；集电环、碳刷工作正常无明显跳火、电灼伤；灭磁开关自动分、合闸性能良好	10	查相关记录并现场检查。 ①未按规定的周期开展的，或无相关记录的，扣2分； ②相关记录不全或不翔实的，扣1分； ③有相关缺陷的，每项扣5分		
	4.1.18 变压器 应按规程规定的周期进行维护、检修和试验。各部件应完整无缺，外观无明显锈蚀，套管无损伤，标志正确，套管、油枕油色油位正常，吸潮剂未变色；本体无渗油、无过热现象；安装位置的安全距离等符合规范要求；线圈、套管和绝缘油（包括套管油）的各项试验符合规程或有关规定的要求	15	查相关记录并现场检查。 ①未按规定的周期开展的，或无相关记录的，扣3分； ②相关记录不全或不翔实的，扣2分； ③有相关缺陷的，每项扣5分		
4.1 设备设施管理（370分）	4.1.19 配电装置 应按规程规定的周期进行维护、检修和试验。断路器及隔离开关操作灵活，闭锁装置动作正确、可靠，无明显过热现象，能保证安全运行；断路器、隔离开关额定电压、额定电流、遮断容量均满足设计要求。油浸式互感器油色、油位正常，无渗漏油。高压熔断器无电腐蚀现象；电缆绝缘层良好，无脱落、剥落、龟裂等现象，母线、支持绝缘子及构架能满足安全运行的要求，无过热现象，安装、敷设、防火符合规程规定	10	查相关记录并现场检查。 ①未按规定的周期开展的，或无相关记录的，扣2分； ②相关记录不全或不翔实的，扣1分； ③有相关缺陷的，每项扣5分		
	4.1.20 自控系统及继电保护系统 应按规程规定的周期进行维护、检修和试验。各部分信号装置、指示仪表动作可靠，指示正确，在正常及事故情况下能满足保护与监控要求；设备无过热现象，外壳和二次侧的接地牢固可靠；配线整齐，连接可靠，标志和编号齐全，并有符合实际的接线图册；保护定值符合要求	10	查相关记录并现场检查。 ①未按规定的周期开展的，或无相关记录的，扣2分； ②相关记录不全或不翔实的，扣1分； ③有相关缺陷的，每项扣5分		

二级项目	三 级 项 目	标准分值	评审方法及评分标准	评审描述	得分
4.1　设备设施管理（370分）	4.1.21　防雷和接地 应按规程规定进行维护、检修和试验。防雷装置配置齐全完整，接地装置以及接地电阻符合规程要求	5	查相关记录并现场检查。 ①未按规定开展的，或无相关记录的，扣2分； ②相关记录不全或不翔实的，扣1分； ③有相关缺陷的，不得分		
	4.1.22　厂用电、直流系统 应按规程规定的周期进行维护、检修和试验。厂用电应供电可靠。直流系统容量、电压、对地绝缘应满足要求。事故照明应规范设置，性能可靠	10	查相关记录并现场检查。 ①未按规定的周期开展，或无相关记录的，扣2分； ②相关记录不全或不翔实的，扣1分； ③有相关缺陷的，每项扣3分		
	4.1.23　通信系统 应按规程规定的周期进行维护、检修和试验。运行可靠，满足设备运行或调度要求	5	查相关记录并现场检查。 ①未按规定的周期开展，或无相关记录的，扣2分； ②相关记录不全或不翔实的，扣1分； ③有相关缺陷的，每项扣2分		
	4.1.24　特种设备 起重设备、压力容器等特种设备，应定期由特种设备检验、检测机构进行检验、检测合格，并能正常安全运行	5	查相关记录并现场检查。 ①未检验、检测合格的，不得分； ②有安全隐患，不能正常安全运行的，不得分		
	4.1.25　备品 备件易损件如密封胶、垫、圈、熔丝、接触器、线圈等应有库存备品。备品的采购和使用应形成记录	5	查相关记录并现场检查。 ①无备品备件的，不得分； ②备品备件不全的，扣2分		
	4.1.26　设备评级 应按《农村水电站技术管理规程》（SL 529）规定的周期开展设备评级	5	查相关记录并现场检查。 ①未按规程规定的周期开展的，或无相关记录的，扣2分； ②设备级别未达到规程要求的，每项扣2分		
	4.1.27　设备标识 设备名称、编号、责任人、手轮开关方向及阀位指示应齐全、清晰、规范。管道介质名称、色标或色环及流向标志应齐全、清楚、正确	5	现场检查。 ①无名称、编号的，每台套扣2分； ②名称编号混乱，或有缺项的，无设备责任人的，每台套扣1分		
	4.1.28　设备运行 应根据运行规程做好设备的运行工况、操作、变位、信号等的记录工作	5	查相关记录并现场检查。 ①无相关记录的，不得分； ②记录数据不真实、不满足安全运行需求的，扣2分		

二级项目	三 级 项 目	标准分值	评审方法及评分标准	评审描述	得分
4.1 设备设施管理（370分）	4.1.29 设备故障 应及时记录故障发生的原因、设备缺陷状态并通知维修。维修处理的结果与缺陷通知单应组成维修记录。短期内处理不了的缺陷应说明原因	5	查相关记录并现场检查。 ①未及时通知维修的，不得分； ②缺陷通知发出后未及时处理的，每次扣2分		
	4.1.30 设备检修 根据检修规程、试验规程，编制检修计划和方案，明确检修人员、安全措施、检修质量、检修进度、验收要求，各种检修记录规范	10	查相关记录并现场检查。 ①未制定检修计划，不得分； ②内容不全的，每缺一项扣3分； ③检修、试验、验收记录不完整，每项扣2分； ④存在遗留问题的，每项扣5分		
	4.1.31 设备卫生设备 应内外整洁、卫生，无小动物活动痕迹	5	现场检查。 ①设备内外卫生状况差，扣2分； ②无防小动物设施的，扣2分		
	4.1.32 设备报废及拆除 设备存在严重安全隐患，无改造、维修价值，或者超过规定使用年限，应当及时报废；设备报废应严格执行相关程序；已报废的设备应及时拆除，退出现场	5	查相关记录并现场检查		
4.2 作业安全（100分）	4.2.1 "两票三制" 严格执行"两票三制"。核对操作票、工作票的内容和设备名称，加强操作监护并逐项进行操作。交接班人员按要求做好交接班准备工作，填写各项记录，办理交接班手续。认真监视设备运行工况，按规定时间、内容及线路对设备进行巡回检查，随时掌握设备运行情况，合理调整设备状态参数，正确处理设备异常情况。按规定时间和方法做好设备定期轮换和试验工作，做好相关记录	30	查相关记录。 ①"两票"执行率未达到100％的，不得评为达标； ②操作票、工作票不合格的，每张扣5分； ③无交接班记录的，扣5分； ④无巡回检查记录的，扣5分； ⑤设备定期轮换和试验工作未执行或执行不到位，扣5分； ⑥记录不完整、不翔实，每次扣2分		
	4.2.2 调度及运行 严格执行调度命令，落实调度指令；严格执行运行规程和相关特种作业规程	10	查相关记录。 ①违反调度命令，不得分； ②违反运行规程，不得分； ③违反特种作业规程，不得分		

二级项目	三　级　项　目	标准分值	评审方法及评分标准	评审描述	得分
4.2　作业安全（100分）	4.2.3　安全设施 楼板、升降口、吊装孔、地面闸门井、雨水井、污水井、坑池、沟等处的栏杆、盖板、护板等设施齐全，井、坑有防人员坠落措施，符合国家标准及现场安全要求；生产现场应配备应急照明灯具；紧急逃生路线标识清晰，通道保持畅通；机器的转动部分防护罩或其他防护设备（如栅栏）齐全、完整，露出的轴端设有护盖；电气设备金属外壳接地装置齐全、完好；带电体裸露部分应装置护网或护盖	30	现场检查。 ①安全设施不符合安全要求，每项扣3分； ②生产现场紧急逃生路线标识不清或通道不畅通，扣3分		
	4.2.4　安全器具 救生绳索、防毒面具、护目眼镜、绝缘靴、绝缘手套、安全帽等防护用品数量合理，定期试验合格；接地线、验电器、标示牌、防误锁、安全遮栏、绝缘杆等安全技术用具数量合理，定期试验合格；安全器具按用途和类别摆放规范、整齐	20	查相关记录并现场检查。 ①安全器具不符合安全要求，每项扣2分； ②验电器、绝缘杆等安全技术用具无试验记录，每项扣2分； ③安全器具未按用途和类别摆放规范、整齐，扣5分		
	4.2.5　消防管理 建立消防管理制度，建立健全消防安全组织机构，落实消防安全责任制；防火重点部位和场所配备种类和数量足够的消防设施、器材，并完好有效；建立消防设施、器材台账；严格执行动火审批制度；开展消防培训和演练；建立防火重点部位或场所档案	10	查相关文件、记录并现场检查。 ①未建立消防管理制度，扣3分； ②未建立健全消防安全组织机构或未落实消防安全责任制，扣5分； ③未按规定配备消防设施、器材，每处扣2分； ④未建立消防设施、器材台账的，扣2分； ⑤未严格执行动火审批制度，不得分； ⑥未开展消防培训和演练的，扣3分； ⑦未建立防火重点部位或场所档案，扣2分		
4.3　职业健康（20分）	4.3.1　按照法律法规、规程规范要求，为从业人员提供符合职业健康要求的工作环境和条件，配备相适应的职业病防护设施、防护用品，指定专人负责保管、定期校验和维护，并监督作业人员按照规定正确佩戴、使用劳动防护用品	4	查相关记录并现场检查。 ①作业环境和条件不符合规定要求，每处扣2分； ②未按规定配备防护设施，每处扣1分； ③未按规定配备防护用品，每人扣1分； ④未指定专人保管、定期校验和维护，扣1分； ⑤未正确使用或佩戴用品，每项扣1分		

二级项目	三　级　项　目	标准分值	评审方法及评分标准	评审描述	得分
4.3　职业健康（20分）	4.3.2　定期对职业危害场所进行检测，并将检测结果形成记录。及时、如实向所在地有关部门申报生产过程存在的职业危害因素，发生变化后及时补报	4	查相关记录。 ①未定期检测或无检测记录，不得分； ②检测的周期、地点、有害因素等不符合要求，每项扣1分； ③未及时申报或补报，每次扣1分		
	4.3.3　对从事接触职业病危害的作业人员应按规定组织上岗前、在岗期间和离岗时职业健康检查，建立健全职业卫生档案和员工健康监护档案	4	查相关记录和档案。 ①职业健康检查不全，每少一人扣1分； ②职业卫生档案和健康监护档案不全，每少一人扣1分		
	4.3.4　按规定给予职业病患者及时的治疗、疗养；患有职业禁忌症的员工，应及时调整到合适岗位	4	查相关记录和档案。 ①职业病患者未得到及时治疗、疗养，每人扣1分； ②患有职业禁忌证的员工没有及时调整到合适岗位，每人扣1分		
	4.3.5　与从业人员订立劳动合同时，如实告知作业过程中可能产生的职业危害、后果及防护措施等。在严重职业危害的作业岗位，设置警示标识和警示说明，警示说明应载明职业危害的种类、后果、预防以及应急救治措施	4	查劳动合同和相关记录。 ①未告知职业危害、后果及防护措施，每人扣1分； ②未设置警示标识和警示说明，或内容不符合要求，每项扣1分		
4.4　警示标志（10分）	4.4.1　按照规定和现场的安全风险特点，在存在重大安全风险和职业危害因素的工作场所，设置明显的安全警示标志和职业病危害警示标识，告知危险的种类、后果及应急措施等；在危险作业场所设置警戒区、安全隔离设施。定期对警示标志进行检查维护，确保其完好有效并做好记录	10	查相关记录并现场检查。 ①未按规定设置警示标志，每处扣2分； ②危险作业场所未设置警戒区、安全隔离设施，每处扣2分； ③未定期检查维护，每次扣2分； ④记录不规范，每项扣1分		
小　计		500	得分小计		

5. 安全风险管控及隐患排查治理（130分）

二级项目	三　级　项　目	标准分值	评审方法及评分标准	评审描述	得分
5.1　安全风险管理（15分）	5.1.1　安全风险管理制度应明确风险辨识与评估的职责、范围、方法、准则和工作程序等内容	3	查制度文本。 ①无该项制度，不得分； ②制度内容不全，每缺一项扣1分； ③制度内容不符合有关规定，每项扣1分		

二级项目	三 级 项 目	标准分值	评审方法及评分标准	评审描述	得分
5.1 安全风险管理（15分）	5.1.2 对安全风险进行全面、系统的辨识，选择合适的方法定期对所辨识出的存在安全风险的作业活动、设备设施等进行评估，根据评估结果，确定安全风险等级。针对安全风险的等级和特点，通过隔离危险源、采取技术手段、实施个体防护、设置监控设施和安全警示标志等措施，对安全风险进行控制	12	查相关记录并现场检查。 ①未实施安全风险辨识，扣3分； ②未实施风险评估，扣3分； ③未确定安全风险等级，扣3分； ④未制定控制措施或落实不到位，扣3分		
5.2 危险源辨识与重大风险管控（15分）	5.2.1 对本单位的设备、设施或场所等进行危险源辨识，确定重大危险源和一般危险源；对危险源的安全风险进行评估，确定安全风险等级	8	查相关文件和记录。 ①未进行辨识和评估，不得分； ②未确定危险源等级或安全风险等级，不得分； ③辨识和评估有漏项或不准确，每项扣2分		
	5.2.2 对确定为重大风险等级的一般危险源和重大危险源，要"一源一案"制定应急预案，进行重点管控；要按照职责范围报属地水行政主管部门备案，危险化学品重大危险源要按照规定同时报有关应急管理部门备案	7	查相关文件和记录。 ①未"一源一案"制定应急预案的，每处扣2分； ②未进行重点管控或管控措施不全的，每处扣2分； ③应备案未备案的，不得分		
5.3 隐患排查治理（70分）	5.3.1 结合安全检查，定期组织排查事故隐患，建立事故隐患报告和举报奖励制度，对隐患进行分析评价，确定隐患等级，并形成记录	30	查相关文件和记录。 ①未开展检查的，不得分； ②未建立事故隐患报告和举报奖励制度的，扣10分； ③缺少检查记录的，每次扣5分		
	5.3.2 一般事故隐患应立即组织整改排除；重大事故隐患应制定并实施事故隐患治理方案，做到整改措施、整改资金、整改期限、整改责任人和应急预案"五落实"	30	查相关记录并现场检查。 ①一般事故隐患，未立即组织整改排除，每项扣5分； ②重大事故隐患无治理方案，每项扣5分； ③重大隐患治理未做到"五落实"，每项扣5分		
	5.3.3 隐患治理完成后，按规定对治理情况进行评估、验收。重大事故隐患治理工作结束后，应组织本单位的安全管理人员和有关技术人员进行评估、验收	10	查相关文件和记录。 未进行评估、验收，每项扣3分		

二级项目	三 级 项 目	标准分值	评审方法及评分标准	评审描述	得分
5.4 预测预警（30分）	5.4.1 在接到自然灾害预报时，及时发出预警信息；对自然灾害可能导致事故的隐患采取相应的预防措施	15	查相关记录。 ①未及时发出预警信息，每项次扣2分； ②未采取相应预防措施，每项次扣2分		
	5.4.2 每季度、每年按规定对本单位事故隐患排查治理情况进行统计分析，开展安全生产预测预警	15	查相关文件和记录。 ①未按要求的周期或相关规定对安全隐患排查等相关数据进行统计分析，不得分； ②未对存在的安全生产问题开展预测预警，并采取针对性措施，每项扣2分		
小 计		130	得分小计		

6. 应急管理（40分）

二级项目	三 级 项 目	标准分值	评审方法及评分标准	评审描述	得分
6.1 应急准备（30分）	6.1.1 在危险源辨识、风险分析的基础上，根据《生产经营单位生产安全事故应急预案编制导则》（GB/T 29639）、《水库大坝安全管理应急预案编制导则》（SL/Z 720）等要求，建立健全生产安全事故应急预案体系（包括综合预案、专项预案和现场处置方案），并按规定进行审核和报备	5	查预案文本和记录。 ①无应急预案，或未按规定审核、报备的，不得分； ②应急预案不齐全，每缺一个扣1分； ③应急预案不完善、操作性差，每个扣1分； ④重点作业岗位无应急处置方案或措施，每个扣2分		
	6.1.2 按应急预案的要求，建立应急资金投入保障机制，妥善安排应急管理经费，储备应急物资，建立应急装备、应急物资台账，明确存放地点和具体数量	5	查相关文件、记录并现场检查。 ①无台账，不得分； ②实际与台账不符，每处扣2分； ③未建立应急资金投入保障机制，应急装备、物质不满足要求，每类扣2分		
	6.1.3 对应急装备和物资进行经常性的检查、维护、保养，确保其完好、可靠	5	查相关记录并现场检查。 ①无检查、维护、保养记录，不得分； ②检查、维护保养记录缺少，每项扣2分		
	6.1.4 应急保安电源应满足突发事件的要求，其中柴油发电机组应布置在安全高程，并定期进行检查、维护保养	5	查相关记录并现场检查。 ①无检查、维护、保养记录，不得分； ②检查、维护保养记录缺少，每项扣2分； ③有相关缺陷的，每项扣2分		
	6.1.5 按照《生产安全事故应急演练指南》（AQ/T 9007）每年至少组织一次综合应急预案演练或者专项应急预案演练，每半年至少组织一次现场处置方案演练，做到一线从业人员参与应急演练全覆盖，掌握相关的应急知识	5	查相关记录并现场问询。 ①未按规定组织演练，不得分； ②一线从业人员不熟悉相关应急知识，每人次扣1分		

二级项目	三　级　项　目	标准分值	评审方法及评分标准	评审描述	得分
6.1　应急准备（30分）	6.1.6　按照《生产安全事故应急演练评估规范》（AQ/T 9009）对应急演练的效果进行评估，并根据评估结果，修订、完善应急预案	5	查相关文件和预案文本。 ①无应急演练的效果评估报告，不得分； ②未根据评估的意见修订应急预案或应急处置措施，每项扣1分		
6.2　应急处置（5分）	6.2.1　发生事故后，立即采取应急处置措施，启动相关应急预案，开展事故救援，必要时寻求社会支援	3	查相关文件和记录。 ①发生事故未迅速启动应急预案，不得分； ②因应急指挥系统失灵或应急人员未履行职责等而导致事故扩大，未达到预案要求，每次扣1分		
	6.2.2　应急救援结束后，应尽快完成善后处理、环境清理、监测等工作	2	查相关文件和记录。 善后处理不到位，不得分		
6.3　应急评估（5分）	6.3.1　每年应进行一次应急准备工作的总结评估。完成险情或事故应急处置结束后，应对应急处置工作进行总结评估	5	查相关记录。 ①未进行年度应急总结评估的，不得分； ②未按规定进行险情和事故总结评估的，每次扣1分		
小　　计		40	得分小计		

7. 事故管理（40分）

二级项目	三　级　项　目	标准分值	评审方法及评分标准	评审描述	得分
7.1　事故报告（15分）	7.1.1　事故报告、调查和处理制度应明确事故报告（包括程序、责任人、时限、内容等）、调查和处理内容（包括事故调查、原因分析、纠正和预防措施、责任追究、统计与分析等），应将造成人员伤亡（轻伤、重伤、死亡等人身伤害和急性中毒）、财产损失（含未遂事故）和较大涉险事故纳入事故调查和处理范畴	3	查制度文本。 ①无该项制度，不得分； ②制度内容不全，每缺一项扣1分； ③制度内容不符合有关规定，每项扣1分		
	7.1.2　发生事故后按照有关规定及时、准确、完整地向有关部门报告，事故报告后出现新情况的，应当及时补报	12	查相关记录。 ①有迟报、漏报、谎报、瞒报的，不得评为达标 ②未按规定及时补报，扣5分 ③报告事故的信息内容和形式与规定不相符，每次扣1分		

二级项目	三　级　项　目	标准分值	评审方法及评分标准	评审描述	得分
7.2　事故调查和处理（20分）	7.2.1　按照《生产安全事故报告和调查处理条例》（国务院493号令）及相关法律法规、管理制度的要求，组织事故调查组或配合有关部门对事故进行调查，查明事故发生的时间、经过、原因、人员伤亡情况及直接经济损失等，并编制事故调查报告	10	查相关文件和记录。 ①内部无调查报告，不得分； ②内部调查报告内容不全，每次扣2分； ③有关部门的调查报告未保存或未在单位内部通报，每次扣2分		
	7.2.2　按照"四不放过"的原则，对事故责任人员进行责任追究，落实防范和整改措施	10	查相关文件和记录。 ①未按"四不放过"的原则处理，不得分； ②责任追究不落实，每人次扣2分； ③未落实防范和整改措施，每次扣2分		
7.3　事故信息管理（5分）	7.3.1　建立完善的事故档案和事故管理台账，并定期按照有关规定对事故进行统计分析	5	查相关文件和记录。 ①未建立事故档案和管理台账，不得分； ②事故档案或管理台账不全，每项扣2分； ③事故档案或管理台账与实际不符，每项扣2分； ④未进行统计分析，不得分		
小　计		40	得分小计		

8. 持续改进（20分）

二级项目	三　级　项　目	标准分值	评审方法及评分标准	评审描述	得分
8.1　绩效评定（15分）	8.1.1　每年至少组织一次安全生产标准化实施情况的检查评定，验证各项安全生产制度措施的适宜性、充分性和有效性，检查安全生产工作目标、指标的完成情况，提出改进意见，形成评定报告。发生死亡事故后，应重新进行评定	5	查相关文件和记录。 ①每年一次的检查评定报告未形成正式文件，或主要负责人未组织和参与评定，不得分； ②发生死亡事故后未重新进行检查评定，不得分； ③无对上年度评定中提出的纠正措施落实效果的评价，扣2分		
	8.1.2　评定报告以正式文件发布，向所有部门、所属单位通报安全生产标准化工作评定结果	5	查相关文件并现场检查。 ①未正式发布或未通报，不得分； ②有部门人员对相关内容不清楚，每人次扣1分		
	8.1.3　将安全生产标准化工作评定结果，纳入单位年度安全绩效考评	5	查相关文件和记录。 ①未纳入年度绩效考评，不得分； ②年度考评结果未落实兑现，每少一个部门扣1分		

二级项目	三 级 项 目	标准分值	评审方法及评分标准	评审描述	得分
8.2 持续改进（5分）	8.2.1 根据安全生产标准化绩效评定结果和安全生产预测预警系统所反映的趋势，客观分析本单位安全生产标准化管理体系的运行质量，及时调整完善相关规章制度和过程管控，不断提高安全生产绩效	5	查相关文件和记录。未及时调整完善，每项扣2分		
小 计		20	得分小计		

（二）农村水电站安全生产标准化达标评审申请表和续期申请表

农村水电站安全生产标准化达标评审

申　请　表

申请单位：

申请性质：

申请等级：

申请日期：

中华人民共和国水利部制

表 7 - 24 农村水电站安全生产标准化达标评审申请表

申请单位					
地址					
单位性质					
职工总数	人	专职安全管理人员	人	特种设备作业人员	人
负责人		电话		传真	
联系人		电话		传真	
		手机		电子邮箱	
安全监管单位		责任人及职务			
装机容量	（ ＊）kW/台数	设计年发电量	万 kW·h		
坝型、坝高		总库容	万 m³		
开发方式	□坝式　□引水式　□混合式				
本次申请	□初次评审　□复评				
	□一级　□二级　□三级				

单位自主评定得分：分

单位自主评定结论：

　　单位负责人（签名）：　　　　　　　　　　　　　　（申请单位印章）

　　　　　　　　　　　　　　　　　　　　　　　　　年　月　日

上级主管单位意见：

　　负责人（签名）：　　　　　　　　　　　　　　　　（主管单位印章）

　　　　　　　　　　　　　　　　　　　　　　　　　年　月　日

县（市）水行政主管部门意见：

　　负责人（签名）：　　　　　　　　　　　　　　　　（单位印章）

　　　　　　　　　　　　　　　　　　　　　　　　　年　月　日

市（州）水行政主管部门意见：

　　负责人（签名）：　　　　　　　　　　　　　　　　（单位印章）

　　　　　　　　　　　　　　　　　　　　　　　　　年　月　日

省（区、市）水行政主管部门意见：

　　负责人（签名）：　　　　　　　　　　　　　　　　（单位印章）

　　　　　　　　　　　　　　　　　　　　　　　　　年　月　日

水利部审核意见：

　　部门负责人（签名）：　　　　　　　　　　　　　　（单位印章）

　　　　　　　　　　　　　　　　　　　　　　　　　年　月　日

表 7-25　　　　　　　　　　**农村水电站安全生产标准化×级证书续期申请表**

单位名称					
地址					
单位性质					
职工总数	人	专职安全管理人员	人	特种作业人员	人
法定代表人		电　话		传　真	
联系人		电　话		传　真	
		手　机		电子信箱	
安全监管单位		监管责任人及职务			
装机容量		kW/台数	设计年发电量		万 kW·h
坝型、坝高		m	总库容		万 m³
开发方式	□坝式　　　□引水式　　　□混合式				

安全生产标准化工作总结（近五年本单位标准化实施运行情况、持续改进情况以及取得的成效，从安全管理、操作行为、设备设施和作业环境等方面进行简要介绍，字数限定 1500 字以内）：

法定代表人（签名）：

（申请单位印章）
年　月　日

附件

承 诺 书

我单位就农村水电站安全生产标准化×级证书续期换证事项,作出以下承诺:

一、我单位符合《水利部办公厅关于农村水电站安全生产标准化一级证书续期换证工作的通知》(办水电函〔2019〕526号)所规定的证书续期申请条件。

二、我单位提交的续期申请材料均真实、合法、有效。

三、愿意随时接受相关的现场核查,对存在的问题按照要求及时整改。

四、愿意自行承担违反承诺的法律责任,并接受相关的处理。

单位名称(盖章):

法定代表人签名:

年 月 日

三、绿色小水电申报表及评价赋分表（来源于 SL 752）

（一）绿色小水电申报表

绿色小水电站申报表

申请单位：

申请性质：□初次申请　□期满延续

申请日期：　年　月　日

中华人民共和国水利部制

电站名称			
电站代码（统计年报）			
地址			
法定代表人		电　话	
联系人		手　机	
所在河流		所在县市	
所有制性质		投产年份	
是否位于国家重点生态功能区		是否获中央预算内补助投资或中央财政奖励资金	
调节性能（无调节/日/周/季/年/多年）		经批复的生态需水量/（m³/s）	
装机容量/kW		多年平均发电量/（万 kW·h）	
厂房与大坝间自然河长/km		正常蓄水位相应库容/万 m³	

电 站 概 况

创建单位自检得分：　　　分。

创建单位自检结论：

法定代表人（签名）：　　　　　　　　　　　　　　　　　（申请单位印章）

年　月　日

县级以上地方水行政主管部门意见	（单位印章） 年　月　日
省级水行政主管部门意见	（包括申报材料合规性审查、逐站现场检查情况等） （单位印章） 年　月　日
省级初验公示情况	（公示有无异议） （单位印章） 年　月　日

（二）绿色小水电评价赋分表及评审承诺书

绿色小水电总体评价赋分表和评价赋分表分别见表 7 - 26 和表 7 - 27。

表 7 - 26　　　　　　　　　　绿色小水电总体评价赋分表

事项	事 项 简 述				
基本条件复核情况	是否满足以下所有基本条件：□是　　　□否 □不涉及国家禁止开发区域，符合流域综合规划或河流水能资源开发等规划 □依法依规建设，已投产运行 1 年及以上，通过完工验收或竣工验收 □下泄流量满足坝（闸）下游影响区域居民生活以及工农业生产用水要求 □评价期内水电站已完成安全生产标准化建设并自评达标 □评价期内水电站未发生一般及以上等级的生产安全事故、未发现重大事故隐患 □评价期内水电站工程影响区内未发生较大及以上等级的突发环境事件或重大水事纠纷 □水电站及其影响区域涉及国家和地方重点保护、珍稀濒危以及开发区域河段特有水生陆生生物物种、洄游或半洄游鱼类以及鱼类三场，已采取工程或管理等保护措施；或不涉及 □提供的评价资料齐全，承诺资料真实、合法、有效 □水文情势得分＿分，满足大于等于 12 分要求				
得分情况	生态环境（55 分）	社会（18 分）	管理（18 分）	经济（9 分）	总分（100 分）
评价结论	是否满足绿色小水电条件：□是　　　□否				

表 7 - 27　　　　　　　　　　绿色小水电评价赋分表

类别	要素	指标	得分	得 分 事 项 简 述	
生态环境（55 分）	水文情势（15 分）	生态需水保障情况（15 分）	15	□无调节性能的河床式电站	15 分
				安装有节制生态流量泄放设施（含生态机组）： □监测监控数据显示下泄流量满足生态需水要求的	15 分
				安装无节制生态流量泄放设施： □监测数据显示下泄流量满足生态需水要求的	15 分
				□未开展监测，但有连续完整监视图像资料的	12 分
				□其他情况	0 分
	河流形态（5 分）	河道形态影响情况（3 分）	3	□自然条件下可维持厂坝间河流相关特征	3 分
				采取人工修复或治理措施后维持相关特征，根据水面率、水深等情况，采用专家打分法： □较好	3 分
				□一般	2 分
				□较差	1 分
				□未修复或修复治理效果不达标的	0 分
		输沙影响情况（2 分）	2	综合河流含沙特性、电站排沙设施和措施情况，采用专家打分法： □影响较小	2 分
				□影响较大但可接受	1 分
				□影响较大但不可接受	0 分
	水质（5 分）	水质变化程度（5 分）	5	退水断面水质类别：Ⅱ类　　　入库断面水质类别：Ⅱ类 □未引起水质类别降低，且不存在如下情况设备设施漏油污染水域；生活生产污水未处理直排	
				□其他情况	0 分

类别	要素	指标	得分	得 分 事 项 简 述
生态 环境 （55分）	水生 及陆生 生态 （10分）	水生保护 物种影响 情况 （6分）	6	不涉及相关保护物种及鱼类三场： □采取了保护措施①或② 6分 □采取了保护措施③～⑦之一 5分 □未采取保护措施 3分 涉及相关保护物种及鱼类三场： □采取了保护措施①或② 6分 □采取了保护措施③～⑦之一 3分 □其他情况 0分 保护措施主要包括： ①不设坝或正常年份每天的某些时段堰坝被浸没形成贯通的河道，没有阻碍本地鱼类物种迁徙。 ②设有功能良好的过鱼、集运鱼过坝设施（如鱼道、亲鱼型水轮机、集运鱼平台、升鱼机等）。 ③装设混流式或冲击式水轮机的电站设有防止或减少鱼类过机设施。 ④高坝设有减少低温水下泄影响的措施。 ⑤建立鱼类保护区、鱼类栖息地保护以及鱼类增殖放流等。 ⑥采取生物技术降低水体富营养化、净化水质，设置河岸生态护坡（即设置亲水性堤岸，常见的类型有平铺草皮、客土植生植物护坡、人工种草护坡、生态袋护坡、液压喷播植草护坡、植生毯护坡和网格生态护坡等）改善水生生物栖息环境等。 ⑦在鱼类产卵繁殖期间，根据需要采取增加放水等生产运行或调度方式
		陆生保护 生物生境 影响情况 （4分）	4	不涉及相关保护物种： □采取了保护措施③ 4分 □未采取保护措施 2分 涉及但按规定采取了保护措施： □采取了保护措施①或② 4分 □采取了保护措施③ 2分 □其他情况 0分 保护措施主要包括： ①对受项目建设影响的珍稀特有植物或古树名木，进行异地移栽、苗木繁育、种质资源保存等。 ②对受阻隔或栖息地被淹没的珍稀动物，修建动物廊道、构建类似生境等。 ③根据原陆生生境特点，按照不低于水土保持方案的设计要求恢复植被
	景观 （10分）	景观协 调性 （5分）	5	□获得风景名胜区、水利风景区、湿地公园、地质公园以及森林公园等相关称号 5分 其他情况综合考虑水电站厂区、办公和生活区以及库区景观，采用专家打分法： □非常协调 5分 □基本协调，有美感 3分 □基本协调，无美感 1分 □不协调 0分

类别	要素	指标	得分	得 分 事 项 简 述	
生态环境 (55分)	景观 (10分)	景观恢复度 (5分)	5	根据水电站扰动土地整治、植被覆盖及恢复情况，采用专家打分法： □非常好 □比较好 □一般 □较差	5分 3分 1分 0分
	减排 (10分)	替代效应 (5分)	5	替代效应 $p=\underline{0.7}$ □$p \geqslant 0.7$ □$0.5 \leqslant p < 0.7$ □$p < 0.5$	5分 3分 1分
		减排效率 (5分)	5	减排效率 $e=\underline{9}$ □$e \geqslant 4$ □$1 \leqslant e < 4$ □$e < 1$	5分 3分 1分
社会 (18分)	移民 (6分)	移民安置落实情况 (6分)	6	□不涉及移民 □涉及移民：＿＿＿人 □无移民投诉 □有移民投诉但已处理妥当 □有移民投诉但未能处理妥当	6分 6分 5分 0分
	利益共享 (8分)	公共设施改善情况 (4分)	4	□改善了公共设施，以下有改善的选项共计：＿＿＿项，$\underline{4}$分 （每项累计1分，不超过4分） □公共照明　□公共道路　□灌溉设施 □供水设施　□应急供电　□其他 □均未改善或恶化相关公共设施条件	 0分
		民生保障情况 (4分)	4	□符合下述情况之一： □承担扶贫任务 □有直供电片区并低价供电 □作为代燃料电站低价供电 □为当地居民提供优惠电量 □为当地居民提供直接补贴 □为当地居民提供分享投资收益 不存在上述情况，但提供了教、科、文、卫等服务： □提供3类及以上 □提供1~2类 □未提供	4分 4分 3分 0分
	综合利用 (4分)	水资源综合利用情况 (4分)	4	□无综合利用要求 □有综合利用要求 □按设计要求实现了多功能综合利用 □未按设计要求实现多功能综合利用	4分 4分 0分
管理 (18分)	生产及运行管理 (6分)	安全生产标准化建设情况 (6分)	3	□被评为安全生产标准化一级的 □被评为安全生产标准化二级的 □被评为安全生产标准化三级的（未分级的视为三级） □已完成安全生产标准化建设并自评达标的 □其他情况	6分 5分 4分 3分 0分

类别	要素	指标	得分	得 分 事 项 简 述
管理 (18分)	绿色管理 (8分)	制度建设 及执行 情况 (4分)	4	以下选项共计：____项，____分（每项累计1分，不超过4分） □制定了绿色小水电建设方案和监管机制 □配备了绿色小水电建设专兼职管理人员 □落实绿色小水电建设专项投入 □组织人员参加绿色小水电建设业务培训 □开展绿色发展文化建设
		设施建设 及运行 情况 (4分)	3	以下选项共计：____项，____分（每项累计1分，不超过4分） □配备了下泄流量实时监测或监视设施并正常投入运行 □开展生态调度运行的 □具有可对库区等重点区域进行水质监测的设施 □配套了生物保护设施监测设备或建立了保护效果评估体系 □投入了废旧资源循环使用的保障设施
	技术进步 (4分)	设备性能 及自动化 程度 (4分)	4	以下选项共计：____项，____分（每项累计1分，不超过4分） □机组效率等性能指标满足 GB/T 50700 和 GB 50071 的要求 □调速器和励磁设备采用微机型 □电气设备选用可靠性高、故障率低、少维护或免维护的安全、节能、环保型产品 □达到无人值班或少人值守的要求 □水电站实现管理信息化 □采用先进的拦污栅监测、清污及处理设施
经济 (9分)	财务稳 定性 (6分)	盈利能力 (3分)	3	销售净利率 $y=$ _____ □$y\geqslant 5\%$ 3分 □$3\%\leqslant y<5\%$ 2分 □$0<y<3\%$ 1分 □$y\leqslant 0$ 0分
		偿债能力 (3分)	3	资产负债率 $z=$ _____ □$z\leqslant 70\%$ 3分 □$70\%<z\leqslant 75\%$ 2分 □$75\%<z\leqslant 80\%$ 1分 □$z>80\%$ 0分
	区域经济 贡献 (3分)	社会贡 献率 (3分)	3	社会贡献率 $s=$ _____ □$s\geqslant 8\%$ 3分 □$6\%\leqslant s<8\%$ 2分 □$4\%\leqslant s<6\%$ 1分 □$s<4\%$ 0分

注 该表作为绿色小水电评价赋分记录，在"____"上填写相应的数值，在得分项"□"内打"√"。

农村水电站
申报绿色小水电示范电站评审承诺书

　　××公司是证照齐全的合法企业，自愿申报××水电站绿色小水电示范站评审，并郑重承诺：

　　一、××水电站在评价期内未发生一般及以上等级的生产安全事故、未发现重大事故隐患；工程影响区内未发生我方原因造成的较大及以上等级的突发环境事件或重大水事纠纷；电站厂坝区间无生产、生活用水需求，不影响下游生产、生活用水。

　　二、所提供的文件、证照等均真实、合法、有效，复印件与原件一致。

　　三、所提供的各类证明、佐证或说明材料均符合事实。

　　四、愿意接受现场核查，并做好一切配合工作。

　　五、愿意承担违反承诺的法律责任。

承诺单位：××公司（盖章）

单位主要负责人（签字）：

承诺日期：年　月　日

第三节　小型水电站培训考核试题库

一、试题

第一套

一、选择题（共 15 道题，每小题 1 分）

1. 以下电站供排水描述错误的是（　　）。

A. 机组主冷却水系统的一些重要设备按冗余配置；

B. 当机组冷却水流量中断时，可以继续长时间运行；

C. 当机组冷却水流量中断时，应该立即发出相关报警

2. 水轮机的静水头在数值上（　　）同一时刻水轮机的工作水头。

A. 大于；　　　　　　B. 等于；　　　　　　C. 小于；　　　　　　D. 不小于

3. 若主变压器内有纸板绝缘物烧坏，其瓦斯气体是（　　）。

A. 无色无臭，不可燃；　　　　　　　　B. 灰黑色易燃；

C. 黄色不易燃；　　　　　　　　　　　D. 淡灰色可燃具有强烈臭味

4. 进行变压器冲击合闸试验时，一般是从（　　）侧合开关、（　　）侧进行测量。

A. 高压、高压；　　B. 高压、低压；　　C. 低压、低压；　　D. 低压、高压

5. 以下（　　）不能在坝身内埋管。

A. 混凝土重力坝；　　B. 土石坝；　　　　C. 混凝土拱坝

6. 以下（　　）是工程量最大的坝型。

A. 重力坝；　　　　　B. 土石坝；　　　　C. 拱坝

7. 水电厂的机组出力与水头和流量成（　　　）。

A. 正比关系；　　　　B. 反比关系；　　　C. 等比关系；　　　　D. 幂曲线关系

8. 水轮机调节的主要任务是（　　　）。

A. 电压调节；　　　　　　　　　　　　B. 频率调节；

C. 稳定转速（或频率）；　　　　　　　D. 流量调节

9. 厂用电快速开关的合闸时间一般小于（　　　）。

A. 50ms；　　　　　　B. 100ms；　　　　C. 150ms；　　　　　D. 200ms

10. 熔断器的额定值主要有（　　　）。

A. 额定电压、额定电流和额定电阻；

B. 额定电压和额定电流；

C. 额定电压、额定电流和熔体额定电流；

D. 额定电压

11. 断路器触头不同时，其闭合或断开，称为（　　　）。

A. 开关误动；　　　　B. 三相不同步；　　　C. 开关拒动；　　　D. 开关假合

12. 零序电流滤过器输出 $3I_0$ 是指（　　　）。

A. 通入的三相正序电流；　　　　　　　B. 通入的三相负序电流；

C. 通入的三相零序电流；　　　　　　　D. 通入的三相正序或负序电流

13. 在大电流接地系统中的电气设备，当带电部分偶尔与结构部分或与大地发生电气连接时，称为（　　　）。

A. 接地短路；　　　　B. 相间短路；　　　C. 碰壳短路；　　　D. 三相短路

14. 二级动火工作票的有效期为（　　　），超过有效期应重新办理动火工作票。

A. 一天；　　　　　　B. 三天；　　　　　C. 七天；　　　　　D. 无限制

15. 对外单位派来支援的电气工作人员，工作前应介绍现场（　　　）和有关安全措施。

A. 电气设备接线情况；　　　　　　　　B. 主接线情况；

C. 主设备情况；　　　　　　　　　　　D. 电气设备情况

二、判断题（共 20 道题，每小题 2 分）

1. 轴承油槽稳压板的作用是封住润滑油上翘的抛物面、将油流的动压部分转变为静压、构成油流向下流动的循环动力。（　　　）

2. 球阀下游侧的伸缩节能解决由于温度及水推力的变化而引起球阀沿压力钢管轴线方向位移的问题，并且不会因此而产生磨损和有害变形，同时也便于球阀及其工作密封的检修和装拆。（　　　）

3. 电压互感器工作原理与变压器相同，运行中相当于二次侧线圈开路。（　　　）

4. 在同一电力系统中，任何时候其综合负荷模型都是相同的。（　　　）

5. 发电机发生异步振荡时，一会是发电机状态，一会是电动机状态。　　（　　　）

6. 压力前池多设在隧洞出口的山崖边，因此应布置在地质条件好的挖方中，并满足防渗和地基稳定要求。（　　　）

7. 地下埋管应特别重视内水压力变化造成钢管失稳的问题。（　　）

8. 重力坝和拱坝坝基水平位移可以用垂线法观测。（　　）

9. 汛情是雨情、水情、工情、险情、灾情的总称。（　　）

10. 事故配压阀主要是防止机组飞逸。（　　）

11. 接力器锁定装置在导叶全关后，锁定闸投入，可阻止接力器活塞向开侧误动。（　　）

12. 断路器从得到分闸命令起到电弧熄灭的时间，称为全分闸时间。（　　）

13. 发电厂主接线采用双母线接线，可提高供电可靠性，增加灵活性。（　　）

14. 无论在什么情况下，三相短路电流总是大于单相短路电流。（　　）

15. 压力、流量、温度、液位都属于非电量。（　　）

16. 发电机变压器组的过励磁保护应装在机端，当发电机与变压器的过励磁特性相近时，该保护的整定值应按额定电压较低的设备（发电机或变压器）的磁密来整定，这样对两者均有保护作用。（　　）

17. 大型发电机变压器组均设有非全相运行保护，是因为发电机负序电流反时限保护动作时间长，当发变组非全相运行时，可能导致相邻线路对侧的保护抢先动作，扩大事故范围。（　　）

18. 电力作业人员应经县级或二级甲等及以上医疗机构鉴定，无职业禁忌病症，且应每两年进行一次体检，高处作业人员应每年进行一次体检。（　　）

19. 无论高压设备是否带电，必须有第二人在场，工作人员才可以移开或越过遮栏进行工作。（　　）

20. 小王巡视 10kV 配电装置，进门随手关门，巡视完毕出门又随手将门关上。（　　）

三、填空题（共 15 道题，每小题 1 分）

1. 飞逸系数是指＿＿＿＿＿＿＿＿＿＿，一般混流式水轮机的飞逸系数为＿＿＿＿，轴流式水轮机的飞逸系数为＿＿＿＿。

2. 电气设备的金属外壳接地属于＿＿＿＿接地，避雷针接地属于＿＿＿＿接地。

3. 发电机解列操作时，应首先将解列点＿＿＿＿和＿＿＿＿调整接近于零，使解列后发电机的频率、电压波动在允许范围内。

4. 调压室根据布置位置不同，分为＿＿＿＿、＿＿＿＿、＿＿＿＿。

5. 坝前淤积和下游冲刷常用＿＿＿＿、＿＿＿＿、＿＿＿＿进行观测。

6. 发电机的制动装置除了用于制动之外还用作顶转子；就是用制动活塞将转子抬高＿＿＿＿。

7. 水轮机的工作水头指的是水轮机＿＿＿＿＿＿单位能量差。

8. 变压器是利用＿＿＿＿原理制成的一种静止的电气设备。它能将某一电压值的交流电压变换成同＿＿＿＿的所需电压值的交流电，以满足高压输电、低压供电及其他用途的需要。

9. 铜线和铝线连接均采用转换接头，若直接连接铜、铝线相互间有＿＿＿＿存在，如连接处有潮气水分存在，即形成＿＿＿＿作用而发生电腐蚀现象。

10. 高压隔离开关的作用有：①接通或断开＿＿＿＿的负荷电路；②造成一个明显＿＿＿＿点，保证检修人员安全；③与＿＿＿＿配合倒换运行方式。

11. 差动高频保护的工作原理是利用＿＿＿＿信号来比较被保护线路两端的电流。

12. 任何施工人员发现他人违章作业时，应该_____。

13. 中间继电器按动作时间分为_____动作和_____动作两种。

14. 发电机电气预防性试验时，_____内部工作人员应暂停检修工作并撤出，同时应做好禁止人员_____的措施。

15. 事故调查处理的"四不放过"是指：_____不放过、_____不放过、_____不放过、_____不放过。

四、简答题（共 6 道题，每小题 5 分）

1. 水轮发电机组为什么不能在低转速下长期运行？

2. 引起电力系统异步振荡的主要原因是什么？

3. 沉沙池工作原理及设置条件是什么？

4. 引水机构的主要作用是什么？

5. 发生短路的主要原因是什么？

6. 计算机监控外围设备及电源系统检查应包括哪些内容？

第二套

一、选择题（共 15 道题，每小题 1 分）

1. 水轮机主轴密封的作用之一是（　　）。

A. 减少漏水损失；

B. 防止压力水从主轴和顶盖之间渗入导轴承，破坏导轴承工作；

C. 小水轮机的轴向水推力；

D. 提高水轮机的工作效率

2. 机组达到额定转速后投入电网的瞬间，导叶所达到的开度为（　　）。

A. 起始开度；　　　B. 终了开度；　　　C. 限制开度；　　　D. 空载开度

3. 电容器中电容量与极板间的电介质的介电常数 Σ 值（　　）。

A. 无关；　　　B. 成反比；　　　C. 成正比

4. 发电机励磁电流通过转子绕组和电刷时，产生的激励损耗属于（　　）损耗。

A. 电阻；　　　B. 电抗；　　　C. 机械；　　　D. 电感

5. 按现行最新规范，小水电是指单站总装机在（　　）万 kW 及以下的水电站。

A. 0.3；　　　B. 1.2；　　　C. 2.5；　　　D. 5

6. 按现行最新规范，小水电是指单站总装机在（　　）万 kW 及以下的水电站。

A. 0.3；　　　B. 1.2；　　　C. 2.5；　　　D. 5

7. 水轮机活动导叶上、中轴装在（　　）中。

A. 顶盖；　　　B. 导叶套筒；　　　C. 底环；　　　D. 座环

8. 作甩负荷试验时，当机组跳闸后而导叶接力器开始关闭之前，蜗壳水压有一个下降过程是由于（　　）的原因。

A. 机组转速上升；　　　　　　　B. 进水流量减少；

C. 尾水管真空增大；　　　　　　D. 尾水管水压增大

9. 计量用电流互感器的准确度级为（　　）。

A. 1；　　　　　　B. 3.0；　　　　　　C. 0.2；　　　　　　D. 10.0

10. 安装避雷网，要求扁钢与扁钢的焊口为扁钢宽度的（　　）倍，且不小于 10cm，三面施焊；圆钢与圆钢（扁钢）的焊口为圆钢直径的（　　）倍，且不小于 10～12cm，双面施焊。

A. 1、2；　　　　　B. 1、4；　　　　　C. 2、4；　　　　　D. 2、6

11. 避雷器一般与被保护设备（　　），并且安装在电源侧，其放电电压低于被保护设备的绝缘耐压值。

A. 串联；　　　　　　　　　　　　　　B. 独立分开；

C. 并联；　　　　　　　　　　　　　　D. 同电源并联，与保护设备串联

12. 400V 电动机装设的接地保护在出现（　　），则保护动作。

A. 接线或绕组断线；　　　　　　　　　B. 相间短路；

C. 缺相运行；　　　　　　　　　　　　D. 电机引线或绕组接地

13. 电流相位比较式母线完全差动保护，是用比较流过（　　）电流相位实现的。

A. 线路断路器；　　　　　　　　　　　B. 发电机断路器；

C. 母联断路器；　　　　　　　　　　　D. 旁路断路器

14. 安全生产"五要素"是指（　　）。

A. 人、机、环境、管理、信息；

B. 安全文化、安全法制、安全责任、安全科技、安全投入；

C. 人、物、能量、信息、设备；

D. 监察、监管、教育、培训、工程

15. 使用中的氧气瓶和乙炔瓶应（　　）放置，两者之间的距离不得小于（　　）m。

A. 水平、8；　　　　B. 垂直、8；　　　　C. 垂直、6；　　　　D. 水平、6

二、判断题（共 20 道题，每小题 2 分）

1. 安全阀调整试验是检查安全阀动作的可靠性，要求到整定值及时开启和关闭。（　　）

2. 离心泵的出口调节阀开度关小时，泵产生的扬程反而增大。（　　）

3. 谐波的次数越高，电容器对谐波显示的电抗值就越大。（　　）

4. 变压器在额定负荷运行时，强迫油循环风冷装置全部停止运行，只要上层油温不超过 75℃，变压器就可以连续运行。（　　）

5. 磁场对载流导体的电磁力方向，用右手定则确定。（　　）

6. 落门时先落快速门，后落尾水门；提门时先提快速门，后提尾水门。（　　）

7. 调压井属于引水水工建筑物。（　　）

8. 溢流坝的溢流面由坝顶溢流段、斜坡直线段、下部反弧段组成。（　　）

9. 土石坝渗漏处理方法有上游堵截渗漏、灌浆堵漏以及下游用滤料导渗等方法。对岩石坝基漏水可采用帷幕灌浆方法处理。（　　）

10. 筒式导轴承油槽盖板的内缘有迷宫式密封环以防止水进入。（　　）

11. 调节系统中调速器与机组是相互影响、相互作用的关系。（　　）

12. 高压负荷开关可以断开短路电流。（　　）

13. 变压器二次不带负载，一次也与电网断开（无电源励磁）的调压，称为无励磁调

压，一般无励磁调压的配电变压器的调压范围是±5％或 2×2.5％。（　　　）

14. 油枕的作用就是保证油箱内总是充满油，并减小油面与空气的接触面，从而减缓油的劣化。（　　　）

15. 监控系统的基本作用是监视和控制。（　　　）

16. 当将断路器合闸于有永久性短路的线路时，跳闸回路中的跳跃闭锁继电器不起动。（　　　）

17. 同期系统中，待并机组通常取 A、B 间线电压为同期引入电压。（　　　）

18. 潜水泵放入水下或从水中提出时，应操作潜水泵耳环上的挂绳，不得拉拽电源线或水管。（　　　）

19. 非施工人员进入现场、办公室、控制室、值班室等，可不戴安全帽。（　　　）

20. 操作票是为改变电气设备及相关因素的运用状态进行逻辑性操作和有序沟通而设计的一种组织性书面形式控制依据。（　　　）

三、填空题（共 15 道题，每小题 1 分）

1. 接力器锁锭装置的作用是_____。

2. 油枕的作用主要是温度变化时提供_____，减小绝缘油与空气的接触面积，_____绝缘油的使用寿命。

3. 灭弧室的灭弧方式有_____、横纵吹、_____和环吹等。

4. 特低水头适用于_____水轮机。

5. 非土质材料防渗体坝的防渗体有_____、_____或_____。

6. 贯穿推力轴承镜板面中心的垂线，称为机组的_____线。

7. 静水内部同一平面的压强_____，并与作用面的_____无关。

8. 避雷器应_____比保护设备设置。

9. 电压互感器有多个二次绕组时，下限负荷分配给被检二次绕组，其他绕组_____。

10. 常用的电压互感器是_____原理。

11. 电力系统由_____、_____、_____和_____组成。

12. 发电机定子绕组的过电压保护反映_____的大小。

13. 在保护范围内发生故障，继电保护的任务是_____的、_____的、_____的切除故障。

14. 发电机电气预防性试验时，_____内部工作人员应暂停检修工作并撤出，同时应做好禁止人员_____的措施。

15. 在使用电气工具用具中，因故离开工作场所或暂时停止工作以及遇到_____时，必须_____。

四、简答题（共 6 道题，每小题 5 分）

1. 电液转换器由哪些元件构成？

2. 隔离开关操作前应注意的事项有哪些？

3. 什么是河道生态基流？其确定方法是什么？

4. 水轮发电机组定期检查的项目有哪些？

5. 为什么断路器断开辅助接点要先投入、后断开？

6. 在什么情况下，工作负责人或专责监护人可临时停止工作？

第三套

一、选择题（共 15 道题，每小题 1 分）

1. 汽蚀破坏主要是（　　）。

A. 化学作用；　　B. 机械破坏作用；　C. 电化作用；　　D. 以上都不是

2. 在水轮机进水主阀（或快速闸门）旁设旁通阀是为了（　　）。

A. 开启前充水平压；　　　　　　　B. 它们有自备的通道；

C. 检修排水；　　　　　　　　　　D. 阀门或主阀操作方便

3. 在纯电感电路中，电源与电感线圈只存在功率交换是（　　）。

A. 视在功率；　　B. 无功功率；　　C. 平均功率

4. 主变油温较低时应避免投入过多的冷却器，主要是为了（　　）。

A. 防止油流静电；　B. 防止结露；　　C. 防止绝缘能力降低

5. 下游调压室作用是防止过大的（　　）。

A. 正水击；　　　　　　　　　　　　B. 负水击

6. 以下（　　）是工程量最大的坝型。

A. 重力坝；　　B. 土石坝；　　C. 拱坝

7. 基础环作为（　　）的基础。

A. 底环；　　　B. 下部密封环；　C. 蜗壳；　　　D. 座环

8. 立式水轮机导瓦安装时，根据立轴摆度进行间隙调整，摆度大的方向间隙调（　　）。

A. 大；　　　　　　　　　　　　B. 小

9. 并列运行就是将两台或多台变压器的一次侧和（　　）分别接于公共的母线上，同时向负载供电。

A. 公共侧绕组；　B. 二次侧绕组；　C. 高压侧绕组；　D. 低压侧绕组

10. 以下短路类型中（　　）发生的机会最多。

A. 单相接地短路；　B. 两相接地短路；　C. 三相短路；　　D. 两相相间短路

11. 有功功率的单位是（　　）。

A. 瓦特；　　　B. 伏安；　　　　C. 伏特；　　　D. 安培

12. 电力系统发生 A 相金属性接地短路时，故障点的零序电压（　　）。

A. 与 A 相电压同相位；　　　　　B. 与 A 相电压相位相差 $180°$；

C. 超前于 A 相电压 $90°$；　　　　D. 滞后于 A 相电压 $90°$

13. 在计算机网络中，所有的计算机均连接到一条通信传输线路上，在线路两端连有防止信号反射的装置，这种连接结构被称为（　　）。

A. 总线结构；　B. 环形结构；　　C. 星形结构；　　D. 网状结构

14. 在高温环境工作时，应合理增加作业人员的（　　），工作人员应穿透气、散热的棉质衣服，现场应配备防暑降温物品。

A. 加班时间；　B. 工间休息时间；　C. 劳动报酬；　　D. 防护用品

15. 高压设备发生接地时，室内不得接近故障点 4m 以内，室外不得接近故障点（　　）m 以内。进入上述范围人员必须穿绝缘靴，接触设备的外壳和构架时应戴绝缘手套。

A. 5；　　　　　　　　B. 8；　　　　　　　　C. 10

二、判断题（共 20 道题，每小题 2 分）

1. 当润滑油混入水后，油的颜色变浅。（　　）

2. 发生水击时，闸门处的水击压强幅值变化大、持续时间长，因此所受的危害最大。（　　）

3. 断路器从得到分闸命令起到电弧熄灭为止的时间称为全分闸时间。（　　）

4. 发电机升压时，应监视定子三相电流为零，无异常或事故信号。（　　）

5. 发电机失磁运行，将造成系统电压下降。（　　）

6. 前池末端底板高程应高于进水室底板高程。（　　）

7. 引水式水电站由于引水建筑物长故淹没损失也大。（　　）

8. 水工建筑物扬压力就是建筑物处于尾水位以下部分所受的浮力。（　　）

9. 泄水结束关闭表孔闸门时应渐次关闭，防止鱼类搁浅。（　　）

10. 水电站供水包括技术供水、消防供水及生活供水。（　　）

11. 轴承内冷却水管漏水是轴承油盆进水的原因之一。（　　）

12. 串联电路中，电路两端的总电压等于各电阻两端的分压之和。（　　）

13. 电压调整率即变压器二次侧电压可调节的程度，也是衡量变压器供电质量的数据。（　　）

14. 当散发的热量与产生的热量相等时，变压器各部件的温度达到稳定，不再升高。（　　）

15. 水电站输电线路的断路器均应作为同期点。（　　）

16. 计算机监控系统对一次设备操作无电气闭锁功能。（　　）

17. 剪断销在导叶被卡住时剪断并发信号，平时不起作用。（　　）

18. 在通道上使用梯子时，应设监护人或设置临时围栏；梯子不准在门前使用。（　　）

19. 1kV 以上的电力线路为高压线路，可分为高压输电线路和高压配电线路。（　　）

20. 末级工作许可人在向工作负责人发出许可工作的命令前，应将工作班组名称、工作负责人姓名、工作地点、工作任务和联系电话做好记录。（　　）

三、填空题（共 15 道题，每小题 1 分）

1. 调速器在机组并网前，用频率给定（转速调整）可调整机组的_____。

2. 短路电压是变压器的一个重要参数，它表示_____电流通过变压器时，在一、二次绕组的阻抗上所产生的_____。

3. 系统的频率调整是靠_____机组来调节的，系统电压是靠各发电机组的_____来调整的。

4. 调压室根据布置位置不同，分为_____、_____、_____。

5. 坝前淤积和下游冲刷常用_____、_____、_____进行观测。

6. 现今的小型水电站一般无_____补气要求。

7. 水轮机转轮是实现_____的主要部件，也称为_____机构。

8. 金属氧化物避雷器又叫_____，是 20 世纪 70 年代发展起来的一种新型避雷器，具有良好的防雷保护性能。

9. 高压电器按照用途分为_____、_____、_____和_____。

10. 高压电器中的变换电器分为_____和_____。

11. 做功功率也叫_____功率，即电路所消耗的功率。

12. 接地故障点的_____电压最高，随着离故障点的距离越远，则零序电压就_____。

13. 保护装置的交流信号电源来自保护_____或保护设备同一回路的 TV。

14. 禁止在运行中的水轮机_____、推拉杆等运动部件上_____和行走。

15. 为保证在脚手架上工作的安全，跳板铺装_____，脚手杆要_____，要_____。

四、简答题（共 6 道题，每小题 5 分）

1. 在什么异常情况下，必须将调速器切"机械手动"运行？

2. 为什么要核相？哪些情况下要核相？

3. 无压引水水电站的主要建筑物有哪些？

4. 水头是什么？

5. 变压器在电力系统中的主要作用是什么？

6. 计算机监控系统从控制方式上如何分类？

第四套

一、选择题（共 15 道题，每小题 1 分）

1. 推力轴承只承受（　　）载荷。

A. 轴向和径向；　　B. 斜向；　　　　　C 径向；　　　　　D. 轴向

2. 当泵发生气蚀时，泵的（　　）。

A. 扬程增大，流量增大；　　　　　　B. 扬程增大，流量减小；

C. 扬程减小，流量增大；　　　　　　D. 扬程减小，流量减小

3. 交流断路器主要都是利用（　　）时来熄灭的。

A. 电流过零；　　B. 低电流；　　　　C. 低负荷

4. 电力系统在运行中发生短路故障时，通常电压（　　）。

A. 不受影响；　　B. 急剧下降；　　C. 急剧上升；　　D. 越来越稳定

5. 尾水调压室位于发电厂房的（　　）。

A. 上游；　　　　　　　　　　　　B. 下游

6. 防洪限制水位是指（　　）。

A. 水库消落的最低水位；

B. 汛期防洪要求限制水库允许蓄水的上限水位

7. 混流式机组轴线测定的一般步骤为（　　）。

A. 轴线测量，数据分析；

B. 轴线测量，轴线处理；

C. 轴线测量，数据分析，轴线处理；

D. 数据分析，轴线处理

8. 属于导水机构的传动机构部件是（ ）。

A. 接力器； B. 控制环； C. 导叶； D. 顶盖

9. 高压断路器与隔离开关的作用是（ ）。

A. 断路器切合空载电流，隔离开关切合短路电流；

B. 断路器切合短路电流，隔离开关切合空载电流；

C. 断路器切合负荷电流，隔离开关切合空载电流；

D. 断路器切（合）短路电流或负载电流，隔离开关不切合电流

10. 外桥式接线适用于线路较（ ）和变压器（ ）经常切换的方式。

A. 长，需要； B. 长，不需要； C. 短，需要； D. 短，不需要

11. 变电所停电时（ ）。

A. 先拉隔离开关，后切断断路器； B. 先切断断路器，后拉隔离开关；

C. 先合隔离开关，后合断路器； D. 先合断路器，后合隔离开关

12. 计算机监控系统与集控中心的通信方式主要采用（ ）通信方式。

A. 光纤； B. 载波； C. 卫星； D. 微波

13. PID 的调节方式就是（ ）调节方式。

A. 比例； B. 积分； C. 微分； D. 比例积分微分

14. 一切重大物件的起重、搬运工作须由（ ）负责指挥进行，参加工作的人员应熟悉起重搬运安全、技术、组织措施。起重搬运时只能由一人指挥，指挥人员应由经专业技术培训取得合格证的人员担任。

A. 有经验的专人； B. 工作票负责人； C. 设备专责人

15. 任何工作人员发现有违反《电力安全工作规程》，并足以危及（ ）和设备安全的行为应立即制止。

A. 人身； B. 厂房； C. 大坝； D. 机组运行

二、判断题（共 20 道题，每小题 2 分）

1. 调速系统的电液转换器的活塞杆上部开有四个同直径径向小孔，目的是保持四个方向的压力相同，使控制套和活塞杆间保持较均匀的间隙，从而使活塞杆能顺利地上下移动。（ ）

2. 混流式水轮机转轮的标称直径是指叶片进口边的最大直径。（ ）

3. 因为大电流接地系统线路断相不接地，所以没有零序电流。（ ）

4. 两个平行的载流导线之间存在电磁力的作用，两导线中电流方向相同时，作用力相吸引；电流方向相反时，作用力相排斥。（ ）

5. 频率和有效值相同的三相正弦量即为对称的三相正弦量。（ ）

6. 闸门正在启闭操作时，可直接进行反向操作。（ ）

7. 高水头电站一般为一相末水击，采用先慢后快的关闭规律较好。（ ）

8. 土石坝一般采用岸边式溢洪道、泄水隧洞来泄流。（ ）

9. 对于同一个水库，下游的防洪标准总是比水库的洪水标准低。（　　）

10. 额定水头时，机组负荷为最大，接力器行程也为最大。（　　）

11. 橡胶瓦导轴承加垫时，为了安装方便，铜片厚度不宜超过1mm，并应尽量减少铜片层数。（　　）

12. SF$_6$气体在常温下其绝缘强度比空气高2～3倍，灭弧性能是空气的100倍。（　　）

13. 二次设备是指接在变压器二次侧的电气设备。（　　）

14. 通常110kV以下系统均为小接地短路电流系统。（　　）

15. 采用灯光监视的断路器控制回路红灯和绿灯均附加电阻的作用是防止灯脚短接造成直流电源小母线发生短路。（　　）

16. 当三相负载越接近对称时，中线中的电流就越小。（　　）

17. 电压的方向是由低电位指向高电位，而电动势的方向是由高电位指向低电位。（　　）

18. 接临时负载，应装有专用的隔离开关和熔断器。（　　）

19. "以手触试"原则上适用于所有停电许可工作。能触试的设备应以手触试，若工作负责人不作要求则可不以手触试。（　　）

20. 调度操作命令票和现场电气操作票实行"三审签字"制度，即操作票操作人自审、监护人审核、工作票签发人审批并分别签名。（　　）

三、填空题（共15道题，每小题1分）

1. 轴流转桨式水轮机要改变机组工况，同时需调节_____与_____，此调节称为双调节。

2. 电动机的自启动是当外加_____消失或过低时，致使电动机转速_____，当它恢复后转速又恢复正常。

3. 输电线路停电时应先拉_____侧隔离开关；送电时应先合_____侧隔离开关。

4. 水电站最大水头指正常运行时，水库或前池的正常蓄水位与下游_____水位之差。

5. 快速闸门的启闭设备应有_____和_____两套操作系统，并配有可靠的电源和闸门开度指示控制器。

6. 水轮机蜗壳按材料有_____和_____两种形式。

7. 排水泵排水容积检修有_____、_____、_____、_____。

8. 高压开关电器可分为_____、_____、_____和_____等。

9. 厂用电源的并联切换的优点是能保证厂用电的_____，缺点是并联期间_____，增大了对断路器断流能力的要求。但由于并联时间很短，发生事故的概率很小，所以在正常切换中被广泛采用。

10. 6kV母线TV断路故障时，6kV母线电压表_____，有关馈线电度表_____，"电压回路断线"光字牌亮。

11. 转角变压器的作用是对Y、d11连接组别的主变两侧电压进行_____。

12. 计算机监控系统输出中间继电器的励磁线圈采用的电压DC_____V。

13. 机组油盆需装_____、_____、_____传感器。

14. 装设接地线必须先接_____，后接_____，且必须接触良好。拆除接地线顺序与此相反。装、拆接地线均应使用绝缘棒和戴_____。

15. 野外作业人员应_____饮用水，_____饮用不明水质的野外水源，采食野果等。

四、简答题（共 6 道题，每小题 5 分）

1. 利用水轮发电机作同期调相机运行有什么优点？

2. 单电源线路停送电应如何进行？

3. 简单圆筒式和阻抗式调压室的优缺点是什么？

4. 水电站油气水系统中管路复杂，如何以颜色区别各种管路？

5. 用兆欧表测量绝缘时，若接地端子 E 与相线端子 L 接错，会产生什么后果？

6. 工作人员的着装有哪些要求？

第五套

一、选择题（共 15 道题，每小题 1 分）

1. 空气为负压运行的区域是（　　　）。

A. 主厂房安装场；　　　　　　　　B. 主厂房蜗壳层；

C. 排烟电缆交通廊道及竖井；　　　　D. 主变压器洞

2. 水轮机进水口闸门的作用是（　　　）。

A. 防止机组飞逸；　　　　　　　　B. 调节进水口流量；

C. 正常时落门停机；　　　　　　　D. 泄水时提门

3. 在相同的输送容量和距离的条件下，电力线路的（　　　）损耗越大。

A. 电压等级越高；　　　　　　　　B. 电压等级越低

4. 起到提高并列运行水轮发电机组运行稳定性的是（　　　）。

A. 转子集电环；　　　　　　　　　B. 定子铁芯；

C. 转子阻尼绕组；　　　　　　　　D. 转子磁轭

5. 小型水电站对所发电能频差要求（　　　）。

A. 不高；　　　　B. 为零；　　　　C. 与大型水力发电站相同

6. 过流表面（　　　）更易引起气蚀破坏。

A. 平整；　　　　　　　　　　　　B. 不平整

7. 水轮发电机组过速试验时最高转速应为（　　　）。

A. 130％；　　　B. 140％；　　　C. 135％；　　　D. 145％

8. 悬式"三导"结构机组中，通常用（　　　）轴承作为盘车限位轴承。

A. 上导；　　　B. 推力；　　　C. 水导；　　　D. 下导

9. 下列描述中体现中性点直接接地系统优点的是（　　　）。

A. 中性点只发生少量的偏移；

B. 非故障相的相电压变成线电压；

C. 消除了由于接地电弧引起的过电压；

D. 可以彻底避免瞬间性故障的发生

10. 电力变压器按冷却介质可分为（　　　）和干式两种。

　　A. 油浸式；　　　　　B. 风冷式；　　　　　C. 自冷式；　　　　　D. 水冷式

11. 变压器（　　　）铁芯的特点是铁轭靠着绕组的顶面和底面，但不包围绕组的侧面。

　　A. 圆式；　　　　　B. 壳式；　　　　　C. 心式；　　　　　D. 球式

12. 电气设备大气过电压持续时间与内部过电压持续时间相比较（　　　）。

　　A. 前者大于后者；　　　　　　　　　B. 前者小于后者；

　　C. 两者相同；　　　　　　　　　　　D. 视当时情况而定

13. 下列设备中属于一次设备是（　　　）。

　　A. 电流互感器；　　B. 保护模块；　　C. 控制开关；　　　D. 电流表

14. 工作人员不得随意扩大工作内容。确需扩大工作任务时，若新增工作任务的检修期限在工作票批准期限内，且不需要变更或增加安全措施的，应经（　　　）同意，由工作负责人通过工作许可人许可，按照要求在工作票上增填工作地点和工作内容后，方可扩大工作内容。

　　A. 工作票签发人；　　B. 工作负责人；　　C. 工作许可人

15. 安全带在使用前应进行检查，并应每隔（　　　）个月进行静荷重试验。

　　A. 3；　　　　　　　B. 6；　　　　　　　C. 9；　　　　　　　D. 12

二、判断题（共 20 道题，每小题 2 分）

1. 机组调相压水可减小接力器摆动。（　　　）

2. 流线是顺滑的曲线，不能是折线。（　　　）

3. 在正常运行方式下，如果所有的厂用电源均投入工作，把没有明显断开的备用电源称为暗备用。（　　　）

4. 所谓大型变压器油枕隔膜密封保护，就是在油枕中放置一个耐油的尼龙橡胶制成的隔膜袋，其作用是把油枕中的油与空气隔离，达到减慢油劣化速度的目的。（　　　）

5. 异步发电机的定子电流不对称运行时，会引起转子内部过热。（　　　）

6. 调压井属于引水水工建筑物。（　　　）

7. 压力管道内径 D（m）和水压 H（m）及其乘积 HD 值是标志压力管道规模及其技术难度的重要特征值。（　　　）

8. 土石坝渗漏处理方法有上游堵截渗漏、灌浆堵漏以及下游用滤料导渗等方法，对岩石坝基漏水可采用帷幕灌浆方法处理。（　　　）

9. 二道坝是消能建筑物。（　　　）

10. 水电站所使用的油，大体上可归纳为润滑油和绝缘油。（　　　）

11. 在混流式水轮机中只有轴心补气这种补气形式。（　　　）

12. 变压器是根据电磁感应原理工作的。（　　　）

13. 电路中由于电压、电流突变引起铁磁谐振时，电压互感器的高压侧熔断器不应熔断。（　　　）

14. 接地引下线和接地体的总和称为接地装置。（　　　）

15. PLC 最基本的应用是用他来取代传统的继电器进行逻辑控制功能。（　　　）

16. 为使用户停电时间尽可能短，备用电源自动投入装置可以不带时限。（ ）

17. 在工作中对操作设备的消缺工作，需要运行值班人员许可并配合。（ ）

18. 任何人进入生产场所，应正确佩戴安全帽，但在办公室、值班室、监控室、班组检修室、继电保护室、自动化室、通信及信息机房等场所，确无磕碰、高处坠落或落物等危险的情况下，可不戴安全帽。（ ）

19. 作业现场的生产条件、安全设施、作业机具和安全工器具等应符合国家或行业标准规定的要求，安全工器具和劳动防护用品使用前确认合格、齐备。（ ）

20. 事故应急抢修单完全可以代替工作票使用。（ ）

三、填空题（共 15 道题，每小题 1 分）

1. 水轮机的调速器应能保证＿＿＿＿＿＿及＿＿＿＿＿＿的机组正常运行。

2. 变压器的过载能力是在不损害变压器绕组绝缘和降低使用寿命的条件下，在短时间内所能输出的＿＿＿＿＿＿容量。

3. 在电力系统中，具有无功功率补偿功能的设备有＿＿＿＿＿＿、＿＿＿＿＿＿、＿＿＿＿＿＿、电抗器等。

4. 水电站的中央控制室（中控室）属于＿＿＿＿＿＿厂房部分。

5. 大坝安全监测的三个阶段为＿＿＿＿＿＿、＿＿＿＿＿＿、＿＿＿＿＿＿。

6. 电站技术供水方式为＿＿＿＿＿＿、＿＿＿＿＿＿、＿＿＿＿＿＿、射流泵供水、其他供水方式。

7. 供水系统中截止阀的作用截断＿＿＿＿＿＿与调节＿＿＿＿＿＿。

8. 大雾天，应检查户外电气设备套管有无＿＿＿＿＿＿痕迹，引线套管有无＿＿＿＿＿＿状况。

9. 避雷带和避雷网必须经引下线与＿＿＿＿＿＿可靠地连接。

10. ＿＿＿＿＿＿和＿＿＿＿＿＿是电气设备设计和制造的基本参数，也是衡量电能质量的两个基本指标。

11. 计算机监控系统的"四遥"功能为：＿＿＿＿＿＿、＿＿＿＿＿＿、＿＿＿＿＿＿和＿＿＿＿＿＿。

12. 二次设备是指＿＿＿＿＿＿、＿＿＿＿＿＿、＿＿＿＿＿＿、＿＿＿＿＿＿和＿＿＿＿＿＿。

13. 表示二次设备互相联系的电路统称＿＿＿＿＿＿或＿＿＿＿＿＿。

14. 禁止在运行中的水轮机＿＿＿＿＿＿、推拉杆等运动部件上＿＿＿＿＿＿和行走。

15. 开工前工作票内的全部安全措施应＿＿＿＿＿＿次完成。

四、简答题（共 6 道题，每小题 5 分）

1. 试述水轮发电机的主要部件及基本参数。

2. 电流互感器在运行中为什么要严防二次侧开路？

3. 金属闸门气蚀危害表现是什么？有哪些防护措施？

4. 混流式水轮机转轮由几部分组成？叶片形状是怎样的？

5. 更换变压器呼吸器内的吸潮剂时应注意什么？

6. 违章现象分为哪几类？

第六套

一、选择题（共 15 道题，每小题 1 分）

1. 推力瓦的进、出油边正确的是（　　）。

A. 进油边离主轴近，出油边离主轴远；

B. 进油边离主轴远，出油边离主轴近；

C. 进油边与出油边和主轴的距离相等

2. 调相压水的目的是（　　）。

A. 减少有功损耗；　　B. 防止水轮机气蚀；　　C. 增加无功功率

3. 在高压输电线路上并联电抗器的作用是抵消输电线路的电容和吸收无功功率，防止电网轻负荷时容性功率过剩引起（　　）。

A. 电压降低；　　　　B. 电压升高；　　　　C. 电压不变

4. 同一电压等级的开关，触头行程最短的是（　　）

A. 空气开关；　　　　B. 少油开关；　　　　C. 真空开关；　　　　D. SF_6 开关

5. 小型水电站对所发电能频差要求（　　）。

A. 不高；　　　　　　B. 为零；　　　　　　C. 与大型水力发电站相同

6. 有压泄水孔工作门常布置在隧洞的（　　）。

A. 进口；　　　　　　B. 出口；　　　　　　C. 中间

7. 气蚀破坏部位准确地说是产生在（　　）。

A. 负压区；　　　　　B. 正压区；　　　　　C. 气泡溃灭区；　　　　D. 气泡形成区

8. 水轮机导轴承的作用是（　　）。

A. 承受轴向力；　　　B. 承受径向力；　　　C. 传递扭矩；　　　　D. 承受机组重量

9. 增大接地网的（　　）是减小接地电阻的主要因素。

A. 深度；　　　　　　B. 导体截面积；　　　C. 面积；　　　　　　D. 体积

10. 变压器 Dyn11 接线表示一次绕组接成（　　）。

A. 星形；　　　　　　B. 三角形；　　　　　C. 方形；　　　　　　D. 球形

11. 在额定功率因数下二次空载电压和二次负载电压之差与二次额定电压的（　　），称为电压调整率。

A. 和；　　　　　　　B. 差；　　　　　　　C. 积；　　　　　　　D. 比

12. 开关控制回路中的 HWJ 继电器的作用是（　　）。

A. 监视合闸回路是否正常；　　　　　　B. 监视分闸回路是否正常；

C. 防止开关跳跃；　　　　　　　　　　D. 起信号自保持作用

13. 电气设备大气过电压持续时间与内部过电压持续时间相比较（　　）。

A. 前者大于后者；　　B. 前者小于后者；　　C. 两者相同；　　　　D. 视当时情况而定

14. 使用中的氧气瓶和乙炔瓶应（　　）放置，两者之间的距离不得小于（　　）m。

A. 水平、8；　　　　　B. 垂直、8；　　　　　C. 垂直、6；　　　　　D. 水平、6

15. 工作人员应熟悉作业环境存在的（　　）、预防控制措施及事故应急处置措施。

A. 逃生路线；　　　　B. 消防器材的使用方法；　　　　　　C. 危险有害因素

二、判断题（共 20 道题，每小题 2 分）

1. 推力轴承中油循环方式只起着润滑作用。（　　）

2. 机组调相压水可减小接力器摆动。（　　）

3. 在变压器中，输出电能的绕组称为一次绕组，吸取电能的绕组称为二次绕组。（　　）

4. 在正常运行方式下，如果所有的厂用电源均投入工作，把没有明显断开的备用电源称为暗备用。（　　）

5. 操作有载调压分接头时，如果出现分头连续动作的情况，应立即断开操作电源，而后用手动方式将分接头调至合适的位置。（　　）

6. 闸门正在启闭操作时，可直接进行反向操作。（　　）

7. 主阀（快速门）的工作状态只有全开或全关两种状态。（　　）

8. 土石坝一般采用岸边式溢洪道、泄水隧洞来泄流。（　　）

9. 在重力坝横缝的上游面、溢流面、下游面最高尾水位以下及坝内廊道和孔洞穿过分缝处的四周等部位布置有止水设施。（　　）

10. 由于安装和检修的需要，在尾水管直锥段上部开有进人孔。（　　）

11. 主轴是水轮机重要部件之一。（　　）

12. 在直流回路中串入一个电感线圈，回路中的灯就会变暗。（　　）

13. 在电容电路中，电流的大小完全取决于交流电压的大小。（　　）

14. 雷电流由零值上升到最大值所用的时间叫波头。（　　）

15. 速断保护是按躲过线路末端短路电流整定的。（　　）

16. 新安装或二次回路动作过的变压器，应做保护传动试验。（　　）

17. 发电机纵差动保护可以反映定子绕组匝间短路。（　　）

18. 发生人身触电事故时，为了解救触电人，可以不经许可，即行断开有关设备的电源，但事后必须立即报告。（　　）

19. 凡在坠落高度基准面 2.5m 及以上，有可能坠落的高空作业称为高处作业。（　　）

20. 安全带的挂点应与作业人员腰部齐平或略低。（　　）

三、填空题（共 15 道题，每小题 1 分）

1. 在油质及清洁度不合格时，严禁机组_____。

2. 额定电压是指在正常运行中电气设备_____承受的_____。

3. 变压器充电时，其_____隔离开关必须投入接地。

4. 水电站出力是指水电站所有机组的发电机端母线上_____。

5. 闸门启闭机按是否在同一位置工作分为_____、_____两大类。

6. 混流式水轮机水导轴承冷却水水温要求一般在_____。

7. 橡胶导轴承采用_____润滑。

8. 阀型避雷器的结构主要由：_____、_____、_____和_____组成。

9. 防止雷电波侵入过电压，所用防护设备为_____。

10. 避雷线的主要作用是保护_____导线不被雷击，有的避雷线经过带有间隙的绝缘子与杆塔绝缘，其目的是用来开设_____通道。

11. 电路主要由_____、_____、_____和_____组成。

12. 电力系统中采用的同期方式有两种，即_____和_____。

13. 在通常情况下，电气设备不允许_____保护运行，必要时可停用部分保护，但_____不允许同时停用。

14. 水电站遇有电气设备着火时，应立即将有关设备的_____切断，然后进行救火。

15. 所谓运行中的电气设备，系指_____，或_____的电气设备。

四、简答题（共 6 道题，每小题 5 分）

1. 透平油如何起散热作用？

2. SF$_6$电气设备发生紧急事故是指什么？SF$_6$电气设备发生紧急事故时应怎么办？

3. 水轮机安装的基本程序是什么？

4. 什么叫防止断路器跳跃闭锁装置？

5. 二次线的安装一般工艺要求是什么？

6. 用兆欧表测量绝缘时，为什么规定遥测时间为 1min？

第七套

一、选择题（共 15 道题，每小题 1 分）

1. 抽水蓄能机组在运行中需要直接水冷的设备有（　　）。

A. 主轴密封；　　　　B. 推力瓦；　　　　C. 导叶

2. 集水井排水泵的扬程要高于（　　）。

A. 蜗壳进口中心；　　　　　　　　B. 尾水管底板；

C. 尾水管出口顶板；　　　　　　　D. 最高尾水位并加一定的损失余量

3. 在星形连接的对称电路中，线电压等于（　　）倍相电压。

A. $\sqrt{3}$；　　　　B. 3；　　　　C. 1/2；　　　　D. 1/3

4. （　　）属于电气一次设备。

A. 变压器、电器仪表、继电器；

B. 水轮发电机、隔离开关、信号器具；

C. 变压器、断路器、水轮发电机

5. 导叶关闭速度越快，压力管道中水锤压力数值越（　　）。

A. 小；　　　　B. 大

6. （　　）必须在坝体以外布置泄洪设施。

A. 重力坝；　　　　B. 土石坝；　　　　C. 拱坝

7. 水轮机活动导叶上、中轴装在（　　）中。

A. 顶盖；　　　　B. 导叶套筒；　　　　C. 底环；　　　　D. 座环

8. 水轮机基础环的作用是（　　）。

A. 承受水流轴向水推力；

B. 承受基础混凝土重量；

C. 是座环的基础，对引水机构及导水机构起支撑作用

9. 电流互感器 10P20 参数中的 10 代表（　　）。

A. 一次短路电流为额定电流 20 倍时，误差不大于 10%；

B. 一次边额定电流值；

C. 一次边的限流系数；

D. 准确度级为 10%

10. 下列设备中，二次绕组匝数比一次绕组匝数少的是（ ）。

A. 电流互感器；ㅤㅤ B. 电压互感器；ㅤㅤ C. 升压变压器；ㅤㅤ D. 特种变压器

11. 动稳定电流是指各部件所能承受的电动力效应所对应的最大短路电流第 1 周波峰值，一般为额定开断电流值的（ ）。

A. 2 倍；ㅤㅤㅤㅤ B. 2.55 倍；ㅤㅤㅤ C. 3 倍；ㅤㅤㅤㅤㅤ D. 5 倍

12. 当系统频率下降时，系统提供的有功功率（ ）。

A. 不足；ㅤㅤㅤㅤ B. 富裕；ㅤㅤㅤㅤ C. 持平；ㅤㅤㅤㅤㅤ D. 为零

13. 计算机监控系统功能不包括（ ）。

A. 画面显示；ㅤㅤㅤㅤㅤㅤㅤㅤ B. 制表打印；

C. 跳闸保护；ㅤㅤㅤㅤㅤㅤㅤㅤ D. 事件顺序记录、事故追忆

14. 使用携带型火炉或喷灯的工作场所应通风良好，火焰与带电部分的距离：电压在 10kV 及以下者，不得小于（ ）；电压在 10kV 以上者，不得小于 3m。

A. 2m；ㅤㅤㅤㅤㅤ B. 0.7m；ㅤㅤㅤㅤ C. 1.5m；ㅤㅤㅤㅤㅤ D. 2.5m

15. 扑救可能产生有毒气体的火灾（如电缆着火等）时，扑救人员应使用（ ）。

A. 口罩；ㅤㅤㅤㅤㅤㅤㅤㅤㅤ B. 护目镜；

C. 正压式消防空气呼吸器；ㅤㅤㅤ D. 空气过滤器

二、判断题（共 20 道题，每小题 2 分）

1. 水轮发电机组调相运行时，是从系统吸收少量有功而发出大量无功。（ ）

2. 扇形温度计是利用热胀冷缩的原理指示温度的。（ ）

3. SF_6 电气设备投运前，应检验设备气室 SF_6 气体水分和空气含量。（ ）

4. 并网后机组的稳定性比单机时增强。（ ）

5. 抽水蓄能机组比其他调峰机组的优点在于除调峰之外还可以填充低谷负荷。（ ）

6. 前池的溢流堰上应设置闸门。（ ）

7. 有压隧洞在运行时可以出现无压/有压交替的工作状态。（ ）

8. 通常可以将坝体做码头停靠各类船只。（ ）

9. 雨水情观测任务是实时采集水库雨水情信息并进行数据查询和分析，为水库的发电调度、泄洪调度、抢险救灾决策提供科学依据。（ ）

10. 尼龙轴套可以自润滑。（ ）

11. 电液调速器与机械液压式调速器相比，反应速度慢。（ ）

12. 变压器产品系列是以高压的电压等级区分的，为 10kV 及以下、20kV、35kV、66kV、110kV 和 220kV 系列等。（ ）

13. 电力系统发生短路故障时，其短路电流为电感性电流。（ ）

14. 大气过电压的幅值取决于雷电参数和防雷措施，与电网额定电压无直接关系。（ ）

15. 电流速断保护的重要缺陷是受系统运行方式变化的影响较大。（ ）

16. 短路电流越大，反时限过电流保护的动作时间越长。（　　）

17. 继电保护和自动装置屏的前后，必须有明显的同一名称标志及标称符号，目的是防止工作时走错间隔或误拆、动设备，造成保护在运行中误动作。（　　）

18. 1kV 以上的电力线路为高压线路。（　　）

19. 未纳入调度和现场生产使用，但仍属设备运行管理单位管理的设备，如需操作时，可以不使用操作票，只要确保操作人员人身安全。（　　）

20. 装、拆接地线时，应做好记录，交接班时应交代清楚。（　　）

三、填空题（共 15 道题，每小题 1 分）

1. 机组在单机孤立运行时，操作变速机构可调整机组的_____；机组在并列运行时，操作变速机构可调整机组所承担的_____。

2. 厂用电源并联切换的优点是能保证厂用电的_____，缺点是并联期间_____，增大了对断路器断流能力的要求。但由于并联时间很短，发生事故的概率很小，所以在正常切换中被广泛采用。

3. 水轮发电机组并网前调节_____可调节电压，水轮发电机组并网后调节_____可调节无功和功率因数。

4. 根据作用原理不同，小水电调压室类型有_____、_____、_____三种。

5. 坝的渗漏包括_____、_____、_____。

6. 混流式水轮机属于_____水轮机。

7. 尾水管主要用来_____转轮出口水流中的_____能量。

8. 高压输电是为了降低_____。

9. 在电流互感器二次侧不允许装设熔断器，是为了防止_____以免引起过电压烧毁。

10. 电弧由三部分组成，分别是阴极区、_____和_____。

11. LCU 采集的数据按照其物理性质分类，可分为_____和_____。

12. 水电站计算机监控的特点是_____和_____。

13. 水电站中的非电量参数包括_____、_____、_____、_____、_____、_____、摆度以及温度等。

14. 水电站遇有电气设备着火时，应立即将有关设备的_____切断，然后进行救火。

15. 禁止任何人_____遮栏，不得随意_____、变动或_____临时遮栏、标识牌等设施。

四、简答题（共 6 道题，每小题 5 分）

1. 简述风闸（制动器）的作用。

2. 若由于出线开关拒动，使开关失灵保护动作或其他后备保护动作，母线电压消失应如何处理？

3. 什么是河道生态基流？其确定方法是什么？

4. 引起水轮机导轴承进水的原因有哪些？

5. 断路器拒绝跳闸的原因有哪些？

6. 水轮机顶盖上为什么要装真空破坏阀？其作用是什么？

第八套

一、选择题（共 15 道题，每小题 1 分）

1. 机组首次启动到额定转速后，应测定机组各部位的振动值和摆度，若振动超过允许值，须做（　　）试验。

　A. 静平衡；　　　　B. 动平衡；　　　　C. 过速度；　　　　D. 开停机

2. 水轮机调节系统中，被称为调节对象的是（　　）。

　A. 引水系统；　　　　　　　　　B. 水轮机；

　C. 发电机；　　　　　　　　　　D. 引水系统、水轮发电机组

3. 在电阻串联电路中，每个电阻上的压降大小（　　）。

　A. 与电阻大小成正比；　　　　　B. 相同；

　C. 与电阻大小成反比；　　　　　D. 无法确定

4. 线路的长短即距离与线路的阻抗成（　　）。

　A. 正比；　　　　B. 反比；　　　　C. 二次函数

5. 金属压力管道上的加劲环主要承受（　　）压力。

　A. 管内；　　　　B. 管外

6. 有压泄水孔工作门常布置在隧洞的（　　）。

　A. 进口；　　　　B. 出口；　　　　C. 中间

7. 当机组轴线与其旋转中心线重合时，主轴在旋转过程中将（　　）。

　A. 产生摆度；　　　B. 振动；　　　C. 不产生摆度；　　　D. 不振动

8. 对水轮机能量性能起着明显作用的汽蚀是（　　）。

　A. 转轮翼型气蚀；　　B. 间隙气蚀；　　C. 空腔气蚀；　　　D. 局部气蚀

9. 计量所用电流互感器的准确度级为（　　）。

　A. 1；　　　　B. 3.0；　　　　C. 0.5；　　　　D. 10.0

10. 半导体热敏特性，是指半导体的导电性能随温度的升高而（　　）。

　A. 增加；　　　　B. 减弱；　　　　C. 保持不变；　　　　D. 成正比

11. 电缆线路加上额定电流后开始温度升高很快，一段时间后，温度（　　）。

　A. 很快降低；　　　　　　　　　B. 缓慢降低；

　C. 一直缓慢升高；　　　　　　　D. 缓慢升高至某一稳定值

12. 利用发电机三次谐波电压构成的定子接地保护的动作条件是（　　）。

　A. 发电机机端三次谐波电压大于中性点三次谐波电压；

　B. 发电机机端三次谐波电压小于中性点三次谐波电压；

　C. 发电机机端三次谐波电压等于中性点三次谐波电压；

　D. 三次谐波电压大于整定值

13. 下列表示监控系统可靠性指标中，表示事故平均间隔时间的是（　　）。

　A. MTBF；　　　　B. MTTR；　　　　C. MDT；　　　　D. MORAL

14. 气瓶内的压力降至（　　）kPa，不准再使用；用过的瓶上应写明"空瓶"。

　A. 0.168；　　　　B. 0.196；　　　　C. 0.486；　　　　D. 1.00

15. 新的起重设备和工具，容许在设备证件发出日起（　　）个月内不需重新试验。

A. 12；　　　　　B. 24；　　　　　C. 10；　　　　　D. 8

二、判断题（共 20 道题，每小题 2 分）

1. 当充油设备发生外壳破裂、跑油、跑气时，应立即停机处理。（　　）

2. 最大水头是允许水轮机运行的最大净水头，通常由水轮机强度决定。（　　）

3. 因地震引起的重瓦斯动作停运的变压器，可立即恢复变压器送电。（　　）

4. 成组控制中，无功控制功能可以分配进相无功给机组。（　　）

5. 任何情况下都没有闭锁开关分闸的条件。（　　）

6. 闸门水封长期磨耗造成间隙过大、橡皮老化弹性失效、断裂或撕裂等。金属水封常因磨损、锈蚀、气蚀破坏或因受荷载作用而翘曲变形、水封固定螺栓松动、脱落或锈断、漂浮物或冰凌的冲击撞坏等原因而漏水是安装方面原因所造成。（　　）

7. 升压变电站是发电机电压设备和外输高压配电装置的结合点。（　　）

8. 调压室常用于无压引水式电站中。（　　）

9. 压力钢管失稳是由管内压力过大引起的。（　　）

10. 水轮机静平衡试验的目的是将转轮的不平衡重量消除。（　　）

11. 调速器的转速死区大小反映出调速器装配和制造质量。（　　）

12. 电路中由于电压、电流突变引起铁磁谐振时，电压互感器的高压侧熔断器不应熔断。（　　）

13. 系统输送功率不变，电压降低情况下会增加输电线路的线损。（　　）

14. 在紧急情况下，可以将拒绝跳闸或严重缺油、漏油的断路器暂时投入运行。（　　）

15. 非全相保护是当发生发变组主断路器非全相合闸或跳闸时，由于造成三相负荷不平衡，负序电流在发电机转子表面感应出涡流，保护转子不致发热损坏的保护装置。（　　）

16. 发电机低压过流保护的低电压元件是区别故障电流和正常过负荷电流，提高整套保护灵敏度的措施。（　　）

17. 发电机机端定子绕组接地，对发电机的危害比其他位置接地危害要大，这是因为机端定子绕组接地流过接地点的故障电流及非故障相对地电压的升高比其他位置接地时均大。（　　）

18. 未纳入调度和现场生产使用，但仍属设备运行管理单位管理的设备，如需操作时，可以不使用操作票，只要确保操作人员人身安全。（　　）

19. 凡是填第一种工作票的工作就表示需要将相关高压设备停电。（　　）

20. 工作许可人对工作票中所列内容即使发生很小疑问，也必须向工作票签发人询问清楚，必要时应要求作详细补充。（　　）

三、填空题（共 15 道题，每小题 1 分）

1. 空气压缩机的传动系统主要由_____、_____、_____、_____四部分组成。

2. 频率的高低主要取决于电力系统中_____功率的平衡。频率低于 50Hz 时，表示系统中发出的_____功率不足。

3. 为了增加母线的截面电流量，常用并列母线条数来解决，但并列的条数越多电流分布越_____，流过中间母线的电流_____，流过两边母线的电流_____。

4. 水电站出力是指水电站所有机组的发电机端母线上_____。

5. 闸门启闭机按是否在同一位置工作分为_____、_____两大类。

6. 大型水电站水轮机流量测量方法采用_____、_____、水锤法、超声波法。

7. 水导轴承的润滑方式有_____、_____。

8. 发电机运行正常，而厂用电源无电压时，厂用电备自投装置_____。

9. 回路中未设有断路器时，可利用隔离开关进行拉合电压不超过 10kV、电流在_____以下的环路均衡电流。

10. 断路器的用途是：正常时能_____或断开电路；发生故障时，能自动_____故障电流，需要时能自动_____，起到控制和保护两方面作用。

11. 在非电量遥测中，需要通过_____把非电量的变化转化为电压值。

12. 直流回路编号规律是从_____极开始，以_____按_____顺序编号直到最后一个_____为止。

13. 二次回路标号是按"_____"原则进行的，即在回路中连接于一点上的_____，都标以相同的回路标号。

14. 线路的停、送电均应按照_____或_____的指令执行。

15. 倒闸操作票填写完毕后，为保证倒闸操作票信息的正确性，操作人和监护人应当根据_____或_____核对所填写的操作项目，并分别签字，然后经值班负责人审核签字。

四、简答题（共 6 道题，每小题 5 分）

1. 主阀的作用有哪些？

2. 35kV 及以下电压等级的电压互感器出现哪些异常时应申请将其停用？

3. 无压引水水电站的主要建筑物有哪些？

4. 混流式水轮机转轮由几部分组成？叶片形状是怎样的？

5. 对变压器及厂用变压器装设温度测量装置有什么规定？

6. 计算机监控系统现地控制层一般包括哪些设备？

第九套

一、选择题（共 15 道题，每小题 1 分）

1. 2m 水柱的压强为（　　）。

A. 2MPa；　　　　B. 0.2MPa；　　　　C. 0.02MPa；　　　　D. 0.002MPa

2. 调速系统中漏油箱的作用是（　　）。

A. 收集调速系统的漏油，并向油压装置的集油槽输送；

B. 给调速系统提供压力油；

C. 收集调速系统的回油，并向油压装置的压油槽输送；

D. 放置油品的油槽

3. 发电机的允许温升主要取决于发电机的（　　）。

A. 有功负荷；　　　B. 运行电压；　　　C. 冷却方式；　　　D. 绝缘等级

4. 电力电缆在正常情况下不得过负荷运行，在事故情况下，10kV 及以下电缆允许过负荷（　　）。

A. 30％，但不得超过 2h；

B. 15％，但不得超过 2h；

C. 20％，但不得超过 1.5h

5. 当增加机组负荷时，转速（　　）。

A. 升高；　　　　　　　B. 降低；　　　　　　　C. 不变

6. 土坝溢洪道属于（　　）泄水建筑物。

A. 坝身式；　　　　　　B. 岸边式；　　　　　　C. 隧洞式

7. 水流径向流入转轮，轴向流出转轮的水轮机称为（　　）水轮机。

A. 轴流式；　　　　B. 贯流式；　　　　C. 混流式；　　　　D. 斜流式

8. 水轮机是实现（　　）转换的设备。

A. 水能；　　　　　　　B. 电能

9. 高压断路器与隔离开关的作用是（　　）。

A. 断路器切合空载电流，隔离开关切合短路电流；

B. 断路器切合短路电流，隔离开关切合空载电流；

C. 断路器切合负荷电流，隔离开关切合空载电流；

D. 断路器切（合）短路电流或负载电流，隔离开关不切合电流

10. （　　）是辅助设备自动控制的信号元件。

A. 压力传感器；　　B. 电磁空气阀；　　C. 电磁阀；　　　　D. 液压操作阀

11. 对于中性点不接地系统，当某一相线碰壳或接地时，其他两相对地电压，将升高为相电压的（　　）倍。

A. 1.414；　　　　B. 1.5；　　　　C. 1.732；　　　　D. 1.25

12. 厂内远动系统主要实现与调度之间的（　　）功能。

A. 遥信；　　　　B. 遥测；　　　　C. 遥控；　　　　D. 遥监

13. 零序电流滤过器输出 $3I_0$ 是指（　　）。

A. 通入的三相正序电流；　　　　　　B. 通入的三相负序电流；

C. 通入的三相零序电流；　　　　　　D. 通入的三相正序或负序电流

14. 去长期无人到达的阴暗、底深廊道检修，必须（　　），才可进入。

A. 做好进入前各种检测；

B. 做好进入前各种检测，两人以上；

C. 三人以上

15. 运用中的电气设备是指（　　）。

A. 投运过的设备；

B. 全部带有电压的设备；

C. 部分带有电压的设备；

D. 全部带有电压的设备或部分带有电压的设备及一经操作即带有电压的设备

二、判断题（共 20 道题，每小题 2 分）

1. 发电机的空气隙指转子磁极外缘与定子绕组的槽楔之间的最小距离。（　　）

2. 减压启动阀主要是为了减小油泵电动机启动时的电压值。（ ）

3. 变压器油枕的容积一般为变压器容积的 10％ 左右。（ ）

4. 运行中的自耦变压器中性点，可以根据系统运行和保护整定需要，选择接地或不接地方式。（ ）

5. 进行变压器停送电操作时，自耦变压器中性点必须要接地，其他变压器中性点是否接地，应按照继电保护要求执行。（ ）

6. 中高水头电站压力管道常采用侧向引进厂房的方式。（ ）

7. 拦污栅栅条净距应保证过栅污物不致卡住水轮机的过流部件。（ ）

8. 在土石坝下游坝面种树可以增加防冲刷能力。（ ）

9. 重力坝的地基处理工作包括防渗和提高基岩强度。（ ）

10. 非发电流道上的闸阀在使用时，应全开或全关，不许做调节用。（ ）

11. 混流式水轮机减压装置的作用是减少作用在转轮上冠上的轴向水推力，以减轻水导轴承负荷。（ ）。

12. 在直流电路中，不能使用以油灭弧的断路器。（ ）

13. 当电力系统或用户变电站发生事故时，为保证对重要设备的连续供电，允许变压器短时过负载的能力称为事故过负载能力。（ ）

14. 干式变压器是指铁芯和绕组浸渍在绝缘油中的变压器。（ ）

15. 后备保护是主保护的补充，所以，后备保护可以省略。（ ）

16. 纵联差动保护能快速灵敏地切除保护范围内的相间短路故障，一般作为发电机和变压器的主保护。（ ）

17. 正常运行中的电流互感器一次最大负荷不得超过 1.2 倍额定电流。（ ）

18. 在几个电气连接部分上依次进行不停电的同一类型的工作，可以使用一张第一种工作票。（ ）

19. 低压施工用电架空线路应采用绝缘导线，架设高度应不低于 2.5m，交通要道及车辆通行处应不低于 6m。（ ）

20. 安全工器具每月及使用前应进行外观检查，检查不合格的安全工器具只要还能使用可不用立即更换。（ ）

三、填空题（共 15 道题，每小题 1 分）

1. 压力容器上的压力表，每两个检验周期至少进行一次_____试验。

2. 混流式和轴流定桨式水轮机，采用改变_____的方法来调节流量称为单调节。

3. 异步电动机启动时电流很大，而启动力矩小，其原因是启动时功率因数_____，电流中的_____成分小。

4. 为增加地下埋管围岩的承载能力，在钢衬和混凝土、混凝土和围岩中，常进行_____灌浆、_____灌浆、_____灌浆。

5. 水工建筑物养护维修原则为"_____、_____、_____、_____"。

6. 贯穿推力轴承镜板面中心的垂线，称为机组的_____线。

7. 引起水轮发电机组振动的原因有_____、_____、_____三种因素。

8. 高压手车式断路器的运行位置有_____位置、_____位置、_____位置。

9. 常见的短路类型有_____、两相接地短路、两相相间短路和三相短路。

10. 在电路中 R1 和 R2 并联，并且 R1：R2＝1：4，则它们电压比 U1：U2 ＝_____。

11. 电气二次设备是与一次设备有关的_____、_____、_____、_____及操作设备。

12. 断路器的控制回路主要由_____、_____和_____三部分组成。

13. 同期操作就是_____。

14. 线路的停、送电均应按照_____或_____的指令执行。

15. 发电机电气预防性试验时，_____内部工作人员应暂停检修工作并撤出，同时应做好禁止人员_____的措施。

四、简答题（共 6 道题，每小题 5 分）

1. 水泵启动后不抽水应如何处理？

2. 变压器经检修后投入前检查项目有哪些？

3. 金属闸门气蚀危害表现是什么？有哪些防护措施？

4. 水轮机主轴密封分哪几类？各有哪些结构形式？

5. 变压器缺油对运行有什么危害？

6.《电力安全工作规程》对工作负责人工作期间离开工作现场有哪些规定？

第十套

一、选择题（共 15 道题，每小题 1 分）

1. 水导轴承采用（　　）润滑。

A. 水； 　　　　 B. 透平油； 　　　　 C. 绝缘油； 　　　　 D. 润滑脂

2. 当受压面不是水平放置时，静水总压力作用点（　　）受压面的形心。

A. 等于； 　　　　 B. 高于或低于； 　　 C. 高于； 　　　　 D. 低于

3. 无刷励磁系统中，主励磁机的电枢是（　　）。

A. 磁极； 　　　　 B. 转子； 　　　　 C. 永磁铁

4.（　　）不是电能质量指标。

A. 频率； 　　　　 B. 电压； 　　　　 C. 电流； 　　　　 D. 波形

5. 潮汐电站适合于（　　）

A. 低水头小流量； 　 B. 低水头大流量； 　 C. 高水头小流量

6. 压力钢管上管箍，可以（　　）管壁和纵向焊缝的张力。

A. 增大； 　　　　 B. 减小

7. 水轮发电机组能够实现稳定运行，是因为有（　　）。

A. 运行方式对应的控制设备； 　　　　　 B. 调速器的调节

8. 当机组突然甩负荷时调速机构失灵，这时机组将产生飞逸转速，它的数值与机组前期所带的负荷成（　　）。

A. 反比； 　　　　 B. 正比； 　　　　 C. 相等

9. 厂用电快速开关的合闸时间一般小于（　　）。

A. 50ms;　　　　　　B. 100ms;　　　　　　C. 150ms;　　　　　　D. 200ms

10. 电力系统中，将大电流按比例变换为小电流的设备称为（　　　）。

A. 变压器;　　　　　B. 电抗器;　　　　　C. 电压互感器;　　　　D. 电流互感器

11. 中性点不接地系统中，当发生金属性单相接地时，经过接地点的电流为（　　　）。

A. 0;　　　　　　　B. I_0;　　　　　　C. $\frac{\sqrt{3}}{2}I_0$;　　　　　　D. $3I_0$

12. 下列采集量中，为开关量的是（　　　）。

A. 温度的高低;　　　　　　　　　B. 阀门的开启、关闭;

C. 导叶开度;　　　　　　　　　　D. 压力的大小

13. 过电流保护由电流继电器、时间继电器和（　　　）组成。

A. 中间继电器;　　B. 电压继电器;　　C. 防跳继电器;　　D. 差动继电器

14. 使用中的氧气瓶和乙炔瓶应（　　　）放置，两者之间的距离不得小于（　　　）m。

A. 水平、8;　　　B. 垂直、8;　　　C. 垂直、6;　　　D. 水平、6

15. 生产经营单位必须为从业人员提供符合国家标准或者行业标准的劳动防护用品，并监督教育从业人员按照使用规则（　　　）。

A. 验证;　　　　　B. 使用;　　　　　C. 佩戴使用;　　　　D. 佩戴

二、判断题（共 20 道题，每小题 2 分）

1. 水轮发电机组主阀的开度可以调节。（　　　）

2. 当闸门突然关闭，管中流速减小，压强突然升高，这种以压强升高为特征的水击称为直接水击。（　　　）

3. 交流电路中，电容元件两端的电流相位超前电压相位90°。（　　　）

4. 系统低频振荡产生的原因是电力系统串联补偿电容。（　　　）

5. 隔离开关可以切无故障电流。（　　　）

6. 抽水蓄能电站在电力系统中承担削峰填谷、事故备用等作用。（　　　）

7. 径流式水电站的一般装机年利用小时数较高。（　　　）

8. 工作门布置在出口的一般为无压泄水孔。（　　　）

9. 观察拦污栅前后的压力差可以判断拦污栅的堵塞程度。（　　　）

10. 混流式水轮机的特点是水流沿轴向进入转轮，然后逐渐变为辐向。（　　　）

11. 橡胶瓦导轴承加垫时，为了安装方便，铜片厚度不宜超过1mm，并应尽量减少铜片层数。（　　　）

12. 变压器星形连接是三个绕组相邻相的异名端串接成一个三角形的闭合回路，在每两相连接点上即三角形顶点上分别引出三根线端，接电源或负载。（　　　）

13. 单元接线指发电机出口不设母线，发电机直接与主变压器相接升压后送入系统（　　　）

14. 在紧急情况下，可以将拒绝跳闸或严重缺油、漏油的断路器暂时投入运行。（　　　）

15. 在工作中对操作设备的消缺工作，需要运行值班人员许可并配合。（　　　）

16. PLC最基本的应用是用它来取代传统的继电器进行逻辑控制功能。（　　　）

17. 上位机系统操作员工作站可以任意用户名登录进行操作。（　　　）

18. 经常有人工作的场所及施工车辆上宜配备急救箱，存放常用药品，并指定专人检查补充或更换。（　　）

19. 下脚手架时，如果脚手架不高，可以跳下。（　　）

20. 接临时负载，应装有专用的隔离开关和熔断器。（　　）

三、填空题（共 15 道题，每小题 1 分）

1. 耗水率是指_____。

2. 发电机停机以后，为防止发电机内部_____，应停运发电机_____。

3. 发电机的负载特性是指发电机的转速、定子电流为额定值，功率因数为常数时_____电压与_____电流之间的关系曲线。

4. 机组正常运行时，水轮机的转动力矩与_____相平衡。

5. 降水量一般用_____来监测。

6. 不同油混合使用会使油质劣化加快，因此，要严防_____混合。

7. 水轮发电机组作为调相运行，将从系统吸收少量的_____而发出大量_____的。

8. 电流互感器在电能计量时至少应选用_____级。

9. 有 5 个 10Ω 的电阻串联，总电阻是_____。

10. 电流互感器又称为_____。

11. 发电机定子绕组的过电压保护反映_____的大小。

12. 如果 110kV 双端电源供电线路一端的重合闸投入_____检定，而另一端则应投入检定。

13. 不启动重合闸的保护有_____保护、_____保护。

14. 野外作业人员应_____饮用水，_____饮用不明水质的野外水源，_____采食野果等。

15. 吊件垂直_____方，受力钢丝绳的_____侧严禁人员进入。

四、简答题（共 6 道题，每小题 5 分）

1. 电液转换器的主要作用是什么？

2. 中性点直接接地和不直接接地系统中，当发生单相接地故障时各有什么特点？

3. 主阀有哪几种？其特点是什么？

4. 现今小型水电站油系统现状是什么？

5. 用兆欧表测量绝缘时，为什么规定遥测时间为 1min？

6. 有哪些工作应填用事故应急抢修单？

第十一套

一、选择题（共 15 道题，每小题 1 分）

1. 悬吊式机组同伞式机组区别在于（　　）。

A. 机组主轴的长短；　　　　　　　　B. 有无上导轴承；

C. 推力轴承相对于转子位置；　　　　D. 水导轴承在大轴上的位置

2. 导叶漏水量较大的机组，导叶全关后，机组制动转速应适当（　　）。

A. 提高；　　　　B. 降低；　　　　C. 不变；　　　　D. 可提高也可降低

3. 变压器投切时会产生（　　　）。

A. 操作过电压；　　　B. 大气过电压；　　　C. 雷击过电压；　　　D. 系统过电压

4. 调相机主要是给电力系统提供（　　　），调整网络电压，增强系统稳定性。

A. 有功功率；　　　　　　　　　　　B. 无功功率；

C. 有功功率和无功功率；　　　　　　D. 视在功率

5. 低水头电站常指水头在（　　　）m以下。

A. 10；　　　　　　　B. 30；　　　　　　　C. 50

6. 水电站进水口应用的闸门类型为（　　　）。

A. 平面闸门；　　　　B. 弧形闸门；　　　　C. 拱形闸门

7. 调速器安装或检修后，进行液压系统的充油试验，其目的是（　　　）。

A. 起润滑作用；　　　　　　　　　　B. 检查渗漏情况；

C. 校验静特性参数；　　　　　　　　D. 排出管路和阀体内的气体

8. 水轮发电机组过速试验时最高转速应为（　　　）。

A. 130%；　　　　　　B. 140%；　　　　　　C. 135%；　　　　　　D. 145%

9. 变压器油是流动的液体，可充满油箱内各部件之间的气隙，排除空气，从而防止各部件受潮而引起绝缘强度的（　　　）。

A. 升高；　　　　　　B. 降低；　　　　　　C. 时高时低；　　　　　D. 不变

10. 考虑线路的电压降，线路始端（电源端）电压将高于同等级电压，35kV以下的要高（　　　），35kV及以上的高10%。

A. 5%；　　　　　　　B. 6%；　　　　　　　C. 7%；　　　　　　　D. 8%

11. 三相变压器绕组中有一组同名端相互连在一起其称为（　　　）。

A. 三角形连接；　　　B. 球形连接；　　　　C. 星形连接；　　　　D. 方形连接

12. 发电机匝间短路，在短路线圈中的电流（　　　）机端三相短路电流。

A. 大于；　　　　　　B. 小于；　　　　　　C. 近似于；　　　　　D. 等于

13. 短路就是（　　　）。

A. 大电流；

B. 低电阻负荷；

C. 单相接地；

D. 单相、两相或三相不经过负载而直接构成回路的现象

14. 起重工作应有统一的信号，起重机操作人员应根据（　　　）的信号来进行操作；操作人员看不见信号时不准操作。

A. 指挥人员；　　　　B. 检修负责人；　　　　C. 工作负责人

15. 氧气瓶每（　　　）年应进行一次225个大气压的水压试验。

A. 1；　　　　　　　　B. 2；　　　　　　　　C. 3；　　　　　　　　D. 4

二、判断题（共20道题，每小题2分）

1. 与蝶阀相比，球阀具有密封性能好、活门全开时水力损失小等优点。（　　　）

2. 轮叶启动角是为了减小水的轴向推力，增大启动力矩，加速机组启动。（　　　）

3. 功率也称为功率因数。（　　　）

4. 发电机的极对数和转子转速，决定了交流电动势的频率。（　　）

5. 在进行主变压器零升加压、空载、短路特性试验时，其中性点接地开关不必投入。（　　）

6. 抽水蓄能电站在电力系统中承担削峰填谷、事故备用等作用。（　　）

7. 前池的溢流堰上应设置闸门。（　　）

8. 工作门布置在出口的一般为无压泄水孔。（　　）

9. 通常可以将坝体做码头停靠各类船只。（　　）

10. "死垫"是一块不开口的圆形垫圈，它与形状相同的铁板叠在一起，夹在法兰中间，用法兰压紧后能起堵板的作用。（　　）

11. 尼龙轴套可以自润滑。（　　）

12. 真空断路器动、静触头的开距小于油断路器的动、静触头的开距，所以油断路器的寿命高于真空断路器。（　　）

13. 电力系统规定不能带负荷拉开隔离开关。（　　）

14. 为保护电压互感器，二次线圈和开口三角的出线上均应装设熔断器。（　　）

15. 电容器接到直流回路上，只有充电和放电时，才有电流流过。充电、放电过程一旦结束，电路中就不会再有电流流过。（　　）

16. 断路器控制回路中 RD 亮表示 QF 处于合闸状态，并且合闸回路是完好的。（　　）

17. 高压断路器合闸于永久性短路电路上一定产生跳跃现象。（　　）

18. 在检修工作期间，工作票应始终保留在工作负责人手中。一个工作负责人可以同时执行两张及以上工作票。（　　）

19. 无论高压设备是否带电，必须有第二人在场，工作人员才可以移开或越过遮栏进行工作。（　　）

20. 作业现场的生产条件、安全设施、作业机具和安全工器具等应符合国家或行业标准规定的要求，安全工器具和劳动防护用品在使用前应确认合格、齐备。（　　）

三、填空题（共 15 道题，每小题 1 分）

1. 水轮发电机组的振动，轻者可以影响某些部件的_____，重者可以影响机组的_____运行，甚至造成设备的_____。

2. 发电机失磁后，转子转速升高，调速器动作_____导叶，限制机组超速幅度。

3. 立式水轮发电机组停机达到或超过规定时间，开机前必须_____。

4. 在主厂房大门内侧预留略大于一个机位的空间称为_____。

5. 渗流监测项目一般包括_____、_____、_____、_____和水质监测。

6. 机组出现飞逸时，转速的急剧增加，从而增大转动部件_____、振动与摆度，甚至大大超过规定的允许值，可能引起_____和_____的碰撞而使部件遭受破坏。

7. 不同油混合使用会使油质劣化加快，因此要严防_____混合。

8. 电路就是_____流过的路径。

9. 电流互感器在电能计量时至少应选用_____级。

10. 大容量电力变压器多采用_____冷却方式。

11. 正弦交流电的最大值是有效值的_____倍。

12. 电路主要由_____、_____、_____和_____组成。

13. 继电保护装置的特性是_____、_____、_____和_____。

14. 进入发电机内部的工作人员，应_____随身物品，不得穿带有_____的鞋。

15. 工作票中的"三种人"系指_____、_____和_____。

四、简答题（共 6 道题，每小题 5 分）

1. 压缩空气系统由哪几部分组成？

2. 新建和扩建的电力工程的设备和建筑物投入运行有什么要求？

3. 农村小水电有哪些作用？

4. 水轮机泥沙磨损有哪些危害？

5. SF$_6$ 断路器有哪些优点？

6. 在救护触电者时，应采取什么措施？

第十二套

一、选择题（共 15 道题，每小题 1 分）

1. 水轮机运转综合特性曲线中的出力限制线是根据（　　）绘制的。

A. 水轮机出力；　　　　　　　　　　　B. 发电机出力；

C. 水轮机出力和发电机出力；　　　　　D. 水轮机效率

2. 混流式水轮机标称直径是指（　　）。

A. 转轮最大直径；　　　　　　　　　　B. 转轮中心直径；

C. 转轮叶片进口边最大直径；　　　　　D. 转轮最小直径

3. 变压器投切时会产生（　　）。

A. 操作过电压；　　B. 大气过电压；　　C. 雷击过电压；　　D. 系统过电压

4. 发电机定子里安放着互差 120° 的三相绕组，流过对称的三相交流电流时，在定子里将产生（　　）磁场。

A. 恒定；　　　　B. 脉动；　　　　C. 旋转；　　　　D. 永动

5. 下游调压室作用是防止过大的（　　）。

A. 正水击；　　　　B. 负水击

6. 事故闸门要求能在（　　）中关闭。

A. 动水；　　　　B. 静水

7. 主轴颈的同轴度超过允许误差，将会引起主轴在旋转中产生（　　）。

A. 径向跳动；　　　　B. 轴向跳动

8. 水轮发电机组过速试验时最高转速应为（　　）。

A. 130%；　　　　B. 140%；　　　　C. 135%；　　　　D. 145%

9. 三相变压器绕组中有一组同名端相互连在一起其称为（　　）。

A. 三角形连接；　　B. 球形连接；　　C. 星形连接；　　D. 方形连接

10. 三绕组电压互感器的铁芯为（　　）。

A. 双框式；　　　　B. 三相五柱式；　　　　C. 三相壳式；　　　　D. 三相柱式

11. 纵差保护区为（　　）。

A. 被保护设备内部；　　　　　　　　B. 差动保护用 TA 之间；

C. TA 之外；　　　　　　　　　　　D. TA 与被保护设备之间

12. 上位机作为水电站计算机监控系统的核心，对整个水电站的（　　）现地控制单元进行控制管理。

A. 控制和测量；　　B. 机组；　　　　C. 所有；　　　　D. 公用

13. 事故抢修可不用填写工作票，但抢修时间超过（　　）h 的，仍需填写工作票。

A. 8；　　　　　　B. 4；　　　　　　C. 12；　　　　　D. 24

14. 怀疑可能存在有害气体时，应将人员（　　），转移到通风良好处休息，抢救人员进入现场应戴防毒面具。

A. 紧急集合；　　　B. 分散各处；　　　C. 撤离现场

二、判断题（共 20 道题，每小题 2 分）

1. 水电站厂房内的渗漏水都可以用自流排水的方法排入尾水。（　　）

2. 当润滑油混入水后，油的颜色变浅。（　　）

3. 切合空载线路不会引起过电压。（　　）

4. 小车式开关不专门串联隔离开关。（　　）

5. 流入电路中一个节点的电流和等于流出节点的电流和。（　　）

6. 机组调节过程中，引起水流压力升高的水锤叫正水锤。（　　）

7. 抽水蓄能电站在电力系统中承担削峰填谷、事故备用等作用。（　　）

8. 水工建筑物发生缺陷后，只要及时做好相关记录，不用随坏随修。（　　）

9. 工作门布置在出口的一般为无压泄水孔。（　　）

10. 在水电站油、水、气系统管路中，气管路为白色。（　　）

11. 螺栓在使用前，为防止咬扣和拆卸方便，应擦涂黄油。（　　）

12. 高压系统中用来对电路进行开、合操作，切除和隔离事故区域的设备称为高压开关。（　　）

13. 把接地装置通过接地线与设备的接地端子连接起来就构成了接地系统。（　　）

14. 在 TN－S 系统中，电气设备的 N 线和 PE 线不允许接错。（　　）

15. 直流系统在一点接地的状况下长期运行是允许的。（　　）

16. 当电流互感器的变比误差超过 10% 时，将影响继电保护的正确动作。（　　）

17. 瓦斯保护能反应变压器油箱内的任何电气故障，差动保护却不能。（　　）

18. 潜水泵放入水下或从水中提出时，应操作潜水泵耳环上的挂绳，不得拉拽电源线或水管。（　　）

19. 容器、槽箱内进行工作，在可能发生有害气体的情况下，工作人员不得少于 2 人，其中 1 人在外面监护。（　　）

20. 投切高压熔断器，应戴护目眼镜和绝缘手套。（　　）

三、填空题（共 15 道题，每小题 1 分）

1. 技术供水的主要作用是_____。

2. 发电机若为转子短路造成失磁，则电压_____；若为转子开路造成的失磁，则电压_____。

3. 发电机零起升压时应手动_____升压。

4. 水电站主变场应_____主厂房布置。

5. 水库的形态，按库盆形状可分为_____和_____。

6. 最大水头小于 120m 坝后式水电站进水口一般设置_____。

7. UPS 电源运行中全部失去，则必然造成_____。

8. 混流式水轮机属于_____水轮机。

9. 将断路器、隔离开关、电流互感器、电压互感器、避雷器等按一定线路装配成一个电器整体组合称_____。

10. 合接地刀闸前，必须确知有关各侧电源开关在_____位置，并在验明_____后进行。

11. 对于具有 Y、d11 接线的主变，如果同期点选在低压侧，同期点两端可直接找到电压互感器，同期接线不需要_____如果同期点选在高压侧，同期点一端需经主变可找到电压互感器，同期接线需_____。

12. 同期点是指用于进行同期操作的_____。

13. 同期检查继电器的作用是_____。

14. 水电站电气工作人员对《电业安全工作规程》应每_____年考试一次，因故间断电气运行工作连续_____个月以上者，应重新学习安全规程，并经考试合格后，方能恢复工作。

15. 高处作业应使用_____，较大的工具应固定在_____的构件上，不准随便乱放。

四、简答题（共 6 道题，每小题 5 分）

1. 水轮机的气蚀是怎样产生的？气蚀有哪几种类型？

2. 发电机在运行中为什么会发生失磁？失磁对发电机有何影响？

3. 水电站建筑物从功能上分为哪四大组成部分？其作用各是什么？

4. 什么情况下可以调整机组转速？

5. 电压互感器二次压降产生的原因是什么？

6. 在哪些情况下应组织现场勘察？

第十三套

一、选择题（共 15 道题，每小题 1 分）

1. 发电机灭火环管的喷水孔，要求正对（　　）。

A. 定子绕组；　　　B. 磁极；　　　　　C. 电缆；　　　　　D. 定子绕组端部

2. 扇形推力瓦外径左上角和内径右下角切去一块的目的是（　　）。

A. 减轻推力瓦重量；　　　　　　　B. 增加承载能力；

C. 减小瓦面流体阻力

3. 电动机在运行中，从系统吸收无功功率，其作用是（　　）。

A. 建立磁场；　　　　　　　　　　B. 进行电磁能量转换；

C. 既建立磁场，又进行能量转换；　　　D. 不建立磁场

4. 一台变压器的变比1∶2，当二次阻抗归算到一次阻抗时要乘（　　　）。

A. 1；　　　　　　B. 2；　　　　　　C. 4；　　　　　　D. 8

5. 立式机组水电站主厂房，水轮机层以下部分称为（　　　）。

A. 下部结构；　　　　B. 下部块体结构

6. （　　　）是岸边式泄水建筑物。

A. 溢洪道；　　　　B. 溢流坝；　　　　C. 泄洪洞

7. 止回阀安装时应使介质流动方向与阀体上的箭头方向（　　　）。

A. 一致；　　　　B. 相反；　　　　C. 无关；　　　　D. 以上都不对

8. 当机组轴线与其旋转中心呈其角度差时，其最大净全摆度是轴心与旋转中心偏心距的（　　　）。

A. 1.5倍；　　　　B. 2倍；　　　　C. 2.5倍；　　　　D. 3倍

9. 空气断路器熄弧能力较强，电流过零后，不易产生重燃，但易产生（　　　）。

A. 过电流；　　　　B. 过电压；　　　　C. 电磁振荡；　　　　D. 铁磁振荡

10. 小型水电站厂用电高压端电压（　　　）。

A. 6.3kV；　　　　　　　　　　B. 10.5kV；

C. 38.5kV；　　　　　　　　　　D. 6.3kV 或 10.5kV 或 38.5kV

11. 小型水电站厂用电低压侧发生单相接地时（　　　）。

A. 不允许接地运行，立即停电处理；　　B. 不许超过 0.5h；

C. 不许超过 1h；　　　　　　　　D. 不许超过 2h

12. PLC 可编程控制器里，一个内部继电器带有（　　　）触点。

A. 两对；　　　　B. 三对；　　　　C. 四对；　　　　D. 大量的

13. 水轮发电机运行中出现励磁电流增大，功率因数增高，定子电流随之增大，电压降低，机组产生振动现象，这是由于（　　　）。

A. 转子绕组发生两点接地；　　　　　B. 转子绕组发生一点接地；

C. 转子不平衡；　　　　　　　　　D. 系统发生故障

14. 使用中氧气瓶和乙炔瓶应垂直放置并固定起来，氧气瓶与乙炔瓶的距离不得小于（　　　）m。

A. 4；　　　　B. 8；　　　　C. 12；　　　　D. 16

15. 扑救可能产生有毒气体的火灾（如电缆着火等）时，扑救人员应使用（　　　）。

A. 口罩；　　　　　　　　　　B. 护目镜；

C. 正压式消防空气呼吸器；　　　　D. 空气过滤器

二、判断题（共20道题，每小题2分）

1. 只要机组的振动在规定范围内，机组可在额定转速的50%以下长时间运行。（　　　）

2. 额定水头时机组负荷最大，接力器行程也最大。（　　　）

3. 避雷针是引雷击中针尖，将雷电流引入大地而保护其他电气设备。（　　　）

4. 电力系统的暂态稳定是指电力系统在某种运行方式下突然受到大的扰动，经过机电暂态过渡过程达到新的稳定运行状态或回到原来的稳定状态。（　　　）

5. 电力系统振荡时，系统中任何一点电流与电压之间的相位角都不随功角的变化而改变，但数值大小在不断变化。（　　　）

6. 对于未设主阀的电站，闸门操作必须先开尾水闸门，后再开进水口闸门；或先关进水口闸门后再关尾水闸门。（　　　）

7. 有压隧洞在运行时可以出现无压/有压交替的工作状态。（　　　）

8. 河床式水电站厂房既是厂房也是挡水建筑物。（　　　）

9. 雨水情观测任务是实时采集水库雨水情信息并进行数据查询和分析，为水库的发电调度、泄洪调度、抢险救灾决策提供科学依据。（　　　）

10. 在应用水头相同的条件下，气蚀系数大的水轮机易产生气蚀，因此为了减少转轮的气蚀破坏，总希望水轮机的气蚀系数越小越好。（　　　）

11. 水轮机导叶开度越大，出力越大效率越高。（　　　）

12. 在切除长距离高压空载线路之前，可将母线电压适当调高一些，以防空载线路停运后，系统电压过低，影响系统稳定运行。（　　　）

13. 能量集中、温度高和亮强度是电弧的主要特征。（　　　）

14. 断路器动、静触头分开瞬间，触头间产生电弧，此时，电路处于断路状态。（　　　）

15. 电流互感器二次回路采用多点接地，易造成保护拒绝动作。（　　　）

16. 中间继电器的主要作用是用以增加触点的数量和容量。　　（　　　）

17. 直流互感器是根据抑制偶次谐波的饱和电抗器原理工作的。（　　　）

18. 检修人员操作时，操作票经操作人和监护人分别签名后，再需经运行值班负责人审核签名。（　　　）

19. 安全协议应在安全监管机构的监督下，由安全监管部与承包商签订。（　　　）

20. 执行操作票操作中应做到"三禁止"：禁止监护人直接操作、禁止有疑问时盲目操作、禁止边操作边做其他无关事项；操作后应"三检查"：检查操作质量、检查运行方式、检查设备状况。（　　　）

三、填空题（共 15 道题，每小题 1 分）

1. 轴流转桨式水轮机要改变改变机组工况，同时需调节_____与_____，此调节称为双调节。

2. 产生电弧的条件是触头间的电压不低于_____，维持电弧的电流大于_____。

3. 6.3kV 母线 TV 故障时，6.3kV 母线电压表_____，有关馈线电度表_____，"电压回路断线"光字牌亮。

4. 水电站最大水头指正常运行时，水库或前池的正常蓄水位与下游_____水位之差。

5. 快速闸门的启闭设备应有_____和_____两套操作系统，并配有可靠的电源和闸门开度指示控制器。

6. 水轮发电机组立式布置分为_____和_____。

7. 尾水管主要用来_____转轮出口水流中的_____能量。

8. 电容器在直流稳态电路中相对于_____。

9. 在电流互感器二次侧不允许装设熔断器，是为了防止_____以免引起过电压烧毁。

10. 避雷器的作用是防止_____过电压对电器设备的危害。

11. 电路主要由_____、_____、_____和_____组成。

12. 发电机定子绕组的过电压保护反映_____的大小。

13. 在保护范围内发生故障，继电保护的任务是：_____的、_____的、_____的切除故障。

14. 使用安全带时应高挂低用，挂钩和绳子应挂在牢固的构件上或专为挂安全带用的钢架或钢丝绳上，禁止挂在_____或不牢固的物件上。

15. 工作票中的"三种人"系指_____、_____和_____。

四、简答题（共 6 道题，每小题 5 分）

1. 水电站中压缩空气有哪些作用？

2. 高压断路器为什么采用铜钨触头？

3. 进水闸门在闸门后未充满水情况下开启会有什么后果？

4. 反击式水轮机为什么要装设尾水管？

5. 水电站同期方式的选取原则？

6. 工作票签发人应具备哪些基本条件？

第十四套

一、选择题（共 15 道题，每小题 1 分）

1. 发电机灭火环管的喷水孔，要求正对（　　）。

　　A. 定子绕组；　　　　B. 磁极；　　　　　　C. 电缆；　　　　　　D. 定子绕组端部

2. 水轮机调节的任务是通过（　　）来完成的。

　　A. 永磁机；　　　　　B. 励磁机；　　　　　C. 调速器；　　　　　D. 电压调整装置

3. 发电机并列过程中，当发电机电压与系统电压相位不一致时，将产生冲击电流，此冲击电流最大值发生在两个电压相差为（　　）时。

　　A. 0°；　　　　　　　B. 90°；　　　　　　　C. 180°；　　　　　　D. 10°

4. 为了消除超高压断路器各断口的电压分布不均，改善灭弧性能，一般在断路器各断口上加装（　　）。

　　A. 并联均压电容；　　B. 均压电阻；　　　　C. 均压环；　　　　　D. 高阻抗电感元件

5. 水库的正常蓄水位是水库正常运行情况下满足兴利应蓄到的（　　）水位。

　　A. 最高；　　　　　　B. 最低

6. 对土石坝而言，渗水量大，水质浑浊，为（　　）。

　　A. 正常渗漏；　　　　B. 异常渗漏

7. 属于导水机构的传动机构是（　　）。

　　A. 接力器；　　　　　B. 控制环；　　　　　C. 导叶；　　　　　　D. 顶盖

8. 混流式水轮机的导叶开度是指（　　）。

　　A. 导叶出口边与相邻间的最小距离；

　　B. 相邻活动导叶间的最小距离（一般用百分值表示）；

C. 导叶出口边与相邻叶间的出口边最小距离

9. 变压器二次带负载进行变换绕组分接的调压，称为（　　　）。

A. 无励磁调压；　　B. 有载调压；　　C. 常用调压；　　D. 无载调压

10. 电流互感器本身造成的测量误差是由于有励磁电流存在，其角度误差是支路呈现为（　　），使一、二次电流有不同相位，造成角度误差。

A. 电阻性；　　　　B. 电容性；　　　　C. 电感性；　　　　D. 互感性

11. 下列设备中，二次绕组匝数比一次绕组匝数少的是（　　　）。

A. 电流互感器；　　B. 电压互感器；　　C. 升压变压器；　　D. 特种变压器

12. 在 110kV 及以上电力系统中，零序电流的分布主要取决于（　　　）。

A. 发电机中性点是否接地；　　　　　　B. 变压器中性点是否接地；

C. 用电设备外壳是否接地；　　　　　　D. 负荷的接线方式

13. 为避免输送功率较大等原因造成负荷端的电压过低时，可在电路中（　　　）。

A. 并联电容；　　B. 串联电感和电容；　C. 串联电容；　　D. 串联电感

14. 起重用的钢丝绳，应（　　）月检查一次，（　　）年试验一次。

A. 3、1；　　　　　B. 1、1；　　　　　C. 3、2；　　　　　D. 1、2

15. 停电拉闸操作必须按照（　　　）的顺序依次操作，送电合闸操作应按与上述相反的顺序进行，严防带负荷拉合刀闸。

A. 负荷侧隔离开关—断路器—母线侧隔离开关；

B. 母线侧隔离开关—负荷侧隔离开关—断路器；

C. 负荷侧隔离开关—母线侧隔离开关—断路器；

D. 断路器—负荷侧隔离开关—母线侧隔离开关

二、判断题（共 20 道题，每小题 2 分）

1. 导轴承间隙越小，机组运行摆度越小，轴瓦运行温度越高。（　　）

2. 调速系统压油装置的正常运行是机组安全运行的必要条件。（　　）

3. 绝缘材料变脆、介质损耗增大、承受击穿电压水平降低等都伴随有一个高温作用的老化过程。高温作用时间越短，绝缘材料的损害程度越重。（　　）

4. 电容器充电时的电流，由小逐渐增大。（　　）

5. 交流电路中，电阻元件上的电压与电流的相位差为零。（　　）

6. 引水式水电站由于引水建筑物长故淹没损失也大。（　　）

7. 有压隧洞在运行时可以出现无压/有压交替的工作状态。（　　）

8. 泄水结束关闭表孔闸门时应渐次关闭，防止鱼类搁浅。（　　）

9. 雨水情观测任务是实时采集水库雨水情信息并进行数据查询和分析，为水库的发电调度、泄洪调度、抢险救灾决策提供科学依据。（　　）

10. 水轮机是指将水能转换为机械能的设备。（　　）

11. 安全阀的作用是保证压油泵正常运行。（　　）

12. 单元接线是指发电机出口不设母线，发电机直接与主变压器相接升压后送入系统。（　　）

13. 负荷开关不但在电路正常运行或过载时可以关合和开断电路，还能开断短路电

流。（　　）

14. 电流互感器二次回路不允许开路，电压互感器的二次回路可以短路。（　　）

15. 无论是高压还是低压熔断器，熔断器内熔丝阻值越小越好。（　　）

16. DY 型电压继电器的整定值，在弹簧力矩不变的情况下，两线圈并联时比串联时大一倍，这是因为并联时流入线圈中的电流比串联时大一倍。（　　）

17. 三相交流电路中的负载，采用三角形接线时，$U_{线} = \sqrt{3} U_{相}$。（　　）

18. 同时停送电的检修工作填用一张工作票，开工前完成工作票的全部安全措施。如检修工作无法同时完成，剩余的检修工作应填用新的工作票。（　　）

19. 开展抢修工作应做好风险分析和安全措施，防止发生次生灾害。（　　）

20. 室内母线分段部分、母线交叉部分及部分停电检修易误碰带电设备的，只要小心谨慎，可以不用设明显标志的隔离挡板（护网）。（　　）

三、填空题（共 15 道题，每小题 1 分）

1. 混流式水轮机转轮基本上都是由 _____、_____、_____、_____ 和减压装置等组成。

2. 在电力系统中，输送容量和 _____ 相同的条件下，电压等级越高损耗 _____。

3. 电力电缆的敷设方式通常采用隧道 _____、_____ 等敷设方式。

4. 充水阀作用是开启闸门 _____ 向闸后充水，平衡闸门前后水压。

5. 闸门水封按设置位置不同分为 _____、_____、_____ 三种。

6. HL220 - LJ - 250 正确描述是：转轮型号为 _____，_____、_____ 布置，蜗壳，转轮标称直径为 _____。

7. 尾水管主要用来 _____ 转轮出口水流中的 _____ 能量。

8. 输电线路送电的顺序是：合上 _____ 侧隔离开关，合上 _____ 侧隔离开关，合上 _____。

9. 在电流互感器二次侧不允许装设熔断器，是为了防止 _____ 以免引起过电压烧毁。

10. 电弧由三部分组成，分别是阴极区、_____ 和 _____。

11. 通过调节三相电动机的定子 _____ 相电源线的方法，可以改变电动机转向；而对于单相电动机，则必须将 _____ 或 _____ 两端调节才能改变转向。

12. 直流回路编号规律是从 _____ 极开始，以 _____ 按 _____ 顺序编号直到最后一个 _____ 为止。

13. 二次回路标号是按"_____"原则进行的，即在回路中连接于一点的 _____，都标以相同的回路标号。

14. 所谓运行中的电气设备，系指 _____，或 _____ 的电气设备。

15. 在带电的电流互感器二次回路上工作时，严禁将电流互感器二次侧 _____，短路电流互感器二次绕组，应使用 _____ 严禁用 _____。

四、简答题（共 6 道题，每小题 5 分）

1. 何谓水轮机调节系统的动态过程和动态特性？

2. 主变压器投入运行时，为什么选择保护完备和励磁涌流影响较小的电源侧（高压侧）充电？

3. 金属结构有哪些防腐措施？

4. 按气蚀发生的部位，水轮机气蚀分为哪几种类型？

5. 什么是电压互感器接线组别？

6. 若至预定时间，一部分工作尚未完成，需继续工作而不妨碍送电者，在送电前，应先做好哪些工作？

第十五套

一、选择题（共 15 道题，每小题 1 分）

1. 水轮发电机能够实现稳定运行的根本原因是它有（　　）。

A. 调速器的调节；　B. 励磁机的调节；　C. 电压调整装置；　D. 自调节作用

2. 深井泵启动前充水的目的是（　　）。

A. 因为未设置底闸，所以启动前必须得给吸水管充水；

B. 保证轴承衬套转动时得以润滑和冷却；

C. 避免水泵启动抽空；

D. 将附在滤水网上的杂物反冲排走

3. 为防止发电机事故时，在跳闸、灭磁过程中转子过电压、甚至损坏灭磁开关，发电机开关跳闸必须（　　）灭磁开关跳闸。

A. 后于；　　　　　B. 同时于；　　　　C. 先于

4. 主变压器进行空载试验，一般是从（　　）侧加压、（　　）侧测量。

A. 高压、高压；　B. 高压、低压；　C. 低压、低压；　D. 低压、高压

5. （　　）不能在坝身内埋管。

A. 混凝土重力坝；　B. 土石坝；　　　　C. 混凝土拱坝

6. 适合做土石坝心墙的土料为（　　）。

A. 砂壤土；　　　　B. 黏土；　　　　　C. 沙砾料

7. 如果机组轴线存在曲线倾斜，主轴在旋转过程中就会产生（　　）。

A. 摆度；　　　　　B. 振动；　　　　　C. 烧瓦；　　　　　D. 出力波动

8. 回装主配活塞时，活塞上要涂一层（　　）。

A. 凡士林；　　　　B. 透平油；　　　　C. 机械油；　　　　D. 汽油

9. 380V 供电系统的互感器（　　）电力互感器检定规程。

A. 适用；　　　　　B. 不适用；　　　　C. 有条件适用；　　D. 均不适用

10. 变压器二次带负载进行变换绕组分接的调压，称为（　　）。

A. 无励磁调压；　B. 有载调压；　　　C. 常用调压；　　　D. 无载调压

11. （　　）内装有用氯化钙或氯化钴浸渍过的硅胶，它能吸收空气中的水分。

A. 冷却装置；　　　B. 吸湿器；　　　　C. 安全气道；　　　D. 油枕

12. 下列设备中属于一次设备是（　　）。

A. 电流互感器；　B. 保护模块；　　　C. 控制开关；　　　D. 电流表

13. 利用发电机三次谐波电压构成的定子接地保护的动作条件是（　　）。

A. 发电机机端三次谐波电压大于中性点三次谐波电压；

B. 发电机机端三次谐波电压小于中性点三次谐波电压；

C. 发电机机端三次谐波电压等于中性点三次谐波电压；

D. 三次谐波电压大于整定值

14. 工作人员必须定期进行体格检查，凡患有不适于担任水力机械生产工作病症的人员，经（　　）和有关部门批准，必须调换其他工作。

A. 医生鉴定；　　　　B. 安监部门认定；　　C. 领导认定

15. 配电室的钥匙至少应有（　　）把。

A. 一；　　　　　　B. 二；　　　　　　C. 三；　　　　　　D. 四

二、判断题（共 20 道题，每小题 2 分）

1. 水轮发电机作调相运行时，所带的无功功率越多其功率损失越小。（　　）

2. 减压启动阀主要是为了减小油泵电动机启动时的电压值。（　　）

3. 在 SF_6 断路器中，密度继电器指示的是 SF_6 气体的压力值。（　　）

4. 电弧导电属于游离导电。（　　）

5. 系统频率降低时，应增加发电机的有功出力。（　　）

6. 河床式水电站为低水头电站。（　　）

7. 有压隧洞洞顶各点高程应在最低压坡线之下，并有 $1.5\sim2.0$ m 水头的压力余幅，保证洞内不出现负压。（　　）

8. 当水库水位每年有足够的连续时间低于闸门底槛并能满足检修要求时，溢洪道的工作门前可不设检修闸门。（　　）

9. 水电站泄洪洞及压力引水隧洞均需消能。（　　）

10. 开关阀门不要用力过猛，开启时防止开过头，当全开启后倒回一点。（　　）

11. 水轮机的参数 D1 属于工作参数。（　　）

12. 加速电气设备绝缘老化的主要原因是使用时温度过高。（　　）

13. 当变压器的温度达到稳定时的温升称为稳定温升。（　　）

14. 变压器并列运行，一般允许阻抗电压有 $\pm10\%$ 差值。若差值大，阻抗电压大的变压器承受负荷偏高，阻抗电压小的变压器承受负荷偏低，影响变压器的经济运行。（　　）

15. 小型水电站的厂用电按其重要性，需要纵差保护。（　　）

16. 控制电机用的交流接触器，不允许和自动开关串联使用。（　　）

17. 零线与地线的作用相同。（　　）

18. 电力作业人员应经县级或二级甲等及以上医疗机构鉴定，无职业禁忌病症，且应每两年进行一次体检，高处作业人员应每年进行一次体检。（　　）

19. 调度操作过程中，若现场操作人员汇报本操作可能危及人身安全时，应立即停止操作，待汇报领导后再确定是否继续操作。（　　）

20. "以手触试"原则上适用于所有停电许可工作。能触试的设备应以手触试，若工作负责人不作要求则可不以手触试。（　　）

三、填空题（共 15 道题，每小题 1 分）

1. 水轮机的效率是指＿＿＿＿＿＿＿＿。

2. 变压器内着火时，必须立即把变压器各侧_____断开，变压器有爆炸危险时，应立即将_____放掉。

3. 小型水电站一般不用_____作为厂用电的备用电源。

4. 水电站渠道根据工作原理不同分为_____、_____两种类型。

5. 水工金属结构的防腐措施从原理上来分，主要有_____和_____。

6. 现今的小型水电站用气内容为_____。

7. 油净化处理方法中真空过滤机的工作原理是利用_____，它一般不能用于除机械杂质。

8. 接地系统的作用主要是防止人身遭受电击、设备和线路遭受雷击，_____和保障电力系统正常运行。

9. 电力变压器大多数是_____，其主要部分是_____和_____及冷却装置等，气体保护部件为_____。

10. 降压变压器变压比_____1，升压变压器变压比_____1。

11. 二次设备是指_____、_____、_____、_____、_____和_____。

12. 二次接线中，凡是屏内设备与屏外设备之间的连接，必须经过_____。

13. 在交流电路中，我们是用_____来作为测量标准。

14. 工作人员应具备必要的安全生产知识，应会_____，掌握防护用品的使用方法，会使用_____，并熟悉有关_____、烫伤、外伤、_____、气体中毒、溺水等急救常识。

15. 在使用电气工具用具中，因故离开工作场所或暂时停止工作以及遇到_____时，必须_____。

四、简答题（共6道题，每小题5分）

1. 什么叫发电机静特性？

2. 什么是消弧线圈的补偿度？

3. 自动调节渠道和非自动调节渠道有何不同？各适用于什么情况？

4. 油系统的任务是什么？它由哪些部分组成？

5. 运行中电流互感器二次开路时，二次感应电动势大小如何变化？它与哪些因素有关？

6. 计算机监控装置送电时，为什么先送开入量电源，再送开出量电源？

二、参考答案

第一套

一、选择题

1-5：BDDAB 6-10：BACBC 11-15：BCABA

二、判断题

1-5：√√××√ 6-10：√×√√√

11-15：√√√×√　　16-20：√√√×√

三、填空题

1. 最大飞逸转速与额定转速之比；1.9～2.1；2.1～2.6

2. 保护；防雷

3. 有功功率；无功功率

4. 上游调压室；下游调压室；上游双调压室

5. 水下摄影法；地形测量法；断面测量法

6. 8～12mm

7. 进出口

8. 电磁感应；频率

9. 电位差；电离

10. 允许；断开；断路器

11. 高频

12. 立即制止

13. 瞬时；延时

14. 水轮机及发电机；进入

15. 事故原因不清楚；事故责任者和应受教育未受到教育；没有采取防范措施；事故责任者没有受到处罚

四、简答题

1. 水轮发电机组不能在低转速下长期运行的原因如下：立式机组在低速运行时，推力轴承不能建立良好的油膜，轴瓦处于半干摩擦状态，其摩擦系数为正常转速时的几十倍。将产生热变形和压力变形，时间过长，则引起轴瓦损坏。

2. 引起电力系统异步振荡的主要原因如下：①线路输送功率超过极限值造成静态稳定破坏；②电网发生短路故障，切除大容量的发电、输电或变电设备，负荷瞬间发生较大突变等造成电力系统暂态稳定破坏；③环状系统（或并列双回线）突然开环，使两部分系统联系阻抗突然增大，引起动稳定破坏而失去同步；④大容量机组跳闸或失磁，使系统联络线负荷增大或使系统电压严重下降，造成联络线稳定极限降低，易引起稳定破坏；⑤电源间非同步合闸未能拖入同步。

3. 沉沙池的工作原理是加大水流的过水断面，减小水的流速及挟沙能力，使泥沙沉淀在池内，而将清水引入渠道。当河流含沙量较大时，会有少量的推移质和大量的悬移质泥沙进入渠道，这不仅造成渠道淤积，并会使压力水管和水轮机的过流部件遭到严重的磨损。因此，一般当河流挟沙量超过 $0.5kg/m^3$ 及进入水轮机的悬移质大粒径泥沙（指粒径大于 $0.25mm$）量超过 $0.22kg/m^3$ 时，则应考虑设置沉沙池。

4. 压力钢管引进的水流首先进入水轮机室，主要作用是使引进的水流以尽可能小的水头损失且较均匀地从四周进入水轮机的转轮。

5. 发生短路主要原因：①元件损坏，例如绝缘材料的自然老化，设计、安装及维护不良所带来的设备缺陷发展成短路等；②气象条件恶化，例如雷击造成的闪络放电或避雷器动作，架空线路由于大风或导线覆冰引起电杆倒塌等；③违规操作，例如，运行人员带负荷拉刀闸，线路或设备检修后未拆除接地线就投接等；④其他，例如挖沟损伤电缆，鸟兽跨接在裸露的载流体上等。

6. 计算机监控外围设备及电源系统检查主要内容有：①UPS 电源设备环境温度、UPS 系统故障报警信息；②打印机工作状态；③语音报警工作站运行状态。

第二套

一、选择题

1-5：BDCAD　　6-10：DBACD　　11-15：CDCBB

二、判断题

1-5：√√×××　　　　6-10：××√√×

11-15：××√√√　　　　16-20：×√√×√

三、填空题

1. 当导叶全关时，锁锭投入把接力器活塞锁住在关闭位置，阻止接力器活塞向开侧移动；一旦油压消失，可防止导叶被水冲开，保证关闭紧密，减少漏水

2. 油量调节空间；延长

3. 横吹；纵吹

4. 贯流式

5. 混凝土；沥青混凝土；土工膜

6. 旋转中心

7. 相等；方位

8. 靠近

9. 空载

10. 变压器

11. 发电厂；输电网；配电网；电力用户

12. 端电压

13. 自动；迅速；有选择

14. 水轮机及发电机；进入

15. 临时停电；切断电源

四、简答题

1. 电液转换器由以下元件构成：①永久磁钢；②两个工作线圈，一个振荡线圈；③控制套；④十字形弹簧；⑤活塞等。

2. 隔离开关操作前应注意的事项如下：①必须投入相应断路器控制电源，保护装置处于运行状态；②操作前应先检查断路器在断开位置。

3. 河道生态基流：维持河床基本形态、保障河道输水能力、防止河道断流、保持水体一定的自净能力的最小流量，是维系河流的最基本环境功能不受破坏，必须在河道中常年流动的水量阈值。

《建设项目水资源论证导则（试行）》（SL/Z 322—2005）中的三种计算方法：①多年平均径流量的百分数，北方地区取 10%～20%，南方地区取 20%～30%；②近 10 年最小

月平均流量（或90％保证率最小月平均流量）；③典型年法（未断流又未出现较大环境问题的最枯月平均流量，年径流量最好与多年平均径流量接近）。

4. 外观检查，各部轴承检查，机组的摆度检查，油气水系统检查，导水机构的传动部分检查，表计检查。

5. 串在断开回路中的断路器触点，叫作断开辅助接点。先投入是指断路器在合闸过程中，动触头与静触头未接通之前，掉闸辅助接点就已经接通，做好断开的准备，一旦断路器合入故障回路能迅速断开。

后断开是指断路器在断开过程中，动触头离开静触头之后，断开辅助接点再断开，以保证断路器可靠地掉闸。

6. 在工作中遇雷、雨、大风或其他任何情况威胁到工作人员的安全时，工作负责人或专责监护人可根据情况，临时停止工作。

第三套

一、选择题

1-5：BABAB　　6-10：BDBBA　　11-15：ABABB

二、判断题

1-5：√√√√√　　　　6-10：×××√√

11-15：√√√√×　　　16-20：××√√√

三、填空题

1. 转速

2. 额定；电压降

3. 调频调峰；自动励磁调节装置

4. 上游调压室；下游调压室；上游双调压室

5. 水下摄影法；地形测量法；断面测量法

6. 高压

7. 水能转换；工作

8. 氧化锌避雷器

9. 开关电器；限制电器；变换电器；组合电器

10. 电压互感器；电流互感器

11. 有功

12. 零序；越低

13. 设备本身

14. 控制环；站立

15. 无探头板；牢固；齐全

四、简答题

1. 在下列异常情况下，必须将调速器切换"机械手动"运行：①显示全无，所有表计失控，主键盘无效；②由中控室发给调速器的开机、停机、油开关（分、合）指令，微机不接受，频率显示值失常；③开机时中控发出开机令，开限表、微机输出开至空载，显示及指示灯全部熄灭。

2. 若相位或相序不同的交流电源并列或合环，将产生很大的电流，巨大的电流会造成发电机或电气设备的损坏，因此需要核相。为了正确的并列，不但要求一次相序和相位正确，还要求二次相位和相序正确，否则也会发生非同期并列。

对于新投产的线路或更改后的线路，必须进行相位、相序核对，与并列有关的二次回路检修时改动过，也必须核对相位、相序。

3. 无压引水水电站的主要建筑物有：①低坝；②无压进水口；③引水渠道或无压引水隧洞；④前池；⑤压力管道；⑥厂房；⑦尾水渠。

4. 水头是过流断面上水流机械能（水能）与水流重力的比值，表示某一位置的水所含能量的多少，它是水力学与水力机械的重要参数，单位为 m。

5. 变压器在电力系统中的作用是变换电压，以利于功率的传输与使用。电压经升压变压器升压后，可以减少线路损耗，提高送电的经济性，达到远距离送电的目的；而降压变压器则能把高电压变为用户需要的各级使用电压，满足应用要求。

6. 从控制方式上，水电站计算机监控系统分为集中式、分散式、分层分布式和全分布全开放式。

第四套

一、选择题

1-5：DDABB　6-10：BCBDC　11-15：BADAA

二、判断题

1-5：√√×√×　　　6-10：×√√√×

11-15：√√×××　　16-20：√×√√×

三、填空题

1. 导叶开度；桨叶角度

2. 电压；下降

3. 线路；母线

4. 最低

5. 现地；远控

6. 混凝土蜗壳；金属蜗壳

7. 蜗壳内积水；压力管道积存水；尾水管积存水；上、下游闸门漏水量

8. 高压断路器；高压隔离开关；高压熔断器；高压负荷开关

9. 连续供给；短路容量增大

10. 指示失常；停转或慢走

11. 相位补偿

12. 24

13. 温度；液位；油混水

14. 接地端；导体端；绝缘手套

15. 自备；禁止；不得

四、简答题

1. 利用水轮发电机作同期调相机运行比装设专门的同期调相机经济，不需要新增投资；由调相机转为发电机运行只需要 10～20s，运行切换灵活、简便，相当于一台转动着的备用机组。

2. 单电源线路停电时，由负荷侧逐步向电源侧操作，送电时由电源侧向负荷侧逐步操作；小型水电站送电时由接入变电站向水电站侧逐步操作。

3. 简单圆筒式调压室上下断面尺寸不变，结构简单，反射水锤波效果好。但水位波动振幅较大，衰减较慢，因而调压室的容积较大；在正常运行时，引水系统与调压室连接处会造成较大水力损失。

阻抗式调压室底部有阻抗孔口或隔板相当于局部阻力，可以有效减小水位波动振幅，加快衰减速度，故调压室的体积小于简单圆筒式；正常运行时水头损失小。但由于阻抗的存在，水锤波不能完全反射，压力引水道中会受到水击的影响。

4. ①压力油管和进油管为红色；②排油管和漏油管为黄色；③进水管为天蓝色；④消防水管为橙黄色；⑤排水管为草绿色；⑥气管为白色；⑦排污管为黑色。

5. 与兆欧表的相线端子 L 串接的部件都有良好的屏蔽，以防止兆欧表的泄漏电流造成测量误差；而 E 端子处于地电位，没有考虑屏蔽。正常遥测时，兆欧表的泄漏电流不会造成误差；但如 E、L 端子接错，则由于 E 没有屏蔽，被测设备的电流中多了一个兆欧表的泄漏电流，一般测出的绝缘电阻都要比实际值偏低，所以 E、L 端子不能接错。

6. 工作服不应有可能被转动的设备绞住的部分，工作时必须穿着工作服，衣服和袖口必须扣好，禁止戴围巾。进入现场禁止穿用尼龙、化纤或混纺衣料制作的衣服，以防遇火燃烧加重烧伤程度。工作人员进入生产现场禁止穿裙子、短裤、拖鞋、凉鞋、高跟鞋。辫子、长发必须盘在帽内。从事接触高温物体的工作时，应戴手套和穿专用的防护工作服。

第五套

一、选择题

1-5：CABCC　　6-10：BBACA　　11-15：CBAAB

二、判断题

1-5：×√√√×　　　6-10：×√√√√

11-15：×√×√√　　16-20：×√√√×

三、填空题

1. 单机；并入电网

2. 最大

3. 调相机；发电机；电容器组

4. 副

5. 施工期；初蓄期；运行期

6. 自流供水；水泵供水；混合供水

7. 水流；流量

8. 闪络放电；破裂

9. 接地装置

10. 电压；频率

11. 遥信；遥测；遥控；遥调

12. 测量表计；信号装置；同期装置；继电保护装置；自动装置；远动装置

13. 二次回路；二次线路

14. 控制环；站立

15. 一

四、简答题

1. 水轮发电机的主要部件有定子、转子、机架、轴承（推力轴承和导轴承）以及制动系统、冷却系统、励磁系统等。

基本参数有额定功率和功率因数、额定电流、额定电压、效率、绝缘等级、额定转速及飞逸转速、转动惯量等

2. 电流互感器在正常运行时，二次电流对一次侧起去磁作用，励磁电流很小；铁芯中的总磁通很小，二次绕组的感应电动势不超过几十伏。如果二次侧开路，二次电流的去磁作用消失，其一次电流完全变为励磁电流，引起铁芯内磁通剧增，铁芯处于高度饱和状态，加上二次绕组的匝数很多，根据电磁感应定律，就会在二次绕组两端产生很高（甚至可达数千伏）的电压，不但可能损坏二次绕组的绝缘，而且将严重危及人身安全。另外，磁感应强度剧增，使铁芯损耗增大，严重发热，甚至烧坏绝缘。因此，电流互感器二次侧开路是绝对不允许的。鉴于以上原因，电流互感器的二次回路中不能装设熔断器；二次回路一般不进行切换，若需要切换时，应有防止开路的可靠措施。

3. 当闸门小开度运行时，由于流速很大，在门槽、底板、潜没门的门叶后翼或弧形门的支臂等处，易发生"气蚀"作用，对闸门的危害是使闸门发生振动，启闭操作不稳定并使闸门结构剥蚀损坏等。

防止气蚀的主要措施：设计，加工工艺，抗气蚀材料应用，优化运行条件及补气等。

4. 转轮由叶片、上冠、下环和泄水锥组成，泄水锥装在上冠下方的中心部位。用来引导水流，避免水流经叶片流出后相互撞击，减少水力损失，提高水轮机效率。转轮叶片安置在上冠和下环之间，按圆周均匀分布。叶片是一个三维的空间扭曲面，上部较直，扭曲较小，而下部扭曲较大，断面为机翼形。

5. 更换呼吸器内的吸潮剂时应注意：①应将重瓦斯保护改接信号；②取下呼吸器时应将连管堵住，防止回吸空气；③换上干燥的吸潮剂后，应使油封内的油没过呼气嘴将呼吸器密封。

6. 违章分为四类：作业性违章；装置性违章；指挥性违章；管理性违章。

第六套

一、选择题

1-5：AABCC   6-10：BCBCB   11-15：DBBBC

二、判断题

1-5：×××√√　　　6-10：×√√√√

11-15：√××√√　　　16-20：√×√××

三、填空题

1. 启动

2. 允许；线电压

3. 中性点

4. 输出的功率之和

5. 固定式启闭机；移动式启闭机

6. 4～25℃

7. 水

8. 放电间隙；均压电阻；阀性电阻；外瓷套

9. 避雷器

10. 下方；通信

11. 电源；负载；控制设备；连接导线

12. 准同期；自同期

13. 无；主保护

14. 电源

15. 全部带有电压；一部分带有电压

四、简答题

1. 设备的转动部件因摩擦所消耗的功以热能形式表现出来，促使轴承温度升高，润滑油在对流作用下将热量传出，再通过冷却器将热量传给冷却水，从而使油和设备的温度上限不致超过规定值，保证设备安全运行。

2. SF$_6$电气设备发生紧急事故是指电气设备绝缘介质严重下降使内部出现接地、短路、防爆膜破裂或设备本体密封出现问题使气体严重泄漏的事故。当SF$_6$电气设备发生紧急事故时，泄漏报警装置发出光、声、音响信号，进行处理时应注意以下内容：

（1）为防止SF$_6$气体漫延，必须将该系统所有通风设备全部开启，进行强力排气。电气值班人员应做好处理的组织准备，穿好安全防护服并佩戴隔离式防毒面具、手套和护目眼镜，然后，才能进入事故设备装置室进行检查。

（2）设备防爆膜破裂，说明内部出现了严重的绝缘问题，电弧使设备部件损坏，引起内部压力超过标准。因此，必须停电进行处理，查明事故原因，保障电气人员人身安全，这是防止事故进一步扩大的必要措施。

（3）认真消除故障所造成的设备外部污染，应使用SF$_6$的熔剂汽油或丙酮将其擦洗干净；进行这项工作也应按现场运行规程的规定做好安全防护。

3. ①埋设件的安装；②主轴与转轮的组合检查；③导水机构的预装配；④水轮机正式安装；⑤与发电机连轴并进行轴线检查、调整；⑥主轴密封、导轴承的安装、调整；⑦附属装置安装；⑧机组的起动试运行。

4. 所谓断路器跳跃是指断路器用控制开关（手动或自动）合闸于故障线路，保护动作使断路器跳闸，如果控制开关未复归或自动装置接点卡住，保护动作跳闸后发生"跳一合"多次的现象。为防止这种现象的发生，通常是利用断路器的操作机构本身的机械闭锁或在控制回路中采取预防措施，这种防止跳跃的装置叫作断路器防跳闭锁装置。

5. 二次线的安装一般工艺要求是：①按图施工、接线正确，电气连接可靠、接触良好；②螺丝、设备齐全，配线整齐美观，导线无损伤，绝缘良好，回路编号正确，安装痕迹清晰，不易脱色；③查线维护和试验均方便、安全。

6. 用兆欧表测量绝缘电阻时，一般规定以遥测 1min 后的读数为准。因为在绝缘体上加上直流电压后，流过绝缘体的电流（吸收电流）将随时间的增长而逐渐下降。而绝缘的直流电阻率是根据稳态传导电流确定的，并且不同材料的绝缘体，其绝缘吸收电流的衰减时间也不同。试验证明，绝大多数材料 1min 后其绝缘吸收电流趋于稳定，所以规定以加压 1min 后的绝缘电阻值来确定绝缘性能的好坏。

第七套

一、选择题

1 - 5：ADACB　　6 - 10：BBCAB　　11 - 15：BACCC

二、判断题

1 - 5：√√√√√　　　　6 - 10：×××√√

11 - 15：×√√√√　　　16 - 20：×√√×√

三、填空题

1. 转速；负荷

2. 连续供给；短路容量增大

3. 励磁；励磁

4. 简单圆筒式；阻抗式；溢流式

5. 坝体渗漏；坝基渗漏；绕坝渗漏

6. 反击式

7. 回收；剩余

8. 输电损耗

9. 开路

10. 阳极区；弧柱区

11. 电气量；非电气量

12. 实用；简单

13. 转速；位移；压力；流量；水位；油位

14. 电源

15. 跨越；移动；拆除

四、简答题

1. 风闸的作用有三个：

（1）当机组进入停机减速过程后期时，为避免机组较长时间地处于低转速运行而引起推力瓦的磨损甚至烧坏，要用风闸进行自动加闸，来缩短低速运行时间。

（2）机组长时间停机后的开机前，用油泵将压力油打入制动器顶起转子，使推力瓦重新建立油膜，为推力轴承创造安全可靠的投入运行状态的工作条件。

（3）机组检修时，转子被顶起后，拧动大锁锭螺母，将机组转动部分重量由风闸承担。推力镜板与轴瓦分离，就可推出轴瓦检修。

2. 若由于出线开关拒动，使开关失灵保护动作或其他后备保护动作，母线电压消失，在按规定拉开拒动开关两侧隔离开关隔离故障点后，可不经检查，尽快向母线充电，同期并列恢复母线运行。

3. 河道生态基流：维持河床基本形态、保障河道输水能力、防止河道断流、保持水体一定的自净能力的最小流量，是维系河流的最基本环境功能不受破坏，必须在河道中常年流动的水量阈值。

《建设项目水资源论证导则（试行）》（SL/Z 322—2005）中的三种计算方法：①多年平均径流量的百分数，北方地区取 10%～20%，南方地区取 20%～30%；②近 10 年最小月平均流量（或 90%保证率最小月平均流量）；③典型年法（未断流又未出现较大环境问题的最枯月平均流量，年径流量最好与多年平均径流量接近）。

4. 引起水轮机导轴承进水的原因有：①轴承内冷却水管破裂；②立式机组顶盖止水密封严重漏水，导致轴承进水；③润滑油系统的冷却器铜管漏水；④新油注入轴承未经过滤油中带水。

5. 断路器拒绝跳闸的原因有以下几个方面：①操动机构机械故障，如跳闸铁芯卡涩等；②继电保护故障，如保护回路继电器烧坏、断线、接触不良等；③电气控制回路故障，如跳闸线圈烧坏、跳闸回路有断线、熔断器熔断等。

6. 因为机组在运行中如停机，尤其是遇到紧急停机情况时，导叶紧急关闭，破坏了水流连贯性，这样在水轮机转轮室及尾水管内会产生严重的真空，就会引起反水击，此力作用于转轮叶片下部，严重时会引起机组停机过程中的抬车，为了防止这种现象，所以在水轮机顶盖处安装真空破坏阀；其作用是减小紧急停机过程中的真空值。

第八套

一、选择题

1-5：BDAAB　　6-10：BCACA　　11-15：DAABA

二、判断题

1-5：√√×√×　　　　6-10：×√×××

11-15：√×√×√　　16-20：√√××√

三、填空题

1. 曲轴；连杆；十字头；活塞

2. 有功；有功

3. 不均匀；小；大

4. 输出的功率之和

5. 固定式启闭机；移动式启闭机

6. 蜗壳测流法；流速仪

7. 水润滑；油润滑

8. 联动投入

9. 70A

10. 接通；切断；重合

11. 传感器

12. 正；奇数；从小到大；有压降的元件

13. 等电位；所有导线

14. 值班调度员；线路工作许可人

15. 模拟图板；接线图

四、简答题

1. 主阀的作用如下：①联合引水的水电站，构成检修机组的安全工作条件；②停机时可减小机组的漏水量和缩短重新启动时间；③防止飞逸事故的扩大。

2. 出现以下情况时应一面加强监视，一面向调度员申请将电压互感器停用：①高压侧熔断器连续熔断；②内部绕组与外壳之间或引出线与外壳之间有放电及异常音响；③套管有严重裂纹及放电；④严重漏油。

3. 无压引水水电站的主要建筑物有：①低坝；②无压进水口；③引水渠道或无压引水隧洞；④前池；⑤压力管道；⑥厂房；⑦尾水渠。

4. 转轮由叶片、上冠、下环和泄水锥组成，泄水锥装在上冠下方的中心部位。用来引导水流，避免水流经叶片流出后相互撞击，减少水力损失，提高水轮机效率。转轮叶片安置在上冠和下环之间，按圆周均匀分布。叶片是一个三维的空间扭曲面，上部较直，扭曲较小，而下部扭曲较大，断面为机翼形。

5. 带有油枕的1000kVA及以上变压器、800kVA及以上的油浸式和630kVA及以上干式厂用变压器，应装设温度测量装置并需将温度计信器信号上传。

6. 计算机监控系统现地控制层设备一般包括：①可独立运行的现地控制单元（PLC）；②现地人机交互设备（触摸屏）；③分布式的I/O单元；④远程I/O单元；⑤同步时钟接收装置；⑥现地配套装置（同期、转速、交采等）。

第九套

一、选择题

1-5：CADBC　　6-10：BCADA　　11-15：CDCBD

二、判断题

1-5：××√××　　　　6-10：√√×√×

11-15：×√√××　　　16-20：√√×××

三、填空题

1. 耐压

2. 导叶开度

3. 低；有功

4. 顶拱回填；接缝；围岩的固结

5. 经常养护；随时维修；养重于修；修重于抢

6. 旋转中心

7. 机械力不平衡；水力不平衡；电磁力不均匀

8. 工作；试验；检修

9. 单相接地短路

10. 1:1

11. 保护；信号；控制；测量

12. 控制开关；操动机构；控制电缆

13. 将同步发电机或某一电源投入到电力系统并列运行的操作过程

14. 值班调度员；线路工作许可人

15. 水轮机及发电机；进入

四、简答题

1. 水泵启动后不抽水应做如下处理：①立即将水泵操作开关投到"切"的位置；②检查出口阀是否开启，止回阀是否被卡住；③检查联轴器有无脱节或折断；④滤网有无堵塞；⑤根据检查情况，联系检修人员处理。

2. 变压器经检修后投入前检查项目如下：

（1）变压器本体完好，套管无损坏，外表清洁，无渗油现象。

（2）各部油、水压正常，各阀门开闭位置正确。

（3）变压器外壳接地线良好。

（4）变压器分接头开关位置符合调令要求；有载调压装置电动、手动操作正常，指示器与标牌相符，中性点隔离开关操作试验良好。

（5）冷却装置试验良好，风扇旋转方向正确，自动启、停符合定值要求。

（6）呼吸器中干燥剂合格。

（7）各种引线、接线头紧固良好。

（8）变压器上盖无遗留物，现场清洁，拆除一切临时性安全措施，恢复永久性安全措施。

（9）测量表计、信号、保护及控制回路接线正确，保护定值符合要求，动作试验正确，保护压板所处位置正确。

（10）变压器试验项目、试验方法、试验结果符合规程标准要求。

3. 当闸门小开度运行时，由于流速很大，在门槽、底板、潜没门的门叶后翼或弧形门的支臂等处，易发生气蚀作用，对闸门的危害是使闸门发生振动，启闭操作不稳定并使闸门结构剥蚀损坏等。

防止气蚀的主要措施：设计，加工工艺，抗气蚀材料应用，优化运行条件及补气。

4. 有两大类：一类是运行密封，一般称主轴密封，其结构形式有盘根密封，橡胶平板密封，端面密封，径向密封和水泵密封；另一类是检修密封，其结构形式有机械式、围带式、抬机式密封。

5. 变压器油面过低会使轻瓦斯动作，严重缺油时，铁芯和绕组暴露在空气中容易受潮，并可能造成绝缘击穿。

6. 工作期间，工作负责人若因故暂时离开工作现场时，应指定能胜任的人员临时代替，离开前应将工作现场交代清楚，并告知工作班成员。原工作负责人返回工作现场时，也应履行同样的交接手续。若工作负责人必须长时间离开工作现场时，应由原工作票签发人变更工作负责人，履行变更手续，并告知全体工作人员及工作许可人。原、现工作负责人应做好必要的交接。

第十套

一、选择题

1-5：ADBCB　　6-10：BABBD　　11-15：DBABC

二、判断题

1-5：××√××　　　　6-10：√××√×

11-15：√×√×√　　　16-20：√×√×√

三、填空题

1. 某一水头下机组发单位千瓦时电能所消耗的水量

2. 结露；冷却系统

3. 定子；励磁

4. 发电机的电磁阻力矩

5. 雨量计

6. 不同的牌号油

7. 有功；无功

8. 0.5s

9. 50Ω

10. 变流器

11. 端电压

12. 无压；同期

13. 母差；失灵

14. 自备；禁止；不得

15. 下；内角

四、简答题

1. 电液转换器的主要作用是将功放输出控制信号通过液压部件转换成对应的机械位移。

2. 直接接地系统供电可靠性相对较低。直接接地系统发生单相接地故障时，出现了除中性点外的另一个接地点，构成了短路回路，接地相电流很大，为了防止损坏设备，必须迅速切除接地相甚至三相。不直接接地系统供电可靠性相对较高。这种接地系统中发生单相接地故障时，不直接构成短路回路，接地相为线路电容电流，电流不大，不必立即切除接地相，但这时非接地相的对地电压却升高为相电压的1.73倍，加重了绝缘负担。在电压等级较高的系统中，绝缘费用在设备总价格中占相当大比重，降低绝缘水平带来的经济效益非常显著，一般采用中性点之间接地方式，而以其他措施提高供电可靠性。反之，在电压等级较低的系统中，一般采用中性点不接地方式，以提高供电可靠性。

3. 主阀有蝶阀、球阀及闸阀。

（1）蝴蝶阀：优点是启闭力小，操作方便迅速，体积小，重量轻，造价低。缺点是开启状态时活门对水流有扰动，水头损失较大。

（2）球阀：由球形外壳、可旋转的圆筒形阀体及附件构成，优点是开启状态时没有水头损失，止水严密，能承受高压。缺点是结构复杂，尺寸和重量大，造价高。适用于高水头电站。

（3）闸阀：结构简单，适用于小机组，水力性能较差。

4. 现今，小型水电站油系统大为简化，取消了油处理室、供退油干管及重力油箱等；利用油泵或压滤机现场进行供排油操作。

5. 用兆欧表测量绝缘电阻时，一般规定以遥测1min后的读数为准。因为在绝缘体上加上直流电压后，流过绝缘体的电流（吸收电流）将随时间的增长而逐渐下降。而绝缘的直流电阻率是根据稳态传导电流确定的，并且不同材料的绝缘体，其绝缘吸收电流的衰减时间也不同。试验证明，绝大多数材料1min后其绝缘吸收电流趋于稳定，所以规定以加压1min后的绝缘电阻值来确定绝缘性能的好坏。

6. 事故应急抢修可不用工作票，但应使用事故应急抢修单。事故应急抢修工作是指：电气设备发生故障被迫紧急停止运行，需短时间内恢复的抢修和排除故障的工作。非连续进行的事故修复工作，应使用工作票。

第十一套

一、选择题

1-5：CAABB　　6-10：ADBBA　　11-15：CDDAC

二、判断题

1-5：√√×√×　　　6-10：√×××√

11-15：√×√×√　　16-20：××××√

三、填空题

1. 使用寿命；正常；损坏

2. 关小

3. 顶转子

4. 安装检修间

5. 扬压力；渗透压力；渗流量；绕坝渗流

6. 离心力；转动部分；静止部分

7. 不同的牌号油

8. 电流

9. 0.5s

10. 强迫油循环水冷式

11. $1/\sqrt{2}$

12. 电源；负载；控制设备；连接导线

13. 可靠性；选择性；速断性；灵敏性

14. 取出；钉子

15. 工作票签发人；工作负责人；工作许可人

四、简答题

1. 压缩空气系统由以下部分组成：①空气压缩装置；②供气管网；③测量和控制元件；④用气设备。

2. 新建和扩建的电力工程的设备和建筑物投入运行有如下要求：

(1) 未完工程不应验收投入运行。

(2) 新装机组和附属设备，在完成设备分部检验试运（包括闭锁装置）和自动装置的调整试验，并解决了发现的问题后，启动验收委员会方能许可整套设备进行联合试运。

(3) 整套设备必须在额定参数下进行 72h 满负荷连续试运行；经过 72h 试运行并消除试运行过程中发现的缺陷后，方可办理交接手续，投入运行。

(4) 送变电工程的试运行时间为 24h。如因用电负荷较少或水头不能达到规定值而不能达到满负荷时，试运行的最大负荷由启动验收委员会确定。试运行不得按非设计所规定的临时系统进行。

3. ①给广大农村地区，尤其是偏远地区供电；②发挥节能减排作用；③促进地方经济发展；④实施小水电代燃料工程，改善生态、保护环境、促进农村现代化方面发挥着重要作用；⑤改善农村基础设施条件，显著提高了水资源利用效率。

4. 水轮机泥沙磨损，使水轮机的过流部件尤其转轮严重磨损，线型恶化，叶片等部件减薄，止漏环间隙增大，导致气蚀和振动加剧，效率降低，出力下降，寿命缩短，并缩短检修周期，增长检修工期，增加检修费用。

5. SF_6 断路器主要优点为：①断口电压高；②允许断路次数多；③断路性能好；④额定电流大；⑤占地面积小，抗污染能力强。

6. 在救护触电者时，应采取措施：①在保证自身安全的前提下设法使触电者脱离电源；②立即就地进行急救；③通知运行值班人员；④保证新鲜空气的流通和照明。

第十二套

一、选择题

1-5：CCACB　　6-10：AABCB　　11-15：CBCBC

二、判断题

1-5：×√×√√　　　　6-10：√√××√

11-15：×√√√×　　　16-20：√√√×√

三、填空题

1. 冷却

2. 下降；升高

3. 缓慢

4. 靠近

5. 河床式；湖泊式

6. 快速闸门

7. 机组停运

8. 反击式

9. 组合电器

10. 断开；无电压

11. 相角补偿；相角补偿

12. 断路器

13. 防止误操作造成的非同期并列

14. 1；3

15. 工具袋；固定

四、简答题

1. 水轮机中某些高速水流区，当该区域的压力降低到当时水温下汽化压力时，则产生大量的气泡，这些气泡在下游突然破裂过程的微观机械冲击是造成气蚀破坏的主要原因。另外，化学腐蚀是气蚀的次要原因。同时在气蚀过程中伴随有局部高温，电解和化学作用也加速了气蚀破坏的进程。

水轮机的气蚀主要有翼型气蚀、间隙气蚀、空腔气蚀、局部气蚀四种。

2. 发电机运行中，由于励磁绕组故障、励磁回路开路、励磁系统故障以及误操作等原因都会引起励磁电流突然消失或下降到静稳极限所对应的励磁电流以下，发生失磁。

失磁对发电机的影响：①造成转子槽楔，护环的接触面局部过热；②引起定子端部过热；③使定子绕组过电流。

3. 水电站建筑物从功能上分为四大组成部分：

（1）挡水建筑物：壅高水位保证取水；集中水头，形成水库。

（2）泄水及消能建筑物：泄去多余水量，腾出库容，排沙；消除下泄水流能量，减轻对下游河床的冲刷。

（3）引水建筑物：含进水、输水、平水建筑物；将水流从河流或水库引向发电机组，并将尾水排至下游河道。

（4）厂房：含主、副厂房；布置主要机电设备及辅助设备，也是运行人员生产操作的场所。

4. 水轮发电机组并列前，可以通过调节流量调整机组转速。

5. 在发电厂和变电所中，测量用电压互感器与装有测量表计的配电盘距离较远，而且有电压互感器二次端子互配电盘的连接导线较细，电压互感器第二次回路接有刀闸辅助触头及空气开关。由于触头氧化，使其电阻增大。如果二次表计和继电保护装置共用一组二次回路，则回路中电流较大，它在导线电阻和接触电阻上会产生电压降落，使电能表端的电压低于互感器二次出口电压，这就是压降产生的原因。

6. 进行电力施工作业时，工作票签发人或工作负责人认为有必要现场勘察的检修作业，施工、检修单位均应根据工作任务组织现场勘察。

第十三套

一、选择题

1-5：DCCCB　6-10：AABBD　11-15：ADABC

二、判断题

1－5：××√√× 6－10：√×√√√

11－15：×√√×√ 16－20：√√√×√

三、填空题

1. 导叶开度；桨叶角度

2. 10～20V；80～100mA

3. 指示失常；停转或慢走

4. 最低

5. 现地；远控

6. 悬吊式；伞式

7. 回收；剩余

8. 开路

9. 开路

10. 雷击

11. 电源；负载；控制设备；连接导线

12. 端电压

13. 自动；迅速；有选择

14. 移动

15. 工作票签发人；工作负责人；工作许可人

四、简答题

1. 水电站中压缩空气的作用如下：①油压装置压油槽充补气；②机组停机制动用气；③调相压水用气；④风动工具及吹扫用气；⑤水轮机空气围带充气；⑥蝴蝶阀止水围带充气；⑦防冻吹冰用气。

2. 铜钨触头可耐高温，不易烧伤，可增强触头耐弧能力，提高断路器的遮断容量（提高20％左右）。可以解决触头易被电弧烧伤、绝缘介质降低，造成断路器遮断能力减小的弊端。

3. 如果在闸门后未充满水条件下强行开启进水闸门，一方面水压作用使闸门启门力过大，可能引起启闭设备损坏；另一方面蜂拥而入的水流将压力管路中来不及排出的空气挤压到下降段内，当压力大到一定值时可能发生爆管的恶性事故。同时，由于破坏了水流的连续性，使机组无法稳定运行。

4. 因为尾水管的主要作用是用来回收转轮出口水流中的剩余能量。为了减少这部分能量损失（即回收转轮出口处的部分水流动能和位能，以增加水轮机的利用水头），所以要装设尾水管。

5. 水电站同期方式的选取原则：①自动准同期为常用同期方式；②手动准同期为备用同期方式；③自动自同期为事故情况下的同期方式。

6. 工作票签发人应是熟悉工作班成员技术水平、设备情况、电力安全工作规程，并具有相关工作经验的生产领导人、专业工程师或经本单位分管生产领导批准的人员。工作票签发人员名单应书面公布。

第十四套

一、选择题

1-5：DCCAA　　6-10：BBBBC　　11-15：BBABD

二、判断题

1-5：×√×× √　　　6-10：××√√√

11-15：×√×××　　　16-20：××√√×

三、填空题

1. 上冠；叶片；下环；泄水锥

2. 距离；越小

3. 电缆沟；直埋

4. 前

5. 顶水封；底水封；侧水封

6. 220 的混流式水轮机；立式；金属；250cm

7. 回收；剩余

8. 母线；线路；断路器

9. 开路

10. 阳极区；弧柱区

11. 任意两；启动绕组；主绕组

12. 正；奇数；从小到大；有压降的元件

13. 等电位；所有导线

14. 全部带有电压；一部分带有电压

15. 开路；短路片；导线缠绕

四、简答题

1. 水轮机调节系统由原平衡状态到新的平衡状态的过渡过程称为水轮机调节系统的动态过程。在动态过程中各参数与时间的变化关系称为调节系统的动态特性。

2. 原因如下：①如送电的变压器有故障，可以及时切除，对系统影响小；②因变压器的励磁涌流为正常电流的 6～8 倍，从低压侧充电对变压器冲击较大，且可能导致低压侧过负荷；③因仪表一般装在高压侧，充电时如有问题能及时监视。

3. 在金属表面涂上覆盖层，将基体与电解质隔开，杜绝形成腐蚀电池的条件。覆盖层防腐主要有涂料（油漆）保护，金属被覆（喷镀）保护。金属被覆（喷镀）保护常用的被覆金属有铝、锌、铬、镍几种。称为覆盖层保护。

4. 水轮机气蚀按发生部位可分为四种，分别是：翼型气蚀、空腔气蚀、间隙气蚀、其他局部脱流引起的气蚀。

5. 表示电压互感器一、二次电压间的相位关系。

6. ①按照送电后现场设备带电情况，办理新的工作票；②布置好安全措施。

第十五套

一、选择题

1-5：DBCCB　　6-10：BABCB　　11-15：BAAAC

二、判断题

1-5：××√√√ 　　6-10：√√√×√

11-15：√√√×× 　　16-20：××√×√

三、填空题

1. 水轮机输出轴功率与输入水能之比

2. 电源；油

3. 柴油发电机

4. 自动调节渠道；非自动调节渠道

5. 覆盖层保护；电化学保护

6. 检修吹扫

7. 油水的汽化温度不同

8. 防止静电损害

9. 油浸式；铁芯；绕组；瓦斯继电器

10. 大于；小于

11. 测量表计；信号装置；同期装置；继电保护装置；自动装置；远动装置

12. 端子排

13. 有效值

14. 紧急救护；消防器材；烧伤；电伤

15. 临时停电；切断电源

四、简答题

1. 发电机静特性即发电机负荷特性，是指在一定的负荷下，作用在发电机转子上的阻力矩与其转速之间的关系。

2. 消弧线圈的电感电流 I_L 减去网络全部电容电流 I_C 与网络全部电容电流 I_C 之比，即为补偿度。

3. 自动调节渠道的流量和水位随着水电站负荷的变化而自动变化。首部和尾部堤顶的高程基本相同，并高出上游最高水位，渠道断面向下游逐渐加大，渠末不设平水建筑物。适用于渠道不长，底坡较缓，上游水位变化不大的情况。

非自动调节渠道对多余的水量通过前池溢流堰和泄水道排入下游河道，渠末水位不会随电站的负荷变化而明显变化（基本不变），因此，渠顶采取大致与渠底相同坡降。这种渠道在水电站减小负荷时会损失一定的水量和水头，从而产生一定的电能损失，但渠道的工程量小，适用于渠道较长，或对下游有供水要求的情况。

4. 油系统的任务为：①接受新油；②储存净油；③向设备充油；④向运行设备添油；⑤从设备中排出污油；⑥污油的净化处理；⑦油的监测与维护；⑧废油的收集和保存。

油系统由储油设备、净化设备、运行设备、管网、测量及控制元件组成。

5. 运行中的电流互感器其二次所接负载阻抗非常小，基本处于短路状态，由于二次电流产生的磁通和一次电流产生的磁通互相去磁的结果，使铁芯中的磁通密度值较低，此时电流互感器的二次电压也很低。当运行中二次绕组开路后，一次侧电流仍不变，而二次电流等于零，则二次磁通就消失了，这样，一次电流全部变成励磁电流，使铁芯骤然饱和，由于铁芯的严重饱和，二次侧将产生数千伏的高电压，对二次绝缘构成威胁，对设备和运行人员有危险。

二次感应电动势大小与下列因素有关：①与开路时的一次值有关，一次电流越大，其二次感应电动势越高，在有故障电流的情况下，将更严重；②与电流互感器的一、二次额度电流比有关，其变比越大，二次绕组匝数也就越多，其二次感应电动势越高；③与电流互感器励磁电流的大小有关，励磁电流与额定电流比值越大，其二次感应电动势越高。

6. 计算机监控装置是有许多自动化元件组成的，一些自动化元件在上电过程中会发生数据跳跃、不稳定机舞动等现象，故先送开入量电源，等数据稳定后再送开出电源，以防误动。断电操作时，正好相反，也是同样的道理。

参 考 文 献

［1］ 夏建军. 小型水电站安全生产标准化管理模式［M］. 北京：中国水利水电出版社，2015.

［2］ 夏建军. 小型水电站运行［M］. 北京：中国水利水电出版社，2016.

［3］ 尹斌勇，李一平. 中小型水电站设备运行技术问答［M］. 北京：中国电力出版社，2017.

［4］ 中华人民共和国水利部. 小型水电站运行维护技术规范：GB/T 50964—2014［S］. 北京：中国计划出版社，2014.

［5］ 中华人民共和国水利部. 小型水力发电站设计规范：GB 50071—2014［S］. 北京：中国计划出版社，2014.

［6］ 中国电器工业协会. 电力变压器 第2部分：液浸式变压器的温升：GB/T 1094.2—2013［S］. 北京：中国标准出版社，2014.

［7］ 中国电器工业协会. 水轮发电机基本技术条件：GB/T 7894—2009［S］. 北京：中国标准出版社，2009.

［8］ 中华人民共和国能源部. 电业安全工作规程（发电厂和变电所电气部分）：DL 408—1991［S］. 北京：中国电力出版社，1991.

［9］ 国家能源局. 电力系统通信站过电压防护规程：DL/T 548—2012［S］. 北京：中国电力出版社，2012.

［10］ 国家能源局. 高压开关设备和控制设备标准的共用技术要求：DL/T 593—2016［S］. 北京：中国电力出版社，2016.

［11］ 国家能源局. 电力设备预防性试验规程：DL/T 596—2021［S］. 北京：中国电力出版社，2021.

［12］ 国家能源局. 继电保护和电网安全自动装置检验规程：DL/T 995—2016［S］. 北京：中国电力出版社，2016.

［13］ 中国电力企业联合会. 水电站设备检修管理导则：DL/T 1066—2007［S］. 北京：中国电力出版社，2007.